TRAITÉ

DE

MÉCANIQUE

PAR

ÉDOUARD COLLIGNON

Ingénieur en chef des ponts et chaussées, Répétiteur à l'École polytechnique
Inspecteur de l'École des ponts et chaussées

DEUXIÈME PARTIE

STATIQUE

TROISIÈME ÉDITION

PARIS

LIBRAIRIE HACHETTE ET Cⁱᵉ

79, BOULEVARD SAINT-GERMAIN, 79

TRAITÉ

DE MÉCANIQUE

COULOMMIERS. — TYPOG. P. BRODARD ET GALLOIS.

TRAITÉ

DE

MÉCANIQUE

PAR

ÉDOUARD COLLIGNON

Ingénieur en chef des ponts et chaussées, Répétiteur à l'École polytechnique,
Inspecteur de l'École des ponts et chaussées.

DEUXIÈME PARTIE

STATIQUE

TROISIÈME ÉDITION

PARIS

LIBRAIRIE HACHETTE ET Cie

79, BOULEVARD SAINT-GERMAIN, 79

1889

TRAITÉ
DE MÉCANIQUE

DEUXIÈME PARTIE

INTRODUCTION

À LA STATIQUE ET À LA DYNAMIQUE.

1. La mécanique repose sur trois *principes* dont on peut logiquement déduire toutes les autres propositions : ce sont comme les axiomes de la mécanique ; ils diffèrent cependant des axiomes tels qu'on les entend en géométrie, en ce qu'ils n'ont pas le même degré d'évidence. On peut avec plus de justesse les comparer au *postulatum* sur lequel Euclide a fondé la théorie des parallèles. L'accord des résultats logiques qu'on en déduit avec les faits observés, et principalement avec les mouvements du système planétaire, permet d'en affirmer la vérité.

2. Le premier des trois principes est le *principe de l'inertie*. On l'exprime en disant qu'*un point matériel ne peut de lui-même sortir du repos s'il est en repos, ni modifier la direction ou la vitesse de son mouvement, s'il est animé d'un certain mouvement dans l'espace.* L'inertie de la matière à l'état de repos est une propriété générale qui paraît évidente ; les anciens en avaient la notion exacte, et ils ont donné le nom d'*inerte* à toute matière inanimée, pour exprimer qu'elle ne renferme en elle-même aucun principe de mouvement spontané. L'inertie de la matière à l'état de mouvement n'est pas d'une évidence aussi intuitive ; c'est une idée beaucoup moins ancienne : elle date de la création de la dynamique moderne, au dix-septième siècle, par Galilée, Huygens et Newton. Le premier principe renferme donc en réalité deux propositions de dates différentes dans l'histoire de la mécanique : l'une, la plus ancienne, s'applique au repos ; l'autre, la plus récente, s'applique au mouvement rectiligne et uniforme, et peut être considérée comme une généralisation de la première ; le repos n'est, en effet, qu'un cas particulier du mouvement.

3. Le principe de l'inertie permet de définir l'expression de *force*. Une force appliquée à un point matériel est ce qui modifie, ou ce qui tend à modifier l'état de repos ou de mouvement de ce point. Considérons, pour éclaircir cette définition, un point matériel M, qui parcourt une trajectoire AB.

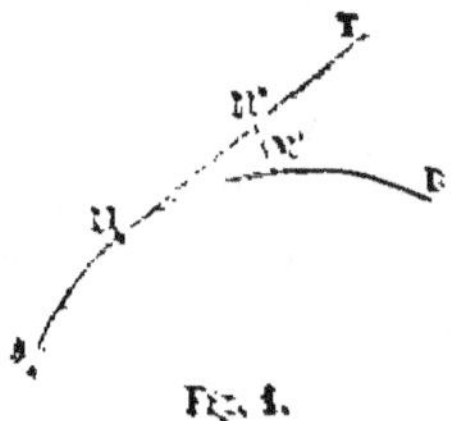

Fig. 1.

Soit M la position du point à un certain moment, M' la position qu'il occupe au bout d'un intervalle de temps très court, *dt*. Appelons r la vitesse du mobile à son passage au point M ; la direction de cette vitesse est la tangente MT à la trajectoire. En vertu du principe de l'inertie, le point matériel, abandonné à lui-même, parcourrait dans le temps *dt* la longueur $MM' = rdt$ prise sur la tangente. Il parcourt en réalité l'arc de courbe MM' ; et, par suite, on constate, au bout du temps *dt*, un écart M'M' entre la position réelle du point et la position que lui assignerait la loi de l'inertie. Cet écart nous révèle l'intervention d'une force qui, pendant tout l'intervalle de temps *dt*, agit sur le point dans une direction parallèle à M'M', pour le faire *tomber*, pour ainsi dire, du point M' sur le point M', pendant que l'inertie le transporte d'un mouvement uniforme le long de la droite MM'. Nous avons, en cinématique (§ 91), décomposé le mouvement réel du point mobile en deux mouvements : l'un,

suivant MM″, est uniforme; l'autre, suivant M″M′, est uniformément varié, et l'accélération j de ce mouvement est égale à la
limite du rapport $\frac{2M''M'}{dt^2}$. L'accélération est donc proportionnelle à M″M′, c'est-à-dire à la déviation produite par l'intervention de la force. On peut considérer l'accélération
comme proportionnelle à la force elle-même; car la force n'est
connue que par son effet, et il est, par conséquent, naturel de
la regarder comme proportionnelle à cet effet.

4. L'expression, *point matériel*, dont nous venons de nous
servir, a besoin d'être définie. Un point matériel est un corps
réduit par la pensée à des dimensions tellement petites, qu'on
puisse l'assimiler à un véritable point géométrique; un point
matériel n'a pas de forme définie; sa forme est indifférente.
On obtient des points matériels en décomposant un corps
en une infinité de parties infiniment petites dans tous
les sens; les solides élémentaires ainsi obtenus forment
le corps par leur réunion. La force étant mesurée par l'accélération qu'elle imprime à un point matériel, nous pourrons définir le rapport de deux forces par le rapport des accélérations qu'elles imprimeraient successivement à un même
point matériel, sur lequel elles agiraient seules. Une force
est égale au double, au triple, au quadruple,... d'une autre
force, si la première imprime au même point matériel une
accélération double, triple, quadruple,... de l'accélération produite par la seconde

5. Le second principe de la mécanique est le *principe de
l'indépendance des effets des forces les unes à l'égard des autres,
et de toutes à l'égard du mouvement antérieurement acquis.*

En vertu de ce principe, pour trouver l'effet produit par
une force particulière appliquée à un point matériel en mouvement et sollicité par d'autres forces, on peut chercher l'effet
produit, sur le point en repos, par cette force particulière à
l'exclusion de toutes les autres; puis *composer* successivement tous les effets de même ordre qu'on a déterminés séparément. Supposons, par exemple, qu'un point matériel M,

animé à un certain instant d'une vitesse V, soit sollicité en même temps par des forces F, F′, F″,... qui, prises individuellement, imprimeraient à ce point, dans leurs propres directions, des accélérations j, $j′$, $j″$... En vertu du mouvement antérieurement acquis, c'est-à-dire en vertu de l'inertie, le point M parcourra pendant un certain temps dt, que nous supposerons très court, un espace $MM′ = V dt$ dans la direction de la tangente à sa trajectoire. Pour avoir l'effet produit par la force F, il faudra prendre, sur la direction M′F de cette force, une longueur $M′A = \frac{1}{2} j dt^2$; cette longueur M′A serait celle que la force F, prise seule, ferait parcourir dans le temps dt au point mobile partant du repos. On obtiendra de même les longueurs $M′A′ = \frac{1}{2} j′ dt^2$, $M′A″ = \frac{1}{2} j″ dt^2$, $M′A‴ = \frac{1}{2} j‴ dt^2$,... correspondantes aux forces F′, F″, F‴,... considérées individuellement. Il restera, pour trouver le déplacement effectif du point, à composer ensemble, comme on l'a vu en cinématique (§ 69), les déplacements

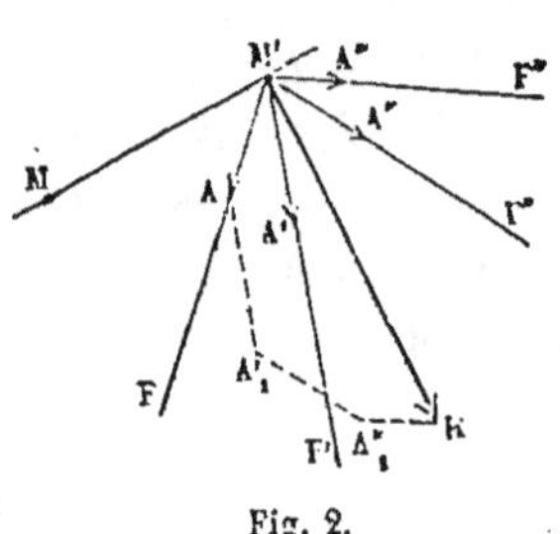

Fig. 2.

partiels M′A, M′A′, M′A″, M′A‴, dus aux forces. On construira le polygone M′AA′₁A″₁R, et la droite M′R, qui ferme ce polygone, sera le déplacement cherché. Tout se passe donc, en vertu du second principe, comme si aux forces données F, F′, F″, F‴,... on substituait une force unique R, agissant dans la direction M′R, et produisant sur le point matériel une accélération J telle, que l'on ait l'égalité

$$M′R = \tfrac{1}{2} J dt^2.$$

Cette force R s'appelle la *résultante* des forces F, F′, F″, F‴,...; les forces F, F′, ... sont les *composantes* de la force R. La résultante et les composantes sont respectivement proportionnelles aux accélérations J, j, $j′$, $j″$, $j‴$,..., et ces accélérations sont proportionnelles aux côtés M′R, M′A, M′A′, M′A″, M′A‴,... qui concourent à former le polygone M′AA′₁A″₁R. De là on déduit ce théorème : *Lorsque plusieurs forces, agissant si-*

*multanément sur un même point, sont représentées en grandeur
et en direction par des droites, leur résultante, c'est-à-dire la
force unique équivalente à l'ensemble des forces données, est aussi
représentée en grandeur et en direction par le dernier côté du polygone construit en portant les droites données bout à bout,
chacune parallèlement à sa direction propre.*

La règle du *parallélogramme des forces*, qui est d'un usage
très fréquent en mécanique, n'est qu'un cas particulier de ce
théorème. *Lorsque deux forces agissent simultanément sur un
point matériel, et qu'on les représente en grandeur et en direction par des droites, la résultante de ces deux forces est représentée en grandeur et en direction par la diagonale du parallélogramme construit sur les deux droites composantes.*

De la règle particulière du parallélogramme il serait aisé
de remonter à la proposition générale, relative au polygone
des forces.

On doit remarquer cette manière de représenter les forces
par des droites finies. Une force F est déterminée quand on
connaît son *point d'application*, sa *direction* et son *intensité*.
Soit A le point d'application de la force, AC la direction dans
laquelle elle agit ; prenons sur cette
direction, à partir du point A, une
longueur AB, égale à la force F, estimée à une échelle arbitraire ; la droite
finie AB représentera tout ce qu'il est

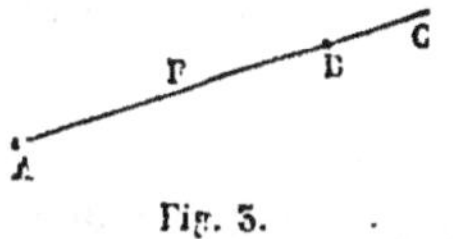

Fig. 3.

nécessaire de connaître pour définir entièrement la force F. Par
direction de la force, on doit entendre, non seulement la droite
indéfinie suivant laquelle elle sollicite le point, mais encore
le *sens* particulier dans lequel s'exerce cette action ; autrement, on pourrait confondre la force F avec une force égale et
opposée.

Pour distinguer l'une de l'autre deux forces égales et agissant en sens contraires, suivant la même direction ou suivant
des directions parallèles, on convient d'attribuer à l'une le
signe +, qu'on peut sous-entendre, et à l'autre le signe — ; la
force F, considérée comme positive, représentera une force

égale et contraire à la force —F; le signe — indique seulement que les forces F et —F agissent l'une en sens contraire de l'autre.

6. Le troisième principe de la mécanique est le principe de *l'égalité de l'action et de la réaction;* il est dû à Newton. Un exemple fera comprendre en quoi il consiste. Considérons un corps pesant posé sur une table. Ce corps presse la table de tout son poids : voilà *l'action;* elle est l'effet de la pesanteur, et s'exerce verticalement de haut en bas. La table à son tour exerce sur le corps, suivant la verticale, mais de bas en haut, une certaine pression égale et contraire à l'action qu'elle subit : c'est la *réaction.* L'*équilibre* du corps sur la table résulte de la coexistence de ces deux forces égales et contraires : le poids du corps, qui tend à le faire descendre et le presse contre la table, et la réaction de la table qui, en vertu du troisième principe, est égale et contraire à l'action, et presse la table contre le corps.

Si, au lieu d'être en repos, le corps pesant était en mouvement, le troisième principe serait moins évident, mais il s'appliquerait encore; le corps subirait à chaque instant, de la part de la table, une réaction égale et contraire à l'action qu'il exercerait sur elle; mais il ne serait pas toujours vrai de dire que cette action est égale au poids du corps.

C'est en vertu du troisième principe qu'une personne ne produit aucun mouvement général de son corps en essayant de se soulever par les cheveux. Il est vrai qu'en faisant cette expérience, elle applique à son corps une certaine force qui tend à l'élever. Mais à cette force correspond une réaction égale et contraire, et comme ces deux forces sont appliquées au même système matériel, à savoir au corps de l'expérimentateur, l'une détruit le mouvement général que l'autre tendrait à lui communiquer.

7. Pour formuler avec netteté le principe de l'action et de la réaction, il est bon de commencer par exposer sommairement la théorie moléculaire qui est aujourd'hui la base de toute la physique.

On admet que tous les corps qui se trouvent dans l'univers, qu'ils soient solides, liquides ou gazeux, sont formés chacun par l'agrégation d'un nombre extrêmement grand de particules très petites, appelées *molécules*, séparées les unes des autres par des intervalles du même ordre de grandeur que leurs dimensions propres. Les corps *solides* sont ceux où l'arrangement des molécules constitutives est fixé de telle sorte qu'il faille un grand effort pour faire varier sensiblement leurs positions relatives. Les corps *liquides* ou *gazeux*, qu'on réunit sous la dénomination commune de corps *fluides*, ont, au contraire, des molécules libres, pour ainsi dire, de glisser ou de rouler les unes sur les autres, d'où résulte que ces sortes de corps n'ont pas par eux-mêmes de forme extérieure bien déterminée. Les molécules sont tellement petites, qu'au point de vue mécanique, on peut les confondre sans aucune erreur avec les points matériels que nous avons définis plus haut. Il y a cependant une différence essentielle entre ces deux expressions : *point matériel* s'applique à un objet fictif, géométriquement défini, et n'existant que dans la pensée, tandis que *molécule* indique un objet physique, auquel une théorie généralement admise attribue une existence réelle.

Les forces naturelles établissent un lien entre toutes les molécules, que la théorie précédente sépare les unes des autres ; et c'est ici qu'intervient le principe de l'action et de la réaction.

Considérons en particulier deux molécules A et B ; on admet que chacune d'elles exerce une action sur l'autre ; que cette

Fig. 4. 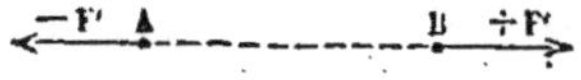   Fig. 5.

action est dirigée suivant la droite AB qui joint les deux molécules ; que l'action de A sur B est égale et contraire à l'action de B sur A ; qu'enfin cette action mutuelle varie avec la distance AB suivant une certaine loi. Si l'action de B sur A est une force F, dirigée de A vers B, l'action de A sur B sera une force — F, égale et contraire à F, et dirigée de B vers A.

Les actions mutuelles sont alors *attractives*. Si, au contraire, l'action de A sur B est une force F', dirigée suivant le prolongement de la droite AB, l'action de B sur A sera une force —F', égale et contraire à F', et dirigée suivant le prolongement de BA; ces actions mutuelles sont *répulsives*. Mais, répulsives ou attractives, les actions sont toujours *mutuelles*, c'est-à-dire égales et contraires, en vertu du troisième principe.

Chaque molécule de l'univers agit sur toutes les autres molécules, et subit à la fois de la part de celles-ci des actions égales et contraires aux actions qu'elle exerce sur elles. Le principe de l'inertie refuse à la molécule la propriété de modifier d'elle-même son mouvement ou son repos; la théorie moléculaire accorde à chaque molécule la propriété d'agir sur toutes les autres, qui à leur tour réagissent sur la première.

Il résulte du troisième principe que si, par un moyen quelconque, on rend invariable la distance AB des deux molécules A et B, les actions mutuelles qu'elles exercent ne contribueront en aucune façon à faire prendre un mouvement au système ainsi formé et supposé en repos. Car si l'une des forces F tend à entraîner le système dans le sens AB, la force égale et contraire —F tend à l'entraîner en sens opposé.

8. Les forces appliquées aux différents points d'un système matériel peuvent être partagées en deux classes : les forces *intérieures* et les forces *extérieures*. Les forces intérieures sont celles qui proviennent de l'action des points du système les uns sur les autres; elles sont donc toujours *binaires*, *mutuelles* ou *conjuguées* : à chacune correspond une force égale et opposée, appliquée au système comme la première. Les forces extérieures sont celles qui proviennent de l'action exercée sur le système par les points situés au dehors; le troisième principe nous apprend qu'elles sont encore mutuelles, c'est-à-dire qu'à chacune correspond une force égale et opposée, mais cette réaction n'est plus appliquée à un point du système considéré, et on n'aura pas à en tenir compte si l'on a seulement en vue le mouvement ou l'équilibre de ce système; les forces extérieures figureront donc isolées dans les raisonnements, tandis

que les forces intérieures formeront deux à deux des groupes de forces conjuguées.

Une force intérieure pour un système donné peut devenir force extérieure lorsque, par une décomposition particulière du système, on isole l'un de l'autre les deux points entre lesquels s'exerçaient cette force et la force égale et opposée. Par exemple, le poids d'un corps placé à la surface de la terre, et la réaction de la terre sur ce corps, forment un groupe de forces intérieures mutuelles, dans le système comprenant l'ensemble du corps et de la terre. Le poids du corps est une force extérieure pour le système matériel formé par le corps pris séparément.

De même, l'attraction exercée par la terre sur le soleil est égale à l'attraction exercée par le soleil sur la terre, et ces deux forces égales et contraires constituent un groupe de forces conjuguées dans le système du soleil et de la terre, pris ensemble. L'attraction du soleil sur la terre est une force extérieure pour la terre, considérée seule.

9. Le problème général de la mécanique peut être posé en ces termes :

Un corps ou un système de corps étant donné, quel mouvement prendra-t-il sous l'action de forces données, constantes ou variables ? Ou quelles forces faut-il appliquer à ce corps ou à ce système pour qu'il prenne un mouvement donné ?

Le problème de l'équilibre est un cas particulier de ce problème général : *Un corps ou un système de corps est sollicité par des forces données ; à quelles conditions doivent satisfaire ces forces pour que le corps ou le système reste en équilibre ?* Nous commencerons l'étude de la mécanique par traiter le problème de l'équilibre, parce qu'il est plus simple et plus élémentaire que celui du mouvement. Le premier est l'objet de la *statique*, le second, de la *dynamique*.

STATIQUE

LIVRE PREMIER

CHAPITRE UNIQUE

COMPOSITION DES FORCES APPLIQUÉES A UN MÊME POINT MATÉRIEL.
ÉQUILIBRE DU POINT MATÉRIEL LIBRE.

10. Un point matériel, entièrement libre dans l'espace, et supposé en repos, reste indéfiniment en repos s'il n'est sollicité par aucune force. Ce point prend un certain mouvement sous l'action d'une force unique, si petite qu'elle soit, qui vient à le solliciter, et ce mouvement commence dans la direction même de la force.

S'il est sollicité à la fois par deux forces, le point prend en général un certain mouvement dans une direction particulière; mais il peut se faire qu'il demeure en repos; ce cas particulier a lieu quand les deux forces qui sollicitent le point sont égales et agissent en sens opposés. On dit alors qu'elles se *détruisent*; c'est le cas le plus simple de l'équilibre.

Lorsque le point est sollicité par trois forces ou plus de trois, il est possible qu'il demeure en repos; mais il faut pour cela que les forces satisfassent à certaines conditions, que nous allons chercher.

11. Avant tout nous poserons les axiomes et les définitions qui suivent.

Lorsque plusieurs forces F, F′, F″, ... sollicitent un point matériel, et qu'elles ne se font pas d'elles-mêmes équilibre, le point prend un certain mouvement qu'on peut toujours empêcher en appliquant au point, en sens contraire du mouvement qu'il va prendre, une nouvelle force R d'une intensité convenablement choisie. Alors les forces F, F′, F″, ... et R se font équilibre. Or si la force R sollicitait seule le point, on la tiendrait en équilibre par une force —R, égale et opposée. Au point de vue de l'équilibre du point, il est donc indifférent de considérer soit le système de forces

$$\text{F, F}', \text{F}'', \dots \text{ et R,}$$

soit le système

$$-\text{R et R.}$$

La force —R est équivalente à l'ensemble des forces F, F′, F″, ... ; on dit qu'elle est la *résultante* des forces données.

Dans un système de forces en équilibre, chaque force est égale et contraire à la résultante de toutes les autres.

12. Lorsque les forces F, F′, F″, ... agissent toutes suivant la même direction et dans le même sens, leur résultante est égale à leur *somme*, c'est-à-dire qu'aux forces F, F′, F″, ... on peut substituer une force unique, agissant suivant la même direction et dans le même sens, et égale à la somme

$$\text{F} + \text{F}' + \text{F}'' + \dots$$

L'ensemble de ces forces sera donc tenu en équilibre par une force unique R, égale à cette somme, et dirigée en sens contraire.

Quand deux forces F et F′ agissent sur un point matériel suivant la même direction, mais en sens opposés, la résultante de ces deux forces est égale en valeur absolue à leur différence, F — F′, et elle est dirigée dans le sens de la plus grande ; de sorte que l'ensemble de ces deux forces sera tenu en équilibre par une force agissant suivant la direction des forces données, dans le sens de la plus petite, et égale à l'excès de la plus grande sur la plus petite.

Chacune des forces F et F′ peut être la résultante ou la somme de forces agissant dans le même sens qu'elle.

De là résulte la règle suivante :

Lorsque plusieurs forces agissent sur un point matériel suivant la même direction, les unes dans un sens, les autres en sens opposé, leur résultante est égale à la différence entre la somme de toutes les forces agissant dans un sens et la somme de toutes les forces agissant en sens contraire, et elle est dirigée dans le sens de la plus grande de ces deux sommes.

Si l'on attribue des signes aux forces données, le signe $+$ à celles qui agissent dans un sens, le signe $-$ à celles qui agissent en sens contraire, on pourra dire que la résultante de ces forces est égale *en grandeur et en signe* à la *somme algébrique* des forces données ; elle sera exprimée par l'équation

$$R = F + F' + F'' + \ldots;$$

la force $-R$, jointe aux forces F, F′, F″,... compléterait l'équilibre.

13. La même règle s'applique identiquement à des forces agissant suivant une même direction, sur différents points matériels distribués le long de cette direction, à des distances invariables les uns des autres.

Soient A et B deux points matériels situés à une distance AB, invariable dans un sens comme dans l'autre. Si l'on applique au système formé par ces deux points deux forces égales, F et — F, agissant en sens opposés suivant la direction de la droite AB qui les joint, on peut regarder comme évident que ces forces se font équilibre ; car leur effet ne peut être que d'altérer la distance AB, laquelle est par hypothèse invariable.

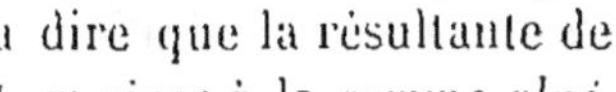

Fig.

La force F appliquée au point B peut donc être tenue en équilibre aussi bien par la force — F appliquée au point A de sa direction, que par une force — F appliquée au point B lui-même, pourvu que le point A soit supposé invariablement lié au point B. Il en résulte qu'une force donnée peut être supposée appliquée en un point quelconque de sa direction; ce transport des forces est d'ailleurs entièrement fictif et sert seulement en statique à opérer certaines transformations utiles à la solution des problèmes.

COMPOSITION DES FORCES CONCOURANTES.

14. Nous avons déjà vu (§ 5) que plusieurs forces appliquées en même temps à un même point se composent en une force unique en suivant la même règle que pour la composition des vitesses ou des accélérations. Mais il n'est pas sans importance de faire voir que la démonstration de cette proposition peut être affranchie de toute considération de cinématique[1], et qu'elle résulte des principes et des définitions de la statique pure.

15. Nous commencerons par observer que *la résultante de deux forces qui font entre elles un angle quelconque est dirigée dans le plan des deux forces ; et que si les deux forces sont égales, leur résultante est dirigée suivant la bissectrice de leur angle.*

Un point en repos, sollicité par deux forces à la fois, prend un certain mouvement unique et parfaitement déterminé; or tout est symétrique par rapport au plan des deux forces, et si le point sortait de ce plan, il faudrait qu'il choisît entre l'un ou l'autre de deux déplacements symétriques également possibles;

---

[1] Nous ne disons pas que la démonstration du parallélogramme des forces peut être affranchie de toute considération de mouvement; nous disons seulement qu'elle peut être affranchie de toute notion de cinématique, parce qu'on peut l'établir sans connaître la mesure des forces par les accélérations qu'elles communiquent à un même point matériel.

un tel choix étant inadmissible, et le fait du mouvement étant cependant nécessaire, il faut que les deux déplacements également possibles coïncident et n'en fassent qu'un, ce qui les suppose situés dans le plan de symétrie. La résultante des deux forces, qui est égale et contraire à la force capable de maintenir le point au repos, est donc dirigée dans ce même plan.

On démontrerait par un raisonnement tout semblable que la résultante de deux forces égales appliquées à un même point est dirigée suivant la bissectrice de leur angle.

16. On peut ajouter que la résultante de deux forces égales qui font un angle constant est proportionnelle à l'intensité commune de ces forces, de sorte que si elles deviennent à la fois doubles, triples,..., la résultante devient en même temps double, triple,....

En effet, si les deux forces égales F et F', agissant sur le point M, ont pour résultante la force R, dirigée suivant la bissectrice MR de l'angle FMF', deux nouvelles forces F et F', égales aux premières, et appliquées au point M suivant les mêmes directions, auront pour résultante une nouvelle force R, dirigée encore suivant MR. Le point M peut

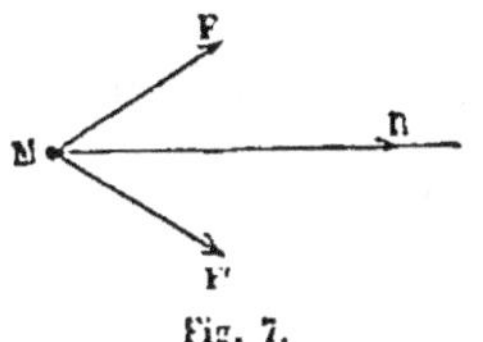

Fig. 7.

donc être considéré comme sollicité par deux forces, l'une égale à 2F, agissant suivant MF, l'autre égale à 2F', agissant suivant MS', et ces deux forces ont pour résultante une force 2R, suivant la bissectrice de l'angle FMF'. En général, si toutes les forces qui sollicitent un point sont augmentées ou diminuées dans un même rapport, sans altération de leurs directions, la résultante varie dans ce même rapport, et sa direction reste la même. Quand on représente par des droites finies les forces et leur résultante, la même figure les représente encore, après leur altération, par un simple changement d'échelle.

17. Proposons-nous d'établir la règle du parallélogramme des forces pour le cas où les deux forces F et F' sont dans un

rapport quelconque. Nous y parviendrons au moyen des lemmes suivants.

1° Si les sommets opposés A et C d'un losange ABCD sont réunis l'un à l'autre d'une manière invariable et qu'on applique aux points A et C, suivant les côtés AB, AD, CB, CD, quatre forces égales, F, F′, F″ et F‴, le système des points A et C restera en équilibre.

En effet, la diagonale AC du losange est bissectrice des an-

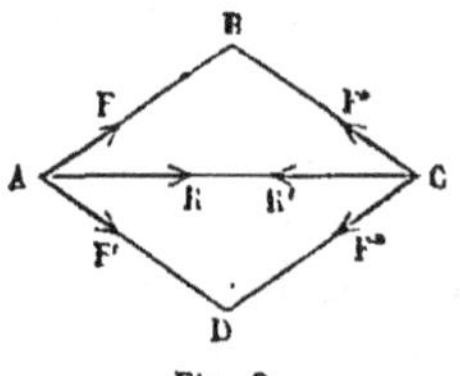
Fig. 8.

gles BAD, BCD, que font entre elles les forces dans chaque groupe. Les deux forces F et F′, composées ensemble, ont une résultante R, appliquée en A et dirigée suivant CA. De même, les forces F″ et F‴ ont une résultante R′, égale à R, appliquée en C et dirigée suivant CA. Les deux forces égales R et R′, appliquées aux extrémités de la tige rigide AC, se font équilibre.

2° Si les sommets A et C d'un parallélogramme ABCD sont réunis invariablement l'un à l'autre et qu'on applique aux

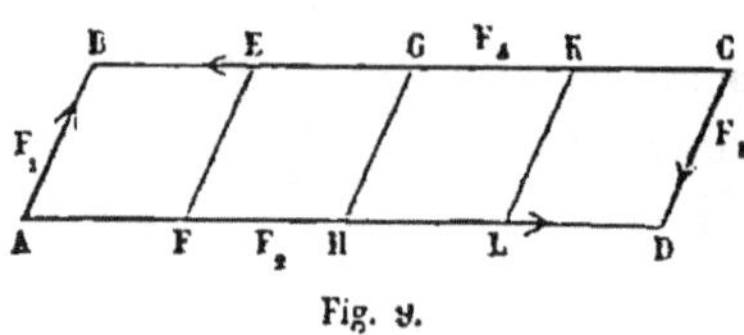
Fig. 9.

points A et C, suivant les côtés AB, AD, CB, CD, des forces F_1, F_2, F_3, F_4, proportionnelles aux longueurs de ces côtés, et par suite égales deux à deux, le système des points A et C sera en équilibre.

Supposons d'abord que le côté BC contienne le côté AB un nombre entier de fois, 4 fois par exemple.

On pourra partager le parallélogramme ABCD en quatre losanges ABEF, FEGH, HGKL, LKCD; imaginons qu'on réunisse les points E, G, K, F, H, L aux points A et C de manière à former un système invariable. Nous pouvons partager de même les forces égales F_2 et F_4 en quatre parties égales à F_1, et supposer ces forces partielles appliquées l'une au point A, l'autre au point F, la troisième au point H et la quatrième au point L, pour la force F_2; la première au point C, la seconde au point K, la troisième au point C, la quatrième au point E, pour la force F_4. Nous pouvons encore, sans troubler l'équilibre, appliquer aux points E et F, suivant le côté FE, deux forces égales et contraires, égales toutes deux à F_1; faire de même aux points G et H, et aux points L et K. En définitive, nous aurons substitué au système primitif des quatre forces F_1, F_2, F_3, F_4, le système ci-contre, qui lui est équivalent au point de vue de l'équilibre.

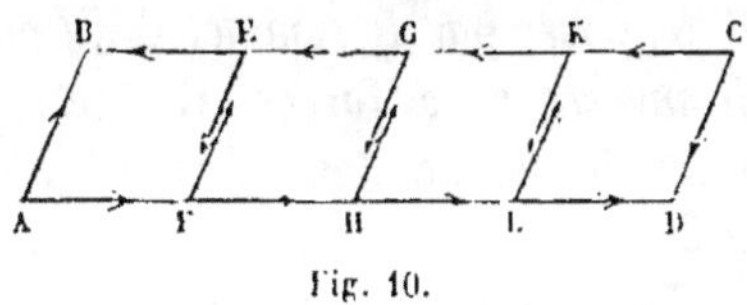

Fig. 10.

Or chacun des losanges partiels est séparément en équilibre. L'ensemble est donc aussi en équilibre, et par suite les forces F_1, F_2, F_3, F_4, se font équilibre.

18. Supposons ensuite que les deux côtés du parallélogramme soient entre eux comme deux nombres entiers, m et n. La proposition sera encore vraie.

Nous pouvons en effet partager le parallélogramme en n parallélogrammes égaux, dans chacun desquels le grand côté sera égal à m fois le petit. Supposons que le rapport des côtés soit $\frac{3}{5}$, par exemple. Nous pourrons diviser le côté AB en trois parties égales, aux points E et G, et menant les parallèles EF, GH, nous aurons divisé le parallélogramme en trois parallélogrammes égaux, dans chacun desquels le grand côté sera égal à 5 fois le plus petit.

La force F_1 qui agit suivant le côté AB peut être partagée en trois forces égales, appliquées respectivement en A, G et E; il en est de même de la force F_3, dont on appliquera les parties égales aux points C, F et H. Les points E, G, H, F, étant supposés liés invariablement au système

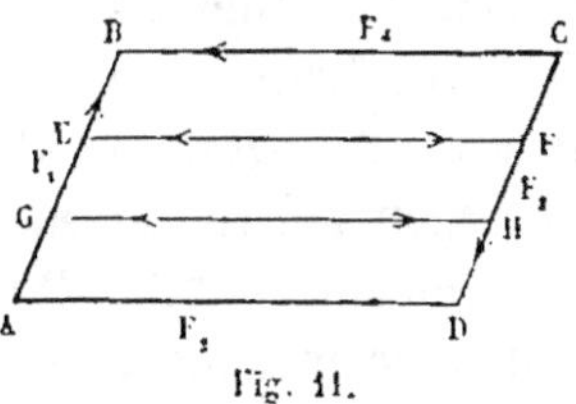

Fig. 11.

des points A et C, ajoutons en E et en F deux forces égales à F_1, agissant l'une de E vers F, l'autre de F vers E. Faisons de même en G et en H. Chacun des parallélogrammes AGHD,

GEFH, EBCF sera en équilibre (§ 17); l'ensemble des trois parallélogrammes est donc aussi en équilibre, et par suite les quatre forces F_1, F_2, F_3, F_4 sont en équilibre, et le lemme est démontré [1].

On en déduit cette conséquence :

La résultante de deux forces F_1, F_2, appliquées à un même point A, passe par le sommet C du parallélogramme ABCD construit sur ces deux forces. Car cette résultante fait équilibre à la résultante de deux forces F_3, F_4, laquelle passe en ce point C.

19. De là il est facile de conclure que *la résultante R de deux forces P et Q est représentée en grandeur et en direction par la diagonale du parallélogramme construit sur ces deux forces.*

Sur les côtés AB, AD, respectivement proportionnels aux

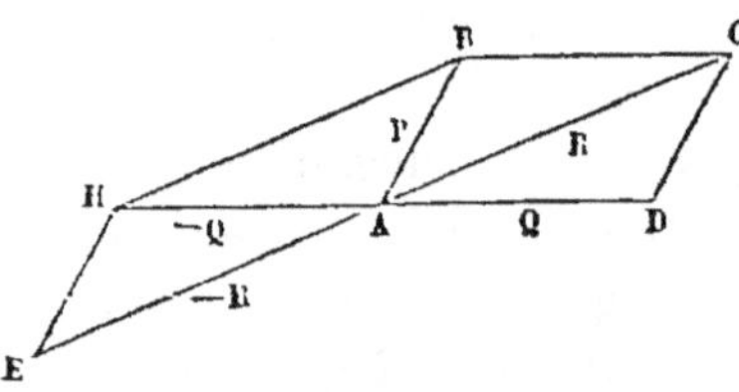

Fig. 12.

forces P et Q, construisons le parallélogramme ABCD. La résultante R des forces P et Q passera par le sommet C de ce parallélogramme; mais nous ignorons encore quelle est sa valeur, et si elle est proportionnelle à AC.

Prenons sur le prolongement de AC une longueur AE proportionnelle à la force R, et qui représentera en grandeur et en direction une force —R, égale et opposée. Les forces —R, P et Q se font équilibre. Donc la force —Q, égale et opposée à Q, est la résultante des forces P et —R ; et par suite, si on achève le parallélogramme AEHB, construit sur les forces P et —R, la diagonale AH de ce second parallélogramme sera dirigée en prolongement du côté AD du premier. Les trois points H, A, D sont donc en ligne droite; les deux triangles EHA, CDA,

---

[1] Il resterait à étendre la démonstration au cas où les forces données sont incommensurables. On peut employer pour cela soit la réduction à l'absurde, soit la théorie des limites. Nous ne nous arrêterons pas à développer ce complément de la démonstration.

ont deux côtés égaux, HE = AB = CD, et les deux angles adjacents sont aussi respectivement égaux : HEA = ACD, AHE = ADC. Donc EA = AC, et par suite la résultante R est représentée, en grandeur comme en direction, par la diagonale AC du parallélogramme ABCD.

20. On peut parvenir par un procédé analytique à la même conclusion. Deux forces égales, F, F', faisant entre elles l'angle $FMF' = 2\alpha$, ont une résultante R dirigée suivant la bissectrice de leur angle; de plus la résultante R est proportionnelle, pour une même valeur de l'angle α, à la valeur commune F des composantes. La loi qui lie les forces F et R est donc exprimable par une relation de la forme

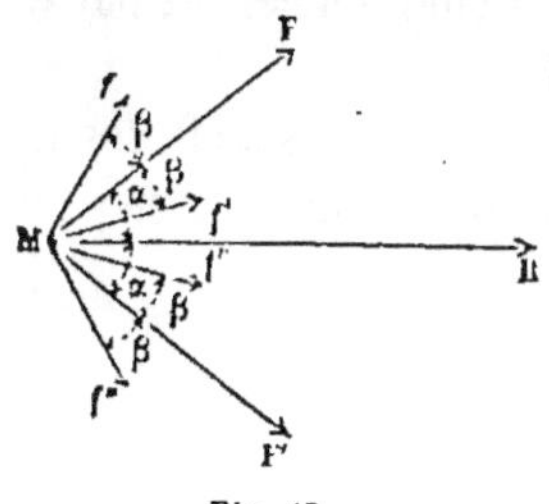

Fig. 13.

$$R = F\varphi(\alpha),$$

φ désignant une fonction qu'il s'agit de déterminer.

Nous pouvons décomposer la force F en deux forces égales f et f', dont les directions fassent avec MF des angles égaux $FMf = FMf' = \beta$. De même, nous décomposerons la force F' en deux forces f'' et f''', égales entre elles et aux forces f et f', suivant les directions Mf'', Mf''', qui font avec MF' des angles égaux à β. Appelant f la mesure commune des quatre forces f, f', f'', f''', nous aurons, pour la déterminer, l'équation

$$F = f\varphi(\beta).$$

La composition des forces F et F' revient à la composition des quatre forces f, f', f'', f'''; or les forces égales f et f''' se composent suivant leur bissectrice MB en une force égale à

$$f\varphi(\alpha+\beta),$$

et les forces f', f'', suivant la même bissectrice, en une force

$$f\varphi(\alpha-\beta).$$

Donc

$$R = f\varphi(\alpha+\beta) + f\varphi(\alpha-\beta) = f\varphi(\alpha)\varphi(\beta),$$

et la fonction φ doit satisfaire à la relation générale

$$(1) \qquad \varphi(\alpha+\beta) + \varphi(\alpha-\beta) = \varphi(\alpha)\,\varphi(\beta),$$

quels que soient les angles α et β.

Nous commencerons par déterminer certaines valeurs de la fonction φ.

1° Si l'on fait $\alpha = 0$, les deux forces F et F′ prennent la direction de la force R, et par suite

$$R = F + F' = 2F.$$

Donc

$$\varphi(0) = 2.$$

2° Pour $\alpha = \dfrac{\pi}{2}$, les deux forces F et F′ prennent des directions opposées, et leur résultante est nulle. On a donc

$$\varphi\left(\frac{\pi}{2}\right) = 0.$$

3° Faisons ensuite $\alpha = \dfrac{\pi}{4}$. La force F se décomposera en deux

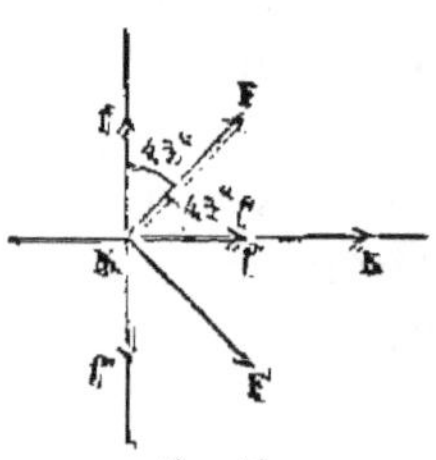

forces égales f et f, l'une perpendiculaire à la direction de M, et l'autre dans la direction même de R. Il en est de même de la force F′. Il en résulte que les forces f et $f′$ s'ajoutent pour donner R, et que par conséquent

$$2f = R$$

tandis que les forces f et f'' se détruisent.

On a donc à la fois

$$R = F \times \varphi\left(\frac{\pi}{4}\right),$$

$$F = f \times \varphi\left(\frac{\pi}{4}\right),$$

et

$$F = f \times 2.$$

Donc

$$\varphi\left(\frac{\pi}{4}\right)=\sqrt{2}.$$

4° Enfin cherchons la valeur de $\varphi\left(\frac{\pi}{3}\right)$.

La force F est décomposable en deux forces f et f', l'une f' dirigée suivant la ligne MR, l'autre f dirigée suivant le prolongement de la force F'. La résultante des forces F et F', ou des forces f, f', F', est dirigée suivant MR; or la force f' est déjà dirigée suivant MR; la résultante de F' et de f est une force F'—f, dirigée suivant la ligne fF'; composée avec f',

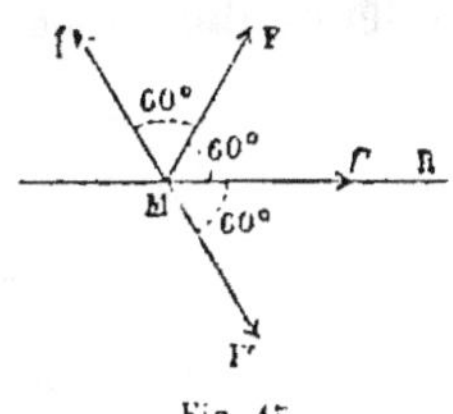

Fig. 15.

elle donnerait une résultante qui ne pourrait coïncider avec la direction MR, à moins qu'elle ne soit nulle. Donc $f=$F'.

On en déduit

$$f=\text{F},$$

pour une valeur de l'angle α égale à $\frac{\pi}{3}$, et par conséquent

$$\varphi\left(\frac{\pi}{3}\right)=1.$$

Connaissant ces valeurs, on peut en trouver d'autres au moyen de la relation [1]. Par exemple, faisons $\beta=\alpha$, il viendra

$$\varphi(2\alpha)=[\varphi(\alpha)]^2-\varphi(0)=[\varphi(\alpha)]^2-2\,;$$

puis faisons $\alpha=2\beta$, et remplaçons β par α :

$$\varphi(3\alpha)=\varphi(\alpha)\,\varphi(2\alpha)-\varphi(\alpha)=[\varphi(\alpha)]^3-3\varphi(\alpha),$$

et ainsi de suite.

Observons encore que la fonction $\varphi(\alpha)$ ne s'annule pour aucune valeur de α comprise entre 0 et $\frac{\pi}{2}$, et qu'entre ces limites elle décroît à mesure que la variable α augmente, de sorte qu'elle reste comprise entre 2 et zéro.

Ces diverses remarques vont nous conduire à la détermination de la fonction φ.

Dans l'équation [1] faisons $\alpha = n\beta$, n étant un entier positif; nous en déduirons

$$\varphi[(n+1)\beta] + \varphi[(n-1)\beta] = \varphi(n\beta)\varphi(\beta),$$

ou bien, en posant d'une manière générale $\varphi(k\beta) = u_k$, pour toute valeur entière de k,

$$u_{n+1} + u_{n-1} = u_n u_1$$

ou encore

$$u_{n+1} - u_1 u_n + u_{n-1} = 0. \qquad (2)$$

Cette équation montre que la série

$$u_1 \quad u_2 \quad u_3 \quad \ldots \quad u_n \quad \ldots$$

est *récurrente*; chaque terme se forme en ajoutant les deux précédents, multipliés l'un par le nombre constant u_1, l'autre par -1. On peut faire précéder le terme u_1 du terme $u_0 = \varphi(0) = 2$.

Cherchons à exprimer u_k en fonction de u_1.

Pour cela, considérons la série

$$(2) \qquad S = u_0 + u_1 x + u_2 x^2 + u_3 x^3 + \ldots + u_k x^k + \ldots,$$

et multiplions-la par le trinome

$$1 - u_1 x + x^2.$$

La lettre x représente une variable auxiliaire, dont la valeur reste indéterminée, et qu'on peut, une fois pour toutes, supposer assez petite pour assurer la convergence des séries dont on va faire usage.

Le produit se réduit à ses deux premiers termes

$$u_0 + (u_1 - u_1 u_0) x = 2 - u_1 x,$$

de sorte que la série S s'obtient en effectuant la division

$$\frac{2 - u_1 x}{1 - u_1 x + x^2}.$$

Décomposons cette fraction rationnelle en fractions simples.
Les facteurs du dénominateur sont

$$\left(\frac{u_1}{2} \pm \sqrt{\frac{u_1^2}{4} - 1}\right) - x;$$

on a donc à déterminer les constantes A et B de manière à satisfaire à l'identité

$$\frac{2 - u_1 x}{1 - u_1 x + x^2} = \frac{A}{\frac{u_1}{2} + \sqrt{\frac{u_1^2}{4} - 1} - x} + \frac{B}{\frac{u_1}{2} - \sqrt{\frac{u_1^2}{4} - 1} - x}.$$

Pour cela, il faut qu'on ait séparément

$$A + B = u_1,$$

$$(A + B)\frac{u_1}{2} + (B - A)\sqrt{\frac{u_1^2}{4} - 1} = 2,$$

ou bien

$$A - B = -\frac{2 - \frac{u_1^2}{2}}{\sqrt{\frac{u_1^2}{4} - 1}} = 2 \times \frac{\frac{u_1^2}{4} - 1}{\sqrt{\frac{u_1^2}{4} - 1}} = 2\sqrt{\frac{u_1^2}{4} - 1},$$

et enfin

$$A = \frac{u_1}{2} + \sqrt{\frac{u_1^2}{4} - 1},$$

$$B = \frac{u_1}{2} - \sqrt{\frac{u_1^2}{4} - 1}.$$

Substituons ces valeurs de A et B. Il vient pour la série S.

$$S = \frac{\frac{u_1}{2} + \sqrt{\frac{u_1^2}{4} - 1}}{\frac{u_1}{2} + \sqrt{\frac{u_1^2}{4} - 1} - x} + \frac{\frac{u_1}{2} - \sqrt{\frac{u_1^2}{4} - 1}}{\frac{u_1}{2} - \sqrt{\frac{u_1^2}{4} - 1} - x}$$

$$= \frac{1}{1 - \dfrac{x}{\frac{u_1}{2} + \sqrt{\frac{u_1^2}{4} - 1}}} + \frac{1}{1 - \dfrac{x}{\frac{u_1}{2} - \sqrt{\frac{u_1^2}{4} - 1}}}.$$

. La division permet de développer chacune de ces fractions simples en une progression géométrique :

$$S = 1 + \cfrac{x}{\frac{u_1}{2} + \sqrt{\frac{u_1^2}{4} - 1}} + \cfrac{x^2}{\left(\frac{u_1}{2} + \sqrt{\frac{u_1^2}{4} - 1}\right)^2} + \ldots + \cfrac{x^\lambda}{\left(\frac{u_1}{2} + \sqrt{\frac{u_1^2}{4} - 1}\right)^\lambda} + \ldots$$

$$+ 1 + \cfrac{x}{\frac{u_1}{2} - \sqrt{\frac{u_1^2}{4} - 1}} + \cfrac{x^2}{\left(\frac{u_1}{2} - \sqrt{\frac{u_1^2}{4} - 1}\right)^2} + \ldots + \cfrac{x^\lambda}{\left(\frac{u_1}{2} + \sqrt{\frac{u_1^2}{4}}\right)^\lambda} + \ldots$$

Donc enfin, en comparant à l'équation (2),

$$u_n = \cfrac{1}{\left(\frac{u_1}{2} + \sqrt{\frac{u_1^2}{4} - 1}\right)^n} + \cfrac{1}{\left(\frac{u_1}{2} - \sqrt{\frac{u_1^2}{4} - 1}\right)^n}$$

$$= \cfrac{\left(\frac{u_1}{2} - \sqrt{\frac{u_1^2}{4} - 1}\right)^n + \left(\frac{u_1}{2} + \sqrt{\frac{u_1^2}{4} - 1}\right)^n}{\left[\left(\frac{u_1}{2} + \sqrt{\frac{u_1^2}{4} - 1}\right)\left(\frac{u_1}{2} - \sqrt{\frac{u_1^2}{4} - 1}\right)\right]^n}$$

$$= \left(\frac{u_1}{2} - \sqrt{\frac{u_1^2}{4} - 1}\right)^n + \left(\frac{u_1}{2} + \sqrt{\frac{u_1^2}{4} - 1}\right)^n.$$

Introduisons une nouvelle variable θ, en posant $u_1 = 2\cos\theta$; comme $u_1 = 2$ pour $\beta = 0$, nous pourrons faire en sorte que les arcs θ et β s'annulent ensemble ; nous pourrons d'ailleurs les regarder tous deux comme positifs. Il résulte de cette relation

$$\sqrt{\frac{u_1^2}{4} - 1} = 2\sqrt{-1}\sin\theta,$$

et par suite

$$u_n = (\cos\theta + \sqrt{-1}\sin\theta)^n + (\cos\theta - \sqrt{-1}\sin\theta)^n = 2\cos n\theta.$$

Si donc on exprime $\varphi(\beta)$ par le double du cosinus d'un certain arc θ, $\varphi(n\beta)$ sera exprimé par le double du cosinus du produit de cet arc par n, et cela quelque grand que soit le multiplicateur n.

Remplaçons $n\beta$ par α ; nous aurons à la fois les deux équations

$$\varphi(\beta) = \varphi\left(\frac{\alpha}{n}\right) = 2\cos\theta,$$
$$\varphi(\alpha) = 2\cos n\theta.$$

Faisons ensuite croître indéfiniment le nombre entier n. L'arc β deviendra infiniment petit, ainsi que l'arc θ, et nous pourrons poser à la limite $\beta = s\theta$, s étant la vraie valeur du rapport $\frac{\beta}{\theta}$, quand les deux arcs β et θ convergent à la fois vers zéro.

On en déduit

$$\theta = \frac{\beta}{s} = \frac{\alpha}{ns},$$

et

$$n\theta = \frac{\alpha}{s}.$$

Donc

$$\varphi(\alpha) = 2\cos\frac{\alpha}{s};$$

dans cette équation, s est un nombre constant qui reste à déterminer, et l'équation est vraie d'une manière générale, puisque l'arc α est un arc fini quelconque.

Pour déterminer l'arbitraire s, faisons $\alpha = \frac{\pi}{2}$; la fonction doit s'annuler ; donc $\cos\frac{\pi}{2s} = 0$; ce qui suppose s égal à l'inverse, $\frac{1}{2s'+1}$, d'un entier impair.

On aurait donc

$$\varphi(\alpha) = 2\cos(2s'+1)\alpha.$$

Mais alors la fonction φ s'annulerait pour une valeur de α satisfaisant à l'équation $(2s'+1)\alpha = \frac{\pi}{2}$, et si $2s'+1$ était > 1, cette valeur serait comprise entre 0 et $\frac{\pi}{2}$, ce qui est contradictoire avec la signification particulière que nous attribuons à la fonction φ. Donc enfin $s = 1$, et la fonction $\varphi(\alpha)$ est égale à $2\cos\alpha$.

Cette fonction satisfait à toutes les conditions proposées. Elle prend la valeur 2 pour $\alpha = 0$, la valeur 0 pour $\alpha = \dfrac{\pi}{2}$, la valeur $\sqrt{2}$ pour $\alpha = \dfrac{\pi}{4}$, et la valeur 1 pour $\alpha = \dfrac{\pi}{5}$. D'ailleurs on a

$$\varphi(\alpha \pm \beta) = 2\cos(\alpha \pm \beta) = 2(\cos\alpha\cos\beta \mp \sin\alpha\sin\beta),$$

et par suite

$$\varphi(\alpha + \beta) + \varphi(\alpha - \beta) = 4\cos\alpha\cos\beta = 2\cos\alpha \times 2\cos\beta = \varphi(\alpha) \times \varphi(\beta).$$

On arriverait à la même conclusion en développant les fonctions $\varphi(\alpha \pm \beta)$ par la série de Taylor; c'est la méthode que suivaient Poisson, Navier, etc.

La proposition démontrée pour le losange s'étend sans difficulté au parallélogramme, en commençant par le cas particulier du rectangle.

21. La règle du *parallélogramme des forces* peut être ensuite généralisée et étendue à la composition de tant de forces qu'on voudra : s'il y a trois forces, elle devient la règle du *parallélépipède des forces;* s'il y en a plus de trois, la règle du *polygone des forces.* La résultante des forces appliquées en un même point est toujours représentée en grandeur et en direction par la *résultante géométrique* des droites qui représentent les forces données (I, § 49).

CONDITIONS D'ÉQUILIBRE D'UN POINT MATÉRIEL SOLLICITÉ
PAR DIVERSES FORCES.

22. Lorsqu'un point matériel, libre dans l'espace, est sollicité par diverses forces, il faut et il suffit, pour que ce point soit en équilibre, que *la résultante de toutes les forces données soit nulle,* ou bien que *le polygone des forces données se ferme de lui-même.*

On peut transformer cette condition. Soit O le point matériel, OF une droite finie représentant en grandeur et en direction l'une des forces qui agissent sur ce point. Par le point O, menons arbitrairement trois axes coordonnés OX, OY, OZ;

nous pourrons considérer la droite OF comme la diagonale d'un parallélépipède dont les faces aboutissant au sommet O soient situées dans les plans XOY, YOZ, ZOX. Il suffit pour cela de mener par le point F, parallèlement aux plans coordonnés, trois plans qui couperont les axes en des points A, B, C. Nous regarderons la force OF comme la résultante des trois forces OA, OB, OC, agissant

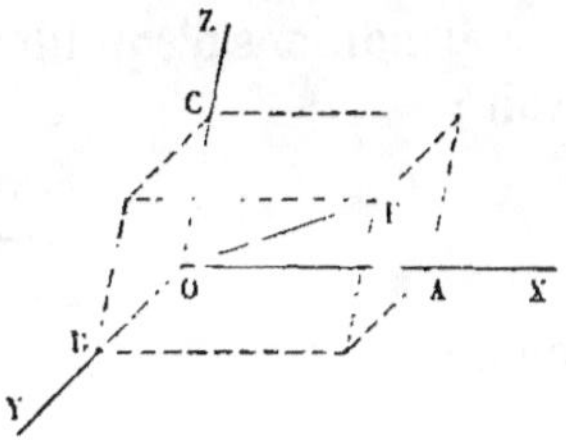

Fig. 16.

sur le point O dans la direction des trois axes coordonnés.

À chaque force F correspondront ainsi sur les axes trois composantes, que nous désignerons d'une manière générale par X, Y, Z ; la composition des forces F se simplifiera en composant d'abord ensemble, par voie d'addition algébrique, toutes les forces qui agissent suivant un même axe ; puis, en dernier lieu, en composant les trois résultantes partielles par la règle du parallélépipède.

Soient F_1, F_2, F_3, ... F_n, les n forces qui agissent sur le point O. Nous appellerons :

X_1, Y_1, Z_1, les trois composantes de la force F_1, prises avec les signes convenables ;

X_2, Y_2, Z_2, les trois composantes de la force F_2, ...;

X_n, Y_n, Z_n, les trois composantes de la force F_n.

Les trois composantes de la résultante des n forces données seront respectivement égales aux sommes algébriques

$$X_1 + X_2 + \ldots + X_n,$$
$$Y_1 + Y_2 + \ldots + Y_n,$$
$$Z_1 + Z_2 + \ldots + Z_n,$$

ou, sous forme abrégée,

$$\Sigma X, \quad \Sigma Y, \quad \Sigma Z,$$

les sommes Σ étant étendues à toutes les composantes des forces données.

Pour que le point soit en équilibre, il faut et il suffit que la résultante des forces soit nulle, ou que le parallélépipède qui a pour côtés les sommes précédentes ait une diagonale nulle, ce qui exige que ses côtés soient séparément égaux à zéro. Les conditions d'équilibre sont donc au nombre de trois, savoir :

$$X_1 + X_2 + \ldots + X_n = 0,$$
$$Y_1 + Y_2 + \ldots + Y_n = 0,$$
$$Z_1 + Z_2 + \ldots + Z_n = 0,$$

ou bien

$$\Sigma X = 0,$$
$$\Sigma Y = 0,$$
$$\Sigma Z = 0.$$

25. En général, on applique ces équations à des axes rectangulaires, sur lesquels les forces OF se projettent orthogonalement.

Soient OX, OY, OZ, trois axes rectangulaires ; la force F fait des angles α, β, γ, avec ces trois axes. La composante de F suivant l'axe OX sera $F \cos\alpha$; suivant l'axe OY, $F \cos\beta$, et suivant l'axe OZ, $F \cos\gamma$.

La somme algébrique des composantes de toutes les forces qui sollicitent le point O sera

$$\text{suivant l'axe OX,} \qquad \Sigma F \cos\alpha,$$
$$\text{suivant l'axe OY,} \qquad \Sigma F \cos\beta,$$
$$\text{et suivant l'axe OZ,} \qquad \Sigma F \cos\gamma.$$

Si l'on définit la direction de la force F par deux angles, la *longitude* θ, angle du plan ZOF avec le plan ZOX, et la *colatitude* γ, angle de la direction F avec l'axe OZ (I, § 65), on aura

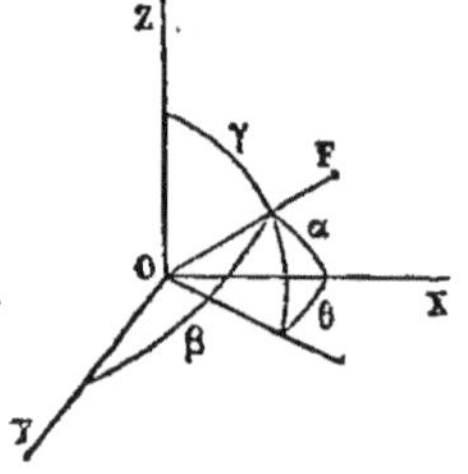

Fig. 17.

$$\cos\alpha = \cos\theta \sin\gamma,$$
$$\cos\beta = \cos\theta \sin\gamma,$$

et les sommes des composantes seront

$$\Sigma X = \Sigma F \cos\theta \sin\gamma,$$
$$\Sigma Y = \Sigma F \sin\theta \sin\gamma,$$
$$\Sigma Z = \Sigma F \cos\gamma.$$

. L'équilibre s'exprimera en égalant séparément ces trois sommes à zéro.

24. En résumé, *l'équilibre d'un point matériel dans l'espace exige, comme condition nécessaire et suffisante, que la somme algébrique des projections, sur trois axes coordonnés, des forces qui le sollicitent, soit égale à zéro.* S'il en est ainsi pour les projections sur trois axes, on peut affirmer que *la somme des projections des forces faites parallèlement à un plan fixe sur un axe quelconque est aussi nulle.* Car cette somme n'est autre chose que la projection sur cet axe de la résultante des forces données, laquelle est nulle dès que ses composantes, parallèles à trois axes non situés dans un même plan, sont nulles toutes trois.

VÉRIFICATION EXPÉRIMENTALE DE LA COMPOSITION DES FORCES.

25. On mesure en général les forces en les comparant à des poids. Mais le poids d'un corps est dirigé suivant la verticale, et il faut recourir à un certain artifice pour en changer la direction. On peut se servir à cet effet d'une poulie, sur laquelle on fait passer le fil auquel le poids est suspendu. Si le fil est suffisamment fin, et si la poulie est bien ronde et bien mobile autour de son centre, la *tension* du fil, au point où il s'attache au corps soumis à l'expérience, sera sensiblement égale au poids suspendu à son extrémité.

Pour vérifier expérimentalement la règle du parallélogramme des forces, on attachera à un corps M de forme quelconque, sphérique par exemple et de petites dimensions, trois fils qu'on fera passer sur trois poulies a, b, c, suspendues en trois points fixes A, B, C. Aux extrémités des

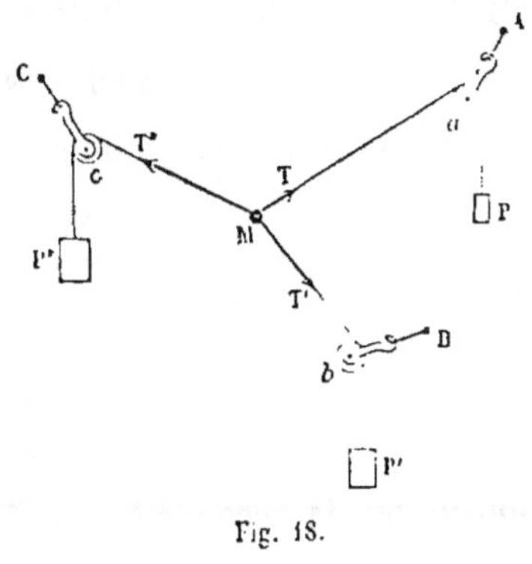

Fig. 18.

fils on attachera des poids P, P', P'', dont on pourra faire varier la valeur. Avec quelques tâtonnements, on parviendra à établir l'équilibre. Cet état une fois obtenu, le corps M sera sollicité par trois forces (on fait abstraction ici du poids propre du corps M et des fils, qu'on suppose négligeable); ces trois forces sont les tensions T, T', T'' des fils, égales respectivement aux poids P, P', P''. On observera que les trois forces agissent dans un même plan; on pourra en reporter la position sur une feuille de papier, et la construction du parallélogramme sur les forces T et T' donnera pour résultante une force égale et contraire à T''.

COMPOSITION DES FORCES APPLIQUÉES A UN MÊME POINT
DANS UN MÊME PLAN.

26. Soient F, F', ... des forces appliquées au point O dans le plan du papier; appelons α, α', ... les angles qu'elles font avec la partie positive OX de l'axe des x; les compléments $\frac{\pi}{2}-\alpha$, $\frac{\pi}{2}-\alpha'$, ... seront les angles des forces avec l'axe OY, et la résultante R de ces forces aura pour composantes, suivant OX, la somme

$$F\cos\alpha + F'\cos\alpha' + \ldots,$$

et suivant l'axe OY, la somme

$$F\sin\alpha + F'\sin\alpha' + \ldots.$$

Appelons λ l'angle de la résultante R avec l'axe OX, nous aurons

$$R\cos\lambda = F\cos\alpha + F'\cos\alpha' + \ldots = \Sigma F\cos\alpha,$$
$$R\sin\lambda = F\sin\alpha + F'\sin\alpha' + \ldots = \Sigma F\sin\alpha.$$

Multiplions la seconde équation par $\sqrt{-1}$, et ajoutons; il viendra

$$R\left(\cos\lambda + \sqrt{-1}\sin\lambda\right) = \Sigma F\left(\cos\alpha + \sqrt{-1}\sin\alpha\right).$$

Donc le nombre imaginaire $R (\cos \lambda + \sqrt{-1} \sin \lambda)$ est la *somme algébrique* des nombres imaginaires $F (\cos \alpha + \sqrt{-1} \sin \alpha)$.

F est le *module*, α l'*argument* du nombre imaginaire $F (\cos \alpha + \sqrt{-1} \sin \alpha)$, qui représente à la fois la grandeur et la direction de la force F; de même R et λ sont le module et l'argument du nombre imaginaire $R (\cos \lambda + \sqrt{-1} \sin \lambda)$, qui représente à la fois la force R en grandeur et en direction. L'addition des nombres imaginaires correspond donc à la composition des forces appliquées à un même point dans un plan.

27. L'analogie de l'addition algébrique et de la composition des forces a conduit certains auteurs à adopter des définitions et une notation nouvelles, que nous allons faire connaître.

Dans son sens primitif, la *somme* est le résultat d'une addition de nombres absolus, ou de quantités de même nature. Telle est la *somme arithmétique*. En géométrie, on obtient la somme de plusieurs longueurs en les portant bout à bout sur la même droite.

L'introduction des nombres négatifs dans le calcul a permis d'étendre cette définition : on a appelé *somme algébrique* le résultat de l'addition de ces quantités prises chacune avec son signe. En géométrie, le signe d'une longueur s'interprète par le sens dans lequel elle doit être portée; la somme algébrique de plusieurs longueurs réelles se fera donc en portant bout à bout sur une même droite des segments égaux à ces longueurs, dans un sens si elles sont positives, en sens opposé si elles sont négatives : la somme cherchée est la longueur comprise entre le point de départ et le point d'arrivée, prise avec le signe convenable.

Dans ces deux opérations, on peut regarder la somme obtenue comme la résultante de forces appliquées suivant la même droite, et représentées, en grandeur et en sens, par les longueurs données, prises avec leurs signes. Il en est de même, comme nous venons de le voir, de l'addition des nombres imaginaires, pourvu que l'on convienne de regarder la partie réelle et le coefficient de $\sqrt{-1}$ comme les composantes rectangulaires d'une force représentée par le nombre imaginaire donné.

On peut, par une nouvelle extension, appeler *somme géométrique* de plusieurs quantités a, b, c, ... représentées en grandeur et en direction par des droites issues d'un même point O, et dirigées comme on voudra dans l'espace, la résultante S de ces quantités, composées à la façon des forces ou des vitesses; on indique l'opération de la composition par la notation

$$\bar{S} = \bar{a} + \bar{b} + \bar{c} + \dots.$$

De même, la *différence géométrique* de deux quantités a et b est la somme géométrique de la quantité a et de la quantité b changée de sens; ce qu'on exprime par l'une des notations

$$\bar{S} = \bar{a} - \bar{b} = \bar{a} + (-\bar{b}),$$

$-b$ désignant une quantité égale à b, mais dirigée en sens contraire.

La *différentielle géométrique* d'une quantité variable Oa est l'élément infiniment petit aa', qui, composé avec Oa, donne en grandeur et en direction la valeur infiniment voisine Oa' de cette quantité variable. Par exemple, la vitesse acquise élémentaire, jdt, est la différentielle géométrique de la vitesse v; car, composée avec v, elle donne la vitesse suivante, $v + dv$, en direction et en grandeur (1, § 91).

Nous ne ferons pas usage de ces définitions, et nous continuerons à nous servir des mots *composition*, *résultante*, au lieu des mots équivalents d'*addition géométrique* et de *somme géométrique*.

On a introduit dans le langage une autre expression, celle de *produit géométrique* de deux lignes, dont nous ne nous servirons pas davantage. Le produit géométrique de deux lignes est le produit des longueurs de ces lignes par le cosinus de l'angle qu'elles font entre elles, ou le produit d'une des longueurs par la projection de l'autre sur la première. On pourra dire, par exemple, en se servant de cette définition, que *dans tout triangle, le carré d'un côté est égal à la somme des carrés*.

des deux autres, diminuée du double de leur produit géométrique. Cette définition s'applique, en mécanique, à l'expression du travail d'une force. Outre qu'elle est peu utile, elle a l'inconvénient de ne pas se trouver d'accord, dans tous les cas particuliers, avec le résultat de la multiplication algébrique. La somme algébrique de deux nombres imaginaires $r(\cos\theta + \sqrt{-1}\sin\theta)$ et $r'(\cos\theta' + \sqrt{-1}\sin\theta')$ est bien représentée par la résultante, ou la somme géométrique, de deux lignes r et r', orientées dans le plan suivant les directions respectives θ et θ'. Le *produit géométrique* de ces deux lignes devrait être aussi identique au produit algébrique des deux nombres : or il n'en est rien ; car l'un de ces produits est le nombre réel $rr'\cos(\theta'-\theta)$, et l'autre, le nombre $rr'[\cos(\theta+\theta') + \sqrt{-1}\sin(\theta+\theta')]$.

Les résultats ne sont les mêmes que quand les arcs θ et θ' sont nuls ou égaux à des multiples de la demi-circonférence.

APPLICATIONS DE LA THÉORIE DE LA COMPOSITION DES FORCES.

28. Étant donné un triangle ABC, on prend les milieux a, b, c des côtés BC, CA, AB ; on joint les points ainsi obtenus aux sommets opposés, et l'on obtient trois droites Aa, Bb, Cc, qui se coupent en un même point M, qu'on appelle le *centre de gravité* du triangle ABC.

Cela posé, *si l'on place en M un point matériel et qu'on lui applique des forces représentées en grandeur et en direction par les droites MA, MB, MC, ce point sera en équilibre.*

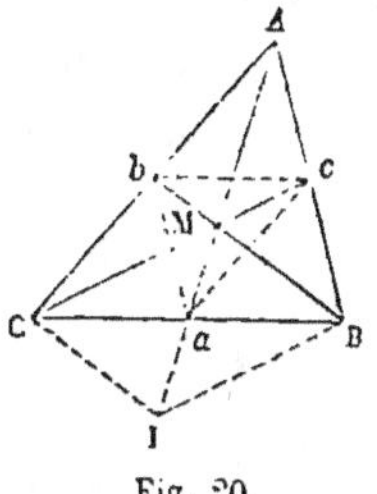

Fig. 20.

Il suffit de démontrer que l'une quelconque, MA, de ces forces est égale et opposée à la résultante des deux autres, MB, MC.

Achevons le parallélogramme MBIC. La droite MI représentera en grandeur et en direction la résultante des deux forces MB, MC.

Cette droite MI passe au point a, milieu de BC, car les deux diagonales BC, MI d'un parallélogramme se coupent mutuellement en parties égales. Donc la direction MI se confond avec la direction Ma, et la force MI agit dans une direction contraire à la force MA. On a de plus MI = MA ; en effet, le point a, intersection des deux diagonales MI, BC, est le milieu de MI, et par suite MI est double de Ma. Mais on sait que les trois médianes Aa, Bb, Cc se coupent au point M en deux segments dont l'un, MA, est double de l'autre, Ma ; donc enfin les deux longueurs MI et MA sont égales. On pourrait le démontrer, au surplus, en observant que b étant, par hypothèse, le milieu de AC, et CI étant, par construction, parallèle à bM, le point M est le milieu de AI.

La réciproque est vraie : *Lorsque trois forces appliquées en un même point se font équilibre, le point d'application de ces trois forces est le centre de gravité du triangle obtenu en joignant deux à deux leurs extrémités.*

On remarquera que si le point M était sollicité par les trois forces Ma, Mb, Mc, il serait encore en équilibre, car ces forces sont respectivement contraires aux forces MA, MB, MC, et égales à leurs moitiés. On rentre d'ailleurs dans le théorème démontré, en considérant le triangle abc, dont le point M est aussi le centre de gravité.

Il est donc très facile de vérifier géométriquement si trois

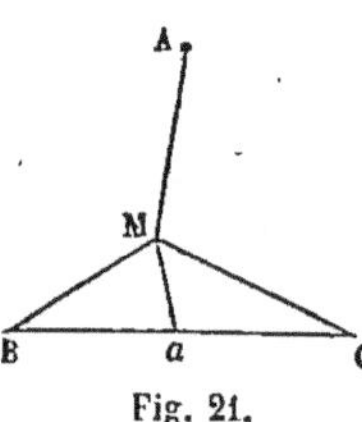
Fig. 21.

forces, MA, MB, MC, appliquées à un même point se font équilibre. Il suffit de joindre les points B et C, et de prendre le milieu, a, de la droite de jonction ; l'équilibre exige que le point a soit situé sur le prolongement de MA, et que l'on ait MA = M$a \times 2$. Autrement l'équilibre n'a pas lieu.

29. Des constructions analogues peuvent être étendues à autant de forces qu'on voudra.

Soient, par exemple, quatre forces MA, MB, MC, MD, situées ou non dans un même plan. Joignons AB et CD, et soient E et G les milieux de ces droites. Joignons ME, MG. La droite ME représentera la *moitié* de la résultante des forces MA et MB. De même MG représentera la moitié de la résultante de MC et MD. Pour l'équilibre, il faut et il suffit que les deux directions ME, MG soient contraires, et que l'on ait ME = MG. Il faut et il suffit, en d'autres termes, que les trois points E, M, G soient en ligne droite, et que M soit le milieu de EG.

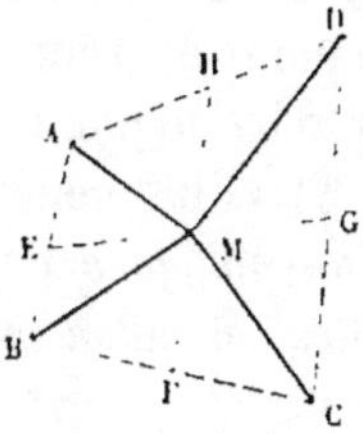

Si ces conditions sont satisfaites pour la droite EG, elles le seront aussi pour la droite HF, qui joint les milieux des côtés opposés BC, AD du quadrilatère ABCD.

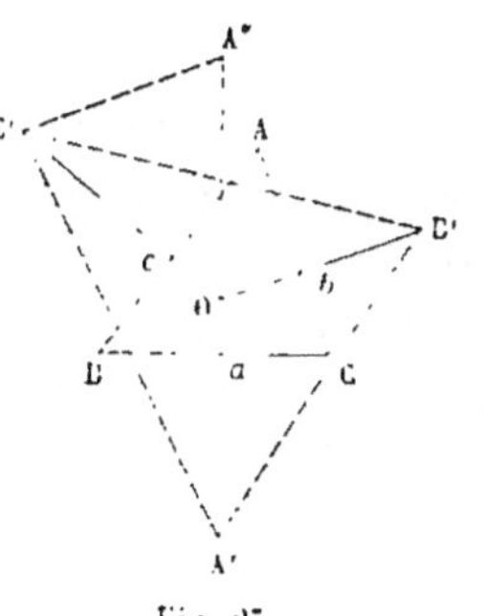

Fig. 22.

30. Étant donné un triangle ABC, on prend dans son plan un point quelconque, O, et de ce point, on abaisse sur les trois côtés des perpendiculaires Oa, Ob, Oc. Au point O, on place un point matériel auquel on applique, suivant ces perpendiculaires, des forces représentées sur la figure par les longueurs OA' = BC, OC' = AB, OB' = AC; *le point matériel O, sous l'action de ces forces, est en équilibre.*

Il suffit de prouver que l'une des forces OA' est égale et contraire à la résultante des deux autres. Prolongeons indéfiniment la direction A'O, et par le point C' menons C'A" parallèle à OB'. Nous formons ainsi un triangle OC'A" dont les côtés sont respectivement perpendiculaires aux côtés du triangle donné; ces deux triangles sont donc semblables, et par suite ils sont égaux, car les côtés homologues OC', AB sont égaux entre eux; donc A"C' = AC = OB', et OA" = BC = OA'. La force OA" est la diagonale du parallélogramme construit sur OC', OB', et l'équilibre est démontré.

Fig. 23.

En vertu du théorème précédent (§ 28), si l'on joint A'B', B'C', C'A', le point O sera le centre de gravité, et les droites OA', OB', OC' les directions des médianes du triangle ainsi obtenu.

Les perpendiculaires élevées aux milieux des trois côtés d'un triangle concourent en un même point, centre du cercle circonscrit au triangle. On peut donc prendre pour le point O le point de rencontre de ces trois droites. De même on peut prendre le point de rencontre des trois hauteurs.

31. Plus généralement, *si d'un point O pris dans le plan d'un polygone donné on abaisse des perpendiculaires sur ses côtés, et qu'on prenne sur chacune une longueur égale au côté*

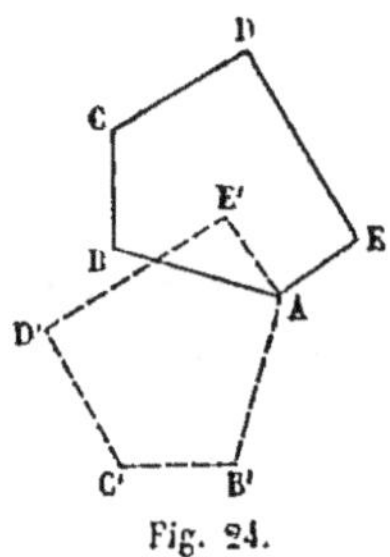

correspondant, on obtiendra une série de droites qui, considérées comme des forces, se feront équilibre.

En effet, faisons tourner le polygone ABCDE d'un angle droit dans son plan autour d'un de ses sommets A ; il prendra la position AB'C'D'E'. Ce nouveau polygone se fermant de lui-même, les forces égales et parallèles à ses côtés, appliquées au point A, se font équilibre ; or ces forces sont celles que l'on doit appliquer, d'après l'énoncé, au point O lorsqu'il coïncide avec le sommet A. Le théorème démontré pour le point A s'étend évidemment à tout autre point du plan.

Fig. 24.

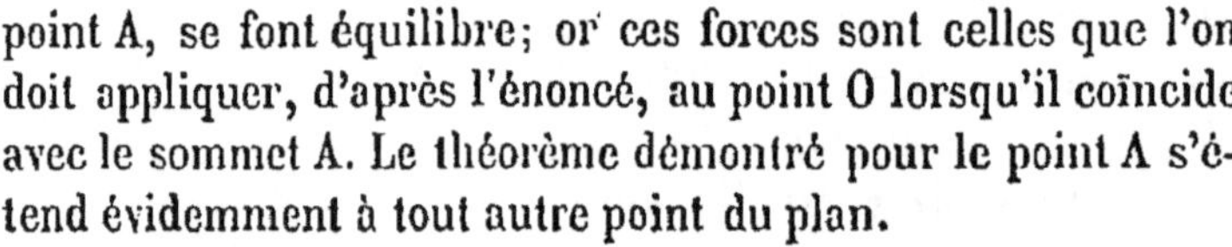

LIVRE II

CHAPITRE PREMIER

COMPOSITION DES FORCES PARALLÈLES.

32. Nous supposerons dans ce livre que deux ou plusieurs forces soient appliquées en différents points d'un même système solide, et nous nous proposerons de trouver la résultante de ces forces, s'il y en a une, c'est-à-dire de trouver la position, la direction et la grandeur d'une force unique telle, qu'une force égale et contraire, appliquée au système, tienne toutes les autres forces en équilibre. Nous nous occuperons d'abord des forces parallèles.

Soient F et F′ deux forces parallèles appliquées en des points A et B d'un corps solide; supposons-les dirigées dans le même sens.

Nous ne troublerons pas l'équilibre du solide en appliquant en A et B, suivant la direction BA et en sens contraire, deux forces égales, R et —R, dont l'intensité reste arbitraire. Le système des quatre forces F, F′, R et R est donc

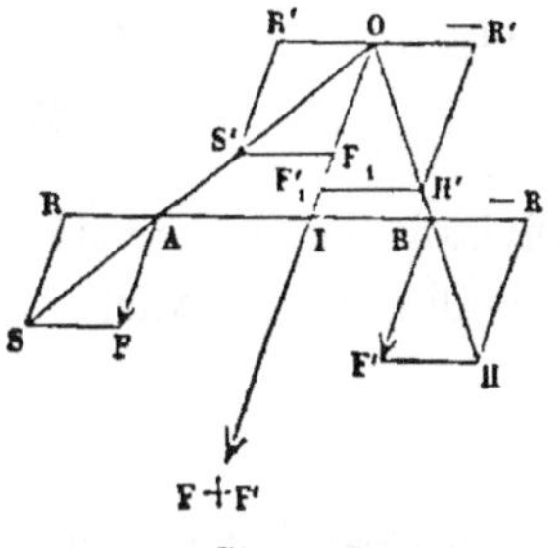

Fig. 25.

équivalent au système des forces F, F′. Or les deux forces concourantes, R et F, se composent en une force unique AS, par la règle du parallélogramme. De même les forces F′ et — R ont pour résultante une force BH; la résultante des forces F et F′ est donc la résultante des forces AS et BH, qui sont concourantes, et dont les directions se rencontrent en un certain point O. Les forces AS et BH peuvent être supposées appliquées en ce point O, et là on peut les décomposer chacune suivant deux directions, l'une parallèle à AB, l'autre parallèle aux forces F et F′. La force OS′ = AS donnera par cette décomposition une force R′, égale et parallèle à R, et une force OF_1, égale et parallèle à la force F; la force OH′ = BH donnera de même une force — R′, égale et parallèle à — R, et une force $OF′_1$, égale et parallèle à F′. Les deux forces R′ et — R′, égales et appliquées en sens contraires au même point O, se détruisent; il reste donc les deux forces F_1 et $F′_1$, égales et parallèles à F et F′, et qui, appliquées en un même point et dans le même sens, s'ajoutent et donnent une résultante égale à leur somme, F + F′.

La résultante peut d'ailleurs être supposée appliquée au point I de la droite AB qui joint les points d'application des composantes. Pour déterminer ce point, observons que la similitude des triangles SFA, AIO donne la proportion

$$\frac{AI}{OI} = \frac{SF}{AF} = \frac{R}{F},$$

et que la similitude des triangles OIB, BF′H donne la proportion

$$\frac{IB}{OI} = \frac{F′H}{BF′} = \frac{R}{F′}.$$

Divisant membre à membre ces deux égalités, on élimine à la fois OI et R, et il vient

$$\frac{AI}{IB} = \frac{F′}{F}.$$

Le point I partage donc la distance AB des deux points d'application dans le rapport inverse des forces.

Nous conclurons de là ce théorème :

Deux forces parallèles, de même sens, se composent en une

*seule force, parallèle aux deux premières, de même sens, et
égale à leur somme, et le point d'application de la résultante
partage la droite de jonction des points d'application des composantes en deux segments, qui sont entre eux dans le rapport
inverse des forces adjacentes.*

On remarquera que la position du point I, intersection de la
résultante avec la droite AB, dépend du rapport des forces F
et F', et ne dépend ni de leur grandeur absolue, ni de leur
direction. On peut donc ajouter :

*Le point d'application de la résultante de deux forces paral-
lèles sur la droite qui joint les points d'application de ces forces,
ne varie pas quand on altère les grandeurs ou les directions des
deux forces, pourvu que l'on conserve leur parallélisme et le
rapport de leurs grandeurs.*

55. Supposons que plusieurs forces parallèles F, F', F",
F''',..., soient appliquées respective-
ment aux points A, B, C, D,... d'un
corps solide, et que ces forces soient
toutes dirigées dans le même sens.
On pourra, en appliquant le théorème
précédent, déterminer la résultante de
toutes ces forces. En effet, joignons
AB et partageons la distance AB au
point I, de manière à satisfaire à la proportion

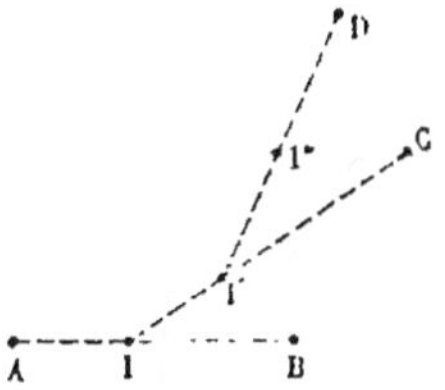

$$\frac{AI}{IB} = \frac{F'}{F}.$$

Fig. 26.

Nous pouvons remplacer les deux forces F et F', appliquées
respectivement en A et B, par la force F + F', appliquée au
point I. Joignons ensuite IC, et prenons sur cette droite un
point I' tel, que nous ayons

$$\frac{I'I}{I'C} = \frac{F''}{F+F'}.$$

Le point I' sera le point d'application de la résultante des
deux forces (F + F') et F", laquelle sera égale à la somme

$F + F' + F''$. Continuons, en joignant I'D, et en prenant sur cette droite un point I" satisfaisant à la proportion

$$\frac{I''I'}{I''D} = \frac{F'''}{F + F' + F''}.$$

Le point I" sera le point d'application de la résultante, $F + F' + F'' + F'''$, des quatre forces F, F', F", F'''. On procédera ainsi jusqu'à ce qu'on ait épuisé toutes les forces et tous les points donnés. La résultante générale sera égale à la somme de toutes les forces données, et sera parallèle à leur direction commune. Les points I, I', I",... obtenus successivement sont indépendants des grandeurs absolues des forces et de leur direction. Le dernier point obtenu est indépendant de l'ordre dans lequel on a pris les points donnés pour opérer la composition.

54. Proposons-nous de trouver les coordonnées du point d'application de la résultante de n forces données, parallèles et de même sens, appliquées en des points A, B, C,... L, définis chacun par ses coordonnées x, y, z.

Considérons deux des points d'application donnés, A et B ; soit $Aa = z_1$ l'ordonnée du point A parallèle à l'axe OZ, et $Bb = z_2$

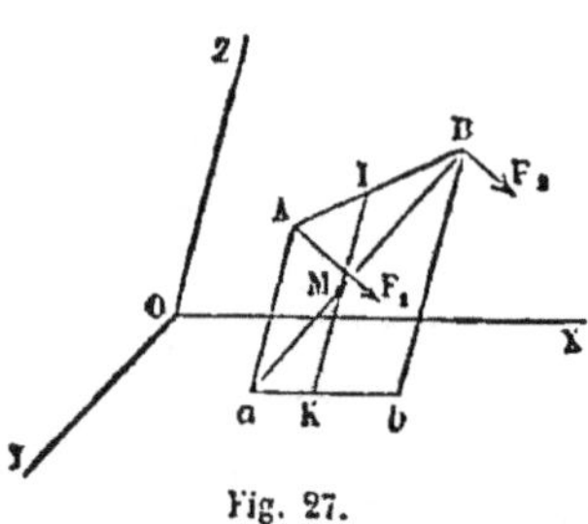

Fig. 27.

l'ordonnée du point B. Soit I le point d'application de la résultante des forces F_1 et F_2, appliquées respectivement en A et en B. Nous aurons, pour déterminer le point I, la proportion

$$\frac{AI}{IB} = \frac{F_2}{F_1},$$

d'où l'on déduit

$$\frac{AI}{AB} = \frac{F_2}{F_1 + F}$$

$$\frac{IB}{AB} = \frac{F_1}{F_1 + F_2}.$$

Par le point I menons une parallèle, IK, à l'axe OZ; elle percera le plan XOY en un point K, projection du point I sur ce plan, et qui sera situé sur la droite ab, projection de AB. Appelons z l'ordonnée du point I, représentée sur la figure par la longueur IK.

Cette droite IK est donc, dans le trapèze AabB, une parallèle aux bases Aa, Bb. Pour en évaluer la longueur, menons la diagonale aB qui rencontre IK en un point M. Nous aurons

$$z = IK = IM + MK.$$

Or, dans le triangle BAa, la droite IM, parallèle à la base, forme un triangle semblable, et par suite

$$\frac{IM}{Aa} = \frac{IB}{AB} = \frac{F_1}{F_1 + F_2}.$$

Donc

$$IM = z_1 \times \frac{F_1}{F_1 + F_2}.$$

De même

$$MK = z_2 \times \frac{F_2}{F_1 + F_2},$$

et enfin

$$z = \frac{F_1 z_1 + F_2 z_2}{F_1 + F_2},$$

formule qui est générale, pourvu qu'on attribue aux ordonnées z, z_1, z_2 des signes convenables.

La résultante des forces F_1 et F_2 est d'ailleurs égale à leur somme $F_1 + F_2$.

Il faut la composer avec la force F_3 appliquée au point C, dont l'ordonnée est z_3; si l'on appelle z' l'ordonnée du point d'application de la résultante des deux forces $(F_1 + F_2)$ et F_3, on n'aura pour trouver z' qu'à appliquer la formule précédente en y changeant

$$F_1, \quad F_2, \quad z_1, \quad z_2,$$

en

$$F_1 + F_2, \quad F_3, \quad z, \quad z_3,$$

ce qui donnera

$$z' = \frac{(F_1 + F_2) z + F_3 z_3}{(F_1 + F_2) + F_3},$$

ou bien, en observant que $(F_1 + F_2) z = F_1 z_1 + F_2 z_2,$

$$z' = \frac{F_1 z_1 + F_2 z_2 + F_3 z_3}{F_1 + F_2 + F_3}.$$

De même, pour passer à la quatrième force F_4, dont le point d'application a pour ordonnée z_4, il suffira d'ajouter au numérateur de la fraction le terme $F_4 z_4$, et au dénominateur le terme F_4, et ainsi de suite, jusqu'à ce qu'on ait introduit dans la formule les n forces données. La formule finale qui détermine le point d'application de la résultante des n forces est donc

$$Z = \frac{F_1 z_1 + F_2 z_2 + \ldots + F_n z_n}{F_1 + F_2 + \ldots + F_n} = \frac{\Sigma F z}{\Sigma F}.$$

Ce que nous avons dit de la coordonnée Z, nous pourrions le répéter des coordonnées X et Y, de sorte que nous pouvons poser aussi les équations

$$X = \frac{F_1 x_1 + F_2 x_2 + \ldots + F_n x_n}{F_1 + F_2 + \ldots + F_n} = \frac{\Sigma F x}{\Sigma F},$$

$$Y = \frac{F_1 y_1 + F_2 y_2 + \ldots + F_n y_n}{F_1 + F_2 + \ldots + F_n} = \frac{\Sigma F y}{\Sigma F}.$$

Ces trois équations définissent le point cherché par ses trois coordonnées X, Y, Z; on reconnaît à l'inspection des formules que le point d'application de la résultante ne change pas quand on augmente ou qu'on diminue les forces F_1, F_2, ... F_n dans un même rapport; qu'il est indépendant de l'ordre dans lequel on a pris les forces pour les composer; enfin, qu'il est indépendant de la direction des forces données, pourvu qu'elles soient toutes parallèles et dirigées dans le même sens.

55. Le point d'application de la résultante de forces parallèles, de même sens, dont les points d'application et les rapports sont connus, mais dont la direction est d'ailleurs quelconque, prend en statique le nom de *centre des forces parallèles*.

L'existence du centre des forces parallèles une fois reconnue, on peut en déduire la démonstration de certains théorèmes de géométrie.

Premier exemple. — Étant donné un triangle ABC, imaginons que les trois sommets A, B, C soient les points d'application de trois forces parallèles et de même sens, F_1, F_2, F_3.

Les deux forces F_1 et F_3 se composeront en une seule, appliquée en un point b du côté AC, et l'on aura pour déterminer ce point la relation

$$\frac{Cb}{Ab} = \frac{F_1}{F_3}.$$

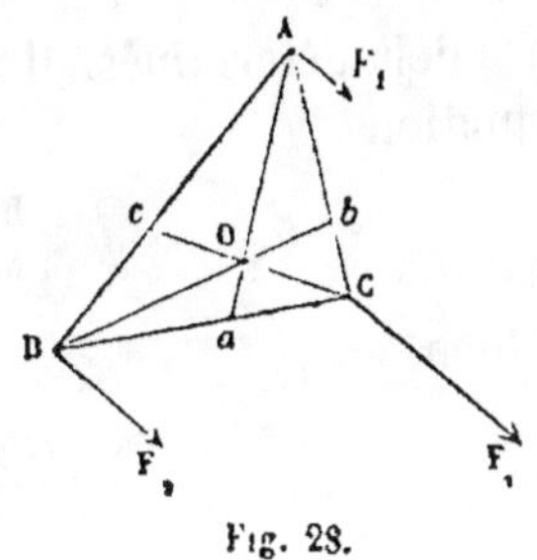

Fig. 28.

Pour avoir la résultante des trois forces, il suffit de composer la force $F_1 + F_3$ appliquée en b, avec la force F_2, appliquée en B. Le point d'application de la résultante appartient donc à la droite Bb.

Mais nous pouvions procéder différemment, et composer les forces F_2 et F_3 en une seule, égale à $F_2 + F_3$, et appliquée en un point a, défini par l'équation

$$\frac{Ba}{Ca} = \frac{F_3}{F_2}.$$

Le centre des forces parallèles se trouverait en composant la force F_1 avec la résultante $F_2 + F_3$ appliquée en a. Il est donc situé sur la droite Aa.

Le point cherché, à la fois sur les droites Bb et Aa, est au point O, intersection de ces deux droites.

Nous pouvions encore composer les deux forces F_1 et F_2 qui auraient donné une résultante $F_1 + F_2$ appliquée en un point c; le centre des forces parallèles se trouve aussi sur la droite Cc. Cette droite, aboutissant en un point c tel, que

$$\frac{Bc}{Ac} = \frac{F_1}{F_2},$$

passe donc par le point O, intersection des deux droites Aa, Bb.

Si l'on prend arbitrairement les points a et b sur les côtés BC, CA, ces points font connaître le rapport des forces $\frac{F_1}{F_3}$, $\frac{F_3}{F_2}$; une fois ces points choisis, la droite Cc passera par le point O où se coupent Aa et Bb, si le rapport $\dfrac{Bc}{Ac}$ est égal au rapport $\dfrac{F_1}{F_2}$, c'est-à-dire au produit $\dfrac{F_1}{F_3} \times \dfrac{F_3}{F_2}$ des deux rapports déjà déterminés. Il faut et il suffit pour cela qu'on ait l'équation

$$\frac{Bc}{Ac} = \frac{Cb}{Ab} \times \frac{Ba}{Ca},$$

ou bien

$$\frac{Ab \times Bc \times Ca}{Ba \times Cb \times Ac} = 1,$$

condition démontrée en géométrie. La statique fait connaître de plus les rapports $\dfrac{Oa}{Aa}$ $\dfrac{Ob}{Bb}$, $\dfrac{Oc}{Cc}$ des portions Oa, Ob, Oc, comprises sur les droites Aa, Bb, Cc, entre le point O et les côtés du triangle, aux longueurs entières de ces droites.

On a en effet

$$\frac{Oa}{OA} = \frac{F_1}{F_2 + F_3},$$

$$\frac{Ob}{OB} = \frac{F_2}{F_1 + F_3},$$

$$\frac{Oc}{OC} = \frac{F_3}{F_1 + F_2}.$$

Donc

$$\frac{Oa}{Aa} = \frac{F_1}{F_1 + F_2 + F_3},$$

$$\frac{Ob}{Bb} = \frac{F_2}{F_1 + F_2 + F_3},$$

$$\frac{Oc}{Cc} = \frac{F_3}{F_1 + F_2 + F_3}.$$

On en déduit, en ajoutant ces trois égalités,

$$\frac{Oa}{Aa} + \frac{Ob}{Bb} + \frac{Oc}{Cc} = \frac{F_1 + F_2 + F_3}{F_1 + F_2 + F_3} = 1.$$

56. *Second exemple.* — On prend arbitrairement deux points a, c, sur les côtés opposés AB, CD d'un quadrilatère gauche, et

l'on joint la droite ac. On prend ensuite sur les deux autres côtés BC, AD deux points b et d tels, qu'on ait, entre les huit segments ainsi déterminés, la relation

$$\frac{\left(\dfrac{Aa}{aB}\right)}{\left(\dfrac{Dc}{cC}\right)} = \frac{\left(\dfrac{Cb}{Bb}\right)}{\left(\dfrac{Dd}{dA}\right)},$$

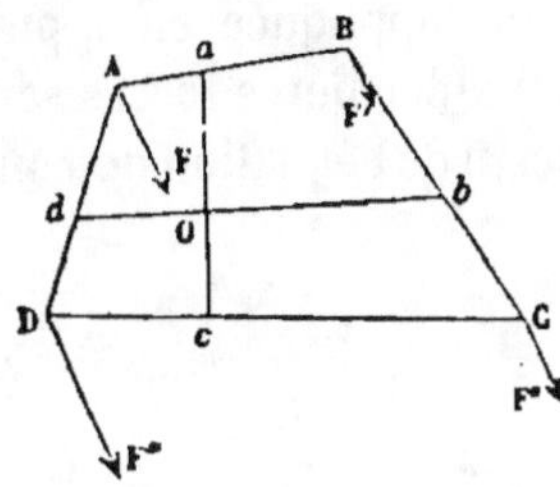

Fig. 29.

ou bien

$$\frac{Aa}{aB} \times \frac{Bb}{bC} \times \frac{Cc}{cD} \times \frac{Dd}{dA} = 1.$$

Puis on joint bd.

On propose de démontrer que les deux droites ac, bd sont dans un même plan, ou qu'elles ont un point O commun.

On y parviendra en faisant voir que ce point O est le centre de quatre forces parallèles appliquées respectivement aux sommets A, B, C, D du quadrilatère.

Prenons arbitrairement la première, F, de ces quatre forces; nous déterminerons la seconde, F′, de manière que la résultante des deux forces F et F′ passe au point a; il faut et il suffit, pour cela, qu'on ait

$$\frac{Aa}{aB} = \frac{F'}{F}.$$

De même déterminons la troisième, F″, de manière que la résultante de F″ et de F′ passe au point b; nous aurons

$$\frac{Bb}{bC} = \frac{F''}{F'}.$$

La force F‴ sera déterminée par la condition

$$\frac{Cc}{cD} = \frac{F'''}{F''},$$

et la résultante des forces F″ et F‴ passera au point c.

Pour trouver la résultante des quatre forces F, F′, F″, F‴, on peut composer d'abord F et F′, ce qui donnera une résultante appliquée au point a; puis F″ et F‴, ce qui donnera une résultante appliquée au point c. La résultante de ces deux résultantes sera appliquée en un point de la droite ac.

On peut aussi composer F' et F''', ce qui donnera une résultante appliquée en b, puis F''' avec F, et la résultante de ces deux dernières forces sera appliquée au point d, puisque, en vertu de l'équation de condition posée tout à l'heure, on a

$$\frac{Dd}{dA} = \frac{\dfrac{Cb}{bB} \times \dfrac{Dc}{cC}}{\dfrac{Aa}{aB}} = \frac{\dfrac{F'}{F''} \times \dfrac{F''}{F'''}}{\dfrac{F'}{F}} = \frac{F}{F'''}.$$

Donc le point d'application de la résultante générale est situé en un point de la droite bd.

Ce point est à la fois sur les deux droites ac, bd ; elles se rencontrent donc, et les quatre points a, b, c, d sont situés dans un même plan.

La surface engendrée par une droite mobile ac, qui se mouvrait en s'appuyant à la fois sur les deux côtés opposés AB, CD du quadrilatère gauche ABCD, et en partageant ces côtés en segments satisfaisant à la condition

$$\frac{\left(\dfrac{Aa}{aB}\right)}{\left(\dfrac{Dc}{Cc}\right)} = K,$$

K étant un nombre constant, peut donc aussi être engendrée par une droite bd qui se mouvrait en s'appuyant sur les deux autres côtés du quadrilatère, en les partageant en segments remplissant la condition

$$\frac{\left(\dfrac{Cb}{bD}\right)}{\left(\dfrac{Dd}{dA}\right)} = K.$$

Cette surface est une surface réglée du second degré. Elle peut être regardée comme engendrée par une droite mobile qui s'appuierait à la fois sur les trois droites AD, ac, BC, ou bien par une droite mobile qui s'appuierait sur les trois droites AB, db, DC. C'est l'*hyperboloïde à une nappe*. Lorsque le rapport

K est égal à l'unité, la droite mobile *ac* est constamment parallèle à un plan mené parallèlement aux côtés BC, DA ; de même *bd* est constamment parallèle à un plan mené parallèlement aux côtés AB, CD. La surface a alors deux plans directeurs, et elle prend le nom de *paraboloïde hyperbolique*.

37. *Troisième exemple.* — Sur les côtés successifs d'un contour *abcd*, composé de trois droites finies données, on prend au hasard des points, savoir :

le point (*ab*) sur le côté *ab*,

le point (*bc*) sur le côté *bc*,

le point (*cd*) sur le côté *cd*.

On joint ensuite le point *a* et le point (*bc*), le point (*ab*) et le point *c* ; ces deux droites se coupent en un point qu'on appelle (*abc*).

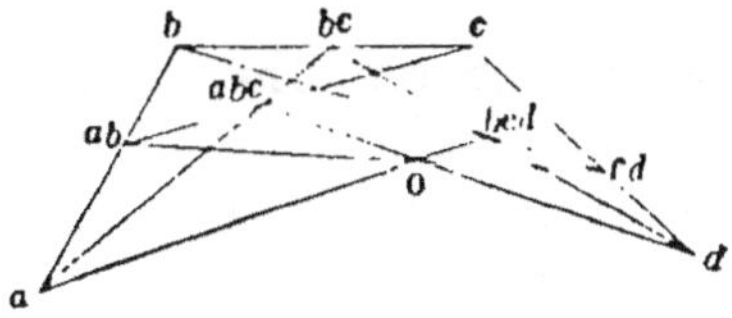

De même on joint (*bc*) et *d*, *b* et (*cd*), et ces deux droites se coupent en un point qu'on appelle (*bcd*).

Enfin on joint

le point *a* au point (*bcd*)

le point (*ab*) au point (*cd*),

le point (*abc*) au point *d*.

Fig. 30.

On demande de démontrer que ces trois droites se coupent en un même point O [qu'on pourrait appeler le point (*abcd*))].

Appliquons aux sommets *a*, *b*, *c*, *d* du contour, des forces parallèles F, F′, F″, F‴ telles, que les deux forces F et F′ aient une résultante appliquée au point (*ab*), que F′ et F″ aient une résultante appliquée au point (*bc*), que F″ et F‴ aient une résultante appliquée en (*cd*).

Le point (*abc*), appartenant à la fois aux droites *a*(*bc*) et (*ab*)*c*, est le point d'application de la résultante des forces F, F′, F″.

On prouverait de même que (*bcd*) est le point d'application de la résultante des forces F′, F″, F‴.

Pour trouver la résultante générale, on peut composer la force F avec la résultante du système (F', F'', F'''), ou bien la résultante de F et F' avec la résultante de F'' et F''', ou bien la résultante du système (F, F', F'') avec la force F'''.

Dans le premier cas, on reconnaît que la résultante cherchée est appliquée en un point de la droite a (bcd); dans le second, en un point de la droite (ab) (cd); dans le troisième enfin, en un point de (abc) d.

Ces trois droites ont donc un point O commun, qui est le centre des forces parallèles F, F', F'', F'''.

Ce théorème peut être étendu à un nombre quelconque de côtés successifs.

COMPOSITION DES FORCES PARALLÈLES NON DIRIGÉES DANS LE MÊME SENS.

58. Soient deux forces F, F', parallèles, mais dirigées en sens contraires, et appliquées en deux points, A et B, d'un même système solide. On demande de trouver la résultante de ces deux forces, s'il y en a une.

Nous déduirons la solution de ce problème, de la composition des forces parallèles et de même sens.

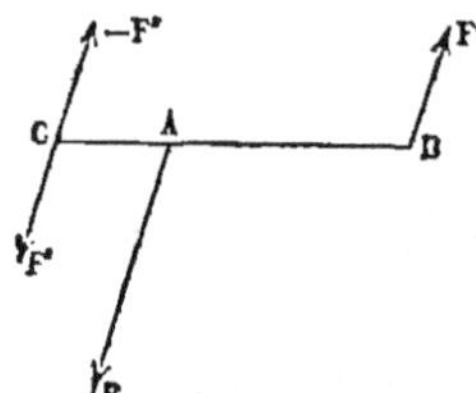

Fig. 51.

En un point C de la droite AB, prolongée du côté où est appliquée la plus grande des deux forces, appliquons deux forces F'' et —F'', égales, contraires et parallèles aux forces F et F'. Cette addition de deux forces égales et contraires ne change rien à la résultante du système des forces données. Or prenons la force F'' égale à la différence F — F', et la distance AC telle, que l'on ait

$$\frac{F''}{F'} = \frac{AB}{AC}.$$

Il résulte de cette construction que les forces F' et — F'' ont une résultante égale et contraire à la force F (§ 52), ou que les forces F, F' et —F" se font équilibre. Donc la force —F" est égale et contraire à la résultante des forces F et F', et par suite la résultante des forces F et F' est la force F".

Deux forces parallèles F et F', de sens contraires, se composent donc en une force F", parallèle à chacune, et égale à leur différence F — F'; elle est appliquée en un point C de la droite qui joint leurs points d'application A et B, du côté de la plus grande des deux forces, et le rapport des deux segments CA, CB est égal au rapport inverse des forces adjacentes; en effet de la proportion

$$\frac{F''}{F'} = \frac{AB}{AC},$$

ou

$$\frac{F — F'}{F'} = \frac{AB}{AC},$$

qui nous a servi à déterminer la position du point C, on déduit

$$\frac{F}{F'} = \frac{AB + AC}{AC} = \frac{CB}{CA}.$$

Enfin *la résultante F" est dirigée dans le sens de la plus grande des deux composantes.*

Si l'on rapproche cet énoncé de celui qui a pour objet la composition de deux forces parallèles et de même sens (§ 52), on reconnaît qu'on peut fondre ces deux énoncés en un seul, en attribuant des signes aux forces et aux segments de la droite qui joint leurs points d'application.

Des deux forces F et F', l'une sera prise négativement, l'autre positivement, parce qu'elles agissent en sens opposés; leur somme algébrique sera égale à la différence de leurs valeurs absolues, prise avec le signe de celle des deux qui a la plus grande valeur absolue; ce sera donc, en grandeur et en signe, la valeur de la résultante F"; leur rapport sera négatif, mais les segments CB, CA se retranchent au lieu de s'ajouter pour donner la distance, AB, des points d'application des deux composantes. On peut, par exemple, prendre négativement le plus petit CA, et positivement le plus grand CB. Leur somme algébrique sera égale à AB, et leur rapport sera négatif.

Grâce à ces conventions, on pourra exprimer la règle de la composition des forces parallèles d'une manière générale, qu'elles soient de même sens ou de sens différents :

Deux forces parallèles se composent en une force parallèle à leur direction commune, égale en grandeur et en signe à leur somme algébrique, et appliquée en un point qui partage la distance des deux points d'application en deux segments dont le rapport soit égal au rapport inverse des forces adjacentes.

Si l'on a à composer des forces parallèles agissant les unes dans un sens, les autres dans le sens opposé, on pourra composer ensemble toutes les forces agissant dans un sens, puis composer ensemble toutes les forces agissant en sens contraire, enfin composer par la règle précédente la résultante du premier groupe et la résultante du second.

Il est facile de reconnaître que les formules que nous avons données § 34, pour la composition des forces de même sens, s'appliquent également aux forces parallèles dirigées en sens différents, moyennant qu'on attribue aux forces données les signes $+$ et $-$: le signe $+$ quand elles agissent dans un sens, et le signe $-$ quand elles agissent dans le sens opposé. Les formules deviennent générales quand on a recours à cette convention.

THÉORÈME DES TRANSVERSALES.

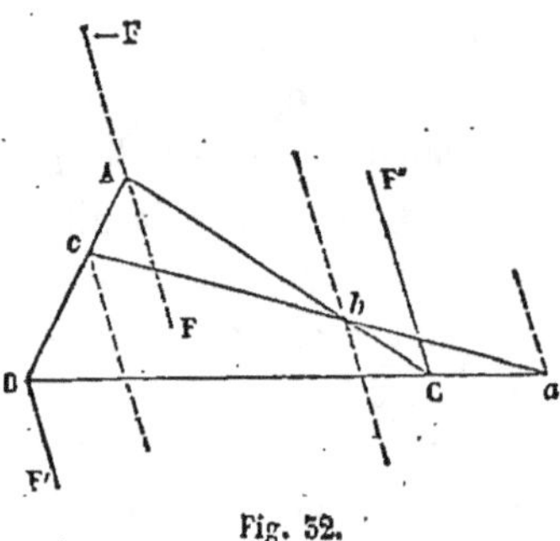

Fig. 52.

39. On peut démontrer, en s'aidant de la composition des forces parallèles, la proposition fondamentale de la théorie des transversales, connue en géométrie sous le nom de *théorème de Carnot* ou de *théorème de Ptolémée*.

Cette proposition s'exprime ainsi qu'il suit :

Une transversale droite abc rencontre les côtés d'un triangle

ABC *en trois points a, b, c, et détermine sur chaque côté deux segments, savoir :*

$$aB, aC \ \text{sur le côté } BC,$$
$$bC, bA \ \text{sur le côté } AC,$$
$$cA, cB \ \text{sur le côté } AB.$$

Cela posé, *le produit des trois segments qui n'ont aucune extrémité commune, aC × bA × cB, est égal au produit des trois autres, aB × bC × cA.*

Aux extrémités B et C du côté dont le prolongement rencontre la transversale, appliquons deux forces parallèles et de sens contraires, F′ et F″, dont nous déterminerons tout à l'heure le rapport.

La résultante de ces deux forces sera appliquée quelque part sur la direction BC prolongée.

Au point A appliquons deux forces égales et contraires, F et —F ; l'introduction de ces deux forces, qui se détruisent, ne changera rien à la résultante du système des forces F′ et F″ ; pour trouver cette résultante, on peut d'abord composer les forces F′ et F, ensuite composer les forces F″ et —F, enfin composer les résultantes partielles obtenues dans ces opérations.

La force F est arbitraire ; nous pouvons donc faire en sorte qu'on ait

$$\frac{F}{F'} = \frac{cB}{cA} ;$$

la résultante de F et de F′ passe alors au point c.

Prenons ensuite la force F″ de manière que la résultante des forces F″ et —F passe au point b ; il faudra pour cela qu'on ait l'équation

$$\frac{F''}{F} = \frac{bA}{bC}.$$

La résultante des forces F et F′ passe au point c, et la résultante des forces — F et F″ passe au point b. La résultante de ces deux résultantes, c'est-à-dire la résultante des forces F′ et F″, est donc appliquée en un certain point de la direction cb.

Or elle est aussi appliquée en un certain point de la direction BC; donc enfin elle est appliquée au point a, intersection de ces deux directions.

Il en résulte l'égalité

$$\frac{F'}{F''} = \frac{aC}{aB}.$$

Multiplions membre à membre ces trois égalités, il viendra

$$\frac{F}{F'} \times \frac{F''}{F} \times \frac{F'}{F''} = 1 = \frac{cB}{cA} \times \frac{bA}{bC} \times \frac{aC}{aB},$$

ou bien

$$aB \times bC \times cA = aC \times cB \times bA,$$

ce qu'il fallait démontrer.

La réciproque résulte évidemment de la proposition directe.

La résultante partielle appliquée en c est égale à $F+F'$, et la résultante partielle appliquée en b est égale à $F+F''$; de sorte que la statique nous donne aussi

$$\frac{F'+F}{F''+F} = \frac{ab}{ac}.$$

Mais des deux premières équations on tire

$$\frac{F+F'}{F} = \frac{cB+cA}{cB} = \frac{AB}{cB},$$

$$\frac{F+F''}{F} = \frac{bA+bC}{bC} = \frac{AC}{bC}.$$

Divisant, il vient

$$\frac{F+F'}{F+F''} = \frac{AB}{AC} \times \frac{bC}{cB},$$

et par suite

$$\frac{AB}{AC} \times \frac{bC}{cB} = \frac{ab}{ac},$$

ou bien

$$AB \times bC \times ac = ab \times AC \times cB,$$

équation qui n'est autre chose que l'application du théorème au triangle Acb, rencontré par la transversale rectiligne BCa.

DÉFINITION DES COUPLES.

40. La composition de deux forces parallèles dirigées en sens contraires présente un cas singulier très remarquable, celui où les deux forces sont égales.

Soient F et F′ deux forces inégales, parallèles, de sens contraires, appliquées l'une en A, l'autre en B ; supposons $F' > F$; ces deux forces se composeront en une force unique, égale à $F' - F$, et appliquée en un

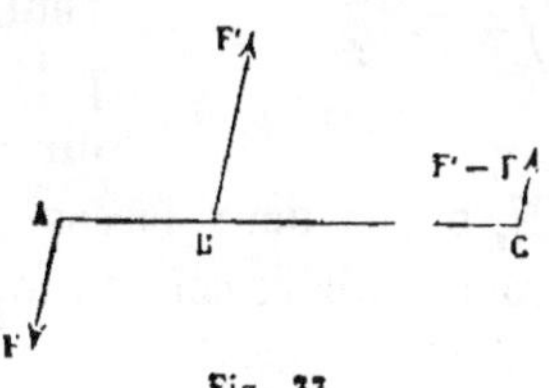

Fig. 33.

point C, situé sur le prolongement de AB, et tel, qu'on ait la proportion

$$\frac{CA}{CB} = \frac{F'}{F}.$$

Si nous supposons que la différence $F' - F$ diminue indéfiniment, le rapport $\frac{F'}{F}$ s'approchera indéfiniment de l'unité, et le point C s'éloignera indéfiniment des points A et B.

Lorsque enfin les forces F′ et F deviendront égales entre elles, la résultante $F' - F$ deviendra nulle, et son point d'application C ira se perdre à l'infini sur la direction AB. On peut remarquer que dans ce cas singulier, les forces F et F′ étant égales, la résultante de ces deux forces ne peut être située vers la droite de la figure sans l'être également vers la gauche, à cause de la symétrie ; il ne peut donc y avoir de résultante, ce que le calcul indique en donnant pour solution du problème une force nulle appliquée en un point infiniment éloigné.

Le système de deux forces égales, parallèles et de sens contraires n'est donc pas réductible à une force unique. Les propriétés très remarquables de ce système ont été mises en évidence pour la première fois par Poinsot, qui lui a donné le nom de *couple*.

Un couple F, — F *est le système formé par deux forces égales, parallèles et de sens contraires, appliquées en deux points A et B qu'on suppose invariablement réunis l'un à l'autre.*

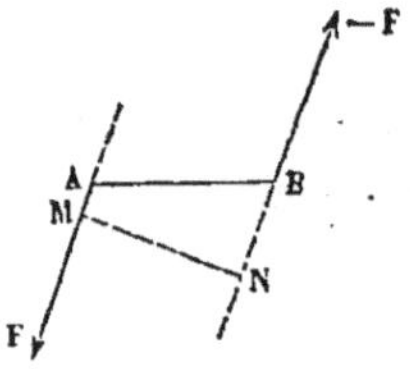

Le *bras de levier* du couple est la distance MN des deux forces. Comme on peut toujours supposer les forces transportées en un point quelconque de leur direction, on peut regarder les points M et N, où les deux forces F et —F sont rencontrées par une perpendiculaire commune, comme les points d'application de ces deux forces.

Fig. 34.

CHAPITRE II

THÉORIE DES MOMENTS ET DES COUPLES

—

DÉFINITIONS.

41. La considération des produits appelés *moments* simplifie la composition des forces.

On appelle *moment d'une force* F *par rapport à un point* O, le produit de la force F par la distance OP de la force au point O, qui prend le nom de *centre des moments*.

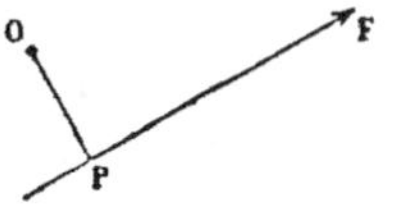

On appelle (fig. 36) *moment d'une force* F' *par rapport à une droite* AB, le produit de la projection, F'', de la force sur un plan RR', perpendiculaire à la droite AB, par la distance AS du point où la droite AB perce le plan, à la projection F''; en d'autres termes, *le moment d'une force par rapport à un axe AB est le moment de la projection de la force sur un plan normal à l'axe, par rapport au point où l'axe rencontre le plan de projection.* La distance AS du pied de l'axe à la projection de la force est d'ailleurs égale à la longueur CD de la perpendiculaire commune à la force F' et à l'*axe AB des moments.*

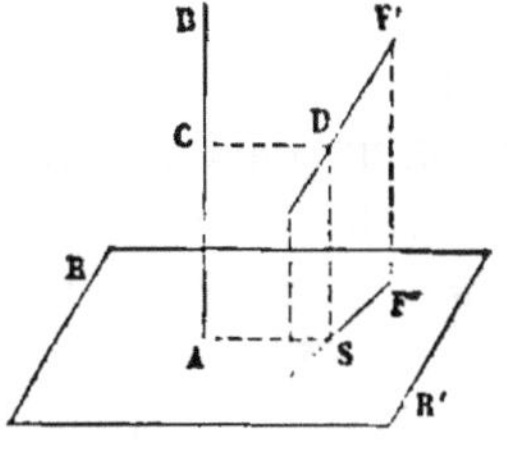

Fig. 35.

Fig. 36.

On appelle enfin *moment d'une force par rapport à un plan parallèle à sa direction,* le moment de la force par rapport à un axe quelconque, conduit dans ce plan, perpendiculairement à la projection de la force.

Le moment d'une force F par rapport à un point O ou par rapport à un axe AB se représente quelquefois par les notations

$$\mathrm{M}_o\mathrm{F}, \quad \mathrm{M}_{ab}\mathrm{F}.$$

Nous verrons tout à l'heure qu'on donne un signe à ces quantités.

42. Il résulte des définitions précédentes que le moment d'une force par rapport à un point est nul quand le point est situé sur la direction de la force, car alors la distance OP est nulle.

Le moment d'une force par rapport à un axe peut être nul de deux manières :

1° Quand la force rencontre l'axe, car alors le pied de l'axe appartient à la direction de la force projetée sur un plan normal ;

2° Quand la force est parallèle à l'axe, car alors la projection de la force sur un plan normal est nulle.

Ces deux cas sont compris dans l'énoncé suivant : *le moment d'une force par rapport à un axe est nul quand la direction de la force et l'axe sont dans un même plan.*

43. On attribue dans le calcul aux moments des forces les signes + et —, d'après les conventions suivantes.

Lorsque plusieurs forces agissent dans un même plan, on imagine que les points d'application de ces forces sont entraînés chacun dans la direction même de la force qui le sollicite ; chacun de ces déplacements fictifs peut être regardé comme le résultat d'une rotation autour du point pris dans le plan pour *centre des moments*. Nous avons vu en cinématique comment on déterminait le signe d'une rotation (I, § 163) ; on lui donne le signe + si elle s'opère dans un sens convenu (ordinairement de gauche à droite), et le signe — si elle s'opère en sens

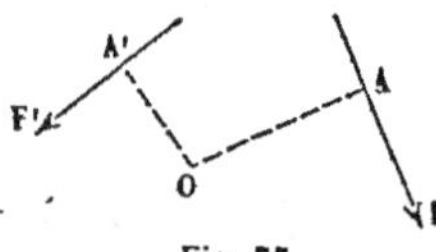

Fig. 37.

contraire. On attribuera aux moments les mêmes signes qu'aux rotations correspondantes. Ainsi le point O étant le centre des moments, et F, F'... des forces appliquées en divers points A, A'... du plan de la figure, le moment de la force F par rapport au point O sera égal à $+ F \times OA$, le moment de la force F', à $- F' \times OA'$.... La somme algébrique de ces deux moments sera $F \times OA - F' \times OA'$.

44. Le moment d'une force par rapport à un axe reçoit le même signe que le moment de la force projetée sur un plan perpendiculaire à l'axe, par rapport au pied de l'axe. La convention relative aux signes des moments par rapport à un point entraîne une convention pareille pour les signes des moments par rapport à un axe, et, par suite, une convention pareille pour les signes des moments par rapport à un plan.

Soit, par exemple, AF une force appliquée en un point A et agissant dans le sens AF, et soient OX, OY, OZ trois axes coordonnés rectangulaires. Projetons la force sur les trois plans XOY, YOZ, ZOX, qui sont respectivement normaux aux trois axes ; nous obtiendrons les forces A'F', A"F" et A'''F'''. Du point O abaissons des perpendiculaires OP, OP', OP" sur ces trois forces ; les moments de la force AF par rapport aux axes seront en valeur absolue,

$$\text{par rapport à l'axe OZ,} \qquad A'F' \times OP,$$
$$\text{par rapport à l'axe OX,} \qquad A''F'' \times OP',$$
$$\text{et par rapport à l'axe OY,} \qquad A'''F''' \times OP" ;$$

mais la direction de la force A'F' tend à entraîner le point A' autour du point O dans le sens qui amènerait l'axe OY vers l'axe OX, c'est-à-dire dans le sens négatif ; on devra donc donner le signe — au moment par rapport à l'axe OZ. Au contraire, la force A"F" tend à entraîner son point d'application dans le sens de OY vers OZ, sens positif ; la force A'''F''' tend de même à entraîner son point d'application dans le sens positif, de OZ vers OX. On donnera donc le signe + aux moments par rapport à l'axe OX et à l'axe OY ; et en définitive les moments de la force AF par rapport aux trois axes seront

$$\text{par rapport à l'axe OZ,} \quad - A'F' \times OP,$$
$$\text{par rapport à l'axe OX,} \quad + A''F'' \times OP'',$$
$$\text{et par rapport à l'axe OY,} \quad + A'''F''' \times OP'''.$$

Les formules générales que nous donnerons un peu plus loin rendront inutile cette discussion de signes dans chaque cas particulier.

45. La valeur absolue du moment d'une force peut être représentée par une aire plane.

Soient A le point d'application d'une force, AF la force en grandeur et en direction, et O le centre des moments ; fai-

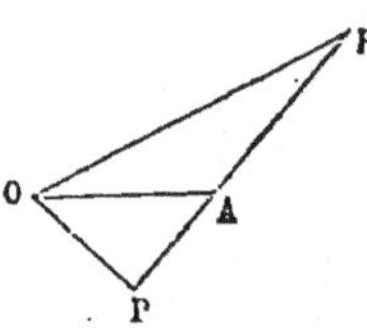

Fig. 59.

sons passer un plan par le point O et par la force. Abaissons du point O la perpendiculaire OP sur AF. La valeur absolue du moment de la force AF par rapport au point O sera le produit AF $\times$ OP. Joignons OA, OF ; le triangle OAF ainsi formé a pour mesure la moitié du produit de sa base AF par sa hauteur OP ; donc le moment de la force peut être représenté par le double de la surface du triangle OAF.

La même interprétation géométrique peut être donnée au moment d'une force par rapport à un axe ; il est égal au double de l'aire du triangle qui a pour base la projection de la force sur un plan normal, et pour sommet le pied de l'axe ; cela revient à dire que le moment de la force par rapport à l'axe est égal en valeur absolue au double de la projection, sur un plan normal à l'axe, du triangle formé en joignant un point quelconque de l'axe aux extrémités de la droite qui représente la force.

On remarquera que, dans ces sortes de produits, l'un des facteurs représente une longueur, et le second facteur une force ; l'unité de force et l'unité de longueur restent d'ailleurs tout à fait indépendantes l'une de l'autre. La mécanique offre

de nombreux exemples de ces quantités complexes qui résultent
de la multiplication de facteurs représentant des quantités de
différentes natures.

46. Soit AF (fig. 40) une force appliquée en un point A, et
O un point fixe pris arbitrairement dans l'espace. Par ce point
menons un axe OZ, perpendicu-
laire au plan conduit par la force AF
et le point O. Le moment, AF×OP,
de la force F par rapport au point O
est identique au moment de la
force F par rapport à l'axe OZ ; il
est égal au double du triangle OAF.
Proposons-nous de trouver le moment de la force F par rapport à un
autre axe OS mené par le point O.

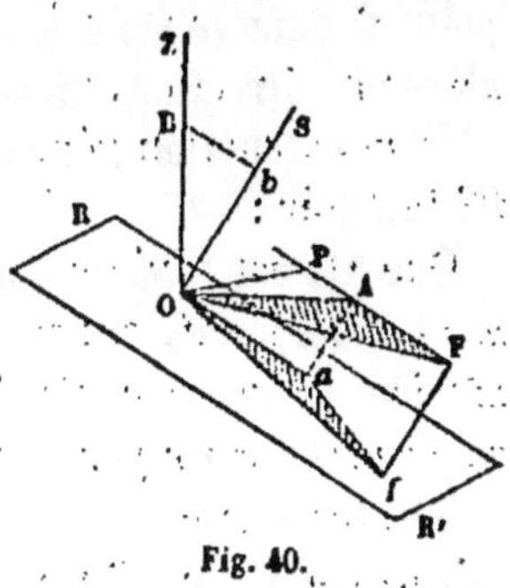

Fig. 40.

Il suffira d'imaginer par ce point un plan RR' perpendiculaire au nouvel axe, et de projeter le triangle OAF en Oaf
sur ce plan. Le moment cherché est le double de l'aire du
triangle Oaf.

Mais prenons sur l'axe OZ, à une échelle arbitraire, une
longueur OB égale au produit AF×OP, c'est-à-dire représentant à l'échelle le double de l'aire du triangle OAF. L'axe OS
fait avec l'axe OZ un angle SOZ égal à l'angle du plan RR' avec
le plan OAF, de sorte que, si nous projetons la longueur OB sur
la direction OS, nous obtiendrons une longueur Ob qui représentera, à la même échelle, le double de l'aire du triangle Oaf,
c'est-à-dire le moment de la force F par rapport à l'axe OS. On
voit donc qu'il sera facile de trouver le moment d'une force F
par rapport à tel axe OS qu'on voudra, connaissant le moment
de cette force par rapport à un point O pris sur cet axe. Il suffit, en effet, de mener par le point O une perpendiculaire OZ au
plan conduit par la force F et le point O, et de prendre sur
cette droite, à partir du point O, une longueur OB, représentant
à une échelle arbitraire le moment de la force F par rapport
au point O. Le moment de la force F par rapport à l'axe OS sera
représenté, à la même échelle, par la projection sur OS de la

longueur OB, et l'on aura $M_{o:}F = M_{o:}F \times \cos\alpha$, α étant l'angle ZOS. Pour définir le sens du moment, on peut, comme nous l'avons indiqué en cinématique (§ 165), mener l'axe OB de telle sorte, que l'observateur placé les pieds en O, la tête en B, voie la force F solliciter son point d'application à tourner autour du point O dans le sens des rotations positives. La droite OB aura alors une direction, un sens et une longueur bien déterminés.

La construction géométrique du moment par rapport à l'axe OS fait voir :

Que Ob est toujours moindre que OB, de sorte que *le moment d'une force par rapport à un point est en valeur absolue le maximum des moments de la force par rapport à tous les axes qu'on peut mener par ce point;*

Que les moments de la force F par rapport à tous les axes OS, qui font un même angle, ZOS, avec l'axe OZ, sont égaux entre eux ;

Que les moments sont nuls par rapport à tout axe mené par le point O perpendiculairement à OZ, ce qu'on savait déjà, puisque tout axe mené par le point O perpendiculairement à OZ est contenu dans un plan passant par la force F;

Qu'enfin les extrémités b des droites finies Ob, qui représentent la grandeur des moments par rapport à leurs propres directions, sont situées sur une surface sphérique, décrite sur OB comme diamètre. En effet, si on fait mouvoir l'axe OS dans le plan BOS, le point b, projection du point B sur la direction variable OS, décrira dans ce plan une circonférence dont OB sera le diamètre, et cette circonférence, en tournant autour de OB, engendrera dans l'espace une surface sphérique qui sera le lieu de tous les points b.

47. Ces préliminaires posés, venons à la démonstration du *théorème des moments,* qui consiste dans l'énoncé suivant :

Le moment, par rapport à une droite XY, de la résultante de deux ou de plusieurs forces, toutes parallèles ou toutes concourantes, est égal à la somme algébrique des moments de chacune de ces forces par rapport à cette droite XY.

1. Supposons d'abord qu'il n'y ait que deux forces à compo-

ser; elles seront comprises dans un même plan, puisqu'on les suppose ou parallèles ou concourantes. Prenons les moments de ces forces par rapport à un point O de leur plan, ou par rapport à un axe normal à ce plan et passant par ce point O.

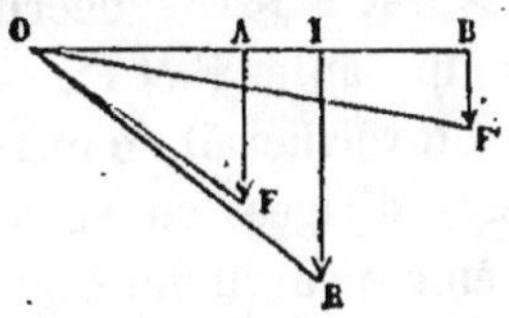

1° Si les forces F et F' sont parallèles, abaissons du point O une perpendiculaire commune OAB sur leur direction ; nous pourrons admettre que A et B sont les points d'application des forces F et F'.

Fig. 41.

La résultante R sera égale à F+F', et sera appliquée en un point I de la droite AB tel, qu'on ait l'égalité

$$\frac{AI}{IB} = \frac{F'}{F}.$$

On en déduit

$$\frac{AI}{AB} = \frac{F'}{F+F'} = \frac{F'}{R}.$$

Donc

$$R \times AI = F' \times AB.$$

Aux deux membres de cette égalité ajoutons $(F+F') \times OA$; il viendra

$$R \times AI + (F+F') \times OA = (F+F') \times OA + F' \times AB.$$

ou bien

$$R \times (AI+OA) = F \times OA + F' \times (OA + AB),$$

ou enfin

$$R \times OI = F \times OA + F' \times OB,$$

équation qui montre que le moment, $R \times OI$, de la résultante par rapport au point O est égal à la somme des moments $F \times OA$, $F' \times OB$ des composantes par rapport au même point.

La cinématique démontre immédiatement cette équation. Regardons F et F' comme les mesures de rotations qui s'effectuent simultanément dans le plan du papier autour des points A et B. La résultante de ces deux rotations (I, § 165) est une rotation égale à R, autour du point I, et l'équation des moments exprime que le chemin $R \times OI$, décrit par le point O de la droite AB en vertu de la rotation R, est la somme des chemins $F \times OA$, $F' \times OB$, décrits séparément en vertu des rotations composantes F et F'.

On vérifierait de même le théorème pour deux forces parallèles dirigées en sens contraires. L'équation finale est la même, pourvu que l'on donne des signes convenables aux moments. On pourrait aussi montrer que, grâce à l'emploi des signes, le théorème s'applique au cas où le centre des moments est compris entre les deux forces.

On peut conclure de là que la surface du triangle ORI est la somme (algébrique) des aires des triangles OAF, OBF'.

2° Admettons que les forces ne soient pas parallèles. Soient AF et AF' deux forces concourantes. La résultante R est représentée en grandeur et en direction par la diagonale AR du parallélogramme AFRF', et le théorème des moments revient à l'égalité

$$\text{aire } OAR = \text{aire } OAF + \text{aire } OAF'.$$

Or les trois triangles OAR, OAF, OAF' ont une base commune OA, et sont entre eux comme leurs hauteurs, c'est-à-dire comme les distances RK, FH, F'H'

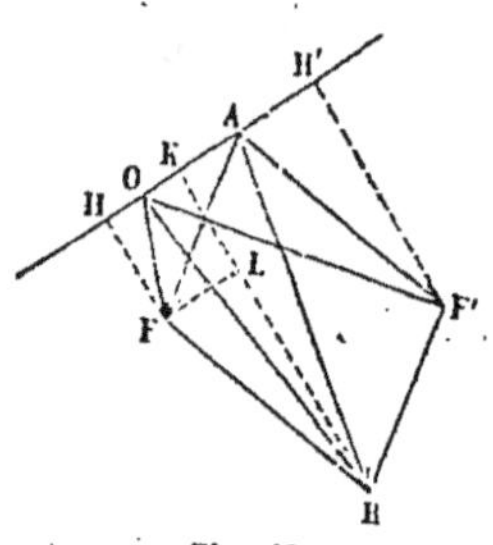

Fig. 42.

des points R, F et F' à cette base. Par le point F, menons FL parallèle à OA; la figure HKLF sera un rectangle, dans lequel $FH = KL$. De plus, les deux triangles FLR, AH'F' sont rectangles en L et en H', ils ont l'angle FRL égal à l'angle AF'H', comme compris entre côtés parallèles chacun à chacun; enfin, ils ont des hypoténuses égales FR, AF', comme côtés opposés d'un parallélogramme. Le côté LR est égal au côté F'H', et par suite

$$RK = FH + F'H'.$$

Donc enfin le triangle OAR est la somme des deux autres, et le théorème est démontré.

Ce théorème porte en statique le nom de *théorème de Varignon*.

Le théorème des moments pour deux forces parallèles rentre comme cas particulier dans la proposition relative à deux forces concourantes.

Soient en effet AF, A'F' deux forces appliquées aux points A et A', et concourantes en un certain point ; soit R leur résultante, qu'on peut supposer appliquée en un point A" de sa direction. D'un point quelconque O

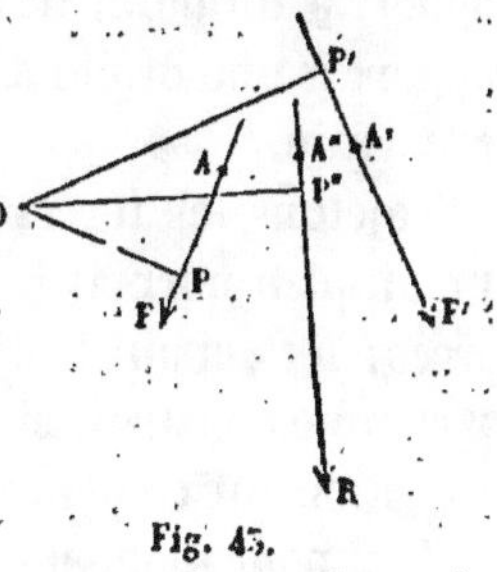

Fig. 45.

pris dans le plan de la figure, abaissons des perpendiculaires OP, OP', OP" sur les directions des trois forces ; nous aurons en vertu du théorème

$$R \times OP'' = F \times OP + F' \times OP'.$$

R est de plus égale en grandeur à la diagonale du parallélogramme dont les côtés sont les forces F et F'. Or imaginons que le point de concours des forces F et F' s'éloigne indéfiniment. A la limite, les trois forces F, F' et R seront parallèles, et la diagonale R du parallélogramme construit sur F et F' se changera en la somme, F + F', des deux forces données. L'équation des moments étant toujours vraie, quelque éloigné que soit le point de concours des forces, est encore vraie à la limite, quand les forces deviennent parallèles, et peut servir à fixer la position vraie de la résultante F + F'.

La cinématique conduit encore directement à l'équation des moments pour les forces concourantes. Considérons les forces F, F' et R comme des rotations qui s'effectuent autour des directions AF, A'F', A"R ; la rotation R sera la résultante des deux relations F et F'. Tout point du plan de la figure reçoit de chacune de ces rotations un déplacement normal à ce plan, et, par suite, le déplacement dû à la rotation R est la somme algébrique des déplacements dus à F et à F'. L'équation des moments exprime cette égalité (I, § 169).

II. Supposons toujours qu'il n'y ait que deux forces données F et F', mais qu'au lieu de prendre les moments par rapport à un point de leur plan, on prenne les moments par rapport à une droite XY quelconque. La proposition sera encore vraie.

Projetons les forces données, F et F', et leur résultante R sur un plan normal à XY. Nous obtiendrons sur ce plan deux forces f et f', et une troisième force r, projection de R; le parallélogramme construit sur F et F', dont R est la diagonale, a pour projection sur ce plan un parallélogramme, qui a pour côtés f et f', et pour diagonale r. Donc r est la résultante de f et f'. Ceci suppose les forces f et f' concourantes. Si elles sont parallèles, la force R leur sera aussi parallèle et sera égale à leur somme, et elle partagera la distance de leurs points d'application en deux segments qui seront entre eux dans le rapport $\dfrac{F}{F'}$. Mais la projection de la figure sur le plan normal à XY donnera trois forces f, f', r, proportionnelles à F, F', R: la force r sera la somme des forces f et f', comme la force R est la somme des forces F et F', et le point d'application de la force divisera la droite de jonction des points d'application projetés en deux segments, qui seront entre eux dans le rapport de $\dfrac{F}{F'}$, c'est-à-dire de $\dfrac{f}{f'}$. En résumé, r est dans tous les cas la résultante de f et f'. Le théorème des moments est démontré pour ces forces f, f', r. Or les moments des forces f, f', r, par rapport au pied de l'axe XY, sont, par définition, les moments des forces F, F', R, par rapport à cet axe. Donc enfin le théorème des moments est également démontré pour le cas où l'on prend les moments par rapport à un axe, en admettant toujours deux forces, soit parallèles, soit concourantes.

III. Il est aisé d'étendre le théorème à autant de forces données qu'on voudra, pourvu qu'elles soient toutes parallèles, ou toutes concourantes en un même point.

Soient F_1, F_2, F_3, ... F_n, n forces satisfaisant à l'une ou à l'autre de ces conditions. Pour trouver leur résultante, on peut composer F_1 et F_2, ce qui donnera une résultante R_1; puis composer R_1 avec F_3, ce qui donnera une résultante R_2; composer ensuite R_2 avec F_4, et ainsi de suite, jusqu'à ce qu'on ait composé la dernière force F_n avec la dernière résultante partielle R_{n-2}, ce qui fournira la résultante générale R. Dans chaque opération, on aura à composer deux forces, soit parallèles, soit concourantes, et, par suite, on pourra appliquer le théorème des moments, ce qui donne une équation. Nous aurons donc à la fois

$$M_{xy}F_1 + M_{xy}F_2 = M_{xy}R_1,$$
$$M_{xy}F_3 + M_{xy}R_1 = M_{xy}R_2,$$
$$M_{xy}F_4 + M_{xy}R_2 = M_{xy}R_3,$$
$$\cdots \cdots \cdots \cdots \cdots$$
$$M_{xy}F_n + M_{xy}R_{n-2} = M_{xy}R.$$

Ajoutons ces $n-1$ équations membre à membre, et supprimons les termes communs, il viendra en définitive

$$M_{xy}F_1 + M_{xy}F_2 + M_{xy}F_3 + \ldots + M_{xy}F_n = M_{xy}R :$$

le moment de la résultante R par rapport à l'axe xy est donc la somme (algébrique) des moments des composantes F_1, F_2, ... F_n, par rapport au même axe.

APPLICATIONS DU THÉORÈME DES MOMENTS.

48. Proposons-nous de trouver d'abord les coordonnées du point d'application de la résultante de n forces parallèles, F_1, F_2, ... F_n, appliquées en n points définis par leurs coordonnées rectangulaires, x_1, y_1, z_1 pour le premier, x_2, y_2, z_2 pour le second, ... x_n, y_n, z_n pour le $n^{\text{ième}}$.

On sait ce qu'on entend par le point d'application de la résultante cherchée (§ 54). C'est le point unique par lequel passe la résultante des forces données lorsqu'on les fait tourner chacune autour de son point d'application, sans altérer leur parallélisme, et en conservant les rapports de leurs grandeurs. Soient X, Y, Z les coordonnées de ce point. Faisons tourner toutes les forces de manière à les rendre parallèles à l'axe OY, et prenons les moments par rapport à l'axe OX. Les forces se projetteront en vraie grandeur sur le plan YOZ, normal à l'axe des moments, et les distances des forces à cet axe seront égales respectivement à z_1 pour la première, à z_2 pour la seconde, ... à z_n pour la $n^{ième}$. La somme algébrique des moments est donc égale à

$$F_1 z_1 + F_2 z_2 + F_3 z_3 + \ldots + F_n z_n.$$

On sait par le théorème des moments qu'elle est égale au moment de la résultante, c'est-à-dire au produit

$$(F_1 + F_2 + \ldots + F_n) \times Z.$$

Donc

$$Z = \frac{F_1 z_1 + F_2 z_2 + \ldots + F_n z_n}{F_1 + F_2 + \ldots + F_n} = \frac{\Sigma F z}{\Sigma F},$$

équation que nous avions trouvée (§ 34) par une méthode beaucoup moins rapide.

Nous obtiendrions la même équation en rendant les forces parallèles à l'axe OX, et en prenant les moments par rapport à l'axe OY.

L'analogie conduit à poser de même :

$$X = \frac{F_1 x_1 + F_2 x_2 + \ldots + F_n x_n}{F_1 + F_2 + \ldots + F_n} = \frac{\Sigma F x}{\Sigma F},$$

$$Y = \frac{F_1 y_1 + F_2 y_2 + \ldots + F_n y_n}{F_1 + F_2 + \ldots + F_n} = \frac{\Sigma F y}{\Sigma F}.$$

49. Les forces parallèles F_1, F_2,... F_n, peuvent recevoir des signes, et par suite leur somme algébrique ΣF peut être nulle.

Admettons qu'on ait $\Sigma F = 0$. Si l'on a en même temps $\Sigma F x = 0$, $\Sigma F y = 0$, $\Sigma F z = 0$, les valeurs de X, Y, Z seront indéterminées. Si, au contraire, quelques-unes des sommes $\Sigma F x$, $\Sigma F y$, $\Sigma F z$ ne sont pas nulles, quelques-unes des valeurs de X, Y, Z sont infinies.

Le premier cas indique que les forces F_1, F_2,.... F_n, se font équilibre. Le second, qu'elles se réduisent à un couple, lequel peut d'ailleurs être nul pour certaines orientations des forces F. Ces détails seront développés plus loin (§ 72).

50. Cherchons en second lieu les moments par rapport aux trois axes OX, OY, OZ, d'une force donnée F, appliquée en un point M, qui est défini par ses coordonnées rectangulaires x, y, z.

Décomposons la force F au point M en ses trois composantes MX, MY, MZ. Le moment de la force F par rapport à un axe quelconque est égal à la somme algébrique des moments de ses composantes.

Occupons-nous d'abord des moments par rapport à OZ. Le moment de la composante Z, qui est parallèle à l'axe, est égal à zéro. Les deux autres composantes se projettent en vraie grandeur en mX, mY sur le plan XOY, normal à OZ. La distance de la composante mY à l'axe OZ, ou au point O, est égale à $O\mu'$, ou à $m\mu''$, ou enfin à x; la distance de la composante mX au même point est $m\mu'$ ou y; les moments sont donc égaux, aux signes près, à Yx et à Xy; quant aux signes, il faut observer que, si X et y sont positifs, comme le suppose la

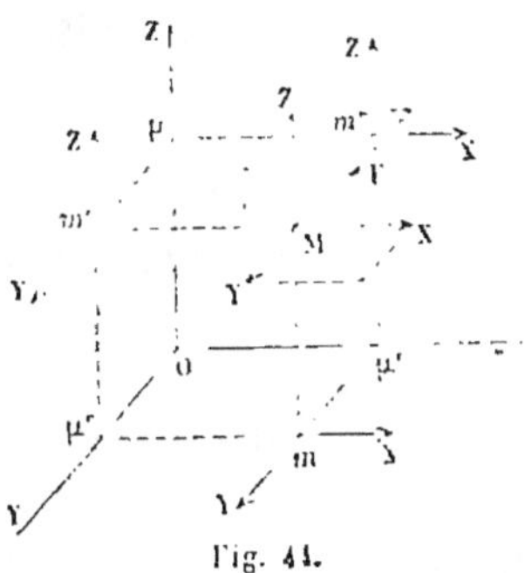

Fig. 44.

figure, X tend à faire tourner son point d'application m autour du point O, dans le sens qui amènerait l'axe OY vers l'axe OX, c'est-à-dire dans le sens négatif; le moment de X est donc égal à $-Xy$; l'autre moment est positif, et la somme algébrique des moments est égale à

$$Yx - Xy.$$

On démontrerait de même que la somme des moments par rapport à OX est

$$Zy - Yz,$$

et par rapport à OY,

$$X z - Z x.$$

On a donc les trois formules

$$M_{ox} F = Z y - Y z = L,$$
$$M_{oy} F = X z - Z x = M,$$
$$M_{oz} F = Y x - X y = N,$$

en appelant L, M, N, pour abréger, les moments de la force F par rapport aux trois axes.

Ces expressions portent avec elles leurs signes. On remarquera que le moment d'une force par rapport à un axe s'exprime par un déterminant. On a par exemple

$$M_{ox} F = Z y - Y z = \begin{vmatrix} y & z \\ Y & Z \end{vmatrix}.$$

Les trois déterminants

$$\begin{vmatrix} x & y \\ X & Y \end{vmatrix} \qquad \begin{vmatrix} y & z \\ Y & Z \end{vmatrix} \qquad \begin{vmatrix} z & x \\ Z & X \end{vmatrix}$$

représentent donc les moments de la force F autour des axes

$$OZ \qquad OX \qquad OY.$$

51. Si l'on déplace les axes parallèlement à eux-mêmes, si par exemple on transporte l'origine au point dont les coordonnées sont ξ, η, ζ, on aura, en appelant x', y', z' les nouvelles coordonnées du point d'application de la force F,

$$x = \xi + x',$$
$$y = \eta + y',$$
$$z = \zeta + z'.$$

Donc

$$Z y - Y z = Z(\eta + y') - Y(\zeta + z') = (Z\eta - Y\zeta) + (Z y' - Y z').$$

Le déterminant $Z y' - Y z'$ est le moment de la force F par rapport au nouvel axe O'X'; quant au déterminant $Z\eta - Y\zeta$, c'est le moment, par rapport à l'ancien axe OX, de la force F transportée parallèlement à elle-même à la nouvelle origine O'.

Pour passer des moments autour d'un système d'axes rectangulaires aux moments autour d'axes parallèles, il suffit de
retrancher des premiers moments les moments par rapport
aux anciens axes, des forces trans-
portées parallèlement à elles-mêmes
à la nouvelle origine.

52. Soit proposé, en troisième
lieu, de chercher le moment de la
force F par rapport à une droite OP,
passant par l'origine. La direction
de cette droite OP est définie par les
angles $POX = \alpha$, $POY = \beta$, $POZ = \gamma$,
qu'elle fait avec les axes, ou, en projetant le point P en A, B, C
sur les trois axes, par les cosinus de ces angles, savoir

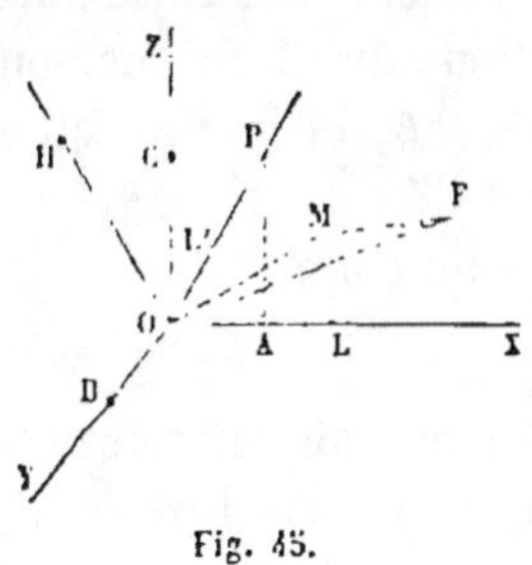

Fig. 45.

$$\cos\alpha = \frac{OA}{OP}, \qquad \cos\beta = \frac{OB}{OP}, \qquad \cos\gamma = \frac{OC}{OP}.$$

Les cosinus ont les signes des abscisses OA, OB, OC, et ils sont
liés entre eux par la relation

$$\cos^2\alpha + \cos^2\beta + \cos^2\gamma = 1.$$

Deux des angles étant donnés, le troisième cosinus s'en
déduit, au signe près, au moyen de cette équation.

Concevons un plan mené par le point O, normalement à l'axe
OP. Nous trouverons le moment cherché (§ 45) en projetant sur
ce plan l'aire du triangle qui a pour sommet le point O, et pour
base la force F, et nous avons vu (§ 46) qu'il suffit pour cela
de projeter sur l'axe OP une longueur OH, égale au moment de
la force F par rapport au point O, et prise sur une perpendiculaire au plan OMF.

Les moments L, M, N de la force F par rapport aux axes ne
sont autre chose que les projections sur les axes de cette longueur OH; on peut donc regarder OH comme la résultante
géométrique des trois composantes L, M, N, portées respectivement sur les axes à partir du point O. La projection de la
résultante OH sur la direction OP est la somme algébrique

des projections des composantes sur la même direction. Prenons sur l'axe OX une longueur $OL = L$, et projetons le point L en L' sur OP. Nous aurons $OL' = L \cos \alpha$; de même la projection sur OP du moment M, autour de l'axe OY, sera égale à $M \cos \beta$, et la projection sur ON du moment N autour de l'axe OZ sera $N \cos \gamma$.

Donc enfin

$$N_{op} F = L \cos \alpha + N \cos \beta + N \cos \gamma.$$

La connaissance des moments par rapport à trois axes rectangulaires conduit donc immédiatement à la détermination du moment autour d'un axe quelconque passant par l'origine.

THÉORIE DES COUPLES.

55. On a vu (§ 40) qu'un couple est le système formé par deux forces $(F, -F)$ égales, parallèles et dirigées en sens contraires, appliquées en deux points liés invariablement l'un à l'autre; et que le bras de levier du couple est la distance de ces deux forces. Un tel système ne peut être réduit à une force unique[1].

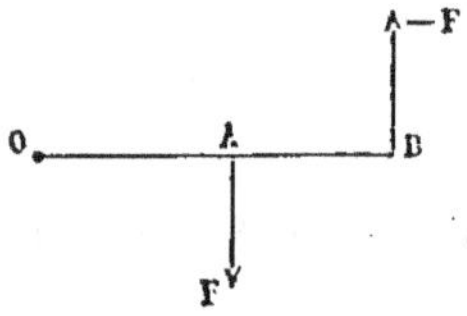

Prenons les moments des forces F et $-F$ par rapport à un point quelconque, O, du plan des deux forces.

Le moment de la force AF sera égal au produit $F \times OA$, et

Fig. 46.

---

[1] La notion du *couple*, considéré comme un élément irréductible de la mécanique, a été introduite vers 1800 par Poinsot; elle a transformé la statique et la dynamique, et reste l'une des créations les plus fécondes du profond géomètre à qui elle est due. Une réaction peu réfléchie s'est cependant produite, il y a quelques années, contre cette notion à la fois si élégante et si simple, et peu s'en est fallu que le couple ne disparût de l'enseignement. La grande objection des ennemis des méthodes de Poinsot, de ceux, par exemple, qui regardent sa statique comme *un tour de force*, c'est que *les élèves ne peuvent pas comprendre sur-le-champ l'effet d'un couple sur un corps solide.* Or les commençants ne se font pas une idée plus juste de l'effet d'une force unique sur un corps solide, de sorte que l'objection, si elle avait quelque valeur, conduirait à nier la légitimité

le moment de la force $-F$, égal à $-F \times OB$; la somme algébrique des moments est donc égale à

$$F \times OA - F \times OB = F \times (OA - OB) = -F \times AB,$$

c'est-à-dire que *la somme algébrique des moments d'un couple par rapport à un point du plan de ce couple, ou par rapport à tout axe normal à ce plan, est constante, et égale en valeur absolue au produit de la valeur commune des deux forces par le bras de levier.*

Ce produit prend le nom de *moment du couple*. Lorsque plusieurs couples sont situés dans un même plan, on leur donne les signes + ou —, en suivant la convention relative aux signes des moments des forces; il est facile de reconnaître qu'appliquée aux couples, cette convention revient à regarder comme positifs les moments des couples qui tendent à faire tourner leur bras de levier de gauche à droite, et comme négatifs, ceux qui tendent à faire tourner leur bras de levier de droite à gauche. Il est bien entendu que cette tendance du couple à faire tourner son bras de levier n'est qu'une image tout à fait fictive, et qu'elle ne préjuge en rien la solution du problème de dynamique qui consisterait à déterminer le mouvement d'un système solide sollicité par cet ensemble de forces.

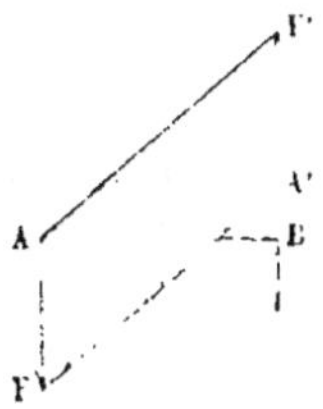

Le moment d'un couple $F \times AB$ peut être représenté par l'aire d'un parallélogramme

Fig. 47.

ayant F pour base et AB pour hauteur, c'est-à-dire par l'aire du parallélogramme AFA'F' qui aurait pour bases opposées les deux forces F et F'.

de l'étude de la statique tout entière. Il n'y a rien d'étonnant, au contraire, à ce qu'une notion commence par être incomplète, et gagne en précision dans l'esprit de l'élève à mesure qu'il pousse ses études plus loin. Pour nous, nous avons voulu maintenir dans ce traité la théorie même de Poinsot. La comparaison de la statique avec la cinématique, dans laquelle *le couple s'assimile à la translation et la force à la rotation*, nous paraît suffire pour faire saisir le véritable caractère de cette théorie, tout en ajournant à la dynamique la question des effets de mouvement des forces : l'usage des couples en simplifiera du reste singulièrement l'analyse.

54. *On peut transporter un couple partout où l'on voudra, dans son plan, ou dans un plan parallèle, et l'orienter comme on voudra dans ces plans, enfin on peut substituer à un couple un autre couple de même moment, sans troubler l'équilibre.*

La démonstration exige que l'on considère successivement chacune de ces altérations.

1° On peut, sans troubler l'équilibre, faire tourner le couple d'un angle quelconque dans son plan autour du milieu I de son bras de levier.

Soit (F, F') le couple dans sa position primitive; AB son bras de levier; soit (F_1, F'_1) le couple dans sa seconde posi-

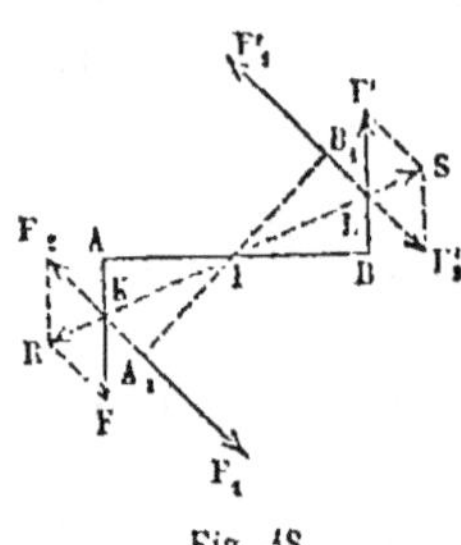

Fig. 48.

tion, et A_1B_1 son bras de levier. Il suffira de démontrer que le couple (F_2, F'_2), obtenu en changeant le sens des forces du couple (F_1, F'_1), fait équilibre au couple (F, F'); car s'il en est ainsi, on pourra appliquer au système les quatre forces F_1, F_2, F'_1, F'_2 qui se font équilibre deux à deux, puis supprimer les forces F_2, F, F'_2, F' qui se font équilibre, et il restera le couple (F_1, F'_1).

Or les forces F'_2 et F' se coupent en un point L, où l'on peut les supposer appliquées; elles se composent en ce point en une seule force LS, dirigée suivant la bissectrice de leur angle; la résultante LS passe donc par le point I. De même, les forces F et F_2 se composent en une seule KR, dirigée aussi suivant la bissectrice de leur angle, et passant par le point I. Enfin les forces LS et KR sont égales et de sens opposés. Et comme elles peuvent être supposées appliquées au même point I, elles se font équilibre.

Le système (F_1, F'_1) est donc équivalent au système (F, F').

2° On peut, sans troubler l'équilibre, déplacer un couple parallèlement à lui-même, dans son plan ou dans des plans parallèles.

Soit F, F' le couple donné; AB, son bras de levier. Trans-

portons le bras de levier parallèlement à lui-même en une
position quelconque A_1B_1, et en chacun des points A_1, B_1, appliquons deux forces contraires, F_1, F_2, et F'_1, F'_2, égales et
parallèles aux forces F et F'. Il suffira en-
core de prouver que le couple (F_2, F'_2) fait
équilibre au couple (F, F'), pour établir
que les couples (F, F') et (F_1, F'_1) sont équivalents.

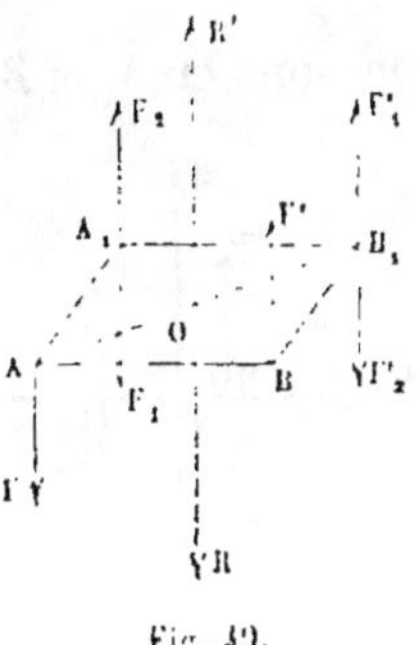

Fig. 49.

Or joignons AA_1, BB_1; la figure AA_1B_1B,
dans laquelle AB est égal et parallèle à
A_1B_1, est un parallélogramme, dont les
diagonales AB_1, A_1B se coupent au point O
en deux parties égales. Les forces F et F'_2,
égales, parallèles et de même sens, se
composent en une force unique OR, appliquée au point O,
parallèle aux forces données, et égale à leur somme 2F.
De même, les forces F_2 et F', égales, parallèles et de même
sens, ont pour résultante une force OR', appliquée aussi au
point O, dirigée en sens contraire de OR, et égale à 2F. Les
deux forces R et R', appliquées au même point, sont égales et
contraires, et se font équilibre. Il reste donc le couple
(F_1, F'_1), c'est-à-dire le couple donné, transporté parallèlement
à lui-même.

3° En combinant le transport parallèle du couple et la rotation dans son plan autour du milieu de son bras de levier,
on amènera le couple à occuper telle position qu'on voudra,
dans un plan parallèle à son plan primitif. Il reste à prouver
que l'on peut modifier arbitrairement la force pourvu qu'on
altère en conséquence le bras de levier; et que deux couples
de même moment, qui agissent dans des plans parallèles, sont
équivalents au point de vue de l'équilibre. Puisqu'on peut
les déplacer, on peut supposer tout de suite qu'ils sont situés
dans le même plan, et que leurs bras de levier appartiennent
à une seule et même droite.

Soit AB le bras de levier du premier couple, et A_1B_1 le bras
de levier du second; F, F' les forces égales du premier, et

F_4, F'_4 les forces égales du second. La condition d'équiva-valence posée dans l'énoncé est

$$F \times AB = F_4 \times A_4 B_4;$$

supposons en A_4 et B_4 des forces F_2, F'_2 égales et contraires aux

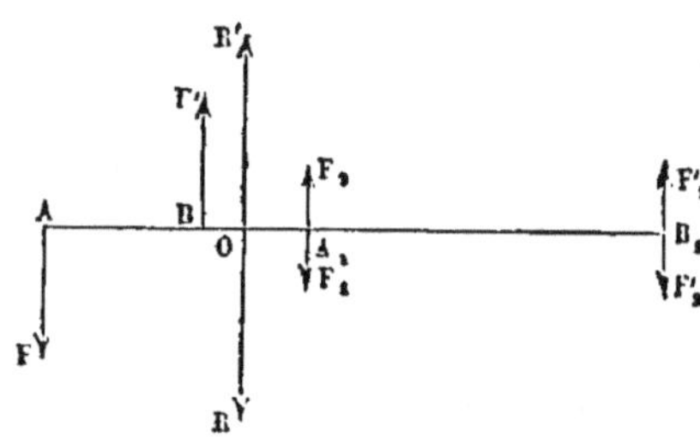

Fig. 50.

forces F_4, F'_4; il suffit de démontrer que le couple (F_2, F'_2), égal et contraire au couple (F_4, F'_4), fait équilibre au couple (F, F').

Or les forces F et F'_2, parallèles et de même sens, se composent en une force unique OR, appliquée en un point O de la droite AB_4, parallèle aux forces données, et égale à la somme $F + F'_2$. Le point O est défini par l'équation

$$\frac{AO}{OB_4} = \frac{F'_2}{F} = \frac{F_4}{F} = \frac{AB}{A_4 B_4}.$$

De même, les forces F' et F_2, parallèles et de même sens, se composent en une seule, R', égale à $F' + F_2$, parallèle aux forces données, et appliquée en un certain point O' de la droite BA_4. Le point O' est déterminé par la proportion

$$\frac{BO'}{O'A_4} = \frac{F_2}{F'} = \frac{F_4}{F} = \frac{AB}{A_4 B_4}.$$

De cette proportion on tire

$$\frac{BO' + AB}{O'A_4 + A_4 B_4} = \frac{AB}{A_4 B_4},$$

ou bien

$$\frac{O'A}{O'B_4} = \frac{AB}{A_4 B_4} = \frac{AO}{OB_4}.$$

Les points O et O', divisant la distance AB_4 en deux segments qui sont entre eux dans le même rapport, coïncident, et le point O' se confond avec le point O.

Les forces R et R' égales et contraires, appliquées en ce
même point O, se font équilibre, et par conséquent le couple
(F_1, F'_1) est équivalent au couple (F, F'), si les moments
$F \times AB$, $F_1 \times A_1B_1$ de ces deux couples sont égaux.

55. Les théorèmes que l'on vient de démontrer nous apprennent qu'au point de vue de l'équilibre un couple doit être
regardé comme complétement défini, au sens près, dès qu'on
donne son moment et un plan parallèle à celui dans lequel
il agit. Au lieu d'un plan, on peut donner une normale à ce
plan, et prendre sur cette normale *une longueur égale au moment du couple* : ce qui suppose le choix préalable d'une
échelle des moments. La longueur et la direction de cette
droite définiront à la fois le moment du couple et le plan dans
lequel il peut être censé agir. La position vraie de la droite
dans l'espace est d'ailleurs indifférente ; elle peut être déplacée comme on voudra, pourvu qu'on n'en altère pas le parallélisme. De plus le *sens* de la droite
peut servir à définir le sens du
couple ; pour cela, on la dirigera du
côté du plan du couple où un observateur, couché le long de la droite,
les pieds sur le plan, verrait le
couple tendre à agir dans le sens
des rotations positives, c'est-à-dire
de gauche à droite. Une droite ainsi

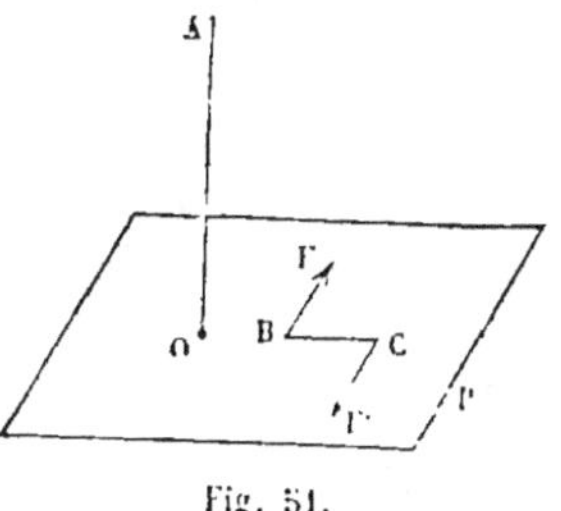

Fig. 51.

construite, définie de direction mais non de position, définie en
outre de sens et de grandeur, est ce qu'on appelle l'*axe du
couple*. Soit donné l'axe OA d'un couple, cet axe étant dirigé
dans le sens OA ; on trouvera le couple correspondant, ou un
couple équivalent, en menant par le point O, origine de l'axe,
un plan P, dans lequel on supposera appliquées deux forces
égales, parallèles et de sens contraires, F et F' ; leur distance
BC est arbitraire, mais le produit $F \times BC$ doit être égal à la
longueur OA, évaluée à l'échelle des moments. Enfin on dirigera les forces F et F' de telle sorte, que la tendance à la
rotation figurée par le couple ait lieu de gauche à droite

par rapport à un observateur placé les pieds en O et la tête en A.

56. La *composition des couples* se ramène à la composition des forces.

Supposons que deux couples soient situés dans le même plan ou dans des plans parallèles. On connaît la valeur commune, F, des forces du premier couple, et la longueur b de son bras de levier; le moment sera Fb, avec le signe $+$ ou avec le signe $-$, suivant le sens dans lequel il agit. Nous pouvons admettre que le signe du moment soit attribué au facteur F, l'autre facteur b étant toujours pris en valeur absolue. Pour l'autre couple, il a de même une force F' qu'on prendra avec le signe convenable, et un bras de levier b' qu'on regardera comme positif. Nous pouvons, sans rien changer à l'équilibre, substituer au couple $F'b'$ un couple $F''b$, qui aurait le même bras de levier que le premier couple, avec une force F'' telle, que l'on ait l'égalité

$$F'b' = F''b.$$

Les deux couples Fb et $F''b$ ont donc des bras de levier égaux, et on peut déplacer le second couple en le faisant tourner dans son plan ou en le transportant dans un plan parallèle, de manière à faire coïncider les points d'application des forces F et F''. Ces forces agissent alors suivant des directions identiques; elles se composent aux deux extrémités du bras de levier en deux forces égales à leur somme algébrique, $F+F''$; le résultat de cette composition est un couple situé dans le même plan que les deux premiers, ou dans tout autre plan parallèle, et dont le moment est égal à

$$(F+F'')\times b,$$

c'est-à-dire à

$$Fb+F''b,$$

ou encore à

$$Fb+F'b'.$$

Le moment du couple résultant est donc égal à la somme algébrique des moments composants.

Cette proposition s'étend à un nombre quelconque de couples, et l'on parvient à ce théorème :

Le couple résultant de tant de couples donnés qu'on voudra, situés dans des plans parallèles, est situé dans un plan parallèle aux plans des couples donnés, et son moment est la somme algébrique des moments des couples composants.

L'*axe* du couple résultant est donc aussi la somme algébrique des axes des couples composants ; de sorte qu'on peut dire que *l'axe du couple résultant est la résultante des axes des couples donnés*, composés comme des forces à partir d'un même point de l'espace. On verra tout à l'heure que cette proposition est générale.

La composition par voie d'addition des couples parallèles montre bien que le moment d'un couple est la vraie mesure de son *énergie*. On peut admettre comme un axiome que si l'on multiplie par un même nombre n les forces d'un couple, sans rien changer à son bras de levier, l'énergie du couple est multipliée par ce nombre n. Or cela revient à additionner n couples égaux au premier, ou encore à composer ensemble n couples dont les moments soient tous égaux au moment du couple donné. Le moment du couple résultant sera égal à n fois le moment du couple primitif; en d'autres termes, les énergies des deux couples seront entre elles dans le même rapport que leurs moments.

57. Cherchons à composer deux couples donnés C, C_1 agissant dans des plans qui se coupent.

On peut déplacer chacun de ces deux couples, de manière à leur donner des bras de levier situés sur la droite d'intersection des deux plans qui les contiennent. Puis on peut substituer à l'un d'eux un couple équivalent, ayant le même bras de levier que l'autre.

Soit AB ce bras de levier commun. Au point A nous aurons une force AF, dirigée perpendiculairement à AB, dans le plan PP' du premier couple C; au point B, une force parallèle, égale et contraire, BF′; et de même, dans le plan QQ′ du second couple C_1, deux forces AF_1, BF'_1, également perpendiculaires à l'intersection des plans P et Q. L'angle plan F_1AF mesure l'angle dièdre de ces deux plans.

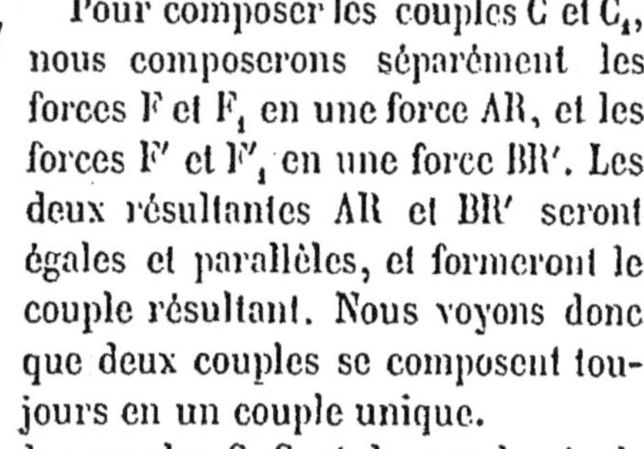

Pour composer les couples C et C_1, nous composerons séparément les forces F et F_1 en une force AR, et les forces F′ et F'_1 en une force BR′. Les deux résultantes AR et BR′ seront égales et parallèles, et formeront le couple résultant. Nous voyons donc que deux couples se composent toujours en un couple unique.

Fig. 52.

Construisons les axes des couples C, C_1 et du couple résultant. Pour cela, au point A, élevons une perpendiculaire au plan PP′, et prenons sur cette droite une longueur $A\varphi$ représentant à l'échelle le moment du couple C, ou le produit $F \times AB$.

Au même point A, élevons une perpendiculaire au plan QQ′, et prenons sur cette droite, à la même échelle, une longueur $A\varphi_1$, égale au moment du couple C_1, ou au produit $F_1 \times AB$.

Enfin menons perpendiculairement au plan BAR une droite $A\rho$, que nous prendrons égale au moment $R \times AB$ du couple résultant.

Les droites $A\varphi$, $A\rho$, $A\varphi_1$ sont toutes trois dans un plan normal à la droite AB, c'est-à-dire dans le plan des trois forces F, R et F_1; de plus, les angles φAF, ρAR, $\varphi_1 AF_1$ sont droits; les trois directions $A\varphi$, $A\rho$, $A\varphi_1$ peuvent donc être obtenues en faisant tourner d'un angle droit autour du point A les directions AF, AR, AF_1, dans le plan normal à AB. De plus, les longueurs $A\varphi$, $A\rho$, $A\varphi_1$, sont, par construction, proportionnelles à

$$F \times AB, \quad R \times AB, \quad F_1 \times AB,$$

ou bien aux forces

$$F, \quad R, \quad F_1,$$

ou enfin aux longueurs

$$AF. \quad AR. \quad AF_1.$$

La figure $A\varphi\varphi_1$ est donc semblable à la figure $AFRF_1$, et par suite $A\varphi$, axe du couple résultant, est la résultante géométrique des axes $A\varphi$, $A\varphi_1$ des couples composants.

De là résulte la règle suivante, qui est tout à fait générale, et qui s'applique aux couples situés dans des plans parallèles ou dans des plans qui se coupent :

Pour composer des couples donnés, on construira en un même point de l'espace les axes de chacun de ces couples ; puis on composera ces axes à la manière des forces. La résultante sera l'axe du couple résultant.

Inversement, on peut décomposer un couple donné en trois couples situés dans trois plans quelconques, non parallèles deux à deux. Il suffit de mener par un même point de l'espace l'axe du couple donné et des normales aux trois plans, puis de décomposer l'axe suivant les arêtes du trièdre formé par ces normales. Les composantes seront respectivement les axes des couples cherchés.

58. Remarquons l'identité des règles de la composition des *forces* et des *couples* avec les règles cinématiques de la composition des *rotations* et des *translations*. Cette identité est parfaite, pourvu que l'on assimile *les forces aux rotations*, d'une part, *les couples aux translations*, de l'autre. Le tableau suivant fera ressortir cette analogie.

CINÉMATIQUE.	STATIQUE.
Une *rotation* est définie quand on connaît la position de l'*axe* autour duquel elle s'opère, le *sens* dans lequel elle a lieu, et sa *vitesse angulaire*.	Une *force* est définie quand on connaît la position de la *droite* suivant laquelle elle agit, le *sens* dans lequel elle agit, et son *intensité*.
On la représente par une droite finie, prise sur l'axe, dans un certain sens, *à partir d'un point quelconque*.	On la représente par une droite finie, prise sur sa direction, dans le sens où elle agit, *à partir d'un point quelconque, que l'on considère comme son point d'application*.

Deux *rotations concourantes* se composent en une seule par la règle du *parallélogramme des rotations.*

Deux *rotations parallèles* se composent en une seule, égale à leur somme algébrique. Le *centre* de la rotation résultante partage la distance des centres des rotations composantes en segments réciproquement proportionnels aux rotations données.

Deux rotations parallèles, égales et contraires forment un *couple de rotation,* qui équivaut à une *translation.* La vitesse de la translation résultante est le produit de la vitesse angulaire commune aux deux rotations par la distance des axes.

Une *translation* se représente par une droite finie, parallèle à la vitesse de la translation, dirigée dans le même sens, et qu'on peut transporter partout où l'on voudra, parallèlement à elle-même.

Deux translations se composent en une seule au moyen du *parallélogramme des translations,* construit en un point quelconque de l'espace.

Deux *forces concourantes* se composent en une seule par la règle du *parallélogramme des forces.*

Deux *forces parallèles* se composent en une seule, égale à leur somme algébrique. Le point d'application de la résultante partage la distance des points d'application des composantes en deux segments réciproquement proportionnels à ces composantes.

Deux forces parallèles, égales et contraires, forment un *couple.*

Le *moment* du couple est le produit de la valeur commune aux deux forces par leur distance, ou *bras de levier.*

Un couple peut se représenter par son *axe,* droite finie, égale à son moment, élevée dans un certain sens perpendiculairement à son plan, et qu'on peut déplacer comme on voudra parallèlement à elle-même.

Deux couples se composent en un seul au moyen du *parallélogramme des axes,* construit en un point quelconque de l'espace.

La composition des forces et des couples appliqués à un même corps solide complétera cette analogie, et fera reconnaître en statique des propriétés correspondantes à celles qui ont été établies en cinématique, pour la réduction du mouvement général d'un solide à deux rotations, ou à une rotation et à une translation, ou enfin au mouvement hélicoïdal le long et autour de *l'axe instantané glissant.*

CHAPITRE III

COMPOSITION ET RÉDUCTION AU MOINDRE NOMBRE DES FORCES
APPLIQUÉES A UN CORPS SOLIDE

---

59. Un corps solide, libre dans l'espace, est sollicité par
un nombre quelconque de forces ; on donne pour chacune son
point d'application, sa direction et son intensité. On demande
de substituer à ces forces d'autres forces équivalentes au
point de vue de l'équilibre, et dont le nombre soit le plus
petit possible. Les exemples que nous avons déjà examinés
peuvent éclaircir ce problème. Lorsque les forces sont ou
concourantes, ou parallèles, on peut les réduire à une force
unique, leur *résultante*, sauf le cas où l'on obtient un *couple* ;
les forces données se réduisent à deux dans ce dernier cas, et
l'on ne peut pousser plus loin la réduction.

Nous ferons voir dans ce chapitre que l'on peut toujours
réduire à deux forces un système quelconque de forces appliquées à un système solide, et que la réduction à une force
unique n'est possible que dans des cas particuliers.

Le problème de l'équilibre des systèmes solides sera résolu
dès que nous aurons trouvé les lois de cette réduction. Car il
parait évident que deux forces appliquées à un même système
ne peuvent se faire équilibre qu'à la condition d'être égales, et
appliquées en sens contraires en deux points d'une même direction. On saura donc qu'un corps solide est en équilibre, en
vérifiant que les forces qui sollicitent ce corps peuvent se réduire à deux forces remplissant ces conditions.

RÉDUCTION DES FORCES A TROIS.

60. On peut toujours réduire les forces qui sollicitent un corps solide à trois forces dont les points d'application soient trois points A, B, C, pris arbitrairement dans le solide.

Soit F une des forces données, M son point d'application. Nous pouvons supposer cette force appliquée en un point O quelconque, pris sur sa direction. Joignons OA, OB, OC. Gé-

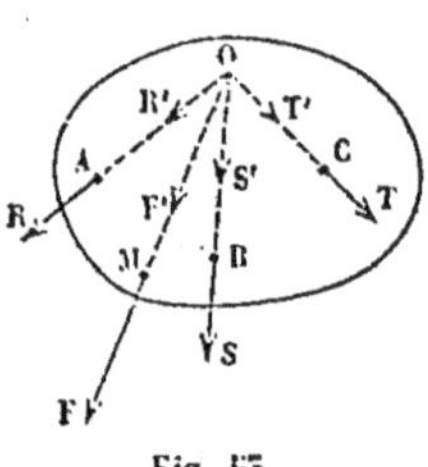

Fig. 55.

néralement ces trois droites ne seront pas dans un même plan. On peut les considérer comme les directions des arêtes d'un parallélépipède dont la diagonale aurait pour direction la droite OF. On pourra donc décomposer au point O la force OF′ = F en trois composantes OR′, OS′, OT′, dirigées suivant les droites OA, OB, OC. Ensuite on peut transporter les forces OR′, OS′, OT′ aux points A, B et C, ce qui donnera les trois forces AR, BS, CT, qui remplacent la force donnée MF.

On opérera de même pour chacune des forces données; et pour chacune on obtiendra trois composantes, appliquées l'une au point A, l'autre au point B, la troisième au point C.

Toutes les forces appliquées en A se composeront en une force unique par la règle du polygone des forces; toutes les forces appliquées en B se composeront aussi en une seule; toutes les forces appliquées en C se composeront de même. On obtiendra donc, par cette décomposition et cette recomposition, trois forces, appliquées, la première en A, la deuxième en B, la troisième en C, et qui équivaudront à l'ensemble des forces données.

La décomposition est d'ailleurs possible d'une infinité de manières, car elle dépend de la position arbitrairement assignée au point O sur la direction MF.

RÉDUCTION DES TROIS FORCES A DEUX.

61. Nous venons de ramener les forces données à trois forces R, S, T, appliquées respectivement aux points A, B, C du solide (fig. 54). Nous allons réduire ces trois forces à deux seulement. Par le point A, arbitrairement pris sur la direction de l'une des forces R, et la force BS, nous pouvons faire passer un plan. Ce plan coupera généralement la droite CT en un point M où l'on peut supposer la force T transportée. Joignons AM; cette droite rencontre la direction BS en un

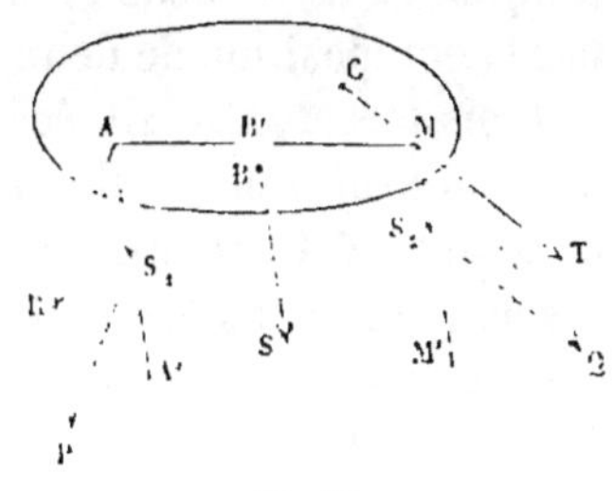

Fig. 54.

point B', et nous pouvons supposer la force S appliquée en ce point. Dans le plan ABSM, menons par les points A et M deux droites AA', MM', parallèles à BS, puis décomposons la force S en deux forces parallèles, respectivement appliquées aux points A et M; la règle des forces parallèles nous donne immédiatement les valeurs des composantes:

Suivant AA', la composante $AS_1 = S \times \dfrac{B'M}{AM}$, et suivant MM',

la composante $MS_2 = S \times \dfrac{AB'}{AM}$.

On peut donc remplacer la force S par ses composantes AS_1 et MS_2; ensuite on peut composer S_1 avec R, S_2 avec T, par la règle du parallélogramme. Ces opérations conduisent à deux forces AP, MQ, équivalentes aux trois forces R, S, T, et par suite équivalentes aux forces primitivement données.

On voit de plus que les forces se réduiront à une seule, si les deux forces AP, MQ sont dans un même plan.

Notre raisonnement suppose que le plan conduit par le point A et la droite BS rencontre quelque part la droite CI. Il pourrait arriver qu'en prenant au hasard le point A sur la direction de AB, le plan ABS fût parallèle à CT. Dans ce cas, on pourrait changer la position du plan et l'amener à rencontrer la droite CT, en prenant un autre point A sur la droite AR; ou bien, si le plan ABS ne variait pas de position avec le point A, ce serait l'indice que les deux forces AR, BS sont dans un même plan; elles auraient donc une résultante unique, et la réduction des trois forces à deux s'obtiendrait par la composition de deux des forces données.

Trois forces, non situées deux à deux dans le même plan, peuvent avoir une résultante unique; c'est ce qui a lieu en général quand les deux forces auxquelles on peut réduire le système des trois, sont situées dans un même plan.

Mais deux forces non situées dans un même plan n'ont pas de résultante unique. Soient, en effet, P et Q deux forces, et R leur résultante. Il y aura équilibre entre les forces P, Q et — R. L'équilibre ne sera pas troublé si l'on fixe un point A sur la direction de P, et un point B sur la direction de Q; alors le solide auquel les forces sont appliquées est libre de tourner autour de la droite AB, et cet effet tendra à se produire sous l'action de la force — R, à moins que cette force ne rencontre l'axe en un certain point C. On prouverait de même que la direction de R rencontre toute autre droite AB, qui s'appuierait sur les directions P et Q : chose impossible, à moins que les forces P, Q et R ne soient contenues dans un même plan.

En général on peut s'arranger de manière que les deux forces P et Q, auxquelles on ramène un système de forces quelconques, soient rectangulaires. En effet, décomposons la force P en deux forces, P′, P″, l'une, P′, contenue dans le plan conduit par le point A et la force Q; l'autre, P″, perpendiculaire à ce plan. Les deux forces P′ et Q, étant situées dans un même plan, se composent en une force L contenue dans ce plan (le cas où ces deux forces forment un couple étant excepté), et le système proposé est alors ramené aux deux forces rectangulaires P″ et L.

BÉDUCTION DES FORCES A DEUX, AU MOYEN DES COUPLES.

62. L'emploi des couples conduit beaucoup plus simplement à la réduction demandée.

Soit une force F appliquée en un point A d'un corps solide. Prenons arbitrairement un point O faisant partie du corps solide, ou relié invariablement à ce corps, s'il n'en fait pas partie. Nous ne changerons rien au système de forces en appliquant en ce point deux forces, F et — F, égales et contraires, que nous prendrons égales et parallèles à la force AF. Il reste donc une force F appliquée au point O, et deux forces F et — F, appliqués l'une en A, l'autre en O, et formant un couple (F, — F). A toute force donnée F on peut substituer ainsi le système formé par cette force

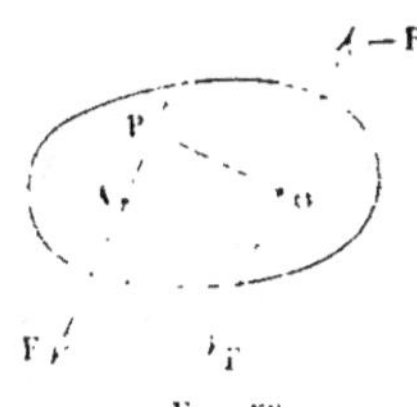

Fig. 55.

transportée en un point O quelconque, parallèlement à elle-même, et un couple (F, — F) dont le bras de levier OP est la distance du point O à la direction AF de la force donnée.

Opérant ainsi pour chacune des forces données, nous transporterons toutes les forces parallèlement à elles-mêmes en un point O, lié invariablement au système solide ; de ce transport résulte la formation d'autant de couples qu'il y a de forces. Nous pourrons ensuite composer ensemble toutes les forces appliquées au point O, ce qui nous donnera une *résultante* appliquée en ce même point ; puis composer ensemble tous les couples, ce qui nous donnera un *couple résultant*. Un système de forces peut donc être ramené *à une force unique*, R, *et à un couple unique*, C.

Le couple C peut être transporté où l'on voudra dans des plans parallèles. Nous pouvons donc faire en sorte que l'une, P, de ses forces ait un point commun, A, avec la résultante R (fig. 56). Composant les forces R et P, nous aurons ramené le système des forces à deux composantes : la force S et la force — P.

On peut remarquer que, quel que soit le point O (fig. 55) où l'on transporte les forces données, leur résultante R aura la même grandeur et la même orientation dans l'espace; car elle est le dernier côté du polygone des forces, dont les côtés ne varient ni de grandeur, ni de direction, en quelque point qu'on le construise. Cette résultante R a reçu le nom de *résultante de translation* du système de forces données. On verra en dynamique la raison de cette définition. La direction du plan du couple résultant C, et la grandeur de ce couple, varient, au contraire, avec la position assignée au point O.

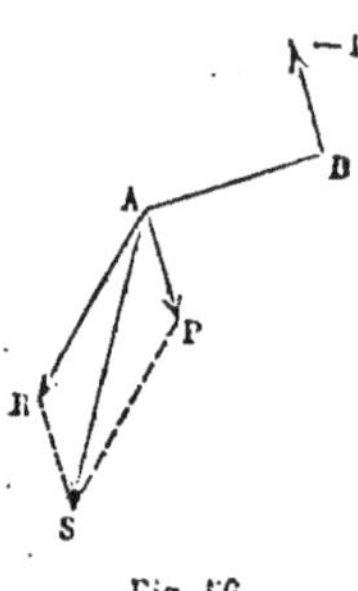

Fig. 56.

65. Cherchons comment s'opère cette variation. Pour cela, imaginons qu'après avoir déterminé la résultante R et le couple C en nous servant du point O, nous voulions avoir la résultante et le couple pour un point O', différent du premier. Il suffira de transporter la résultante R en ce point, ce qui donnera naissance à un nouveau couple (R, — R), qu'on aura à composer avec le couple C. Le couple change donc seul, comme nous l'avions déjà reconnu.

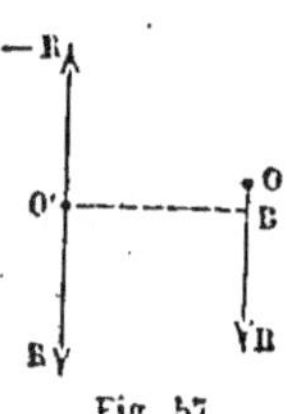

Fig. 57.

Le plan du couple résultant variant de position avec le point O, où l'on transporte toutes les forces pour obtenir la résultante R, et la direction de la force R étant toujours la même, l'angle de la force R avec le plan du couple C est variable. Nous allons démontrer que le couple résultant est le plus petit possible quand cet angle est droit, c'est-à-dire quand l'axe du couple C est parallèle à la résultante R.

Il suffit de faire voir (fig. 58) que, si cette condition est remplie, tout déplacement du point O, en dehors de la direction de la force OR, entraîne un accroissement du couple C.

Soit O' le nouveau point choisi pour y transporter les forces.

Abaissons O'O perpendiculaire sur OR ; nous pourrons regarder la force R comme appliquée en ce point O pris sur sa direction, et le couple C comme représenté par son axe OC, porté sur OR à partir du même point. Au point O', appliquons deux forces égales et parallèles à R, et en sens contraire l'une de l'autre ; nous substituons ainsi à la force donnée une force R, égale et parallèle, appliquée en O', et un couple (R, — R), dont le moment est R × OO', et dont on aura l'axe en prenant une quantité, OH, égale à ce moment, sur la perpendiculaire élevée en O au

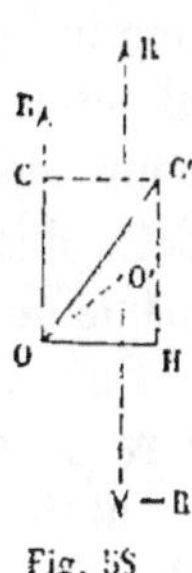

Fig. 58

plan ROO'. Le nouveau couple résultant C' s'obtiendra donc en composant au point O l'axe OC du couple primitif avec l'axe OH du couple (R, — R), ce qui donne un axe OC', diagonale du rectangle OCC'H ; par suite, le nouveau couple C' a un moment plus grand que le couple C, et son axe fait avec la direction de la résultante un angle différent de zéro.

De quelque côté que l'on déplace le point O autour de la direction OR, on obtient donc un accroissement dans la grandeur du couple résultant ; cet accroissement est le même pour un même écart OO', pris dans le plan normal à OR mené par le point O.

Il n'existe donc qu'une seule droite OR, tout le long de laquelle le plan du couple résultant soit normal à la résultante, et c'est celle pour laquelle le couple résultant est minimum.

L'analogie que nous avons déjà fait pressentir entre la statique et la cinématique des corps solides se complète ici. En effet, tout déplacement élémentaire d'un corps solide a été ramené à la coexistence d'une rotation et d'une translation, et nous avons reconnu qu'on peut déterminer un axe de rotation unique, parallèlement auquel la translation s'opère ; c'est l'axe du mouvement hélicoïdal du corps solide. La translation est alors minimum, la rotation restant toujours constante (I, §§ 160 et 161). De même, nous venons de ramener les forces sollicitant le corps solide à une résultante R, qui correspond à la rotation, et à un couple C, qui correspond à la translation; puis nous avons reconnu l'existence d'une direction unique, qui est à la fois la direction de la résultante, la direction de l'axe du couple résultant, et le lieu des points pour lesquels le couple résultant est le plus petit possible. Cette droite a été appelée par Poinsot l'*axe central des moments* ou *des couples*.

Enfin, la réduction de toutes les forces données à deux forces correspond à la décomposition du déplacement élémentaire d'un corps solide en deux rotations simultanées (I, § 157).

64. Proposons-nous de trouver la position de l'axe central. Soit OR la résultante de translation, supposée appliquée au point O, et OC l'axe du couple correspondant, qu'on peut me-

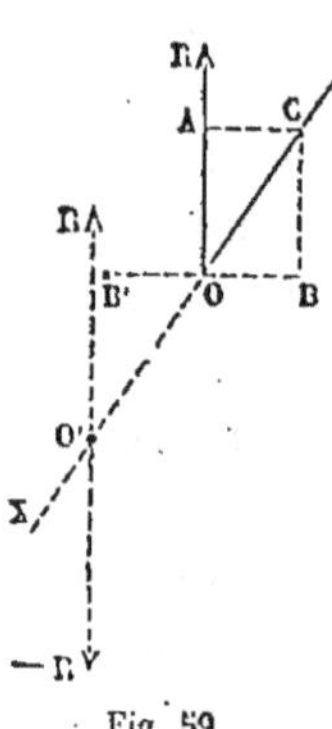

Fig. 59.

ner aussi par le point O. Décomposons le couple OC en deux couples composants, l'un OA, suivant la direction de la résultante R, l'autre OB, perpendiculaire à la résultante. Par le point O, menons une droite OX, perpendiculaire au plan ROB, et sur cette droite, prenons, dans un sens qu'on définira tout à l'heure, un point O′ tel, que R × OO′ soit égal au couple OB. Nous pouvons transporter au point O′ la résultante R, en appliquant en ce point deux forces R et —R, égales, parallèles, et con-

traires l'une à l'autre. Par là nous donnons naissance à un couple (R, —R) dont le bras de levier est OO′, et dont le moment, R × OO′, est égal au moment du couple composant OB. Nous pouvons d'ailleurs prendre sur la droite OX la distance OO′ dans un sens tel, que l'axe OB′ du couple (R, —R) soit dirigé en sens contraire de OB, sur la droite perpendiculaire au plan ROO′. On ramène ainsi le système de la force OR et du couple C au système de la force O′R et des trois couples OB, OB′, OA; les deux premiers couples, égaux et contraires, se détruisent, et il reste la résultante R appliquée en O', et le couple OA, dont l'axe est parallèle à la résultante. La droite O'R est donc l'axe central des forces données.

L'axe central O'R une fois déterminé, si l'on transporte toutes les forces en un point quelconque O, éloigné de cet axe d'une quantité $OO' = h$, la résultante de translation correspondante OR reste la même en grandeur et en direction, mais l'axe du couple résultant prend la direction OC dans le plan normal à OO'. Soit $H = OA$ la valeur du couple résultant minimum. La valeur, G, du nouveau couple OC s'obtiendra en remarquant que le couple composant AC est égal à $R \times OO' = Rh$; donc

$$G^2 = H^2 + R^2 h^2.$$

La direction OC est d'ailleurs définie par l'angle $COA = \varphi$, et l'on a

$$\operatorname{tang} \varphi = \frac{AC}{OA} = \frac{Rh}{H}.$$

L'angle φ étant le même pour une même distance OO', prise dans une direction quelconque à partir du point O' dans le plan perpendiculaire à O'R, le lieu des droites OC, pour une même distance donnée OO', est l'*hyperboloïde de révolution* que l'on obtient en faisant tourner la droite inclinée OC autour de l'axe O'R.

DÉTERMINATION ANALYTIQUE DE LA RÉSULTANTE ET DU COUPLE RÉSULTANT D'UN SYSTÈME DONNÉ DE FORCES APPLIQUÉES A UN CORPS SOLIDE.

65. Nous supposerons que l'on connaisse les points d'application des forces par leurs coordonnées, et les forces elles-mêmes par leurs composantes parallèles aux axes. Pour chaque force F, appelons X, Y, Z les composantes parallèles aux axes OX, OY, OZ, et x, y, z les coordonnées du point d'application, prises par rapport à ces mêmes axes. On suppose les axes rectangulaires.

Nous distinguerons par des indices les forces appliquées

aux divers points du corps solide. S'il y a n forces, les lettres X, Y, Z, x, y, z recevront en indice les numéros de 1 jusqu'à n.

Nous désignerons par X', Y', Z' les composantes de la résultante de translation, R, de ces n forces, et par L', M', N' les composantes du couple résultant, décomposé aussi parallèlement aux axes.

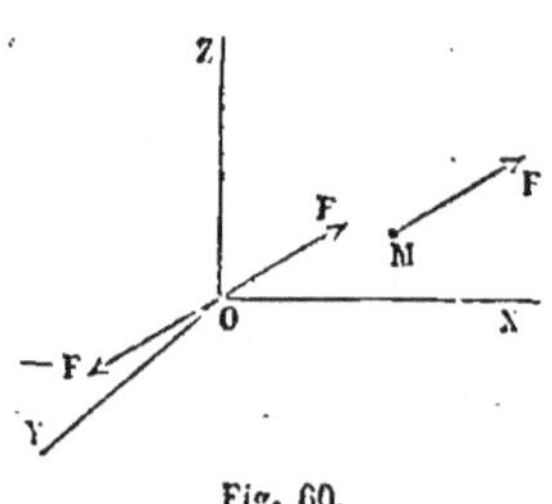

Fig. 60.

Considérons en particulier une force F, appliquée au point M; transportons-la à l'origine, O, que nous supposerons invariablement liée au système solide; nous aurons de cette manière une force OF, appliquée en ce point, et un couple (F, — F), dont le moment sera le moment de la force MF par rapport au point O (§ 53).

Décomposons la force OF en ses composantes X, Y, Z, parallèles aux axes.

Décomposons de même le couple (F, — F) en ses composantes, en le projetant sur les trois plans XOY, YOZ, ZOX. Les couples composants auront pour moments (§ 50) :

Dans le plan XOY, le moment de la force MF par rapport à l'axe OZ, ou $Yx - Xy$;

Dans le plan YOZ, le moment de la même force par rapport à l'axe OX, ou $Zy - Yz$;

Enfin, dans le plan ZOX, le moment de la force MF par rapport à l'axe OY, ou $Xz - Zx$.

Les expressions $Yx - Xy$, $Zy - Yz$, $Xz - Zx$ représentent donc respectivement les *axes* des couples composants du couple (F, — F), quantités qui doivent être portées sur les axes coordonnés OZ, OX, OY.

Opérons de même pour les $n - 1$ autres forces; nous aurons pour chacune trois composantes appliquées au point O suivant les trois axes, et trois couples composants dont les axes coïncideront avec les mêmes droites.

Les composantes des forces appliquées suivant le même

axe se composent en une seule force, par voie d'addition algébrique. De même, les axes des couples composants se composent à la manière des forces (§ 57). On obtiendra ainsi les six inconnues, savoir : les trois composantes, X', Y', Z', de la force R, et les trois couples composants, L', M', N', du couple C, au moyen des équations :

$$X' = X_1 + X_2 + X_3 + \ldots + X_n = \Sigma X,$$
$$Y' = Y_1 + Y_2 + Y_3 + \ldots + Y_n = \Sigma Y,$$
$$Z' = Z_1 + Z_2 + Z_3 + \ldots + Z_n = \Sigma Z,$$
$$L' = (Z_1 y_1 - Y_1 z_1) + (Z_2 y_2 - Y_2 z_2) + (Z_3 y_3 - Y_3 z_3) + \ldots$$
$$+ (Z_n y_n - Y_n z_n) = \Sigma (Zy - Yz),$$
$$M' = (X_1 z_1 - Z_1 x_1) + (X_2 z_2 - Z_2 x_2) + (X_3 z_3 - Z_3 x_3) + \ldots$$
$$+ (X_n z_n - Z_n x_n) = \Sigma (Xz - Zx),$$
$$N' = (Y_1 x_1 - X_1 y_1) + (Y_2 x_2 - X_2 y_2) + (Y_3 x_3 - X_3 y_3) + \ldots$$
$$+ (Y_n x_n - X_n y_n) = \Sigma (Yx - Xy).$$

Pour trouver ensuite la force R et le couple C, on composera, par la règle du parallélépipède, d'une part les trois composantes X', Y', Z', et de l'autre les trois couples composants L', M', N'.

DÉTERMINATION ANALYTIQUE DE L'AXE CENTRAL.

66. Soit O'R la direction de l'axe central : O'R est la résultante de translation, et O'A l'axe du couple résultant.

Soient ξ, η, ζ les coordonnées du point O', et λ, μ, ν les angles que la direction O'R fait avec les axes.

La résultante de translation, O'R,

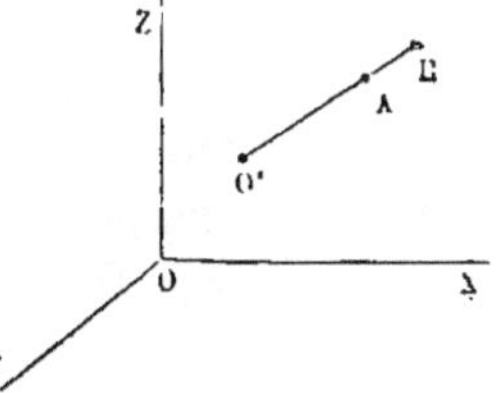

Fig. 61.

ne varie ni de direction ni de grandeur, en quelque point de l'espace qu'on transporte les forces. On a donc

$$(1) \qquad \begin{cases} X' = R \cos \lambda, \\ Y' = R \cos \mu, \\ Z' = R \cos \nu, \end{cases}$$

et par suite les angles λ, μ, ν, qui définissent le parallélisme de l'axe central, sont donnés par les équations

$$\cos\lambda=\frac{X'}{\sqrt{X'^2+Y'^2+Z'^2}}, \qquad \cos\mu=\frac{Y'}{\sqrt{X'^2+Y'^2+Z'^2}}, \qquad \cos\nu=\frac{Z'}{\sqrt{X'^2+Y'^2+Z'^2}}.$$

Le radical doit être pris positivement dans les trois formules, car il indique la valeur absolue de la résultante R.

On connaît donc la direction O'R. Reste à déterminer les coordonnées du point O'.

Soit H le couple résultant minimum O'A ; décomposons ce couple suivant les plans coordonnés, ce qui se fera en projetant la droite O'A sur les axes. Nous avons

$$\text{suivant l'axe OX,} \quad \text{H} \cos\lambda,$$
$$\text{suivant l'axe OY,} \quad \text{H} \cos\mu,$$
$$\text{suivant l'axe OZ,} \quad \text{H} \cos\nu.$$

Les moments de la force R par rapport aux mêmes axes sont, autour de OX,

$$Z'\eta - Y'\zeta,$$

autour de OY,

$$X'\zeta - Z'\xi,$$

et autour de OZ,

$$Y'\xi - X'\eta.$$

Ce sont les moments composants du couple que l'on forme en transportant la force O'R parallèlement à elle-même au point O. Ces couples se composent avec les couples composants du couple O'A, pour donner les couples L', M', N', et l'on a

$$(2) \quad \begin{cases} L' = \text{H}\cos\lambda + Z'\eta - Y'\zeta, \\ M' = \text{H}\cos\mu + X'\zeta - Z'\xi, \\ N' = \text{H}\cos\nu + Y'\xi - X'\eta. \end{cases}$$

Le couple H est encore inconnu. Pour le déterminer, multiplions la première équation par X', la seconde par Y', la troisième par Z', et ajoutons. Les coordonnées ξ, η, ζ disparaissent dans la somme, et il vient, pour déterminer H, l'équation

$$H\,(X'\cos\lambda + Y'\cos\mu + Z'\cos\nu) = L'X' + M'Y' + N'Z'.$$

La fonction $X'\cos\lambda + Y'\cos\mu + Z'\cos\nu$ est d'ailleurs égale à R, en vertu des équations (1), et l'on a, en définitive,

$$(3)\qquad H = \frac{L'X' + M'Y' + N'Z'}{R} = \frac{L'X' + M'Y' + N'Z'}{\sqrt{X'^2 + Y'^2 + Z'^2}}.$$

On en déduit

$$H\cos\lambda = \frac{(L'X' + M'Y' + N'Z')\,X'}{X'^2 + Y'^2 + Z'^2},$$

$$H\cos\mu = \frac{(L'X' + M'Y' + N'Z')\,Y'}{X'^2 + Y'^2 + Z'^2},$$

$$H\cos\nu = \frac{(L'X' + M'Y' + N'Z')\,Z'}{X'^2 + Y'^2 + Z'^2}.$$

Substituant ces valeurs dans les équations (2), on obtient les équations de l'axe central, projeté sur les trois plans coordonnés[1] :

$$Z'\eta - Y'\zeta = L' - \frac{L'X'^2 + M'Y'X' + N'Z'X'}{X'^2 + Y'^2 + Z'^2}$$

$$= \frac{L'(Y'^2 + Z'^2) - M'Y'X' - N'Z'X'}{X'^2 + Y'^2 + Z'^2},$$

$$X'\zeta - Z'\xi = \frac{M'(Z'^2 + X'^2) - N'Z'Y' - L'X'Y'}{X'^2 + Y'^2 + Z'^2},$$

$$Y'\xi - X'\eta = \frac{N'(X'^2 + Y'^2) - L'X'Z - M'Y'Z'}{X'^2 + Y'^2 + Z'^2}.$$

CONDITION POUR QUE LES FORCES AIENT UNE RÉSULTANTE UNIQUE.

67. Nous savons déjà que, pour que les forces aient une résultante unique (laquelle résultante sera égale à la force R, résultante de translation), il faut et il suffit que la force R

---

[1] Comparez ces formules aux équations (5) du § 173 de la Cinématique (*Détermination de l'axe instantané glissant*).

soit parallèle au plan du couple C, ou bien que la force R soit perpendiculaire à l'axe du couple.

Construisons la force R appliquée au point O ; pour cela, il suffira de prendre sur l'axe OX une quantité $OS = X'$,

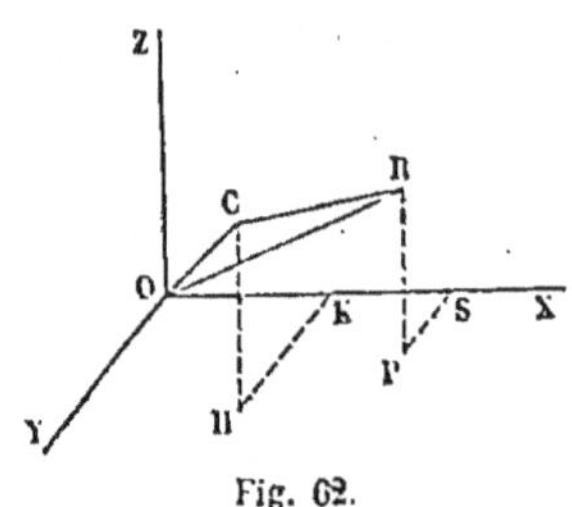

Fig. 62.

puis dans le plan XOY, perpendiculairement à OY, la quantité $SP = Y'$, enfin, perpendiculairement au plan XOY, une quantité $PR = Z'$. La force OR sera la résultante des forces X', Y', Z', appliquées au point O suivant les axes.

Prenons de même $OK = L'$, $KH = M'$, $HC = N'$; la résultante OC sera l'axe du couple résultant.

Pour que les forces aient une résultante unique, il faut et il suffit que l'angle COR soit droit, ou, en joignant CR, que le triangle COR soit rectangle, et qu'on ait l'égalité

$$\overline{CR}^2 = \overline{OC}^2 + \overline{OR}^2.$$

Mais OC est la diagonale du parallélépipède rectangle dont les arêtes sont L', M', N' ; et par suite

$$\overline{OC}^2 = L'^2 + M'^2 + N'^2 ;$$

de même

$$\overline{OR}^2 = X'^2 + Y'^2 + Z'^2.$$

Enfin CR est la diagonale d'un parallélépipède rectangle dont les arêtes parallèles aux axes sont égales en valeur absolue aux différences L' — X', M' — Y', N' — Z', et l'on a par conséquent

$$\overline{CR}^2 = (L' - X')^2 + (M' - Y')^2 + (N' - Z')^2.$$

La condition s'exprime donc par l'équation

$$(L' - X')^2 + (M' - Y')^2 + (N' - Z')^2 = (L'^2 + M'^2 + N'^2) + (X'^2 + Y'^2 + Z'^2).$$

Développant les carrés dans le premier membre, effaçant

de part et d'autre les termes communs et supprimant le facteur 2, on arrive à l'équation finale

$$L'X' + M'Y' + N'Z' = 0.$$

C'est la condition cherchée.

On y parvient plus rapidement en observant que X', Y'. Z'
d'une part, L', M', N' de l'autre, sont proportionnels aux cosinus des angles que les directions OR et OC font avec les axes,
de sorte que l'égalité $L'X' + M'Y' + N'Z' = 0$ indique que
l'angle COR est droit.

En se reportant au § 66, on verra par l'équation (3) que
cette condition réduit à zéro le couple minimum H, sauf le
cas où l'on aurait à la fois $X' = 0$, $Y' = 0$, $Z' = 0$, cas dont
nous allons nous occuper.

CONDITION POUR QUE LES FORCES SE RÉDUISENT A UN COUPLE.

68. La résultante de translation est toujours la même, en
quelque point qu'on transporte les forces pour les composer;
pour que les forces soient réductibles à un couple, il faut et il
suffit donc que la résultante R soit nulle, ce qui suppose à la
fois $X' = 0$, $Y' = 0$, $Z' = 0$.

Dans ce cas, l'équation

$$L'X' + M'Y' + N'Z' = 0$$

est satisfaite d'elle-même, de sorte qu'elle exprime à la fois
la condition pour que les forces se réduisent à une force
unique, ou à un couple unique; et en effet le couple peut être
assimilé à une force unique, d'intensité nulle, dont le point
d'application serait infiniment éloigné.

DÉFINITION DE L'ÉQUIVALENCE DE DEUX SYSTÈMES DE FORCES.

69. Deux systèmes de forces (X, Y, Z) et (X_1, Y_1, Z_1), appliqués successivement à un solide, sont dits *équivalents* lorsque
les forces qui composent chaque système sont réductibles à

la même résultante de translation et au même couple résultant. Le caractère analytique de l'équivalence est donc défini par les six équations :

$$\Sigma X = \Sigma X_1,$$
$$\Sigma Y = \Sigma Y_1,$$
$$\Sigma Z = \Sigma Z_1;$$
$$\Sigma(Zy - Yz) = \Sigma(Z_1 y_1 - Y_1 z_1),$$
$$\Sigma(Xz - Zx) = \Sigma(X_1 z_1 - Z_1 x_1),$$
$$\Sigma(Yx - Xy) = \Sigma(Y_1 x_1 - X_1 y_1).$$

Si ces équations sont satisfaites pour un système d'axes coordonnés rectangulaires, elles sont satisfaites pour tout autre système.

Si l'on applique au solide le premier système de forces, et les forces du second système changées toutes de sens, le système de forces résultant sera réductible à une résultante nulle et à un couple résultant nul ; de sorte que le solide sera en équilibre, ainsi que nous le verrons plus loin. Réciproquement, si un système de forces appliqué à un solide est en équilibre, il y a équivalence entre le système formé d'une partie des forces données et le système obtenu en changeant le sens de toutes les autres.

Les forces entrent fréquemment dans les équations de la mécanique par les sommes de leurs projections sur des axes fixes, ou par les sommes de leurs moments par rapport à ces axes. Tant qu'il en est ainsi, on peut remplacer les forces réelles par des forces *équivalentes*, lors même qu'elles ne sont pas appliquées à un système solide. L'équivalence est alors *purement algébrique*, et n'implique en rien l'équilibre effectif entre le premier groupe de forces et le second groupe changé de sens.

PROBLÈMES DIVERS.

70. Étant donné un polygone ABCDEFA, tracé dans un plan, on applique au sommet A, dans la direction AB, une force proportionnelle à AB ; au sommet B, suivant BC, une force pro-

portionnelle à BC ; au sommet C, suivant CD, une force proportionnelle à CD, et ainsi de suite, jusqu'au sommet F,
auquel on applique suivant FA une
force proportionnelle à FA. On demande de réduire ces forces à une
résultante et à un couple.

On peut choisir l'échelle qui sert
à représenter les forces par des
droites finies, de telle sorte que
AB, BC, ..., FA soient les longueurs

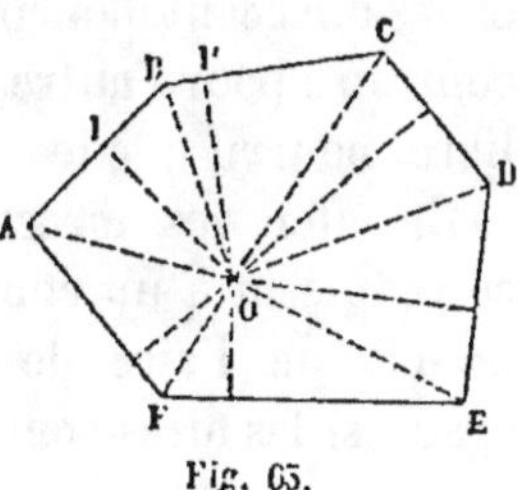

Fig. 65.

représentatives des forces appliquées suivant ces côtés.

La résultante de translation s'obtiendra en composant les
forces données, transportées en un même point, parallèlement
à elles-mêmes. Choisissons pour ce point le point A. La résultante sera le dernier côté du polygone des forces construit à
partir du point A ; or ce polygone n'est autre que le polygone
donné, lequel se ferme de lui-même. La résultante de translation est donc nulle, et par suite les forces se réduisent à un
couple.

Le couple résultant est situé dans le plan de la figure ; son
axe est perpendiculaire à ce plan. Pour avoir son moment,
il suffit de prendre la somme des moments des forces
par rapport à un point O quelconque du plan. De ce point,
abaissons des perpendiculaires OI, OI', ... sur les côtés. Le
moment de la force AB par rapport au point O est le produit $AB \times OI$, ou le double de l'aire du triangle OAB. Il en
serait de même pour tous les autres triangles OBC, OCD, ...,
OFA. Faisant la somme de tous ces triangles, on obtient l'aire
du polygone. Le moment du couple résultant est donc représenté par le double de la surface du polygone donné.

On parviendrait au même résultat en prenant le point O en
dehors du polygone ; les triangles extérieurs au polygone devraient être pris négativement, et correspondraient à des moments négatifs.

Il résulte de là que si dans le même plan, ou dans deux plans
parallèles formant un système solide, on applique, suivant

les côtés de deux polygones tracés respectivement dans ces plans, des forces proportionnelles aux côtés de ces polygones, en les dirigeant dans un sens pour l'un des périmètres, en sens contraire pour l'autre, le système ainsi composé sera en équilibre, pourvu que les aires des deux polygones soient égales.

En effet, les forces appliquées à l'un des deux polygones se réduisent à un couple, dont le moment est mesuré par le double de l'aire de ce polygone ; les deux couples sont égaux si les aires sont égales ; ils sont d'ailleurs de sens contraires, dans le même plan ou dans des plans parallèles. Ils se composent donc en un couple unique, égal à zéro, et les forces données se font équilibre.

71. Étant donné dans un plan un contour polygonal ABCD, on applique au milieu des côtés et perpendiculairement à ces côtés, des forces III = AB, KM = BC, LN = CD ; ces forces sont dirigées toutes à droite du contour, par rapport à un observateur qui marcherait le long de la ligne brisée ABCD dans le sens indiqué par les lettres.

On demande de trouver la résultante des forces ainsi définies.

Transportons les forces données en un point O du plan ; nous les composerons en menant par ce point une droite OP égale et parallèle à III, puis, par le point P, une droite PQ égale et parallèle à KM, enfin, par le point Q, une droite PQ égale et parallèle à LN. Joignant OR, nous aurons la résultante cherchée. Mais OP = III = AB, PQ = KM = BC, QR = LN = CD ; les directions OP, PQ, QR, sont d'ailleurs perpendiculaires respectivement à AB, BC, CD ; le polygone des forces OPQR est donc

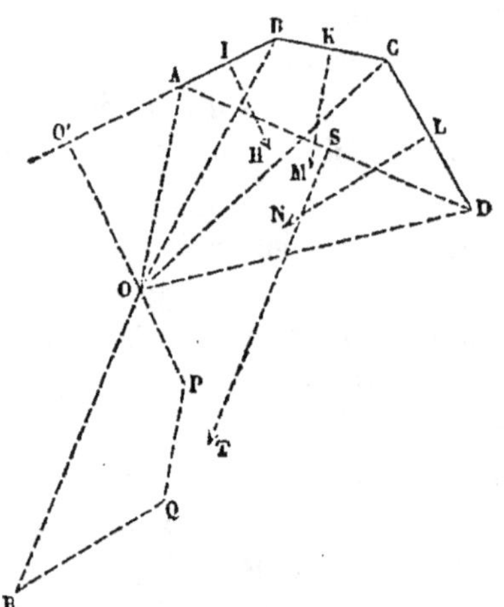

Fig. 64.

identique au polygone donné, qu'on aurait fait tourner d'un angle droit, de gauche à droite, et qu'on aurait ensuite transporté parallèlement à lui-même, de manière à faire coïncider le point A avec le point O. La résultante OR est donc égale à AD, et perpendiculaire à AD.

Cherchons le couple résultant des couples produits par le transport des forces au point O. Pour cela, il suffira de faire la somme des moments des forces HI, KM, LN, par rapport à ce point.

Soit O′ la projection du point O sur la direction AB du premier côté. La distance O′I sera le bras de levier du premier couple, et le moment de ce couple sera le produit

$$HI \times O'I,$$

ou bien

$$AB \times O'I.$$

Mais on peut remplacer AB par $O'B - O'A$, et $O'I$ par $\dfrac{O'B + O'A}{2}$, puisque I est le milieu de AB. Donc le moment cherché est égal à

$$(O'B - O'A) \times \left(\frac{O'B + O'A}{2}\right) = \tfrac{1}{2}(\overline{O'B}^2 - \overline{O'A}^2).$$

Joignons OA et OB; les triangles OO′A, OO′B, rectangles en O′, nous donnent :

$$\overline{OB}^2 = \overline{O'B}^2 + \overline{OO'}^2,$$
$$\overline{OA}^2 = \overline{O'A}^2 + \overline{OO'}^2.$$

Retranchant, il vient

$$\overline{OB}^2 - \overline{OA}^2 = \overline{O'B}^2 - \overline{O'A}^2,$$

et le moment de la force HI par rapport au point O est représenté par l'expression

$$\tfrac{1}{2}(\overline{OB}^2 - \overline{OA}^2).$$

Par la même raison, si l'on joint OC, OD, les moments des forces KM et LN seront respectivement

$$\tfrac{1}{2}(\overline{OC}^2 - \overline{OB}^2),$$
$$\tfrac{1}{2}(\overline{OD}^2 - \overline{OC}^2).$$

La somme des moments, qui est le moment du couple résultant, est égale à

$$\tfrac{1}{2}(\overline{OB}^2 - \overline{OA}^2) + \tfrac{1}{2}(\overline{OC}^2 - \overline{OB}^2) + \tfrac{1}{2}(\overline{OD}^2 - \overline{OC}^2) = \tfrac{1}{2}(\overline{OD}^2 - \overline{OA}^2).$$

Au milieu S du côté AD, appliquons perpendiculairement à AD une force ST = AD ; le moment de cette force par rapport au point O sera, d'après ce qui précède, égal à $\tfrac{1}{2}(\overline{OD}^2 - \overline{OA}^2)$; la force ST est d'ailleurs égale et parallèle à la résultante OR. Donc cette force ST est la résultante cherchée.

Si le contour polygonal donné était fermé de lui-même, la résultante des forces données serait nulle, et la somme des moments également nulle. Le système serait donc en équilibre, et par conséquent, *un polygone plan est en équilibre sous l'action de forces appliquées dans son plan perpendiculairement aux milieux des côtés du polygone, proportionnelles à ces côtés, et dirigées dans un même sens (à droite ou à gauche) par rapport à un observateur qui ferait le tour du polygone sans jamais revenir sur ses pas.*

DISCUSSION DES FORMULES QUI DONNENT LES COORDONNÉES DU CENTRE DES FORCES PARALLÈLES.

72. Nous avons posé (§ 48) les équations générales

$$\xi = \frac{\Sigma Fx}{\Sigma F}, \quad \eta = \frac{\Sigma Fy}{\Sigma F}, \quad \zeta = \frac{\Sigma Fz}{\Sigma F}.$$

Reprenons l'hypothèse faite dans le § 49, $\Sigma F = 0$. Dans ce cas, la résultante de translation des forces F est nulle, quelle que soit la direction commune qu'on leur attribue. Toutes ces forces se réduisent donc à un couple, ou bien se font équilibre.

1° Supposons d'abord qu'elles se réduisent à un couple unique. Soient L, M, N les composantes de ce couple projeté sur les trois plans coordonnés. Appelons α, β, γ les angles que la direction des forces F fait avec les axes. Les produits

$F \cos \alpha$, $F \cos \beta$, $F \cos \gamma$ seront les composantes de la force F, et les moments s'obtiendront au moyen des formules

$$L = \Sigma(F \cos \gamma \times y - F \cos \beta \times z) = \cos \gamma \, \Sigma F y - \cos \beta \, \Sigma F z;$$

de même

$$M = \cos \alpha \, \Sigma F z - \cos \gamma \, \Sigma F x,$$
$$N = \cos \beta \, \Sigma F x - \cos \alpha \, \Sigma F y;$$

les cosinus sortent des signes Σ, parce qu'ils sont facteurs communs à tous les termes compris sous ces signes.

Ces formules donnent les valeurs de L, M, N, et font connaître le couple résultant.

On voit que le couple résultant est nul si l'on a à la fois $\Sigma F x = 0$, $\Sigma F y = 0$, $\Sigma F z = 0$; alors l'équilibre des forces est assuré.

Si deux de ces sommes sont nulles, par exemple les deux premières, on en déduit $N = 0$. Le couple résultant, ayant un moment nul par rapport à l'axe OZ, est situé dans un plan parallèle à cet axe.

Enfin, si une seule des sommes, $\Sigma F x$, est nulle, les expressions de L, M, N se simplifient; mais, en général, aucune ne se réduit à zéro.

2° Nous venons d'observer que les forces F se font équilibre si l'on a $\Sigma F x = \Sigma F y = \Sigma F z = 0$, avec $\Sigma F = 0$. Mais l'équilibre est également assuré si l'on a à la fois

$$\cos \gamma \, \Sigma F y - \cos \beta \, \Sigma F z = 0,$$
$$\cos \alpha \, \Sigma F z - \cos \gamma \, \Sigma F x = 0,$$
$$\cos \beta \, \Sigma F x - \cos \alpha \, \Sigma F y = 0,$$

ou bien

$$\frac{\Sigma F x}{\cos \alpha} = \frac{\Sigma F y}{\cos \beta} = \frac{\Sigma F z}{\cos \gamma},$$

double équation qui définit la direction commune (α, β, γ) à attribuer aux forces F pour qu'elles se fassent équilibre. On en déduit en effet

$$\cos \alpha = \frac{\Sigma F x}{\sqrt{(\Sigma F x)^2 + (\Sigma F y)^2 + (\Sigma F z)^2}},$$
$$\cos \beta = \frac{\Sigma F y}{\sqrt{(\Sigma F x)^2 + (\Sigma F y)^2 + (\Sigma F z)^2}},$$
$$\cos \gamma = \frac{\Sigma F z}{\sqrt{(\Sigma F x)^2 + (\Sigma F y)^2 + (\Sigma F z)^2}}.$$

Dans ce cas particulier, les coordonnées du centre des forces parallèles sont infinies, mais le couple résultant est nul, dès que les forces F reçoivent la direction particulière définie par les angles α, β et γ.

THÉORÈMES DE M. CHASLES ET DE M. MÖBIUS.

75. *De quelque manière qu'on réduise à deux toutes les forces d'un système, le tétraèdre construit sur les droites qui représentent ces deux forces a un volume constant*[1].

Soient A et B les points d'application, AP, BQ les directions et les grandeurs des deux forces P et Q auxquelles on a réduit le système donné. Menons les droites AB, PB, AQ, PQ, qui

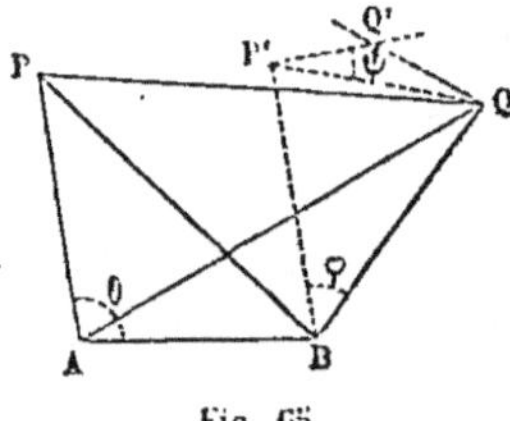

Fig. 65.

achèvent le tétraèdre APBQ. Nous pouvons considérer ce tétraèdre comme ayant pour base le triangle PAB, et pour hauteur la distance du point Q au plan de la base. Par le point B, menons BP', parallèle à AP ; cette droite sera contenue dans le plan du triangle PAB. Soient φ l'angle P'BQ des directions des deux forces, θ l'angle PAB, et ψ l'angle que fait le plan P'BQ avec le plan PABP'. Soit $AB = a$ la distance des points d'application des deux forces. La surface du triangle PAB a pour mesure $\frac{1}{2} P \times a \sin \theta$. Du point Q, abaissons QQ' perpendiculaire sur le plan des parallèles AP, BP', puis QP' perpendiculaire sur BP'. La droite Q'P' est aussi perpendiculaire à BP', et l'angle QP'Q' est l'angle ψ des deux plans qui se coupent suivant BP'. La perpendiculaire QP' est égale à Q sin φ ; donc la distance $QQ' = Q \sin \varphi \sin \psi$.

Le volume du tétraèdre considéré est égal au produit

$$V = \frac{1}{2} Pa\sin\theta \times \frac{1}{3} Q\sin\varphi\sin\psi = \frac{1}{6} PQa\sin\theta\sin\psi\sin\varphi.$$

Or $a \sin \theta$ est la distance des parallèles AP, BP' ; $a \sin \theta \sin \psi$

[1] *Annales de mathématiques* de Gergonne, 1827. — *Statique* de Möbius, 1837. — *Journal de mathématiques pures et appliquées*, 1847.

est la distance du point A au plan P'BQ, c'est-à-dire la plus courte distance des forces P et Q ; désignant par h cette plus courte distance, on aura

$$V = \frac{1}{6} PQh \sin \varphi.$$

Le volume du tétraèdre construit sur les deux forces est le sixième du produit des forces par leur plus courte distance et par le sinus de l'angle formé par leurs directions. Le volume du tétraèdre ne change pas, par conséquent, lorsqu'on transporte les forces P et Q en des points quelconques le long de leurs directions.

Observons que $Q \sin \varphi$, ou QP', est la projection de la force Q sur un plan normal à AP ; h est la distance de cette projection à la même droite. Le produit $Qh \sin \varphi$ est donc le moment de la force Q par rapport à la direction de la force P, et nous pouvons poser

$$V = \frac{1}{6} P \times M_P(Q).$$

On aurait de même

$$V = \frac{1}{6} Q \times M_Q(P).$$

Ces relations peuvent servir à attribuer un signe au volume V.

Pour démontrer le théorème, nous interpréterons d'une autre manière le produit $PQh \sin \varphi$.

Transportons les forces P et Q aux points où leurs directions sont rencontrées par leur normale commune. Prenons la direction de la force P pour axe des z, la perpendiculaire commune pour axe des x, et menons l'axe des y perpendiculairement aux deux premiers. Soit $OB = h$ la distance des deux forces, et $QBP' = \varphi$ l'angle de leurs directions.

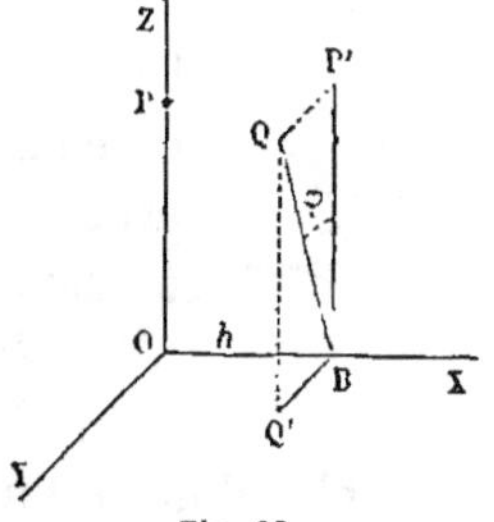

Fig. 66.

Les composantes de la force P sont, suivant

l'axe des x,   l'axe des y, et l'axe des z,
0   0   P

Les composantes de Q suivant les mêmes axes sont

$$0 \qquad Q \sin\varphi \qquad Q \cos\varphi.$$

Désignons par X′, Y′, Z′ les composantes de la résultante de translation, et par L′, M′, N′ les composantes du couple résultant. On obtiendra pour ces quantités :

$$X' = 0,$$
$$Y' = Q \sin\varphi,$$
$$Z' = P + Q \cos\varphi,$$
$$L' = 0,$$
$$M' = - Q \cos\varphi \times h,$$
$$N' = + Q \sin\varphi \times h.$$

On en déduit

$$L'X' + M'Y' + N'Z' = PQh \sin\varphi.$$

La fonction $L'X' + M'Y' + N'Z' = PQh \sin\varphi$ est donc égale à six fois le volume du tétraèdre construit sur les deux forces P et Q.

D'un autre côté, soit R la résultante des forces X′, Y′, Z′, H le couple résultant. La fonction $L'X' + M'Y' + N'Z'$, divisée par le produit RH, est le cosinus de l'angle α de R avec H ; et par suite

$$L'X' + M'Y' + N'Z' = RH \cos\alpha.$$

Or H $\cos\alpha$ est la projection, KI, du couple résultant KH sur la résultante de translation KR ; c'est donc la valeur du couple minimum H′ (§ 63) ; de sorte qu'en définitive le produit PQh $\sin\varphi$ est égal au produit de la résultante de translation R par ce couple H′. Le système des forces données n'est réductible que d'une seule manière à la force R et au couple minimum H′ ; mais il est réductible d'une infinité de manières à deux forces conjuguées P et Q (§ 64) ; quelle que soit la décomposition adoptée, on aura

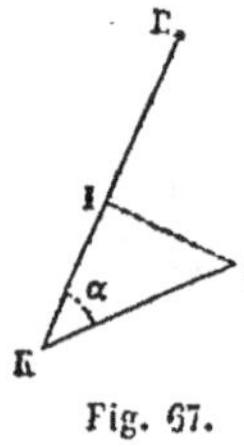

Fig. 67.

$$PQh \sin\varphi = RH',$$

et par conséquent le volume V du tétraèdre construit sur les deux forces P et Q est constant.

Ce volume est nul dans deux cas : quand $R = 0$, et quand $H' = 0$, c'est-à-dire quand le système proposé est réductible à une force unique ou à un couple unique (§§ 67 et 68).

Le théorème de M. Möbius se déduit de la double équation

$$L'X' + M'Y' + N'Z' = PQh\sin\varphi = RH'.$$

Chacun des facteurs L', X',... est une somme de composantes ou de couples composants, dans laquelle figurent les n forces du système donné. Soient, par exemple, X_1, Y_1, Z_1 les composantes, et L_1, M_1, N_1 les moments par rapport aux axes, d'une force F_1 ; X_2, Y_2, Z_2, L_2, M_2, N_2, les quantités analogues pour une autre force F_2, et ainsi de suite jusqu'à la force F_n ; le premier membre deviendra

$$(L_1 + L_2 + \ldots)(X_1 + X_2 + \ldots) + (M_1 + M_2 + \ldots)(Y_1 + Y_2 + \ldots)$$
$$+ (N_1 + N_2 + \ldots)(Z_1 + Z_2 + \ldots).$$

En effectuant les opérations, on trouvera des termes

$$L_1X_1 + M_1Y_1 + N_1Z_1,$$
$$L_2X_2 + M_2Y_2 + N_2Z_2,$$
$$\cdots \cdots \cdots \cdots$$

où les indices sont les mêmes : ces termes ainsi réunis trois à trois sont séparément nuls ; en effet, le couple (L_1, M_1, N_1) provient du transport au point O, parallèlement à elle-même, de la force (X_1, Y_1, Z_1) ; l'angle de la force avec l'axe du couple est droit, et par suite $L_1X_1 + M_1Y_1 + N_1Z_1$ est égal à zéro. Les seuls termes qui subsistent dans la somme indiquée sont donc ceux où les deux facteurs n'ont pas le même indice, savoir :

$$L_1X_2 + L_1X_3 + L_1X_4 + \ldots + M_1Y_2 + M_1Y_3 + \ldots + N_1Z_2 + \ldots$$
$$+ L_2X_1 + L_2X_3 + L_2X_4 + \ldots + M_2Y_1 + M_2Y_3 + \ldots + N_2Z_1 + \ldots$$
$$+ L_3X_1 + L_3X_2 + L_3X_4 + \ldots + M_3Y_1 + M_3Y_2 + \ldots + N_3Z_1 + \ldots$$

Sous cette forme, on reconnaît que la fonction $L'X' + M'Y' + N'Z'$ peut se former par voie d'addition algébrique, en combinant deux à deux de toutes les manières possibles toutes les forces données. Considérons en particulier la combinaison des forces F_i, F_j, à laquelle correspondent les six termes

$$(L_iX_j + M_iY_j + N_iZ_j) + (L_jX_i + M_jY_i + N_jZ_i).$$

Si le système proposé ne contenait que les deux forces F_i et F_j, cette somme serait égale en valeur absolue au produit

$$F_i F_j h_{ij} \sin \varphi_{ij},$$

c'est-à-dire au sextuple du tétraèdre construit sur les deux forces. Elle a d'ailleurs un signe algébrique qu'on peut fixer au moyen de la relation

$$F_i F_j h \sin \varphi = F_i M_{F_i}(F_j);$$

on attribuera au produit le signe du moment d'une des forces par rapport à un axe qui coïnciderait *en direction et en sens* avec l'autre force. Soit V_{ij} le volume du tétraèdre construit sur les deux forces d'indices i et j, pris avec le signe ainsi défini. La somme algébrique de toutes les valeurs de V_{ij} correspondantes aux diverses combinaisons admissibles sera égale au sixième de la somme $L'X' + M'Y' + N'Z'$ prise pour l'ensemble du système donné, et l'on pourra poser l'équation

$$L'X' + M'Y' + N'Z' = RH' = 6 \sum_{i=1}^{i=n} \sum_{j=1}^{j=n} V_{ij}.$$

Le volume V_{ij} étant nul toutes les fois que $i = j$, c'est-à-dire pour toutes les combinaisons à exclure, il n'y a pas d'inconvénient à attribuer à chaque indice toutes les valeurs entières de 1 à n.

La double somme indiquée est nulle si $R = 0$ ou si $H' = 0$, de sorte qu'on parvient au théorème suivant, dû à M. Möbius :

Quand un système de forces a une résultante unique, ou peut se réduire à un couple unique, la somme algébrique des tétraèdres construits sur ces forces, prises deux à deux de toutes les manières possibles, est égale à zéro.

LIVRE III

ÉQUILIBRE DES SYSTÈMES MATÉRIELS

CHAPITRE PREMIER

DES LIAISONS, ET DE L'ÉQUILIBRE DU POINT NON LIBRE

DÉFINITION DES LIAISONS EN MÉCANIQUE.

74. Un point matériel est *libre* lorsqu'on peut lui attribuer indifféremment dans l'espace telle position qu'on voudra, et le faire passer de cette position à une autre par un chemin entièrement arbitraire, le long duquel il ne rencontre aucune résistance. Lorsqu'il en est autrement, le point matériel n'est pas libre, et on dit qu'il est assujetti à certaines *liaisons*. Par exemple, un point matériel M, attaché à un fil inextensible OM, dont l'extrémité est fixée en un point O donné, n'est pas libre, puisqu'il ne peut s'éloigner du point O d'une quantité supérieure à la longueur OM. Il est donc assujetti, par la liaison ainsi définie, à rester soit dans l'intérieur de la sphère décrite

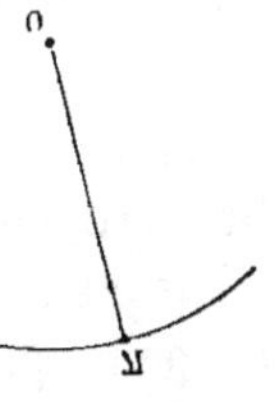

Fig. 68.

du point O comme centre avec la distance OM pour rayon, soit à la surface de cette sphère.

Au fil OM substituons une barre rigide, inextensible et incompressible, articulée au point O ; la liberté du point M sera encore plus restreinte que tout à l'heure ; non-seulement il ne pourra s'éloigner du point O à une distance plus grande que OM, mais encore il ne pourra se rapprocher du point O à une distance moindre. La liaison a donc pour effet d'assujettir le point matériel à se mouvoir à la surface de la sphère qui a pour rayon OM, et pour centre le point O.

Imaginons que le point M soit placé à l'extrémité commune de deux tiges rigides OM, O'M articulées aux points O et O', que l'on suppose fixes. Cette double liaison maintiendra à la fois le point mobile à des distances données du point O et du point O'. Le point M est à la fois sur la sphère décrite de O comme centre avec OM pour rayon, et sur la sphère décrite de O' comme centre avec O'M pour rayon ; il est donc assujetti par la liaison à se mouvoir sur la courbe d'intersection de ces deux surfaces sphériques, c'est-à-dire sur la circonférence décrite dans un plan normal à OO', du pied, A, de la perpendiculaire abaissée de M sur cette droite, comme centre, et avec la distance AM pour rayon. Le point mobile se trouve ainsi lié à une courbe fixe.

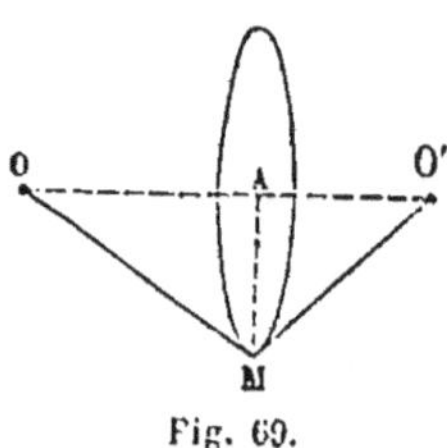

Fig. 69.

Si nous remplaçons les barres rigides OM, O'M par deux fils inextensibles, le point M ne sera plus assujetti par ces liaisons qu'à demeurer à l'intérieur ou à la surface des sphères décrites avec OM et O'M pour rayons ; les liaisons le forcent alors à demeurer dans la partie commune aux volumes de ces deux sphères.

Nous venons de reconnaître ainsi trois genres principaux de liaisons pour un point matériel :

Le point peut être renfermé dans une portion définie de l'espace ;

Il peut être assujetti à glisser sur une surface ;

Il peut enfin être assujetti à glisser sur une ligne.

75. Les points matériels qui composent un système peuvent être aussi soumis à diverses liaisons. Par exemple, deux points particuliers peuvent être assujettis à rester à une distance constante l'un de l'autre. Cela revient à supposer ces deux points réunis par une barre rigide. Un *solide invariable* n'est autre chose qu'un système dans lequel les distances mu-

tuelles des points matériels, pris deux à deux de toutes les
manières possibles, sont constantes.

Certains points du système peuvent glisser sur des surfaces
ou des lignes données, ou rester dans une portion définie de
l'espace, ou encore conserver des positions fixes. Le système
matériel peut se composer de deux parties dont l'une soit
assujettie à rouler ou à glisser sur l'autre dans leur mouvement relatif, etc.

Si le système est solide, on peut imaginer qu'il ait un point
fixe : chaque point du système sera alors mobile à la surface
d'une sphère décrite de ce point comme centre ; ou bien qu'il
ait deux points fixes : alors le corps solide pourra seulement
tourner autour de la droite qui joint ces deux points ; ou
encore, qu'il repose sur une surface fixe, avec laquelle il peut
avoir un ou plusieurs points communs.

Ces exemples suffisent pour faire comprendre ce qu'on
appelle *liaison* dans la mécanique. Le caractère commun des
liaisons qu'on impose à un système est la restriction des
mouvements admissibles pour ce système. On dit que les liaisons sont *complètes*, lorsqu'elles suffisent pour définir les trajectoires de chaque point, et les rapports des vitesses simultanées des points sur ces trajectoires. Par exemple, un corps
solide, assujetti à tourner autour d'un axe fixe, est un *système
à liaisons complètes* ; car chaque point est forcé par les liaisons de décrire autour de l'axe fixe une circonférence particulière, et à un instant quelconque, les vitesses des différents points sont entre elles comme leurs distances à l'axe.
Une seule équation suffit dans ce cas pour définir le mouvement du système.

Il ne faut pas oublier d'ailleurs que les liaisons peuvent être
entièrement fictives ; nous verrons même qu'il en est toujours
ainsi, et qu'il n'y a en réalité dans la nature que des points
libres sollicités par des forces.

76. Les liaisons d'un système tiennent lieu de forces,
et l'on peut toujours supprimer la liaison en y substituant les forces convenables. Supposons un système à liaisons

en équilibre. Les forces données qui sollicitent ce système peuvent ne pas être en équilibre par elles-mêmes, c'est-à-dire sur le système supposé libre ; pour les tenir en équilibre, il faudrait introduire de nouvelles forces ; les liaisons qui complètent l'équilibre équivalent à ces forces additionnelles.

Par exemple, supposons qu'un point matériel unique M glisse sur une surface fixe S. Ce point est sollicité par une force MF, donnée de grandeur et de position. S'il y a équilibre dans la position particulière où se trouve le point M, on en conclura que la surface S exerce sur le point M une action égale et contraire à MF. Cette force — F sera la *réaction* de la surface, ou la force tenant lieu de la liaison due à cette surface.

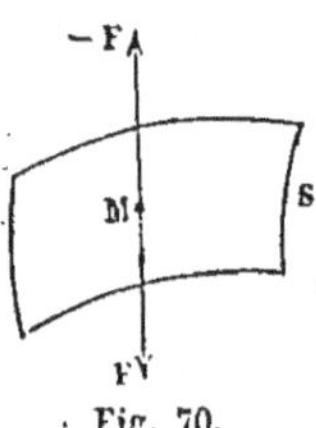

Fig. 70.

Si un système solide en équilibre a un point fixe, on pourra remplacer de même la fixité du point par une force convenable appliquée en ce point et tenant toutes les autres en équilibre.

Outre les *forces extérieures* et les *forces intérieures*, que nous avons déjà distinguées (§ 7), il y a donc encore à considérer les *forces tenant lieu des liaisons*, si le système matériel dont on étudie l'équilibre n'est pas composé de points libres. Les forces dues aux liaisons peuvent être intérieures ou extérieures. Par exemple, si, dans un système matériel, deux points sont réunis par une tige rigide de longueur constante, les forces tenant lieu de cette liaison seront la tension ou pression de cette tige, appliquée à la fois aux deux points qu'elle réunit ; ce sont dans ce cas des forces intérieures mutuelles. Au contraire, lorsqu'un corps solide a deux points fixes, les forces tenant lieu de ces liaisons sont les réactions des points fixes ; ce sont des forces extérieures, au même titre que les forces appliquées aux autres points.

77. La force qui tient lieu d'un point fixe est une force appliquée en ce point ; sa direction et son intensité sont inconnues.

Lorsqu'un point matériel M est assujetti à glisser sur une surface matérielle fixe S, la force F qui peut remplacer cette liaison, est une force appliquée à ce point maté-

riel ; elle peut se décomposer en deux : l'une, N, normale à
la surface, et l'autre, T, dans le plan tangent. La composante
MN s'appelle la *réaction normale*. La composante MT est
le *frottement* : nous aurons plus tard à
en exposer les lois.

On a reconnu par l'expérience que, lorsqu'on fait glisser un corps sur une surface
matérielle, la composante MT de la réaction
totale est d'autant moindre qu'on a donné
aux surfaces en contact un plus grand

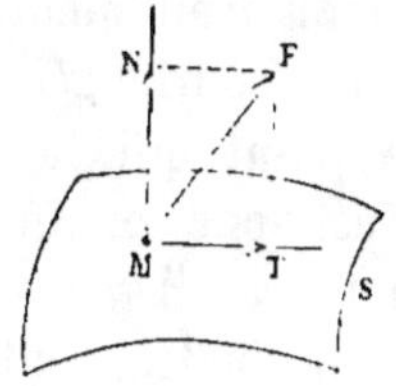

Fig. 71.

degré de poli. Si d'ailleurs la surface S est une surface
géométrique, idéale, on doit admettre que cette composante MT est rigoureusement nulle, ou que la réaction
totale MF coïncide avec la réaction normale MN. Une surface géométrique directrice restreint la liberté du point qui
la parcourt, en ce qu'il ne peut s'écarter de la surface
dans un sens ou dans l'autre, mais elle lui laisse une entière liberté pour le glissement tangentiel, au moyen duquel
il passe d'une position à une autre ; cela revient à dire
qu'elle ne développe aucune résistance capable de nuire à un
tel glissement, en d'autres termes, aucun frottement. Dans
cette hypothèse, que l'on fait généralement dans la mécanique rationnelle, la réaction d'une surface sur un point assujetti à la parcourir est normale à la surface. Elle est donc
connue d'avance en direction, mais il reste à déterminer
sa grandeur et son sens. Observons en outre que si le
point est simplement posé d'un côté de la surface, au lieu
d'y être complètement lié, c'est-à-dire si la surface n'est
qu'une limite de la région de l'espace dans laquelle il peut se
mouvoir, la réaction de la surface est ou nulle, ou dirigée
vers cette région ; car, en vertu du principe de l'action et de
la réaction, les forces qui agissent sur le point matériel supposé en équilibre ont une résultante égale et contraire à la
réaction de la surface ; si celle-ci pouvait être dirigée vers la
région où le point ne peut pénétrer, la résultante des forces
serait dirigée en sens contraire, c'est-à-dire dans le sens

où la surface ne fait pas obstacle à l'entraînement du point.

On traiterait de la même manière le cas où le point matériel est assujetti à glisser sur une ligne. Si l'on admet qu'il n'y ait aucun frottement, et c'est ce qu'on doit faire lorsqu'il s'agit d'une courbe géométrique idéale, la réaction d'une ligne sur le point qui la parcourt est normale à cette ligne ; elle n'est donc connue immédiatement ni en intensité, ni en direction, car il y a en un même point d'une ligne une infinité de normales, toutes contenues dans le plan normal ; on sait seulement que la direction cherchée est comprise dans ce plan.

78. On applique souvent en statique la proposition suivante, qu'on peut regarder comme un axiome :

Quand un système matériel est en équilibre, on peut, sans troubler l'équilibre, y introduire telles liaisons nouvelles qu'on voudra.

L'introduction de nouvelles liaisons n'a d'autre effet que d'empêcher les mouvements que pourrait prendre le système ; or il est en équilibre par hypothèse, et ne tend pas à se déplacer. Son équilibre est donc assuré *a fortiori*.

ÉQUILIBRE D'UN POINT MATÉRIEL ASSUJETTI A GLISSER SANS FROTTEMENT SUR UNE SURFACE FIXE.

79. Un point matériel M est assujetti à glisser sans frottement sur une surface fixe S. Ce point est sollicité par une force F, connue en grandeur et en direction pour chaque position que le point M peut prendre. On demande quelle position il faut donner au point mobile pour qu'il soit en équilibre.

Dans la position cherchée, il y aura équilibre entre la force F et la réaction R de la surface ; la réaction R est par hypothèse normale à la surface, et il faut pour l'équilibre qu'elle soit directement opposée à la force F ; donc la position cherchée est celle pour laquelle la force F a une direction normale à la surface S. La réaction R est alors égale à F, mais dirigée en sens contraire.

Supposons, par exemple, que la force F soit constante en grandeur et en direction, et qu'elle agisse sur le point M parallèlement à un axe fixe OZ. Il faudra pour l'équilibre que le point M soit placé en un point tel, que la normale en ce point soit parallèle à l'axe OZ, ou tel, que le plan tangent en ce point soit normal à l'axe. Si la surface donnée est une sphère (fig. 72), les points cherchés seront à l'intersection de la sphère avec une droite menée par son centre C, parallèlement à OZ : ce qui fournit deux points A et A′, où il peut y avoir équilibre.

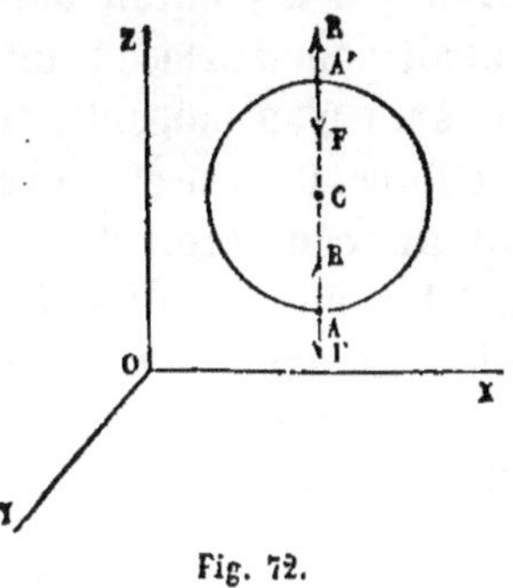

Fig. 72.

Supposons que la force F soit dirigée de haut en bas, ou dans le sens ZO. Dans la position A, le point mobile sera sollicité par la force F et par la réaction R de la surface, égale à F, et dirigée de bas en haut, c'est-à-dire vers le centre C de la surface.

Dans la position A′, le point M est en équilibre sous l'action des mêmes forces F et R, mais la réaction R, toujours dirigée de bas en haut, s'exerce vers l'extérieur de la sphère, c'est-à-dire de dedans en dehors. De ces deux positions, l'une, la position A, correspond à l'*équilibre stable*, parce que si l'on déplace infiniment peu le point M de sa position d'équilibre, il tend à y être ramené par la force F ; l'autre, la position A′, correspond à l'équilibre instable, parce que la force F ne tend pas à y ramener le point M lorsqu'on l'en écarte infiniment peu.

Si, au lieu d'une sphère, le point M était assujetti à glisser à la surface d'un cylindre droit ayant pour base, dans le plan ZOX, le cercle C, et pour arêtes des droites parallèles à l'axe OY, la force F étant toujours parallèle à l'axe OZ, on trouverait une infinité de positions d'équilibre pour le point M, savoir : tous les points de l'arête inférieure passant par le point A, et tous les points de l'arête supérieure passant par le point A' ; la première arête correspond à l'équilibre stable, la seconde à l'équilibre instable.

Enfin, il n'y aurait aucune solution au problème si l'on donnait pour surface S une surface n'ayant en aucun de ses points un plan tangent normal à la direction correspondante de la force. C'est ce qui aurait lieu, par exemple, si la surface S était un cône droit dont l'axe fût parallèle à OY, la force F étant toujours parallèle à OZ ; car aucun plan tangent de la surface conique ne serait parallèle au plan XOY. L'équilibre du point M serait donc impossible.

80. En général, soit

$$\varphi(x, y, z) = 0$$

l'équation en coordonnées rectangles de la surface S sur laquelle le point est assujetti à glisser sans frottement.

Représentons par X, Y, Z les composantes de la force F suivant les axes ; nous supposerons que ces composantes soient données en fonction des coordonnées x, y et z, de telle sorte que, en quelque position que l'on place le point matériel, la direction et la grandeur de la force F soient complétement déterminées.

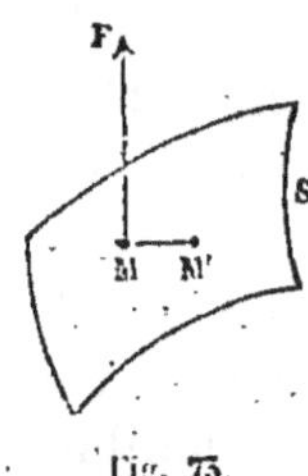

Les conditions d'équilibre s'exprimeront en écrivant que la direction définie par les composantes X, Y, Z est normale à la surface, au point (x, y, z).

Fig. 73.

Si on prend à partir de ce point sur la surface S un élément infiniment petit, MM', et qu'on le projette sur les trois axes, dx, dy, dz étant les projections, l'équilibre s'exprime par l'équation

$$X\,dx + Y\,dy + Z\,dz = 0.$$

Mais l'élément MM' appartenant à la surface, on a aussi, en différentiant l'équation $\varphi = 0$,

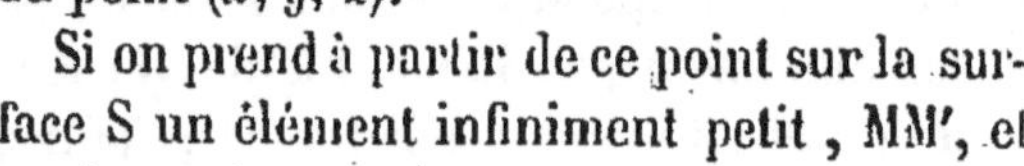

$$\frac{d\varphi}{dx}\,dx + \frac{d\varphi}{dy}\,dy + \frac{d\varphi}{dz}\,dz = 0.$$

Ces deux équations doivent avoir lieu pour tous les éléments MM′ qu'on peut tracer sur la surface autour du point M. Éliminons entre elles l'une des différentielles, dx; l'équation finale

$$\left(Y\frac{d\varphi}{dx} - X\frac{d\varphi}{dy} \right) dy + \left(Z\frac{d\varphi}{dx} - X\frac{d\varphi}{dz} \right) dz = 0$$

doit avoir lieu, quel que soit le rapport $\dfrac{dy}{dz}$; elle se décompose donc en deux équations distinctes,

$$Y\frac{d\varphi}{dx} - X\frac{d\varphi}{dy} = 0,$$

$$Z\frac{d\varphi}{dx} - X\frac{d\varphi}{dz} = 0,$$

ou bien encore

$$\frac{X}{\left(\dfrac{d\varphi}{dx}\right)} = \frac{Y}{\left(\dfrac{d\varphi}{dy}\right)} = \frac{Z}{\left(\dfrac{d\varphi}{dz}\right)}.$$

Les composantes de la force doivent donc être proportionnelles aux dérivées partielles de la fonction φ. On a ainsi deux équations à joindre à l'équation de la surface, ce qui détermine en général les coordonnées du point cherché.

Soit, par exemple, $X = 0$, $Y = 0$, et

$$\varphi = \frac{x^2}{a^2} + \frac{y^2}{b^2} + \frac{z^2}{c^2} - 1 = 0.$$

La surface S est un ellipsoïde.

Puisque $X = 0$ et $Y = 0$, les dérivées $\dfrac{d\varphi}{dx}$, $\dfrac{d\varphi}{dy}$ doivent être nulles. Et comme on a

$$\frac{d\varphi}{dx} = \frac{2x}{a^2},$$

$$\frac{d\varphi}{dy} = \frac{2y}{b^2},$$

il en résulte $x = 0$, $y = 0$; les positions d'équilibre du point sont les sommets de l'ellipsoïde situés sur l'axe OZ.

La réaction de la surface dans la position d'équilibre est égale et opposée à la force F.

81. Jusqu'ici nous avons supposé que le point mobile M était assujetti à glisser sur la surface S sans pouvoir s'en détacher d'un côté ni de l'autre.

Si le point M était seulement posé d'un côté de cette surface, de manière à pouvoir s'en écarter dans un seul sens, l'équilibre ne serait assuré que si la force agissait sur lui de manière à l'appliquer contre la surface. Supposons, par exemple (fig. 72), que le point M soit attaché au point fixe C par un fil de longueur CA constante. La force F agissant de haut en bas, parallèlement à OZ, le point M sera en équilibre si on le place en A, car alors la force F tend à l'éloigner du centre C, et la réaction R, qui fait équilibre à la force F, est égale à la tension du fil. Il n'en serait pas de même au point A'; car en ce point la réaction R' est dirigée en prolongement du fil : or elle est égale et contraire à l'effort exercé par le point M sur le fil; le fil serait donc comprimé, ce qui est impossible, puisqu'un fil cède sans résistance à tout effort qui tend à le raccourcir. La position A' n'est donc pas dans ce cas une position d'équilibre.

ÉQUILIBRE D'UN POINT MATÉRIEL ASSUJETTI A GLISSER SANS FROTTEMENT SUR UNE COURBE FIXE.

82. Lorsqu'un point est assujetti à glisser sans frottement le long d'une ligne fixe, la réaction de la ligne étant en chaque point une force normale à sa direction, il faut et il suffit pour l'équilibre que le point soit dans une position telle, que la force soit normale à la ligne. La réaction de la ligne est alors égale à la force, et est dirigée en sens contraire.

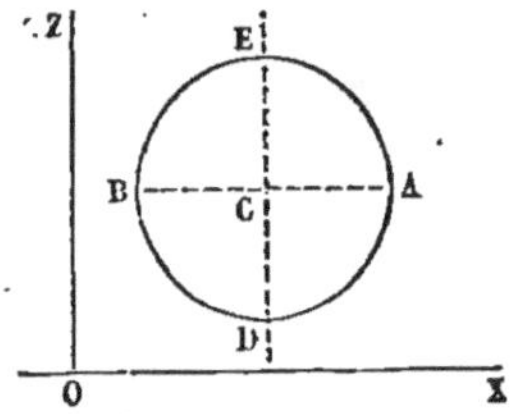

Fig. 74.

Soit, par exemple, une circonférence AB, située dans le plan ZOX; soit C son centre, CA son rayon. On suppose que la force est constante, et dirigée de haut en bas, parallèlement à l'axe OZ. Par le centre C, menous une droite ED, parallèle à OZ, et rencontrant la circon-férence en deux points E et D. Ces points seront des positions d'équilibre pour le point M, et il est facile de reconnaître que la position D assure la stabilité de l'équilibre, tandis que la position E correspond à un équilibre instable.

Si le point M était lié à la fois à deux surfaces, S, S', on en conclurait qu'il glisse sur la ligne L d'intersection de ces deux surfaces. Après avoir trouvé une position d'équi-libre, A, sur la ligne L, et la réaction normale N de cette ligne, il suffira de décomposer, par la règle du parallélo-gramme, la réaction N en deux forces, l'une AR, normale à la surface S, l'autre AR', normale à la surface S', pour avoir les réactions de ces deux surfaces. La décomposition sera toujours possible, car en tout point A de l'intersection L des deux surfaces, la normale AR à la sur-

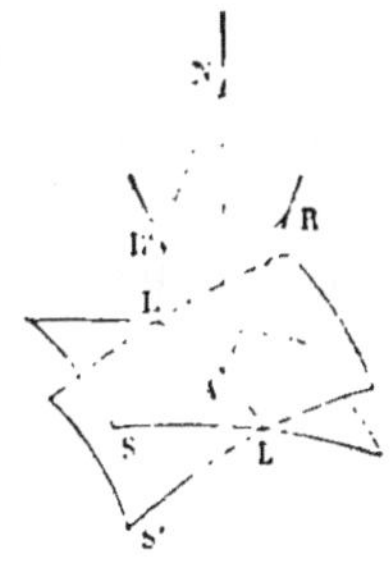

Fig. 75.

face S, et la normale AR' à la surface S', déterminent en géné-ral un plan qui est normal à l'intersection L, et qui contient par suite la réaction AN.

85. Soient

$$\text{(1)} \qquad \begin{cases} \varphi(x, y, z) = 0, \\ \psi(x, y, z) = 0, \end{cases}$$

les équations de la ligne L;

X, Y, Z, les composantes de la force suivant les axes.

La condition d'équilibre sera exprimée par l'équation

$$\text{(2)} \qquad X\,dx + Y\,dy + Z\,dz = 0.$$

On a d'ailleurs, en différentiant les deux équations de la ligne L,

$$\text{(3)} \qquad \begin{cases} \dfrac{d\varphi}{dx}\,dx + \dfrac{d\varphi}{dy}\,dy + \dfrac{d\varphi}{dz}\,dz = 0, \\ \dfrac{d\psi}{dx}\,dx + \dfrac{d\psi}{dy}\,dz + \dfrac{d\psi}{dz}\,dz = 0. \end{cases}$$

Entre ces trois équations, éliminons les rapports $\dfrac{dy}{dx}$, $\dfrac{dz}{dx}$;
l'équation finale sera la condition cherchée.

Cette équation finale s'obtient en égalant à zéro le déterminant du groupe

$$
\begin{vmatrix}
X & Y & Z \\[4pt]
\dfrac{d\varphi}{dx} & \dfrac{d\varphi}{dy} & \dfrac{d\varphi}{dz} \\[10pt]
\dfrac{d\psi}{dx} & \dfrac{d\psi}{dy} & \dfrac{d\psi}{dz}
\end{vmatrix}
$$

Car, si ce déterminant n'était pas nul, les quantités dx, dy, dz devraient être toutes les trois égales à zéro pour satisfaire à la fois aux trois équations : ce qui est impossible, puisque l'une d'elles doit rester arbitraire.

La condition d'équilibre est donc, en développant le déterminant,

$$(4) \quad X\left(\frac{d\varphi}{dy}\frac{d\psi}{dz}-\frac{d\varphi}{dz}\frac{d\psi}{dy}\right)-Y\left(\frac{d\varphi}{dx}\frac{d\psi}{dz}-\frac{d\varphi}{dz}\frac{d\psi}{dx}\right)+Z\left(\frac{d\varphi}{dx}\frac{d\psi}{dy}-\frac{d\varphi}{dy}\frac{d\psi}{dx}\right)=0.$$

Cette équation doit être jointe aux équations (1) de la ligne donnée, ce qui achève en général de déterminer la position d'équilibre du point.

On pourrait procéder autrement. Multiplions la première des équations (3) par une indéterminée λ, la seconde par une autre indéterminée λ', et ajoutons l'équation (2) aux équations (3) ainsi préparées; nous pourrons disposer des coefficients indéterminés λ et λ' de manière à égaler séparément à zéro les coefficients des différentielles dx, dy, dz, et nous obtiendrons ainsi les trois équations

$$(5) \quad
\begin{cases}
X+\lambda\dfrac{d\varphi}{dx}+\lambda'\dfrac{d\psi}{dx}=0, \\[8pt]
Y+\lambda\dfrac{d\varphi}{dy}+\lambda'\dfrac{d\psi}{dy}=0, \\[8pt]
Z+\lambda\dfrac{d\varphi}{dz}+\lambda'\dfrac{d\psi}{dz}=0.
\end{cases}
$$

La condition d'équilibre résulte de l'élimination de λ et de λ'

entre les trois équations (5). On retombe ainsi sur l'équation (4) déjà obtenue. De plus, les trois équations (5) expriment l'équilibre d'un point libre sollicité par trois forces, savoir :

La force donnée (X, Y, Z) ;

Une force dont les composantes suivant les axes sont $\lambda \dfrac{d\varphi}{dx}$,

$\lambda \dfrac{d\varphi}{dy}$, $\lambda \dfrac{d\varphi}{dz}$, et qui est normale à la surface $\varphi = 0$;

Une force dont les composantes sont $\lambda' \dfrac{d\psi}{dx}$, $\lambda' \dfrac{d\psi}{dy}$, $\lambda' \dfrac{d\psi}{dz}$,

et qui est normale à la surface $\psi = 0$.

La seconde méthode fait donc connaître à la fois la condition d'équilibre et les réactions des deux surfaces S et S' dont l'intersection constitue la ligne L. Ces réactions, composées ensemble, donnent la réaction de la ligne sur le point.

84. PROBLÈME. — *Équilibre d'un point pesant, assujetti à glisser sans frottement sur une hélice dont l'axe est incliné à l'horizon.*

Soit O'O″ (fig. 76) la projection de l'axe de l'hélice donnée sur un plan vertical parallèle à cet axe. Menons dans ce plan une horizontale ZZ'. L'angle de O'O″ avec ZZ' sera l'inclinaison sur l'horizon de l'axe de l'hélice, ou de toutes les génératrices du cylindre à la surface duquel elle est tracée. L'hélice se projette sur le plan vertical suivant une courbe sinueuse, A'B'T,A″T″B″…, qui n'est autre qu'une sinusoïde.

Un plan A'C mené normalement à l'axe de l'hélice coupe le cylindre suivant une circonférence. Rabattons ce plan sur le plan vertical, en le faisant tourner autour de son intersection avec ce plan. Nous obtiendrons le rabattement du cercle de base du cylindre ; son centre sera en O, projection de l'axe O'O″, et la circonférence AHKBH₁A sera la projection commune, sur ce plan auxiliaire, de toutes les spires successives de l'hélice.

La force qui sollicite le point mobile M est la pesanteur ; elle agit parallèlement au plan vertical, et perpendiculaire-

ment à la droite ZZ'. Les positions d'équilibre sont celles où
la direction de la force est normale à la courbe, c'est-à-dire
où la force fait un angle droit avec la tangente à la courbe. La
tangente à l'hélice aux points cherchés doit donc être perpendiculaire à la verticale, c'est-à-dire horizontale, et le problème est ramené à chercher les points de l'hélice où la tangente est parallèle à l'horizon.

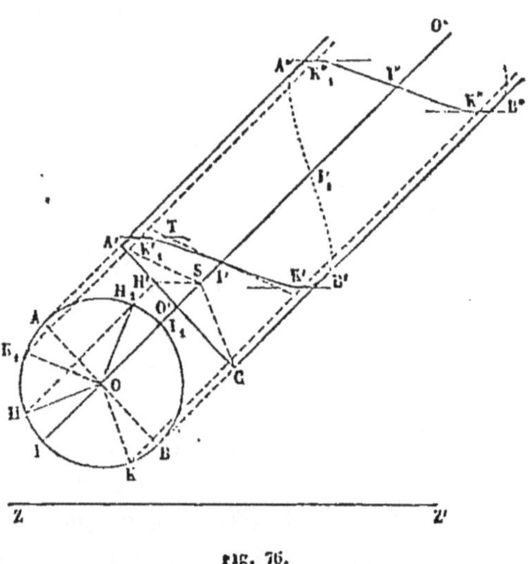

Fig. 76.

Les tangentes à l'hélice font toutes un même angle avec
l'axe $O'O''$, et cet angle est donné en vraie grandeur sur la
figure; c'est l'angle que fait avec $O'O''$ la tangente I'T menée
au *point d'inflexion* I' de la sinusoïde. Transportons toutes les
tangentes parallèlement à elles-mêmes en un même point de
l'espace. Elles y formeront un cône droit à base circulaire; un
plan horizontal mené par le sommet de ce cône coupera la
surface suivant deux génératrices, qui seront parallèles aux
tangentes horizontales cherchées. Il suffira donc de transporter ces génératrices du cône à l'hélice pour obtenir les
points demandés.

Par le point A', menons parallèlement à I'T une droite A'S,

qui coupe en S l'axe O'O″, et prenons le point S pour sommet
du cône des tangentes. Les génératrices extrêmes de ce cône
seront SA′, SC, et il aura pour base dans le plan A′C la base
même du cylindre. Par le point S, menons une parallèle
SH′ à ZZ′; ce sera la trace d'un plan horizontal qui coupe
le cône suivant deux génératrices projetées toutes deux en
SH′ sur le plan vertical, et en OH et OH, sur le plan de la section droite.

Il reste à ramener, par un déplacement parallèle, ces deux
droites (OH, SH′) et (OH₁, SH′) à être tangentes à l'hélice. Or
observons que la tangente I′T au point (I, I′), transportée sur le
cône, y donne la génératrice, (OA, SA′); le point I, dans le
cercle de base, se trouve éloigné d'un quadrant, AI, en avant
du pied A de la génératrice du cône. Pour ramener la génératrice OH à être tangente à l'hélice, il suffit de même d'élever OK
perpendiculairement à OH; le point K sera la projection, sur
le plan de section droite, des points de l'hélice qui ont des tangentes parallèles à (OH, SH′). De même on aura, en élevant OK₁
perpendiculaire sur OH₁, la projection K₁ de tous les points
qui ont des tangentes parallèles à (OH₁, SH′).

Au point K correspondent une infinité de points K′, K″…
en projection verticale; au point K₁ correspondent d'autres
points K₁′, K₁″… en nombre infini.

Les points K′, K″,… sont des positions d'équilibre du point
mobile, ainsi que les points K₁′, K₁″…. Mais les premières positions correspondent à un équilibre stable, tandis que les
secondes correspondent à un équilibre instable.

Si l'axe O'O″ faisait avec ZZ′ un angle O'SH′ = α suffisamment grand, la droite horizontale SH′ pourrait passer au-dessus de la génératrice la plus haute du cône; alors l'hélice
n'aurait pas de tangente horizontale, et l'équilibre du point
pesant serait impossible.

Soit β l'angle O'SA′ des tangentes à l'hélice avec l'axe O'O″.

Il n'y aura pas de solution si $\beta < \alpha$;

Si $\beta > \alpha$, il y aura des solutions : les unes, situées toutes
sur la génératrice K′K″, correspondront à un équilibre stable;

les autres, situées sur la génératrice K'K″, correspondront à un équilibre instable;

Enfin, dans le cas limite $\beta = \alpha$, le plan SH′ est tangent au cône; les deux génératrices K'K″ et K′₁K″₁ se confondent en une seule et coïncident avec la génératrice moyenne I′I″; les positions cherchées sont situées aux points d'inflexion I′, I″…, et l'équilibre est *conditionnel*; c'est-à-dire qu'il est stable par rapport à tout déplacement qui amènerait le point mobile à droite du point I′, et instable par rapport à tout déplacement qui l'amènerait à gauche du même point.

En définitive, l'équilibre serait instable dans ce cas particulier. Car le point mobile amené à droite du point I′ retournerait d'abord, il est vrai, au point I′, mais il y arriverait avec une certaine vitesse qui lui ferait franchir cette position et l'amènerait du côté où la stabilité n'est pas assurée.

La stabilité serait complète au contraire si l'on plaçait en I′ un arrêt empêchant le point mobile de passer à gauche de ce point.

Pour traiter la même question par le calcul, prenons pour axe des z l'axe de l'hélice, et supposons que la direction de la pesanteur soit contenue dans le plan ZOX et donnée par ses deux composantes X et Z. Les équations de l'hélice seront

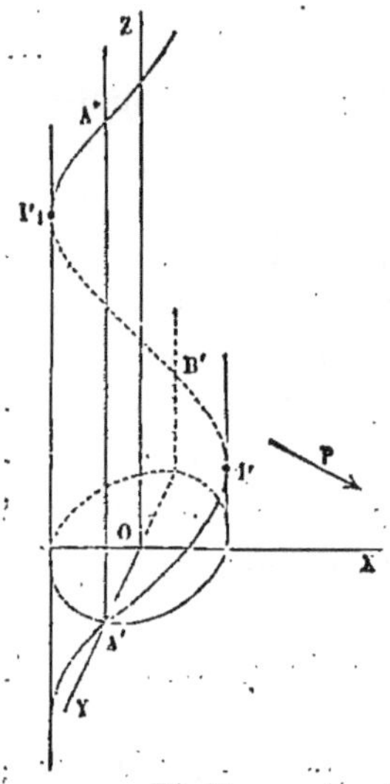

$$\varphi = z - kR\,\mathrm{arc\,tang}\,\frac{x}{y} = 0,$$

$$\psi = x^2 + y^2 - R^2 = 0.$$

On aura $Y = 0$,

$$\frac{d\varphi}{dx} = -\frac{Ky}{R}, \quad \frac{d\varphi}{dy} = +\frac{Kx}{R}, \quad \frac{d\varphi}{dz} = 1,$$

$$\frac{d\psi}{dx} = 2x, \quad \frac{d\psi}{dy} = 2y, \quad \frac{d\psi}{dz} = 0.$$

L'équation (4) deviendra

$$2Xy + 2Z\,\frac{Ky^2 + Kx^2}{R} = 0,$$

Fig. 77

ou bien

$$\frac{y}{R} = -\,k\,\frac{z}{x}\,.$$

A cette valeur de y correspondent une infinité de points sur les diverses spires de l'hélice, situés tous dans un plan parallèle à ZOX ; ces points sont réels si y est moindre que R en valeur absolue.

CHAPITRE II

ÉQUILIBRE D'UN SOLIDE INVARIABLE.

ÉQUILIBRE D'UN SOLIDE INVARIABLE LIBRE DANS L'ESPACE.

85. Nous avons vu, dans un chapitre précédent, que les forces qui agissent sur un solide peuvent être toujours remplacées soit par deux forces, soit par une force et un couple. Si l'on adopte le premier mode de réduction, il faut et il suffit pour l'équilibre que les deux forces soient égales, et qu'elles agissent en sens contraires suivant une seule et même direction ; et si l'on adopte la seconde, il faut et il suffit que la résultante de translation et le couple résultant soient nuls séparément.

Soient AF, BF′, les deux forces auxquelles on ramène le système des forces données. Si elles sont égales, et si elles agissent en sens contraire l'une de l'autre, suivant la direction AB qui joint leurs points d'application, ces deux forces se font équilibre, et par suite la condition indiquée est suffisante. Elle est de plus nécessaire. Supposons en effet (fig. 79) que l'équilibre ait lieu sans que la direction de la force BF′ passe par le point A. L'équilibre du solide ne sera pas troublé par l'introduction d'une nouvelle liaison,

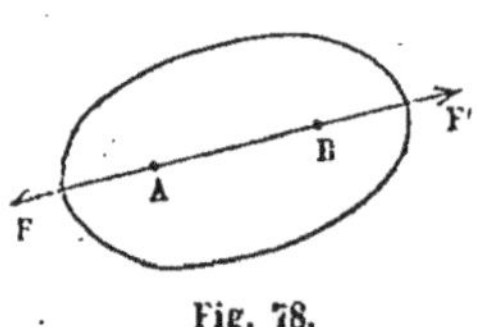

Fig. 78.

quelle qu'elle soit (§ 78). Rendons fixe le point A. Le corps solide cessera d'être entièrement libre, mais il pourra pivoter

autour du point A d'une manière quelconque. Or la force F'
agit par hypothèse en dehors de ce point; elle tend donc à
entraîner le corps et à le faire tourner
autour du point A ; par suite l'équilibre
est impossible, à moins que la force BF'
n'agisse dans la direction AB. On prouverait de même, en fixant le point B, que
la force AF agit suivant la même droite.

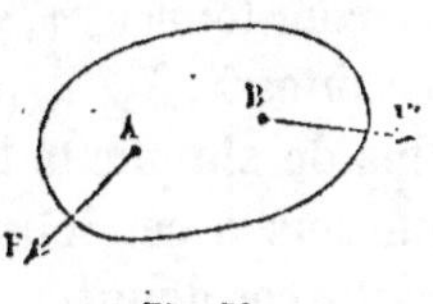

Fig. 79.

Les deux forces F et F', appliquées suivant la même direction,
se composent en une seule force égale à leur somme algébrique.
Le corps redevenu libre serait sollicité par cette résultante et
céderait à son action; l'équilibre serait donc encore impossible,
à moins que cette force ne soit nulle, ce qui exige que les
forces F et F' soient égales et dirigées en sens contraire l'une
de l'autre : les conditions indiquées sont donc à la fois suffisantes et nécessaires.

86. Supposons en second lieu qu'on ait ramené les forces
données à une force et un couple. Soit R la résultante de
translation, (F, — F) le couple résultant, et AB le bras de
levier du couple; nous pouvons transporter le couple parallèlement à lui-même, de manière que le point A soit situé sur
la direction de la force R. Cela posé, si l'équilibre a lieu, on ne
le troublera pas en rendant fixe le point A.

La force — F, perpendiculaire à AB, passe
en dehors du point fixe, et tend à entraîner le solide autour de ce point; l'équilibre n'est donc possible que si l'on a
F = 0, ce qui réduit à zéro le couple résultant. Les forces qui sollicitent le solide
se réduisent alors à une force unique R,

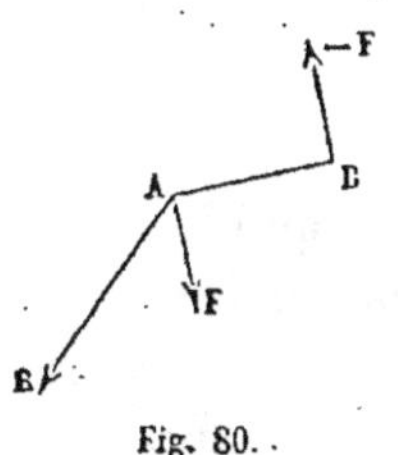

Fig. 80.

et le solide libre céderait à l'action de cette force, et ne serait
pas en équilibre, à moins qu'elle ne soit nulle aussi. On a
donc R = 0. Ces conditions nécessaires sont suffisantes, car
si le couple est nul et que la résultante de translation le soit
aussi, tout se passe comme si le corps solide n'était sollicité
par aucune force, et son équilibre est assuré.

87. Exprimons analytiquement ces diverses conditions. On donne pour chacune des n forces qui sollicitent le corps solide, les coordonnées x, y, z, de son point d'application, et ses composantes X, Y, Z, parallèles aux axes coordonnés, que pour plus de simplicité l'on supposera rectangulaires. Nous attribuerons à ces lettres les indices 1, 2,... n, pour distinguer les forces données. Les trois composantes X′, Y′, Z′ de la résultante de translation R sont données (§ 65) par les équations

$$X' = X_1 + X_2 + X_3 + \ldots + X_n,$$
$$Y' = Y_1 + Y_2 + Y_3 + \ldots + Y_n,$$
$$Z' = Z_1 + Z_2 + Z_3 + \ldots + Z_n.$$

Pour que la résultante R soit nulle, il faut et il suffit que $X' = 0$, $Y' = 0$, $Z' = 0$.

Le couple résultant a de même pour couples composants dans les plans coordonnés :

$$L' = (Z_1 y_1 - Y_1 z_1) + (Z_2 y_2 - Y_2 z_2) + \ldots + (Z_n y_n - Y_n z_n),$$
$$M' = (X_1 z_1 - Z_1 x_1) + (X_2 z_2 - Z_2 x_2) + \ldots + (X_n z_n - Z_n x_n),$$
$$N' = (Y_1 x_1 - X_1 y_1) + (Y_2 x_2 - X_2 y_2) + \ldots + (Y_n x_n - X_n y_n),$$

et pour que le couple résultant soit nul, il faut et il suffit que l'on ait à la fois

$$L' = 0, \quad M' = 0, \quad N' = 0.$$

L'équilibre du corps solide s'exprime donc par six équations, qui ne sont autres que les six équations du § 65, dans lesquelles on aurait remplacé par zéro les composantes X′, Y′, Z′, L′, M′, N′, de la résultante et du couple résultant :

$$(1) \quad \begin{cases} X_1 + X_2 + X_3 + \ldots + X_n = 0, \\ Y_1 + Y_2 + Y_3 + \ldots + Y_n = 0, \\ Z_1 + Z_2 + Z_3 + \ldots + Z_n = 0, \end{cases}$$

$$(2) \quad \begin{cases} (Z_1 y_1 - Y_1 z_1) + (Z_2 y_2 - Y_2 z_2) + \ldots + (Z_n y_n - Y_n z_n) = 0, \\ (X_1 z_1 - Z_1 x_1) + (X_2 z_2 - Z_2 x_2) + \ldots + (X_n z_n - Z_n x_n) = 0, \\ (Y_1 x_1 - X_1 y_1) + (Y_2 x_2 - X_2 y_2) + \ldots + (Y_n x_n - X_n y_n) = 0; \end{cases}$$

ou, sous une forme plus abrégée,

$$(1) \qquad \Sigma X = 0, \quad \Sigma Y = 0, \quad \Sigma Z = 0,$$

$$(2) \qquad \Sigma (Zy - Yz) = 0, \quad \Sigma (Xz - Zx) = 0,$$
$$\Sigma (Yx - Xy) = 0.$$

Les trois équations (1) sont appelées *équations des composantes parallèles aux axes*; les trois équations (2), *équations des moments par rapport aux axes*. Le premier groupe exprime que, lorsqu'un solide libre est en équilibre sous l'action de forces données, *la somme algébrique des projections des forces sur trois axes rectangulaires est nulle*; le second groupe exprime que *la somme des moments des forces par rapport à trois axes rectangulaires est également nulle*. Ces conditions sont nécessaires et suffisantes. Une fois qu'elles sont remplies, on est certain que *la somme des projections des forces sur un axe quelconque est nulle*, et qu'il en est de même de la somme des moments des forces par rapport à cet axe.

Il est facile de reconnaitre que les équations d'équilibre se réduisent :

1° Aux trois équations (1) si les forces passent toutes par le point O ;

2° Aux trois équations (2), si les forces données prises deux par deux forment un système de couples ;

3° A deux des équations (1) et à une des équations (2), si les forces sont toutes situées dans l'un des plans coordonnés ;

4° A une des équations (1) et à deux des équations (2), si les forces sont toutes parallèles à l'un des axes coordonnés.

ÉQUILIBRE D'UN SOLIDE QUI A UN POINT FIXE.

88. Soit O le point fixe.

Nous pouvons supprimer la liaison qui rend fixe le point O, en introduisant une force F, égale à la *réaction* de ce point. Le corps solide, redevenu libre, est en équilibre sous l'action des forces données et de la force F.

Par le point O faisons passer trois axes rectangulaires OX, OY, OZ, et exprimons que les conditions d'équilibre sont rem plies à l'égard des forces données et de la réaction F. La somme des projections de toutes ces forces sur chacun des trois axes sera nulle, et la somme des moments par rapport aux trois axes sera également nulle. Or la force F passe par un point O qui appartient à chacun des trois axes, et son moment par rapport à chacun des axes est égal à zéro ; par suite les sommes des moments des forces par rapport aux trois axes doivent être nulles d'elles-mêmes.

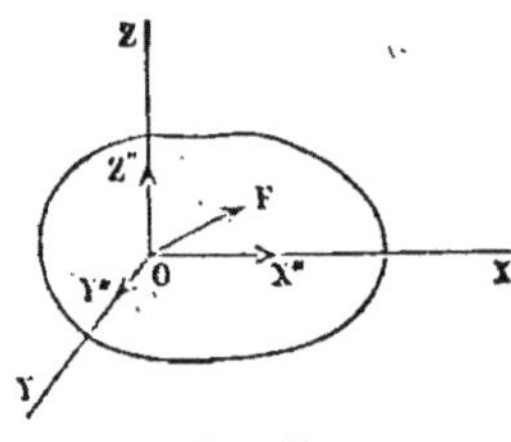

Fig. 81.

La force F aura au contraire suivant les axes des composantes, que les équations des projections feront connaître.

Soient X', Y', Z' les sommes algébriques des projections des forces données sur les axes, et L', M', N' les sommes algébriques des moments autour des mêmes axes.

Enfin appelons X″, Y″, Z″ les composantes de la force F parallèles aux axes : les équations d'équilibre seront

$$X' + X'' = 0,$$
$$Y' + Y'' = 0,$$
$$Z' + Z'' = 0,$$
$$L' = 0,$$
$$M' = 0,$$
$$N' = 0.$$

Les trois dernières, ne renfermant que les forces données, sont les trois conditions d'équilibre. Les trois premières font connaître les composantes de la réaction du point fixe.

En résumé, *pour qu'un corps solide qui a un point fixe soit en équilibre, il faut et il suffit que la somme des moments des forces données par rapport à trois axes menés par ce point soit égale à zéro*; s'il en est ainsi, la somme des moments sera nulle par rapport à tout axe mené par le même point. Cette condition revient à exprimer que les forces ont une résultante unique passant par le point fixe; les sommes X', Y', Z' sont les composantes suivant les axes de cette résultante, c'est-à-dire de l'effort exercé par les forces sur le point : la réaction du point sur le corps est une force égale et contraire, dont les composantes sont — X', — Y', — Z', ainsi que l'indiquent les trois premières équations.

ÉQUILIBRE D'UN SOLIDE QUI A DEUX POINTS FIXES.

89. Soient O et A les deux points fixes; la fixité de ces deux points assure la fixité de la droite OA tout entière. Prenons cette droite OZ pour l'un des axes coordonnés; plaçons l'origine au point O, l'un des points fixes, et menons deux autres axes, OX, OY, rectangulaires et perpendiculaires au premier.

Nous pouvons supprimer la fixité des points O et A, en introduisant des forces convenables OF, AF', qui représenteront les réactions de ces points. Pour définir ces forces, que nous

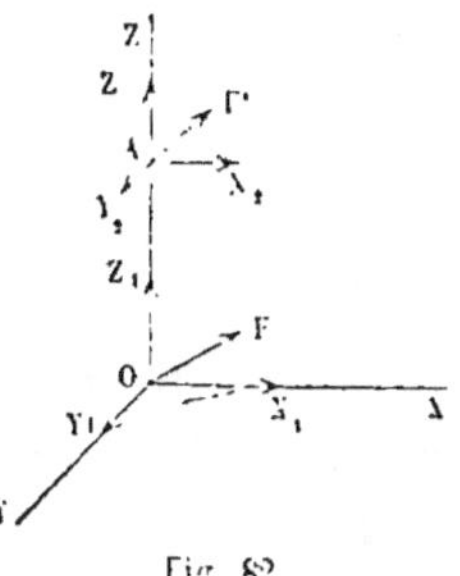

Fig. 82.

ne connaissons pas encore, décomposons-les parallèlement aux axes : la force F aura pour composantes X_1, Y_1, Z_1, la force F' aura pour composantes X_2, Y_2, Z_2. Soit $OA = a$, quantité donnée. Le corps est en équilibre sous l'action des forces données, et des deux forces inconnues F et F'; exprimons que l'ensemble de toutes ces forces satisfait aux six équations d'équilibre. Appelons encore X', Y', Z', L', M', N' les sommes algébriques des composantes et des moments des forces données. La force F, passant par un point O qui appartient aux trois axes, a des moments nuls par rapport à chacun d'eux; la force F' a un moment nul par rapport à l'axe OZ, qu'elle rencontre; mais elle a des moments différents de zéro par rapport aux axes OX et OY. Pour déterminer ces moments, nous appliquerons le théorème du § 47 : le moment de la résultante est égal à la somme des moments des composantes. Les moments par rapport à OX des forces X_2 et Z_2 sont nuls, puisque ces deux composantes sont dans un même plan avec l'axe (§ 42); donc le moment de F' par rapport à OX est égal au moment de Y_2 par rapport au même axe, c'est-à-dire enfin à $- Y_2 a$. On reconnaîtra de même que le moment de F' par rapport à OY est égal à $+ X_2 a$.

Nous pouvons donc écrire comme il suit les six équations d'équilibre :

$$(1) \qquad X' + X_1 + X_2 = 0,$$
$$(2) \qquad Y' + Y_1 + Y_2 = 0,$$
$$(3) \qquad Z' + Z_1 + Z_2 = 0,$$
$$(4) \qquad L' - Y_2 a = 0,$$
$$(5) \qquad M' + X_2 a = 0,$$
$$(6) \qquad N' = 0.$$

L'équation (6), ne renfermant que les forces données, est la condition d'équilibre. *Pour que le corps solide soit en équilibre, il faut et il suffit que la somme des moments des forces par rapport à l'axe fixe soit nulle.* On remarquera que cette condition est tout à fait indépendante de la position sur l'axe des points fixes O et A.

Les cinq premières équations définissent les réactions de l'axe.

Les équations (4) et (5) font connaître Y_2 et X_2.

Ces valeurs de Y_2 et X_2, substituées dans les équations (1) et (2), font connaître X_1 et Y_1. Enfin l'équation (3) donne la somme, $Z_1 + Z_2$, des deux composantes qui agissent suivant l'axe OZ, et qui demeurent ainsi indéterminées.

La statique ne sépare pas ces deux composantes l'une de l'autre ; l'indétermination tient à l'hypothèse faite sur l'invariabilité des corps solides ; de cette invariabilité résulte en effet qu'une force peut être transportée en un point quelconque de sa direction, et que tout point du système solide pris sur la direction d'une force peut être considéré comme son point d'application. Les deux forces Z_1 et Z_2, appliquées suivant la même direction en deux points d'un système solide, se composent donc en une seule force égale à leur somme algébrique, et la statique des solides invariables ne permet pas de déterminer autre chose que leur résultante.

Si, au lieu d'un solide géométrique, on avait en vue l'équilibre d'un solide naturel, ayant deux points fixes O et A, les réactions de ces points seraient parfaitement déterminées; elles satisferaient encore, comme nous le verrons, aux six équations d'équilibre : mais outre ces équations, qui assurent l'*équilibre extérieur* du corps, il y en aurait d'autres à poser pour tenir compte des lois de l'élasticité qui assurent son *équilibre intérieur*, et qui, si elles étaient complétement connues, achèveraient de déterminer le problème. On ne doit pas oublier que les pressions dans la nature sont parfaitement définies, et qu'il n'y reste rien d'arbitraire. Si nous ne parvenons à poser qu'un nombre d'équations insuffisant pour les déterminer, c'est que nous ignorons les lois suivant lesquelles elles se répartissent entre les différentes molécules.

90. Remarques. — L'équation d'équilibre $N' = 0$ indique que le couple résultant des forces données est situé dans un plan parallèle à l'axe fixe. Nous avons vu en effet que l'on pouvait ramener le système des forces à une résultante passant par le point O, et à un couple dont les composantes dans les plans coordonnés sont L', M', N'. La résultante est équilibrée par la fixité du point O. Quant au couple résultant, il peut être tenu en équilibre par un autre couple, dont les forces soient appliquées respectivement aux deux points fixes O et A; un tel couple projeté sur le plan XOY a une projection nulle. Les équations (4), (5) et (6) expriment l'égalité entre les composantes du couple des forces données et les composantes du couple provenant des réactions des points O et A.

L'écartement plus ou moins grand des points fixes O et A change la portion de la charge de ces points qui provient du couple résultant, puisque, le bras de levier OA variant, la force varie en raison inverse.

Le corps solide tend à être entraîné le long de l'axe par une force égale à Z'. Si donc on supposait qu'il eût la liberté de glisser le long de l'axe OA, il y aurait une seconde condition d'équilibre, qui serait $Z' = 0$. Les composantes Z_1 et Z_2 seraient alors nulles toutes deux.

Remarquons enfin qu'au lieu de ramener les forces données à une force et à un couple, nous pouvons les ramener à deux forces. Les équations d'équilibre expriment que ces deux forces peuvent être appliquées l'une en O et l'autre en A; elles sont alors détruites par la fixité de ces points. L'indétermination sur les véritables valeurs des composantes Z_1 et Z_2 tient à ce que cette réduction à deux forces peut se faire d'une infinité de manières.

ÉQUILIBRE D'UN SOLIDE ASSUJETTI A GLISSER SANS FROTTEMENT
SUR UN PLAN FIXE.

91. Nous avons étudié (§ 79) l'équilibre d'un point assujetti à glisser sur une surface fixe qui n'exerce sur lui aucun frottement. Proposons-nous de résoudre un problème analogue pour un système matériel invariable. Nous simplifierons la question en supposant que la surface fixe soit un plan; dans ce cas particulier, les réactions des divers points de contact du corps et de la surface, étant toutes normales au plan, sont parallèles entre elles.

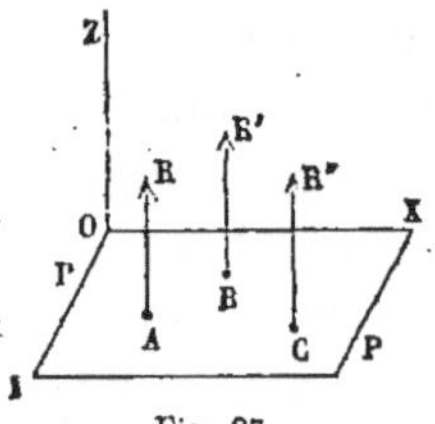

Fig. 83.

Le contact du corps et du plan peut être établi par un point géométrique unique, ou par 2, 3, ... n points; il peut aussi s'étendre à une surface tout entière, comme cela a lieu lorsqu'un polyèdre repose sur une table par une de ses faces;

dans ce cas, le nombre des points de contact doit être considéré comme infini.

Soit PP le plan fixe, et A, B, C, ... les points de contact du
corps avec ce plan. Les réactions du plan sur le corps seront
des forces AR, BR', CR″, ... perpendiculaires à PP. Nous prendrons le plan fixe pour plan XOY ; nous y mènerons deux axes
rectangulaires OX, OY, et par le point O nous élèverons le
troisième axe OZ, normal aux deux premiers.

Appelons x, y les coordonnées du point A, x', y' celles du
point B, x'', y'', celles du point C, etc. Soient toujours X',
Y', Z', L', M', N', les composantes suivant les axes de la résultante de translation et du couple résultant des forces données
qui sollicitent le corps ; nous écrirons de la manière suivante
les six équations d'équilibre :

$$(1) \qquad X' = 0,$$
$$(2) \qquad Y' = 0,$$
$$(3) \qquad Z' + R + R' + R'' + \ldots = 0,$$
$$(4) \qquad L' + Ry + R'y' + R''y'' + \ldots = 0,$$
$$(5) \qquad M' - Rx - R'x' - R''x'' - \ldots = 0,$$
$$(6) \qquad N' = 0.$$

Les équations (1), (2) et (6) ne contenant pas les réactions
inconnues R, R', R″, ..., sont des conditions d'équilibre. Elles
expriment que les forces données ont une résultante unique
normale au plan PP ; en effet, les équations X' = 0, Y' = 0,
N″ = 0, satisfont à l'équation générale

$$L'X' + M'Y' + N'Z' = 0,$$

laquelle nous montre (§ 67) que les forces données ont une
résultante unique. Cette résultante est normale au plan
XOY, puisque ses composantes X', Y', parallèles aux axes
OX, OY, sont toutes deux nulles. Elle est parallèle à l'axe
des Z, ce qui annule le moment N' par rapport à cet axe. La
résultante se réduit par conséquent à Z'. Les équations
(3), (4), (5) renferment tout ce que la statique nous apprend

au sujet des réactions R, R′, R″, …. Mais ici plusieurs cas sont à distinguer, suivant le nombre des points d'appui.

1° Supposons qu'il n'y ait qu'un point d'appui, A (fig. 84). Dans ce cas, les forces données doivent être équilibrées par la réaction R de cet appui. Pour cela, il faut et il suffit que la résultante des forces données, normale au plan PP en vertu des conditions générales exprimées par les équations (1), (2) et (6), passe au point A. Les équations (3), (4) et (5) nous le montrent. Elles prennent en effet dans ce cas particulier la forme suivante :

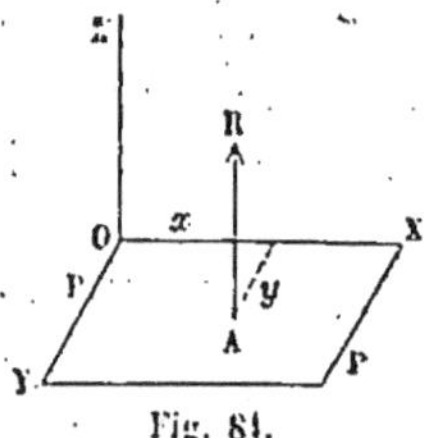

Fig. 84.

$$Z' + R = 0,$$
$$L' + Ry = 0,$$
$$M' - Rx = 0.$$

La première détermine la valeur de la réaction R, qui est égale et contraire à la résultante Z'.

R étant déterminée, les deux équations suivantes sont des équations de condition qui doivent être vérifiées d'elles-mêmes. Remplaçant R par $-Z'$, il vient

$$L' - Z'y = 0,$$
$$M' + Z'x = 0.$$

Or L' est le moment de la résultante Z' par rapport à l'axe OX ; ce moment étant égal à $Z'y$, la résultante perce le plan PP à une distance de l'axe OX égale à y ; l'équation $M' + Z'x = 0$ montre de même qu'elle perce le plan à la distance x de l'axe OY. Le point A est donc le point de passage de la résultante des forces extérieures.

Lorsqu'il y a un seul point de contact, les conditions d'équilibre sont ainsi au nombre de cinq ; elles expriment que les forces extérieures peuvent se ramener à une force unique, normale au plan, et passant par le point donné ; la réaction du plan est alors complétement déterminée.

2° Supposons qu'il y ait deux points de contact, A et B (fig. 85).

Les équations (3), (4) et (5) deviendront, en ne conservant que deux réactions,

$$Z' + R + R' = 0,$$
$$L' + Ry + R'y' = 0,$$
$$M' - Rx - R'x' = 0.$$

Pour interpréter facilement ces équations, supposons qu'on ait pris pour axe OX la droite AB; on aura alors $y = 0$, $y' = 0$, et la seconde équation deviendra

$$L' = 0.$$

Les deux autres équations serviront à déterminer les réactions R et R'.

Dans le cas où les points d'appui sont au nombre de deux, *il faut pour l'équi-*

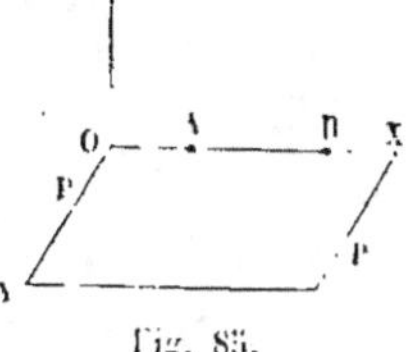

Fig. 85.

libre, outre les conditions générales, que la somme des moments des forces soit nulle par rapport à la droite passant par les deux points d'appui. Il faut, en d'autres termes, que les forces données aient une résultante unique, normale au plan PP, et rencontrant la droite AB, qui joint les points d'appui. Les réactions des deux points A et B sont encore déterminées par la statique.

3° Supposons qu'il y ait trois points d'appui, A, B, C.
Les trois équations (3), (4) et (5) deviendront

$$Z' + R + R' + R'' = 0,$$
$$L' + Ry + R'y' + R''y'' = 0.$$
$$M' - Rx - R'x' - R''x'' = 0.$$

Elles sont en nombre égal au nombre des inconnues R, R', R''; elles suffisent donc en général à les déterminer; il y a cependant un cas d'exception : c'est le cas où les trois points A, B, C sont sur une même ligne droite; car, si l'on prend cette droite pour axe OX, les coordonnées y, y', y'' étant nulles ensemble, l'équation (4) se réduit à $L' = 0$, ce qui donne une nouvelle condition d'équilibre; alors les deux équations (3) et (5) ne suffisent plus pour déterminer les trois inconnues R, R' et R''.

Le cas de trois points d'appui se décompose donc en deux :

Si les trois points d'appui sont en ligne droite, il faut, pour qu'il y ait équilibre, que la résultante des forces données coupe en un certain point la ligne droite passant par les points d'appui ; les réactions de ces appuis ne sont pas déterminées par les équations de la statique.

Si les trois points d'appui ne sont pas en ligne droite, il n'y a pas d'autres conditions d'équilibre que les conditions générales (1), (2) et (6) ; et les réactions des appuis sont déterminées par les équations (5), (4) et (5).

4° S'il y a plus de trois points d'appui, et s'ils ne sont pas en ligne droite, il n'y a pas de nouvelles conditions d'équilibre, mais les trois équations (5), (4) et (5) sont insuffisantes pour déterminer les réactions inconnues.

Si tous les points d'appui sont en ligne droite, il faut ajouter une nouvelle condition d'équilibre, exprimant que la résultante des forces données rencontre la droite contenant tous les points d'appui.

92. Lorsque le corps solide, au lieu d'être assujetti à glisser sur le plan sans pouvoir s'en détacher d'un côté ni de l'autre, est simplement posé sur le plan, il y a de nouvelles conditions à ajouter à celles que nous avons trouvées. On doit exprimer en effet que les réactions R, R', R'', ... sont dirigées du côté du plan vers lequel le corps peut s'en détacher ; car, par hypothèse, le plan n'exerce aucune action pour retenir le corps, lorsqu'on cherche à l'en détacher de ce côté (cf. § 77). Supposons que l'axe OZ ait été dirigé de ce côté particulier du plan : il faudra que les réactions R, R', R'', ... soient toutes positives. Or leur somme est égale à $-Z'$, en vertu de l'équation (5) ; donc il faut que $-Z'$ soit positif, ou que Z' soit négatif, ou qu'enfin la résultante des forces extérieures tende à appuyer le corps sur le plan, et non à l'en détacher. Cette nouvelle condition est suffisante pour compléter l'équilibre lorsqu'il n'y a qu'un point d'appui.

S'il y en a deux, A et B, il faut, pour que les réactions R et R' soient toutes deux positives, que la résultante des forces extérieures coupe la droite AB entre les deux points A et B. La force Z' est alors décomposable en deux forces parallèles et de même sens, appliquées en A et B, et qui seront égales et contraires aux réactions cherchées (fig. 86).

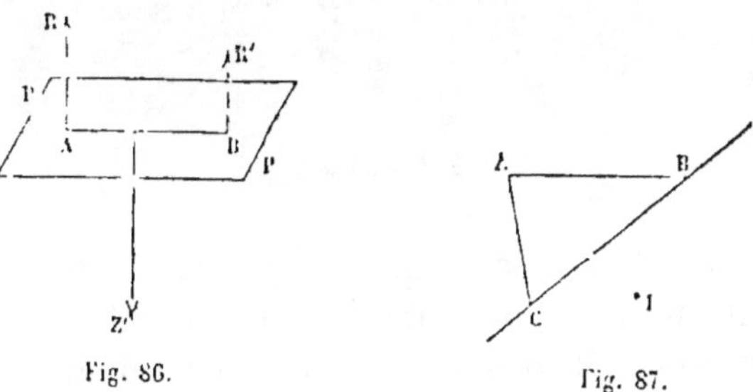

Fig. 86.　　　　Fig. 87.

S'il y a trois points, non en ligne droite, A, B, C, la résultante des forces extérieures devra, pour l'équilibre, passer dans l'intérieur du triangle ABC. Supposons, en effet, qu'elle passe par un point I, extérieur à ce triangle (fig. 87). L'un des côtés CB du triangle, prolongé indéfiniment, laissera le point I et le sommet A de différents côtés de sa direction. Or la résultante appliquée en I est dirigée de haut en bas; la réaction du plan sur le point A ne peut être dirigée que de bas en haut. Ces deux forces tendraient toutes deux à faire tourner le corps dans un même sens autour de CB. L'équilibre ne serait donc pas possible, et le corps *chavirerait* autour du côté CB.

Il faut donc, pour l'équilibre, que le point de passage de la résultante, I, soit compris à l'intérieur du triangle ABC. Cette condition remplie (fig. 88), il sera facile de déterminer les réactions positives des points A, B, C. Prenons les moments des forces par rapport à un côté quelconque, BC. Abaissons des points A et I, sur ce côté BC, des perpendiculaires AA', Ia. Appelons, comme tout à l'heure,

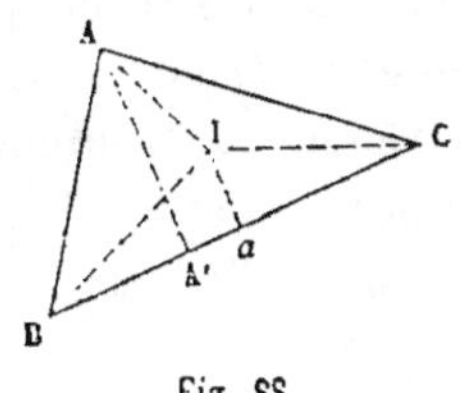

Fig. 88.

Z' la résultante des forces extérieures, laquelle est négative

par hypothèse; son moment par rapport à l'axe BC sera égal à $Z' \times Ia$; le moment de la réaction R du point A sera égal à $R \times AA'$; les moments des autres réactions sont nuls, de sorte qu'on a l'équation

$$Z' \times Ia + R \times AA' = 0,$$

ou bien

$$R = (-Z') \times \frac{Ia}{AA'}.$$

Mais Ia et AA' sont les hauteurs des triangles IBC, ABC, lesquels ont une base commune BC, et sont entre eux comme leurs hauteurs; la réaction du point A est donc à la résultante des forces extérieures, prise en valeur absolue, comme le triangle IBC est au triangle ABC. De même, la réaction R' du point B est à la même résultante comme le triangle IAC est au triangle ABC, et la réaction R'' du point C est à la résultante comme le triangle IAB est au triangle ABC. La résultante des forces extérieures est d'ailleurs la somme des trois réactions R, R', R'', et le triangle ABC est la somme des trois triangles IBC, IAC, IAB; on peut donc dire que la résultante des forces extérieures se partage entre les trois points d'appui A, B, C, proportionnellement aux aires des triangles IBC, IAC, IAB, qui ont pour sommet commun le point I, et pour bases les côtés du triangle opposés aux points d'appui.

Si les trois points A, B, C sont en ligne droite, les triangles IAC, IBC deviennent nuls, et la répartition des réactions reste, comme nous l'avons vu, indéterminée. Mais il faut toujours, pour que les réactions soient positives, que la résultante des forces extérieures coupe la droite des appuis entre les appuis extrêmes; autrement elle tendrait à faire basculer le corps autour de l'appui le plus voisin.

Enfin, s'il y a plus de trois appuis, et s'ils ne sont pas en ligne droite, on prouverait, comme nous l'avons fait pour le cas de trois appuis, qu'il faut, pour qu'il y ait équilibre, que la résultante des forces extérieures passe au dedans du polygone convexe que l'on peut former en joignant tous les points d'appui ; autrement, elle tendrait à renverser le corps autour de l'un des côtés de ce polygone.

Les mêmes conclusions s'appliquent à un nombre d'appuis aussi grand qu'on voudra, et par suite à une *surface d'appui* comprenant un nombre infini de points de contact ; si, par exemple, le corps solide repose sur le plan fixe par une surface terminée au contour ABCDEFGHA, que cette surface soit d'ailleurs *pleine* ou *évidée*, il faut et il suffit, pour l'équilibre, que les forces extérieures aient une résultante unique, normale au plan, et que *le point d'ap-*

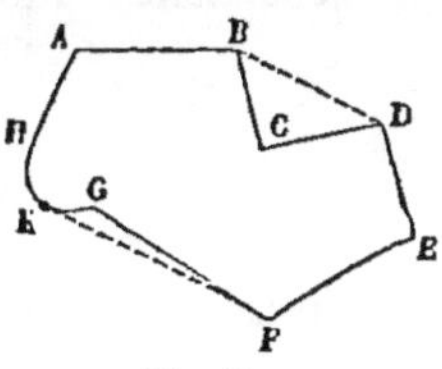

Fig. 89.

plication de cette résultante soit compris dans le polygone formé par les directions des droites autour desquelles le corps peut basculer, c'est-à-dire dans l'intérieur du contour convexe ABDEFKHA, qu'on obtient en supprimant les parties rentrantes BCD, FGK, du contour effectif.

CHAPITRE III

APPLICATION DES SIX ÉQUATIONS D'ÉQUILIBRE AUX SYSTÈMES MATÉRIELS QUELCONQUES.

95. Les six équations que nous avons obtenues, équations nécessaires et suffisantes pour assurer l'équilibre d'un solide invariable, s'appliquent à l'équilibre de tout système matériel; elles sont encore nécessaires, mais elles ne sont plus suffisantes. Le théorème auquel on parvient en étendant ces équations aux systèmes non solides, peut se formuler comme il suit :

Dans tout système matériel en équilibre, la somme algébrique des composantes des forces extérieures estimées parallèlement à un même axe quelconque est égale à zéro, et la somme des moments des forces extérieures par rapport à un axe quelconque est aussi égale à zéro. L'application de ce théorème donne six équations distinctes, et pas plus de six.

Le système étant par hypothèse en équilibre, on ne troublera pas son état d'équilibre en y ajoutant de nouvelles liaisons (§ 78). Choisissons ces liaisons nouvelles de manière à solidifier le système, c'est-à-dire à fixer les diverses parties qui le composent dans des positions invariables les unes par rapport aux autres. Nous obtiendrons ainsi un système solide qui aura même forme que le système donné, qui sera sollicité par les mêmes forces extérieures, et qui enfin sera en équilibre comme lui. Le théorème sera donc vérifié, et par suite les six équations d'équilibre qui en sont la traduction algébrique, s'appliqueront aux forces sollicitant le système donné, comme si ce système était un solide invariable.

Mais ces six équations, qui suffisent pour l'équilibre d'un solide géométrique, ne suffiront généralement pas pour l'équilibre du système donné; le système solidifié par l'introduction des liaisons que nous avons ajoutées est, il est vrai, en équilibre en vertu des six équations, mais la suppression des liaisons altère les conditions d'équilibre, en donnant aux diverses parties du système une liberté qu'elles ne possédaient pas dans le système solidifié.

Pour être certain de l'équilibre d'un système matériel non invariable, il faut donc vérifier les six équations non-seulement sur le système entier, mais encore sur ses diverses parties, de quelque manière qu'on le décompose, par exemple, jusqu'à ce qu'on ait à opérer sur des corps solides, l'équilibre de tels corps étant assuré par ces six équations. On ne fera entrer dans les équations d'équilibre d'une portion quelconque que les forces *extérieures* à cette portion. Parmi ces forces extérieures figurent certaines forces intérieures au système entier, à savoir les réactions des portions voisines. L'équilibre sera assuré si les six équations sont vérifiées non-seulement pour l'ensemble du système, mais encore pour une quelconque de ses parties, si petite qu'elle soit; cette condition est suffisante, car si l'équilibre des points matériels constituant le système est assuré pour chacun d'eux pris individuellement, il est évident que l'équilibre du système entier en est une conséquence nécessaire.

Cette méthode s'applique particulièrement aux solides naturels, qui, au lieu d'être invariables comme les solides géométriques, sont doués d'une certaine *élasticité*, se déforment sous l'action de toute force qu'on y applique, et tendent à revenir à leur forme primitive lorsque la force est supprimée. La force extérieure qu'on applique à un solide naturel, a pour effet d'altérer les distances mutuelles des molécules du corps. Cette altération des distances entraine une altération correspondante dans les actions des molécules les unes sur les autres ; le nouvel équilibre s'établit lorsque la déformation du solide a fait naître entre les molécules des actions capables d'équilibrer pour chacune d'elles la portion d'effort extérieur que cette molécule est appelée à supporter. L'expérience conduit à admettre que l'effort mutuel développé par une variation très petite de la distance entre deux molécules est proportionnel à cette variation ; de cette loi, qu'on peut regarder soit comme un fait d'expérience, soit comme une hypothèse probable, on a pu déduire, dans un certain nombre de cas simples, la relation qui lie la déformation d'un solide naturel aux efforts extérieurs qu'on lui fait subir ; on peut déterminer, par exemple, l'*extension* prise par une barre métallique sous l'action d'une force qui tend à l'allonger ; la *flexion* de la même barre, posée horizontalement, sous l'action d'une charge répartie sur sa longueur suivant une loi quelconque, etc. ; on peut aussi déterminer, en chaque point du solide, l'intensité des efforts intérieurs mutuels développés par l'action des mêmes forces. Cette détermination des efforts intérieurs est même généralement plus importante que le calcul des déformations ; elle apprend au constructeur d'une machine ou d'un édifice si les pièces qu'il se propose d'employer sont dans de bonnes conditions de résistance, si elles sont exposées à quelque altération d'élasticité, ou si elles sont en danger de rupture ; il suffit pour cela de comparer la mesure des efforts intérieurs à certaines limites indiquées par l'expérience pour chaque nature de matériaux.

94. Les solides géométriques sont des corps fictifs, introduits dans la mécanique pour en simplifier l'étude. En réalité, un solide est une agrégation de points matériels, réunis les uns aux autres, non par des liens géométriques de longueur constante, mais par des forces qui varient avec les distances mutuelles. Dans la statique rationnelle, on suppose les forces appliquées en certains points géométriques ; on transporte ces forces en d'autres points de leurs directions ; on change les forces et les couples en d'autres systèmes équi-

valents, etc. Toutes ces opérations sont fictives. Aucune force n'est isolée dans la nature, en ce sens que les forces appliquées à des points matériels sont infiniment petites comme ces points eux-mêmes; une force isolée n'est autre chose qu'une *résultante* de forces infiniment petites, appliquées aux points matériels contenus dans une certaine région de grandeur finie. La composition des forces, et plus généralement la substitution de certaines forces à d'autres équivalentes, supposent la solidification fictive du système matériel; ce sont autant de procédés analytiques qui n'altèrent pas les équations d'équilibre, mais qui n'ont aucune réalité objective. La déformation d'un solide naturel, par exemple, pourrait être complétement modifiée si l'on substituait aux forces qui sollicitent ce corps, des *forces équivalentes* autrement distribuées.

Les liaisons sont de même des relations fictives entre les points matériels. Il n'y a dans la nature ni points fixes, ni lignes fixes, ni surfaces fixes; les points, les lignes, les surfaces que l'on regarde comme fixes, appartiennent à des solides naturels, qui sont plus ou moins déformables, et qui par conséquent ne jouissent pas d'une fixité absolue. Ce n'est qu'à titre d'approximation qu'on peut leur attribuer une telle propriété. Les tiges, les fils, au moyen desquels on réunit deux points matériels pour assujettir leur distance mutuelle à certaines conditions, n'ont pas non plus les qualités que la mécanique rationnelle leur assigne, telles que la flexibilité et l'inextensibilité pour les fils, l'invariabilité de longueur pour les barres. Ces fils, ces barres, ne sont après tout que des systèmes particuliers de molécules sollicitées par des forces mutuelles, et si on leur attribue dans la mécanique des qualités absolues, c'est seulement pour simplifier les problèmes et faciliter l'exposition des théories.

Par ce qui précède, on peut pressentir combien les questions de *mécanique appliquée* sont d'une difficulté supérieure aux questions de *mécanique rationnelle;* celles-ci peuvent toujours être simplifiées par un choix particulier de données, choix légitime dans une science abstraite. La mécanique appliquée ne confère pas le même droit, et si elle est souvent forcée de recourir à des hypothèses, il reste à vérifier ensuite, au moyen de l'expérience, l'accord de ces hypothèses avec les faits observés.

95. Les exemples que nous avons donnés dans ce livre montrent que les équations de la statique ne suffisent pas toujours pour déterminer entièrement les réactions des liens qui restreignent la liberté d'un système solide. Lorsque les équations sont en nombre suffisant, les réactions deviennent connues, et on peut voir si elles excèdent ou non la limite de la charge qui compromet la résistance des liens ; on peut aussi s'en servir pour déterminer les déformations subies par le système. Lorsque, au contraire, les équations de la statique sont en nombre insuffisant, la distribution des réactions inconnues dépend de la déformation du système, et le problème devient beaucoup plus difficile à traiter.

Par exemple, si un point matériel pesant est suspendu à un fil attaché à un point fixe, la statique montre (§ 79) que l'équilibre a lieu lorsque ce fil est vertical, et que la tension du fil est égale au poids du point matériel. On pourra donc calculer l'allongement pris par le fil sous l'action de ce poids, et reconnaître si la tension du fil met sa résistance en danger.

Mais si l'on cherche les pressions exercées par une poutre posée sur trois appuis en ligne droite, et chargée de poids appliqués en divers points de sa longueur, la statique (§ 91, 3°) ne donne que deux relations entre les trois réactions inconnues, et la distribution du poids total entre les trois appuis dépend des lois de la flexion des poutres élastiques.

PRESSIONS EXERCÉES SUR LE SOL PAR LES QUATRE PIEDS D'UNE TABLE.

96. Une table rectangulaire ABCD, soutenue à ses quatre angles par des pieds verticaux, qui se projettent en MN, PQ, sur le plan vertical, repose sur un terrain horizontal XY. Elle est soumise à l'action d'une force verticale F, appliquée en

un point (O, O') de sa surface supérieure. On demande les pressions
développées dans les pieds de la
table, ou dans les régions du sol sur
lesquelles ces pieds s'appuient.

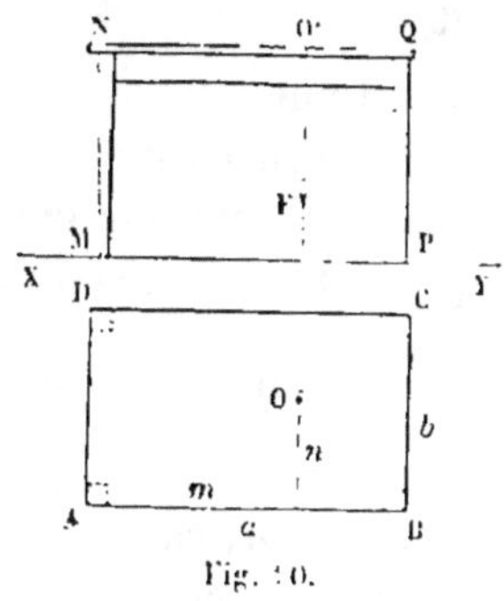

Fig. 40.

Le nombre des appuis étant supérieur à 5, le problème ne peut être
entièrement résolu par les équations
de la statique (§ 91, 4°), et la solution dépend de la loi physique sui-
vant laquelle s'opère la déformation des parties en contact
aux points A, B, C, D.

Nous supposerons que la déformation porte exclusivement
sur le sol, ce qui revient à attribuer aux pieds de la table une
très grande rigidité comparativement à la raideur du terrain ;
nous admettrons, en outre, que les pieds de la table s'enfon-
cent chacun dans le sol d'une quantité proportionnelle à la
pression qu'il exerce, de sorte que, si on appelle ω la section
droite du pied, x la quantité dont il pénètre dans le terrain,
et K un coefficient déterminé par expérience, la pression P
exercée par le pied soit donnée par l'équation

$$P = K\omega x.$$

On supposera enfin que les tassements soient assez petits
pour qu'on puisse encore considérer les pieds comme verticaux après la déformation du sol. Les réactions seront aussi
verticales, et parallèles à la force F.

Appelons a, b les dimensions horizontales de la table ;

m, n les distances du point O aux côtés AB, AD; et P, P', P'', P'''
les réactions inconnues des appuis A, B, C, D.

Nous aurons d'abord entre ces quatre inconnues les trois
équations que fournit la statique, savoir : l'équation des forces
projetées sur une verticale, et les équations des moments par
rapport aux deux axes AB, AD :

$$\text{(1)} \qquad P + P' + P'' + P''' = F.$$
$$\text{(2)} \qquad (P' + P'')a = Fm.$$
$$\text{(3)} \qquad (P'' + P''')b = Fn.$$

Il faut une quatrième équation pour achever de déterminer
les quatre inconnues. Cette quatrième équation se déduira de
notre hypothèse sur la déformation du sol aux quatre points
d'appui. Les enfoncements respectifs des points A, B, C, D,
seront exprimés par les rapports $\dfrac{P}{K\omega}$, $\dfrac{P'}{K\omega}$, $\dfrac{P''}{K\omega}$, $\dfrac{P'''}{K\omega}$, les quatre
pieds ayant la même section ω. Ces tassements sont tous sen-
siblement verticaux; d'ailleurs les extrémités inférieures des
pieds doivent être dans un même plan, après comme avant la
déformation, et comme ils sont les sommets d'un parallélogramme, il existe entre le nouveau point B et le nouveau
point A la même différence de hauteur qu'entre le nouveau
point C et le nouveau point D, c'est-à-dire qu'on a entre les
quatre tassements la relation

$$\frac{P'}{K\omega} - \frac{P}{K\omega} = \frac{P''}{K\omega} - \frac{P'''}{K\omega},$$

ou bien

$$\text{(4)} \qquad P' - P = P'' - P''',$$

équation qui ne contient plus le coefficient K.

Les quatre équations (1), (2), (3) et (4) déterminent entièrement les forces cherchées.

De la dernière on tire

$$P + P'' = P' + P'''.$$

Comparant à l'équation (1), on en déduit

$$P + P'' = \frac{F}{2}$$

et

$$\mathrm{P}' + \mathrm{P}''' = \frac{\mathrm{F}}{2}.$$

Des équations (2) et (3) on tire, en les retranchant, après avoir divisé la première par a et la seconde par b,

$$\mathrm{P}' - \mathrm{P}''' = \mathrm{F}\left(\frac{m}{a} - \frac{n}{b}\right).$$

Donc

$$\mathrm{P}' = \frac{\mathrm{F}}{2}\left(\frac{1}{2} + \frac{m}{a} - \frac{n}{b}\right),$$

$$\mathrm{P}''' = \frac{\mathrm{F}}{2}\left(\frac{1}{2} - \frac{m}{a} + \frac{n}{b}\right),$$

et par suite

$$\mathrm{P}'' = \mathrm{F}\frac{m}{a} - \mathrm{P}' = \frac{\mathrm{F}}{2}\left(\frac{m}{a} + \frac{n}{b} - \frac{1}{2}\right),$$

$$\mathrm{P} = \frac{\mathrm{F}}{2}\left(\frac{3}{2} - \frac{m}{a} - \frac{n}{b}\right).$$

Ces équations donneront pour P, P', P'', P''' les valeurs cherchées, mais pour être admissibles, il faut qu'elles soient toutes positives ; car, pour que l'une fût négative, il faudrait que le pied exerçât sur le sol une traction au lieu d'une pression, ce qui est impossible, puisque la table est seulement posée sur le sol, sans y être attachée à demeure.

Il faut donc, pour que la solution soit admissible, que l'on ait à la fois :

$$\frac{m}{a} - \frac{n}{b} > -\frac{1}{2},$$

$$\frac{m}{a} - \frac{n}{b} < \frac{1}{2},$$

$$\frac{m}{a} + \frac{n}{b} > \frac{1}{2},$$

$$\frac{m}{a} + \frac{n}{b} < \frac{3}{2}.$$

Ces conditions sont toutes satisfaites quand le point O se trouve à l'intérieur du losange ILRS obtenu en joignant les milieux des côtés du rectangle ABCD formé par les appuis. Si, au contraire, la force F était appliquée en dehors de ce losange, par exemple en O′ dans le triangle LCR, l'une des quatre conditions, la condition $\frac{m}{a} + \frac{n}{b} < \frac{3}{2}$, ne serait plus remplie, et, par suite, le calcul assignerait à la pression P du

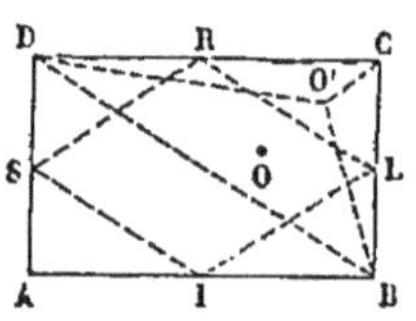

Fig. 91.

pied opposé, A, une valeur négative inadmissible. Ceci indique qu'en réalité le pied A ne porte pas sur le sol; le calcul, établi d'après l'hypothèse que le sol exerce sur la table une réaction appliquée en ce point A, est donc à recommencer en supposant nulle la réaction P. Mais alors le nombre des appuis est réduit à trois, et la statique suffit pour déterminer les trois pressions inconnues. Appliquant aux trois appuis B, C, D, la règle donnée § 92, on trouvera la véritable solution au moyen des équations :

$$P = 0,$$

$$P' = F \times \frac{\text{surf. O'DC}}{\text{surf. BDC}} = F \times \frac{\text{surf. O'DC}}{\left(\dfrac{a \times b}{2}\right)},$$

$$P'' = F \times \frac{\text{surf. O'DB}}{\text{surf. BDC}} = F \times \frac{\text{surf. O'DB}}{\left(\dfrac{a \times b}{2}\right)},$$

$$P''' = F \times \frac{\text{surf. O'CB}}{\text{surf. BDC}} = F \times \frac{\text{surf. O'CB}}{\left(\dfrac{a \times b}{2}\right)}.$$

Dans tous les cas, on connaîtra les pressions développées dans les pieds de la table; on pourra donc calculer, par la formule $P = K\omega x$, les tassements correspondants du sol.

97. Revenons au premier cas. L'équation (4) nous apprend que les sommes $P + P''$, $P' + P'''$, sont égales; l'équation (1) nous montre d'ailleurs que la somme des quatre réactions est égale à la force F ; d'où résulte que les sommes $P + P''$ et $P' + P'''$ sont égales à $\frac{F}{2}$. Cela posé, on peut achever géomé-

triquement la solution du problème ainsi qu'il suit (fig. 92).

Les deux réactions P et P″, appliquées l'une en A, l'autre en C, sont parallèles, et se composent en une seule force égale à leur somme P + P″, ou à $\frac{F}{2}$; la résultante est appliquée en un point E de la diagonale AC.

De même, les réactions P′ et P‴ des points B et P ont une résultante égale à $\frac{F}{2}$, appliquée en un point G de la diagonale BD.

Les deux forces parallèles, égales à $\frac{F}{2}$, appliquées l'une en E, l'autre en G, se composent en une seule, égale à leur somme, ou égale à F, et appliquée au milieu de la droite EG;
il faut et il suffit, pour l'équilibre, que cette force soit égale et contraire à la force donnée F, appliquée au point O : le point O est donc le milieu de la droite EG, et, par conséquent, on trouvera les points E et G en menant par le point donné O

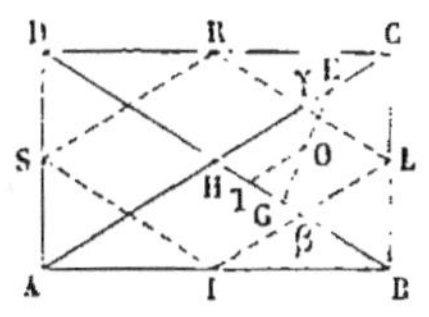

Fig. 92.

une droite telle, que le point O soit le milieu de la portion de cette droite inscrite dans l'angle CHB formé par les diagonales du rectangle.

Par le point O menons OT parallèle à HC; puis prenons sur l'autre diagonale HB, à partir du point T, une longueur TG égale à TH. La droite GO sera la droite demandée.

Nous substituerons à la force F deux forces égales à $\frac{F}{2}$, appliquées l'une en E, l'autre en G.

Nous décomposerons ensuite la première en deux forces appliquées l'une en A, l'autre en C; elles seront déterminées par les équations

$$P = \frac{F}{2} \times \frac{EC}{AC},$$
$$P'' = \frac{F}{2} \times \frac{AE}{AC}.$$

Nous décomposerons de même la seconde en deux forces P″ et P‴, appliquées l'une en B, l'autre en D :

$$P'' = \frac{F}{2} \times \frac{DG}{DB},$$

$$P''' = \frac{F}{2} \times \frac{GB}{DB},$$

et le problème sera résolu.

Pour que les forces P, P′, P″, P‴ soient toutes quatre positives, il faut que les points G et E soient situés tous deux sur les diagonales du rectangle, et non sur leurs prolongements. Cette condition sera toujours remplie si le point O est dans le losange ILRS.

On exprime en effet ces conditions en posant les inégalités

$$HE < HC,$$
$$HG < HB.$$

Mais

$$HE = TO \times 2 \quad \text{et} \quad HG = HT \times 2.$$

Donc

$$TO < \frac{HC}{2} \quad \text{et} \quad HT < \frac{HB}{2}.$$

Prenons le milieu γ de la demi-diagonale HC, le milieu β de la demi-diagonale HB, et menons par ces points des parallèles γL, βL aux diagonales; ces deux parallèles se couperont en L au milieu du côté BC, et les quatre pressions seront positives, le point O étant toujours supposé dans l'angle CHB, s'il est situé dans le parallélogramme HγLβ. La même condition est applicable aux trois autres angles formés par les demi-diagonales; et l'on retrouve le losange ILRS pour la limite en dedans de laquelle il faut appliquer la force F, si l'on veut que les quatre pieds de la table soient chargés.

On peut remarquer que, lorsque la force F est appliquée au centre H de la table, les quatre pieds supportent des pressions égales; le point H est le seul qui assure cette égalité des pressions.

DU FROTTEMENT DE GLISSEMENT.

98. Dans les exemples donnés plus haut, nous avons admis que, lorsqu'un point est assujetti à glisser sur une surface ou sur une courbe fixe, la réaction de la surface ou de la courbe est normale. L'expérience dément cette hypothèse. Quand on fait glisser un corps sur une *surface matérielle*, la réaction de la surface sur le corps n'est pas normale à la surface : elle peut se décomposer en deux forces, l'une normale et l'autre tangentielle, et cette dernière composante prend le nom de *frottement de glissement*.

L'étude expérimentale du frottement a été faite par Coulomb, en 1781, et l'on se sert encore aujourd'hui des lois suivantes qu'il a le premier formulées.

Quand un corps mobile glisse sur une surface fixe, le frottement qu'il subit est une force tangentielle à la surface, et dirigée en sens contraire du mouvement ; cette force dépend de la nature des surfaces en contact ; elle est indépendante de leur étendue et de la vitesse de glissement ; enfin elle est proportionnelle à la pression mutuelle qui s'exerce normalement à ces surfaces. En vertu du principe de l'action et de la réaction, un frottement égal et contraire est subi par la surface fixe sur laquelle le glissement a lieu.

Soit RR' un plan fixe, sur lequel glisse le corps ABCD dans le sens de la flèche *a*; le contact a lieu sur toute l'étendue de la face CD. La force P est la pression normale

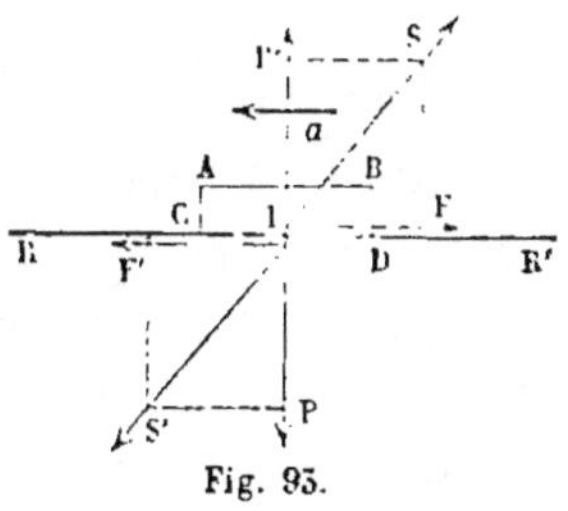

Fig. 95.

exercée par le corps sur le plan RR' ; une force égale et contraire, P', sera la réaction de la surface sur le corps. Les lois du frottement nous apprennent qu'en outre de cette force normale P', la surface exerce sur le corps une réaction tangentielle F, dirigée en sens contraire du mouvement, et que le corps exerce sur la surface, dans le sens du mouvement, une force égale et contraire F'. Les forces F et F', égales et contraires, sont en réalité les résultantes de forces mutuelles réparties sur les divers éléments en contact dans la surface de glissement CD. De même P et P' sont les résultantes des actions normales des mêmes éléments.

Le frottement est proportionnel à la pression : en d'autres termes, les forces F et P ont entre elles un rapport qui ne dépend que de la nature des surfaces en contact. Il est facile de s'expliquer comment ce rapport est indépendant de l'étendue des surfaces. Décomposons la surface CD en éléments infiniment petits d'une superficie constante. Imaginons ensuite que, sans rien changer à la force P, nous augmentions la surface CD dans le rapport de 1 à 2, ce qui doublera le nombre des éléments ; les pressions élémentaires dont la force P est la résultante seront toutes réduites dans le rapport de 2 à 1. Les frottements élémentaires seront donc aussi réduits dans le même rapport ; mais cette réduction sera sans influence sur la résultante F, puisqu'on a doublé en même temps le nombre des forces qui s'ajoutent pour la former.

La résultante S des forces P' et F est la réaction totale de la surface RR' sur le corps glissant. La force égale et contraire S', résultante des forces P et F', est l'action totale du corps glissant sur la surface RR'.

Le rapport $\dfrac{F}{P}$ étant constant pour les mêmes substances en contact, le triangle IFS, rectangle en F, est semblable à un triangle qu'on peut construire *a priori*, et les angles ISF, FIS sont constants. Le premier de ces angles, ISF = SIP', est l'angle que fait la réaction totale F avec la normale P' à la surface directrice ; on l'appelle *angle du frottement*. Le *coefficient du frottement* est le rapport $f = \dfrac{F}{P}$ de la force tangentielle à la réaction normale. C'est la tangente trigonométrique de l'angle du frottement. On a déterminé au moyen d'une série d'expériences la valeur de ce rapport pour les diverses substances qu'on fait glisser les unes sur les autres dans les machines.

Le frottement est le résultat de la déformation subie à la fois par le corps glissant ABCD, et par la surface RR′, sous l'action de la pression mutuelle, P, qui s'exerce de l'un à l'autre : les surfaces en contact ne conservent plus leurs formes géométriques, et la résultante des actions moléculaires développées dans le contact, au lieu de prendre la direction normale, IP′, qu'elle aurait si les corps étaient parfaitement polis et complétement invariables de forme, prend une direction déviée, IS.

Le frottement est indépendant de la vitesse du glissement. Cette loi ne doit être regardée que comme approximative. Des observations récentes ont montré que dans les très grandes vitesses, le rapport $\dfrac{F}{P}$ est sensiblement réduit ; on sait d'ailleurs depuis longtemps que ce rapport est plus grand *au départ* du corps, c'est-à-dire quand le glissement commence et que la vitesse est sensiblement nulle, que quand le mouvement est une fois établi. On doit donc admettre que le rapport $\dfrac{F}{P} = f$ est une fonction de la vitesse v du corps mobile, et que cette fonction diminue à mesure que v augmente. Mais la diminution est peu sensible pour de grandes variations de la vitesse v ; on s'est donc contenté jusqu'ici de déterminer pour deux cas principaux les valeurs du coefficient f : l'une correspond au départ, l'autre au glissement effectif, sans acception de vitesse.

99. Nous avons supposé jusqu'ici que le corps ABCD glissait sur la surface RR′. Il nous reste à étudier ce qui se passe lorsque le corps mobile reste en repos sur cette surface.

Soit ABCD (fig. 94) un corps en équilibre, posé sur un plan fixe. Nous supposerons ce corps sollicité par une force S, que nous pouvons décomposer en deux : l'une IP, normale, l'autre IT, parallèle au plan. La réaction S′ du plan est égale et contraire à la force S; elle se décompose de même en deux forces, égales et contraires à P et à T, savoir la force P″, réaction normale, et la force F, qui est le frottement. Nous avons donc à la fois les équations

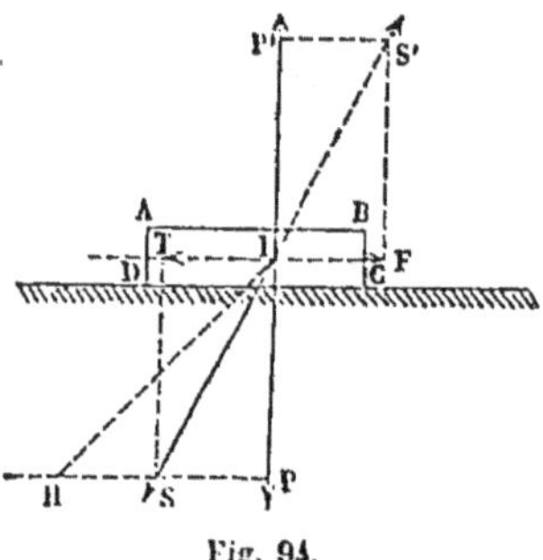
Fig. 94.

$$P = P'',$$
$$T = F.$$

Laissons la force P constante, et faisons varier la force T. Si on fait d'abord $T = 0$, c'est-à-dire si l'on applique au corps ABCD une force normale P, le mouvement de glissement du corps ne tend pas à se produire, et le frottement est nul. Faisons croître ensuite graduellement la force T. Le glissement tendra sans doute à se produire, mais l'expérience montre qu'il n'aura pas lieu quelque petite que soit la valeur de T, et que, pour faire effectivement glisser le corps sur le plan RR′, il faut y appliquer une force tangentielle égale ou supérieure à une certaine limite; or cette limite n'est autre que le produit Pf de la pression normale P par le coefficient f du frottement *relatif au départ*. Tant que la force T est moindre que Pf, la surface RR′ développe un frottement F, égal à T, et qui tient cette force T en équilibre. Lorsque au contraire T est supérieur à Pf, la surface RR′ ne peut développer en sens contraire qu'un frottement égal à Pf, et par suite le corps est sollicité à se mouvoir parallèlement au plan par une force égale à $T - Pf$.

Pour l'équilibre, il faut donc que la force T soit au plus égale au produit Pf, ou qu'on ait l'inégalité $T < Pf$.

Sur la normale au plan, prenons une longueur IP pour représenter la force P, puis élevons sur cette droite, au point I, une perpendiculaire PH, que nous prendrons égale au produit $P \times f$. L'angle HIP sera l'*angle du frottement*. Il faudra pour l'équilibre que la force IS, appliquée au corps, soit dirigée dans l'angle HIP. La droite IH, en tournant autour de IP, engendre un cône de révolution dont le demi-angle au centre est égal à l'angle du frottement. Appelons ce cône le *cône du frottement*. Nous pourrons exprimer comme il suit la condition d'équilibre : *il faut et il suffit, pour l'équilibre, que la force extérieure qui applique le corps contre le plan soit comprise au dedans du cône du frottement.*

On ne doit pas oublier que le frottement effectif subi par un corps en équilibre sur une surface est égal et contraire à la composante tangentielle T qui tend à faire glisser le corps, et qu'il devient égal à sa limite Pf à l'instant seulement où le glissement va commencer; lorsque le mouvement est établi, il reste égal à chaque instant au produit Pf, mais le nombre f est alors le coefficient du frottement des corps en mouvement, et non le coefficient du frottement au départ.

100. Nous avons supposé que le plan, sur lequel le corps était assujetti à glisser, restait fixe. S'il était mobile, on le ramènerait à être fixe en considérant le mouvement relatif du corps par rapport au plan.

Si, au lieu d'un plan, le corps glissait sur une surface, on substituerait à chaque instant à cette surface le plan tangent mené en son point de contact avec le corps.

101. Le frottement est utile dans certains cas, et nuisible dans d'autres. Il est utile pour donner de la stabilité aux constructions; pour fournir aux animaux les points d'appui qui leur permettent de marcher à la surface de la terre; pour donner à la roue de la locomotive un point d'appui analogue sur le rail; pour opérer l'arrêt des machines au moyen des freins; pour réaliser certains embrayages ou certaines transmissions de mouvement, etc.

Le frottement est généralement nuisible dans les machines, parce qu'il absorbe inutilement, comme nous le verrons plus tard, une portion du travail moteur.

Dans le premier cas, on cherche à l'augmenter; dans le second, on cherche à le réduire.

L'étude des valeurs du coefficient f fournit sur cette matière de précieux renseignements. Elle montre, par exemple, la grande influence des enduits interposés entre les surfaces frottantes. C'est pour diminuer le frottement développé dans les machines qu'on doit se ménager des moyens de graisser les paliers des arbres tournants, et de verser de l'huile dans les diverses articulations des pièces mobiles (1, §§ 206 et 207). Un enduit naturel remplit le même rôle dans les jointures des membres des animaux. Des expériences dues à Girard ont montré qu'on obtient une réduction considérable du coefficient du frottement, en interposant entre les parties frottantes des organes de machines, une couche d'eau injectée sous une pression suffisamment grande, et on pense que la réduction serait beaucoup plus grande encore si l'on pouvait remplacer cette eau par un matelas d'air. Mais ces perfectionnements sont jusqu'ici peu répandus dans l'industrie; on reproche au matelas d'eau d'user très rapidement les surfaces métalliques frottantes, et on se contente de procédés plus grossiers. Les graisses, dont on se sert habituellement, ont l'avantage de demeurer assez longtemps entre les deux corps en contact, malgré la tendance des fluides à s'échapper latéralement sous l'action des pressions qu'on leur fait subir; mais elles s'altèrent vite, et doivent être fréquemment renouvelées.

TABLEAU DU COEFFICIENT f ET DE L'ANGLE φ DU FROTTEMENT.

NATURE DES SURFACES FROTTANTES.	À L'ÉTAT DE MOUVEMENT		AU DÉPART	
	f	φ	f	φ
Bois sur bois, à sec	0.36	19° 18'	0.50	26° 54'
— avec enduit gras	0.07	4° 0'	0.20	11° 19'
Bois et métaux, à sec	0.42	22° 47'	0.60	30° 58'
— avec enduit gras	0.08	4° 35'	0.12	6° 51'
Métaux sur métaux, à sec	0.19	10° 46'	0.19	10° 46'
— avec enduit gras	0.09	5° 9'	0.10	5° 43'
Corde mouillée sur bois	0.33	18° 16'	0.87	41° 2'
Corde sur fonte	0.15	8° 32'	»	»
Cuir sur bois ou métal, à sec	0.30	16° 42'	0.47	25° 11
— avec enduit gras	0.20	11° 19'	»	»
Fer forgé sur pierre	0.45	24° 14'	»	»
Pierre sur bois	0.40	21° 48'	»	»
Pierre sur pierre	0.76	37° 14'	»	»

PROBLÈMES SUR LE FROTTEMENT DE GLISSEMENT.

102. Un corps pesant est posé sur un plan incliné ; trouver sous quelle inclinaison du plan ce corps commencera à glisser.

Soit AB le corps pesant : la force extérieure qui le sollicite est le poids IS, lequel agit suivant la verticale. L'inclinaison du plan RR' est donnée par le rapport $\frac{R'H}{RH}$, de sa *montée* ou de sa *hauteur*, R'H, à sa *base* RH. Soit l'angle R'RH $= \alpha$.

La force IS peut se décomposer en deux, l'une, IP $=$ IS cos α, normale au plan, et l'autre, IT $=$ IS sin α, parallèle au plan et dirigée suivant la ligne de plus grande pente.

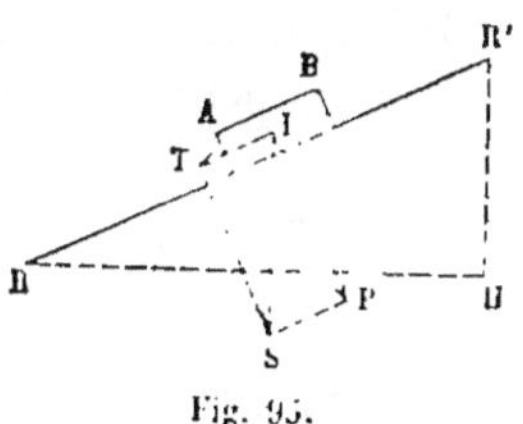

Fig. 95.

La force IP est la pression normale ; le frottement subi par le corps de la part du plan a donc pour limite supérieure le produit IP $\times f$, en prenant pour f le coefficient du frottement relatif aux matières en contact.

Tant que la force IT sera inférieure au produit IP $\times f$, le corps ne pourra glisser, car la réaction tangentielle de la surface fait équilibre à cette force IT. Le glissement ne pourra donc commencer que lorsqu'on aura IT $=$ IP $\times f$. Cette équation définit la limite cherchée.

Mais quand IT $=$ IP $\times f$, l'angle SIP est égal à l'angle du frottement φ. Or

$$IT = IP \tan \alpha,$$

donc

$$\tan \alpha = \tan \varphi.$$

Les angles α et φ, positifs et plus petits que $\frac{\pi}{2}$, sont égaux comme ayant même tangente. L'angle R'RH est par suite égal à l'angle du frottement. Le glissement ne pourra donc se produire que si l'angle du plan avec l'horizon est au moins égal à l'angle φ.

Cette remarque fournit un procédé pratique de déterminer l'angle φ, et le rapport $f = \tan\varphi$. Il suffit de rendre le plan RR′ mobile autour d'une de ses lignes horizontales; on y place un corps pesant, et on fait croître graduellement l'inclinaison du plan jusqu'à ce que le glissement commence. L'inclinaison correspondante à ce mouvement naissant est la valeur de l'angle cherché.

La dynamique fournit des moyens plus rigoureux de déterminer le nombre f.

105. Un corps pesant (ABCD, MNN′M′), ayant la forme d'un parallélépipède rectangle, est posé par une de ses faces AB sur un plan horizontal RR′. La force qui sollicite ce corps est la pesanteur P, qu'on suppose appliquée au point (G, G′), sur son axe vertical de symétrie. On applique à ce corps une force horizontale KF en un point K situé dans le plan de symétrie vertical EE′.

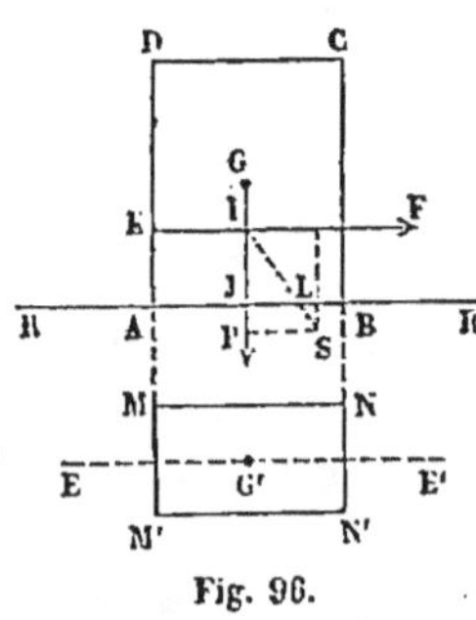

Fig. 96.

On demande dans quel cas la force F fera glisser le corps sur le plan RR′, et dans quel cas elle le fera basculer autour de l'arête (B, NN′).

Composons, au point 1, où leurs directions se coupent, les forces F et P en une seule force S. Pour que le corps puisse glisser sur le plan, il faut que la force IS fasse avec la verticale un angle au moins égal à l'angle du frottement, ou bien qu'on ait la relation

$$F = \text{ou} > Pf.$$

Mais, si la force IS, au lieu de rencontrer le plan AB de la base en un point L situé entre A et B, le rencontrait en un point L′ situé à droite du point B, la réaction du plan ne pourrait tenir en équilibre cette force IS, et le corps basculerait autour de l'arête (B, NN'). Ce mouvement est impossible si le moment de la force S par rapport à cette arête est de même signe que le moment de la force P, et de signe contraire au moment de la force F ; et comme la force S est la résultante de F et de P, comme par conséquent son moment est la somme algébrique des moments des composantes, il suffit que le moment de la force P, pris en valeur absolue, soit plus grand que le moment de la force F, pris également en valeur absolue, ou qu'on ait l'inégalité

$$P \times BJ > F \times KA.$$

Si la matière dont est formé le corps ABCD n'était pas douée d'une résistance indéfinie, il faudrait, de plus, que la résultante S passât assez loin de l'arête B pour ne pas l'écraser. Mais nous laissons de côté cette condition.

Pour que le glissement ait lieu, il faut donc et il suffit qu'on ait à la fois

$$F > Pf$$

et

$$P \times BJ > F \times KA.$$

BJ est la moitié de la dimension $AB = b$ du corps ; KA est la hauteur h à laquelle on applique la poussée latérale F. L'inégalité précédente revient donc à celle-ci :

$$\frac{Pb}{2} > F \times h.$$

Le maximum de h, correspondant au minimum de F, est donc donné par les deux équations

$$F = Pf$$

et

$$\frac{Pb}{2} = Fh.$$

D'où résulte, pour limite supérieure de h,

$$h = \frac{b}{2f}.$$

Au-dessus de cette limite, toute force F, assez grande pour

amener le glissement du corps, tend à le renverser autour de son arête B.

104. Une barre rigide, AB, s'appuie sur un plan fixe RR' par son extrémité B. Elle est soumise à l'action d'une force F, appliquée suivant sa direction. Trouver quelle inclinaison il faut donner à la barre pour que le glissement de l'extrémité B sur le plan RR' soit possible.

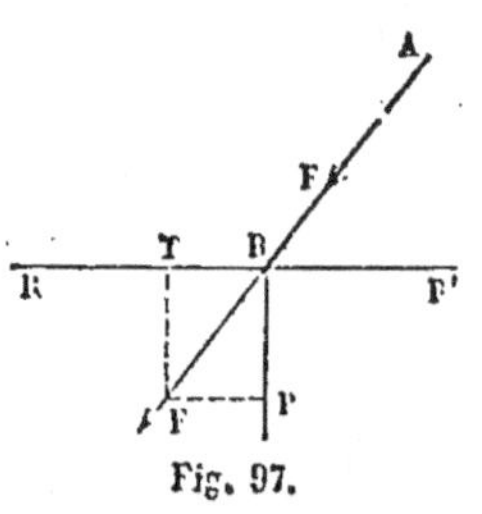

Fig. 97.

La force F est décomposable en deux forces, l'une, P, normale, l'autre, T, parallèle au plan; le frottement exercé par le plan sur la barre a pour limite Pf; le glissement n'est donc possible que si T est supérieur à Pf. Si T est moindre que Pf, il n'y aura pas de glissement ; on dit alors que la barre est *arc-boutée* sur le plan.

Or remarquons que les forces T et P sont toutes deux proportionnelles à la force F appliquée à la barre, de sorte que l'intensité de cette force peut varier sans altérer le rapport $\dfrac{T}{P}$ de ses composantes ; si ce rapport est plus petit que f, ou si l'angle de la barre avec la normale au plan est plus petit que l'angle du frottement, *le glissement est impossible, quelque grande que soit la force* F. C'est en cela que consiste le phénomène de l'arc-boutement.

On voit que cet effet est à craindre toutes les fois que la force qui tend à faire glisser un corps sur une surface, tend en même temps à l'appuyer contre cette surface, en faisant avec la normale un angle trop aigu. En pratique, si on augmentait indéfiniment la force F, on produirait, soit l'écrasement de l'extrémité B de la barre, soit la flexion latérale de la barre entière, soit enfin une déformation du plan, l'enlèvement, par exemple, d'un copeau de la matière dont le plan est formé.

En général, l'arc-boutement doit être soigneusement évité dans les machines, notamment dans les engrenages. On y a recours cependant dans quelques appareils spéciaux, tels que l'*encliquetage Dobo*. Nous examinerons plus loin ces détails.

105. Lorsqu'un corps glisse sur une surface, le frottement subi par le corps est dirigé en sens contraire du mouvement, et a pour valeur Pf, f étant le coefficient de frottement, et P la *pression normale*. Il est quelquefois utile d'exprimer le frottement en fonction de la *réaction totale* S, dont P n'est que la composante.

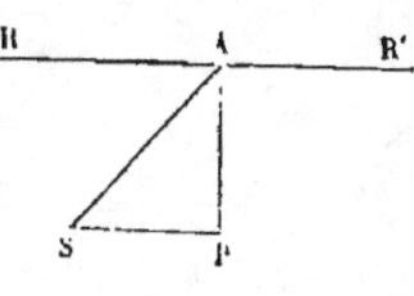

Fig. 48.

L'angle SAP est alors égal à l'angle φ du frottement, et le triangle ASP, rectangle en P, donne immédiatement

$$SP = AS \sin \varphi = AS \times \frac{f}{\sqrt{1 + f^2}}.$$

On obtiendra donc le frottement SP en multipliant la réaction totale oblique, AS, par un facteur constant $f_t = \dfrac{f}{\sqrt{1 + f^2}}$.

Lorsque f est très petit, ce qui a lieu lorsque les surfaces en contact sont bien polies et bien graissées, le carré f^2 est négligeable par rapport à l'unité, et le frottement SP est sensiblement égal au produit $AS \times f$. Cela revient à confondre la réaction totale AS avec sa composante normale AP, ou le sinus avec la tangente : chose permise quand l'angle est très petit.

————

LIVRE IV

LE THÉORÈME DU TRAVAIL VIRTUEL

CHAPITRE PREMIER

DÉFINITION DU TRAVAIL, ET THÉORÈME DU TRAVAIL POUR UN POINT UNIQUE.

---

106. Le théorème du travail virtuel résume toute la statique, et permet de faire rentrer toutes les conditions d'équilibre d'un système, quel qu'il soit, dans un seul et même énoncé.

Soit M un point matériel que nous supposerons d'abord entièrement libre dans l'espace. Ce point est sollicité par une force F, dont la direction et l'intensité sont connues. Le point M, qui est mobile, subit un déplacement infiniment petit, MM', dont la direction ne coïncide généralement pas avec la direction de la force F. Projetons le déplacement MM' sur la direction MF. Nous obtiendrons pour projection une longueur infiniment petite, Mm, qui sera le *déplacement élémentaire du point estimé suivant la direction de la force* F. Cela posé, on appelle *travail élémentaire de la force* F le produit F $\times$ Mm de la force par le déplacement projeté, ce produit étant pris avec le signe $+$ si la projection du déplacement a la même direction que la force, ou si l'angle M'MF est aigu (fig. 99), et avec le signe $-$ si elle a une direction contraire, ou si

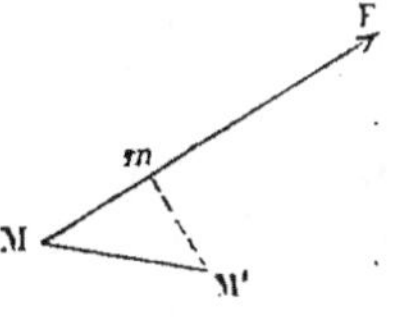

Fig. 99.

l'angle M'MF est obtus (fig. 100). Le travail élémentaire est nul si le déplacement MM' est normal à la force F.

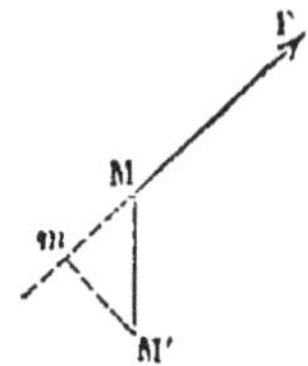

Si l'on appelle *ds* l'arc MM' décrit par le point mobile, F la force, et φ l'angle M'MF des deux directions MM' et MF, le travail élémentaire sera représenté en grandeur et en signe par le produit

$$F\,ds\cos\varphi,$$

Fig. 100.

produit positif si l'angle φ est aigu, négatif s'il est obtus, et nul s'il est droit.

107. Lorsqu'un point M, libre ou non, parcourt une trajectoire AB, et est sollicité à chaque instant par une force F, variable en direction et en intensité, on appelle *travail total* de la force F, correspondant au passage du point mobile de la position M à une autre position M_1, la somme des travaux élémentaires que l'on obtient en décomposant l'arc parcouru MM_1 en un nombre infiniment grand de parties infiniment petites MM', M'M'', M''M''',... égales ou inégales.

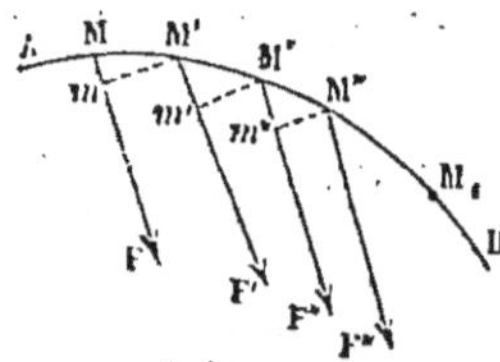

Fig. 101.

Soient F, F', F'', F''',... les forces successives, données en grandeur et en direction, qui sollicitent le point mobile pendant qu'il décrit chacun de ces éléments, et Mm, M'm', M''m'',... les projections, sur les directions des forces, des éléments de chemin décrit ; le travail total de la force variable est la somme

$$F\times Mm + F'\times M'm' + F''\times M''m'' + \dots$$

étendue à tous les éléments de l'arc MM_1, ou plutôt c'est la limite vers laquelle tend cette somme, lorsque le nombre des parties MM', M'M'',... augmente indéfiniment. C'est donc l'intégrale

$$\int_{s_0}^{s_1} F\,ds\cos\varphi,$$

prise le long de la courbe, entre les points M et M_1.

108. Au lieu de projeter l'élément de chemin MM' sur la

direction MF de la force, on peut projeter la force MF sur la direction MM' du chemin décrit. On peut en effet grouper d'une autre manière les facteurs du travail élémentaire; au lieu de faire porter le facteur $\cos\varphi$ sur l'arc ds, on peut le faire porter sur la force F, ce qui donnera

$$\text{F}\cos\varphi \times ds = ds \times \text{F}\cos\varphi,$$

ou le produit de l'arc décrit par la projection de la force sur la direction de cet arc, ou par la *composante tangentielle* de la force F.

Dans toutes ces expressions, nous supposons que les facteurs ds et F sont pris en valeur absolue, et que le facteur $\cos\varphi$ porte seul un signe, qu'il donne au produit.

Si l'on prend positivement les éléments ds de chemin décrit, il faudra donner à la composante tangentielle le signe $+$ quand elle agit dans la direction du mouvement, et le signe $-$ quand elle agit en sens contraire; le produit aura alors le signe convenable. Lorsque, au contraire, le calcul assigne aux éléments ds tantôt le signe $+$, tantôt le signe $-$, il faudra, pour que le produit ait le signe fixé par la définition du travail élémentaire, prendre la composante tangentielle avec le même signe que l'élément ds, ou avec un signe contraire, suivant que la composante et le déplacement sont dirigés dans le même sens ou dans des sens opposés.

109. Le travail total d'une force F, variable en direction et en intensité, agissant sur un point qui parcourt un arc MM_1 de sa trajectoire, peut se déterminer par la

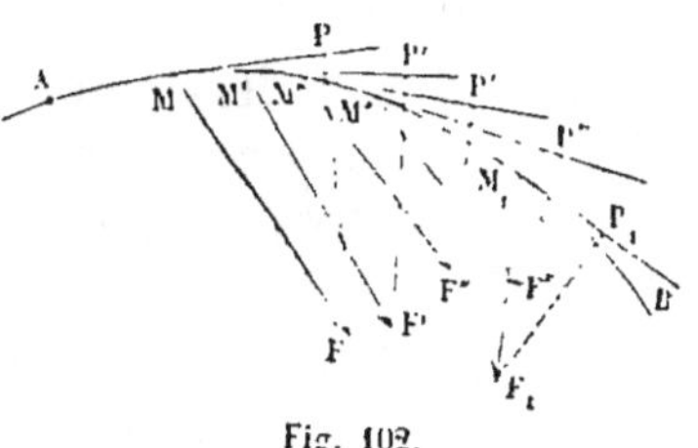

Fig. 102.

quadrature d'une courbe plane. A la somme (fig. 101)

$$\text{F} \times \text{M}m + \text{F}' \times \text{M}'m' + \text{F}'' \times \text{M}''m'' + \dots$$

nous pouvons substituer, en vertu de la proposition précédente, la somme (fig. 102)

$$\text{P} \times \text{MM}' + \text{P}' \times \text{M}'\text{M}'' + \text{P}'' \times \text{M}''\text{M}''' + \dots$$

prise entre les mêmes limites, M et M_1. Dans cette seconde somme, P, P', P'',... sont les composantes tangentielles des forces F, F', F'',... prises avec les signes que nous avons définis.

Construisons (fig. 105) une courbe dont les abscisses $O\mu$, $O\mu'$,..., $O\mu_1$ soient respectivement égales aux arcs de la trajectoire AM, AM',..., AM_1, comptés à partir d'un point fixe A, et dont les ordonnées correspondantes $\mu\varpi$, $\mu'\varpi'$,..., $\mu_1\varpi_1$, soient égales aux composantes tangentielles MP, M'P',..., M_1P_1 des forces successives F, F',..., F_1. L'aire de cette courbe est la limite de la somme

$$\mu\varpi \times \mu\mu' + \mu'\varpi' \times \mu'\mu'' + \mu''\varpi'' \times \mu''\mu''' + \ldots,$$

dont les termes sont égaux respectivement à

$$P \times MM', \quad P' \times M'M'', \quad P'' \times M''M''',\ldots$$

et par suite l'aire de la courbe, comprise entre les ordonnées $\mu\varpi$, $\mu_1\varpi_1$, est égale au travail total cherché. Nous avons, en effet, pour mesure de cette aire l'intégrale définie

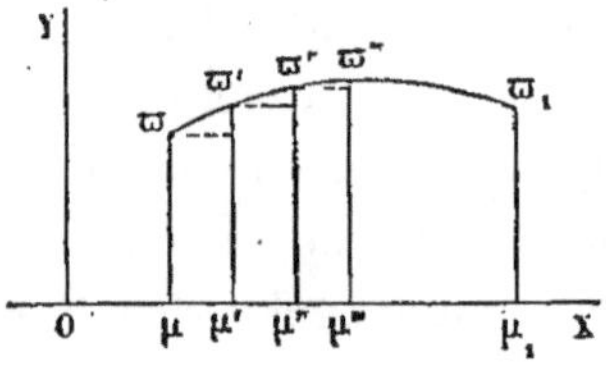

$$\int_{s_0}^{s_1} F ds \cos\varphi,$$

Fig. 105.

s_0 et s_1 désignant les limites $O\mu$, $O\mu_1$, de l'intégration. Il est facile de reconnaître que cette égalité est générale, pourvu qu'on observe les conventions relatives aux signes des composantes P et des arcs ds.

Si la force F était en tous points normale à la trajectoire, les composantes tangentielles P seraient constamment nulles, et le travail total serait égal à zéro.

110. Lorsqu'un point est en équilibre, on appelle *travail virtuel* d'une force appliquée à ce point le travail élémentaire de cette force pour un déplacement infiniment petit, attribué fictivement au point. Le *théorème du travail virtuel* consiste dans l'énoncé suivant : *Pour qu'un système matériel quel-*

conque soit en équilibre, il faut et il suffit que la somme des travaux virtuels de toutes les forces, intérieures et extérieures, qui sollicitent ce système, soit égale à zéro, pour tous les déplacements infiniment petits qu'on peut lui attribuer.

Les lois de l'équilibre que nous avons établies dans les chapitres précédents sont toutes comprises dans cet énoncé. Il faut, avant de démontrer le théorème, poser plusieurs lemmes préliminaires.

TRAVAIL ÉLÉMENTAIRE DE LA RÉSULTANTE DE PLUSIEURS FORCES.

111. *Le travail élémentaire de la résultante R de plusieurs forces F, F′, F″,... qui sollicitent un même point matériel M, est la somme algébrique des travaux élémentaires correspondants à chaque composante considérée seule.*

Projetons toutes les forces F, F′, F″,... sur la direction du déplacement infiniment petit, MM′, du point mobile, et soient P, P′, P‴,... les *composantes tangentielles* de ces forces prises avec leurs signes. La somme algébrique des travaux élémentaires des forces sera (§ 107)

$$P \times MM' + P' \times MM' + P'' \times MM' + \ldots,$$

ou bien

$$(P + P' + P''' \ldots) \times MM'.$$

Mais la somme algébrique $P + P' + P'' + \ldots$ des projections des forces F, F′, F″,... sur la direction MM′, est égale en grandeur et en signe à la projection de leur résultante R; le produit obtenu est donc égal au produit de la *composante tangentielle* de la force R, prise avec son signe, par le déplacement MM′, c'est-à-dire au travail élémentaire de la force R.

112. On démontrerait d'une manière analogue que, *si l'on décompose, d'une manière quelconque, l'élément MM′ de chemin décrit en plusieurs éléments composants, le travail élémentaire d'une force R est la somme algébrique des travaux élémentaires*

de cette force correspondants à chacun de ces déplacements, considéré seul.

Cette proposition rentre même dans la précédente, car celle-ci n'est autre chose qu'un théorème de géométrie pure ; or rien n'empêche de prendre la droite finie qui représente la force pour le déplacement imprimé au point mobile, et la droite finie MM′ pour représenter la force. La proposition précédente devient alors applicable, et la nouvelle proposition s'en déduit en restituant aux divers facteurs leur véritable signification.

113. Plus généralement, si l'on décompose la force R, qui sollicite le point matériel, en un certain nombre de composantes, F, F′, F″,… et le chemin élémentaire décrit, MM′, en un certain nombre de chemins composants, ds, ds', ds'',…, le travail élémentaire de la force R est la somme algébrique de tous les travaux élémentaires que l'on obtient en combinant successivement chacune des forces F, F′, F″,…, avec chacun des chemins composants ds, ds', ds'',…

Supposons que le point mobile M soit rapporté à trois axes rectangulaires fixes OX, OY, OZ.

Décomposons la force R qui lui est appliquée, en trois composantes, X′, Y′, Z′, parallèles aux axes. Soit MM′ le déplacement infiniment petit imprimé au point ; décomposons-le de même en trois déplacements parallèles aux axes, Mn, nm, mM′.

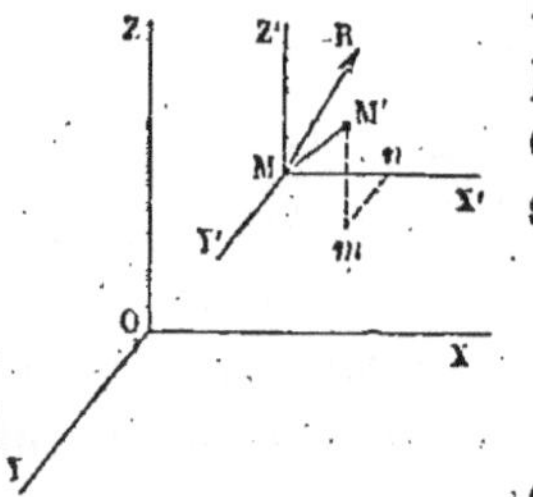

Fig. 104.

Le travail élémentaire de la force R pourra s'obtenir en considérant successivement les neuf combinaisons suivantes :

X′ et Mn,   X′ et nm,   X′ et mM′,
Y′ et Mn,   Y′ et nm,   Y′ et mM′,
Z′ et Mn,   Z′ et nm,   Z′ et mM′;

et en faisant la somme algébrique des travaux correspondants. Mais le déplacement Mn est perpendiculaire à la fois aux forces Y′ et Z′ ; le déplacement nm est perpendiculaire aux forces X′ et Z′ ; enfin le déplacement mM′ est perpendiculaire aux forces X′ et Y′. Les travaux correspondants sont donc nuls, et des neuf combinaisons indiquées, six peuvent être supprimées. On n'a plus à considérer que les trois combinaisons

$$X' \text{ et } Mn, \quad Y' \text{ et } nm, \quad Z' \text{ et } mM'.$$

pour chacune desquelles la direction du déplacement coïncide, dans un sens ou dans l'autre, avec la direction de la force. Représentons Mn par dx, nm par dy, et mM' par dz, ces quantités étant prises d'ailleurs avec les signes $+$ ou $-$, suivant les conventions ordinaires. Le travail élémentaire de X' sera $X'dx$, le travail de Y', $Y'dy$, et le travail de Z', $Z'dz$. Le travail de R sera donc égal à la somme algébrique

$$X'dx + Y'dy + Z'dz,$$

expression où chaque facteur X', Y', Z', dx, dy, dz, porte son signe avec lui.

Le travail élémentaire de la force R, pour un déplacement MM' dont les composantes sont dx, dy et dz, est nul si la direction de R est normale à l'élément MM'. On a alors

$$X'dx + Y'dy + Z'dz = 0;$$

cette équation indique donc que la direction définie par les projections X', Y', Z' sur les trois axes, et la direction définie par les projections dx, dy et dz, sur les mêmes axes, sont rectangulaires; ce que nous avions déjà reconnu d'une autre manière (§ 80).

114. Supposons que le point M fasse partie d'un système invariable auquel on imprime un déplacement angulaire infiniment petit autour d'un axe AB. Dans ce mouvement, le point M décrit autour de l'axe un élément de circonférence MM', qui a pour centre le point C, projection du point M sur l'axe, et qui est situé dans un plan perpendiculaire à cet axe. Décomposons la force F, appliquée au point M, en deux forces, l'une Q, normale à ce plan, l'autre P, située dans ce plan. Le travail de la

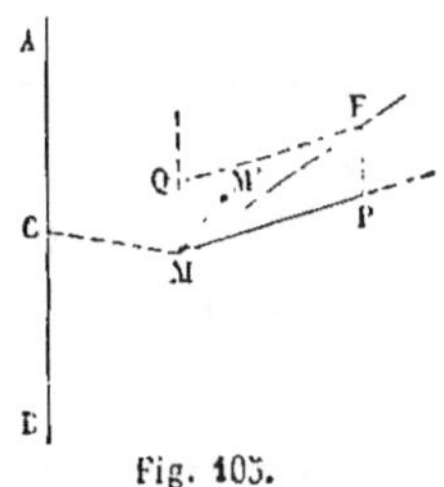

Fig. 105.

male à ce plan, l'autre P, située dans ce plan. Le travail de la force F est égal à la somme des travaux de ses composantes P et Q ; mais la force Q, qui est normale à l'élément de chemin décrit MM′, a un travail nul. Le travail de la force F est donc égal au travail de la force P ; projetons (fig. 106) le

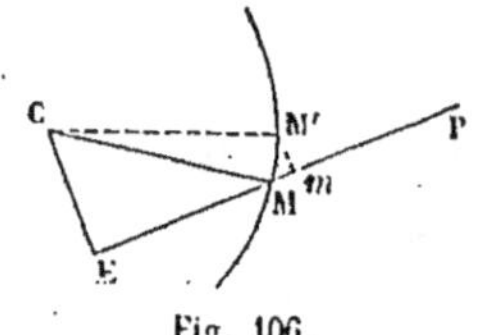

point M′ en m sur la direction de MP : le travail élémentaire cherché sera égal au produit $P \times Mm$.

Du point C abaissons sur la direction de MP une perpendiculaire CE. Les triangles CEM, MmM′, qui ont leurs

Fig. 106.

côtés respectivement perpendiculaires chacun à chacun, sont semblables et donnent la proportion

$$\frac{Mm}{CE} = \frac{MM'}{CM}.$$

Donc

$$P \times Mm = P \times CE \times \frac{MM'}{CM}.$$

$P \times CE$ est le produit de la projection P de la force F sur un plan normal à l'axe de rotation, par la distance de la force P ou de la force F à l'axe ; c'est donc le moment de la force F par rapport à l'axe AB (§ 41). Le rapport $\frac{MM'}{CM}$ est la mesure de l'angle M′CM, décrit par le système invariable ; c'est, en d'autres termes, le *déplacement angulaire* du système. On a donc ce théorème :

Le travail élémentaire d'une force appliquée en un point d'un corps solide auquel on imprime un mouvement infiniment petit de rotation autour d'un axe, est égal au produit du moment de la force par rapport à cet axe, par le déplacement angulaire du corps.

Ce théorème est général, moyennant qu'on donne les signes convenus au moment de la force et au déplacement angulaire.

THÉORÈME DU TRAVAIL VIRTUEL POUR UN POINT MATÉRIEL UNIQUE.

115. Soit M un point matériel libre dans l'espace, et sollicité par des forces F, F′, F″, … données en grandeur et en direction.

Si ce point est en équilibre, la somme des travaux élémentaires des forces F, F′, F″, … pour un déplacement quelconque MM′ du point, sera nulle. Nous savons en effet que la somme des travaux élémentaires de ces forces est égale au travail élémentaire de la résultante R ; or la résultante R est nulle par hypothèse. Son travail élémentaire est égal à

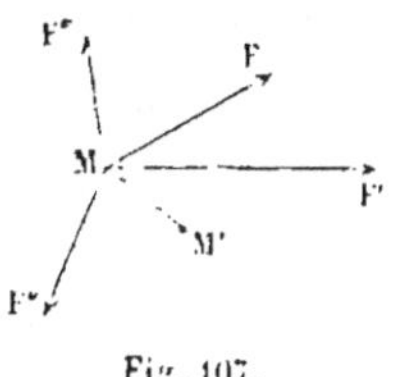

Fig. 107.

zéro ; il en est donc de même de la somme des travaux des composantes.

Réciproquement, si la somme des travaux élémentaires des forces F, F′, F″, … est nulle pour tout déplacement du point, le point est en équilibre.

En effet, on peut remplacer la somme des travaux élémentaires des composantes F, F′, F″, … par le travail élémentaire de leur résultante R ; ce travail étant nul, ou bien la force R est nulle, ou bien elle a une direction perpendiculaire à l'élément MM′. Mais il en est ainsi pour tout déplacement du point, et la direction de MM′ est arbitraire. La direction de la résultante devrait donc être normale à toutes les lignes qu'on peut mener par le point M, ce qui est impossible. Donc R = 0, et le point est en équilibre.

Traduisons analytiquement ces conditions ; nous retrouverons les trois équations d'équilibre posées dans le § 22.

Soient X, Y, Z, les composantes de la force F, parallèles à trois axes rectangulaires ;

X′, Y′, Z′, les composantes de la force F′ ;

X″, Y″, Z″, les composantes de la force F″, etc.

Décomposons aussi l'élément $MM' = \delta s$ parallèlement aux mêmes axes, et soient δx, δy, δz, ses composantes [1].

Le travail élémentaire de la force F sera égal à $X\delta x + Y\delta y + Z\delta z$; le travail de la force F', à $X'\delta x + Y'\delta y + Z'\delta z$; le travail de F'', à $X''\delta x + Y''\delta y + Z''\delta z$, etc., et la somme des travaux élémentaires de toutes les forces données sera égale à

$$(X\delta x + Y\delta y + Z\delta z) + (X'\delta x + Y'\delta y + Z'\delta z) + (X''\delta x + Y''\delta y + Z''\delta z) + \ldots$$
$$= (X + X' + X'' + \ldots)\delta x + (Y + Y' + Y'' + \ldots)\delta y + (Z + Z' + Z'' + \ldots)\delta z.$$

Cette somme doit être identiquement nulle, quel que soit le déplacement MM', c'est-à-dire quelles que soient les projections δx, δy, δz, de ce déplacement sur les trois axes. Pour qu'il en soit ainsi, il faut et il suffit que les facteurs de δx, de δy, de δz, soient séparément nuls, ou bien que

$$X + X' + X'' + \ldots = 0,$$
$$Y + Y' + Y'' + \ldots = 0,$$
$$Z + Z' + Z'' + \ldots = 0.$$

Ce sont les trois équations d'équilibre d'un point matériel libre dans l'espace.

Les quantités δx, δy, δz, sont des quantités auxiliaires infiniment petites, qui doivent rester arbitraires dans toute la suite du calcul, et qui disparaissent du résultat définitif.

116. Considérons un point matériel M, assujetti à glisser sans frottement sur une surface fixe, S, et sollicité par des forces données F, F', F'', ...

Nous pouvons regarder ce point comme libre en joignant aux forces données la réaction normale inconnue, N, de la surface. Le point devenu libre pourra recevoir des déplacements dans toutes directions autour de la position M qu'il occupe. Mais, parmi ces déplacements, considérons seulement *ceux qui sont compatibles avec les liaisons du point*, c'est-à-dire ceux qui

----

[1] On emploie la caractéristique δ pour représenter les déplacements virtuels et leurs projections sur les axes, en réservant la caractéristique d pour les déplacements réels. On verra en dynamique l'utilité de ce changement de notation.

s'opèrent sur la surface S. Tous ces déplacements sont normaux à la direction de la force N, et, par suite, pour chacun d'eux, le travail élémentaire de cette force est nul.

Il faut et il suffit, pour que le point M soit en équilibre, que la somme des travaux de toutes les forces qui y sont appliquées, y compris la réaction N, soit nulle pour un déplacement quelconque. Si l'on ne considère que les déplacements compatibles avec les liaisons, le travail de la réaction N étant nul pour chacun d'eux, le travail des forces données, F, F′, F″, ... est aussi égal à zéro. Et cette condition nécessaire pour l'équilibre est suffisante ; car elle indique que la résultante des forces données F, F′, F″, ... est normale aux déplacements considérés, c'est-à-dire normale à la surface S. La réaction N sera égale et contraire à la résultante de ces forces.

Les conditions d'équilibre d'un point assujetti à glisser sans frottement sur une surface fixe sont donc comprises dans l'énoncé suivant : *Il faut et il suffit que la somme des travaux élémentaires de toutes les forces données soit nulle, pour tout déplacement du point tangentiel à la surface, c'est-à-dire compatible avec la liaison.*

Il est facile de reconnaître, en décomposant un déplacement quelconque du point parallèlement à deux axes rectangulaires menés dans le plan tangent, que ces conditions, dont le nombre paraît illimité, se réduisent seulement à deux conditions distinctes.

Appelons X, Y, Z les composantes de la résultante des forces données qui sollicitent le point, décomposées parallèlement aux axes, et soit

$$\varphi(x, y, z) = 0$$

l'équation de la surface S.

Appelons δx, δy, δz, les projections sur les axes du déplacement virtuel infiniment petit imprimé au point le long de la surface. La condition d'équilibre sera

$$X\delta x + Y\delta y + Z\delta z = 0.$$

quels que soient les déplacements projetés, δx, δy, δz, pourvu qu'ils satisfassent à l'équation de la surface, c'est-à-dire à la relation

$$\frac{d\varphi}{dx}\delta x + \frac{d\varphi}{dy}\delta y + \frac{d\varphi}{dz}\delta z = 0.$$

Entre ces équations, nous pouvons éliminer l'un des déplacements, δz par exemple, ce qui donnera

$$\left(X\frac{d\varphi}{dz} - Z\frac{d\varphi}{dx} \right)\delta x + \left(Y\frac{d\varphi}{dz} - Z\frac{d\varphi}{dy} \right)\delta y = 0.$$

Cette équation doit être vraie quels que soient δx et δy, et, par suite, elle se décompose en deux autres :

$$X\frac{d\varphi}{dz} - Z\frac{d\varphi}{dx} = 0,$$

$$Y\frac{d\varphi}{dz} - Z\frac{d\varphi}{dy} = 0.$$

On a donc la suite de rapports égaux :

$$\frac{X}{\dfrac{d\varphi}{dx}} = \frac{Y}{\dfrac{d\varphi}{dy}} = \frac{Z}{\dfrac{d\varphi}{dz}}.$$

Ces conditions nous étaient déjà connues (§ 80).

117. Prenons encore un point M assujetti à glisser sans frottement sur une ligne fixe, L. On répétera les mêmes raisonnements, et on arrivera à la même conclusion. *La condition nécessaire et suffisante pour l'équilibre est que la somme des travaux élémentaires des forces données soit nulle pour les déplacements compatibles avec la liaison, c'est-à-dire ici, pour un déplacement infiniment petit, donné au point le long de la ligne* L.

On exprime par cette condition que les forces données ont une résultante normale à cette ligne; la réaction de la ligne est égale et contraire à la résultante.

Analytiquement, la condition d'équilibre s'exprime par l'équation

$$X\delta x + Y\delta y + Z\delta z = 0,$$

et la condition de compatibilité avec les liaisons, par les équations différentielles

$$\frac{d\varphi}{dx}\,\delta x + \frac{d\varphi}{dy}\,\delta y + \frac{d\varphi}{dz}\,\delta z = 0,$$

$$\frac{d\psi}{dx}\,\delta x + \frac{d\psi}{dy}\,\delta y + \frac{d\psi}{dz}\,\delta z = 0.$$

Entre ces trois équations, on pourra éliminer les rapports $\frac{\delta y}{\delta x}$, $\frac{\delta z}{\delta x}$, et l'équation finale sera l'équation cherchée (§ 83).

118. Les trois énoncés particuliers que nous venons de donner sont tous compris dans cet énoncé général :

Pour qu'un point matériel assujetti à certaines liaisons soit en équilibre, il faut et il suffit que la somme des travaux élémentaires des forces données qui le sollicitent, soit égale à zéro pour tout déplacement compatible avec les liaisons.

Les liaisons dont il est ici question, équivalent à des égalités, et s'expriment analytiquement par des équations ; dire, par exemple, qu'un point est assujetti à glisser sur une sphère fixe, c'est dire que la distance de ce point au centre de la sphère est constante et égale à son rayon. Nous avons vu qu'il y a des liaisons d'un autre genre ; ce sont celles qui équivalent à des inégalités : telle est la condition, pour un point matériel, d'être toujours à l'intérieur d'une sphère donnée ; on la traduirait analytiquement en exprimant que sa distance au centre de la sphère est au plus égale au rayon. On peut d'ailleurs la réaliser matériellement en reliant le point matériel au centre par un fil inextensible égal au rayon de la sphère. Dans ce cas, ou bien le point est comme libre dans l'intérieur de la sphère, et alors la condition nécessaire et suffisante pour son équilibre est que la somme des travaux des forces données soit égale à zéro pour tous les déplacements qu'on peut lui attribuer ; ou bien le point est sur la surface, et son équilibre suppose l'intervention de la tension du fil, laquelle est normale et dirigée vers l'intérieur. Parmi les déplacements virtuels qu'on peut donner au point, les uns sont dirigés le long de la surface : pour ceux-là, le travail de la réaction est nul ; les autres sont dirigés en dedans de la surface, et pour ceux-là le travail de la réaction est positif. Le point matériel peut encore être considéré comme libre, pourvu qu'on remplace la surface par une réaction équivalente. La somme des travaux élémentaires de toutes les forces qui le sollicitent est nulle pour tous les déplacements qu'il peut recevoir. Donc *la somme des travaux des forces données est nulle* pour les déplacements qui se font le long de la surface, et *elle est négative* pour les déplacements dirigés vers l'intérieur ; car on doit obtenir zéro en ajoutant à cette somme le travail positif de la réaction qui complète l'équilibre.

Ainsi l'équilibre n'exige pas toujours que la somme des travaux élémentaires des forces données soit nulle pour les déplacements compatibles avec les liaisons. Lorsqu'on laisse de côté certaines forces, comme ici la tension du fil, il est possible que la somme des travaux des forces que l'on a prises à part soit différente de zéro pour certains déplacements ; il faut alors et il suffit que cette somme soit négative. Ce cas particulier ne se présente jamais lorsque les liaisons permettent de changer à la fois le sens de tous les déplacements ; car ce changement de sens entraîne un changement du signe des travaux des forces, et par suite la somme des travaux, si elle était négative pour un déplacement particulier, redeviendrait positive pour le déplacement contraire ; l'équilibre ne serait donc plus assuré. Qu'on reprenne l'exemple simple que nous venons de traiter, et l'on reconnaîtra que la somme négative correspond en effet à des déplacements virtuels pour lesquels le changement de sens n'est pas admissible, tandis que la somme nulle correspond à des déplacements qui peuvent s'opérer le long de la surface dans un sens ou en sens opposé.

APPLICATION DU THÉORÈME DU TRAVAIL VIRTUEL A LA RECHERCHE DES NORMALES A CERTAINES COURBES.

119. Soient A, B, C, ... des points fixes ; considérons un point mobile M, dont les distances MA, MB, MC, ... à ces points fixes soient liées entre elles par une équation donnée. Posons, par exemple, $MA = r$, $MB = r'$, $MC = r''$, ... et soit, entre toutes ces distances, la relation

$$(1) \qquad F(r, r', r'', \ldots) = 0.$$

Cette équation définit en général une surface dans l'espace et une ligne sur le plan. Les coordonnées r, r', r'', ... ne sont pas indépendantes ; car dès qu'on donne, dans l'espace, les trois distances MA, MB, MC, la position du point M est déterminée, et les autres distances s'en déduisent. Sur le plan, deux distances suffisent pour définir la position du point, et les autres en sont des fonctions, qu'il serait facile de déterminer.

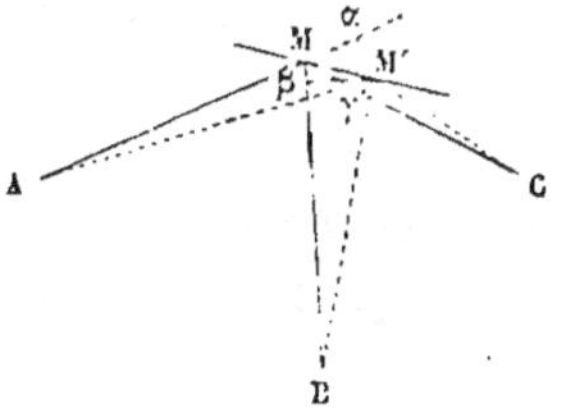

Fig. 108

Proposons-nous de mener au point M la normale au lieu géométrique des positions du point mobile. Pour fixer les idées, nous supposerons que ce lieu soit une surface S, représentée dans l'espace par l'équation (1).

Prenons sur la surface S un point M′ infiniment voisin du point M ; joignons M′A, M′B, M′C, .. ; ces distances seront représentées respectivement par $r + dr$, $r' + dr'$, $r'' + dr''$, ..., et les différentielles dr, dr', dr'', ... seront respectivement égales aux projections Mα, Mβ, Mγ, ... de l'arc MM′ sur les directions des rayons MA, MB, MC, ..., affectées chacune du signe convenable. On aura d'ailleurs, puisque le point M′ appartient au lieu géométrique des points M,

$$F(r + dr, r' + dr', r'' + dr'' \ldots) = 0,$$

ou bien

$$(2) \qquad \frac{dF}{dr}\,dr + \frac{dF}{dr'}\,dr' + \frac{dF}{dr''}\,dr'' + \ldots = 0.$$

Considérons une force appliquée au point M dans la direction MA et égale à $\frac{dF}{dr}$; le produit $\frac{dF}{dr}\,dr$ est le travail de cette force quand le point M passe de M en M'. De même $\frac{dF}{dr'}\,dr'$ est le travail élémentaire d'une force égale à $\frac{dF}{dr'}$, appliquée au point M, et dirigée de M vers B ; chaque terme de l'équation (2) représente ainsi le travail élémentaire d'une force égale à l'une des dérivées partielles de la fonction F, et cette équation, indiquant que la somme des travaux élémentaires de toutes ces forces est nulle, montre en même temps qu'elles se font équilibre sur un point assujetti à la liaison (1).

Donc leur résultante est ou nulle, ou normale à la surface S.

On construira donc la résultante des forces $\frac{dF}{dr'}, \frac{dF}{dr''}, \frac{dF}{dr'''}, \ldots,$ respectivement portées sur les rayons MA, MB, MC, ... ; et *si le polygone des forces ne se ferme pas de lui-même*, la résultante qui le fermera sera la direction de la normale cherchée.

Tel est l'énoncé de la règle connue en géométrie sous le nom de *règle de Tschirnhausen*. Elle s'applique aussi bien aux lignes dans le plan qu'aux surfaces dans l'espace. Elle subsiste encore quand on remplace quelques-uns des points A par des surfaces (par des lignes dans le plan), auxquelles le rayon correspondant, MA, soit assujetti à rester normal.

Exemples. — 1° *Ellipse.*

L'équation bipolaire de l'ellipse rapportée à ses foyers est

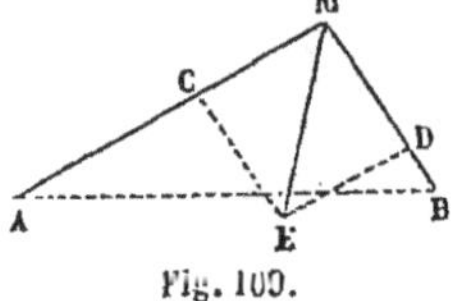

$$r + r' = 2a.$$

La fonction F est ici $r + r' - 2a$.
Donc

$$\frac{dF}{dr} = 1, \qquad \frac{dF}{dr'} = 1.$$

Prenons donc sur $MA = r$ une longueur arbitraire MC, et

sur $MB = r'$ une longueur $MD = MC$; achevons le losange MCED. La diagonale ME, bissectrice de l'angle AMB, est la normale cherchée.

2° *Section conique rapportée à un foyer B et à une directrice CD.*

Soit

$$MA = r, \quad MB = r'.$$

L'équation du lieu est

$$r = Kr'.$$

Donc

$$F = r - Kr',$$

$$\frac{dF}{dr} = 1,$$

$$\frac{dF}{dr'} = -K.$$

Sur le rayon MA prenons une longueur arbitraire ME; puis sur le prolongement de MB prenons $MF = ME \times K$; achevons le parallélogramme, et menons la diagonale MG; ce sera la normale cherchée.

Si l'on prend $ME = MB$, on aura

$$MF = MB \times K = MA.$$

Nous avons vu en cinématique (§ 85) que la tangente au lieu s'obtenait en joignant le point M au point T, intersection de la directrice avec la perpendiculaire BT élevée au point B sur le rayon MB. L'angle GMT est donc droit.

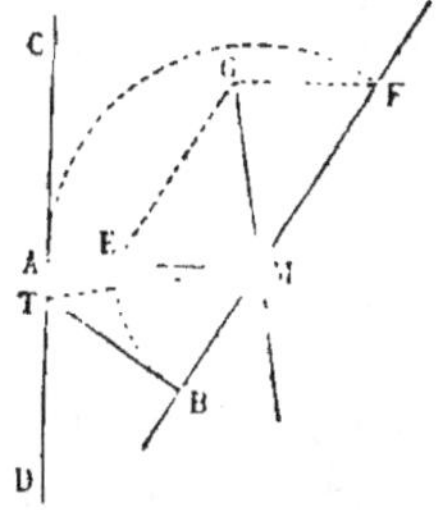

Fig. 110.

3° *Lieu géométrique représenté par l'équation*

$$r - Kr' = 0.$$

rapporté à deux pôles A et B.

$$\frac{dF}{dr} = 1,$$

$$\frac{dF}{dr'} = -K.$$

Prenons sur le prolongement de MA une longueur $MC = MB$,

et sur le côté MB une longueur $MD = MB \times K = MA$; ache-
vons le parallélogramme CMDE. La diagonale ME est la normale au lieu des points M.

On remarquera que le triangle MDE a l'angle $MDE = AMB$, que le côté $DE = MC = MB$, qu'enfin $DM = AM$. Ce triangle est donc égal au triangle AMB, et l'angle EMD est égal à

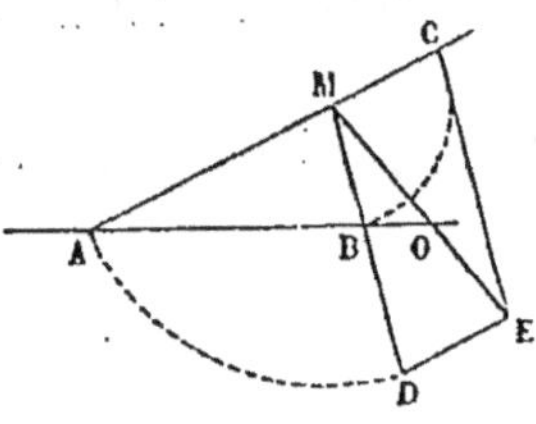

Fig. 111.

l'angle MAB. Il en résulte que les deux triangles OMA, OMB, sont semblables, car ils ont un angle commun O, et l'angle BMO égal à MAO. On a donc la série de rapports égaux :

$$\frac{OB}{MO} = \frac{MB}{MA} = \frac{1}{K},$$

$$\frac{MO}{AO} = \frac{MB}{MA} = \frac{1}{K}.$$

Donc

$$\frac{OB}{AO} = \frac{1}{K^2},$$

équation qui montre que le point O est fixe sur la direction AB, et que, par suite, le lieu des points M est une circonférence (I, § 84).

4° *Lieu géométrique des points M tels, qu'en faisant $MA = r$, $MB = r'$, et appelant f, f', h des quantités constantes, on ait*

$$\frac{f}{r} + \frac{f'}{r'} = h.$$

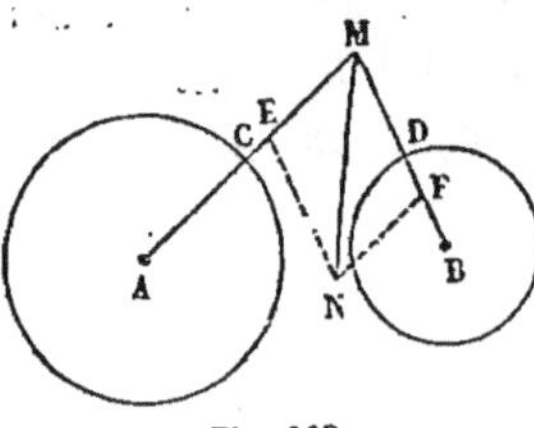

On peut simplifier cette équation en rapportant les distances du point M à des circonférences fixes décrites autour des pôles A et B comme centres.

Fig. 112.

Chassons les dénominateurs, puis divisons par h :

$$rr' - \frac{f}{h}r' - \frac{f'}{h}r = 0$$

Ajoutant de part et d'autre $\dfrac{ff'}{h^2}$, il vient

$$\left(r - \frac{f}{h}\right)\left(r' - \frac{f'}{h}\right) = \frac{ff'}{h^2}.$$

Des points A et B, comme centres, avec des rayons $AC = \dfrac{f}{h}$, $BD = \dfrac{f'}{h'}$, décrivons des cercles qui coupent en C et D les rayons vecteurs; l'équation du lieu sera

$$MC \times MD = \frac{ff'}{h^2} = AC \times BD,$$

ou bien

$$\rho\rho' = \frac{ff'}{h^2},$$

en appelant ρ et ρ' les distances du point M aux circonférences AC, BD.

Appliquant la règle de Tschirnhausen à cette nouvelle équation, on aura

$$\frac{df}{d\rho} = \rho', \quad \frac{df}{d\rho'} = \rho.$$

On prendra donc sur MA une longueur $ME = MD$, et sur MB une longueur $MF = MC$, et construisant le parallélogramme sur ces deux longueurs, on aura la normale MN.

APPLICATION DU THÉORÈME DU TRAVAIL VIRTUEL A LA RÉSOLUTION
DE CERTAINES QUESTIONS DE MINIMUM.

120. Soient (fig. 115) A et B deux points fixes, et CD une droite qui les laisse de différents côtés de sa direction. La figure est supposée plane.

On propose de trouver sur la droite CD un point M tel qu'en joignant MA, MB, la somme

$$MA \times a + MB \times b$$

soit minimum, a et b étant des nombres donnés.

Supposons le problème résolu et soit M le point cherché.

Prenons un point M' infiniment voisin du point M. La fonction $MA \times a + MB \times b$ passant par un minimum au point M, la différence

$$[M'A \times a + M'B \times b] - [MA \times a + MB \times b]$$

est un infiniment petit d'un ordre supérieur au premier. Nous pourrons donc poser, en négligeant les infiniment petits du second ordre et des ordres plus élevés,

$$(M'A - MA) \times a + (M'B - MB) \times b = 0.$$

Projetons le point M' en α sur le rayon MA et en β sur le rayon MB; nous aurons, avec la même approximation,

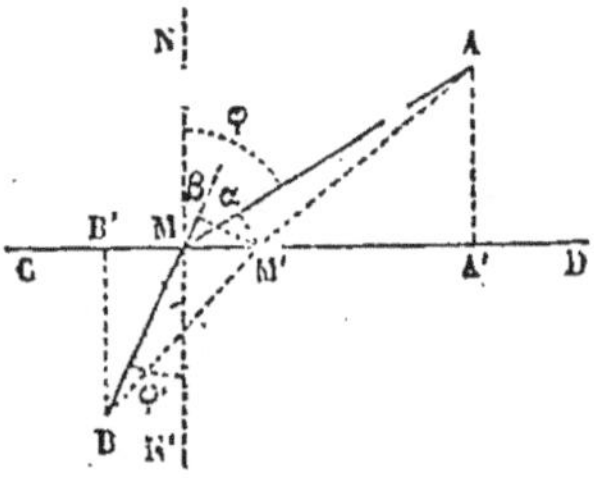

$$M'A - MA = A\alpha - MA = - M\alpha,$$
$$M'B - MB = B\beta - MB = + M\beta.$$

La condition du minimum s'exprime donc par l'équation

$$M\alpha \times a - M\beta \times b = 0$$

Fig. 115.

Sous cette forme, on reconnaît qu'elle exprime l'équilibre de deux forces égales respectivement à a et à b, appliquées à un point M assujetti à glisser sans frottement sur la ligne CD, et dirigées l'une suivant MA, l'autre suivant MB; car $a \times M\alpha$ est le travail élémentaire de la force a, et $- b \times M\beta$ est le travail élémentaire de la force b. L'équilibre existant, la résultante des forces a et b est normale à la droite CD (§ 117). Telle est la condition géométrique du minimum.

Au point M menons la normale NN' à la droite CD, et soient φ et φ' les angles AMN, BMN' formés par les rayons MA, MB avec les parties MN et MN' de la normale. L'équilibre des forces a et b pourra s'exprimer par l'équation

$$a \sin \varphi = b \sin \varphi';$$

car cette équation montre que les forces a et b se détruisent en projection sur la droite CD; leur résultante se réduit donc à la différence, $a \cos \varphi - b \cos \varphi'$, de leurs composantes normales.

La condition du minimum s'exprime ainsi par l'équation

$$\frac{\sin \gamma'}{\sin \varphi} = \frac{a}{b}.$$

Pour déterminer la position du point M, projetons A et B en A' et B', sur la droite CD, et faisons AA' $= m$, BB' $= n$, B'A' $= p$, quantités connues. Posons de plus B'M $= x$; on en déduit MA' $= p - x$. On a d'ailleurs

$$\sin \varphi = \frac{p - x}{MA} = \frac{p - x}{\sqrt{(p - x)^2 + m^2}},$$

$$\sin \gamma' = \frac{x}{\sqrt{x^2 + n^2}}.$$

L'équation dont on devra tirer x est donc

$$b \frac{x}{\sqrt{x^2 + n^2}} - a \frac{p - x}{\sqrt{(p - x)^2 + m^2}} = 0.$$

Elle est du quatrième degré, mais elle a nécessairement une racine réelle et une seule, comprise entre 0 et p : c'est celle qui répond à la question.

On remarquera l'analogie du résultat obtenu avec les lois de la réfraction de la lumière : l'équation

$$\frac{\sin \gamma'}{\sin \varphi} = \frac{a}{b}$$

exprime la constance du rapport entre le sinus de l'*angle de réfraction* et le sinus de l'*angle d'incidence*, pour un rayon lumineux qui irait du point A au point B en traversant deux milieux différents, séparés par la surface CD. La signification de ce rapport est d'ailleurs différente, suivant qu'on adopte la théorie de Newton, ou celle de Huygens et de Fresnel.

Nous retrouverons l'application du même principe dans la dynamique du point, dans l'équilibre des lignes funiculaires, etc.

121. Nous allons démontrer qu'inversement *le problème de l'équilibre d'un point unique, assujetti à glisser sans frottement sur une surface fixe, ou sur une courbe fixe, peut se ramener, en*

général, à la solution d'un problème de minimum ou de maximum.

Supposons d'abord qu'il s'agisse d'un point glissant sur une surface.

Les équations d'équilibre sont, en appelant X, Y, Z, les sommes des composantes des forces qu'on suppose exprimées en fonction des coordonnées x, y, z du point mobile, et en représentant par $F = 0$ l'équation de la surface donnée,

$$F = 0 \quad \text{et} \quad X\delta x + Y\delta y + Z\delta z = 0.$$

Si $X\delta x + Y\delta y + Z\delta z$ est la différentielle exacte d'une fonction φ de x, y, z, ou si la multiplication par un facteur convenable rend cette fonction une différentielle exacte, la condition d'équilibre exprime qu'au point cherché l'intégrale de cette différentielle est maximum ou minimum, sauf certains cas exceptionnels.

Lorsque $X\delta x + Y\delta y + Z\delta z$ n'est pas une différentielle exacte, et ne peut le devenir par la multiplication, on peut remplacer dans cette fonction z et δz par leurs valeurs en x, y, δx, δy, déduites de l'équation $F = 0$; la condition d'équilibre est alors ramenée à une équation de la forme $X_i\delta x + Y_i\delta y = 0$, qui ne contient plus que deux variables, et qu'on peut toujours intégrer en la multipliant par un facteur convenablement choisi. La condition d'équilibre revient donc encore à exprimer qu'une certaine fonction φ des variables x et y est, sauf exceptions, minimum ou maximum au point cherché.

Quand le point est assujetti à glisser sur une courbe, il peut se faire encore que $X\delta x + Y\delta y + Z\delta z$ soit une différentielle exacte, ou le devienne quand on la multiplie par un facteur λ; et alors la fonction $\varphi = \int \lambda (X\delta x + Y\delta y + Z\delta z)$ passe généralement par un maximum ou un minimum pour la position d'équilibre. S'il en est autrement, on pourra toujours, au moyen des deux équations de la courbe, $F = 0$, $F_i = 0$, exprimer y et z en fonction de x, et ramener la fonction $X\delta x + Y\delta y + Z\delta z$ à ne contenir qu'une seule variable x. La quadrature pourra alors s'effectuer, et la fonction ainsi obtenue passera généralement, lorsque le point sera dans sa position d'équilibre, par un maximum ou un minimum.

122. Exemple. — *Équilibre d'un point matériel* M, *assujetti à glisser sans frottement sur la surface ellipsoïdale définie par l'équation*

$$\frac{x^2}{a^2} + \frac{y^2}{b^2} + \frac{z^2}{c^2} = 1,$$

et attiré vers le centre O *de cette surface.*

La force qui sollicite le point M étant dirigée vers le point O, nous pourrons représenter ses composantes par les produits

$$X = Vx,$$
$$Y = Vy,$$
$$Z = Vz,$$

V désignant une fonction quelconque de x, de y et de z. L'équation d'équilibre sera

$$Vx\,\delta x + Vy\,\delta y + Vz\,\delta z = 0.$$

Le premier membre n'est pas intégrable, sauf le cas où V est une fonction de $x^2 + y^2 + z^2$, ou de la distance MO. S'il en est autrement, on rend la fonction intégrable en la multipliant par $\frac{1}{V}$; elle devient alors $x\,\delta x + y\,\delta y + z\,\delta z$, qui est la différentielle exacte de $\frac{1}{2}(x^2 + y^2 + z^2)$. On en conclut que les positions d'équilibre du point M correspondent aux maxima et aux minima de la fonction $x^2 + y^2 + z^2$, ou, ce qui revient au même, de la distance OM.

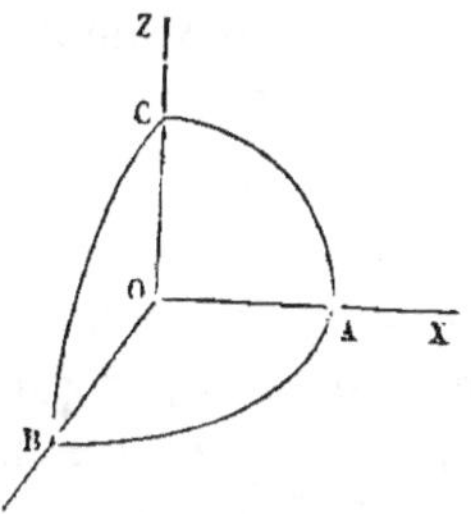

Fig. 114.

Le calcul direct fait connaître ces positions. Éliminons δz entre les équations

$$Vx\,\delta x + Vy\,\delta y + Vz\,\delta z = 0$$

et

$$\frac{x\,\delta x}{a^2} + \frac{y\,\delta y}{b^2} + \frac{z\,\delta z}{c^2} = 0.$$

Il vient en multipliant la première par $\frac{z}{c^2}$, la seconde par Vz, et en retranchant

$$Vxz\left(\frac{1}{c^2}-\frac{1}{a^2}\right)\delta x+Vyz\left(\frac{1}{c^2}-\frac{1}{b^2}\right)\delta y=0.$$

Les équations d'équilibre sont donc

$$Vxz\left(\frac{1}{c^2}-\frac{1}{a^2}\right)=0,$$
$$Vyz\left(\frac{1}{c^2}-\frac{1}{b^2}\right)=0,$$

auxquelles on peut joindre

$$Vxy\left(\frac{1}{b^2}-\frac{1}{a^2}\right)=0.$$

On y satisfait en posant soit $V=0$, solution qui doit être écartée, puisqu'elle annule la force; soit deux quelconques des trois équations

$$x=0,\quad y=0,\quad z=0,$$

ce qui définit les sommets de la surface, points pour lesquels le rayon OM est perpendiculaire à l'ellipsoïde, et devient généralement maximum ou minimum. On peut observer que le sommet de l'axe moyen n'est, dans ce cas, ni un maximum ni un minimum.

Dans le cas particulier de l'ellipsoïde de révolution, si l'on a $a=b$ par exemple, les équations d'équilibre sont satisfaites, soit par $z=0$, ce qui donne tous les points de l'équateur AB, soit par $x=0$, $y=0$, ce qui donne les pôles, C, de la surface.

Enfin, si $a=b=c$, l'ellipsoïde devient une sphère, et tous ses points sont pour le point M une position d'équilibre. En même temps la distance OM reste constante.

CHAPITRE II

THÉORÈME DU TRAVAIL VIRTUEL POUR UN SYSTÈME MATÉRIEL

TRAVAUX ÉLÉMENTAIRES DE DEUX FORCES MUTUELLES.

125. Il est nécessaire, pour étendre à un système de points matériels le théorème du travail virtuel, qui n'est encore démontré que pour un point isolé, de déterminer la somme des travaux élémentaires de deux forces mutuelles, F et F′, égales et contraires, sollicitant deux points matériels A et B. Nous supposerons d'abord que ces forces soient attractives. Donnons au point A un déplacement infiniment petit AA′, et en même temps au point B, un déplacement infiniment petit BB′. Projetons les points A′ et B′ en a et b, sur la droite AB. Le travail de la force F, appliquée au point A, est égal au produit $F \times Aa$; le travail de la force F′, appliquée au point B, est de même $F \times Bb$, et dans l'état de la figure, ces deux travaux sont positifs ; leur somme algébrique est donc égale à $F \times (Aa + Bb)$, ou bien à $F \times (AB - ab)$.

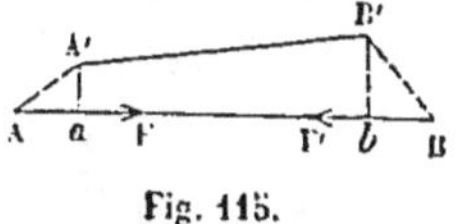

Fig. 115.

Mais les déplacements AA′, BB′ étant infiniment petits, la droite A′B′ fait un angle infiniment petit avec la droite AB, et par suite (I, § 61) on a, à moins d'un infiniment petit du second ordre, $A′B′ = ab$; en définitive, le travail $F \times (AB - ab)$ est aussi égal à $F \times (AB - A′B′)$, c'est-à-dire au produit de la force mutuelle qui tend à rapprocher les deux points A et B, par la diminution de leur distance.

Ce résultat est général, pourvu que l'on tienne compte des signes. Si F est la force mutuelle qui agit sur les deux points A et B, r leur distance AB, et $r' = r + dr$, ce que devient la distance r après les déplacements virtuels imprimés aux points A et B, le travail élémentaire des deux forces F a pour expression générale

$$F \times (r' - r) = Fdr,$$

pourvu qu'on prenne les forces F positivement si elles sont répulsives, et négativement si elles sont attractives. Grâce à cette convention, on pourra dire que le travail des deux forces F est égal au produit de leur valeur commune par la *variation dr*, subie par la distance de leurs points d'application.

Si les déplacements virtuels imprimés aux points A et B laissent sans altération la distance de ces deux points, dr étant alors égal à zéro, le travail des forces mutuelles est nul.

124. On ne change pas le travail d'une force F, appliquée à un point A, en supposant que cette force soit appliquée en un autre point B, pris sur sa direction, et invariablement lié au premier. En effet, appliquons au point B deux forces égales et contraires F′ et F″, toutes deux égales à la force F, et agissant dans la direction de la droite AB. Cette addition de deux forces égales et contraires, appliquées en un même point B, ne change rien à la somme des travaux élémentaires de toutes les forces données ; car, quel que soit le déplacement infiniment petit qu'on imprime au point B, le travail correspondant de l'une des forces, F′, est égal en valeur absolue, et de signe contraire, au travail de l'autre force F″. L'ensemble des forces F, F′, F″ donne donc une somme de travaux égale au travail de la force F prise seule. Mais les forces F et F′

Fig. 116.

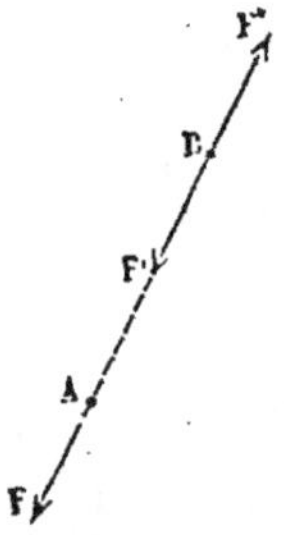

prises ensemble ont, en vertu du théorème précédent, un travail égal au produit de la force F par la variation de la distance AB, et, comme nous supposons cette distance constante, la somme des travaux de ces deux forces est nulle; il reste donc le travail de la force F', égal au travail de la force F.

125. Le travail élémentaire de deux forces parallèles F et F', appliquées à deux points A et B, invariablement réunis l'un à l'autre, est égal au travail de leur résultante R.

En effet, la distance AB restant constante, la somme des travaux des forces F et F' n'est pas altérée quand on introduit deux nouvelles forces f et f', égales et contraires, et agissant dans la direction AB. Les deux forces f et F se composent en une seule force G, dont le travail est la somme des travaux des deux composantes (§ 111) ; de même, le travail de la force G' est la somme des travaux de ses composantes F' et f'. On ne change pas les travaux des forces G et G' en les supposant transportées au point H, qui appartient à la fois à leurs deux directions, et qu'on peut suppo- ser relié invariablement au système des points A et B (§ 124); les forces G et G', transportées en H, se composent en une seule force R, qui est la résul- tante des forces F et F', et dont le travail est la somme des travaux des composantes; enfin, on n'altère pas ce travail en transportant la force R du point H au point I. En résumé, le travail de la force R est la somme algébrique des travaux des forces F, f, F', f', c'est-à-dire la somme algébrique des forces F et F', puisque les travaux f et f' se détruisent (§ 125).

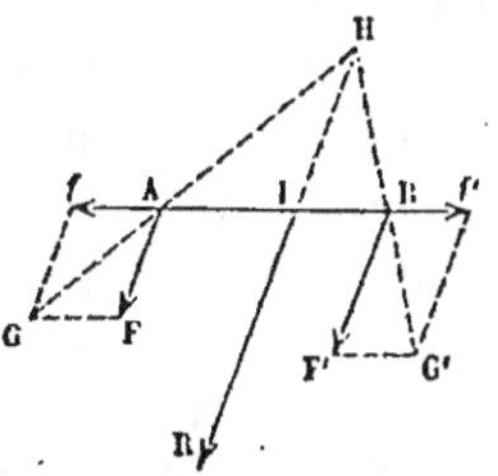

Fig. 117.

126. Nous pouvons toujours supposer, en remplaçant les liaisons par des forces qui en tiennent lieu, que le système solide est entièrement libre dans l'espace.

On peut ramener (§ 61) à deux forces, F et F', le système des forces données qui sont appliquées aux divers points du système. Dans toutes les opérations que l'on fait pour arriver à cette réduction, on compose ou l'on décompose les forces d'après la règle du parallélogramme, on les transporte suivant leur direction en des points invariablement réunis aux points d'application primitifs, on les compose ou on les décompose par la règle des forces parallèles; or toutes ces opérations, faites sur un corps solide, conservent sans altération la somme des travaux élémentaires; de sorte que la somme des travaux des forces F et F′ est égale à la somme des travaux des forces données.

Pour l'équilibre du système, il faut et il suffit (§ 85) que les deux forces F et F′ soient égales, contraires, et dirigées suivant une seule et même droite. Prenons donc deux points quelconques A et B, l'un sur la direction de la force F, l'autre sur la direction de la force F′; on pourra regarder F et F′ comme appliquées respectivement en A et en B, et la droite AB sera la direction commune de ces deux forces F et F′, qui doivent en outre être égales et agir en sens opposés. La somme des travaux des forces F et F′ est égale à zéro, puisqu'elles sont égales, opposées, qu'elles agissent suivant la même droite, et que la distance AB de leurs points d'application reste invariable. Par conséquent *la somme algébrique des travaux virtuels de toutes les forces, pour un déplacement quelconque du système matériel, est égale à zéro si le système est en équilibre.*

Réciproquement, *le système matériel est en équilibre si la somme des travaux virtuels de toutes les forces qui y sont appliquées est nulle pour tout déplacement infiniment petit qu'on lui communique.*

En effet, réduisons les forces données à deux forces F et F′, que nous pouvons supposer appliquées, l'une au point A, l'autre au point B; la somme des travaux des forces F et F′ sera égale à la somme des travaux des forces données; elle est donc nulle par hypothèse pour un déplacement quelconque

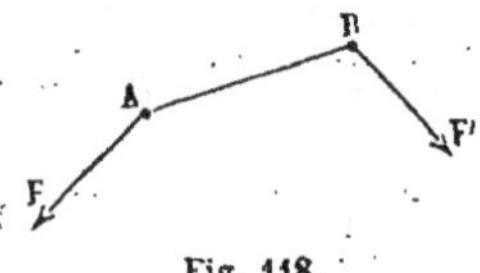

Fig. 118.

imprimé au solide. Considérons les déplacements qu'on peut communiquer au solide en le faisant tourner autour du point

A devenu fixe; le point B est assujetti dans ces mouvements à rester à la surface d'une sphère dont le centre est en A, et dont le rayon est AB. Le travail de la force F est nul pour tous ces déplacements, puisque le point A reste fixe; le travail de la force F' est donc aussi nul, et par conséquent la force F' est normale aux chemins décrits par le point B, c'est-à-dire normale à la sphère sur laquelle ce point se déplace : la direction de la force F' coïncide donc avec la direction AB du rayon de cette sphère. On prouverait de même, en considérant des déplacements sphériques autour du point B, que la force F agit suivant la direction AB. Donc les deux forces F et F' sont appliquées suivant une seule et même direction. Considérons en troisième lieu un déplacement parallèle à cette direction commune; la somme algébrique des travaux des forces F et F' sera égale au produit de leur somme algébrique $F + F'$ par ce déplacement; elle est nulle par hypothèse, et par suite $F + F' = 0$, ce qui nous montre que les forces F et F' sont égales en valeur absolue, et dirigées en sens contraires. Le système des forces appliquées au corps solide se réduit donc à deux forces égales, opposées et appliquées suivant la même droite, et par suite (§ 85) le solide est en équilibre.

ÉQUATIONS D'ÉQUILIBRE D'UN SYSTÈME INVARIABLE.

127. Les équations d'équilibre posées (§ 76) ne sont que des applications du théorème qui vient d'être établi.

Premier cas. — Considérons un solide libre dans l'espace et sollicité par certaines forces : appliquons à ce système le théorème du travail virtuel.

Imprimons d'abord au solide une translation infiniment petite parallèle à une droite quelconque AB, et soit ε la longueur du déplacement, qui est la même pour tous les points. Pour trouver le travail des forces appliquées au corps, il suffira de les projeter sur la direction du chemin décrit (§ 106), ou, ce qui revient au même, sur la droite AB; on

donnera aux projections les signes convenables, puis, on mul-
tipliera les projections par le chemin ε, et on fera la somme.

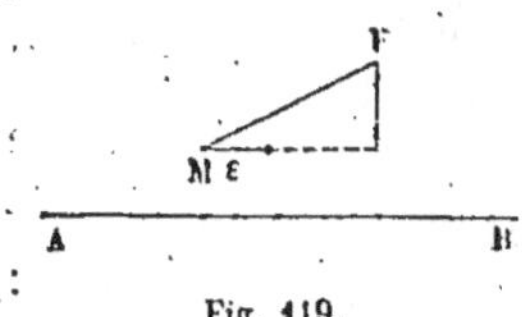

Fig. 119.

Le résultat sera égal au produit de ε
par la somme algébrique des projections des forces sur la droite AB ;
le théorème du travail virtuel nous
apprend donc que *lorsqu'un système
solide est en équilibre, la somme algé-
brique des projections des forces sur une droite AB quelconque
est égale à zéro.*

Faisons ensuite tourner d'un angle infiniment petit α le
système solide autour d'une droite PQ ; le travail de chaque
force correspondant à ce déplacement s'obtiendra (§ 103)

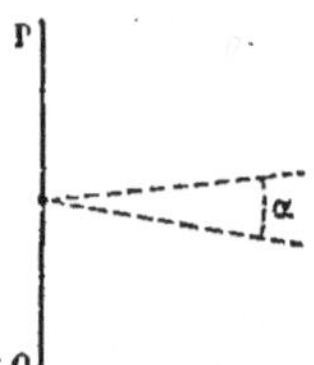

Fig. 120.

en multipliant par α le moment de la force
par rapport à l'axe PQ ; la somme des travaux élémentaires sera donc égale au produit
par α de la somme algébrique des moments ;
or elle doit être nulle quel que soit α, en vertu
du théorème. Donc *lorsqu'un système solide est
en équilibre, la somme algébrique des moments
des forces par rapport à une droite quelconque est égale à zéro.*

Il reste à montrer que ces conditions, qui paraissent en
nombre infini, se réduisent à six conditions distinctes.

Imprimons au système solide un déplacement arbitraire
infiniment petit ; nous savons (I, § 158) que tout déplacement élémentaire d'un système invariable est décomposable
en deux mouvements élémentaires, savoir une translation et
une rotation autour d'un axe, et qu'on peut regarder cet axe
comme passant par un point quelconque du système, en dis-
posant de la translation en conséquence. La translation peut
ensuite être décomposée en trois translations, et la rotation
en trois rotations distinctes, en appliquant à chacun de ces
mouvements la règle du parallélépipède. Cela étant, par un
point O pris arbitrairement dans l'espace, menons trois axes
rectangulaires OX, OY, OZ ; décomposons le déplacement élémentaire imprimé au solide en une rotation infiniment petite

autour d'un axe OA, passant par le point O, rotation qui peut être représentée par la droite OA, et en une translation infiniment petite représentée en grandeur et en direction par une autre droite, OB. Puis décomposons suivant les trois axes les deux droites OA et OB ; appelons p, q, r les trois composantes de la rotation OA, et ξ, η, ζ les trois composantes de la translation OB. Pour trouver le travail d'une force (§ 115) on peut décomposer comme on voudra cette force et le chemin décrit par son point d'application. Le chemin décrit par un point quelconque M du corps est la résultante des trois déplacements ξ, η, ζ, parallèles aux axes, déplacements dus à la translation et communs à tous les points du solide, et des trois rotations, p, q, r, du solide autour des mêmes axes. Décomposons de même en trois composantes X, Y, Z les forces appliquées aux divers points M. Il restera à associer chacune des composantes à chacun des déplacements, puis à faire la somme des produits résultants.

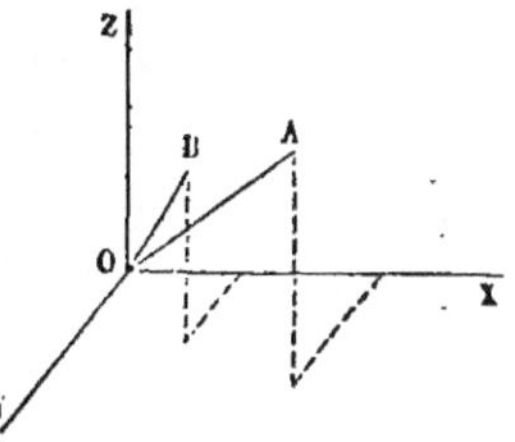

Fig. 121.

Relativement au déplacement ξ, les forces Y et Z, perpendiculaires à ce déplacement, ne donnent rien, et le travail se réduit à $X\xi$; la somme des travaux sera donc exprimée par

$$X_1\xi + X_2\xi + X_3\xi + \ldots + X_n\xi,$$

ou bien par

$$(X_1 + X_2 + X_3 + \ldots + X_n)\xi = \xi\Sigma X,$$

somme étendue à toutes les composantes parallèles à l'axe OX.

De même, le déplacement η donnera une somme de travaux égale à

$$(Y_1 + Y_2 + Y_3 + \ldots + Y_n)\eta = \eta\Sigma Y,$$

et le déplacement ζ une somme égale à

$$(Z_1 + Z_2 + Z_3 + \ldots + Z_n)\zeta = \zeta\Sigma Z.$$

Les déplacements angulaires p, o, r donnent lieu chacun à une somme de travaux égale à la somme des produits par p, q, r des moments des forces par rapport aux axes (§ 114). Appelons

$$L_1, L_2, \ldots L_n,$$
$$M_1, M_2, \ldots M_n,$$
$$N_1, N_2, \ldots N_n,$$

les moments des forces données par rapport aux trois axes; les sommes des travaux correspondants seront :

$$(L_1 + L_2 + \ldots + L_n) \times p = p\Sigma L,$$
$$(M_1 + M_2 + \ldots + M_n) \times q = q\Sigma M,$$
$$(N_1 + N_2 + \ldots + N_n) \times r = r\Sigma N.$$

Réunissant toutes ces sommes par voie d'addition algébrique, il vient, pour le total des travaux correspondants au déplacement considéré,

$$\xi\Sigma X + \eta\Sigma Y + \zeta\Sigma Z + p\Sigma L + q\Sigma M + r\Sigma N = 0,$$

somme que nous égalons à zéro, pour exprimer les conditions d'équilibre. Mais le déplacement considéré est tout à fait arbitraire; par conséquent nous pouvons attribuer aux coefficients ξ, η, ζ, p, q, r telles valeurs que nous voulons, et pour que l'équation résultante soit toujours satisfaite, quelles que soient les valeurs qu'on substitue aux arbitraires, il faut et il suffit que les facteurs qui multiplient ces arbitraires soient séparément nuls, c'est-à-dire qu'on ait les six équations :

$$\Sigma X = 0, \quad \Sigma L = 0,$$
$$\Sigma Y = 0, \quad \Sigma M = 0,$$
$$\Sigma Z = 0, \quad \Sigma N = 0.$$

Ce sont les équations que nous avions trouvées au § 87 en suivant une marche différente.

128. *Deuxième cas.* — Le corps solide a un point fixe, O.

Imprimons au solide un déplacement infiniment petit compatible avec les liaisons; ce déplacement consistera (I, § 151) en une rotation infiniment petite autour d'une droite OA passant par le point O ; la somme des travaux des forces sera égale à la somme algébrique de leurs moments par rapport à l'axe OA, multipliée par le déplacement angulaire du corps ; le théorème du travail virtuel montre donc que *la somme algébrique des moments des forces extérieures, par rapport à toute droite passant par le point O, est égale à zéro.*

Si l'on imprimait au corps un déplacement virtuel non compatible avec les liaisons, par exemple une rotation infiniment petite autour d'un axe ne passant pas par le point O, on obtiendrait un théorème analogue, mais il faudrait comprendre dans l'énoncé de ce théorème le moment de la réaction du point fixe. L'adoption de déplacements compatibles avec les liaisons a en général pour objet d'éliminer les réactions inconnues.

Par le point O menons trois axes rectangulaires, et décomposons la rotation autour de OA en trois rotations autour de chacun des axes. La somme des travaux élémentaires des forces sera égale à la somme algébrique des produits obtenus en multipliant respectivement les sommes des moments pris par rapport aux axes, par les déplacements angulaires correspondants ; égalant à zéro la somme résultante, on aura l'équation générale de l'équilibre, équation qui se décomposera en trois autres, en tenant compte de l'indétermination des arbitraires. En résumé, on retrouvera les trois équations d'équilibre (§ 88), exprimant que les sommes des moments des forces par rapport à trois axes rectangulaires sont séparément nulles.

129. *Troisième cas.* — Le corps solide est assujetti à tourner autour d'un axe fixe. Le seul déplacement compatible avec les liaisons sera une rotation infiniment petite autour de l'axe ; la somme des travaux des forces extérieures sera donc égale à la somme algébrique des moments de ces forces par rapport à l'axe, multipliée par le déplacement angulaire, et l'application du théorème conduit ainsi à égaler à zéro la somme des moments des forces par rapport à l'axe de rotation (§ 89).

Ici encore, le choix du déplacement virtuel a pour conséquence d'éliminer les réactions inconnues, c'est-à-dire les forces tenant lieu des liaisons.

150. *Quatrième cas.* — Le corps solide est assujetti à glisser sans frottement sur un plan fixe.

1° Si le contact du corps et du plan est établi par un point unique, les déplacements virtuels compatibles avec les liaisons pourront consister en une translation parallèle au plan et en une rotation autour d'un axe mené par le point. Ces mouvements sont décomposables, le premier en deux translations parallèles à deux axes rectangulaires tracés dans le plan fixe par le point de contact, le second en trois rotations, dont deux autour de ces deux mêmes axes, et la troisième autour de la normale au plan. Les conditions d'équilibre sont donc au nombre de cinq, savoir : deux équations exprimant que la somme algébrique des forces projetées sur chacun des axes tracés dans le plan est nulle ; et trois équations exprimant que la somme algébrique des moments par rapport à chacun des trois axes est aussi nulle (§ 91, 1°).

Le corps peut être simplement posé sur le plan ; on pourra admettre comme compatible avec les liaisons un déplacement parallèle à la normale au plan, mais dirigé dans un sens particulier. A ce déplacement correspond un travail positif de la réaction du plan, et ce travail, ajouté aux travaux des autres forces, doit donner zéro pour somme. On doit donc joindre une condition aux cinq que nous avons déjà posées : la somme des travaux correspondants à un déplacement du corps parallèle à la normale, dans le sens où ce déplacement est admissible, doit être négative ; en d'autres termes la somme des projections sur la normale des forces extérieures qui tendent à appuyer le corps contre le plan, doit être plus grande en valeur absolue que la somme des projections contraires.

2° Si le contact est établi par deux points, il n'y aura plus lieu de considérer que trois déplacements distincts, savoir : deux translations parallèles respectivement à deux axes rectangulaires tracés dans le plan, et deux rotations, l'une autour de la droite menée par les deux points de contact, l'autre autour de la normale au plan. De là quatre conditions d'équilibre : deux relatives aux sommes algébriques des forces projetées sur les deux axes, et deux relatives à la somme des moments par rapport à la normale et à la droite qui joint les points d'appui. Ces quatre sommes devront être nulles pour l'équilibre (§ 91, 2°).

Si le corps est posé sur le plan, on pourra admettre tous les déplacements qui détachent le corps de son plan d'appui; à ces déplacements correspondront des travaux positifs des réactions normales, et par suite la somme des travaux des forces données doit être négative. Soient A et B les deux points d'appui. Prenons pour axes dans le plan fixe la droite AB et une droite AC, perpendiculaire à AB; puis, pour troisième axe, la normale AD, menée par le point A. Les six déplacements élémentaires distincts auxquels se ramène un déplacement virtuel quelconque, se réduisent à trois translations parallèles à AB, à AC et à AD, et à trois rotations autour des mêmes droites ; les deux premières translations sont possibles dans les deux sens, et la somme

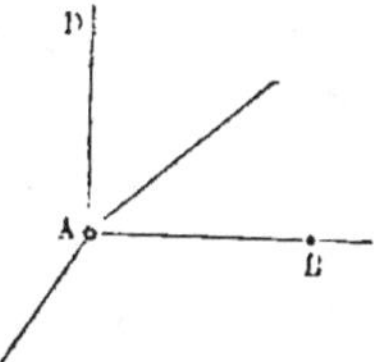

Fig. 122.

des travaux correspondants à chacune d'elles doit par conséquent être égale à zéro. La troisième n'est possible que dans un sens particulier, et la présence du plan l'empêche en sens contraire ; la somme des travaux correspondants doit donc être nulle ou négative. Des trois rotations, celles qui s'effectuent autour de AB ou de AD sont possibles dans les deux sens : les sommes des moments des forces autour de ces axes sont donc nulles ; tandis que la troisième, autour de AC, n'est possible que dans un sens unique, celui qui détache le corps du plan au point B ; la somme des moments des forces données par rapport à l'axe AC doit donc être négative.

3° Enfin, s'il y a trois points d'appui non en ligne droite, on imprimera au corps deux translations parallèles au plan, ou une rotation autour d'une normale au plan, ce qui donnera trois équations d'équilibre ; de plus, on pourra admettre, si le corps est simplement posé, une translation normale au plan, et des rotations autour de deux axes situés dans le plan, mais avec certaines restrictions : la translation devra s'opérer dans un sens défini ; les rotations ne pourront s'effectuer que dans un sens particulier, et *autour d'axes qui ne traversent pas le polygone formé en joignant les points d'appui*. Car une rotation autour d'un axe qui laisserait les points d'appui de différents côtés de sa direction, tendrait à faire pénétrer le corps dans le plan en certains points, en même temps qu'elle tendrait à l'en détacher en d'autres. Elle serait donc incompatible avec la nature des liaisons. En résumé, les conditions d'équilibre sont les suivantes : la somme des forces projetées sur deux axes rectangulaires tracés dans le plan, et la somme des moments par rapport à une normale au plan, doivent être séparément nulles ; si l'on projette les forces sur la normale, la somme des projections qui tendent à appuyer le corps contre le plan doit être supérieure (en valeur absolue) à la somme des projections qui agissent en sens contraire ; et si l'on prend les moments des forces par rapport à deux axes rectangulaires laissant chacun les points d'appui d'un même côté de leur direction, la somme des moments des forces qui tendent à appuyer le corps contre le plan doit être plus grande en valeur absolue que la somme des moments des forces qui tendent à le faire tourner en sens opposé.

Nous retrouvons ainsi toutes les conditions établies précédemment par la méthode de la composition des forces.

THÉORÈME DU TRAVAIL VIRTUEL POUR UN SYSTÈME MATÉRIEL QUELCONQUE.

131. Un système matériel peut toujours être considéré comme formé de points matériels libres, sollicités par des forces ; nous avons vu (§ 8) que ces forces peuvent être partagées en deux grandes classes, savoir : les *forces extérieures*,

qui sont dirigées vers des points étrangers au système, et les *forces intérieures*, forces mutuelles qui s'exercent d'un point du système à un autre point. Les liaisons, quelles qu'elles soient, peuvent être remplacées par des forces équivalentes, et ces forces se partagent entre les deux classes que nous venons d'indiquer ; les unes sont des forces extérieures, telles que les réactions d'un point fixe, d'un axe fixe, d'une surface fixe, … ; les autres, des forces intérieures mutuelles, telles que la tension d'un fil ou d'une barre réunissant deux points du système l'un à l'autre. Si nous remplaçons les liaisons par des forces équivalentes, les points matériels qui forment le système pourront être considérés comme libres, et le théorème du travail virtuel s'appliquera à l'équilibre de chacun d'eux. Quelque déplacement infiniment petit qu'on imprime à chaque point, la somme des travaux virtuels de toutes les forces qui sollicitent ce point en particulier sera nulle, puisqu'il est en équilibre, et, par suite, la somme des travaux virtuels de toutes les forces qui sont appliquées au système, forces extérieures, forces intérieures, forces tenant lieu des liaisons, est aussi égale à zéro. Réciproquement, si la somme des travaux virtuels des forces est nulle pour tout déplacement du système, l'équilibre a lieu. Car les points étant tous libres et indépendants les uns des autres, prenons pour déplacement virtuel le déplacement d'un point en particulier, et laissons fixes tous les autres points. La somme des travaux virtuels de toutes les forces se réduira à la somme des travaux des forces appliquées à ce point ; cette somme étant nulle, le point est en équilibre (§ 115). Le même raisonnement peut être fait pour un point quelconque : par conséquent, l'équilibre de toutes les parties du système est assuré si les conditions énoncées dans le théorème sont satisfaites.

152. Le théorème ainsi formulé est remarquable par sa généralité, mais il est sans usage dans les applications de la statique, tant qu'on n'en restreint pas l'énoncé par des conditions particulières, car il conduirait simplement à exprimer les con-

ditions d'équilibre de chaque point en particulier ; la méthode fondée sur l'emploi du théorème du travail virtuel a au contraire pour objet d'éliminer les forces inconnues, et de découvrir les équations de condition qui doivent exister entre les forces données pour qu'il y ait équilibre. On choisit pour cela, parmi tous les déplacements possibles, ceux auxquels correspondent des travaux nuls pour les forces inconnues.

Par exemple, veut-on éliminer les forces intérieures et avoir des relations entre les forces extérieures seules? On imprimera au système des déplacements qui laissent invariables les distances mutuelles des divers points matériels. Le travail de deux forces mutuelles, égal au produit de leur valeur commune par la variation, positive ou négative, de la distance de leurs points d'application (§ 125), est nul si cette distance demeure constante, et par suite, les forces intérieures seront éliminées. Il restera donc seulement le travail des forces extérieures; mais le système peut alors être considéré comme un solide géométrique. On parvient par la considération de ces déplacements aux six équations d'équilibre d'un système solide, dans lesquelles les forces extérieures figurent seules. Nous retombons ainsi sur les théorèmes démontrés au § 95.

153. En général, pour éliminer le travail dû aux forces qui tiennent lieu des liaisons, il suffit d'imprimer au système des déplacements compatibles avec ces liaisons. Nous nous bornerons à vérifier cette règle dans les principaux cas qui peuvent se présenter.

1° Si le système est assujetti à tourner autour d'un point fixe, ou d'un axe fixe, la réaction du point ou les réactions de l'axe sont des forces extérieures qui ne produisent aucun travail, tant qu'on imprime au système des déplacements compatibles avec la fixité de l'axe ou du point.

2° On peut en dire autant des forces appliquées à un système assujetti à glisser sans frottement sur une surface fixe, sans pouvoir s'en détacher, car la réaction de la surface en chaque point de contact est normale. Nous excluons ici le cas où le système serait simplement posé sur la surface et pourrait s'en détacher dans un sens.

3° Le travail dû à la réaction normale d'une courbe fixe, le long de laquelle le système serait assujetti à glisser, est nul de lui-même. Tout déplacement compatible avec ce genre de liaison n'introduira donc aucun terme contenant la réaction inconnue.

Si la surface ou la courbe directrice exerçait un frottement sur le système, il faudrait au contraire tenir compte du travail correspondant à ce frottement.

4° Quand deux points matériels sont réunis l'un à l'autre par une tige de longueur invariable, le travail des actions mutuelles de ces deux points est nul pour tout déplacement commun compatible avec cette liaison.

5° Enfin, étudions le cas particulier où deux portions du système se touchent par deux surfaces qui glissent l'une sur l'autre sans frottement. La réaction mutuelle des deux surfaces est normale au point de contact. Considérons un déplacement infiniment petit compatible avec ce genre de liaison, c'est-à-dire laissant les deux surfaces tangentes. Les deux surfaces S, S' tangentes en M, se transportent par suite de ce déplacement dans les positions S_1, S'_1; elles sont encore tangentes en un certain point N : ce point ne coïncide pas en général avec les positions géométriques prises par les deux points matériels appartenant, l'un à la surface S, l'autre à

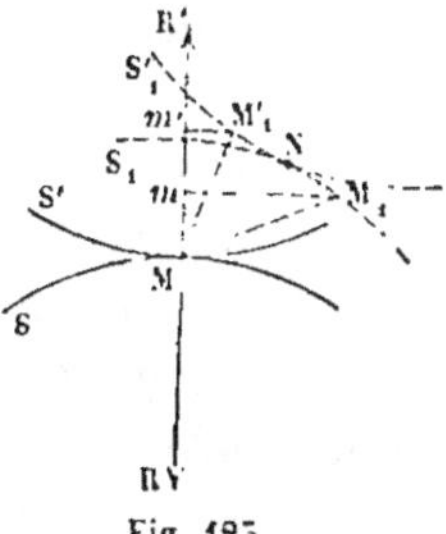

Fig. 125.

la surface S'. qui coïncidaient au point M. De ces deux points, l'un se transporte en M_1, l'autre en M'_1, et par suite la somme des travaux des deux forces égales, R, R', est exprimée par

$$R \times (Mm' - Mm),$$

m' et m étant les projections des points M_1 et M'_1 sur la direction commune, RR', des deux forces.

Or les points M_1 et M'_1 sont situés à des distances infiniment petites du point N par lequel se touchent les deux surfaces; on peut les regarder comme appartenant au plan tangent commun mené aux deux surfaces par ce point; ce plan fait un angle infiniment petit avec le plan tangent au point M_1. Il diffère infiniment peu d'un plan normal à la droite RR'; par suite, la distance mm' est un infiniment petit du second ordre, et enfin la différence $Mm' - Mm$ est égale à zéro, aux infiniment petits du second ordre près. La somme des travaux virtuels des forces R et R' est donc égale à zéro, et la proposition est vérifiée.

Si les surfaces S et S' exerçaient un frottement l'une sur l'autre, il n'en serait plus de même, car la réaction mutuelle pourrait être oblique aux deux surfaces, et fournir un certain travail.

Dans tous les cas que nous venons d'examiner, on n'aura pas à évaluer le travail virtuel des forces dues aux liaisons, si l'on imprime au système des déplacements qui soient compatibles avec ces liaisons, c'est-à-dire qui les laissent subsister pendant le déplacement.

154. Mais alors la démonstration de la réciproque du théorème général (§ 151) doit être modifiée. Nous avons d'abord établi que *lorsqu'un système matériel est en équilibre, la somme des travaux virtuels de toutes les forces qui le sollicitent, pour un déplacement virtuel quelconque, est égale à zéro;* cette proposition s'applique aux déplacements compatibles avec les liaisons comme à tous les autres, et nous venons de montrer que pour ceux-là en particulier le travail des forces dues aux liaisons est identiquement nul. Nous avons ensuite démontré la réciproque : *si la somme des travaux virtuels des forces est nulle pour tous les déplacements virtuels, le système est en équilibre.* Mais, pour cela, nous avons considéré des déplacements affectant un point unique du système, et laissant les autres immobiles. Cette hypothèse suppose les points matériels libres et indépendants, et elle est contradictoire avec l'existence de liaisons que les déplacements imprimés au système doivent laisser subsister. Nous avons donc à démontrer pour ainsi

dire un nouveau théorème, qu'on peut énoncer comme il suit :

Un système à liaisons est en équilibre, lorsque la somme des travaux virtuels des forces, soit extérieures, soit intérieures, qui le sollicitent, est égale à zéro pour tout déplacement compatible avec les liaisons.

La démonstration est facile en employant la *réduction à l'absurde*. Supposons que la condition soit remplie, et que le système matériel ne soit point en équilibre. L'équilibre n'existant pas, le système prendra un mouvement bien défini, lequel sera nécessairement compatible avec les liaisons ; le premier pas du système dans le mouvement qu'il va prendre peut donc être regardé comme l'un des déplacements virtuels compris dans l'énoncé du théorème, et par suite la somme des travaux des forces est nulle pour ce déplacement particulier. Mais nous pouvons empêcher le mouvement du système en appliquant en ses divers points des forces convenables, dirigées en sens contraire du mouvement qui tend à se produire. Il y aura alors équilibre entre les forces primitivement appliquées au système et les nouvelles forces qu'on vient d'y ajouter ; la somme des travaux de toutes ces forces est donc nulle, en vertu de la proposition directe. Or la somme des travaux des forces primitives est nulle par hypothèse. La somme des travaux des nouvelles forces est donc nulle aussi : ce qui est impossible, car chacune de ces forces, agissant en sens contraire du déplacement admis pour son point d'application, a un travail négatif, et la somme de leurs travaux est aussi négative. L'hypothèse du mouvement conduisant ainsi à une contradiction, le système est en équilibre.

USAGE ANALYTIQUE DU THÉORÈME DU TRAVAIL VIRTUEL.

135. Soient

$$x, \quad y, \quad z,$$
$$x', \quad y', \quad z',$$
$$x'', \quad y'', \quad z'',$$
$$\cdot \quad \cdot \quad \cdot \quad \cdot \quad \cdot \quad \cdot$$

les coordonnées rectangulaires de n points composant un système à liaisons.

Les liaisons de ce système sont exprimées par k équations

$$(1) \quad \begin{cases} \varphi_1 (x, y, z, x', y', z', x'', y'', z'', \ldots) = 0, \\ \varphi_2 (x, y, z, \ldots\ldots\ldots\ldots\ldots) = 0, \\ \varphi_3 (x, y, z, \ldots\ldots\ldots\ldots\ldots) = 0, \\ \vdots \\ \varphi_k (x, y, z, \ldots\ldots\ldots\ldots\ldots) = 0, \end{cases}$$

contenant les coordonnées des points donnés.

Ces points sont, en outre, soumis chacun à des forces données, que l'on peut décomposer suivant les trois axes ; ce qui donne les composantes X, Y, Z pour le point x, y, z, les composantes X', Y', Z' pour le point x', y', z', et ainsi de suite.

On demande les conditions d'équilibre.

Le théorème du travail virtuel nous apprend que ces conditions sont toutes contenues dans l'équation générale

$$(2) \quad X\delta x + Y\delta y + Z\delta z + X'\delta x' + Y'\delta y' + Z'\delta z' + X''\delta x'' + \ldots = 0,$$

quels que soient les déplacements infiniment petits δx, δy, δz, ... pourvu qu'ils soient compatibles avec les liaisons, c'est-à-dire pourvu qu'ils satisfassent aux équations (1).

On exprimera cette condition en différentiant les k équations (1), ce qui donne le groupe (3) :

$$(3) \quad \begin{cases} \dfrac{d\varphi_1}{dx}\delta x + \dfrac{d\varphi_1}{dy}\delta y + \dfrac{d\varphi_1}{dz}\delta z + \dfrac{d\varphi_1}{dx'}\delta x' + \ldots = 0, \\[2ex] \dfrac{d\varphi_2}{dx}\delta x + \dfrac{d\varphi_2}{dy}\delta y + \dfrac{d\varphi_2}{dz}\delta z + \dfrac{d\varphi_2}{dx'}\delta x' + \ldots = 0, \\[2ex] \vdots \\[1ex] \dfrac{d\varphi_k}{dx}\delta x + \dfrac{d\varphi_k}{dy}\delta y + \dfrac{d\varphi_k}{dz}\delta z + \dfrac{d\varphi_k}{dx'}\delta x' + \ldots = 0. \end{cases}$$

Ces k équations contiennent les $3n$ *variations* δx, δy, δz, ... ; elles permettent donc d'exprimer k variations en fonction des $3n - k$ autres, qui restent arbitraires. Substituant dans l'équation (2) les valeurs des k premières variations, on ramènera cette équation à ne contenir que les $3n - k$ variations restantes, et, comme elles sont arbitraires, on devra égaler séparément à zéro les fonctions qui les multiplient. On obtiendra ainsi $3n - k$ équations, qui ne contiennent plus rien d'arbitraire, et qui seront les conditions d'équilibre des forces. Jointes aux k équations (1), elles déterminent les $3n$ coordonnées des points mobiles.

156. La méthode suivante, indiquée par Lagrange, a l'avantage de faire connaître les forces qui tiennent lieu des liaisons, ou, comme on dit, les *tensions des liens.*

Multiplions la première des équations (3) par une indéterminée λ_1, la seconde par une autre indéterminée λ_2, la troisième par une troisième indéterminée λ_3,... et ainsi de suite jusqu'à la dernière, qui sera multipliée par λ_k. Ajoutons ensemble l'équation (2), et les k équations (3) ainsi multipliées. La somme nous donnera

$$(4)\quad \left\{ \begin{array}{l} \left(X + \dfrac{d\varphi_1}{dx}\lambda_1 + \dfrac{d\varphi_2}{dx}\lambda_2 + \ldots + \dfrac{d\varphi_k}{dx}\lambda_k \right)\delta x \\[2mm] + \left(Y + \dfrac{d\varphi_1}{dy}\lambda_1 + \dfrac{d\varphi_2}{dy}\lambda_2 + \ldots + \dfrac{d\varphi_k}{dy}\lambda_k \right)\delta y \\[2mm] + \ldots\ldots\ldots\ldots\ldots\ldots\ldots\ldots \end{array} \right\} = 0.$$

On pourra disposer des k arbitraires λ_1, λ_2,..., λ_k, de manière à réduire séparément à zéro les coefficients de k variations particulières ; on substituera ces valeurs dans les coefficients des $3n - k$ autres, et on devra les égaler à zéro pour exprimer l'équilibre : cela revient à égaler indistinctement à zéro les coefficients des $3n$ variations dans l'équation (4); on sera conduit ainsi à poser les $3n$ équations :

$$(5)\quad \left\{ \begin{array}{l} X + \dfrac{d\varphi_1}{dx}\lambda_1 + \dfrac{d\varphi_2}{dx}\lambda_2 + \ldots + \dfrac{d\varphi_k}{dx}\lambda_k = 0, \\[2mm] Y + \dfrac{d\varphi_1}{dy}\lambda_1 + \dfrac{d\varphi_2}{dy}\lambda_2 + \ldots + \dfrac{d\varphi_k}{dy}\lambda_k = 0, \\[2mm] Z + \dfrac{d\varphi_1}{dz}\lambda_1 + \dfrac{d\varphi_2}{dz}\lambda_2 + \ldots + \dfrac{d\varphi_k}{dz}\lambda_k = 0. \\[2mm] \ldots\ldots\ldots\ldots\ldots\ldots\ldots\ldots \end{array} \right.$$

Les équations d'équilibre s'obtiendront en tirant de k équations du groupe (5) les valeurs des k indéterminées λ, et en les substituant dans les $3n - k$ autres équations.

Or il est remarquable que les valeurs des λ fassent connaître les réactions des liaisons (1).

En effet, l'équation (4), où les $3n$ variations δx, δy,... restent arbitraires, exprime l'équilibre du système donné, dépouillé de toutes liaisons, mais soumis aux forces dont les composantes sont respectivement

$$(6) \quad \begin{cases} X + \dfrac{d\varphi_1}{dx}\lambda_1 + \dfrac{d\varphi_2}{dx}\lambda_2 + \ldots + \dfrac{d\varphi_k}{dx}\lambda_k, \\[2mm] Y + \dfrac{d\varphi_1}{dy}\lambda_1 + \dfrac{d\varphi_2}{dy}\lambda_2 + \ldots + \dfrac{d\varphi_k}{dy}\lambda_k, \\[2mm] \cdot\ \cdot\ \cdot\ \cdot\ \cdot\ \cdot\ \cdot\ \cdot\ \cdot\ \cdot\ \cdot\ \cdot\ \cdot \end{cases}$$

Cela posé, si l'on supprimait la première des liaisons (1), c'est-à-dire l'équation $\varphi_1 = 0$, on aurait à effacer dans le groupe (6) tous les termes contenant les dérivées de la fonction φ_1, ou tous les termes multipliés par λ_1. L'équilibre du système serait alors détruit, car les composantes agissant sur les points supposés libres ne seraient plus séparément nulles; mais on rétablirait l'équilibre en appliquant à un point quelconque (x, y, z) une force dont les composantes X_1, Y_1, Z_1, soient respectivement égales à

$$\frac{d\varphi_1}{dx}\lambda_1, \quad \frac{d\varphi_1}{dy}\lambda_1, \quad \frac{d\varphi_1}{dz}\lambda_1;$$

donc cette force X_1, Y_1, Z_1 est la *réaction* exercée sur le point x, y, z, par la liaison $\varphi_1 = 0$. Le même raisonnement s'applique à toutes les liaisons et à tous les points du système, de sorte qu'on peut dire d'une manière générale :

Une fois les k *inconnues* λ *déterminées de manière à satisfaire à* k *équations du groupe* (5), *les trois produits*

$$\lambda_i\frac{d\varphi_i}{dx_j}, \quad \lambda_i\frac{d\varphi_i}{dy_j}, \quad \lambda_i\frac{d\varphi_i}{dz_j}.$$

représentent les trois composantes de la réaction exercée par la liaison $\varphi_i = 0$ *sur le point* (x_j, y_j, z_j) *dans la position d'équilibre.* On peut observer que cette force est normale à la surface

$\varphi_i(x_j, y_j, z_j) = 0$, en considérant dans la fonction φ_i les coordonnées x_j, y_j, z_j comme variables, et les coordonnées des autres points comme constantes.

APPLICATION A L'ÉQUILIBRE DES MACHINES.

137. Les machines qu'on emploie dans l'industrie sont en général des *systèmes à liaisons complètes* (I, § 117). Pour un tel système, il n'y a qu'un déplacement possible dans un sens ou dans le sens opposé. La condition d'équilibre de la machine s'exprimera en égalant à zéro la somme des travaux des forces correspondant à ce déplacement infiniment petit.

Prenons pour exemple une machine composée de la manière suivante :

Une tige AB est destinée à pousser ou à tirer, le long de la droite fixe OA, le point B, extrémité de la bielle BC ; le point C, autre extrémité de la bielle, est articulé à la manivelle OC, mobile autour de l'arbre tournant O. Sur cet arbre tournant est montée une roue d'engrenage M ; elle engrène avec un pi-

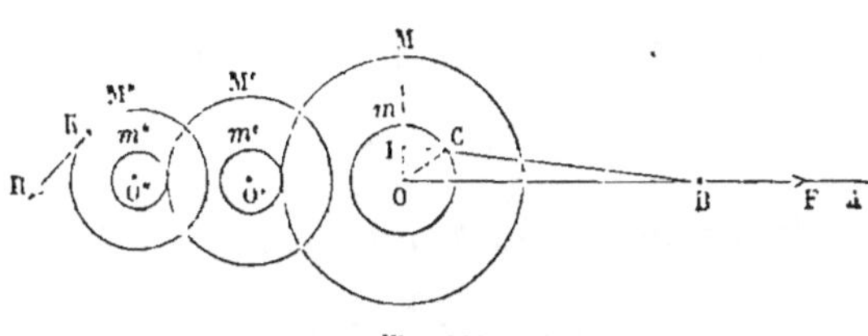

Fig. 124.

gnon m', monté sur l'arbre parallèle O' ; le pignon m' fait corps avec la roue M', qui est centrée sur le même arbre. Cette roue engrène avec le pignon m'', monté sur un troisième arbre parallèle O''. Le tambour K, concentrique au pignon m'', est sollicité à sa circonférence par une force tangente R ; son rayon est égal à r. On demande quelle force F il faut appliquer à la tige BA pour tenir la force R en équilibre.

Si l'on désigne par ε le déplacement infiniment petit du point d'application B de la force F, et par ε' le déplacement infiniment petit correspondant du point d'application K de la force R, et si l'on suppose qu'il n'y ait aucun frottement dans les articulations et les engrenages, l'équation d'équilibre sera

$$F\varepsilon - R\varepsilon' = 0;$$

la question est ramenée à un problème de cinématique : trouver le rapport $\dfrac{\varepsilon'}{\varepsilon}$ des déplacements linéaires simultanés des points K et B.

Nous pouvons prendre ε pour mesure de la vitesse linéaire du point B. La vitesse angulaire de l'arbre O sera égale à $\dfrac{\varepsilon}{OI}$ (I, § 155), I étant le point de rencontre de la bielle CB avec une perpendiculaire OI sur la droite OB; la vitesse angulaire de l'arbre O' est à celle de l'arbre O dans le rapport inverse des nombres de dents des deux roues M et m'; appelons M et m' ces nombres de dents; la vitesse angulaire de l'arbre O' sera donc

$$\frac{\varepsilon}{OI} \times \frac{M}{m'};$$

celle de l'arbre O″ sera, par la même raison,

$$\frac{\varepsilon}{OI} \times \frac{M}{m'} \times \frac{M'}{m''},$$

et par suite la vitesse ε' du point K est

$$\varepsilon' = \frac{\varepsilon}{OI} \times \frac{M}{m'} \times \frac{M'}{m''} \times r,$$

on a donc

$$\varepsilon' = \varepsilon \times \frac{M}{m'} \times \frac{M'}{m''} \times \frac{r}{OI},$$

et enfin

$$F = R \times \frac{M}{m'} \times \frac{M'}{m''} \times \frac{r}{OI}.$$

On remarquera qu'aux points morts OI est nul, et par suite la force F est infinie; ce qui indique qu'il est impossible de tenir en équilibre une force R tangente à la roue O″, en employant une force F dirigée suivant la longueur de la bielle, lorsque la manivelle est à l'un des points morts.

Nous avons fait abstraction du frottement. Si l'on devait en tenir compte, il faudrait introduire dans l'équation les travaux des composantes tangentielles aux surfaces qui glissent les unes sur les autres. Mais ces composantes sont inconnues ; tout ce qu'on sait, c'est qu'elles sont au plus égales aux produits des réactions normales par le coefficient de frottement (299). Elles ne deviennent égales à cette limite supérieure que quand le glissement a effectivement lieu. Mais, même dans ce cas, elles restent encore inconnues, puisqu'elles renferment en facteur les réactions normales, que la méthode du travail virtuel a pour effet d'éliminer. Il faut alors traiter séparément l'équilibre de chaque partie de la machine, ce qui met en évidence, comme forces extérieures, les réactions mutuelles de ces parties. Nous aurons l'occasion, dans le livre VI, de résoudre quelques questions de ce genre.

138. Le théorème du travail virtuel est comme un lien qui rattache ensemble les diverses parties de la mécanique. Nous venons de voir qu'il introduit dans la statique des considérations cinématiques qui, au premier abord, paraissent étrangères à la science de l'équilibre, et nous verrons plus tard qu'il peut être regardé comme un corollaire du plus important des théorèmes de la dynamique, le *théorème des forces vives*.

SIMILITUDE STATIQUE.

139. Considérons un système matériel en équilibre sous l'action de forces données ; imaginons un second système matériel géométriquement semblable au premier. Nous entendons par là que le second système est déduit du premier en amplifiant dans un rapport constant, α, les coordonnées de ses divers points. S'il y a dans le premier système des liaisons exprimables au moyen d'équations, des *liaisons semblables* existeront pour le second ; elles seront exprimées par les mêmes équa-

tions, dans lesquelles les *paramètres linéaires* seront multipliés par ce même coefficient α.

Supposons qu'on applique au second système, en des points homologues, des forces parallèles et proportionnelles aux forces qui sollicitent le premier. L'équilibre aura encore lieu, bien que le rapport, β, d'amplification des forces soit différent du rapport, α, d'amplification des dimensions linéaires.

Si par exemple le système donné est solide, l'équilibre est assuré par les six équations

$$\Sigma X = 0, \quad \Sigma Y = 0, \quad \Sigma Z = 0,$$
$$\Sigma(Zy - Yz) = 0, \quad \Sigma(Xz - Zx) = 0, \quad \Sigma(Yx - Xy) = 0.$$

Or ces six équations seront encore vérifiées pour le second système, quand on aura remplacé x, y, z par αx, αy, αz, et X, Y, Z par βX, βY, βZ.

Plus généralement, l'équilibre s'exprime en égalant à zéro une somme de termes de la forme $X\delta x$; si cette somme s'annule pour certaines valeurs des forces X et des déplacements δx, elle s'annulera aussi quand les valeurs des forces X seront multipliées par un même nombre β, et quand les valeurs des dimensions linéaires δx seront multipliées par un même nombre α.

L'existence de forces de frottement parmi les forces données ne détruit pas la similitude, pourvu que le coefficient de frottement des parties en contact soit conservé d'un système à l'autre. Le frottement dépend en effet de l'angle que fait la réaction mutuelle avec la normale commune ; or cet angle n'est pas altéré quand on multiplie les dimensions linéaires par α, ni quand on multiplie les forces par β.

Au contraire, la résistance au roulement, s'il y a lieu d'en tenir compte, peut détruire la similitude ; elle dépend en effet, comme nous le verrons plus tard, d'une distance δ entre le point de contact géométrique du corps roulant et le point de passage de la réaction mutuelle ; cette distance doit être multipliée comme toutes les autres par α ; cela exige en général une modification dans la nature des corps en présence.

APPLICATION DU THÉORÈME DU TRAVAIL VIRTUEL A LA CINÉMATIQUE.

140. Nous allons montrer quel parti on peut tirer du théorème du travail virtuel, et plus généralement de la statique, pour démontrer des propositions de cinématique. Ces démonstrations sont toutes fondées sur la propriété d'une surface, ou d'une courbe géométrique, d'exercer une action normale sur un point assujetti à la parcourir.

CENTRE INSTANTANÉ DE ROTATION D'UNE FIGURE PLANE MOBILE DANS SON PLAN.

141. Soient A, B, M, trois points d'une figure plane mobile dans son plan. Soient AA' la trajectoire du point A et BB' la trajectoire du point B.

Nous supposerons que la figure est guidée dans son mouvement par des lignes directrices AA', BB', sur lesquelles les points A et B sont assujettis à glisser sans frottement, ce qui suffit pour faire de la figure un système à liaisons complètes. Le point M décrit une certaine trajectoire MM', et si on lui applique une force F normale à cette trajectoire, la figure sera en équilibre, car la somme des travaux de la force F et des réactions N et N' des lignes directrices est nulle, puisque les réactions N et N' des lignes directrices sont normales à ces lignes, et qu'il en est de même de la force F, par rapport à la trajectoire de son point d'application M.

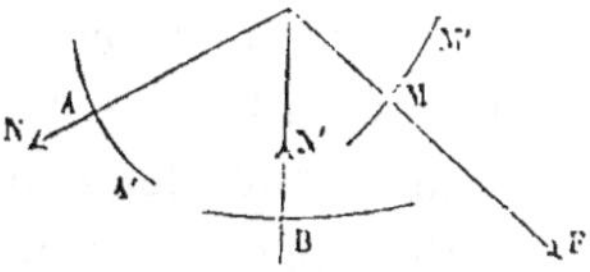

Fig. 125.

Les trois forces F, F' et N se font par conséquent équilibre; leurs directions passent donc par un même point O ; en d'autres termes, *les normales menées au même instant aux trajectoires des divers points de la figure concourent en un même point, centre instantané autour duquel la figure pivote* (I, § 151).

THÉORÈMES SUR LE MOUVEMENT ÉLÉMENTAIRE D'UN SOLIDE.

142. Les liaisons auxquelles le corps solide est assujetti s'expriment par des équations où entrent les coordonnées d'un certain nombre de points particuliers du système, que nous appellerons *points dirigés ;* nous commencerons par chercher le nombre N de ces points, suivant la nature des liaisons, et suivant le degré de liberté qu'on veut laisser au système mobile.

Supposons d'abord que N soit égal ou supérieur à 3.

Parmi les N points dirigés, nous admettrons qu'il en y ait f qui restent fixes, l qui soient assujettis à glisser sur des lignes fixes, et s qui soient assujettis à glisser sur des surfaces, ces points, lignes et surfaces fixes étant d'ailleurs entièrement arbitraires. Nous aurons la première équation

$$N = f + l + s.$$

Les coordonnées des N points sont au nombre de 3N, et nous savons qu'entre ces coordonnées il y a 3N — 6 relations distinctes, exprimant que les distances mutuelles de trois points, et les distances de chacun des N — 3 autres aux trois premiers sont constantes (I, § 122). Les *liaisons intérieures* du système nous donnent donc d'abord 3N — 6 équations. Cette formule suppose N = ou > 3.

Les f points fixes sont définis par 3f équations, qui font connaître leurs 3f coordonnées.

Les coordonnées des l points mobiles sur des lignes sont assujetties à satisfaire à 2l équations, chaque ligne étant représentée analytiquement par deux équations.

Enfin, les coordonnées des s points mobilés sur des surfaces satisfont aux s équations de ces surfaces.

Les *liaisons extérieures* donnent donc 3f + 2l + s équations ; réunissant toutes les équations de condition, on a, entre les

3N coordonnées des points considérés, un nombre d'équations égal à

$$3N - 6 + 3f + 2l + s,$$

ou bien, en remplaçant $f + l + s$ par N,

$$4N - 6 + 2f + l.$$

Cela posé, si le nombre de ces équations, *supposées distinctes*, est égal au nombre des coordonnées, le système reste fixe, car les coordonnées de chaque point ont alors des valeurs constantes définies par ce système d'équations.

Si le nombre des équations est inférieur d'une unité au nombre des coordonnées, l'une des coordonnées reste arbitraire, et toutes les autres peuvent s'exprimer en fonction de celle-là ; tous les points du solide sont donc assujettis, par les liaisons, à décrire des lignes.

Si enfin le nombre des équations est inférieur de deux unités au nombre des coordonnées, deux coordonnées restent arbitraires, et, par suite, à partir de chaque position du système, on peut le déplacer dans une infinité de directions, chacun de ses points restant sur une surface, sauf certains points particuliers qui peuvent être encore assujettis à décrire des lignes. Nous allons reprendre une à une ces diverses hypothèses.

1° Pour que le système soit fixe, il faut que l'on ait

$$4N - 6 + 2f + l = 3N,$$

ou bien

$$N = 6 - 2f - l.$$

Les solutions de cette équation sont les suivantes :

(1)	$N = 6,$	$f = 0,$	$l = 0,$	$s = 6.$
(2)	$N = 5,$	$f = 0,$	$l = 1,$	$s = 4.$
(3)	$N = 4,$	$f = 1,$	$l = 0,$	$s = 3.$
(4)		$f = 0,$	$l = 2,$	$s = 2.$
(5)	$N = 3,$	$f = 1,$	$l = 1,$	$s = 1.$
(6)		$f = 0,$	$l = 3,$	$s = 0.$

2° Pour que les points du système décrivent chacun des lignes, il faut que l'on ait

$$4N - 6 + 2f + l = 5N - 1,$$

ou bien

$$N = 5 - 2f - l,$$

ce qui donne successivement :

$$
\begin{array}{lllll}
(7) & N = 5, & f = 0, & l = 0, & s = 5. \\
(8) & N = 4, & f = 0, & l = 1, & s = 3. \\
(9) & N = 3, & f = 0, & l = 2, & s = 1. \\
(10) & & f = 1, & l = 0, & s = 2.
\end{array}
$$

3° Pour que les points soient assujettis à décrire des surfaces, il faut que

$$4N - 6 + 2f + l = 5N - 2,$$

ou bien que

$$N = 4 - 2f - l,$$

ce qui donne seulement les deux solutions :

$$
\begin{array}{lllll}
(11) & N = 4, & f = 0, & l = 0, & s = 4. \\
(12) & N = 3, & f = 0, & l = 1, & s = 2.
\end{array}
$$

Jusqu'ici nous avons exclu l'hypothèse $N < 3$. Examinons successivement les cas particuliers de $N = 2$ et $N = 1$.

(13) Si $N = 2$, les points du système sont assujettis à décrire des lignes quand les deux points dirigés restent fixes ; le système a alors un mouvement de rotation autour de l'axe qui joint ces deux points.

(14) Les points du système sont assujettis à se mouvoir sur des surfaces, quand les points dirigés glissent le long de la droite qui les joint.

(15) Si $N = 1$, les points du système sont assujettis à décrire des sphères autour du point dirigé comme centre, quand ce point reste fixe.

143. Appliquons la statique à chacune de ces quinze hypothèses.

Dans les six premières, le solide est fixe ; une force appliquée à un point quelconque du solide, dans une direction quelconque, est donc équilibrée par les réactions exercées sur les points dirigés.

Dans le cas (1), les réactions sont normales aux six surfaces directrices, qui sont arbitraires ; donc *une force quelconque est, en général, décomposable suivant six directions données*.

Dans le cas (2), l'une des réactions, celle de la ligne, est contenue dans le plan normal à cette ligne ; donc *une force quelconque est, en général, décomposable en cinq composantes, dont quatre aient des directions données, et la cinquième passe par un point donné et soit contenue dans un plan donné*.

Dans le cas (3), l'une des réactions, celle du point fixe, passe par ce point ; *une force quelconque est donc décomposable en quatre forces, dont l'une passe en un point donné, et les trois autres aient des directions données*.

Le cas (4) nous montre de même qu'*une force quelconque est décomposable en quatre forces, dont deux aient des directions données, et les deux autres passent par des points donnés et soient contenues dans des plans donnés*.

Les cas (5) et (6) font voir qu'*une force quelconque est décomposable en trois forces, dont l'une ait une direction donnée, dont la seconde passe par un point donné et soit contenue dans un plan donné, et dont la troisième passe par un point donné; et qu'une force quelconque est décomposable en trois forces, dont chacune passe par un point donné et soit contenue dans un plan donné conduit par ce point*.

144. Dans les quatre hypothèses (7) à (10), le système reste en équilibre sous l'action d'une force quelconque appliquée en un point M perpendiculairement à la ligne que décrirait ce point dans le déplacement du corps. Le septième cas montre, par exemple, qu'une force quelconque, normale à la trajectoire du point M, est décomposable en cinq forces normales aux cinq surfaces directrices.

145. Dans l'hypothèse (11), le mouvement du solide est dirigé par le glissement de quatre points particuliers sur quatre

surfaces fixes. Tous les points décrivent alors en général des surfaces, et l'équilibre a lieu si l'on applique en un point du solide une force normale à la surface décrite par ce point. De cette considération on peut déduire le théorème suivant, dû à M. Mannheim [1] :

Les quatre points A, B, C, D d'un corps solide sont assujettis à se mouvoir sur des surfaces fixes (α), (β), (γ), (δ) ; en général, le lieu d'un point quelconque E du solide est alors une cinquième surface déterminée (ε). Considérons les normales AA', BB', CC', DD', EE' menées à ces cinq surfaces par les positions occupées simultanément par les points A, B, C, D, E. Les deux droites λ et λ', qui rencontrent les quatre premières normales, rencontreront aussi la cinquième.

Nous pouvons regarder les quatre surfaces données comme des surfaces directrices matérielles sans frottement, et la cin-

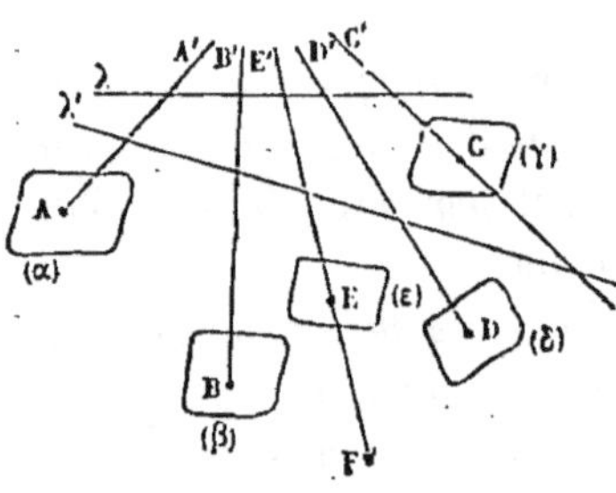

Fig. 126.

quième (ε) comme le lieu géométrique du point E. En vertu du théorème du travail virtuel, le système sera en équilibre dans la position qu'on lui attribue, si nous lui appliquons, au point E, une force normale à la surface (ε) ; la force F est alors tenue en équilibre par les réactions normales des surfaces données. Donc la somme des moments de la force F et des quatre réactions est égale à zéro par rapport à un axe quelconque ; et si l'on prend pour axe la ligne λ, ou la ligne λ', pour lesquelles les moments des réactions sont nuls, le moment de la force F sera également nul pour toutes deux, et par suite la direction EE' de cette force rencontre à la fois les droites λ et λ'.

Connaissant les normales en A, B, C, D aux quatre surfaces directrices, on aura la normale à la surface décrite par un cinquième point E, en menant par ce point une droite EE′, qui rencontre les deux droites λ et λ′.

On voit que, quel que soit le mouvement infiniment petit imprimé au corps, il tourne à la fois autour des deux axes fixes λ et λ′, qui se trouvent ainsi jouer le rôle d'*axes de rotation conjugués* (I, §157). Chaque point de l'un des axes tournant seulement autour de l'autre, décrit, dans le déplacement élémentaire, un élément de circonférence qui a son centre sur l'axe conjugué; de sorte que les points situés sur les droites λ et λ′, au lieu d'être assujettis à glisser sur des surfaces, comme les autres points du corps, sont assujettis à décrire, pendant un temps infiniment court, des éléments de trajectoire.

146. De l'hypothèse (12) on déduirait, par la même méthode, le théorème suivant :

Le point A d'un corps solide est assujetti à se mouvoir sur une ligne fixe (α), et les deux points B et C à se mouvoir sur des surfaces fixes (β), (γ). Le lieu d'un quatrième point D est, en général, une surface déterminée (δ). Si par le point A nous menons une droite rencontrant les deux normales aux surfaces (β) et (γ), menées par les points B et C, cette droite rencontrera aussi la normale à la surface (δ), menée au point D; et si l'on fait glisser une droite sur les normales aux trois surfaces (β), (γ), (δ), l'hyperboloïde ainsi engendré coupera suivant une droite le plan normal P à la trajectoire (α), mené au point A. Cette droite représente la direction de la réaction de la ligne (α).

Proposons-nous de construire la normale DD′ à la surface (δ) au point D (fig. 127).

Par le point A, menons la droite AM, rencontrant les deux droites BB′, CC′, normales aux surfaces (β), (γ). La normale DD′ sera comprise dans le plan DAM.

On sait de plus que l'hyperboloïde engendré par une droite mobile glissant sur les trois droites DD′, BB′, CC′, coupe le plan normal P suivant une droite passant au point A. Le point D appartient à la surface de cet hyperboloïde. Par ce point, menons une droite DN rencontrant les directions BB′, CC′. La droite DN sera tout entière sur la surface de l'hyperboloïde. Elle perce le plan PP en un point A', qu'on joindra au point A. La droite AA' sera l'intersection de l'hyperboloïde avec le plan P, et sera

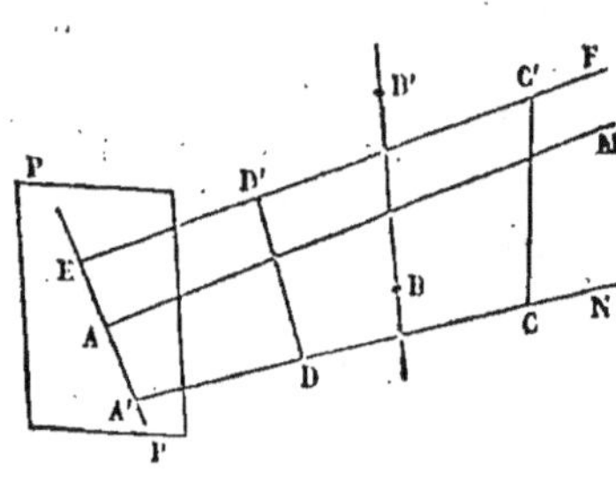

par suite l'une des génératrices rectilignes de l'hyperboloïde. On peut donc concevoir cette surface comme engendrée par le glissement d'une droite qui s'appuierait sur les trois directrices AA', BB', CC'. Il suffit par conséquent, pour achever la solution, de con-

Fig. 127.

struire une troisième droite EF, rencontrant à la fois ces trois directrices, puis de mener par le point D une droite DD' qui rencontre les deux droites AM et EF.

Dans les hypothèses (13), (14) et (15), les normales aux lieux décrits par les divers points du corps sont immédiatement connues.

ÉQUILIBRE D'UN SOLIDE DONT UN, DEUX OU TROIS POINTS SONT ASSUJETTIS A GLISSER SANS FROTTEMENT SUR UNE SURFACE FIXE.

147. Les résultats obtenus (§ 91) pour l'équilibre d'un solide posé sur un plan peuvent être généralisés en remplaçant le plan par une surface quelconque.

I. Si le solide touche la surface en un point unique O, il faut et il suffit pour l'équilibre que les forces appliquées au corps soient réductibles à une force unique, passant par le point O, et normale à la surface.

II. Supposons que le solide touche la surface en deux points A et B. Les réactions (A) et (B) de la surface en ces points seront dirigées suivant les normales aux points A et B ; et ces deux forces, dont les directions seules sont déterminées, doivent faire équilibre au système des forces données. Il faut et il suffit par conséquent pour l'équilibre que les forces données soient réductibles à deux forces passant par les points A et B, et normales en ces points à la surface.

Dans le cas particulier où les forces données ont une résultante unique, F, cette résultante doit équilibrer les deux forces (A) et (B); donc

1° Les deux directions (A) et (B) se rencontrent en un point O;

2° La force F passe au point O et est contenue dans le plan OAB.

Quand les deux points A et B sont infiniment rapprochés, l'arc élémentaire AB, tracé sur la surface, appartient alors à une ligne de courbure.

Dans le cas général où les normales (A) et (B) ne se rencontrent pas, transportons toutes les forces données parallèlement à elles-mêmes au point A et composons-les; elles nous donneront une résultante de translation R, et un couple résultant dont nous représenterons l'axe par la droite finie AG. Transportons de même au point A la force S, réaction de la surface au point B; nous aurons en A une force S′, égale et parallèle à S, et, en outre, un couple (S, —S), dont le bras de levier est la distance AC du

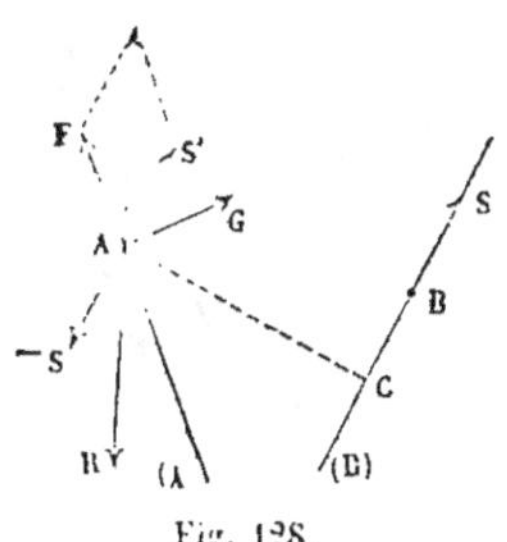

Fig. 128.

point A à la normale (B). La force S′ se compose avec la force F, réaction de la surface au point A, en une force unique, qui doit détruire la force R; donc

1° La force R est dans le plan des deux forces F et S′, c'est-à-dire que la résultante de translation et les normales (A) et (B) sont parallèles à un même plan;

2° On a, pour déterminer F et S, les équations

$$F = R \times \frac{\sin[R, (B)]}{\sin[(A), (B)]},$$

$$S = R \times \frac{\sin[R, (A)]}{\sin[(A), (B)]}.$$

De plus, le couple (S, —S), dont le moment est égal

à $S \times AC$, doit tenir en équilibre le couple G; par suite

3° L'axe du couple résultant qu'on obtient en transportant toutes les forces données au point A est perpendiculaire au plan A(B);

4° L'intensité du couple résultant est égale à $S \times AC$;

5° Le sens du couple résultant est contraire au sens du couple (S, — S).

III. Supposons enfin que le corps touche la surface en trois points A, B, C. Appelons F, S, T les réactions normales de la surface en ces points. Soit R la résultante de translation du système des forces données; soit G le couple résultant. En général, les trois normales (A), (B), (C) ne se rencontrent pas et ne sont pas parallèles à un même plan. Prenons un point O quelconque sur la direction de la force R, et menons

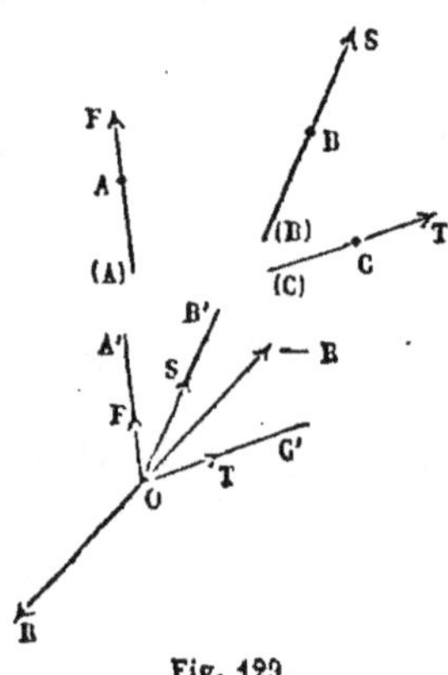

Fig. 129.

par ce point trois axes A', B', C' parallèles aux normales; puis transportons les forces F, S, T parallèlement à elles-mêmes au point O; elles donneront naissance à trois couples (F, — F), (S, — S), (T, — T) dans des plans O(A), O(B), O(C). Décomposons la force R suivant les trois axes OA', OB', OC'; les composantes seront égales et contraires aux réactions F, S, T. Les couples (F, — F), (S, — S), (T, — T) sont donc entièrement déterminés,
et l'équilibre exige que le couple G soit égal et contraire à la résultante de ces trois couples.

Examinons spécialement le cas où le couple G est nul; la force R, prise en sens contraire, doit alors être la résultante des forces F, S, T. Prenons les moments de ces quatre forces par rapport à une droite rencontrant les trois normales (A), (B), (C). Les moments des forces F, S, T étant nuls, le moment de la force R l'est aussi; donc la direction R rencontre toute droite qui s'appuie à la fois sur les directrices

(A), (B), (C); en d'autres termes, R est une génératrice rectiligne de l'hyperboloïde qui a les droites (A), (B), (C) pour directrices, et elle appartient au même système de génératrices que les droites (A), (B), (C).

Cette condition nécessaire est en général suffisante. En effet, supposons que la force R rencontre trois droites (m), (n), (p), qui s'appuient sur les directions des normales F, S, T. Les forces F, S, T et la force R ont une résultante de translation nulle. Donc le système F, S, T, R se réduit à un couple unique, et ce couple a un moment nul par rapport aux trois droites (m), (n), (p); le plan du couple est donc à la fois parallèle à ces trois droites, résultat impossible si le couple n'est pas nul, à moins que l'hyperboloïde construit sur les trois directrices (A), (B), (C) ne soit en réalité un paraboloïde hyperbolique, ce qui suppose ces trois directrices parallèles à un même plan.

Dans ce dernier cas particulier, prenons pour le point O un point du paraboloïde construit sur les trois droites (A), (B), (C); les forces F, S, T feront équilibre à la force R et à un couple G, parallèle à un des plans directeurs de la surface. Les réactions F, S, T satisfont donc aux deux conditions suivantes : leur résultante de translation est égale et contraire à R ; le couple résultant du transport de ces forces au point O est parallèle au plan directeur, et égal et contraire au couple G.

REMARQUE SUR UN THÉORÈME DE STURM.

148. Considérons (fig. 150) sur une surface un point O quelconque ; par ce point menons la normale OZ, et les deux plans rectangulaires ZOX, ZOY, des sections principales. Le plan ZOX coupe la surface suivant une courbe OA, dont le centre de courbure est un point C pris sur la normale OZ ; le plan ZOY coupe la surface suivant une courbe OB, dont le centre de courbure est en C', sur la même droite. Le théo-

rème de Sturm dont nous voulons parler, consiste dans l'énoncé suivant [1] :

Les normales à la surface S en ses points infiniment voisins du point O rencontrent les axes des cercles osculateurs des sections principales relatives à ce point O, c'est-à-dire les droites CD, C'D', élevées par les points C et C', perpendiculairement aux plans ZOX, ZOY.

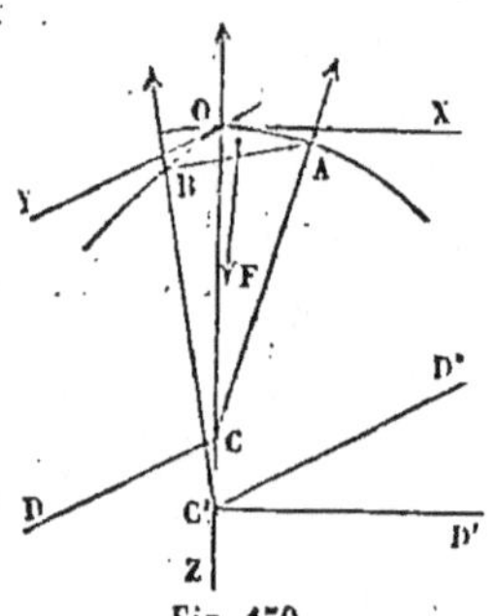

Fig. 150.

Pour démontrer ce théorème par des considérations de statique, imaginons qu'un système solide invariable repose sur la surface S par les trois points O, A, B, et qu'il soit sollicité par une force F, passant dans l'intérieur du triangle OAB. Pour qu'il y ait équilibre, il faut et il suffit que la force F soit normale à la surface S; car on peut la supposer appliquée en un point infiniment voisin de cette surface, et l'équilibre sera assuré si le déplacement virtuel de ce point, parallèlement à la surface S, est perpendiculaire à la direction de la force F. La force F est alors tenue en équilibre par les réactions des trois points O, A, B, lesquelles sont dirigées suivant les normales OC, AC, BC'. *Toute droite qui rencontre ces trois normales rencontre donc aussi la direction de la force* F, et par suite la normale F, menée à la surface en un point infiniment voisin du point O, rencontre les deux droites CD, C'D', qui s'appuient à la fois sur les trois normales OC, AC, BC'.

Le théorème est ainsi démontré. Mais on voit du même coup qu'on pourrait en dire autant d'une droite quelconque menée par le point C dans le plan YOZ, et d'une droite quelconque menée par le point C' dans le plan ZOX, de sorte que le théorème est susceptible d'un énoncé plus général : *Les normales à la surface S en ses points infiniment voisins du point O rencontrent toutes les droites menées par le centre de courbure d'une section principale dans le plan de l'autre section principale.*

---

[1] *Comptes rendus de l'Académie des sciences*, t. XX, 1845.

Il semble cependant contradictoire d'admettre que la direction de la normale F puisse rencontrer deux droites distinctes menées par le point C dans le plan YOZ, sans être tout entière contenue dans ce plan. Mais cette contradiction s'explique aisément, en observant que la proposition n'est vraie que pour des dimensions infiniment petites de la figure OAB. La substitution de la droite CD″ à la droite CD dans le plan principal YOZ a pour unique effet d'altérer infiniment peu la direction de la force F, et cette altération s'annule à la limite, quand le point d'application se rapproche indéfiniment du point O.

La surface donnée, aux environs du point donné O, peut être considérée, d'après le théorème de Sturm, comme engendrée, soit par le cercle osculateur COA, tournant autour de l'axe C'D', soit par le cercle osculateur C'OB tournant autour de l'axe CD. Cette double génération avait été indiquée primitivement par Meusnier[1]. On voit qu'aux axes indiqués CD, C'D' rien n'empêche d'en substituer d'autres, pourvu qu'ils passent par les points C et C', et qu'ils soient contenus dans les plans principaux BOC, AOC'. En effet, faisons tourner l'arc infiniment petit OA autour d'un axe oblique C'D″, mené dans le plan AOC'. L'élément de surface de révolution engendré par cette rotation aura pour rayons de courbure principaux au point O le rayon de courbure CO de la méridienne, et la portion OC' de la normale comprise entre la méridienne et l'axe, c'est-à-dire les rayons principaux de la surface donnée au point O. Ces deux surfaces sont donc osculatrices tout autour de ce point.

THÉORÈME DE GAUSS.

149. Soient M, M'... des points matériels faisant partie d'un système quelconque à liaisons, et P, P',... des forces appliquées en ces points. A partir des points M, M',... prenons, sur

---

[1] Mémoire sur la courbure des surfaces (1780).

les directions des forces, des longueurs $MN = kP$, $M'N' = kP'$, k étant un nombre arbitraire ; cette construction nous donne des points N, N',... que nous considérerons comme fixes. Soient p, p'... les longueurs MN, $M'N'$... ainsi définies.

Cela posé, *si les forces* P, P',... *se font équilibre, la somme* Σp^2 *est minimum ou maximum, parmi toutes les valeurs qu'elle prend lorsque les points* M, M', ... *subissent des déplacements virtuels compatibles avec les liaisons.*

En effet, soit MM_1 le déplacement virtuel imprimé au point M, et μ la projection du point M_1 sur la direction MP.

La condition d'équilibre sera

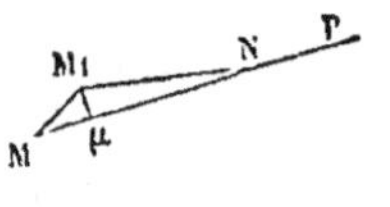

$$\Sigma P \times M\mu = 0,$$

ou bien

$$\Sigma P \delta p = 0,$$

Fig. 151.

δp étant la variation, $M\mu$, de la longueur $MN = p$.

Remplaçant P par $\dfrac{p}{k}$, il vient

$$\Sigma \frac{p}{k} \delta p = 0.$$

ou bien

$$\Sigma p \delta p = 0,$$

en supprimant le facteur commun k ; on a donc

$$\delta \Sigma p^2 = 0,$$

équation qui montre que Σp^2 est en général un maximum ou un minimum.

Pour savoir si Σp^2 est maximum ou minimum, représentons par θ l'angle $M_1 MN$; appelons p_1 la distance $M_1 N$, et r le déplacement MM_1 ; nous aurons

$$p_1^2 = p^2 + r^2 - 2pr\cos\theta ;$$

donc

$$\Sigma p_1^2 = \Sigma p^2 + \Sigma r^2 - 2\Sigma pr\cos\theta :$$

ce qu'on peut écrire

$$\delta \Sigma p^2 = \Sigma r^2 - 2\Sigma pr\cos\theta,$$

et il suffira d'examiner le signe de la différence $\Sigma r^2 - 2\Sigma pr\cos\theta,$

dont les deux termes sont infiniment petits du second ordre. Plusieurs cas sont à distinguer.

I. Supposons d'abord $\Sigma P \delta p$ de même signe pour tous les déplacements virtuels compatibles avec les liaisons. Cette somme pourra être négative ou positive.

1° Si $\Sigma P \delta p < 0$, $\Sigma p \delta p$ sera aussi négatif, et comme $\delta p = r \cos \theta$, il en sera de même de $\Sigma p r \cos \theta$; $\Sigma r^2 - 2 \Sigma p r \cos \theta$ étant la somme de deux parties positives, $\delta \Sigma p^2$ est positif, pour tout déplacement; et par suite Σp^2 est minimum.

2° Soit $\Sigma P \delta p > 0$; nous avons toujours

$$\Sigma p \delta p = \Sigma k P \delta p = k \Sigma P \delta p.$$

Donc $\Sigma p \delta p$, ou $\Sigma p r \cos \theta$, est positif et varie proportionnellement au nombre k. La différence

$$\Sigma r^2 - 2 \Sigma p r \cos \theta = \Sigma r^2 - 2 k \Sigma P \delta p$$

peut recevoir des valeurs négatives pour une valeur de k suffisamment grande; on peut, au contraire, assigner à cette différence une valeur positive, en donnant à k une valeur assez petite. Dans le premier cas, la somme Σp^2 est maximum; dans le second, minimum. Entre les deux valeurs limites de k, le signe de la différence reste indécis, et l'on ne peut affirmer l'existence ni d'un maximum ni d'un minimum.

II. Supposons en second lieu que $\Sigma P \delta p$ puisse changer de signe avec le déplacement imprimé au système. On pourra toujours prendre le nombre k positif et assez petit, pour que $2 k \Sigma P \delta p$ soit numériquement infiniment moindre que Σr^2; car la somme $\Sigma p r \cos \theta$, ou $\Sigma p \delta p$, est infiniment petite du second ordre pour des valeurs finies de p, puisqu'on a pour l'équilibre $\Sigma p \delta p = 0$, aux infiniment petits du second ordre près. Si donc on attribue à k des valeurs infiniment petites du premier ordre, $\Sigma p \delta p$ deviendra un infiniment petit du troisième ordre, c'est-à-dire sera infiniment petit par rapport à Σr^2, qui est du second.

Dans ce cas Σp^2 est minimum pour une valeur infiniment petite du nombre k, et par suite pour une valeur finie, inférieure à une certaine limite.

Remarque. — Lorsque pour une certaine valeur de k, Σp^2 est maximum, il suffit de porter les mêmes longueurs p en sens contraire des forces pour rendre la somme Σp^2 minimum, car le maximum suppose $\Sigma pr \cos \theta$ positif, et l'angle θ étant changé en $\pi - \theta$, on aurait l'égalité

$$\delta \Sigma p^2 = \Sigma r^2 + 2 \Sigma pr \cos \theta,$$

d'où résulteraient pour $\delta \Sigma p^2$ des valeurs positives.

Le même théorème peut s'étendre, en dynamique, au mouvement d'un système, pourvu qu'on joigne aux forces qui le sollicitent, les *forces d'inertie* de ses différents points matériels.

LIVRE V

DE LA PESANTEUR

CHAPITRE PREMIER

DÉFINITIONS. — ATTRACTION DES SPHÈRES MATÉRIELLES.

150. On appelle *pesanteur* la propriété qu'ont les corps placés à la surface du globe d'être attirés vers la terre par une force déterminée, qui leur fait exercer une pression sur leurs appuis, s'ils sont en équilibre, ou qui les fait *tomber*, s'ils sont abandonnés à eux-mêmes. Tous les corps sont pesants. A la vérité, on trouve certains corps, dits corps *légers*, qui peuvent se maintenir *en l'air* sans tomber à la surface du sol; mais ce phénomène est dû à la présence de l'air atmosphérique, qui exerce une poussée de bas en haut sur tous les corps qui y sont plongés; dans le vide, un corps léger tomberait comme un corps lourd, et le mouvement des deux corps présenterait les mêmes variations de vitesse. Dans l'air, la force due à la pesanteur est diminuée de la poussée du gaz, et le corps n'est sollicité en réalité que par la différence, positive ou négative, de ces deux forces contraires; la résultante peut, dans certains cas, être dirigée de bas en haut.

151. Les lois de la pesanteur sont fort compliquées, et elles ne peuvent être entièrement étudiées que dans la dynamique. La pesanteur est variable pour un même corps avec la latitude et avec la hauteur au-dessus du niveau de la mer; elle varie en direction d'un point à l'autre de la surface du globe; si on laisse tomber un corps d'une grande hauteur, ce corps ne parcourt la *verticale*, direction de la pesanteur, que pendant les premiers instants de sa chute : la rotation du globe a pour effet de l'en faire dévier. Nous laisserons de côté pour le mo-

ment l'examen de ces variations, et nous simplifierons l'étude de la pesanteur en supposant qu'il s'agisse d'un corps de petites dimensions, en repos, placé à peu de distance de la surface des mers, comme cela a lieu généralement pour les corps entrant dans la construction des machines. La pesanteur exercera sur les parties de ce corps des actions verticales, toutes parallèles entre elles. Supposons le corps solide. Toutes ces forces parallèles et de même sens pourront se composer en une seule force égale à leur somme ; c'est cette résultante qu'on appelle le *poids* du corps ; elle a pour point d'application le *centre des forces parallèles*, qu'on nomme dans ce cas particulier le *centre de gravité* du corps.

Remarque. — Bien que la composition des forces suppose que les points d'application appartiennent à un même système solide, un système matériel non solide peut être considéré comme ayant un centre de gravité ; c'est le centre de gravité du système qu'on aurait rendu solide par la pensée, sans en altérer la forme. Si le système matériel se déplace et change de forme, à chacune de ses formes successives correspond un centre de gravité particulier.

CORPS HOMOGÈNES. — POIDS SPÉCIFIQUE.

152. Le poids total d'un corps, solide ou non solide, est la somme des poids de ses diverses parties. On dit qu'un corps est *homogène* lorsqu'un volume donné du corps a toujours le même poids, en quelque endroit qu'on prenne ce volume. Dans ce cas, le poids est proportionnel au volume ; on obtient le poids total d'un corps homogène dont le volume est donné, en multipliant ce volume par un nombre qui dépend de la nature du corps, et qu'on nomme *poids spécifique*. Si l'on appelle P le poids total d'un corps homogène, V son volume, et p son poids spécifique, on a entre ces trois quantités la relation

$$P = V \times p.$$

La quantité P est rapportée à l'*unité de poids*; la quantité V, à l'*unité de volume*; enfin le nombre p exprime, en unités de poids, le poids de l'unité de volume. L'équation est donc homogène. L'unité de poids reste arbitraire. On est convenu en France de prendre pour unité le poids de l'unité de volume d'eau distillée. Pour l'eau, par conséquent, le volume et le poids sont exprimés par un même nombre. Si l'on prend, par exemple, pour unité de volume le centimètre cube, l'unité de poids s'appelle le *gramme*; c'est le poids d'un centimètre cube d'eau. Si l'on prend le décimètre cube, l'unité de poids correspondante est le *kilogramme*, poids égal à 1000 grammes, ou au poids de 1000 centimètres cubes d'eau. Le décimètre cube contient en effet 1000 centimètres cubes. Enfin, si l'on prend pour unité de volume le mètre cube, l'unité de poids correspondante est la *tonne*, qui équivaut à 1000 kilogrammes, ou à 1 000 000 de grammes, et qui représente le poids de 1000 décimètres cubes ou de 1000 litres d'eau, ou encore de 1 000 000 de centimètres cubes. Pour l'eau distillée, quelle que soit l'unité de volume qu'on adopte, le poids spécifique p est égal à l'unité numérique. Cette convention suppose l'eau prise à une température définie, qu'on a fixée à 4° centigrades environ, et qui correspond à son maximum de densité. Au-dessus comme au-dessous de cette température, un centimètre cube d'eau distillée a un poids un peu moindre qu'un gramme, et un poids spécifique un peu inférieur à l'unité.

153. On détermine en physique les poids spécifiques des divers corps, solides, liquides ou gazeux, ou plutôt les rapports de ces poids spécifiques à celui de l'eau, et les lois de la variation des poids spécifiques avec la température et avec la pression. On a dressé des tables qui donnent le poids spécifique des différents corps. Celui du mercure est d'environ 13,6; celui de la fonte, d'environ 7,2 ; cela veut dire qu'un volume donné de mercure (pris à la température de 0°) a le même poids que 13,6 volumes égaux d'eau distillée (à la température de 4°), et qu'un volume donné de fonte pèse autant que

7,2 fois ce même volume d'eau. Par exemple, 1 centimètre cube de mercure à 0° pèse 13^{gr},6, et un mètre cube de fonte à la même température pèse 7^{tonnes},2 ou 7200 kilogrammes.

Le volume correspondant à un poids donné d'un certain corps se détermine en divisant le poids donné par le poids spécifique. Cherchons, par exemple, quel volume occupe un poids de 480 grammes de mercure à la température de zéro. Il suffira de diviser 480 par 13,6, poids spécifique du mercure; il vient au quotient le nombre 35,294..., qui exprime en centimètres cubes le volume cherché. Si l'on demande quel volume de fonte pèse 40 tonnes, on divisera 40 par 7,2; le quotient est 5,555555...; le volume demandé est donc 5 mètres cubes 555 décimètres cubes 555 centimètres cubes, etc., ou 5 mètres cubes $\dfrac{5}{9}$.

Lorsqu'il s'agit d'un gaz, il est nécessaire de connaître non-seulement sa température, mais encore sa *pression*, pour déterminer son poids en fonction de son volume, et réciproquement. Cela tient à ce que le même poids de gaz occupe des volumes très différents, suivant qu'on le comprime plus ou moins, tandis que les pressions extérieures les plus considérables exercées sur un liquide ou sur un solide en altèrent à peine le volume.

154. Lorsque des volumes égaux, pris en différents points d'un corps, n'ont pas des poids égaux, le corps n'est pas homogène, et le quotient de la division du poids total par le volume ne donne plus que le *poids spécifique moyen*. Si on divise de même le poids d'une portion définie du corps par le volume que cette portion occupe, on obtient le *poids spécifique moyen* de la portion considérée. Enfin, le *poids spécifique* d'un corps non homogène *en un point donné* est le poids spécifique moyen d'une portion infiniment petite prise dans le corps autour du point donné, ou la limite vers laquelle tend le rapport du poids de cette portion variable au volume qu'elle occupe, à mesure qu'on en réduit les dimensions jusqu'à zéro.

MESURE DES QUANTITÉS DE MATIÈRE. — MESURE DES FORCES.

155. Le poids d'un corps peut servir à l'évaluation numérique de la *quantité de matière* que ce corps renferme. Nous ne savons pas ce que c'est que la matière, et il paraît à peu près impossible d'en donner une définition claire et précise. Nous pouvons du moins admettre que deux corps ayant le même poids renferment la même quantité de matière, et que deux corps ayant des poids différents renferment des quantités de matière proportionnelles à leurs poids respectifs. Sans doute il existe une différence de nature intime entre les divers corps simples de la chimie : on ne peut changer, par exemple, du fer en hydrogène ou en mercure; on dira néanmoins qu'un kilogramme de fer, un kilogramme d'hydrogène, un kilogramme de mercure, représentent chacun des quantités égales de matière. Les réactions chimiques qui s'opèrent entre des corps de natures différentes, n'altèrent pas les quantités de matières mises en présence les unes des autres; elles se résument dans de nouveaux groupements des éléments constitutifs des corps, mais il n'y a ni matière créée ni matière détruite. La recherche des poids permet de constater cette vérité, principe fondamental de la chimie moderne.

Dans la vie pratique, c'est au poids que se vendent la plupart des produits de l'agriculture et de l'industrie; parfois on substitue au poids la mesure d'un volume, mais c'est qu'alors on trouve plus commode de mesurer une capacité que d'effectuer une pesée, et que la constance, absolue ou approximative, du poids spécifique de la chose vendue permet de regarder le volume comme sensiblement proportionnel au poids. Un kilogramme de pain représente bien une quantité définie de pain, c'est-à-dire, abstraction faite de toutes les qualités physiques et chimiques du pain , une quantité définie de *matière*. La recherche du poids n'a donc souvent pour objet que l'évaluation d'une quantité de matière, et c'est pour cela que, dans la définition légale de l'unité de poids, on n'a fait entrer ni la hauteur au-dessus du niveau de la mer, ni la latitude du lieu où doit se faire l'expérience. Le gramme est, en tous lieux, le poids du centimètre cube d'eau distillée à 4°; et bien que, à égalité d'altitudes, la pesanteur soit moindre à l'équateur qu'aux pôles, un poids d'un gramme transporté de l'équateur au pôle représentera partout un poids égal à celui du centimètre cube d'eau, car ces deux poids varient tous deux de la même manière avec la latitude, et restent égaux partout, dès qu'ils sont égaux en un point particulier du globe[1].

Il n'en est plus de même si l'on se sert du poids comme *mesure de la force*. Le poids d'un corps est la résultante des forces parallèles dues à la pesanteur, appliquées à toutes les molécules de ce corps. La pesanteur variant avec l'altitude et avec la latitude, ces forces et leur résultante varient pour un même corps avec la position qu'on lui donne par rapport au globe terrestre. Le poids d'un corps ne représente donc pas partout la même force, et pour évaluer les forces en kilogrammes, comme on le fait communément, il faut avoir soin de définir le lieu où l'évaluation doit être faite. Nous admettrons ici que ce lieu soit situé au niveau de la mer, et sous la latitude de Paris (48° 50′). Du reste, les variations de la pesanteur sont généralement assez faibles, dans les circonstances ordinaires de la pratique, pour qu'on puisse en faire abstraction, même quand il s'agit de mesurer les forces.

MESURE DES FORCES PAR LE DYNAMOMÈTRE.

156. Si l'on veut s'affranchir de ces variations de la pesanteur, il faut comparer la force à mesurer, non plus à un poids

---

[1] Ces notions seront complétées dans la dynamique. Le poids P d'un corps est le produit de l'*accélération g* due à la pesanteur par la *masse m* de ce corps. La masse est la vraie mesure de la quantité de matière que le corps renferme; c'est un nombre constant pour un corps donné. Le facteur g varie d'un lieu à l'autre, et le poids P éprouve les mêmes variations. En un même lieu, les poids sont proportionnels aux masses.

qui varie d'un point à l'autre, mais à une force qui soit la même partout; la force que l'on choisit comme terme de comparaison est celle que fournit l'élasticité des solides. L'appareil d'évaluation prend le nom de *dynamomètre*.

Soit AB une lame d'acier, solidement engagée dans un mur MN sur toute la longueur AC, de manière que cette portion AC puisse être regardée comme fixe. Si l'on applique à l'extrémité B une force F, perpendiculaire à la direction de la lame et agissant dans son plan moyen, la lame fléchit et la portion libre devient une courbe AB', tangente en A à sa direction primitive AB. Le déplacement total BB' du point B, extrémité libre de la lame, c'est-à-dire la *flèche* prise par le ressort, dépend de l'intensité de la force F. de la longueur et des dimensions de la lame, enfin de l'élasticité plus ou moins grande de la matière dont elle est composée. Or l'expérience montre que tant que la

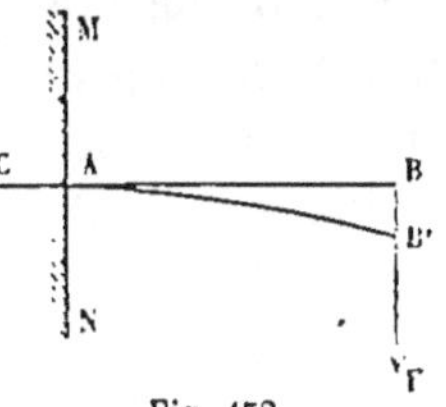

Fig. 152.

flèche est suffisamment petite, elle est proportionnelle à la force F qui la produit. La flèche peut donc servir de mesure à la force, et pour évaluer la force, il suffira d'évaluer la flèche BB' correspondante, au moyen d'une échelle graduée.

Le dynamomètre (fig. 153) est fondé sur le même principe.

Il est formé de deux lames élastiques toutes pareilles, AB, A'B', auxquelles on donne un profil parabolique propre à en augmenter la flexibilité; ces deux lames sont réunies en AA', BB', par des brides courtes et rigides; l'une d'elles est attachée en son milieu C à un point qu'on peut regarder comme fixe; en face de

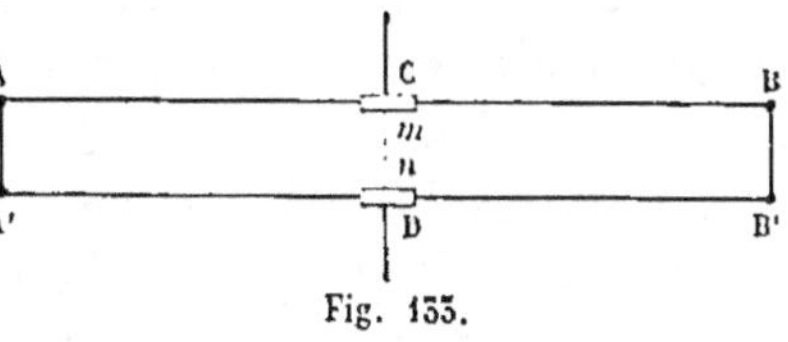

Fig. 153.

ce point, on applique en D la force à évaluer. Au commencement de l'expérience, on a noté exactement la position du point *n* par rapport au point *m*. Après l'application de la force, les lames fléchissent toutes deux de quantités égales, et prennent la forme $A_1 m B_1$, $A'_1 n_1 B'_1$ (fig. 154); la distance mn est devenue, par suite de la flexion, égale à mn_1; et comme les brides AA', BB' sont très courtes et très peu déformables, l'accroissement nn_1 de la distance des milieux est la somme des flèches prises par les deux ressorts, ou le double de la flèche AA_1, prise par l'un

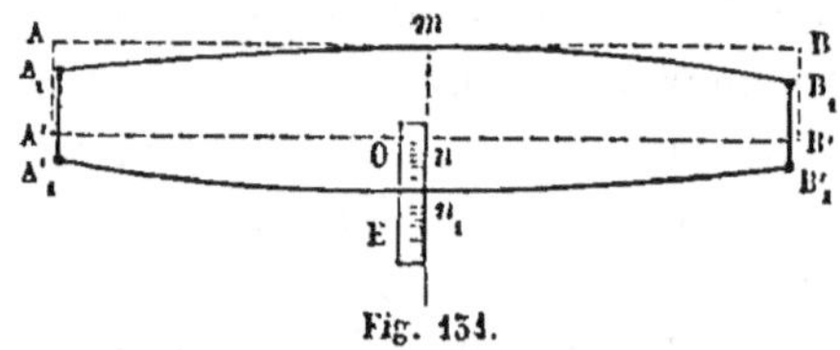

Fig. 154.

d'eux. La longueur nn_1 est donc proportionnelle à la force appliquée au point D, et il suffit d'évaluer cette longueur sur une échelle, E, convenablement graduée, et ayant son zéro en face du point n, pour avoir la mesure demandée.

On attachera successivement au point D des poids de 1, 2, 3, ... n kilogrammes, et l'on notera sur l'échelle les positions correspondantes prises par le point mobile n_1 dans chaque expérience. La graduation sera ainsi faite empiriquement. Supposons qu'on l'ait opérée à Paris, et au niveau de la mer. Chaque division de l'échelle correspondra à une force d'un *kilogramme (valeur de Paris)*; transporté ailleurs, le dynamomètre donnera des évaluations de force dans cette même unité. Ainsi, le poids coté 1 kilogramme courbera un peu plus le dynamomètre à Pétersbourg qu'à Paris, et marquera à l'échelle une déviation nn_1 plus considérable, parce que Pétersbourg est plus voisin du pôle que Paris; le même poids, porté sur une haute montagne, produira une déviation moindre, parce que la pesanteur décroît à mesure qu'on s'éloigne de la terre; et l'échelle fera connaître exactement les forces appliquées à ce même poids dans ses diverses positions, en les évaluant toutes en kilogramme, valeur du lieu où s'est opérée la graduation. Le dynamomètre permet donc d'étudier les variations de la pesanteur.

La forme parabolique donnée aux lames du dynamomètre, et l'assemblage des deux lames, ont pour objet d'augmenter la sensibilité de l'appareil, et d'accroître la longueur dont on doit déterminer la mesure. L'appareil serait parfait si l'élasticité des métaux n'était pas sujette à s'altérer à la suite des efforts qu'ils ont subis. Mais il arrive qu'au bout d'un certain nombre d'expériences le dynamomètre, rapporté au lieu de sa graduation et soumis successivement aux mêmes poids, ne prend plus rigoureusement les mêmes flèches qu'à l'origine.

La dynamique donne des moyens bien plus parfaits d'étudier les variations de la pesanteur en différents points du globe.

ATTRACTION DES SPHÈRES MATÉRIELLES.

157. Newton a reconnu que la pesanteur est un cas particulier d'une loi beaucoup plus générale, celle de la *gravitation universelle.*

Voici comment cette loi est formulée :

Soient A et B deux molécules, situées à une distance $AB = r$. Appelons m la *quantité de matière* contenue dans la molécule A, et m' la quantité de matière contenue dans la molécule B, ces quantités étant rapportées à une unité arbitraire, à l'unité de poids par exemple. La molécule A exerce sur la molécule B une attraction F, dirigée de B vers A ; la molécule B exerce sur la molécule A une attraction égale F', dirigée de A vers B, et la valeur commune de ces deux forces mutuelles est donnée par la formule

$$F = \frac{f m m'}{r^2},$$

Fig. 135.

où f est un nombre constant, dépendant du choix des unités qui ont servi à évaluer la distance r, la force F et les quantités de matière m et m'.

158. La terre, le soleil, les planètes, sont des corps à peu près sphériques. Cherchons la résultante de toutes les actions attractives exercées par les molécules de l'un de ces corps,

de la terre par exemple, sur un point matériel placé à une distance donnée de sa surface. Nous admettrons dans cette recherche que le globe terrestre soit formé d'une infinité de couches sphériques concentriques et homogènes, et nous nous occuperons d'abord de déterminer la résultante des actions exercées par les molécules qui composent l'une de ces couches en particulier.

Soit O le centre, BC le diamètre, BFC le profil d'une couche sphérique homogène, dont le rayon OB est égal à R, et qui renferme une quantité de matière de ρ unités par unité de surface.

Soit A le point attiré, que nous supposerons d'abord au dehors de la sphère, à une distance $AO = a$ du centre; nous désignerons par m la quantité de matière de ce point.

Coupons la surface sphérique par deux plans infiniment voisins, perpendiculaires tous deux à la droite AO; l'un de ces plans est profilé sur la figure en MPN; l'autre est situé à

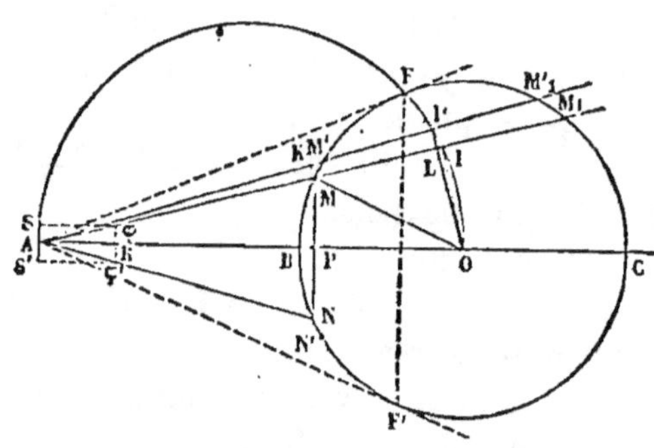

Fig. 156.

une distance infiniment petite du premier ; tous deux déterminent sur la surface une zone sphérique profilée suivant les arcs infiniment petits MM', NN'.

Tous les points de cette zone sont à égale distance du point A, abstraction faite de l'excès de distance du bord M'N' sur le bord MN, lequel excès est infiniment petit, et négligeable par rapport à la distance finie AM. Prenons en particulier une molécule M de la zone; l'action attractive φ qu'elle exerce sur le point A a pour mesure

$$\varphi = \frac{fm\mu}{\overline{AM}^2}.$$

μ étant la quantité de matière contenue dans la molécule; cette force, φ, dirigée suivant AM, peut se décomposer en deux forces, l'une AR dirigée suivant AP, l'autre AS dirigée normalement à AP dans le plan PAM. Or la force AS est détruite par la composante normale, AS', de la force φ', égale à φ, exercée sur le point A par la molécule N, symétrique de M par rapport à l'axe AO ; de sorte que toutes les forces normales à AO, et provenant des actions de la zone MM', se détruisent deux à deux, tandis que les forces AR, dirigées suivant AO, s'ajoutent, et donnent par leur somme l'action totale exercée par la zone entière.

La composante AR, qui correspond à l'action de la molécule M, se déduit de la similitude des triangles ARφ, APM ; il vient en effet

$$\frac{AR}{\varphi} = \frac{AP}{AM}.$$

Donc

$$AR = \varphi \times \frac{AP}{AM} = \frac{fm\mu}{\overline{AM}^2} \times \frac{AP}{AM} = fm \times \frac{AP}{\overline{AM}^3} \times \mu.$$

Pour passer de là à la somme des composantes AR provenant des actions de toutes les molécules de la zone MM'N'N, il suffit de remplacer le facteur μ par la quantité totale de matière que cette zone renferme. Or la surface de cette zone, qu'on peut confondre avec la surface convexe d'un tronc de cône, a pour mesure le produit de l'arc MM', génératrice de la surface du cône, par la circonférence décrite par le milieu de cette génératrice ; mais, à cause de la petitesse de l'arc MM', on peut substituer à la circonférence décrite par le milieu de cet arc la circonférence décrite par l'une, M, de ses extrémités, c'est-à-dire le produit $2\pi \times$ MP. La surface de la zone est donc, en négligeant les infiniment petits d'ordre supérieur au premier,

$$2\pi \times MP \times MM'.$$

La quantité de matière contenue dans l'unité de surface étant représentée par ρ, la matière contenue dans la zone MM'N'N est représentée par le produit

$$2\pi\rho \times MP \times MM',$$

et enfin l'action attractive totale H, exercée par la zone sur le point A, et dirigée de A vers O, a pour mesure

$$H = fm \times \frac{AP}{\overline{AM}^3} \times 2\pi\rho \times MP \times MM',$$

ou bien

$$H = 2\pi fm\rho \times \frac{AP \times MP \times MM'}{\overline{AM}^3}.$$

Du point O, abaissons les perpendiculaires OI, OI' sur les droites AM, AM' prolongées. Les points I, I', milieu des cordes MM_1, $M'M'_1$, sont situés sur une même circonférence OFA, décrite sur AO comme diamètre. Joignons MO, et abaissons MK perpendiculaire sur AM'.

Les triangles rectangles AMP, AOI sont semblables et donnent les proportions :

$$(1) \qquad \frac{AP}{AM} = \frac{AI}{AO},$$

$$(2) \qquad \frac{MP}{AM} = \frac{OI}{AO}.$$

Nous substituerons au rapport $\dfrac{MM'}{AM}$ le produit égal des rapports $\dfrac{MM'}{MK} \times \dfrac{MK}{AM}$.

Le triangle KMM', dont les trois côtés sont infiniment petits, est semblable au triangle MOI ; car ils sont tous deux rectangles, l'un en K, l'autre en I, et de plus l'angle KMM', qui a ses côtés KM, MM' respectivement perpendiculaires à AI' et à MO, ou, à la limite, à AI et à MO, diffère infiniment peu de l'angle MOI. On a donc la proportion

$$(3) \qquad \frac{MM'}{MK} = \frac{MO}{MI}.$$

Les triangles AMK, ALI' sont aussi semblables et donnent la quatrième proportion

$$(4) \qquad \frac{MK}{AM} = \frac{LI'}{AL}.$$

Multiplions membre à membre les égalités (1), (2), (3) et (4); il viendra, en supprimant le facteur commun MK,

$$\frac{AP \times MP \times MM'}{\overline{AM}^3} = \frac{AI \times OI}{\overline{AO}^2} \times \frac{MO \times LI'}{MI \times AL},$$

de sorte que l'attraction H s'exprime par le produit

$$H = 2\pi f m \rho \times \frac{MO}{\overline{AO}^2} \times \frac{AI}{AL} \times \frac{OI \times LI'}{MI}.$$

Les longueurs finies AI et AL diffèrent d'une quantité LI, infiniment petite; leur rapport a donc pour limite l'unité; MO est égal à R, rayon de la couche sphérique, et AO est égal à a, distance du point A au centre; en résumé, nous pouvons mettre l'attraction de la zone MM'N'N sous la forme suivante :

$$(5) \qquad H = \left(\frac{2\pi f m \rho \times R}{a^2} \right) \times \left(\frac{OI \times LI'}{MI} \right),$$

la première parenthèse comprenant tous les facteurs constants, et la seconde les facteurs qui varient avec la position de la zone. Nous allons transformer encore cette seconde parenthèse.

Le triangle MOI, rectangle en I, nous donne l'équation

$$\overline{OI}^2 + \overline{MI}^2 = R^2,$$

dans laquelle OI et MI sont variables; différentions cette équation, il viendra

$$OI \times d\,(OI) + MI \times d\,(MI) = 0.$$

Or la différentielle de OI est donnée sur la figure par la différence $OI' — OI = LI'$. On a donc

$$\frac{OI \times LI'}{MI} = -d.(MI) = -(M'I' — MI) = MI — M'I' = (ML + LI) — (KI' — KM'),$$

et comme KI' est la projection sur la direction AM' de la droite finie ML, laquelle fait avec cette direction un angle infiniment petit, on a, aux infiniment petits du second ordre près, $ML = KI'$. Donc enfin

$$(6) \qquad \frac{OI \times LI'}{MI} = LI + KM'.$$

Mettons cette valeur à la place de la seconde parenthèse dans l'équation (5), et nous aurons l'égalité beaucoup plus simple

$$(7) \qquad II = \frac{2\pi f m p \times R}{a^2} \times (LI + KM').$$

Il ne reste plus qu'à faire la somme des valeurs de II pour toutes les zones infiniment petites dans lesquelles on peut décomposer la surface sphérique, c'est-à-dire à faire la somme des quantités LI et KM', qui seules varient de l'une à l'autre. Or remarquons que KM' est la différence des droites AM', AM, menées du point A aux deux extrémités de l'arc qui engendre la zone considérée. De même LI est la différence des droites AI, AI', menées du même point A aux deux extrémités de l'arc II', que les mêmes directions interceptent sur la circonférence OFA. La somme des quantités KM', pour un certain arc fini BM de la demi-circonférence BC, sera donc égale à la différence, AM — AB, des distances du point A aux deux extrémités de cet arc, et la somme correspondante des quantités LI donnera la différence, AO — AI, des distances du point A aux deux extrémités, O et I, de l'arc OI qui correspond à l'arc BM sur la circonférence OFA.

Cette circonférence OFA coupe la circonférence BFC au point de contact, F, de la tangente issue du point A. L'attraction exercée sur le point A par la zone FBF', située à gauche du plan FF', a donc pour mesure

$$H' = \frac{2\pi f m \rho \times R}{a^2} \times (AF - AB + AO - AF) = \frac{2\pi f m \rho \times R^2}{a^2};$$

de même l'attraction exercée sur le point A par la zone FCF', qui complète la sphère, a pour mesure

$$H'' = \frac{2\pi f m \rho \times R}{a^2} \times (AC - AF + AF - AO) = \frac{2\pi f m \rho R^2}{a^2}.$$

Donc $H' = H''$.

L'attraction de la sphère entière est la somme $H' + H''$, ou bien $2H'$, ou enfin

$$\frac{4\pi f m \rho \times R^2}{a^2}.$$

Pour la sphère entière, la somme de tous les éléments KM est égale au diamètre, tandis que la somme des éléments LI, qui sont positifs pour toute la zone BF, et négatifs pour toute la zone FC, se réduit à zéro.

L'expression $\dfrac{4\pi f m \rho \times R^2}{a^2}$ peut s'écrire de la manière suivante :

$$\frac{f \times (4\pi R^2 \times \rho) \times m}{a^2}.$$

Or la surface de la couche sphérique a pour mesure $4\pi R^2$. Le produit de cette surface par ρ est la quantité totale de matière contenue dans la couche; si on appelle M cette quantité, l'attraction a pour mesure

$$\frac{f M m}{a^2},$$

c'est-à-dire qu'elle est égale à l'attraction exercée sur la molécule A par une molécule contenant la quantité M de matière, placée au centre O de la couche sphérique. En d'autres termes, *une couche sphérique homogène exerce sur un point matériel extérieur la même attraction que si toute la matière formant cette couche était concentrée en son centre.*

On peut en dire autant de chacune des couches sphériques

homogènes dont nous avons supposé le globe attirant composé ; de sorte que *l'attraction exercée sur un point extérieur par une sphère massive, composée de couches concentriques homogènes, est la même que si toute la matière de la sphère était concentrée en son centre.*

159. Si enfin on considère deux sphères massives S et S', composées chacune de couches concentriques homogènes, on ne changera rien, en vertu du théorème précédent, à l'attraction exercée par la sphère S sur un point matériel pris dans la sphère S', en réunissant toute la matière de la sphère S en son centre O. On est ramené par là à considérer l'attraction exercée par le point matériel fictif O sur tous les points de la sphère S', attraction égale à celle que tous les points de la sphère S' exercent sur le point matériel O. Appliquant de nouveau le théorème, on pourra supposer que toute la matière de la sphère S' est concentrée en son centre O' ; de sorte qu'en résumé on n'altère pas les attractions mutuelles en concentrant à la fois la matière de la sphère S' en son centre O, et la matière de la sphère S' en son centre O'. *Deux sphères matérielles, composées chacune de couches concentriques homogènes, s'attirent donc de la même manière que si la matière de chaque sphère était réunie en son centre.*

160. Voici pour le même théorème une démonstration géométrique plus rapide.

Soit (fig. 157) O le centre de la couche sphérique, OB son rayon, et A le point attiré.

Considérons un élément de surface MM' ; l'action qu'il exerce sur le point A est dirigée suivant AM, et a pour valeur

$$\frac{f m \rho \times \text{surf. MM'}}{\overline{AM}^2} ;$$

sa composante suivant AO est égale à

$$\frac{f m \rho \times \text{surf. MM'}}{\overline{AM}^2} \times \cos A.$$

Au point M, faisons l'angle PMO = MAO. La droite MP coupe la droite OA en un point P qui est fixe sur cette droite.

En effet, les triangles OMP, OAM ont un angle commun en O,
et deux angles égaux; ils donnent la proportion

$$\frac{OP}{OM} = \frac{OM}{OA}.$$

Donc

$$OP = \frac{\overline{OM}^2}{OA},$$

quantité constante quel que soit le point M. On peut observer
que P est conjugué har-
monique de A par rapport
aux extrémités B et B' du
diamètre AO.

Du point P comme cen-
tre avec un rayon égal à
PM, décrivons un frag-

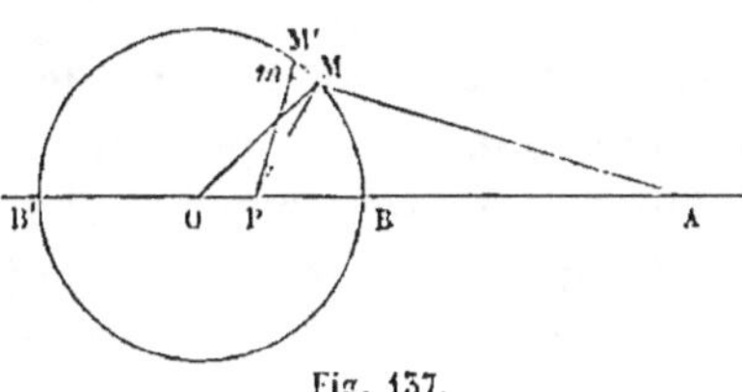

Fig. 137.

ment de surface sphérique, et considérons sur cette surface
la portion Mm interceptée par le cône qui a le point P pour
sommet et l'aire MM' pour base. La surface élémentaire Mm
sera la projection orthogonale sur cette sphère de l'élément MM'; et comme l'angle des deux surfaces est égal à
l'angle OMP = A de leurs normales respectives, on aura
surf. MM' $\times \cos A =$ surf. Mm. Les triangles semblables OMP,
OAM donnent de plus

$$\frac{PM}{OM} = \frac{AM}{OA};$$

on peut donc remplacer $\overline{AM}^2$ par

$$\frac{\overline{PM}^2 \times \overline{OA}^2}{\overline{OM}^2},$$

ce qui transforme l'action élémentaire, estimée suivant AO, en

$$\frac{f m\rho \times \text{surf. } Mm}{\overline{PM}^2 \times \overline{OA}^2} \times \overline{OM}^2.$$

Mais $\dfrac{\text{surf. } Mm}{\overline{PM}^2}$ est l'aire $d\sigma$ interceptée par le cône PMm sur
la sphère décrite du point P comme centre avec un rayon
égal à l'unité.

Les autres facteurs sont constants ; de sorte qu'en désignant par la caractéristique Σ la sommation de tous ces éléments $d\sigma$ autour du point P, on aura pour l'action totale subie par le point A

$$\frac{f m \rho \times \overline{OM}^2}{\overline{OA}^2} \times \Sigma d\sigma,$$

ou bien

$$\frac{f m \rho \times 4\pi \overline{OM}^2}{\overline{OA}^2} ;$$

c'est-à-dire le même résultat que si l'on concentrait toute la matière dè la couche sphérique au point O.

161. Nous avons supposé (§ 157 et suiv.) que le point A, attiré par la matière répartie uniformément sur une surface sphérique, était extérieur à cette surface. Cherchons à résoudre la même question dans le cas où le point A est placé à l'intérieur de la couche. On pourrait suivre une marche analogue à celle que nous avons indiquée pour le premier cas. Mais une remarque de géométrie permet d'abréger la solution.

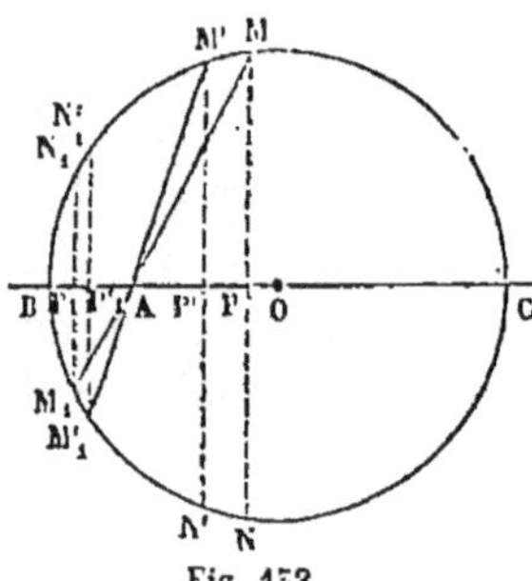
Fig. 153.

Considérons, comme nous l'avons fait dans le premier cas, l'attraction totale exercée sur le point A par la matière de la zone profilée en MM' et NN', et comprise entre les deux plans parallèles infiniment rapprochés MPN, M'P'N'. Cette attraction est dirigée du point A vers le point O, et a pour mesure

$$2\pi f m \rho \times \frac{A}{\overline{AM}^3} \times MP \times MM'.$$

Prolongeons les droites AM, AM' jusqu'à leur seconde rencontre avec la circonférence en M_1, M'_1. L'arc $M_1 M'_1$ sera le profil d'une zone sphérique comprise entre les deux plans parallèles $M_1 P_1 N_1$, $M'_1 P'_1 N'_1$, et l'attraction totale exercée sur le point A par la matière de cette zone, attraction dirigée dans

le sens AB, aura pour mesure, en appliquant la même formule,

$$2\pi f m \rho \times \frac{AP_{4}}{\overline{AM_{4}}^{3}} \times M_{4}P_{4} \times M_{4}M'_{4}.$$

Les arcs infiniment petits MM', $M_{4}M'_{4}$, peuvent être confondus avec leurs cordes, et forment avec les droites AM, AM',
AM_{4}, AM'_{4} deux triangles semblables; les triangles AMP,
$AM_{4}P_{4}$ sont aussi semblables. Ces triangles donnent les proportions :

$$\frac{AP}{AM} = \frac{AP_{4}}{AM_{4}},$$

$$\frac{MM'}{AM} = \frac{M_{4}M'_{4}}{AM'_{4}},$$

$$\frac{PM}{AM} = \frac{P_{4}M_{4}}{AM_{4}}.$$

Les multipliant membre à membre, et observant qu'à la limite
AM'_{4} se confond avec AM_{4}, il vient

$$\frac{AP}{AM^{3}} \times MM' \times PM = \frac{AP}{AM^{3}} \times M_{4}M'_{4} \times P_{4}M_{4}.$$

Les deux attractions sont donc égales, et comme elles agissent
sur le point A en sens contraire l'une de l'autre, elles se font
équilibre. L'attraction de la première zone est détruite par
l'attraction de la seconde. Donc

*L'attraction totale exercée par une couche sphérique homogène
sur un point matériel placé au dedans de cette couche est nulle.*

On peut remarquer que le plan mené par le point A, perpendiculairement à la droite BC, partage la couche sphérique
en deux régions, dont les attractions partielles sur le point A
sont égales et contraires.

La même méthode nous ferait reconnaître, si nous ne
l'avions vu déjà, que quand le point A est à l'extérieur, le
plan EE' (fig. 156), plan polaire du point A par rapport à la
surface sphérique, partage la couche en deux zones à une
base dont les attractions sur le point A sont égales et de même
sens.

SOLUTION ANALYTIQUE DU MÊME PROBLÈME.

162. Soit R le rayon de la sphère; a la distance OA, que nous supposerons d'abord supérieure à R.

L'attraction élémentaire exercée par un élément M de la couche sphérique sur le point A sera

$$\varphi = \frac{fm\mu}{\overline{AM}^2},$$

m étant la quantité de matière renfermée dans le point A, et

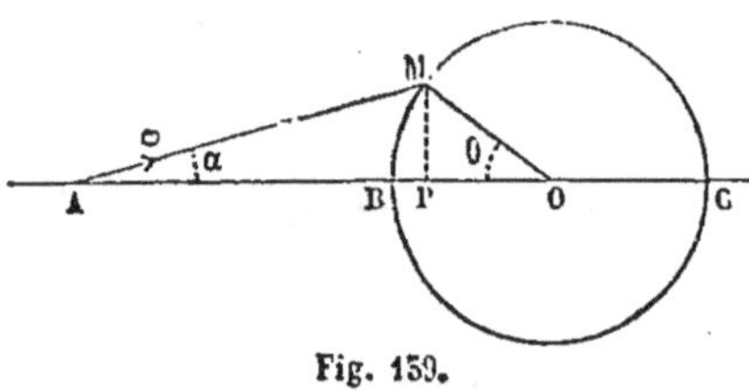

Fig. 159.

μ la quantité de matière de l'élément attirant M. Décomposons la force φ suivant la direction OA, et suivant une direction menée dans le plan MAO perpendiculairement à AO. Les composantes normales à AO de toutes forces élémentaires se détruisent deux à deux, et il vient pour l'attraction cherchée :

$$H = \Sigma\varphi\cos\alpha = \Sigma\frac{fm\mu\cos\alpha}{\overline{AM}^2},$$

le signe Σ s'étendant à tous les éléments μ qui composent la surface sphérique, et la lettre α désignant l'angle MAO.

Pour donner à cette expression la forme différentielle, définissons la position des points M sur la sphère par deux angles, l'angle $\theta = $ AOM, et l'angle dièdre ψ, formé par le plan AOM avec un plan fixe conduit par la droite OA; tous les points de la sphère pourront être atteints en faisant varier ψ de 0 à 2π, et θ de 0 à π. Considérons l'élément de surface compris entre les plans ψ et $\psi + d\psi$, et les cônes correspondants aux angles θ et $\theta + d\theta$. Cet élément est un rectangle infiniment petit, qui a pour côtés, dans un sens MP $\times d\psi$, ou R sin $\theta d\psi$, et dans l'autre sens, $OM \times d\theta$ ou $Rd\theta$. Sa surface est donc égale à $R^2 \sin\theta\, d\theta\, d\psi$, et la quantité de matière qu'il renferme est

$$\mu = \rho R^2 \sin\theta\, d\theta\, d\psi.$$

Posons enfin $AM = u$, et nous aurons pour l'attraction élémentaire estimée dans la direction AO,

$$\frac{f m \rho R^2 \sin\theta\, d\theta\, d\psi \cos\alpha}{u^2},$$

de sorte que l'attraction totale cherchée est l'intégrale double

$$H = f m \rho R^2 \int_{\theta=0}^{\theta=\pi} \int_{\psi=0}^{\psi=2\pi} \frac{\sin\theta \cos\alpha\, d\theta\, d\psi}{u^2},$$

en faisant sortir du signe $\int\int$ les facteurs constants.

L'intégrale relative à ψ s'opère immédiatement en observant que u et α sont des fonctions de θ seul; on a donc d'abord

$$H = 2\pi f m \rho R^2 \int_0^\pi \frac{\sin\theta \cos\alpha\, d\theta}{u^2}.$$

Pour faire la seconde intégration, nous changerons de variables et nous exprimerons α et θ en fonction de u.

Le triangle AMO nous donne

$$R^2 = u^2 + a^2 - 2au \cos\alpha.$$

Donc

$$\cos\alpha = \frac{u^2 + a^2 - R^2}{2au},$$

Le même triangle donne aussi

$$u^2 = R^2 + a^2 - 2Ra \cos\theta.$$

Différentiant cette équation, il vient

$$u\, du = Ra \sin\theta\, d\theta.$$

Donc

$$\sin\theta\, d\theta = \frac{u\, du}{Ra}.$$

Substituons dans la différentielle, nous aurons

$$\frac{\sin\theta\cos\alpha\,d\theta}{u^2}=\frac{u^2+a^2-R^2}{2au}\times\frac{u\,du}{Ra}\times\frac{1}{u^2}$$

$$=\frac{1}{2Ra^2}\left(1+\frac{a^2-R^2}{u^2}\right)du.$$

Les limites de l'intégration seront $u=AB=a-R$ et $u=AC=a+R$, et nous aurons pour l'attraction totale :

$$H=\frac{2\pi fm\rho R^2}{2Ra^2}\int_{a-R}^{a+R}\left(1+\frac{a^2-R^2}{u^2}\right)du.$$

L'intégrale générale est $u-\dfrac{a^2-R^2}{u}$.

Faisant d'abord $u=a+R$, elle prend la valeur

$$a+R-\frac{a^2-R^2}{a+R}=a+R-(a-R)=2R.$$

Puis pour $u=a-R$, elle devient

$$a-R-\frac{a^2-R^2}{a-R}=a-R-(a+R)=-2R.$$

La différence est $2R-(-2R)=4R$, et par suite

$$H=\frac{2\pi fm\rho R^2}{2Ra^2}\times 4R=\frac{f\times(4\pi R^2\times\rho)\times m}{a^2},$$

expression déjà trouvée.

163. Si le point était à l'intérieur de la sphère, le calcul précédent subsisterait, sauf en ce que la limite inférieure de l'intégration serait $R-a$ au lieu de $a-R$, de sorte que l'intégrale définie

$$\int_{R-a}^{R+a}\left(1+\frac{a^2-R^2}{u^2}\right)du$$

aurait pour valeur la différence

$$\left(R+a-\frac{a^2-R^2}{R+a}\right)-\left(R-a-\frac{a^2-R^2}{R-a}\right)=0,$$

et l'attraction serait nulle.

164. Il y aurait encore un cas limite à examiner, celui où le point serait situé sur la couche sphérique ; on a alors $a = R$, et l'intégrale générale semble se réduire à u ; prise entre les limites $u = 0$ et $u = 2R$, elle aurait la valeur $2R$.

Mais l'exactitude du résultat serait douteuse, parce que le terme $\dfrac{a^2 - R^2}{u}$ de l'intégrale générale ne peut pas être supprimé comme nul quand on donne à u la valeur *zéro*. Pour traiter ce cas, il vaut mieux revenir à la variable θ ; on a à la fois (fig. 140)

$$\alpha = \frac{\pi}{2} - \frac{\theta}{2},$$

$$\cos \alpha = \sin \frac{\theta}{2},$$

et la distance $AM = u$ s'exprime par $2R \sin \dfrac{\theta}{2}$; par conséquent

$$\frac{\sin \theta \cos \alpha \, d\theta}{u^2} = \frac{\sin \theta \sin \dfrac{\theta}{2}}{4R^2 \sin^2 \dfrac{\theta}{2}} d\theta$$

$$= \frac{2 \sin^2 \dfrac{\theta}{2} \cos \dfrac{\theta}{2}}{4R^2 \sin^2 \dfrac{\theta}{2}} d\theta = \frac{\cos \dfrac{\theta}{2} d\theta}{2R^2} = \frac{\cos \dfrac{\theta}{2} d \dfrac{\theta}{2}}{R^2},$$

en supprimant le facteur commun $\sin^2 \dfrac{\theta}{2}$.

L'intégrale doit être prise entre les limites $\theta = 0$ et $\theta = \pi$. Or on a

$$\int \cos \frac{\theta}{2} d \frac{\theta}{2} = \sin \frac{\theta}{2};$$

entre les limites $\theta = 0$ et $\theta = \pi$, cette fonction a pour valeur l'unité.

Donc

$$H = 2\pi f m \rho R^2 \times \frac{1}{R^2} = 2\pi f m \rho.$$

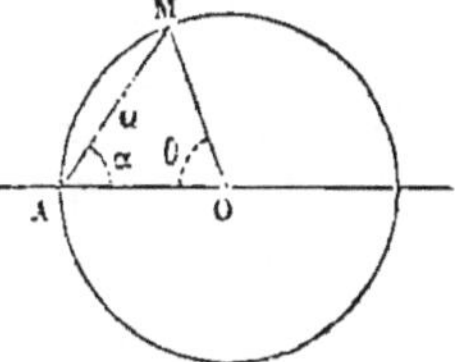

Fig. 140.

La quantité H, considérée comme fonction de la distance a, est donc discontinue ; elle éprouve une brusque variation pour $a = $ R, et elle prend la valeur 0 pour toute valeur de a, positive et inférieure à R.

LOIS DE L'ATTRACTION DES SPHÈRES PLEINES.

165. Soit O le centre, et CB la surface d'une sphère massive que nous supposerons homogène ; nous représenterons par ρ la quantité de matière contenue dans chaque unité de volume de cette sphère. Nous supposerons ensuite qu'un point matériel A parcoure la droite indéfinie OX,

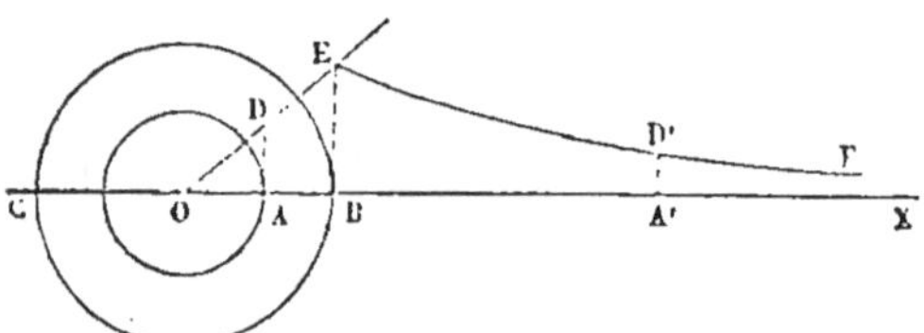

Fig. 141.

menée par le centre de la sphère. En chacune de ses positions, nous appliquerons les théorèmes précédemment trouvés, et nous déterminerons l'attraction totale exercée sur lui par la sphère matérielle ; nous pourrons donc élever en ce point une ordonnée proportionnelle à cette attraction, et nous construirons ainsi une ligne dont les ordonnées successives représenteront les valeurs de l'attraction qui correspondent aux positions occupées par le point matériel sur l'axe OX.

Lorsque le point matériel est placé au centre O, il est au centre de toutes les couches composant la sphère, et l'attraction qu'il subit est nulle, en vertu de la symétrie. L'ordonnée de la ligne cherchée est donc nulle pour le point O.

Prenons un point A appartenant au rayon OB, à une distance x du centre. Du point O comme centre avec OA pour rayon, décrivons une sphère : le point A, placé à la surface de cette sphère, est extérieur aux différentes couches dont on peut la regarder comme formée. Il est, au contraire, situé à l'intérieur de toutes les couches sphériques remplissant l'intervalle compris entre la sphère AO et la sphère OB, et par suite ces couches n'exercent pas d'action sur lui (§ 160). La sphère OA agit sur le point A comme si toute sa matière était réunie en son centre; or son volume est $\frac{4}{3}\pi x^3$; la quantité de matière qu'elle renferme est

$$\frac{4}{3}\pi x^3 \times \rho,$$

et l'attraction exercée par un point ayant cette quantité de matière, et placé au point O, est donnée par la formule

$$\frac{fm \times \left(\frac{4}{3}\pi x^3 \times \rho\right)}{x^2} = \frac{4}{3}\pi f\rho m x.$$

Nous prendrons donc au point A une ordonnée $AD = \frac{4}{3}\pi f\rho m x$, et nous obtiendrons le point D qui appartiendra au lieu. La même formule s'applique à toutes les positions que peut recevoir le point attiré sur le rayon OB; à la limite, quand il est placé en B, il suffira de faire $x = R$, rayon de la sphère, et on aura pour l'attraction correspondante

$$\frac{4}{3}\pi f\rho m R.$$

Cette quantité est représentée sur la figure par l'ordonnée BE. Les ordonnées AD, BE, sont proportionnelles aux abscisses OA, OB, et par suite le lieu cherché est une droite OE. Mais cette droite ne doit pas être prolongée au delà de l'ordonnée BE, car la loi d'attraction change quand le point matériel est en dehors de la sphère.

Supposons ensuite $x > R$; le point attiré occupe une position A'. Il est en dehors de toutes les couches sphériques matérielles; par conséquent, toute la matière de la sphère agit comme si elle était concentrée au point O. L'attraction est donc représentée par

$$\frac{fm \times \frac{4}{3}\pi R^3 \times \rho}{x^2} = \frac{\frac{4}{3}\pi f\rho m R^3}{x^2},$$

quantité qui décroît indéfiniment à mesure que x augmente, et qui est représentée par les ordonnées décroissantes de la courbe EF, asymptote à l'axe AX.

166. Cette théorie trouve son application dans l'étude de la pesanteur. La terre est *à peu près* sphérique. L'attraction qu'elle exerce sur un corps quelconque est donc à peu près dirigée vers son propre centre, et elle décroît à mesure que ce corps s'éloigne, proportionnellement à l'inverse du carré de sa distance à ce point. Mais le mouvement de rotation de la terre altère ces résultats; le poids d'un corps n'est pas seulement dû à l'attraction de la terre, il subit aussi en grandeur et en direction l'influence du mouvement diurne; sous cette même influence, la terre ne peut conserver la forme sphérique, et prend une forme ellipsoïdale. De là un nouveau problème à résoudre, le problème de l'*attraction des ellipsoïdes*, qui est beaucoup plus compliqué que celui de l'attraction des sphères, et dont nous ne nous occuperons pas ici. Il nous suffit d'indiquer que le poids d'un corps est une véritable résultante de deux actions principales, savoir : l'attraction terrestre, et une force fictive due à la rotation du globe, et qu'il a pour direction la *verticale*, droite normale à la surface de l'ellipsoïde terrestre.

Si deux systèmes matériels sont situés à une distance extrêmement grande par rapport à leurs dimensions, les actions attractives exercées par les molécules de l'un sur les molécules de l'autre sont sensiblement parallèles, et proportionnelles aux quantités de matière de ces molécules; les distances sont en effet à peu près égales pour tous les groupes de molécules prises deux à deux d'un système à l'autre. Dans ce cas, l'attraction subie par l'un des systèmes peut être assimilée à la pesanteur : toutes les forces appliquées aux divers points matériels de l'un de ces systèmes sont parallèles et proportionnelles aux poids de ces points matériels. Elles se composent donc toutes en une force unique, qui représente le poids total du système, et qui est appliquée en son centre de gravité. On peut donc dire encore, mais seulement à titre d'approximation, *que deux systèmes matériels très éloignés l'un de l'autre s'attirent comme si la matière de chacun d'eux était concentrée en son centre de gravité.* Cette proposition n'est rigoureuse que pour les systèmes de forme sphérique, composés de couches concentriques homogènes.

ACTION EXERCÉE PAR UN POINT MATÉRIEL SUR UNE COUCHE SPHÉRIQUE HOMOGÈNE, LORSQUE L'ATTRACTION EST SUPPOSÉE PROPORTIONNELLE A LA DISTANCE.

167. Soit A le point attirant. Partageons la couche en une infinité d'éléments égaux ; soit M un des éléments, μ la quantité de matière qu'il contient, et qui est la même pour tous, en vertu de l'homogénéité ; appelons m la quantité de matière contenue dans le point attirant ; l'attraction MP exercée par le point A sur le point M sera représentée par le produit

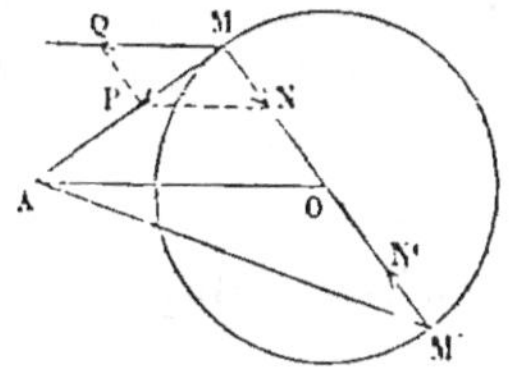

$$f m \mu \times \mathrm{AM},$$

et elle s'exercera de M vers A.

Fig. 142.

On peut la décomposer en deux forces, l'une MN, dirigée de M vers le centre O de la sphère, l'autre, MQ, parallèle à OA ; il suffit pour cela d'achever le parallélogramme MNPQ dont MP est la diagonale.

Le triangle MNP est semblable au triangle MOA ; on aura donc pour les valeurs des composantes :

$$\mathrm{MN} = f m \mu \times \mathrm{MO},$$
$$\mathrm{MQ} = \mathrm{PN} = f m \mu \times \mathrm{AO}.$$

Les deux composantes sont ainsi constantes, pour tous les éléments égaux de la couche sphérique.

Aux attractions dirigées suivant MA on peut substituer deux forces constantes, l'une dirigée vers le centre O de la sphère, l'autre parallèle à la direction OA, et, pour avoir la résultante de toutes les forces attractives MA, il suffit de composer ensemble toutes les forces AO et toutes les forces MN.

Les forces MN se détruisent deux à deux ; car à toute force MN correspond une force M'N', égale et contraire, composante de l'action exercée par le point A sur l'élément M', *antipode* de l'élément M.

Les forces MQ, toutes égales, parallèles, et dirigées dans le même sens, se composent en une seule force, égale à à leur somme, et appliquée au centre de gravité O de la couche sphérique : c'est la résultante cherchée ; elle est égale à la somme des composantes $fm\mu \times AO$, c'est-à-dire à $fmM \times AO$, en désignant par M la quantité totale de matière contenue dans la couche sphérique.

L'attraction totale d'un point sur une couche sphérique homogène est donc la même que si toute la matière de cette couche était concentrée en son centre, lorsque l'attraction mutuelle est proportionnelle à la distance. Cette proposition subsiste toujours, que le point soit situé à l'extérieur de la couche ou à l'intérieur ; elle sera généralisée plus loin, et appliquée à l'attraction d'un point sur un système matériel quelconque.

CHAPITRE II

CENTRES DE GRAVITÉ

RECHERCHE DES CENTRES DE GRAVITÉ. MÉTHODE GÉNÉRALE.

168. La recherche du centre de gravité d'un système matériel se ramène immédiatement à la recherche du centre des forces parallèles (§ 54). Il suffit d'appliquer à tous les points matériels du système des forces parallèles, de même sens, et proportionnelles chacune au poids ou à la quantité de matière contenue dans ce point. Puis on emploie les formules du § 48, c'est-à-dire les équations des moments par rapport à trois axes rectangulaires; on trouve ainsi les trois coordonnées du point cherché.

Soit, par exemple, un système formé de n points, dont les coordonnées sont

$$x_1 \quad x_2 \quad \ldots \quad x_n.$$
$$y_1 \quad y_2 \quad \ldots \quad y_n,$$
$$z_1 \quad z_2 \quad \ldots \quad z_n,$$

et dont les poids sont respectivement

$$p_1 \quad p_2 \quad \ldots \quad p_n;$$

le poids total P du système sera

$$\mathrm{P} = p_1 + p_2 + \ldots + p_n = \Sigma p,$$

et les coordonnées X, Y, Z du centre de gravité seront données par les équations :

$$X = \frac{p_1 x_1 + p_2 x_2 + \ldots + p_n x_n}{P} = \frac{\Sigma p x}{\Sigma p}.$$

$$Y = \frac{p_1 y_1 + p_2 y_2 + \ldots + p_n y_n}{P} = \frac{\Sigma p y}{\Sigma p};$$

$$Z = \frac{p_1 z_1 + p_2 z_2 + \ldots + p_n z_n}{P} = \frac{\Sigma p z}{\Sigma p}.$$

Remarque I. — Si l'on multiplie par un même nombre k les $3n$ coordonnées des n points donnés, les coordonnées du centre de gravité de ces n points sont multipliées par ce nombre k. En multipliant les trois coordonnées Ob, ba, aA d'un point A par un même nombre k, on obtient les coordonnées Ob', $b'a'$, a'A' d'un second point A', situé sur la droite OA, à une distance OA' du point O égale à OA $\times k$. Par conséquent, la figure que l'on obtient en multipliant par un même nombre les $3n$ coordonnées des points donnés, est une figure semblable à la figure donnée, et k est

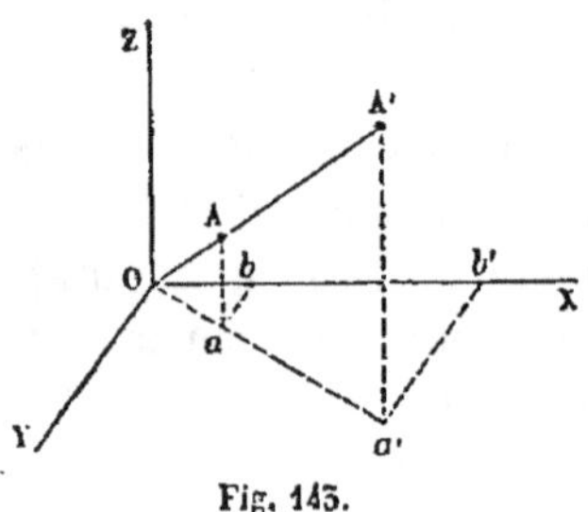

Fig. 143.

le rapport de similitude; les coordonnées du centre de gravité sont multipliées par le même nombre ; donc le centre de gravité de la seconde figure est le point homologue du centre de gravité de la première, et *dans des figures semblables (les poids des points homologues étant les mêmes, ou variant d'une figure à l'autre dans un même rapport) les centres de gravité sont des points homologues* (cf. § 159).

Remarque II. — Considérons séparément les deux premières équations. Elles font connaître les coordonnées X et Y du centre de gravité des points p_1, p_2,... p_n, projetés en conservant leurs poids sur le plan XOY. Donc *le centre de gravité de la projection d'un système donné sur un plan est la projection du centre de gravité de ce système.* Il en est de même de la projection du système sur une droite: chacune des équations, prise isolément, le démontre.

169. Lorsqu'on a à déterminer le centre de gravité d'un système matériel continu, tel qu'un corps solide renfermant un nombre indéfini de molécules, les sommes précédentes se composent d'une infinité de termes, et se changent en intégrales. On peut procéder, par exemple, de la manière suivante.

Soit A le solide donné; prenons trois axes rectangulaires, OX, OY, OZ, et décomposons le corps en éléments infiniment petits dans les trois sens, par une triple série de plans parallèles aux axes, menés à des distances infiniment petites les uns des autres. Tout élément α, sauf ceux qui sont voisins de la surface terminale du corps, et qu'on peut soit négliger, soit compléter, sans altérer les sommes cherchées, a pour volume le produit $dx\,dy\,dz$; soit ρ le *poids de l'unité de volume au point* α, poids qui est con-

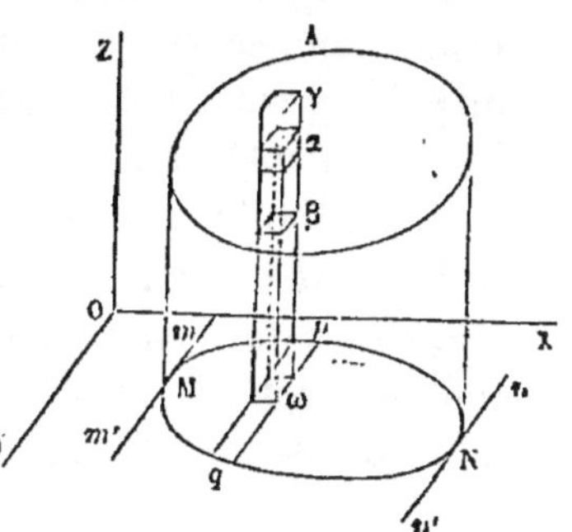

Fig. 144.

stant lorsque le corps est homogène, et qui est supposé connu en fonction des coordonnées x, y, z du point α, dans le cas contraire. Le poids de l'élément sera

$$\rho\,dx\,dy\,dz,$$

et par suite les coordonnées ξ, η, ζ du centre de gravité seront données par les trois équations :

$$\xi = \frac{\iiint \rho x\,dx\,dy\,dz}{\iiint \rho\,dx\,dy\,dz},$$

$$\eta = \frac{\iiint \rho y\,dx\,dy\,dz}{\iiint \rho\,dx\,dy\,dz},$$

$$\zeta = \frac{\iiint \rho z\,dx\,dy\,dz}{\iiint \rho\,dx\,dy\,dz}.$$

Les limites des intégrations sont celles qui correspondent à la surface terminale du corps, de manière à prendre tous les éléments matériels compris sous cette surface, et à ne prendre que ces éléments.

On pourra commencer par intégrer par rapport à z, en laissant x et y constants. Les valeurs de x et de y définissent un point ω du plan XOY, et une parallèle ωz à l'axe OZ. Cette parallèle coupe généralement la surface terminale du corps en deux points β et γ, qui sont définis par deux valeurs z' et z'' de l'ordonnée z; ces deux valeurs sont des fonctions connues de x et de y. Les intégrales une fois faites s'appliquent à la partie du système comprise dans l'élément prismatique $\beta\gamma$, et ne contiennent plus que les variables x et y. On fera la seconde intégration par rapport à y, en traitant x comme une constante; cela revient à faire varier y du point p au point q, entre des limites y', y'', qui sont fonctions de x seul. Enfin, on intégrera par rapport à x la fonction résultante, entre les limites correspondantes aux parallèles mm', nn', menées à l'axe OY, tangentiellement au contour de la projection MN, c'est-à-dire entre deux limites constantes, a et b. On peut indiquer ces diverses opérations successives en écrivant les équations sous la forme suivante :

$$\xi = \frac{\displaystyle\int_{x=a}^{x=b} x\,dx \int_{y=y'=\varsigma(x)}^{y=y''=\varsigma_1(x)} dy \int_{z=z'=f(x,y)}^{z=z''=f_1(x,y)} \rho\,dz}{\displaystyle\int_{x=a}^{x=b} dx \int_{y=y'}^{y=y''} dy \int_{z=z'}^{z=z''} \rho\,dz},$$

$$\eta = \frac{\displaystyle\int_{x=a}^{x=b} dx \int_{y=y'}^{y=y''} y\,dy \int_{z=z'}^{z=z''} \rho\,dz}{\displaystyle\int_{a}^{b} dx \int_{y'}^{y''} dy \int_{z'}^{z''} \rho\,dz},$$

$$\zeta = \frac{\displaystyle\int_{a}^{b} dx \int_{y'}^{y''} dy \int_{z'}^{z''} \rho z\,dz}{\displaystyle\int_{a}^{b} dx \int_{y'}^{y''} dy \int_{z'}^{z''} \rho\,dz}.$$

170. Des méthodes analogues peuvent être suivies pour déterminer le centre de gravité d'une aire matérielle terminée à un contour donné, ou d'une ligne matérielle finie, terminée en deux points donnés. S'il s'agit d'une surface plane, on partagera l'aire dont on cherche le centre de gravité en bandes par des plans parallèles infiniment rapprochés, et on aura à faire plusieurs quadratures, l'une pour obtenir la somme des surfaces élémentaires, les autres pour obtenir la somme des produits de ces surfaces par leurs distances respectives à des plans fixes. S'il s'agit d'une ligne, on la partagera en tronçons infiniment petits, et on procédera de la même manière.

Les coordonnées du centre de gravité d'une surface rapportée à des coordonnées rectangulaires sont données par les formules :

$$\xi = \frac{\int\int x\,dx\,dy\sqrt{1 + p^2 + q^2}}{\int\int dx\,dy\sqrt{1 + p^2 + q^2}},$$

$$\eta = \frac{\int\int y\,dx\,dy\sqrt{1 + p^2 + q^2}}{\int\int dx\,dy\sqrt{1 + p^2 + q^2}},$$

$$\zeta = \frac{\int\int z\,dx\,dy\sqrt{1 + p^2 + q^2}}{\int\int dx\,dy\sqrt{1 + p^2 + q^2}},$$

où p désigne la dérivée partielle, $\dfrac{dz}{dx}$, de z par rapport à x, et q la dérivée, $\dfrac{dz}{dy}$, par rapport à y. Les intégrales doubles sont limitées au périmètre de l'aire dont il s'agit.

171. Prenons pour exemple la recherche du centre de gravité d'un triangle homogène, QAB (fig. 145).

Du point O, abaissons OX perpendiculaire sur le côté AB du triangle, puis menons OY parallèle à ce même côté. Nous prendrons pour axes les droites OX et OY. Soit OP $= h$ la distance de la base AB du triangle à l'origine O. Prenons les moments par rapport à l'axe OY, ce qui nous fournira la valeur de l'abscisse X du centre de gravité cherché.

Pour cela décomposons la surface du triangle en bandes, $mnn'm'$, infiniment étroites, par une série de droites équidistantes, menées parallèlement à l'axe OY. L'aire élémentaire de l'une de ces bandes est exprimée par le produit $mn \times dx$, le facteur dx représentant la distance des deux droites infiniment rapprochées mn, $m'n'$. Or $OM = x$, et les triangles semblables Omn, OAB, nous donnent la proportion

$$\frac{mn}{AB} = \frac{OM}{OP} = \frac{x}{h}.$$

On a donc $mn = \dfrac{bx}{h}$, b désignant la base AB.

Prenant les moments par rapport au plan OY, il viendra

$$\Sigma = \frac{\displaystyle\int_0^h \frac{bx}{h} \times dx \times x}{\displaystyle\int_0^h \frac{bx}{h}\, dx} = \frac{\displaystyle\int_0^h x^2\, dx}{\displaystyle\int_0^h x\, dx} = \frac{\left(\dfrac{h^3}{3}\right)}{\left(\dfrac{h^2}{2}\right)} = \frac{2}{3}h$$

Le centre de gravité du triangle OAB est donc situé sur une droite menée parallèlement à la base AB, aux deux tiers de la hauteur OP.

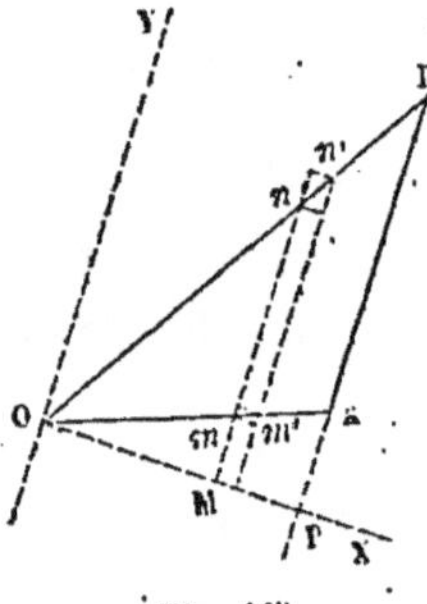

Fig. 145.

On peut prendre un autre côté OB pour la base du triangle. La formule s'appliquant encore, le centre se trouvera sur une droite menée parallèlement à OB, aux deux tiers de la distance du sommet opposé A à cette base : ces deux droites se couperont au point cherché. De là résulte la construction suivante (fig. 146) :

Partageons chacun des trois côtés OA, AB, BO, en trois parties égales, aux points b_1, b_2, *pour le premier,* o_1, o_2, *pour le second,* a_1 *et* a_2 *pour le troisième; les indices sont distribués sur le périmètre du triangle en suivant ce périmètre dans un même sens. Cela posé, les trois droites* $b_1 o_2$, $o_1 a_2$, $a_1 b_2$, *se coupent en un même point* G, *qui est le centre de gravité du triangle.*

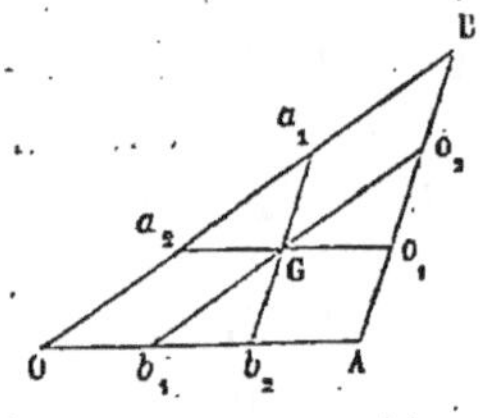

Fig. 146.

Il est facile de reconnaître que ce point est le point de concours des trois médianes, ou des droites menées de chacun des sommets au milieu du côté opposé; nous le démontrerons directement tout à l'heure.

CENTRE DE GRAVITÉ DU PRISME DROIT HOMOGÈNE.

172. Soit AB un prisme droit homogène, terminé en A et B à deux plans perpendiculaires à ses arêtes. Le centre de gravité de ce prisme sera situé dans le plan MN mené à égale distance des plans des bases A et B.

Cette proposition résulte immédiatement de la symétrie du système par rapport au plan MN. On peut aussi la vérifier en décomposant le prisme en une infinité d'éléments matériels infiniment petits, qu'on supposera sollicités par des forces parallèles entre elles et au plan MN, et proportionnelles à leurs poids respectifs. On prendra ensuite les moments de ces forces par rapport à un axe quelconque tracé dans le plan MN ; la somme des moments sera nécessairement nulle, puisque à chaque force appliquée à un élément pq correspond une force égale et parallèle, appliquée à l'élément symétrique $p'q'$, et donnant un moment égal en valeur absolue, mais de signe contraire ; ces deux moments se détruisent donc dans la somme. Le plan MN contient par conséquent le centre de gravité cherché.

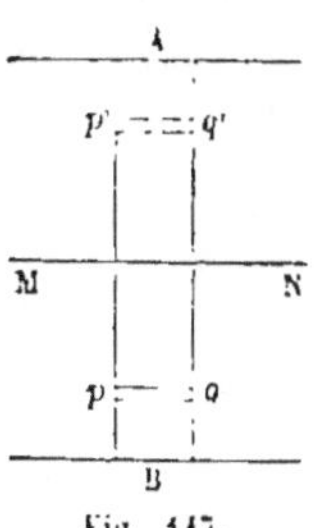

Fig. 147.

Cette conclusion est encore vraie pour un prisme droit non homogène, *pourvu que la distribution de matière soit symétrique par rapport au plan moyen* MN; c'est-à-dire pourvu que deux éléments égaux, pq, $p'q'$, également distants du plan MN, renferment chacun la même quantité de matière.

COROLLAIRE. — *Le centre de gravité d'un parallélépipède rectangle homogène est à l'intersection de ses trois diagonales.*

On peut en effet considérer le parallélépipède rectangle comme un prisme droit ayant pour base une quelconque de ses faces; le centre de gravité se trouve donc à la fois dans les trois plans menés parallèlement aux faces opposées, à égale distance de ces faces, c'est-à-dire au milieu des trois diagonales.

Un rectangle matériel peut être considéré comme la limite d'un parallélépipède rectangle dont une dimension décroît indéfiniment. *Le centre de gravité d'un rectangle matériel homogène est donc au point de rencontre de ses deux diagonales.*

De même, une droite finie homogène peut être regardée comme la limite d'un rectangle homogène dont une dimension aurait été indéfiniment réduite; *le centre de gravité d'une droite finie homogène est donc le milieu de cette droite.*

175. *Enfin, si un système matériel a un plan de symétrie, eu égard non-seulement à ses formes et à ses dimensions géométriques, mais encore à la distribution des quantités de matière réparties entre ses divers éléments, de telle sorte que deux éléments symétriquement placés renferment d'égales quantités de matière, le centre de gravité du système est situé dans le plan de symétrie.* Car ce système peut être décomposé en une infinité de prismes droits normaux au plan de symétrie, et dont les centres de gravité sont tous situés dans ce plan. Le centre de gravité de l'ensemble est donc aussi un point du même plan.

Il en est encore de même quand le système a un plan *diamétral*, c'est-à-dire un plan qui coupe en deux parties égales les droites de jonction des éléments correspondants pris deux à deux.

Corollaires. — 1° Le centre de gravité d'une sphère homogène, ou formée de couches concentriques homogènes, est son centre de figure.

2° Il en est de même pour un ellipsoïde homogène.

3° Le centre de gravité d'un corps de révolution est situé sur son axe.

4° Le centre de gravité d'un cercle homogène ou d'une ellipse homogène est situé au centre de figure. Il en est de même du centre de gravité d'une circonférence homogène, ou du périmètre d'une ellipse.

Ces derniers exemples montrent en même temps que le centre de gravité d'un système matériel peut être un point géométrique en dehors de l'espace occupé par ce système.

Considérons par exemple le solide engendré par la révolution d'un cercle autour d'une droite menée dans son plan en dehors de ce cercle. Ce solide reçoit le nom de *tore*. Le centre de gravité d'un tore homogène est le centre du tore, c'est-à-dire le pied de la perpendiculaire abaissée du centre du cercle générateur sur l'axe de révolution. Ce point est en dehors de l'épaisseur du solide.

5° Le centre de gravité d'un polygone régulier homogène, quel que soit le nombre de ses côtés, est le centre du cercle circonscrit au polygone.

CENTRE DE GRAVITÉ DU TRIANGLE ET DES POLYGONES.

174. Soit ABC un triangle homogène. Partageons-le en bandes infiniment minces, en menant une série de droites parallèles au côté BC. Nous pouvons regarder l'une quelconque de ces bandes, $mm'n'n'$, comme un rectangle infiniment mince : ce rectangle étant homogène par hypothèse, son centre de gravité est au point I, intersection de ses diagonales. A la limite, quand l'épaisseur du rectangle devient infiniment petite, le centre de gravité se confond avec le milieu de la dimension mn.

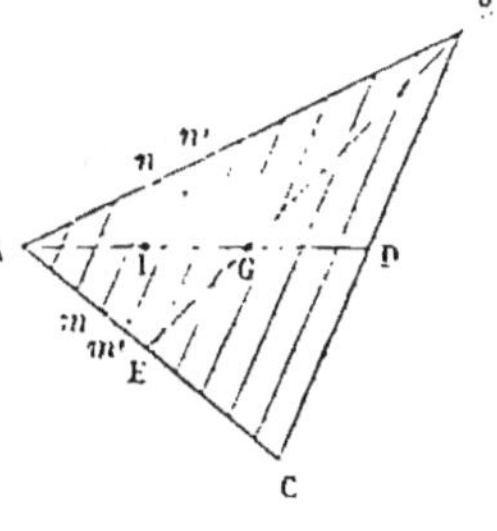

Fig. 148.

Tous les milieux des droites parallèles mn, inscrites dans le triangle, sont situés sur une même droite AD, menée du sommet A au milieu D du côté opposé. Le centre de gravité du triangle est donc aussi sur cette droite, car, pour l'obtenir, il suffit de composer ensemble les poids respectifs des bandes $mm'nn'$, appliqués aux milieux des diverses droites *mn*, c'est-à-dire appliqués aux différents points de la droite AD.

On arrive plus simplement à ce résultat en observant que la droite AB est un *diamètre* qui divise en deux parties égales les cordes parallèles à la base BC, et les trapèzes infiniment petits *mm'n'n*.

On connaît donc une droite AD qui contient le centre cherché ; pour achever la solution, on observera que le centre de gravité du triangle se trouve aussi sur la droite BE, menée du sommet B au milieu E du côté opposé. Il est donc situé au point G, intersection de ces deux droites.

On peut aussi avoir recours, pour achever la solution du problème, au principe de la similitude.

Prenons les milieux E et F des côtés AB, AC, et joignons ED, DF, FE. Nous partageons ainsi le triangle donné en quatre triangles égaux entre eux, AEF, FDE, FDB, EDC, et ayant par conséquent une surface égale au quart de la surface du triangle total. Le point K, intersection des droites EF, AD, est le milieu de la droite FE ; prenons les milieux L et M des deux

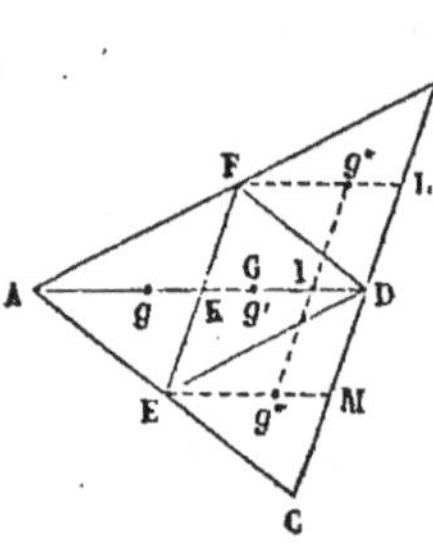

Fig. 149.

parties BD, DC, de la base. Les centres de gravité des quatre triangles partiels seront respectivement sur les droites AK, DK, FL, EM. Mais *dans deux figures homogènes semblables, les centres de gravité sont des points homologues* (§ 137, Rem.). Soit donc G le centre de gravité du triangle total ; appelons x la distance AG ; pour avoir les centres de gravité des triangles partiels, il suffira de remarquer que ces triangles sont semblables au triangle total, et que le rapport de similitude est $\frac{1}{2}$. Soit AD $= l$. Le centre de gravité g du triangle AFE sera situé à une distance Ag du point A égale à $\frac{1}{2}x$.

Le centre de gravité g' du triangle EFD sera situé à une distance Dg' du sommet D de ce triangle égale aussi à $\frac{x}{2}$; la distance Ag' sera donc égale à $l - \frac{1}{2}x$.

Les centres de gravité g'', g''', des deux derniers triangles sont situés sur une parallèle à la base BC, qui coupe la droite AD en un point I, situé à une distance du point A égale à $AK + Fg''$, ou à $\frac{l}{2} + \frac{x}{2}$. Les poids de ces deux triangles se composent donc en un seul, égal à leur somme et appliqué au point I.

Appelons S la surface du triangle donné; $\frac{1}{4}$ S sera la surface de chacun des triangles partiels; ces surfaces sont proportionnelles aux poids, à cause de l'homogénéité de la figure.

Ainsi le poids S, appliqué en G, est la résultante du poids $\frac{S}{4}$ appliqué en g, du poids $\frac{S}{4}$ appliqué en g', et du poids $\frac{S}{2}$ appliqué en I.

Prenons les moments de ces poids par rapport au point A; nous obtenons l'équation

$$S \times x = \frac{S}{4} \times \frac{x}{2} + \frac{S}{4} \times \left(l - \frac{x}{2}\right) + \frac{S}{2}\left(\frac{l}{2} + \frac{x}{2}\right).$$

Le facteur commun S disparaît, et il vient

$$x = \frac{x}{3} + \frac{l}{4} - \frac{x}{8} + \frac{l}{4} + \frac{x}{4},$$

ou bien

$$\frac{5}{4}x = \frac{l}{2},$$

ou enfin

$$x = \frac{2}{5}l,$$

ce que nous avions trouvé plus haut d'une autre manière (§ 171).

TRAPÈZE HOMOGÈNE.

175. Soit ABCD un trapèze homogène dont on demande le centre de gravité.

On reconnaîtra, comme pour le triangle, que le point cherché se trouve sur la droite KH qui joint les milieux K et H des bases parallèles. Menons ensuite la diagonale BD, et prenons-en le milieu I ; cette droite partage le trapèze en deux triangles DAB, BDC ; le centre de gravité du premier triangle est au point g, intersection des droites DK, AI. Le centre de gra-

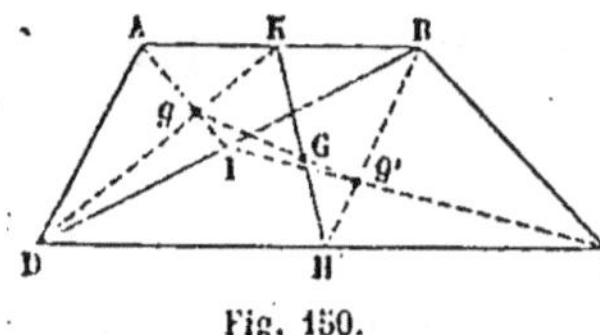

Fig. 150.

vité du second triangle est en g', à l'intersection des médianes BH, CI. Le centre de gravité du trapèze est situé sur la droite gg'. Le point cherché est donc à l'intersection G des droites KH et gg'.

176. Calculons la distance x du point G à l'une, AB, des bases du trapèze. Soit H la hauteur, ou distance des parallèles AB, DC ; soient $AB = b$, et $DC = B$, les deux bases. Les deux triangles ADB, DBC, ont même hauteur H ; ils sont donc entre eux comme leurs bases b et B, et leur somme, c'est-à-dire le trapèze entier, est proportionnelle à $b + B$; le poids total, $b + B$, du trapèze, appliqué en G, est la résultante du poids b appliqué en g, et du poids B appliqué en g'.

La distance de g au côté AB est $\dfrac{H}{3}$, et la distance de g' au même côté est $\dfrac{2}{3}H$; le théorème des moments par rapport à l'axe AB nous donne donc l'équation

$$(b + B)x = b \times \frac{H}{3} + B \times \frac{2}{3}H.$$

Donc

$$x = \frac{H}{3} \times \frac{b + 2B}{b + B}.$$

La distance y du point G au côté DC s'obtiendra en changeant b en B, et B en b; ce qui donne

$$y = \frac{H}{5} \times \frac{B + 2b}{B + b}.$$

La somme $x + y$ est égale à la distance totale H des deux bases.

Le rapport $\dfrac{x}{y}$ est égal à $\dfrac{b + 2B}{B + 2b}$, ou à $\dfrac{B + \dfrac{b}{2}}{b + \dfrac{B}{2}}$. Cette remarque fournit une nouvelle construction du point G.

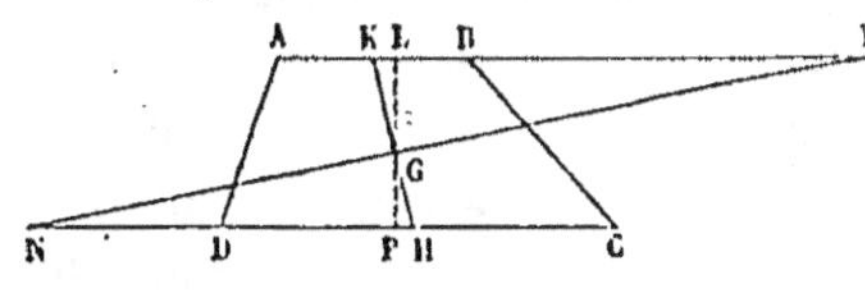

Fig. 151.

Prolongeons en sens opposés les deux bases AB, CD, de quantités

$$BM = DC = B, \qquad DN = AB = b,$$

puis joignons MN. Cette droite coupera au point G la droite KH qui joint les milieux des bases.

En effet, par le point G menons la droite LP perpendiculaire sur les bases ; nous aurons

$$GL + GP = LP = H = x + y,$$

et de plus la proportion

$$\frac{GL}{GP} = \frac{KM}{HN} = \frac{\dfrac{b}{2} + B}{\dfrac{B}{2} + b} = \frac{x}{y}.$$

Donc $GL = x$ et $GP = y$.

QUADRILATÈRE PLAN HOMOGÈNE.

177. Décomposons en deux triangles ABD, CBD, en menant
la diagonale BD, le quadrilatère donné ABCD. Prenons le milieu I de cette diagonale, et joignons AI, CI. Sur ces droites de
jonction, prenons $Ig = \frac{1}{5} IA$ et $Ig' = \frac{1}{5} IC$. Les points g et g'
seront les centres de gravité des triangles ABD, CBD, et le

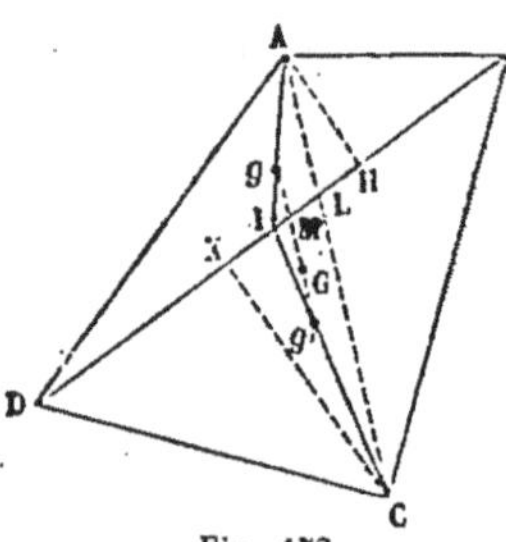

Fig. 152.

centre de gravité G du quadrilatère
sera situé quelque part sur la droite
gg', laquelle est parallèle à la seconde diagonale AC.

Les deux triangles ABD, CBD ont
une base commune BD ; ils sont donc
entre eux comme leurs hauteurs
AH, CK, ou comme les segments AL,
CL, interceptés sur la seconde dia-
gonale AC par la première, ou enfin comme les segments proportionnels gM, $g'M$, interceptés par la même diagonale sur
la droite gg'. Le centre de gravité cherché partage donc la distance gg' en segments dont le rapport, $\dfrac{Gg}{Gg'}$, est égal à l'inverse

du rapport, $\dfrac{gM}{g'M}$, des poids appliqués respectivement aux points
g et g'.

On a donc

$$\frac{Gg}{Gg'} = \frac{g'M}{gM}.$$

Mais

$$Gg + Gg' = g'M + gM = gg';$$

donc enfin

$$Gg = g'M \quad \text{et} \quad Gg' = gM.$$

Il suffit, pour obtenir le point G, de porter sur gg', à partir
du point g, une longueur $gG = g'M$, ce qui revient à retourner

bout pour bout la droite gg' sur elle-même. Le point M, intersection de cette droite avec la diagonale BD, passe alors au point G cherché.

178. *Remarque.* — Le point g, centre de gravité du triangle ADB, est situé sur la droite DN qui joint le sommet D au milieu M de la base (fig. 154), et le segment gN est le tiers de la longueur totale DN de cette droite.

Nous pouvons partager le quadrilatère en deux triangles en menant l'autre diagonale AC; nous obtiendrons ainsi deux centres de gravité g'', g''', aux tiers des droites BI', DI', qui joignent les sommets B et D au milieu I' de cette diagonale. Le centre de gravité du

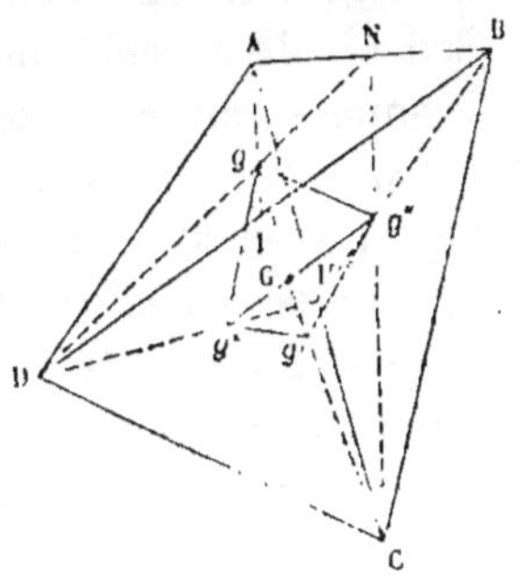

Fig. 155.

quadrilatère sera situé sur la droite $g''g'''$, et par suite il sera au point G, intersection des droites gg', $g''g'''$, ou intersection des diagonales du quadrilatère $gg''g'g'''$.

Mais le point g'' est situé sur la droite CN, qui joint le sommet C au milieu N de la base AB, dans le triangle CAB, dont le point g' est le centre de gravité. Ng'' est le tiers de NC. La droite gg'', joignant les tiers des deux droites ND, NC, est parallèle à DC, et égale au tiers de DC. Par la même raison, la droite $g'g''$ est parallèle à AD et égale au tiers de AD; $g'g'''$ est parallèle à AB et égale au tiers de AB; $g'''g$ est parallèle à BC et égale au tiers de BC.

Le quadrilatère $gg''g'g'''$ est donc semblable au quadrilatère ABCD, et semblablement placé; la similitude est inverse, le rapport de similitude est $\frac{1}{3}$. Le centre de similitude sera le point de concours des quatre droites, qui joignent les points homologues Cg, Dg'', Bg''', Ag. Les diagonales du quadrilatère $gg''g'g'''$ se couperont mutuellement au centre de gravité du quadrilatère ABCD.

CENTRE DE GRAVITÉ D'UN POLYGONE PLAN HOMOGÈNE.

179. La recherche du centre de gravité d'un polygone homogène se ramène à celle du centre de gravité du triangle. Soit ABCDE un polygone d'autant de côtés qu'on voudra. Nous le supposerons convexe.

Par un sommet A, menons les diagonales AC, AD, qui partagent la surface du polygone en $n - 2$ triangles, n étant le nombre des côtés. On peut mesurer la surface de chacun de ces $n - 2$ triangles; le centre de gravité de chacun d'eux s'obtient en joignant le point A aux milieux I, I', I″,... des

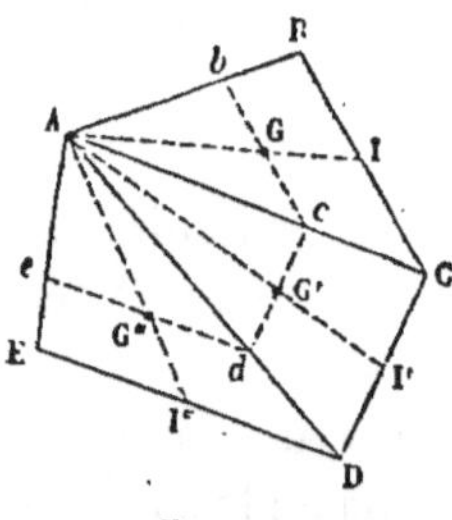

Fig. 151.

côtés qui n'aboutissent pas à ce sommet, et en prenant les points G, G', G″,... aux deux tiers, à partir du point A, des longueurs AI, AI', AI″. Ces points G, G', G″, seront les centres de gravité des triangles. On peut observer qu'ils sont situés à la rencontre des droites AI, AI', AI″,... avec un contour polygonal *bcde* semblable au contour BCDE, et réduit dans le rapport de 5 à 2, en prenant le point A comme centre de similitude.

On supposera donc aux points G, G', G″,... des forces parallèles appliquées, proportionnelles respectivement aux surfaces des triangles ABC, ACD, ADE, et on composera ces forces. Pour cela, menons par le point A dans le plan du polygone deux axes rectangulaires AX, AY. Appelons x_1, y_1, x_2, y_2, x_3, y_3,... les coordonnées respectives des points I, I', I″,... milieux des côtés qui n'aboutissent pas au point A; appelons S_1, S_2, S_3,... les surfaces de chacun des triangles ABC, ACD, ADE, et X, Y, les coordonnées du centre de gravité cherché. Les coordonnées des points G, G', G″,... seront égales à

$$\frac{2}{5}x_1,\ \frac{2}{5}y_1;\quad \frac{2}{5}x_2,\ \frac{2}{5}y_2;\quad \frac{2}{5}x_3,\ \frac{2}{5}y_3;\ \dots$$

et nous aurons par suite les équations :

$$X = \frac{2}{3} \frac{S_1 x_1 + S_2 x_2 + S_3 x_3 + \dots}{S_1 + S_2 + S_3 + \dots},$$

$$Y = \frac{2}{3} \frac{S_1 y_1 + S_2 y_2 + S_3 y_3 + \dots}{S_1 + S_2 + S_3 + \dots}.$$

CENTRE DE GRAVITÉ D'UNE LIGNE DROITE NON HOMOGÈNE.

180. La recherche du centre de gravité d'une droite finie non homogène revient à la recherche de l'abscisse du centre de gravité d'une aire plane.

Si p est la quantité de matière rapportée à l'unité de longueur, contenue dans la droite au point M, le centre de gravité de la droite s'obtiendra en faisant la somme des produits $p \times Mm$ et $p \times Mm \times AN$, et en divisant la seconde somme par la première. Élevons aux différents points de la droite des ordonnées AA', MM', BB', égales aux valeurs correspondantes du facteur p en ces points. Nous construirons ainsi une courbe A'M'B', qui pourra être continue ou discontinue, et dont l'aire élémentaire Mmm'M' représentera le produit $p \times Mm$, ou la quantité de matière contenue dans l'élément Mm.

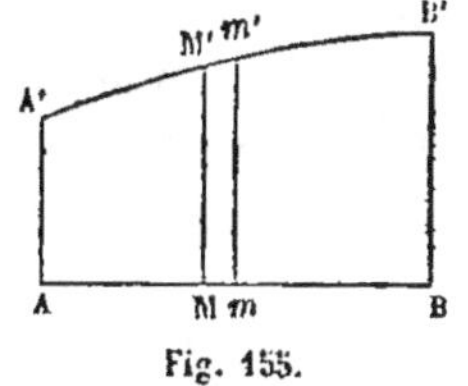

Fig. 155.

La formule qui donne le centre de gravité de la droite AB, est donc identique à celle qui donne l'abscisse du centre de gravité de la surface homogène ABB'A'.

Supposons, par exemple, que le facteur p soit nul au point A, et varie du point A au point B, proportionnellement à la distance au point A ; alors la ligne dont les ordonnées représentent les valeurs successives de p, est une droite AB', et le centre de gravité G de l'aire ABB' est situé aux deux tiers de la distance AB. Il en est donc de même du centre de gravité g de la droite AB.

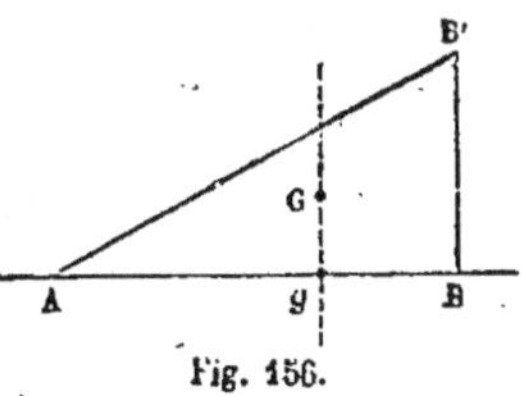

Fig. 156.

Remarque. — Le centre de gravité d'un système de points ne change pas si on augmente ou diminue les poids de ces points dans un même rapport. Or, augmenter ou diminuer dans un certain rapport le poids p, qui varie d'un point à l'autre de la droite AB, cela revient à augmenter ou à diminuer dans le même rapport les ordonnées de la ligne A'B'; par conséquent les centres de gravité de deux aires planes homogènes, dont les abscisses sont communes et les ordonnées proportionnelles, ont même abscisse. La même proposition a lieu quand les coordonnées sont obliques.

CENTRE DE GRAVITÉ D'UN SEGMENT PARABOLIQUE.

181. Soit BAC une parabole, AX son axe, A son sommet, AY la tangente au sommet. On demande le centre de gravité de l'aire homogène comprise entre la courbe et la droite MM', parallèle à AY.

L'équation de la courbe, rapportée aux axes AX, AY, est

$$y^2 = 2px.$$

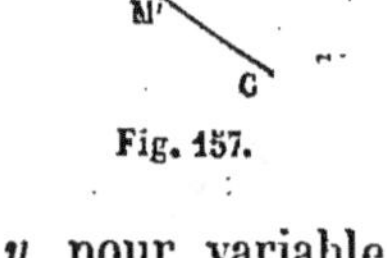

Le centre de gravité cherché est sur l'axe AX; il suffit de trouver son abscisse ξ. Elle sera donnée par l'équation

$$\xi = \frac{\int 2yx\,dx}{\int 2y\,dx} = \frac{\int yx\,dx}{\int y\,dx},$$

les intégrales étant prises entre les limites $x = 0$ et $x = AP$. Soit $AP = a$.

Fig. 157.

Pour faciliter les intégrations, prenons y pour variable indépendante. Il vient

$$x = \frac{y^2}{2p},$$

$$dx = \frac{y\,dy}{p}.$$

Donc

$$\xi = \frac{\int y \times \dfrac{y^2}{2p} \times \dfrac{y\,dy}{p}}{\int y \times \dfrac{y\,dy}{p}} = \frac{1}{2p}\,\frac{\int y^4\,dy}{\int y^2\,dy}.$$

Les limites des intégrations sont ici $y=0$ et $y=\mathrm{PM}=\sqrt{2pa}$. Or

$$\int_0^{\sqrt{2pa}} y^4\,dy = \frac{1}{5}\,(\sqrt{2pa})^5,$$

$$\int_0^{\sqrt{2pa}} y^2\,dy = \frac{1}{3}\,(\sqrt{2pa})^3,$$

et par suite

$$\xi = \frac{1}{2p}\times\frac{\frac{1}{5}(\sqrt{2pa})^5}{\frac{1}{3}(\sqrt{2pa})^3} = \frac{3}{10p}\times 2pa = \frac{3}{5}a.$$

Le centre de gravité est donc situé sur AP à une distance du sommet A égale aux trois cinquièmes de la flèche AP du segment donné.

Ce résultat s'applique à tout autre segment de parabole, lors même que l'angle de la corde MM′ avec le diamètre conjugué AP ne serait pas droit. Le centre de gravité du segment MAM′ est en G, sur le diamètre AX conjugué de la corde MM′, et AG est égal aux $\dfrac{3}{5}$ de la flèche AP mesurée sur ce diamètre. On peut remarquer que le point G, situé sur le diamè-tre AX, ne change pas de position quand on déforme le segment parabolique en faisant tourner d'un même angle toutes les ordon-nées PM, autour de leur pied P, et qu'on les

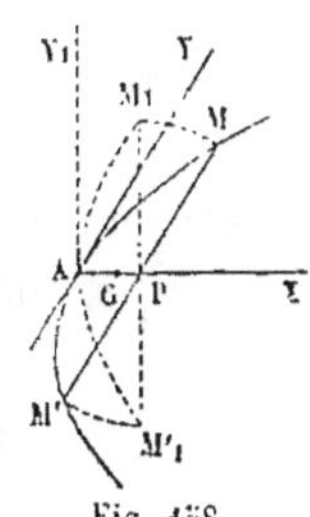

Fig. 158.

amène à être perpendiculaires à AX. On transforme ainsi le segment oblique MAM′ en un segment $M_1AM'_1$ qui a le même centre de gravité, et dans lequel la droite AX est l'axe de la courbe.

CENTRE DE GRAVITÉ D'UN SEGMENT DE CERCLE.

181. Le centre de gravité G du segment BAC est situé sur le rayon OA qui partage le segment, la corde et l'arc BC en deux parties égales. Rapportons le cercle aux axes rectangulaires OX, OY, et prenons les moments par rapport au point O. L'abscisse ξ du point G sera encore donnée par l'équation

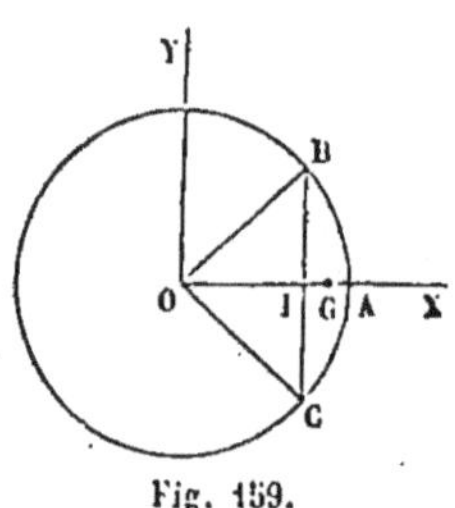

Fig. 159.

$$\xi = \frac{\int yx\,dx}{\int y\,dx}.$$

Les limites des intégrales sont $x = OI$, et $x = OA$; nous poserons $OI = m$, $OA = R$.

On a entre x et y la relation

$$x^2 + y^2 = R^2.$$

Donc

$$y = \sqrt{R^2 - x^2},$$
$$\int y\,dx = \int \sqrt{R^2 - x^2}\,dx,$$

et faisant

$$x = R\cos\varphi,$$

on est ramené à intégrer $-R\sin^2\varphi\,d\varphi$.

Or on a, en faisant abstraction des constantes,

$$\int \sin^2\varphi\,d\varphi + \int \cos^2\varphi\,d\varphi = \int d\varphi = \varphi,$$
$$\int \cos^2\varphi\,d\varphi - \int \sin^2\varphi\,d\varphi = \int (\cos^2\varphi - \sin^2\varphi)\,d\varphi = \int \cos 2\varphi\,d\varphi$$
$$= \frac{1}{2}\int \cos 2\varphi\,d(2\varphi) = \frac{1}{2}\sin 2\varphi.$$

Retranchant membre à membre, il vient

$$\int \sin^2\varphi\,d\varphi = \frac{1}{2}\varphi - \frac{1}{4}\sin 2\varphi.$$

Les limites sont $\varphi = BOA$ pour $x = m = OI$, et $\varphi = 0$ pour $x = R = OA$. Appelons α l'angle BOA, moitié de l'angle au centre qui correspond au segment donné. Il faut changer le signe de l'intégrale, et la prendre entre les limites α et 0, ce qui revient à la prendre avec son signe entre les limites 0 et α; il faut enfin la multiplier par R^2 :

Pour $\varphi = \alpha$, l'intégrale indéfinie devient $\frac{1}{2}\alpha - \frac{1}{4}\sin 2\alpha$,

Pour $\varphi = 0$, elle devient 0.

La différence est $\frac{1}{2}\alpha - \frac{1}{4}\sin 2\alpha$, qu'il faut multiplier par R

On a donc

$$\int y\,dx = \frac{R^2\alpha}{2} - \frac{1}{4}R^2\sin 2\alpha,$$

résultat connu, car il exprime que l'aire, $2\int y\,dx$, du segment BCA, est la différence entre l'aire, $R^2\alpha$, du secteur BOCA, et l'aire, $\frac{1}{2}R^2\sin 2\alpha$, du triangle BOC.

Nous avons encore à faire l'intégrale

$$\int yx\,dx,$$

et à la prendre entre les mêmes limites, $x = m$, $x = R$.

On l'obtient facilement en prenant y pour variable indépendante.

En effet,

$$x^2 = R^2 - y^2,$$

ce qui nous donne $x\,dx = -y\,dy$.

Donc

$$\int yx\,dx = -\int y^2\,dy = -\frac{y^3}{3},$$

fonction qu'on doit prendre entre les limites $y = IB = \sqrt{R^2 - m^2}$ pour $x = m$, et $y = 0$ pour $x = R$.

Le résultat est

$$\frac{1}{3}(\sqrt{R^2 - m^2})^3.$$

Mais nous avons posé $m = R\cos\alpha$, et par conséquent $\sqrt{R^2 - m^2} = R\sin\alpha$; l'intégrale définie a donc pour valeur $\frac{1}{3}R^3\sin^3\alpha$.

En définitive, l'abscisse cherchée ξ est donnée par la formule

$$\xi = \frac{\frac{1}{3} R^3 \sin^3 \alpha}{\frac{R^2 \alpha}{2} - \frac{1}{4} R^2 \sin 2\alpha} = R \times \frac{4 \sin^3 \alpha}{6\alpha - 3 \sin 2\alpha}.$$

Pour vérifier cette formule, observons qu'elle doit donner $\xi = 0$, quand le segment comprend toute la surface du cercle, c'est-à-dire quand $\alpha = \pi$; car alors le centre de gravité est au point O; et c'est en effet ce que le calcul indique. Nous devons de plus avoir $\xi = R$ pour $\alpha = 0$, puisque le segment se réduit au point A, qui est à lui-même son propre centre de gravité. Pour reconnaître ce résultat, remarquons que si α est un infiniment petit du premier ordre, $\sin^3 \alpha$ est un infiniment petit du troisième, et qu'ainsi le dénominateur $6\alpha - 3 \sin 2\alpha$ doit être lui-même du troisième ordre, pour que la valeur de la fraction puisse être un nombre fini. On a en effet, en développant $\sin 2\alpha$ en série,

$$\sin 2\alpha = 2\alpha - \frac{(2\alpha)^3}{1 \times 2 \times 3} + \frac{(2\alpha)^5}{1 \times 2 \times 3 \times 4 \times 5} - \text{etc.}$$

et par suite

$$6\alpha - 3 \sin 2\alpha = \frac{(2\alpha)^3}{2} - \text{etc.,}$$

les termes omis étant tous d'un ordre de petitesse supérieur au troisième.

On a donc

$$\frac{4 \sin^3 \alpha}{6\alpha - 3 \sin 2\alpha} = \frac{4 \sin^3 \alpha}{\frac{(2\alpha)^3}{2} - \text{etc.}};$$

divisant haut et bas par α^3, puis faisant $\alpha = 0$ pour passer à la limite, on trouve l'unité pour vraie valeur de la fraction.

On parvient au même résultat en prenant les dérivées des deux termes de la fraction, et en supprimant le facteur commun $\sin^2 \alpha$.

CENTRE DE GRAVITÉ D'UN ARC DE CERCLE HOMOGÈNE.

182. Le centre de gravité G de l'arc homogène BC est situé sur la droite OA qui divise cet arc en deux parties égales, à une distance $\xi = OG$, qu'il s'agit de déterminer.

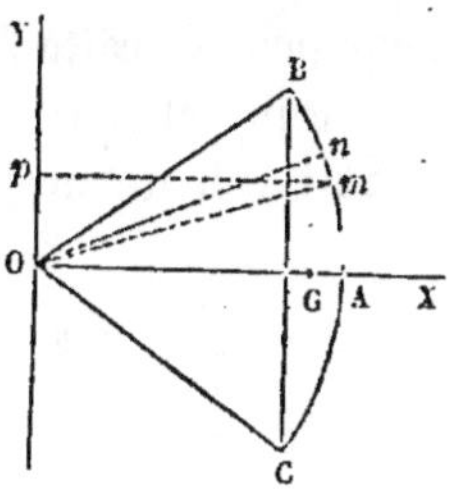

Soit $BOC = 2\alpha$, et $OA = R$.

La position des différents points m de l'arc BC sera définie par l'angle $mOA = \theta$, mesuré dans le sens Am à partir du milieu A de l'arc total. Cet angle variera donc de $-\alpha$ à $+\alpha$.

L'arc élémentaire mn aura pour mesure $Rd\theta$; il est à la distance $mp = R\cos\theta$ de l'axe OY élevé au point O perpendiculairement à OA. Son moment par rapport au plan profilé en OY est $R^2\cos\theta d\theta$, et par suite l'abscisse ξ du centre de gravité est donnée par l'équation

$$\xi = \frac{\displaystyle\int_{-\alpha}^{+\alpha} R^2\cos\theta d\theta}{\displaystyle\int_{-\alpha}^{+\alpha} Rd\theta}.$$

Le dénominateur n'est autre chose que la longueur de l'arc CAB lui-même. Représentons-la par s.

Le numérateur $\int R^2\cos\theta d\theta$ est égal à $R^2\sin\theta$, fonction à prendre entre les limites $-\alpha$ et $+\alpha$, ce qui donne en définitive $2R^2\sin\alpha$, ou bien $R \times 2R\sin\alpha$. Or $2R\sin\alpha$ est la longueur de la corde BC. Représentons-la par l.

Il viendra

$$\xi = \frac{Rl}{s}.$$

La distance du centre de gravité d'un arc de cercle au centre de cet arc est donc le quatrième terme de la proportion dont les trois premiers sont la longueur de l'arc, le rayon et la corde.

On peut aussi conserver à cette équation la forme primitive sous laquelle elle a été obtenue :

$$\xi = \frac{2R^2 \sin\alpha}{2R\alpha} = R \times \frac{\sin\alpha}{\alpha}.$$

La recherche du centre de gravité de l'arc de cercle homogène peut se rattacher à l'étude du mouvement circulaire uniforme projeté sur un diamètre fixe (I, § 56).

Soit ACB un arc de cercle, dont le centre est au point O;

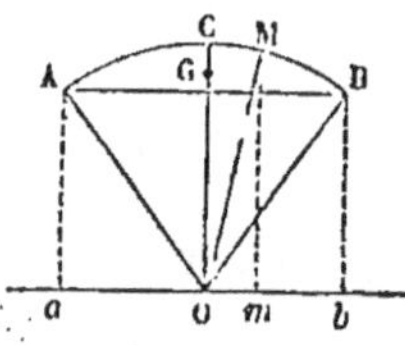

le rayon OC divise l'arc en deux parties égales; soit *ab* la direction d'un diamètre perpendiculaire à ce rayon.

Posons AOC = COB = α.

Imaginons un mobile M partant du point A et parcourant l'arc AB jusqu'au point B avec une vitesse constante : soit ω la vitesse angulaire du rayon OM. Le mouvement de la projection *m* du point mobile M sera défini par l'équation

Fig. 161.

$$x = R\sin\omega t,$$

en supposant qu'on compte les distances $x = Om$ à partir du point O, et les temps *t* à partir de l'heure du passage du mobile au point C; les valeurs négatives de x et de t correspondront au parcours de l'arc AC.

La vitesse *v* du point *m*, est égale à

$$v = \frac{dx}{dt} = R\omega \cos\omega t = \omega y,$$

en appelant *y* l'ordonnée M*m*.

La *vitesse moyenne* (I, § 289) du point *m* dans le trajet *ab* est égale à la moyenne de toutes les vitesses *v*, ou au produit de ω par la moyenne de toutes les ordonnées *y* de l'arc homogène AB, ou enfin au produit ωy_1 de la vitesse angulaire par l'ordonnée $y_1 = OG$ du centre de gravité G de l'arc AB.

D'un autre côté, cette vitesse moyenne est égale à la longueur ab, divisée par la durée T du trajet.

Ce temps T est double du temps que le mobile M met à aller de C en B, c'est-à-dire il est égal à $\dfrac{2\alpha}{\omega}$.

On a donc l'égalité

$$\omega y_1 = \frac{ab}{\left(\dfrac{2\alpha}{\omega}\right)},$$

ou bien

$$y_1 = \frac{ab}{2\alpha} = \frac{AB}{2\alpha}.$$

Multiplions haut et bas par R, rayon du cercle ; il viendra

$$y_1 = \frac{R \times AB}{2R\alpha} = \frac{R \times AB}{arc\,AB}.$$

formule identique à celle que nous venons de trouver par une autre méthode.

183. *Remarque.* — Si l'on considère sur la circonférence (fig. 162) une série d'arcs AB, commençant tous en un point fixe A, et terminés en un point B variable, on pourra construire le centre de gravité de chacun d'eux ; il se trouvera sur la bissectrice OC de l'angle au centre correspondant, à une distance $OG = \xi$ donnée par la formule. On obtiendra ainsi un lieu géométrique qui passe au point A et au point O, et qui peut se prolonger indéfiniment en considérant des arcs plus grands que la circonférence. Si G est le centre de gravité de l'arc AB, il est facile de voir que la droite BG est tangente au lieu géométrique au point G. En effet, pour passer du centre de gravité G de l'arc AB au centre de gravité G' de l'arc AB', infiniment peu différent de l'arc AB, il suffit de composer le poids de l'arc

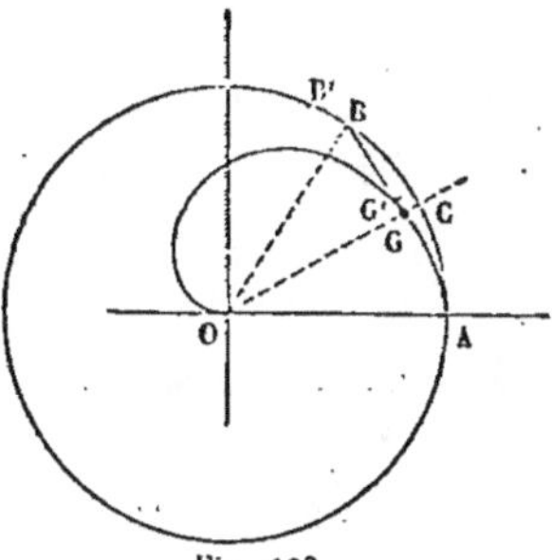

Fig. 162.

AB, appliqué en G, avec le poids de l'arc BB' appliqué au milieu de l'arc BB'; le centre de gravité G' est donc sur la droite
qui joint le point G au milieu de l'arc infiniment petit BB',
c'est-à-dire à la limite, sur la droite GB. Cette propriété est
générale et appartient à tous les lieux géométriques des centres de gravité des arcs de courbe qui ont une extrémité fixe.

Le lieu géométrique des centres de gravité a donc pour tangente au point O le rayon OA; car le point O est le centre
de gravité de la circonférence entière qui se termine au
point A.

L'équation du lieu, en coordonnées polaires $r = OG = \xi$, et
$\theta = GOA$, sera

$$r = R\frac{\sin\theta}{\theta}.$$

La branche AGO correspond aux valeurs de θ comprises
entre 0 et π, c'est-à-dire aux centres de gravité d'arcs dont
l'angle au centre varie de 0 à 2π. Pour avoir le centre de gravité de l'arc $2\pi R + AB$, il faut composer le poids de l'arc $2\pi R$,

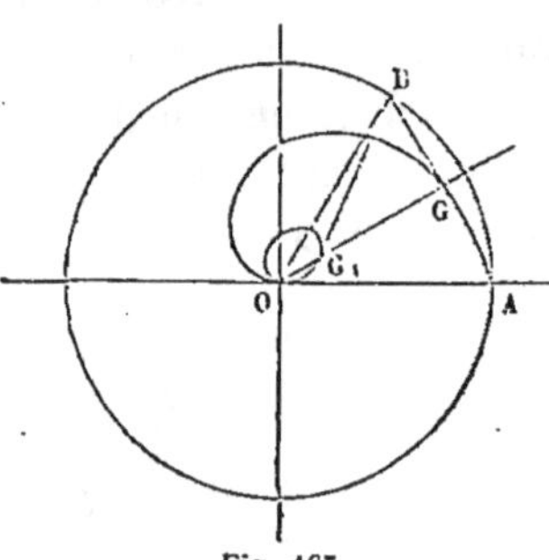

Fig. 165.

appliqué en O, avec le poids de
l'arc $AB = 2\theta$, appliqué en G, ce
qui donnera sur OG un point G_1,
défini par la proportion

$$\frac{OG_1}{G_1G} = \frac{\text{arc } AB}{2\pi R} = \frac{\theta}{\pi}.$$

La tangente au point G_1 sera la
droite G_1B.

La courbe fait une infinité de
circuits, de plus en plus resser-
rés; chacun passe par le point O, et touche en ce point la
droite OA.

Nous nous arrêterons un instant à étudier les propriétés
géométriques de cette courbe.

PROPRIÉTÉS GÉOMÉTRIQUES DU LIEU DES CENTRES DE GRAVITÉ DES ARCS DE CERCLE.

184. Soit (fig. 164) AGEO la courbe, lieu des centres de gravité des arcs comptés sur la circonférence AB à partir du point A. Un point G, pris sur la courbe, est le centre de gravité de l'arc AB, double de l'arc AM, qui se termine à la rencontre de la circonférence et du rayon OG.

Par le point I, milieu de OG, élevons sur OG une perpendiculaire IO', qui coupe en O' la direction OK, perpendiculaire à OA ; du point O' comme centre avec O'O pour rayon décrivons un arc de cercle, qui touchera en O le rayon OA, et qui passera par le point G. Je dis que la longueur de l'arc OG est égale au rayon du cercle donné.

En effet,

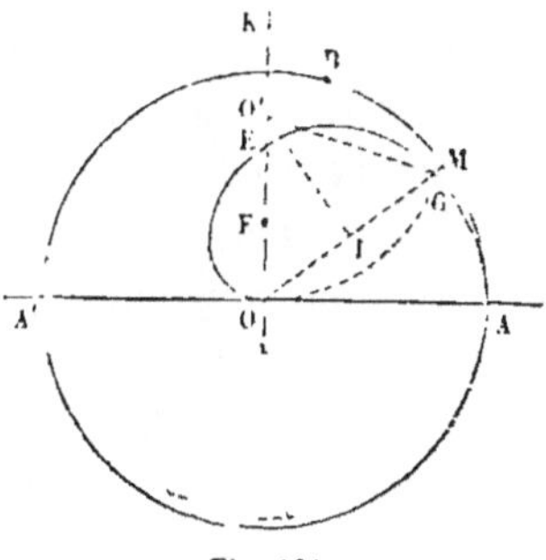

Fig. 164.

$$OI = OA \times \frac{\sin\theta}{\theta},$$

en appelant θ l'angle AOM. Le rayon O'O de l'arc OG est égal à

$$\frac{OI}{\cos O'OG},$$

ou à

$$\frac{\frac{1}{2} OA \times \frac{\sin\theta}{\theta}}{\sin\theta} = \frac{OA}{2\theta}.$$

La longueur de l'arc OG s'obtiendra en multipliant le rayon O'O par l'angle au centre OO'G, qui est égal à 2θ ; elle est donc égale à $\frac{OA}{2\theta} \times 2\theta$, ou à OA.

Corollaires. — 1° La demi-circonférence décrite sur OE

comme diamètre a une longueur égale à OA ; et par suite le point E appartient à une cycloïde dont la distance AA' serait la base.

2° Si l'on prend le milieu F de OE, et qu'on décrive une circonférence sur OF comme diamètre, cette circonférence sera osculatrice au point O à la branche EO du lieu des centres de gravité.

185. *Construction mécanique de la courbe.* — Une lame élastique infiniment mince, de section uniforme, solidement *encastrée* dans un mur à une de ses extrémités, et fléchie par un couple appliqué à son extrémité libre, se courbe suivant un arc de cercle dans la région comprise entre l'encastrement et le point d'application de la force la plus voisine ; cette déformation n'entraîne aucune altération de longueur de la *fibre moyenne* entre les mêmes points.

On peut utiliser cette propriété pour le tracé mécanique de la courbe AGE.

Fixons dans un étau, au point O, une lame élastique de section constante qui, dans sa forme naturelle, coïncidera avec la droite OA. Appliquons à cette lame, *au delà du point A auquel on veut faire décrire la courbe,* deux forces parallèles, égales et contraires. La lame se courbera, et prendra, dans la région OA, une courbure proportionnelle au moment du couple ainsi formé. Nous pourrons par conséquent, en faisant croître le moment du couple, donner à la lame une courbure graduellement croissante, et tant que la limite d'élasticité ne sera pas atteinte, la ligne dessinée à chaque instant par la région OA de la lame sera un arc de cercle qui aura son centre sur la droite OK, normale à la direction OA de l'encastrement, et dont la longueur sera égale à la longueur primitive OA de la lame élastique. L'arc OG étant l'un de ces arcs de cercle, le lieu décrit par le point A dans ces déformations successives est la courbe AGE.

186. Des propriétés connues des centres de gravité on peut déduire certaines formules de trigonométrie.

1° Soit G le centre de gravité de l'arc AB, situé sur la bissectrice de l'angle AOB.

Soient G', G" les centres de gravité des deux moitiés IA, IB, de l'arc AB. Ces deux nouveaux points seront situés sur les bissectrices OI', OI" des deux moitiés de l'angle, et la droite G'G" passera au point G et y sera divisée en deux parties égales. La symétrie exige d'ailleurs que l'angle OGG' soit droit. Donc, étant donné le centre de gravité G d'un arc AB, on obtiendra le centre de gravité de sa moitié AI en élevant en G sur OG une perpendiculaire qui coupera au point cherché la bissectrice de l'angle GOA.

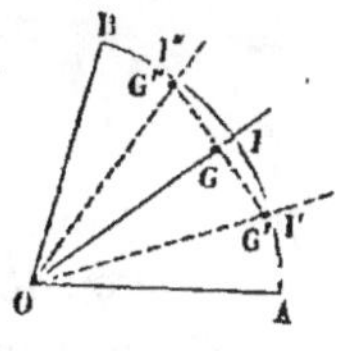

Fig. 165.

Le point G' appartient à la courbe lieu des centres de gravité des arcs issus du point A. Par conséquent, si r est la distance OG, et r' la distance OG', correspondante à un arc moitié moindre, θ étant l'angle GOA, on aura à la fois

$$r = a\frac{\sin\theta}{\theta}, \quad r' = a\frac{\sin\frac{\theta'}{2}}{\frac{\theta'}{2}},$$

et le triangle OGG' donnera

$$r' = \frac{r}{\cos\frac{\theta}{2}}.$$

De ces trois équations on déduit la formule connue

$$\sin\theta = 2\sin\frac{\theta}{2}\cos\frac{\theta}{2}.$$

2° On passe du rayon r au rayon r' en divisant le premier par $\cos\frac{\theta}{2}$; de même on passera du rayon r' au rayon r'', correspondant à un angle $\frac{\theta}{4}$, en divisant par $\cos\frac{\theta}{4}$, et on peut pousser aussi loin qu'on voudra cette déduction. A la limite, on parviendra au rayon qui correspond au centre de gravité d'un arc infiniment petit, c'est-à-dire au rayon a du cercle donné. On a donc l'équation

$$a = \lim \frac{r}{\left(\cos \frac{\theta}{2} \cos \frac{\theta}{4} \cos \frac{\theta}{8} \ldots \cos \frac{\theta}{2^n} \right)},$$

ou, en remplaçant r par sa valeur $a \dfrac{\sin \theta}{\theta}$,

$$\frac{\sin \theta}{\theta} = \lim \left(\cos \frac{\theta}{2} \cos \frac{\theta}{4} \cos \frac{\theta}{8} \ldots \cos \frac{\theta}{2^n} \right)$$

pour n infini.

De là on déduit une manière de trouver le rapport de la circonférence au diamètre. La courbe coupe la droite OK en un point E, centre de gravité de la demi-circonférence, situé à une distance OE du centre égale à $\dfrac{2a}{\pi}$. Élevant en E sur OE la perpendiculaire EF, jusqu'à la rencontre du rayon OF qui divise l'angle droit en deux parties égales, on aura le centre de gravité, F, du quart de la circonférence, puis, en répétant la même construction, le centre de gravité, G, du huitième de la circonférence, le centre, H, du seizième, etc. Donc

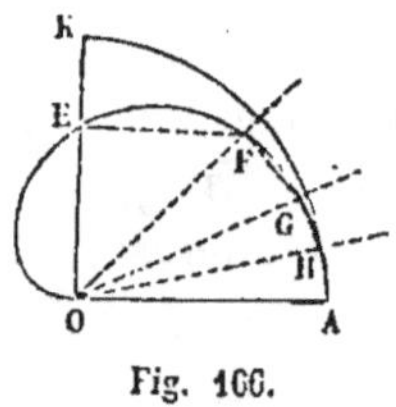

Fig. 100.

$$a = \lim \frac{2a}{\pi} \times \frac{1}{\cos \frac{\pi}{4} \cos \frac{\pi}{8} \cos \frac{\pi}{16} \ldots},$$

et par suite

$$\frac{\pi}{2} = \frac{1}{\cos \frac{\pi}{4} \cos \frac{\pi}{8} \cos \frac{\pi}{16} \ldots}.$$

Chacun des facteurs du dénominateur peut être calculé *a priori*. On a en effet $\cos \dfrac{\pi}{4} = \dfrac{1}{\sqrt{2}}$, et, pour trouver les autres cosinus, on appliquera la formule générale

$$\cos \frac{\alpha}{2} = \sqrt{\frac{1 + \cos \alpha}{2}}.$$

La série devient très convergente dès qu'on atteint des arcs suffisamment petits par les bissections successives. Si l'on fait le calcul, par exemple, jusqu'au facteur $\cos \dfrac{\pi}{2^{10}}$, correspondant à un angle au centre de 10′ 32″,8, on trouvera très rapidement, en s'aidant des logarithmes, la valeur suivante, dont les six décimales sont exactes : $\pi = 3{,}141592$.

5° Partageons l'arc AB, correspondant à un angle au centre 2θ, en n parties égales aux points $1, 2,\ldots\, n-1$; prenons les centres de gravité de chacune de ces $n^{\text{ièmes}}$ parties, et cherchons le centre de gravité de l'ensemble, ou de l'arc total AB. Il suffira pour cela, puisque toutes les parties sont égales, de prendre la moyenne arithmétique des coordonnées des centres de gravité de chacune.

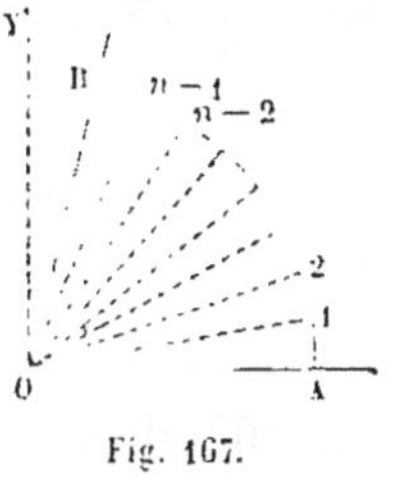

Fig. 167.

Soient, d'une manière générale, x_k, y_k, les coordonnées du centre de gravité de l'arc compris entre les points $k-1$ et k, et X, Y les coordonnées du centre de gravité général, ces coordonnées étant rapportées aux axes rectangulaires OA, OY ; il viendra, en appliquant les formules :

$$x_1 = a\,\frac{\sin\theta}{\theta}\cos\theta. \qquad\qquad y_1 = a\,\frac{\sin\theta}{\theta}\sin\theta,$$

$$x_2 = a\,\frac{\sin\theta}{\theta}\cos 3\theta, \qquad\qquad y_2 = a\,\frac{\sin\theta}{\theta}\sin 3\theta,$$

$$x_3 = a\,\frac{\sin\theta}{\theta}\cos 5\theta, \qquad\qquad y_3 = a\,\frac{\sin\theta}{\theta}\sin 5\theta,$$

$$\vdots \qquad\qquad\qquad\qquad \vdots$$

$$x_n = a\,\frac{\sin\theta}{\theta}\cos(2n-1)\theta. \qquad y_n = a\,\frac{\sin\theta}{\theta}\sin(2n-1)\theta.$$

Donc

$$X = \frac{x_1 + \ldots + x_n}{n} = \frac{a\sin\theta}{n\theta}\left(\cos\theta + \cos 3\theta + \cos 5\theta + \ldots + \cos(2n-1)\theta\right),$$

$$Y = \frac{y_1 + \ldots + y_n}{n} = \frac{a\sin\theta}{n\theta}\left(\sin\theta + \sin 3\theta + \sin 5\theta + \ldots + \sin(2n-1)\theta\right).$$

Mais on a d'un autre côté, toujours en vertu des mêmes formules,

$$X = \frac{a \sin n\theta}{n\theta} \cos n\theta,$$

$$Y = \frac{a \sin n\theta}{n\theta} \sin n\theta.$$

Comparant ces deux groupes, on en déduit les relations suivantes :

$$\cos\theta + \cos 3\theta + \cos 5\theta + \ldots + \cos(2n-1)\theta = \frac{\sin n\theta \cos n\theta}{\sin\theta} = \frac{\sin 2n\theta}{2\sin\theta},$$

$$\sin\theta + \sin 3\theta + \sin 5\theta + \ldots + \sin(2n-1)\theta = \frac{\sin^2 n\theta}{\sin\theta}.$$

Soit par exemple $\theta = \dfrac{\pi}{2n+1}$. On aura

$$\cos\theta + \cos 3\theta + \ldots + \cos(2n-1)\theta = \frac{\sin\dfrac{2n\pi}{2n+1}}{2\sin\dfrac{\pi}{2n+1}} = \frac{1}{2}.$$

187. La courbe coupe le rayon OK, perpendiculaire à OA, en une infinité de points E, E′, E″,… sans compter le point O qui est un point multiple d'un ordre infini, puisque toutes les boucles successives du lieu y passent. Le point E est le centre de gravité de la demi-circonférence, le point E′ le centre de gravité de trois demi-circonférences, le point E″ de cinq demi-circonférences, etc. On obtient ces points en faisant successivement

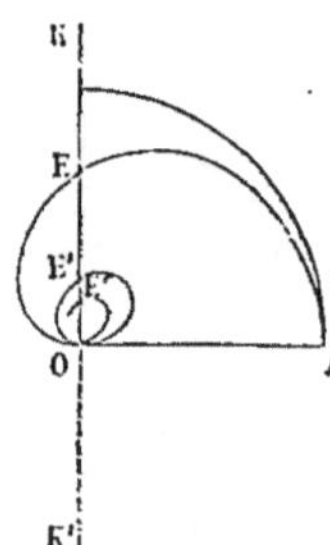

Fig. 168.

$$\theta = \frac{\pi}{2}, \quad \theta = \frac{5\pi}{2}, \quad \theta = \frac{5\pi}{2}, \quad \theta = \frac{7\pi}{2},\ldots$$

dans la formule

$$r = a\frac{\sin\theta}{\theta},$$

ce qui donne

$$r = \frac{2a}{\pi}, \quad r' = -\frac{2a}{5\pi}, \quad r'' = +\frac{2a}{5\pi}, \quad r''' = -\frac{2a}{7\pi}, \text{ etc.;}$$

Les valeurs négatives correspondent aux valeurs de θ pour lesquelles le rayon prend la direction OK′; elles doivent par suite être portées comme les autres sur la figure dans le sens OK.

Cela posé, la limite de la somme algébrique

$$r + r' + r'' + r''' + \ldots$$

est égale à la moitié du rayon OA.

En effet, remplaçant r, r', r'',… par leurs valeurs, il vient pour cette somme

$$\frac{2a}{\pi} - \frac{2a}{3\pi} + \frac{2a}{5\pi} - \frac{2a}{7\pi} + \ldots = \frac{2a}{\pi}\left(1 - \frac{1}{3} + \frac{1}{5} - \frac{1}{7} + \ldots\right).$$

La série entre parenthèses est le développement connu de $\frac{\pi}{4}$ par la série de Leibniz; donc la somme est égale à $\frac{2a}{\pi} \times \frac{\pi}{4}$ ou à $\frac{a}{2}$.

188. Connaissant le centre de gravité d'un arc de cercle, rien n'est plus facile que d'en trouver la longueur. On a, en effet, en appelant s la longueur de l'arc, et θ le demi-angle au centre,

$$s = 2a\theta,$$
$$r = a\,\frac{\sin\theta}{\theta}.$$

Donc

$$rs = a \times 2a\sin\theta.$$

On trouvera la longueur de l'arc en prenant une quatrième proportionnelle à la distance r du centre de gravité au centre, au rayon et à la corde.

Si l'on a, par exemple le centre de gravité E de la demi-circonférence ABA', on trouvera le développement de l'arc AB en joignant EA', et en élevant A'S perpendiculaire à EA', jusqu'à la rencontre avec EO prolongé. On a en effet

$$OS \times OE = \overline{A'O}^2,$$

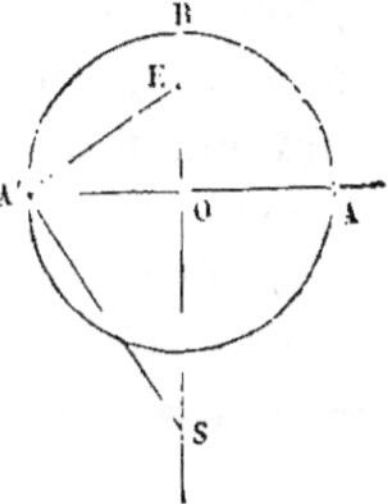

Fig. 169.

ou bien

$$OS \times \frac{2a}{\pi} = a^2.$$

Donc

$$OS = \frac{\pi a}{2} = \text{arc AB}.$$

189. *Construction de la courbe par points.* — La courbe lieu des centres de gravité des arcs issus du point A n'a qu'un seul paramètre, le rayon $OA = a$ du cercle. Toutes les courbes qu'on peut obtenir en traitant successivement différents cercles sont donc semblables entre elles, et on peut construire une fois pour toutes une courbe de cette nature, dont on pourra déduire toutes les autres au moyen d'un simple changement d'échelle.

Cette considération permet d'éliminer l'arc 0, et de ramener la construction par points de la courbe type à des opérations algébriques qu'on puisse exécuter avec la règle et le compas.

Ne fixons pas d'avance le rayon a ; soit OX le rayon à partir duquel on compte les arcs sur un cercle indéterminé ; donnons-nous un point M de la courbe, sur un rayon OM qui fasse

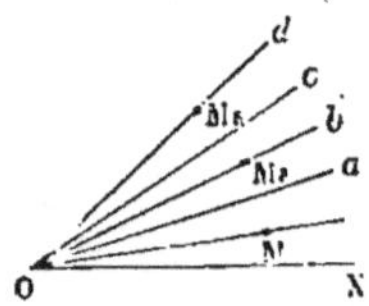

Fig. 170.

avec la droite OX un petit angle 0 dont on connaisse d'avance le sinus. Menons par le point 0 des droites Oa, Ob, Oc,... qui fassent avec l'axe OX les angles 20, 30, 40,...

Nous pourrons facilement trouver les points de la courbe situés sur ces nouveaux rayons. Ne nous occupons, pour plus de simplicité, que des rayons Ob, Od,... qui font avec OX les angles 30, 50,... égaux aux multiples impairs de 0. Appelons r la distance OM, r_3 la distance OM_3, r_5 la distance OM_5,..., r_n la distance correspondante à l'angle $n\theta$; nous aurons à la fois

$$r_n = a\,\frac{\sin n\theta}{n\theta},$$

$$r = a\,\frac{\sin \theta}{\theta};$$

Donc

$$\frac{r_n}{r} = \frac{\sin n\theta}{n \sin \theta}.$$

Mais pour n entier impair on a l'équation d'Euler :

$$\sin n\theta = n\sin\theta - \frac{n(n^2-1)}{1.2.3}\sin^3\theta + \frac{n(n^2-1)(n^2-9)}{1.2.3.4.5}\sin^5\theta - \dots,$$

formule qui contient un nombre limité de termes, et dans laquelle on suppose que θ est le plus petit arc positif répondant au sinus donné.

Donc

$$r_n = r\left(1 - \frac{n^2-1}{1.2.3}\sin^2\theta + \frac{(n^2-1)(n^2-9)}{1.2.3.4.5}\sin^4\theta - \dots\right),$$

expression qu'on pourra construire.

On trouvera ainsi, par des opérations algébriques, autant de points qu'on voudra de la courbe; ces points seront assez rapprochés pour permettre de la tracer, si l'on est parti d'une valeur de θ suffisamment petite.

Pour trouver ensuite le rayon a, on appliquera la remarque 2° du § 186, et on aura, avec une approximation aussi grande qu'on le voudra,

$$a = \mathrm{OM} \times \frac{1}{\cos\frac{\theta}{2}\cos\frac{\theta}{4}\cos\frac{\theta}{8}\dots}.$$

190. *Division d'un angle en $p+1$ parties égales.* — Supposons qu'on ait tracé la courbe lieu des centres de gravité des arcs issus d'un point A. Soit AM cette courbe. Proposons-nous de prendre sur l'arc AB, à partir du point A, un arc AC égal à la $(p+1)^{me}$ partie de AB. L'arc BC sera égal à $\mathrm{AB} \times \dfrac{p}{p+1}$, et les deux arcs AC et BC seront entre eux comme 1 est à p.

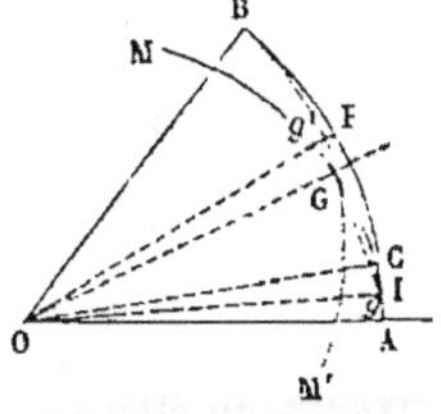

Fig. 171.

Joignons OC, et menons la bissectrice OI de l'angle COA.

Le point g où elle coupe la courbe AM est le centre de gravité de l'arc AC.

Le centre de gravité de l'arc BC s'obtiendra de même, en répétant symétriquement la courbe AM à partir du point B, ce qui donnera une courbe BM', coupant la courbe AM au point G, centre de gravité de l'arc total AB. Le centre de gravité de l'arc BC sera le point g', intersection de BM' avec la bissectrice OF.

Il résulte de là que les trois points g, g' et G sont situés sur une même droite, et que le rapport $\dfrac{g'G}{gG}$ est égal à $\dfrac{1}{p}$.

Donc le point g' est à l'intersection de la courbe BM' et d'une courbe homothétique à AM, obtenue en prenant le point G pour centre de similitude inverse, et en faisant le rapport de similitude égal à $\dfrac{1}{p}$. La courbe ainsi construite sera le lieu des centres de gravité d'arcs comptés sur le cercle qu'on déduit du cercle OA par la construction de la figure semblable.

Cette construction s'applique notamment à la division du cercle en $p + 1$ parties égales. Construisons la courbe AEO, lieu des centres de gravité des arcs issus du point A, dans le sens AB. En répétant cette courbe en AE'O, symétriquement par rapport au rayon OA, nous aurons le lieu des centres de gravité des arcs issus du point A et comptés dans le sens AB'. Par le point O, menons une droite gOg', telle que l'on ait

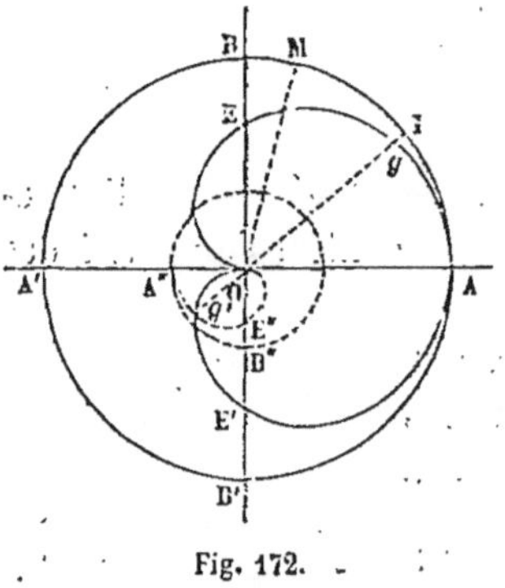

$$\frac{g'O}{gO} = \frac{1}{p}.$$

Fig. 172.

Pour trouver le point g', il suffira de construire une courbe semblable à la courbe AEO, avec le point O pour centre de similitude inverse, et $\dfrac{1}{p}$ pour rapport de similitude. Cela revient à décrire un cercle OA″ avec un rayon égal à $\dfrac{OA}{p}$, et à construire le lieu A″E″O, des centres de gravité des arcs de ce nouveau cercle, issus du point A″ et comptés dans le sens A″B″. Le point g' sera l'intersection des courbes A″E″O, OE′A.

La direction Og étant ainsi déterminée, il n'y aura plus qu'à doubler l'arc AI pour avoir en AM l'arc cherché, égal à la $(p+1)^{me}$ partie de la circonférence entière. Car le point g est le centre de gravité de AM ; le point g' est le centre de gravité de l'arc AB′A′M, qui complète la circonférence. Le centre de gravité de la circonférence est au point O. On a donc

$$\frac{\text{arc AM}}{\text{arc AB′A′M}} = \frac{Og'}{Og} = \frac{1}{p},$$

et par conséquent

$$\frac{\text{arc AM}}{\text{circ. OA}} = \frac{1}{p+1}.$$

CENTRE DE GRAVITÉ DU SECTEUR.

191. La recherche du centre de gravité du secteur circulaire homogène se ramène à celle du centre de gravité d'un arc de cercle.

Décomposons le secteur AOB en une infinité de secteurs infiniment petits, par des rayons Om, On ; ces secteurs peuvent être assimilés à des triangles, car l'arc mn est un élément rectiligne, et leurs surfaces sont proportionnelles aux arcs mn qui leur servent de base. Le centre de gravité du triangle Omn est situé en g, sur la bissectrice de l'angle au centre, et aux $\dfrac{2}{3}$ du rayon à partir du point O. Tous les centres de gravité des éléments

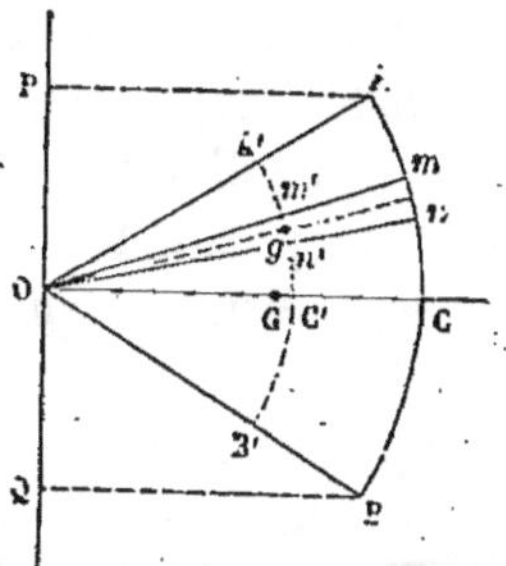

Fig. 175.

appartiennent donc à un arc de cercle, A′B′, décrit du point O.

comme centre, avec les $\frac{2}{5}$ du rayon du secteur donné pour rayon, et le poids de chacun de ces secteurs est proportionnel à l'arc mn qui lui sert de base, ou à l'arc $m'n'$, qui en est les $\frac{2}{5}$. En résumé, le centre de gravité cherché s'obtiendra en composant des poids appliqués aux différents éléments de l'arc A'B', proportionnels aux longueurs $m'n'$ de ces éléments; c'est donc le centre de gravité de l'arc A'B' lui-même.

Le centre de gravité G du secteur circulaire homogène est situé sur la bissectrice OC, à une distance OG du centre donnée par la formule :

$$OG = OC' \times \frac{\text{corde A'B'}}{\text{arc A'B'}} = OC' \times \frac{\text{corde AB}}{\text{arc AB}} = \frac{2}{5} OC \times \frac{\text{corde AB}}{\text{arc AB}}.$$

CENTRE DE GRAVITÉ D'UN ARC D'HÉLICE HOMOGÈNE.

192. Soit ABC (fig. 174) une hélice tracée à la surface d'un cylindre droit à base circulaire, projeté horizontalement suivant le cercle EF.

L'axe du cylindre O'O'' se projette horizontalement au centre O du cercle.

Proposons-nous de chercher le centre de gravité d'un arc d'hélice projeté horizontalement en MN et verticalement en M'N'. Nous ne diminuons en rien la généralité des raisonnements en supposant les points M et N symétriques par rapport à la perpendiculaire abaissée du point O sur la ligne de terre LT.

Le centre de gravité de l'arc d'hélice a pour projection sur le plan horizontal le centre de gravité g de l'arc de cercle MN, projection de l'arc d'hélice (§ 168, Rem. 2). Car tous les éléments de l'hélice faisant le même angle avec le plan horizontal, chaque arc ds pris sur l'hélice correspond sur le cercle à un arc proportionnel à ds, de sorte que l'égalité de la répartition des poids le long de l'hélice entraîne pour la projection une répartition égale le long de l'arc de cercle.

Pour avoir la hauteur du centre de gravité au-dessus du plan horizontal, on se servira de l'équation

$$\zeta = \frac{\Sigma pz}{\Sigma p}.$$

Cette équation montre que le centre de gravité ne change pas de hauteur quand on déplace les points d'application des poids p sans altérer leurs hauteurs z. Imaginons donc qu'on développe sur un de ses plans tangents la surface cylindrique; l'arc M'N' se transformera en une ligne droite, et le centre de gravité de cette ligne homogène sera au milieu de sa longueur, c'est-à-dire à la hauteur moyenne entre ses deux extrémités.

Il en est de même, par conséquent, de l'arc M'N'; le centre de gravité est donc dans un plan horizontal RS, mené à égale distance des plans horizontaux M'P, N'Q. Il

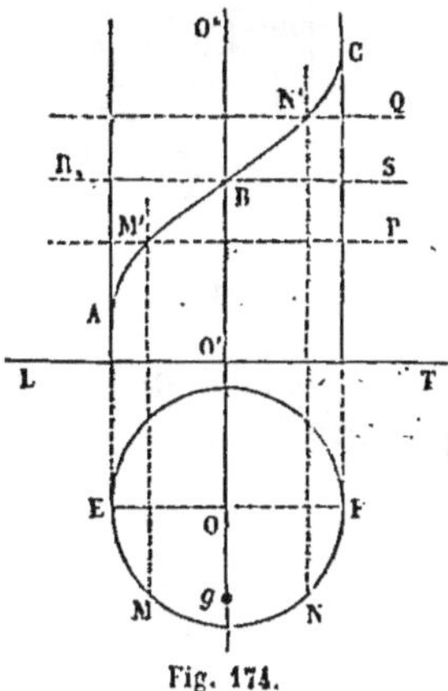

Fig. 174.

est projeté verticalement au point B, à l'intersection du plan RS avec la verticale menée par le point g, centre de gravité de l'arc MN.

195. Cherchons (fig. 175) le lieu géométrique des centres de gravité G des arcs d'hélice commençant au point A, et terminés à un point B mobile. Par le point B, menons Bb, parallèle à l'axe de l'hélice, jusqu'à la rencontre en b avec le plan perpendiculaire AOY.

Soit

$$AO b = \alpha,$$
$$OA = R.$$

L'équation de l'hélice, sur le cylindre où elle est tracée, sera

$$Bb = \frac{h}{2\pi R} \times R\alpha,$$

ou

$$z = \frac{h\alpha}{2\pi},$$

en appelant h le *pas*. Cette équation représente la surface hélicoïdale obtenue en abaissant des divers points de l'hélice des perpendiculaires sur OZ.

Le point g est défini sur le plan XOY par l'angle

$$AOg = \theta = \frac{\alpha}{2},$$

et la distance

$$Og = r = R\frac{\sin\theta}{\theta}.$$

Le point G a pour hauteur

$$gG = z' = \frac{1}{2}z = \frac{h\alpha}{4\pi} = \frac{h\theta}{2\pi}.$$

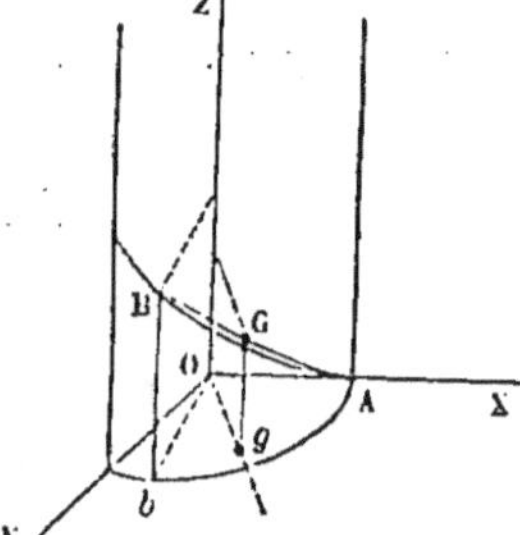

Fig. 175.

Les coordonnées rectangles, x', y', z' du point G sont donc exprimées en fonction de θ par les équations :

$$x' = R\frac{\sin\theta\cos\theta}{\theta},$$

$$y' = R\frac{\sin^2\theta}{\theta},$$

$$z' = \frac{h\theta}{2\pi}.$$

La courbe appartient à l'hélicoïde à plan directeur défini par l'équation $z = \dfrac{h\alpha}{2\pi}$, sur lequel est tracée l'hélice, comme il était facile de le prévoir.

La tangente au point G s'obtient en joignant GB.

CENTRE DE GRAVITÉ D'UNE SURFACE COURBE HOMOGÈNE. CENTRE DE GRAVITÉ DE LA ZONE SPHÉRIQUE.

194. Comme exemple de la recherche du centre de gravité d'une surface courbe, proposons-nous de trouver le centre de gravité d'une zone sphérique homogène. Soit O le centre de la

sphère à laquelle appartient cette zone, et OF = OP = OE son rayon. La zone ABCD, dont on demande le centre de gravité, est comprise entre deux plans parallèles, profilés sur la figuré en AB, DC, et distants du centre O de quantités OS, OR.

Par le centre O de la sphère, menons un plan EF parallèle aux bases de la zone; ce plan coupe la surface sphérique suivant un grand cercle; circonscrivons à la sphère un cylindre qui lui soit tangent tout le long

de ce grand cercle. Il suffira pour cela de mener au point F une tangente FK au profil FPE de la sphère, et d'imaginer la surface cylindrique engendrée par la révolution de cette droite FK autour de l'axe OP. Les plans AB, CD, coupent cette surface cylindrique suivant deux circonférences projetées en MII et LG, et on sait que la surface de la

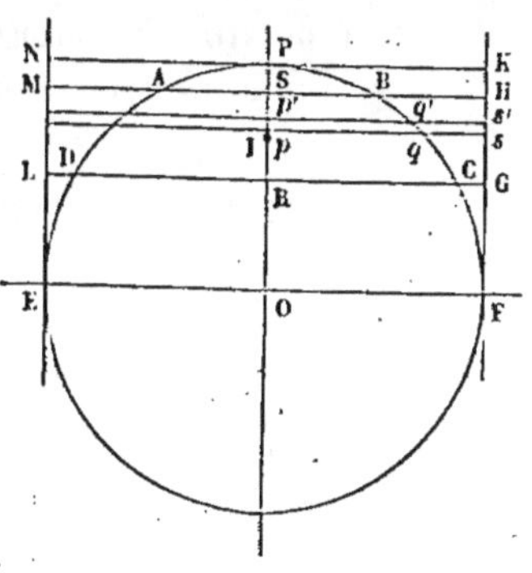

Fig. 176.

zone sphérique ABCD est égale à la surface convexe du cylindre IIGLM, comprise entre les mêmes plans. Partageons la hauteur RS de la zone en un très grand nombre de parties égales, et soit pp' l'une de ces parties. Par les points de division menons des plans pq, $p'q'$ parallèles aux bases; ces plans couperont la zone donnée en zones élémentaires engendrées par les arcs qq', et la surface cylindrique en tronçons engendrés par les éléments correspondants ss'. Or les hauteurs pp' de tous ces éléments étant les mêmes, toutes les zones qq', égales aux surfaces ss', sont équivalentes. Chaque zone qq' a pour centre de gravité un point situé sur l'axe RS, entre les points p et p'; à la limite, lorsque le nombre des parties aliquotes pp' est infiniment grand, le centre de gravité de la zone élémentaire peut être confondu sans erreur avec le point p; il en est de même de la zone cylindrique ss' correspondante. On peut donc remplacer la zone sphérique CB par la zone cylindrique GII, sans changer les surfaces ni les poids des zones élémentaires, et sans déplacer leurs centres de gravité respectifs. Le centre de gravité de la zone sphérique CB coïncide donc avec le centre de gravité de la surface cylindrique GH, c'est-à-dire avec le milieu I de la hauteur RS, et par suite, *le centre de gravité d'une zone sphérique homogène, à une ou à deux bases, est situé sur son axe, au milieu de sa hauteur.*

CENTRE DE GRAVITÉ D'UN FUSEAU INFINIMENT PETIT PAA′, PARTANT DU PÔLE P DE LA SPHÈRE, ET TERMINÉ AU PETIT CERCLE AB.

195. Le centre de gravité de la zone PAB est au point I, milieu de la flèche PF.

Le centre de gravité d'un fuseau infiniment petit PAA′ est situé dans un plan CD, parallèle à la base de la zone, et mené par le point I. Car imaginons la calotte sphérique PAB décomposée en n fuseaux égaux entre eux. Les centres de gravité de chacun de ces fuseaux égaux seront tous situés, à distances égales, sur la circonférence d'un cercle dont le plan sera perpendiculaire à PO, et dont le centre sera situé sur

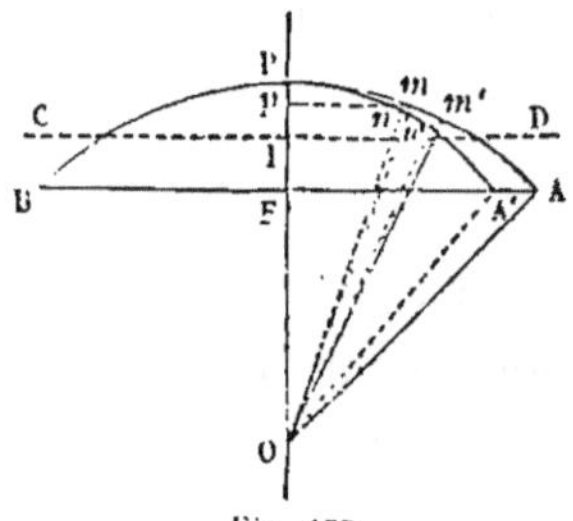

Fig. 177.

cette droite. Le centre de gravité de l'ensemble est le centre de ce cercle. Or il coïncide avec le point I. Donc le centre de gravité de chaque fuseau pris individuellement est situé dans le plan CD.

En vertu de la symétrie, le centre de gravité de PAA′ est situé dans le plan bissecteur de l'angle dièdre APA′.

On connaît donc une droite sur laquelle le point cherché se trouve situé. Il suffit de déterminer sa distance ξ à l'axe PO, en prenant les moments par rapport à un plan conduit par cet axe normalement au plan POA.

Décomposons la surface du fuseau en éléments infiniment petits $mm'n'n$, par des arcs de cercle décrits du point P comme pôle. L'aire élémentaire $mnn'm'$ aura pour mesure le produit $mm' \times mn$, et son moment sera $mm' \times mn \times mp$. On aura donc

$$\xi = \frac{\Sigma\,(mm' \times mn \times mp)}{\Sigma\,(mm' \times mn)},$$

les sommes devant être étendues à toute la surface PAA'.

Soit $POm = \theta$, $POA = \alpha$; angle $APA' = d\varphi$; enfin $OP = OA = R$.

Il viendra

$$mp = R \sin\theta,$$
$$mm' = R\,d\theta,$$
$$mn = mp \times d\varphi = R \sin\theta\,d\varphi.$$

Les intégrales devront être prises entre les limites $\theta = 0$, $\theta = \alpha$:

$$\xi = \frac{\displaystyle\int_0^\alpha R^3 \sin^2\theta\,d\theta\,d\varphi}{\displaystyle\int_0^\alpha R^2 \sin\theta\,d\theta\,d\varphi}.$$

Le facteur $d\varphi$ est constant, et disparaît, ainsi que le facteur R^2; l'équation prend la forme

$$\xi = R\,\frac{\displaystyle\int_0^\alpha \sin^2\theta\,d\theta}{\displaystyle\int_0^\alpha \sin\theta\,d\theta}.$$

Or

$$\int_0^\alpha \sin\theta\,d\theta = 1 - \cos\alpha,$$

$$\int_0^\alpha \sin^2\theta\,d\theta = \frac{1}{2}\alpha - \frac{1}{4}\sin 2\alpha.$$

Donc enfin

$$\xi = \frac{1}{4}R \times \frac{2\alpha - \sin 2\alpha}{1 - \cos\alpha}.$$

S'il s'agit, par exemple, du fuseau entier, qui s'étend du pôle P au pôle opposé, on fera $\alpha = \pi$, et il viendra

$$\xi = \frac{1}{4}R \times \frac{2\pi}{2} = R \times \frac{\pi}{4}.$$

Il faut bien se souvenir que cette formule suppose le dièdre $APA' = d\varphi$ infiniment petit. S'il s'agissait d'un dièdre quelconque, il faudrait prendre le centre de gravité de l'arc de cercle formé par les centres de gravité individuels des fuseaux infiniment petits dans lesquels on aurait partagé le fuseau donné.

CENTRE DE GRAVITÉ D'UN VOLUME HOMOGÈNE.

196. Le centre de gravité d'un cylindre homogène, à base circulaire ou elliptique, terminé à deux plans parallèles, est situé au milieu de l'axe du solide, ou de la droite qui joint les centres des bases.

197. Soit SAB un cône homogène; S son sommet, AB sa base, et G le centre de gravité de sa base. Si nous menons une infinité de plans équidistants, parallèles à la base, entre le point S et le plan AB, ces plans couperont le cône suivant des sections semblables et semblablement placées par rapport au point S; les centres de gravité des sections, étant des points homologues, seront tous situés sur la droite SG.

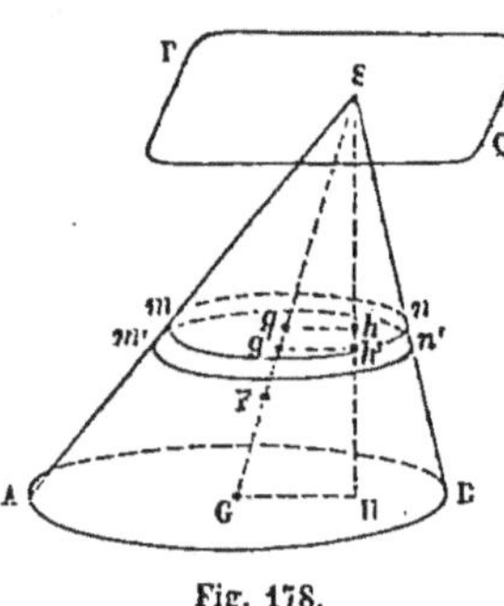

Fig. 178.

Considérons deux sections voisines mn, $m'n'$, et soient g, g' leurs centres de gravité. Du point S abaissons sur le plan AB une perpendiculaire SH, qui sera perpendiculaire aux plans de toutes les sections. Puis prenons les moments des poids des volumes élémentaires compris entre deux sections consécutives, par rapport à un plan PQ, mené par le point S parallèlement à la base. Appelons B la surface de la base AB, et H la hauteur totale SH. Posons enfin $Sh = x$, distance de la tranche $mnn'm'$ au plan PQ.

La surface de la section mn sera fournie par la proportion

$$\frac{b}{B} = \frac{x^2}{H^2}.$$

Elle est égale à $\dfrac{Bx^2}{H^2}$, et le volume de la tranche est

$$\frac{Bx^2\,dx}{H^2}.$$

Son moment par rapport au plan PQ est

$$\frac{Bx^3\,dx}{H^2},$$

et la distance ξ du centre de gravité au même plan est par conséquent

$$\xi = \frac{\displaystyle\int_0^H \frac{Bx^3\,dx}{H^2}}{\displaystyle\int_0^H \frac{Bx^2\,dx}{H^2}} = \frac{\displaystyle\int_0^H x^3\,dx}{\displaystyle\int_0^H x^2\,dx} = \frac{3}{4}\,H.$$

Le centre de gravité du cône est donc situé dans un plan parallèle à la base AB, mené à une distance du sommet égale aux trois quarts de la distance du sommet à la base.

D'un autre côté, le centre de gravité d'une tranche élémentaire $mnm'n'$, réduite à une épaisseur infiniment petite, est infiniment voisin du point g, centre de gravité de la section mn qui lui sert de base. Les centres de gravité des tranches dans lesquelles on a décomposé le cône sont tous sur la droite SG. Le centre de gravité de l'ensemble est donc aussi sur cette droite, et par suite, le point cherché est le point F, pris sur la droite SG, aux trois quarts de la distance SG à partir du point S.

198. Les mêmes raisonnements s'appliquent à la pyramide. Donc : 1° *le centre de gravité d'une pyramide quelconque homogène est aux* $\dfrac{3}{4}$, *à partir du sommet, de la droite qui joint le sommet au centre de gravité de la base; 2° les quatre droites qui, dans un tétraèdre, joignent les sommets aux centres de gra-*

vité des faces opposées, se coupent en un même point, qui est le centre de gravité du tétraèdre, et qui partage chaque ligne de jonction en deux segments dont le rapport est égal au nombre 3.

Il est facile de démontrer aussi que *le centre de gravité d'un tétraèdre homogène coïncide avec le centre de gravité de quatre poids égaux, concentrés en ses sommets;* comme corollaires de ce théorème, on peut déduire les propositions suivantes : *le centre de gravité d'un tétraèdre homogène est au milieu de la droite qui joint les milieux de deux arêtes opposées, et les trois droites qui joignent les milieux de deux arêtes opposées d'un tétraèdre concourent en un même point, qui les divise chacune en deux parties égales.*

De même, *le centre de gravité d'un triangle homogène coïncide avec le centre de gravité de trois poids égaux concentrés en ses sommets.*

CENTRE DE GRAVITÉ DU TRONC DE PYRAMIDE OU DE CÔNE.

199. 1° Considérons d'abord un tronc de pyramide triangulaire, compris entre deux plans parallèles ABC, DEF; les arêtes DC, BE, AF, prolongées vont se couper en un même point S, sommet de la pyramide entière.

Rappelons la méthode suivie dans la géométrie pour obtenir la mesure du volume du tronc de pyramide. Par un des sommets E de la petite base, on mène deux plans, l'un EAD, passant par la diagonale AD de la face latérale opposée, l'autre EAC, passant par le côté de la grande base appartenant à la même

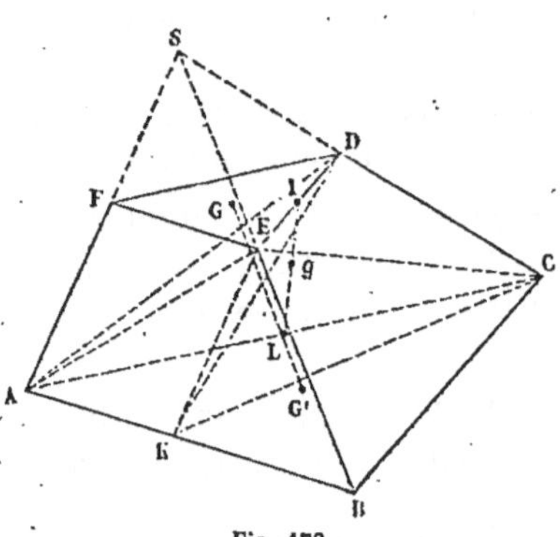

Fig. 179.

face. Ces deux plans partagent le tronc de pyramide en trois pyramides triangulaires ADEF, EABC, EADC; la première a pour base la petite base du tronc; la seconde, la grande base; elles ont toutes deux pour hauteur la hauteur même du tronc; la troisième peut être transformée, sans altération de son volume, en une pyramide ayant pour base ADC, et pour sommet le point K, intersection de l'arête AP avec une parallèle EK menée à l'arête AF; on peut la considérer comme ayant pour sommet le point D, et pour base le triangle ACK, dont la surface est moyenne proportionnelle entre la grande base et la petite; cette troisième pyramide est donc ramenée à avoir la hauteur du tronc.

Appelons donc H la hauteur du tronc, ou la distance des plans ABC, DEF; B la grande base, b la petite.

Les trois pyramides auront respectivement pour volumes,

la pyramide ADEF, $\qquad \frac{1}{3} bH,$

la pyramide EABC, $\qquad \frac{1}{3} BH,$

la pyramide EADC, équivalente à DACK, $\qquad \frac{1}{3} H \sqrt{Bb}.$

Le centre de la première pyramide est à une distance du plan EFD égale à $\frac{1}{4}H$, et à une distance du plan ABC égale à $\frac{3}{4}H$; de même, le centre de la seconde est à des distances des mêmes plans respectivement égales à $\frac{3}{4}H$ et $\frac{1}{4}H$. Pour le centre de gravité de la troisième, remarquons qu'en vertu d'un corollaire indiqué tout à l'heure (§ 198), il est situé au milieu g de la droite IL qui joint les milieux I et L des deux arêtes opposées ED, AC dans le tétraèdre EADC; il est donc dans le plan mené à égale distance des plans des deux bases, et sa distance à chacun des deux plans est $\frac{1}{2}H$.

La somme des moments des poids des trois pyramides par

rapport au plan EFD est égale au produit du poids total du tronc par la distance x de son centre de gravité à ce plan, et nous avons l'équation

$$x \times V = \tfrac{1}{3} b H \times \tfrac{1}{4} H + \tfrac{1}{3} B H \times \tfrac{3}{4} H + \tfrac{1}{3} H \sqrt{Bb} \times \tfrac{1}{2} H$$

$$= \tfrac{1}{12} H^2 (b + 3B + 2\sqrt{Bb}).$$

en appelant V, pour abréger, le volume du tronc, égal à $\tfrac{1}{3} H (b + B + \sqrt{Bb})$. Le solide étant supposé homogène, nous avons pu en effet remplacer dans l'équation des moments les poids par les volumes qui leur sont proportionnels. Appelons y la distance du centre de gravité au plan de la base ABC; nous aurons de même

$$y \times V = \tfrac{1}{3} b H \times \tfrac{3}{4} H + \tfrac{1}{3} B H \times \tfrac{1}{4} H + \tfrac{1}{3} H \sqrt{Bb} \times \tfrac{1}{2} H$$

$$= H^2 (B + 3b + 2\sqrt{Bb}).$$

Donc

$$\frac{x}{y} = \frac{b + 3B + 2\sqrt{Bb}}{B + 3b + 2\sqrt{Bb}}.$$

Cette équation fait connaître le rapport des distances du centre de gravité aux plans des bases, et permet par suite de conduire parallèlement à ceux-ci un plan qui contienne le point cherché; il se trouvera à l'intersection de ce plan avec la droite qui joint les centres de gravité G, G' des deux bases.

2° La même formule s'applique à un tronc de pyramide à base quelconque.

Soit ABCDE*abcde* le tronc de pyramide obtenu en coupant la pyramide SABCDE par un plan *abcde* parallèle à la base ABCDE.

Construisons dans le plan de la base un triangle MNP équivalent au polygone ABCDE; puis prenons un point S' dans le plan mené par le sommet S parallèlement au plan de la base. Nous formons ainsi la pyramide S'MNP, dans laquelle le plan *abcde* prolongé détermine une section *mnp* ; le tronc triangulaire MNP*pmn* est équivalent au volume donné, et les sections faites dans ces deux solides par des plans parallèles aux bases sont équivalentes. Si l'on décompose les deux troncs en tranches infiniment minces, les volumes de ces tranches, et leurs distances aux points S et S′, seront respectivement les mêmes ; les sommes des moments par rapport aux points S

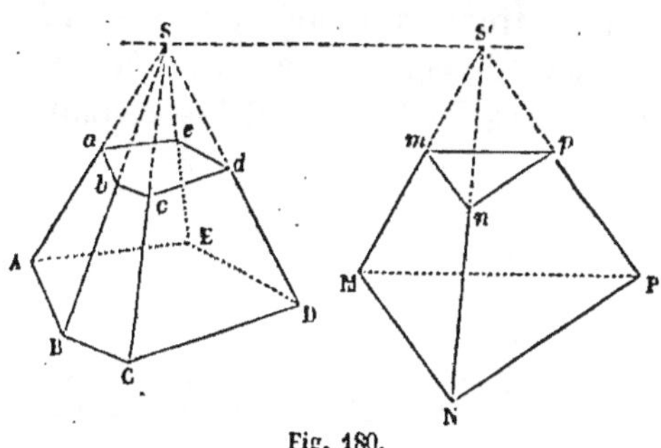

Fig. 180.

et S′ seront aussi égales, et par suite, les centres de gravité des deux troncs sont situés dans un même plan parallèle aux bases. La formule démontrée pour le tronc de pyramide triangulaire MNP*pmn*, s'applique donc sans modification au tronc de pyramide équivalent ABCDE*eabcd*.

On remarquera que dans cette formule on peut remplacer les surfaces, B et *b*, des deux bases, par les carrés de deux arêtes homologues. Les sections ABCDE, *abcde* étant semblables, on a en effet

$$\frac{b}{B} = \frac{\overline{ab}^2}{\overline{AB}^2}.$$

3° La formule s'applique enfin à un tronc de cône ; car le cône est la limite vers laquelle tend une pyramide inscrite à mesure qu'on multiplie le nombre des côtés de sa base.

200. L'analyse conduirait aux mêmes conséquences. Si l'on appelle h et h' les distances des bases B et b du tronc au sommet S de la pyramide ou du cône, x la distance au même point

d'une tranche quelconque faite dans le tronc par un plan parallèle aux bases, et ξ la distance du plan qui contient le centre de gravité cherché, l'équation des moments donnera

$$\xi = \frac{\displaystyle\int_{h'}^{h} x^3 dx}{\displaystyle\int_{h'}^{h} x^2 dx} = \frac{5}{4} \frac{h^4 - h'^4}{h^3 - h'^3}.$$

La hauteur du tronc est la différence $h - h'$.

Les distances du centre de gravité aux plans des bases sont respectivement égales à $\xi - h'$ et $h - \xi$. Enfin

$$\frac{b}{\Pi} = \frac{h'^2}{h^2}.$$

Donc

$$\frac{\xi - h'}{h - \xi} = \frac{\dfrac{5}{4} \dfrac{h^4 - h'^4}{h^3 - h'^3} - h'}{h - \dfrac{5}{4} \dfrac{h^4 - h'^4}{h^3 - h'^3}} = \frac{5h^4 - 5h'^4 - 4h^3 h' + 4h'^4}{4h^4 - 4h'^3 h - 5h^4 + 5h'^4}$$

$$= \frac{5h^4 + h'^4 - 4h^3 h'}{h^4 + 5h'^4 - 4h'^3 h}.$$

Cette fraction peut se simplifier par la suppression à ses deux termes du facteur commun $(h - h')^2$; il vient en faisant les divisions

$$\frac{\xi - h'}{h - \xi} = \frac{5h^2 + 2hh' + h'^2}{h^2 + 2hh' + 5h'^2}.$$

et remplaçant dans les deux termes ainsi simplifiés, qui sont homogènes par rapport à h et h', les quantités h et h' par les quantités proportionnelles $\sqrt{B}$ et $\sqrt{b}$, on retrouvera la formule déjà obtenue

$$\frac{\xi - h'}{h - \xi} = \frac{5B + 2\sqrt{Bb} + b}{B + 2\sqrt{Bb} + 5b}.$$

CENTRE DE GRAVITÉ D'UN SEGMENT DE SPHÈRE A UNE BASE.

201. Soit PBA le segment de sphère donné, BA le plan de sa base, P le pôle du petit cercle AB. Le centre de gravité cherché est situé sur la droite OP, à une distance ξ que nous déterminerons par le théorème des moments.

Prenons les moments par rapport au plan MN conduit par le point O, perpendiculairement à OP.

Soit

$$Om = x, \qquad mn = dx\,;$$

la tranche infiniment petite $pqp'q'$ a pour mesure

$$\pi \times \overline{mp}^2 \times mn = \pi y^2 dx,$$

en appelant y l'ordonnée mp du cercle PA.

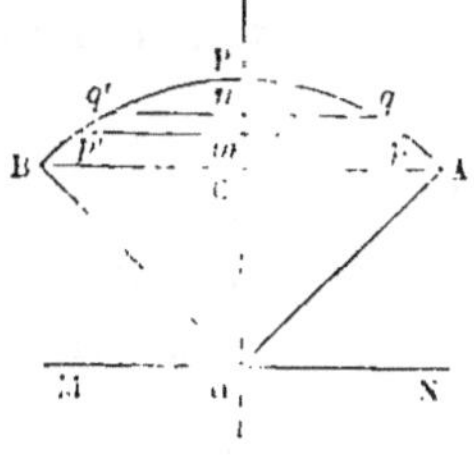

Fig. 181

L'équation du cercle est $x^2 + y^2 = R^2$, R étant le rayon OA. Donc

$$y^2 = R^2 - x^2.$$

Le volume de la tranche est $\pi (R^2 - x^2)\, dx$.

L'abscisse ξ du centre de gravité est égale à

$$\xi = \frac{\displaystyle\int_{x=OC}^{x=R} \pi\,R^2 - x^2\,.\,x\,dx}{\displaystyle\int_{x=0}^{x=R} \pi\,(R^2 - x^2\,)\,dx}.$$

Faisons $OC = a$; c'est la distance du centre de la sphère au plan AB qui limite le segment :

$$\int_a^R (R^2 - x^2)\,dx = \left[R^2 x - \frac{x^3}{3} \right]_a^R = \left(R^3 - \frac{R^3}{3} \right) - \left(R^2 a - \frac{a^3}{3} \right)$$

$$= \frac{1}{3} \times (2R^3 - 3R^2 a + a^3)\,;$$

$$\int_a^R (R^2 - x^2)\,x\,dx = \left[R^2 \frac{x^2}{2} - \frac{x^4}{4} \right]_a^R = \frac{1}{4} \times [\,(2R^4 - R^4) - (2R^2 a^2 - a^4)\,]$$

$$= \frac{1}{4} (R^4 - 2R^2 a^2 + a^4)\,;$$

et par suite

$$\xi = \frac{5}{4} \, \frac{R^4 - 2R^2 a^2 + a^4}{2R^3 - 3R^2 a + a^4}.$$

Les deux termes de la fraction s'annulent par $a = R$ puisque cette supposition fait évanouir à la fois les deux intégrales; ils admettent donc le facteur commun $R - a$. Supprimant ce facteur, on trouve une nouvelle fraction dont les deux termes s'annulent encore pour $R = a$, et qu'on peut simplifier de nouveau par la suppression du facteur $R - a$; et l'on obtient en définitive

$$\xi = \frac{3}{4} \times \frac{R^2 + 2Ra + a^2}{2R + a} = \frac{3}{4} \times \frac{(R + a)^2}{2R + a}.$$

Si l'on fait $a = 0$, on obtient le centre de gravité de la moitié de la sphère :

$$\xi = \frac{3}{4} \times \frac{R^2}{2R} = \frac{3}{8} R.$$

CENTRE DE GRAVITÉ D'UN SEGMENT DE PARABOLOÏDE DE RÉVOLUTION.

202. Le *paraboloïde de révolution* s'obtient en faisant tourner autour de son axe SA la parabole SMB. On coupe la surface par un plan CAB normal à l'axe, et on demande le centre de gravité du volume homogène compris entre ce plan et la surface CNSMB.

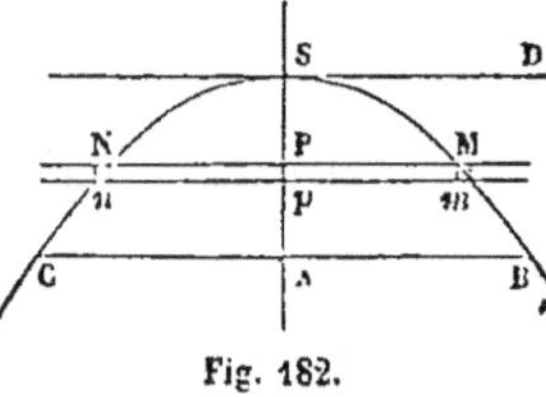

Fig. 182.

Le centre de gravité de ce volume étant situé sur l'axe SA, il suffit de déterminer sa distance au point S.

Menons deux plans infiniment voisins NPM, *npm*, qui interceptent dans ce volume un élément cylindrique dont la hauteur est Pp, et dont la base est un cercle ayant pour rayon PM. Le volume de ce cylindre est donc $\pi \times \overline{PM}^2 \times Pp$; nous pouvons, à cause de l'homogénéité, prendre ce volume pour la mesure du poids ; le moment, par rapport au point S, sera

$$\pi \times \overline{PM}^2 \times Pp \times SP,$$

ou bien, en faisant $SP = x$, $PM = y$, $Pp = dx$,

$$\pi y^2 x\, dx.$$

Posons $SA = a$. La distance ξ du centre de gravité au point S s'obtiendra au moyen de l'équation

$$\xi = \frac{\displaystyle\int_0^a \pi y^2 x\, dx}{\displaystyle\int_0^a \pi y^2\, dx} = \frac{\displaystyle\int_0^a y^2 x\, dx}{\displaystyle\int_0^a y^2\, dx}.$$

Or l'équation de la parabole est $y^2 = 2px$, en appelant p le paramètre de la courbe.

Remplaçons y^2 par sa valeur ; il viendra, en supprimant le facteur commun $2p$,

$$\xi = \frac{\displaystyle\int_0^a x^2\, dx}{\displaystyle\int_0^a x\, dx} = \frac{\left(\dfrac{a^3}{3}\right)}{\left(\dfrac{a^2}{2}\right)} = \frac{2}{3}a.$$

Le volume du segment est d'ailleurs égal à

$$\int_0^a \pi y^2\, dx = \int_0^a 2\pi p x\, dx = \pi \times p a^2 = \frac{1}{2} a \times \pi \overline{AB}^2,$$

ou à la moitié du cylindre qui aurait pour base le cercle CB, et pour hauteur SA.

Ces résultats s'étendent sans difficulté au *paraboloïde* dans lequel les sections circulaires CB seraient remplacées par des ellipses.

CENTRE DE GRAVITÉ DE LA CYCLOÏDE.

203. La cycloïde ABC est le lieu décrit par le point M d'une circonférence EMD qui roule sans glisser sur la droite AC. Elle est définie par l'équation

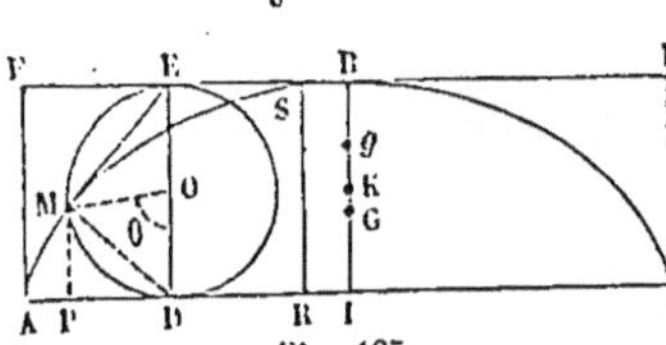
Fig. 183.

$$\text{arc MD} = \text{AD}.$$

Du point M abaissons une perpendiculaire MP sur la droite AC, et faisons $AP = x$, $MP = y$; joignons le point M au centre O du cercle générateur, et soit $MOD = \theta$.

Appelons R le rayon du cercle. Il viendra

$$\text{arc MD} = \text{AD} = \text{R}\theta ;$$

PD est la projection sur AC du rayon MO, qui fait avec AC un angle égal à $\dfrac{\pi}{2} - \theta$.

Donc

$$x = \text{AD} - \text{PD} = \text{R}\theta - \text{R}\cos\left(\frac{\pi}{2} - \theta\right) = \text{R}(\theta - \sin\theta).$$

La longueur MP est égale à la projection sur DE de la corde MD, laquelle a pour longueur $2\text{R}\sin\dfrac{\theta}{2}$, et fait avec DE un angle MDE égal à $\dfrac{\pi - \theta}{2}$; donc

$$y = 2\text{R}\sin\frac{\theta}{2} \times \cos\left(\frac{\pi}{2} - \frac{\theta}{2}\right) = 2\text{R}\sin^2\frac{\theta}{2} = \text{R}(1 - \cos\theta).$$

Proposons-nous de trouver le centre de gravité d'un segment ARS compris entre le point A et une ordonnée RS, définie par son abscisse $AR = a$.

L'abscisse ξ du point cherché sera égale à

$$\xi = \frac{\displaystyle\int_0^a xy\,dx}{\displaystyle\int_0^a y\,dx}.$$

Quant à son ordonnée η, observons que le centre de gravité de l'aire élémentaire $y\,dx$ est au milieu de l'ordonnée y, et que son moment par rapport à AC est égal à $\frac{1}{2}y^2\,dx$. On aura donc

$$\eta = \frac{\displaystyle\int_0^a \frac{1}{2}y^2\,dx}{\displaystyle\int_0^a y\,dx}.$$

Or les équations de la courbe donnent

$$dx = \mathrm{R}\,(1 - \cos\theta)\,d\theta,$$
$$y\,dx = \mathrm{R}^2\,(1 - \cos\theta)^2\,d\theta,$$
$$xy\,dx = \mathrm{R}^3\,(1 - \cos\theta)^2\,(\theta - \sin\theta)\,d\theta,$$
$$y^2\,dx = \mathrm{R}^3\,(1 - \cos\theta)^3\,d\theta.$$

Appelons θ' la valeur de θ qui correspond à $x = a$; il viendra

$$\xi = \mathrm{R}\,\frac{\displaystyle\int_0^{\theta'} (1 - \cos\theta)^2\,(\theta - \sin\theta)\,d\theta}{\displaystyle\int_0^{\theta'} (1 - \cos\theta)^2\,d\theta},$$

$$\eta = \frac{1}{2}\mathrm{R}\,\frac{\displaystyle\int_0^{\theta'} (1 - \cos\theta)^3\,d\theta}{\displaystyle\int_0^{\theta'} (1 - \cos\theta)^2\,d\theta}.$$

Ces diverses intégrales sont faciles à obtenir. Développons les carrés et les produits indiqués :

$$(1 - \cos\theta)^2 = 1 - 2\cos\theta + \cos^2\theta,$$
$$(1 - \cos\theta)^3 = 1 - 3\cos\theta + 3\cos^2\theta - \cos^3\theta,$$
$$(1 - \cos\theta)^2\,(\theta - \sin\theta) = \theta - 2\theta\cos\theta + \theta\cos^2\theta - \sin\theta + 2\cos\theta\sin\theta$$
$$- \cos^2\theta\sin\theta.$$

Les intégrales de certains termes s'obtiennent immédiatement :

$$\int d\theta = \theta,$$

$$\int \cos\theta\, d\theta = \sin\theta,$$

$$\int \theta\, d\theta = \frac{1}{2}\theta^2,$$

$$\int \sin\theta\, d\theta = -\cos\theta,$$

$$\int 2\cos\theta \sin\theta\, d\theta = \sin^2\theta,$$

$$\int \cos^2\theta \sin\theta\, d\theta = -\frac{1}{3}\cos^3\theta.$$

Il reste à trouver $\int \cos^2\theta\, d\theta$, $\int \cos^3\theta\, d\theta$, $\int \theta\cos\theta\, d\theta$, $\int \theta\cos^2\theta\, d\theta$. Nous avons déjà obtenu (§ 181) l'intégrale

$$\int \sin^2\theta\, d\theta = \frac{1}{2}\theta - \frac{1}{4}\sin 2\theta.$$

Le même calcul donnerait

$$\int \cos^2\theta\, d\theta = \frac{1}{2}\theta + \frac{1}{4}\sin 2\theta.$$

Pour avoir $\int \cos^3\theta\, d\theta$, observons que

$$\cos^3\theta = \cos\theta \times \cos^2\theta = (1 - \sin^2\theta)\cos\theta.$$

Donc

$$\int \cos^3\theta\, d\theta = \int \cos\theta\, d\theta - \int \sin^2\theta \cos\theta\, d\theta = \sin\theta - \frac{1}{3}\sin^3\theta.$$

Les intégrales $\int \theta\cos\theta\, d\theta$ et $\int \theta\cos^2\theta\, d\theta$ s'obtiennent en appliquant le procédé de l'*intégration par parties* :

$$\int \cos\theta\, d\theta \times \theta = \theta\sin\theta - \int \sin\theta\, d\theta = \theta\sin\theta + \cos\theta,$$

$$\int \cos^2\theta\, d\theta \times \theta = \theta \times \left(\frac{1}{2}\theta + \frac{1}{4}\sin 2\theta\right) - \int \left(\frac{1}{2}\theta + \frac{1}{4}\sin 2\theta\right) d\theta$$

$$= \frac{\theta^2}{2} + \frac{\theta}{4}\sin 2\theta - \frac{1}{4}\theta^2 + \frac{1}{8}\cos 2\theta$$

$$= \frac{\theta^2}{4} + \frac{\theta}{4}\sin 2\theta + \frac{1}{8}\cos 2\theta.$$

Il ne reste plus qu'à réunir ces différents termes, après les avoir multipliés par les coefficients convenables ; il vient, en indiquant seulement les limites,

$$\xi = R \frac{\left[\frac{1}{2}\theta^2 - 2\theta\sin\theta - 2\cos\theta + \frac{\theta^2}{4} + \frac{\theta}{4}\sin 2\theta + \frac{1}{8}\cos 2\theta + \cos\theta + \sin^2\theta + \frac{1}{3}\cos^3\theta\right]_0^{\theta'}}{\left[\theta - 2\sin\theta + \frac{1}{2}\theta + \frac{1}{4}\sin 2\theta\right]_0^{\theta'}}$$

$$\eta = \frac{1}{2}R \frac{\left[\theta - 3\sin\theta + \frac{3}{2}\theta + \frac{3}{4}\sin 2\theta - \sin\theta + \frac{1}{3}\sin 3\theta\right]_0^{\theta'}}{\left[\theta - 2\sin\theta + \frac{1}{2}\theta + \frac{1}{4}\sin 2\theta\right]_0^{\theta'}}$$

Appliquons cette formule à l'aire de la cycloïde entière ABC. Il faudra faire pour cela $\theta' = 2\pi$.

Faisant dans les intégrales générales $\theta = 0$, puis $\theta = 2\pi$, et retranchant, il vient

$$\xi = R \times \frac{\left(\frac{4\pi^2}{2} - 2 + \pi^2 + \frac{1}{8} + 1 + \frac{1}{3}\right) - \left(-2 + \frac{1}{8} + 1 + \frac{1}{3}\right)}{(2\pi + \pi)} = \pi R,$$

ce qui indique que le centre de gravité est situé sur l'axe de symétrie IB ; et

$$\eta = \frac{1}{2}R \times \frac{2\pi + 3\pi}{3\pi} = \frac{5}{6}R,$$

valeur qui définit le point G, aux $\frac{5}{6}$ de IK, ou aux $\frac{5}{12}$ de IB.

L'aire de la cycloïde étant égale à $3\pi R^2$, et l'aire du rectangle ACLF, à $4\pi R^2$, la somme des aires FAB, LBC, est égale à l'aire du cercle générateur πR^2. Le centre de gravité de l'aire FABCLF est en un point g tel que

$$GK \times 3\pi R^2 = gK \times \pi R^2,$$

ou

$$gK = 3 \times KG = \frac{1}{2}R.$$

Le point g est donc le milieu du rayon BK.

On obtiendrait par des opérations analogues le centre de gravité d'un arc de cycloïde AS, d'un segment du solide de révolution engendré par la cycloïde tournant autour de la droite AC, ou de la droite IB, ou de la droite BF, ou de la droite AF, etc.

REMARQUE SUR LES CENTRES DE GRAVITÉ DES ARCS DE CERTAINES COURBES.

204. La recherche du centre de gravité d'un arc de courbe plane homogène suppose connue la longueur s de cet arc; elle exige de plus l'intégration des différentielles xds, yds, ce qui fait en tout trois quadratures à exécuter. Il y a des cas où la recherche des intégrales $\int xds$ et $\int yds$ est plus simple que celle de $\int ds$, et peut s'achever sans introduire d'autres transcendantes que les fonctions circulaires et logarithmiques, tandis que l'intégrale $\int ds$ représente une fonction plus élevée. Dans ce cas, on peut construire _a priori_ une droite sur laquelle sera situé le centre de gravité cherché.

Considérons, par exemple, un arc d'ellipse, commençant au sommet du grand axe, et terminé en un point quelconque du quadrant. Les coordonnées x et y d'un point de l'ellipse seront données par les équations

$$x = a\cos\theta, \quad y = b\cos\theta,$$

a étant le demi grand axe et b le demi petit axe. On en déduit

$$ds = d\theta\sqrt{a^2\sin^2\theta + b^2\cos^2\theta},$$

quantité non intégrable; tandis que

$$xds = a\cos\theta d\theta\sqrt{a^2\sin^2\theta + b^2\cos^2\theta},$$

et

$$yds = a\sin\theta d\theta\sqrt{a^2\sin^2\theta + b^2\cos^2\theta},$$

sont réductibles à une forme intégrable en faisant $u = a\sin\theta$ dans la première, et $u = b\cos\theta$ dans la seconde. On pourra donc achever ces dernières intégrations. Désignons par P et Q les fonctions qu'on obtiendra, prises entre les limites 0 et θ qui définissent les deux extrémités de l'arc; ξ et η étant les coordonnées du centre de gravité, on aura, en appelant S la longueur de l'arc,

$$\xi = \frac{P}{S}$$

et

$$\eta = \frac{Q}{S}.$$

Donc

$$P\eta = Q\xi,$$

équation d'une droite qui passe par l'origine et par le centre de gravité cherché. On pourra tracer cette droite avant de connaître l'arc S, fonction elliptique de seconde espèce, qui n'est pas exprimable en termes finis.

Pour second exemple, prenons la *lemniscate* représentée en coordonnées rectangles par l'équation

$$(x^2 + y^2)^2 = a^2(x^2 - y^2),$$

ou en coordonnées polaires par l'équation

$$r = a\sqrt{\cos 2\theta}.$$

On passe de la première forme à la seconde en faisant $x = r\cos\theta$ et $y = r\sin\theta$. Cherchons le centre de gravité d'un arc commençant au sommet, $x = a$, $y = 0$, de la courbe.

De l'équation de la courbe on déduit successivement

$$ds = \sqrt{dr^2 + r^2 d\theta^2} = \sqrt{\frac{a^2\sin^2 2\theta d\theta^2}{\cos 2\theta} + a^2\cos 2\theta d\theta^2} = \frac{a d\theta}{\sqrt{\cos 2\theta}},$$

expression qui a pour intégrale une fonction elliptique de première espèce;

$$x ds = r\cos\theta \times \frac{a d\theta}{\sqrt{\cos 2\theta}} = a\sqrt{\cos 2\theta}.\cos\theta \times \frac{a d\theta}{\sqrt{\cos 2\theta}} = a^2\cos\theta d\theta,$$

$$y ds = r\sin\theta \times \frac{a d\theta}{\sqrt{\cos 2\theta}} = a^2\sin\theta d\theta.$$

Donc

$$\int_0^0 x\,ds = a^2 \sin\theta$$

et

$$\int_0^\theta a^2 \sin\theta\,d\theta = a^2 (1 - \cos\theta),$$

en prenant les intégrales entre les limites 0 et 0.

On aura par conséquent, en appelant ξ et η les coordonnées rectangles du centre de gravité d'un arc commençant au sommet $\theta = 0$, et finissant en un point θ quelconque :

$$\xi = \frac{a^2 \sin\theta}{\displaystyle\int_0^\theta \frac{a\,d\theta}{\sqrt{\cos 2\theta}}}, \qquad \eta = \frac{a^2 (1 - \cos\theta)}{\displaystyle\int_0^\theta \frac{a\,d\theta}{\sqrt{\cos 2\theta}}}.$$

Donc

$$\frac{\eta}{\xi} = \frac{1 - \cos\theta}{\sin\theta} = \operatorname{tang} \frac{1}{2}\theta.$$

Le centre de gravité d'un arc de lemniscate commençant au sommet de la courbe est situé sur la bissectrice de l'angle formé en joignant le centre aux deux extrémités de cet arc.

CONSTRUCTION GRAPHIQUE AU MOYEN DE LAQUELLE ON PEUT DÉTERMINER LE CENTRE DE GRAVITÉ D'UNE AIRE PLANE.

205. Soit AB (fig. 184) une aire plane homogène dont on demande le centre de gravité. Nous chercherons la distance de ce point à une droite XY, tracée arbitrairement dans le plan de la figure. En répétant la même opération pour une seconde droite coupant la première, nous aurons deux distances qui définiront la position cherchée.

Nous pouvons partager l'aire en bandes infiniment petites par des droites mn, $m'n'$, parallèles à XY et infiniment rapprochées. La position de ces droites est donnée par les distances $OM = y$, $OM' = y + dy$, à la droite XY, distances qu'on peut mesurer sur un axe OO', perpendiculaire à leur direction commune.

Appelons z la dimension mn de la bande correspondante à la distance $OM = y$. L'aire AB aura pour mesure l'intégrale $\int z\,dy$, et la somme des moments des bandes par rapport à l'axe XY sera $\int zy\,dy$; ces quadratures sont prises entre les limites $y = OR$, $y = OR'$, qui correspondent aux tangentes extrêmes de la courbe.

La distance y_1 du centre de gravité à la droite XY sera le quotient

$$y_1 = \frac{\int zy\,dy}{\int z\,dy}.$$

Nous allons transformer l'intégrale $\int zy\,dy$ et la ramener à la recherche de l'aire d'un contour tracé sur la figure.

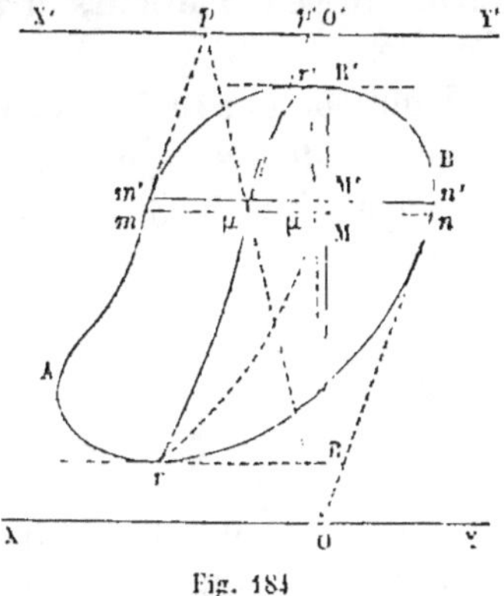

Fig. 184

A une distance arbitraire, $OO' = a$, de la droite XY, menons une parallèle X'Y' à cette droite. Joignons On; puis menons mp parallèle à On, jusqu'à la rencontre de X'Y'; joignons pO; cette droite coupe la droite mn en μ. Construisons le lieu du point μ. Nous obtiendrons une certaine courbe $r\mu r'$, et l'aire comprise entre cette courbe et la partie $r'nr$ du contour donné, fera connaître l'intégrale $\int zy\,dy$.

En effet, soit z' la longueur μn. On a, à cause des parallèles mp, On, la proportion

$$\frac{mn}{Op} = \frac{\mu n}{O\mu}.$$

Donc

$$\mu n = mn \times \frac{O\mu}{Op} = mn \times \frac{OM}{OO'};$$

ou bien

$$z' = z \times \frac{y}{a},$$

et

$$zy = az'.$$

Par suite

$$\int zy\,dy = \int az'dy = a\int z'dy = a \times \text{aire } r\mu'nr.$$

La distance y_1 est donc à la distance OO′ dans le rapport des deux aires représentées sur la figure. La construction peut d'ailleurs être variée de bien des manières différentes.

Si du contour $r\mu r'$ on déduit, par la même construction, un second contour $r\mu'r'$, déterminant une troisième aire, on aura, en appelant z'' la dimension $\mu'n$ de la bande terminée à ce contour,

$$az'' = z'y,$$

par conséquent

$$a^2z'' = az'y = zy.$$

De sorte que l'aire comprise entre le nouveau contour $r\mu'r'$ et la portion rnr' du contour donné, multipliée par a^2, représentera l'intégrale $\int y^2z\,dy$, étendue à la totalité de l'aire du contour primitif.

La même construction répétée une troisième fois ferait connaître, au facteur a^3 près, une aire proportionnelle à l'intégrale $\int y^3z\,dy$, et ainsi de suite indéfiniment.

L'évaluation des aires planes se fait très rapidement au moyen du *planimètre d'Amsler*; l'*intégromètre de M. Deprez*, fondé sur les mêmes principes cinématiques, donne directement l'aire, les coordonnées du centre de gravité, et le *moment d'inertie* d'une surface plane, c'est-à-dire les intégrales $\int z\,dy$, $\int yz\,dy$, $\int y^2z\,dy$. Pour la description et la théorie de ces appareils, nous renverrons à des notes insérées dans les *Annales des Ponts et Chaussées*, 1868, tome XVI, page 224, et 1872, tome III, page 225.

THÉORÈME DE GULDIN.

206. Le *théorème de Guldin*, connu aussi sous le nom de *théorème de Pappus*, donne le volume engendré par une figure plane, tournant autour d'un axe fixe tracé dans son plan, en fonction du chemin décrit par le centre de gravité de cette figure, ou bien la superficie d'une surface de révolution engendrée par une ligne plane tournant autour d'une droite menée dans son plan, lorsqu'on connaît le chemin décrit par le centre de gravité de cette ligne.

Inversement, le théorème de Guldin permet quelquefois de déterminer le centre de gravité d'une aire plane ou d'une ligne.

Voici l'énoncé de ce théorème :

1° *Le volume engendré par une figure plane* A, *quand elle fait une révolution entière autour d'un axe* CB, *tracé dans son plan (en dehors de la figure), est égal au produit de l'aire* A *par la circonférence décrite par le centre de gravité* G *de cette aire.*

Si on appelle A l'aire de la figure, V le volume engendré par sa révolution, et H la distance EG du centre de gravité de l'aire à l'axe CB, on aura

$$V = 2\pi HA.$$

Considérons, en effet, le volume engendré par l'élément rectangulaire *mnpq*, pris où l'on voudra dans la figure A, mais tracé de manière que les côtés *mn*, *pq* soient perpendiculaires

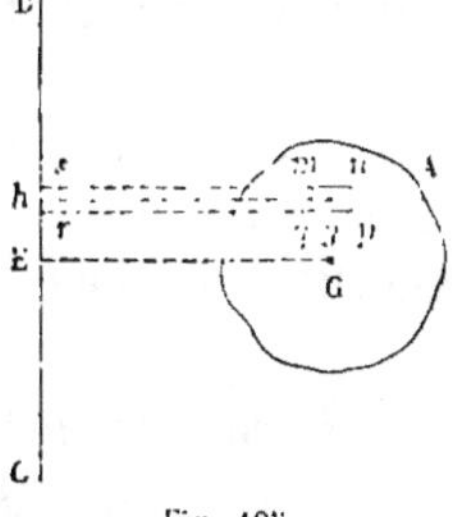

Fig. 185.

à l'axe BC, et les deux autres côtés, *mq*, *np*, parallèles au même axe. Prolongeons les côtés *mn*, *pq* jusqu'à la rencontre de l'axe en *r* et *s*; le volume engendré par le petit rectangle *mnpq* sera la différence de deux cylindres droits, dont la hauteur commune est *rs*, et dont les rayons sont *pr* et *qr*; le volume cherché est donc

$$\pi \left(\overline{pr}^2 - \overline{qr}^2 \right) \times rs,$$

expression qu'on peut mettre sous la forme

$$\pi\,(pr + qr)\,(pr - qr) \times rs,$$

ou encore

$$2\pi \left(\frac{pr + qr}{2}\right) \times qp \times qm.$$

Sous cette forme, il est facile de vérifier l'énoncé du théorème; car $qp \times qm$ est l'aire ω de la surface $mnpq$; $2\pi \times \left(\dfrac{pr + qr}{2}\right)$ est égal à $2\pi \times gh$, g étant le centre de gravité du rectangle, et gh la distance de ce point à l'axe; $2\pi \times gh$ est donc la circonférence décrite par le centre de gravité quand le rectangle fait une révolution entière autour de BC.

Pour passer de là au volume engendré par la figure totale A, on décomposera cette figure en éléments rectangulaires infiniment petits, on fera pour chacun le produit

$$2\pi \times h\omega,$$

où ω désigne l'aire du rectangle considéré, et h la distance de son centre de gravité à la droite BC; et enfin on fera la somme de tous ces produits. Or cette somme sera, à part le facteur constant 2π, la somme des moments des aires ω par rapport à l'axe BC; elle sera donc égale au moment de la somme des aires, c'est-à-dire au produit de l'aire totale, A, par la distance, H, de son centre de gravité au même axe. Le volume engendré est donc

$$2\pi\mathrm{HA},$$

ce qui démontre le théorème.

Si, au lieu de faire un tour entier autour de BC, la figure décrivait seulement autour de cet axe un angle mesuré par l'arc α, le volume engendré serait réduit dans le rapport de α à 2π, et serait exprimé par le produit αHA.

2° *La surface engendrée par une ligne plane finie, AA', quand elle fait une révolution entière autour d'une droite BC, tracée dans son plan (de manière à ne pas la couper), est égale au produit de la longueur L de cette ligne par la circonférence décrite par son centre de gravité G.*

Soit $GE = H$ la distance du centre de gravité de la ligne
à l'axe BC ; l'aire engendrée par la révolution entière de
AA' sera exprimée par le produit

$$2\pi HL.$$

En effet, cette aire est la somme
des aires engendrées par les arcs
élémentaires successifs mn, qui composent l'arc total AA'. Abaissons des
points m et n des perpendiculaires
ms, nr sur l'axe ; l'élément mn étant

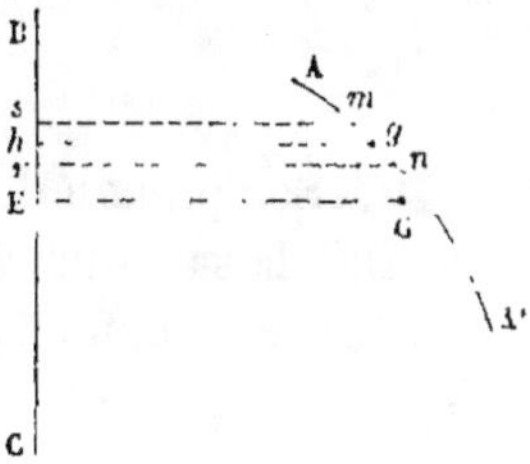

Fig. 186.

infiniment petit, peut être considéré comme rectiligne ; il
engendre la surface convexe d'un tronc de cône qui a pour
mesure la moyenne des circonférences des bases, multipliée
par la génératrice mn, ou bien

$$2\pi \times \left(\frac{rn + sm}{2} \right) \times mn.$$

Soit g le milieu de mn ; la demi-somme $\dfrac{rn + ms}{2}$ est égale à la
distance gh du milieu de mn à l'axe BC ; le produit précédent
devient

$$2\pi \times gh \times mn ;$$

il faut faire la somme de tous ces produits élémentaires, ce
qui revient à multiplier par 2π la somme des produits $mn \times gh$,
ou la somme des moments des arcs mn par rapport à l'axe BC ;
car le point g, milieu de mn, est le centre de gravité de l'arc
mn. La somme des moments des arcs élémentaires est égale
au moment de la somme de ces arcs, ou au produit de la
longueur totale L de l'arc AA', par la distance $H = GE$ de
son centre de gravité à l'axe de révolution, ce qui donne en
définitive

$$2\pi HL.$$

Si la ligne AA' ne faisait pas un tour entier, et qu'elle dé-
crivit seulement un angle α autour de l'axe BC, α étant mesuré en parties du rayon, la surface engendrée serait seulement αHL.

APPLICATION DU THÉORÈME DE GULDIN A L'ÉVALUATION DES VOLUMES OU DES SURFACES.

207. Soit proposé de trouver le volume engendré par le triangle ABC, faisant une révolution entière autour d'une droite AP, menée par le sommet A en dehors de ce triangle, mais dans son plan. On déterminera le milieu I de la base BC du triangle, puis le point G, centre de gravité, en prenant $AG = \frac{2}{3}AI$. Abaissant GH perpendiculairement à l'axe AP, on aura pour mesure du volume cherché

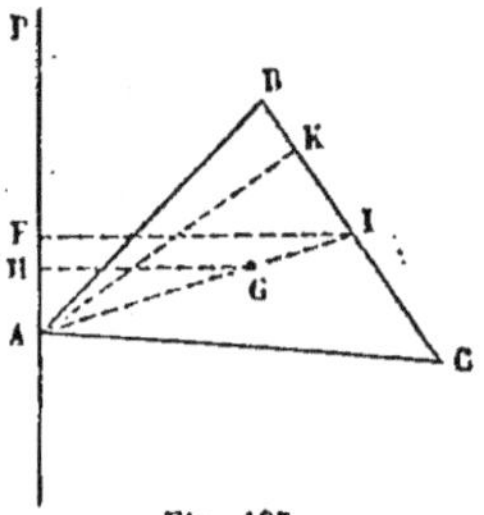

$$V = \text{aire ABC} \times 2\pi GH.$$

Fig. 187.

Du point I, abaissons IF perpendiculaire sur AP. La distance HG est les $\frac{2}{3}$ de IF ; substituant, il vient

$$V = \frac{4}{3}\pi IF \times \text{aire ABC.}$$

Cherchons aussi l'aire engendrée dans le même mouvement par le côté BC ; cette aire S sera égale au produit du côté BC par la circonférence décrite par le centre de gravité I de ce côté :

$$S = 2\pi IF \times BC;$$

par conséquent

$$V = S \times \frac{2}{3}\frac{\text{aire ABC}}{BC} = S \times \frac{1}{3}AK,$$

car l'aire du triangle ABC est la moitié du produit de la base BC par la hauteur AK, abaissée du point A, perpendiculairement sur BC.

208. *Volume du tronc de cône.* — Le tronc de cône peut être considéré comme engendré par la révolution entière au-

tour du côté AB d'un trapèze ADCB, dont deux angles A et B sont droits. Soit G le centre de gravité du trapèze. Le volume V du tronc de cône sera égal au produit

$$V = 2\pi GL \times \text{surf. ABCD}.$$

Soient BC $= R$, AD $= r$, les rayons des bases du tronc de cône, et AB $= H$ sa hauteur.

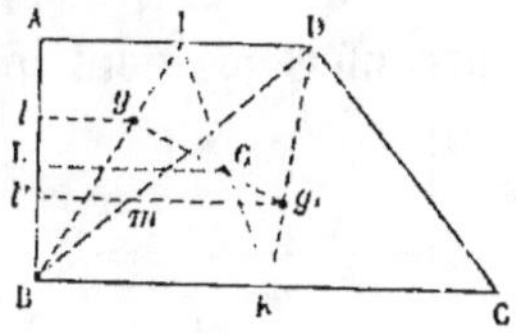

La distance $x = LG$ du centre de gravité du trapèze s'obtiendra en prenant par rapport à AB les moments des deux triangles ABD, DBC, ce qui donne l'équation

Fig. 168.

$$\text{surf. ABD} \times gl + \text{surf. DBC} \times g'l' = \text{surf. ABCD} \times x,$$

en appelant g et g' les centres de gravité des deux triangles situés sur les médianes BI, DK.

Or

$$\text{surf. ABD} = \frac{1}{2}\, rH,$$

$$\text{surf. DBC} = \frac{1}{2}\, RH,$$

$$\text{surf. ABCD} = \frac{1}{2}\, (R + r)\, H;$$

$$gl = \frac{2}{3}\, AI = \frac{1}{3}\, AD = \frac{r}{3}.$$

Pour obtenir $g'l'$, observons que la diagonale BD du trapèze divise cette droite en deux segments, dont l'un, $l'm$, est le tiers de AD, tandis que l'autre est égal aux deux tiers de BK, ou au tiers de BC; donc

$$g'l' = \frac{1}{3}(AD + BC) = \frac{1}{3}(R + r).$$

Nous avons donc en résumé

$$x = \frac{\frac{1}{2} rH \times \frac{1}{3} r + \frac{1}{2} RH \times \frac{1}{3}(R + r)}{\frac{1}{2}(R + r) H} = \frac{1}{3} \frac{r^2 + R^2 + Rr}{R + r}.$$

Le volume V, égal à $2\pi x \times$ surf. ABCD, est donc donné par la formule

$$V = \frac{2\pi}{3}\left(\frac{r^2 + R^2 + Rr}{R + r}\right) \times \frac{1}{2}(R + r)H = \frac{1}{3} H \times \pi (R^2 + r^2 + Rr),$$

formule des éléments de géométrie.

209. Le volume d'un *tore*, engendré par la révolution du cercle O autour d'une droite AB tracée dans son plan en dehors du cercle, est le produit de l'aire du cercle O par la circonférence dont le rayon est égal à la distance OH; c'est le produit

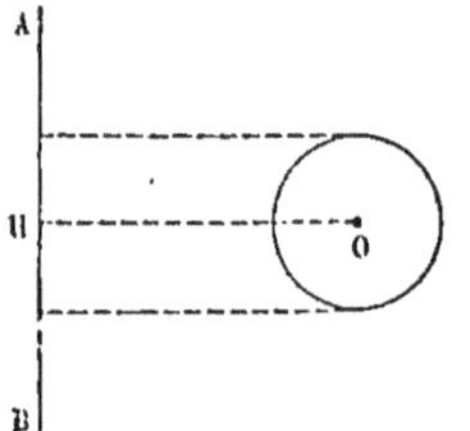

$$\pi R^2 \times 2\pi H, \quad \text{ou} \quad 2\pi^2 R^2 H,$$

R étant le rayon du cercle O, et H la distance OH.

La surface engendrée par la circonférence a pour mesure

$$2\pi R \times 2\pi H = 4\pi^2 RH.$$

Fig. 189.

On trouverait de même le volume engendré par une ellipse tournant autour d'une droite tracée dans son plan.

APPLICATION DU THÉORÈME DE GULDIN A LA RECHERCHE DES CENTRES DE GRAVITÉ DES AIRES ET DES LIGNES PLANES.

210. Soit proposé de chercher le centre de gravité d'un arc de cercle homogène AB.

L'arc AB est symétrique par rapport à la droite OC menée du centre O au milieu de l'arc. Le centre de gravité G est situé sur cette droite, à une certaine distance x du point O.

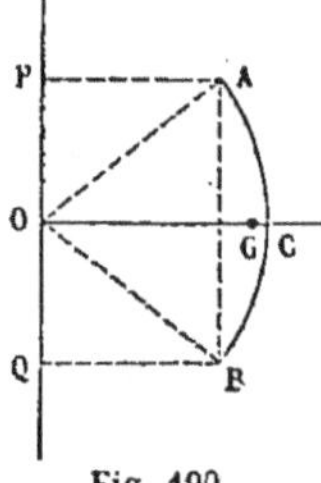

Fig. 190.

Par le centre O menons une droite OP, perpendiculaire à OC; puis faisons tourner la figure autour de OP; l'arc AB engendrera dans ce mouvement une zone sphérique dont la hauteur PQ est égale à la corde AB de l'arc donné. Cette zone a pour mesure le produit de sa hauteur, ou de la corde AB, par la circonférence d'un grand cercle de la sphère, c'est-à-dire par $2\pi \times OC$. Le théorème de Guldin nous montre d'un autre côté que la surface engendrée par une révolution entière de l'arc AB est égale au produit de la longueur de l'arc par la

circonférence décrite par son centre de gravité, ou à
arc AB $\times 2\pi x$. On a donc

$$\text{corde AB} \times 2\pi \text{OC} = \text{arc AB} \times 2\pi x,$$

d'où l'on tire

$$x = \text{OC} \times \frac{\text{corde AB}}{\text{arc AB}},$$

formule identique à celle que nous avons trouvée (§ 183) en
appliquant d'autres méthodes.

EXTENSION DU THÉORÈME DE GULDIN.

214. Supposons qu'on trace un contour F dans un plan P,
qui *roule sans glisser* sur une surface développable, et qui
tourne successivement d'un angle infiniment petit autour des
arêtes rectilignes AB, A'B', A"B", ..., de cette surface.

Dans ce mouvement, la figure F engendrera un volume, et
le périmètre de cette figure engendrera une surface.

Cela posé, *le volume engendré par la surface F entre deux
positions quelconques du plan mobile est égal au produit de
l'aire F par le chemin décrit par son centre de gravité G* ;

*La surface engendrée par le périmètre de la surface F a pour
mesure le produit du périmètre L par le chemin décrit par son
centre de gravité G'.*

Pour démontrer ces théorèmes, il suffit d'observer que
pendant un temps infiniment court le plan P tourne autour
d'un axe fixe AB, et que
la figure F engendre un élément de solide de révolution.
Le théorème de Guldin peut
s'appliquer à ce temps très
court ; il ne reste plus qu'à
faire la somme de tous les
éléments décrits, ce qui don-

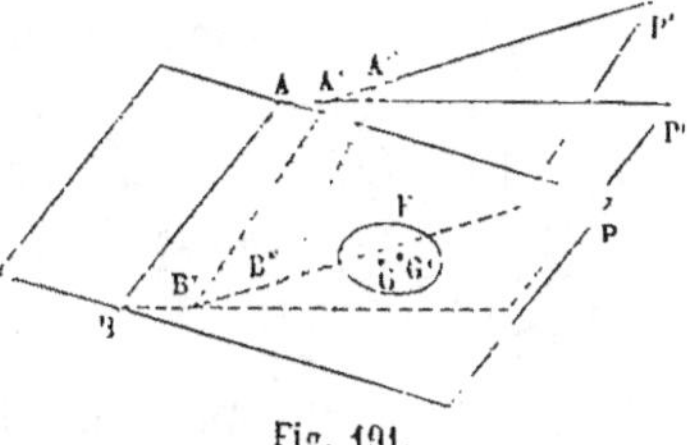

Fig. 191.

nera l'aire F, ou le périmètre L, multiplié par le chemin total
décrit par le centre de gravité de l'aire ou par celui du périmètre.

212. L'axe de rotation, dans tout ce qui précède, est supposé extérieur à la figure mobile. Le théorème de Guldin s'applique encore au cas où l'axe traverse la figure méridienne, sauf à prendre positivement les volumes et les superficies engendrées par les parties situées d'un côté de l'axe, et négativement les volumes et les superficies engendrées par les parties situées du côté opposé.

Si l'on adopte cette convention, on pourra dire que *le volume engendré par une aire fermée, tournant autour d'une droite tracée dans son plan et passant par son centre de gravité, est égal à zéro.* Car le chemin décrit par le centre de gravité est nul. Il ne faut pas oublier que dans cet énoncé on prend avec des signes contraires les volumes élémentaires engendrés par les deux parties de la figure séparées par l'axe de rotation.

TRANSFORMATION D'UNE SURFACE HÉLICOÏDALE EN SURFACE
DE RÉVOLUTION.

213. LEMME. — Soit AB (fig. 192) un élément mobile infiniment petit dont tous les points décrivent à chaque instant des trajectoires normales à la direction correspondante de l'élément.

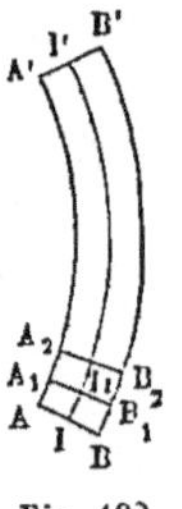

L'aire engendrée par l'élément entre deux positions quelconques AB, A′B′ sera égale au produit de AB par le chemin I I′ décrit par le centre de gravité, I, de l'élément, et comme les longueurs AA′, BB′, CC′, diffèrent de quantités infiniment petites, on pourra exprimer cette aire AA′B′B par le produit

$$AB \times AA'.$$

Fig. 192.

En effet, considérons les positions successives AB, A_1B_1, A_2B_2,… de l'élément mobile, et évaluons l'aire AA_1B_1B comprise entre deux positions consécutives.

Par AB (fig. 193), faisons passer un plan P, normal à la trajectoire du point I; par A_1B_1, faisons passer un plan P_1, normal à la même trajectoire au point I_1. Ces deux plans se couperont suivant la droite LL', axe de courbure de la courbe II_1. Prolongeons AB dans le plan P, jusqu'à la rencontre de LL' en C; puis imprimons au plan P, autour de LL', un mouvement de rotation infiniment petit, qui amène le point I au point I_1, et l'élément AB dans la position $\alpha\beta$. Dans ce mouvement, l'élément AB engendre une portion infiniment petite de surface conique dont le sommet est au point C, et cette portion a pour mesure le produit $AB \times II_1$. Pour amener ensuite l'élément mobile dans sa position A_1B_1, il n'y a plus qu'à faire tourner dans le plan P_1 l'élément $\alpha\beta$ d'un angle infiniment petit autour de son milieu I_1. On déforme ainsi l'élément de cône $A\alpha\beta B$, qui devient un élément de surface gauche, AA_1B_1B.

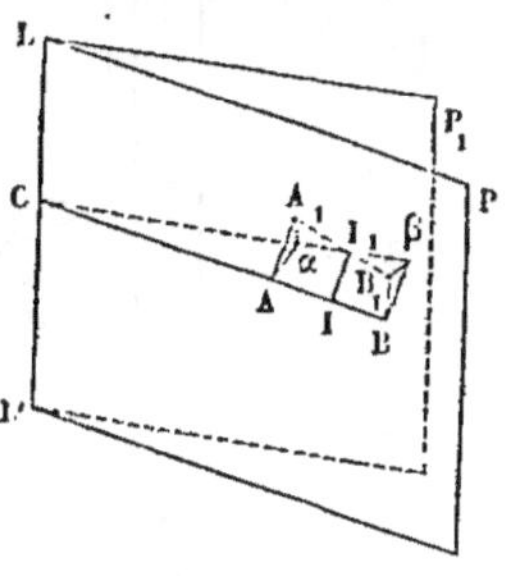

Fig. 193.

Dans cette déformation, chaque élément de la surface conique reçoit un déplacement normal infiniment petit.

A chaque élément de la surface gauche correspond donc sur le cône un élément superficiel qui en est la projection orthogonale, et comme l'angle de ces deux éléments est infiniment petit, il y a égalité entre les deux éléments, et par suite entre les deux surfaces (I, § 62). La déformation n'entraîne ainsi ni altération des aires, ni altération des éléments de longueur, et l'on a

$$\text{surf. } AA_1B_1B = AB \times II_1,$$

comme si le déplacement de l'élément générateur avait consisté dans une simple rotation autour de LL'.

Il en est de même de chaque élément, et par suite aussi de leur somme, ce qui donne pour résultat définitif $AB \times II'$, ou $AB \times AA'$, en remplaçant II' par la longueur AA', qui en diffère infiniment peu (fig. 192).

214. Ce lemme trouve son application dans la théorie de surfaces hélicoïdales.

Soit OO′ l'axe d'une surface engendrée par le mouvement hélicoïdal imprimé à une figure quelconque.

Le point A parcourt dans ce mouvement une hélice AA′, le point B une hélice BB′; toutes ces hélices ont même pas $AA' = BB' = h$: elles diffèrent par les rayons Aa, Bb des cylindres droits sur lesquels elles sont tracées.

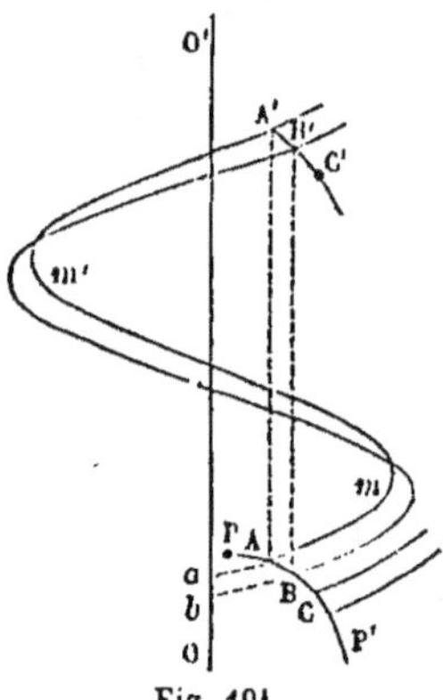

Fig. 194.

Pour définir la figure génératrice, menons sur la surface une ligne PP′, qui coupe à angle droit toutes les hélices AA′, BB′, CC′,… Sur cette ligne prenons une origine arbitraire P, et comptons les arcs à partir de ce point, dans le sens PP′. Un point A de la ligne sera donné par l'arc $PA = s$ qui lui correspond; ce point appartient d'ailleurs à un cylindre droit de rayon $Aa = R$, et, par suite, la forme de la surface hélicoïdale établit entre les deux quantités s et R une relation

$$s = F(R),$$

qu'on peut supposer connue.

Évaluons la surface de la bande hélicoïdale engendrée par l'élément $AB = ds$, et comprise entre deux positions AB et A′B′ éloignées d'une spire. Chacun des points de cet élément décrivant des lignes normales à sa direction, on peut appliquer le lemme précédent, ce qui donne pour aire de la bande le produit

$$AB \times \text{longueur } (Amm'A'),$$

ou bien

$$ds \times \sqrt{4\pi^2 R^2 + h^2}.$$

Nous allons chercher (fig. 195) à quelle distance $y = \alpha\alpha_1$ de l'axe $\omega\omega'$ il faut placer un arc $\alpha\beta = ds = AB$, pour qu'une révolution entière de $\alpha\beta$ autour de $\omega\omega'$ engendre une surface égale à cette bande hélicoïdale.

L'aire engendrée étant égale à

$$\alpha\beta \times 2\pi\alpha_1,$$

ou à

$$ds \times 2\pi y,$$

la condition d'équivalence des deux bandes est

$$2\pi y = \sqrt{4\pi^2 R^2 + h^2},$$

ou bien

$$y^2 = R^2 + \frac{h^2}{4\pi^2}.$$

Imaginons que cette relation soit satisfaite en tous les points de la courbe $\alpha\beta\gamma\ldots$ Il y aura équivalence entre les aires de la surface de révolution et les aires correspondantes de la surface hélicoïdale ; cette équivalence aura lieu non-seulement *de bande à bande*, mais encore *d'élément à élément*, en prenant pour éléments correspondants une même partie aliquote de deux bandes correspondantes. On partage ainsi les deux bandes en éléments rectangulaires qui se correspondent, et qui ont à la fois même surface et même dimension $\alpha\beta = AB = ds$. Leurs secondes dimensions sont donc

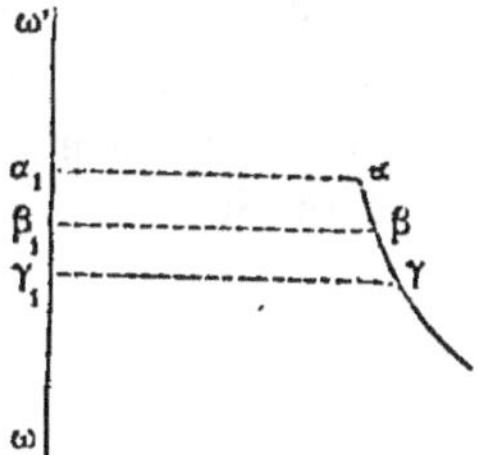

Fig. 195.

aussi égales, et, par suite, il y a non-seulement équivalence des aires, il y a encore égalité entre les éléments de longueur correspondants, tracés sur les deux surfaces, et égalité des angles que ces éléments font entre eux. Donc enfin *la surface hélicoïdale est applicable sur la surface de révolution.*

L'équation de la méridienne $\alpha\beta\gamma\ldots$ s'obtiendra en remplaçant R par sa valeur

$$\sqrt{y^2 - \frac{h^2}{4\pi^2}}$$

dans l'équation $s = F(R)$, et l'on aura

$$s = F\left(\sqrt{y^2 - \frac{h^2}{4\pi^2}}\right);$$

il restera à intégrer cette équation, pour la ramener à ne contenir que les variables x et y.

Prenons pour exemple l'hélicoïde à plan directeur. La ligne PP', trajectoire orthogonale des hélices est alors la génératrice rectiligne de la surface, et l'équation $s = F(R)$ prend la forme simple $s = R$, en comptant les arcs à partir de l'axe OO'.

L'équation de la méridienne correspondante sera

$$s = \sqrt{y^2 - \frac{h^2}{4\pi^2}}.$$

Nous verrons plus loin que cette équation appartient à une *chaînette* qui aurait pour axe horizontal la droite $\omega\omega'$, et pour ordonnée au point le plus voisin de l'axe la quantité $\frac{h}{2\pi}$. La surface engendrée par la révolution de la chaînette autour de son axe horizontal a reçu d'Edmond Bour le nom d'*alysséide*. C'est au même géomètre qu'on doit le théorème général, que toute surface hélicoïdale est applicable sur une surface de révolution. La proposition particulière relative à l'hélicoïde à plan directeur avait été démontrée précédemment.

VOLUME DU CYLINDRE TRONQUÉ.

215. *Si l'on projette orthogonalement une figure plane F sur un plan fixe P, le centre de gravité de la projection F' est la projection orthogonale du centre de gravité de la figure.*

Cette proposition peut être considérée comme un cas particulier de la remarque II du § 168. On pourrait d'ailleurs l'établir directement.

La même proposition subsiste pour les projections obliques, faites par des droites parallèles. Il suffit, pour l'établir, de couper les droites projetantes par un plan perpendiculaire à leur direction commune, et d'appliquer le théorème aux trois sections ainsi obtenues.

216. Soit MN (fig. 196) une surface cylindrique ou prismatique, coupée par un plan ABCD. Soit G le centre de gravité de cette section. Par ce point, menons une droite AB dans le plan

de la section, et conduisons par cette droite un second plan AEBF, faisant un angle infiniment petit avec le premier. De cette manière, nous ajoutons d'un côté au volume du prisme ou du cylindre un onglet infiniment petit AFDB, et nous retranchons de l'autre l'onglet infiniment petit ACEB. Faisons tourner la figure ACDB autour de AB pour l'amener dans le plan AEBF. Dans ce mouvement elle engendrera deux onglets de révolution opposés par le sommet, qui différeront des onglets cylindriques AFDB et ACEB, d'infiniment petits du second ordre; or ces deux onglets de révolution sont égaux en vertu du théorème de Guldin ; car l'un étant pris positivement, l'autre négativement, leur somme algébrique est nulle (§ 215). Il en est donc de même des onglets cylindriques, et par suite le volume du cylindre ou du prisme, compris entre une section quel-

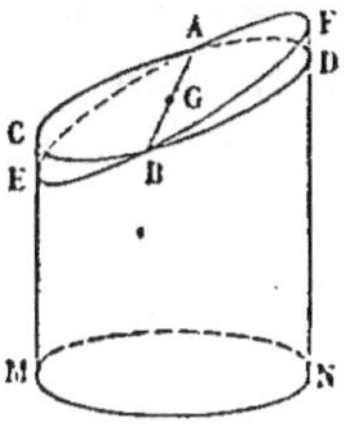

Fig. 196.

conque MN et la section ACBD, n'est pas altéré par la substitution au plan ACBD, d'un plan infiniment voisin AEBF, pourvu que le second plan passe par le centre de gravité G de la section déterminée par le premier.

Le centre de gravité de la nouvelle section coïncide avec le centre de gravité G de l'ancienne, car la seconde section est la projection de la première, parallèlement aux arêtes du cylindre (§ 216). On n'altère donc pas le volume du cylindre en faisant encore tourner le plan de la section EF d'un angle infiniment petit autour d'une droite passant par le point G. En définitive, qu'on modifie comme on voudra l'orientation du plan de la section ACBD, pourvu que ce plan passe toujours par le centre de gravité G de la section, le volume du cylindre n'en est pas changé.

217. Cette remarque conduit à la mesure du volume du cylindre ou du prisme tronqué. Soit P un cylindre coupé par deux plans A, B, menés d'une manière quelconque. Prenons le centre de gravité G de la section A : la section B est la projection de la section A sur le plan B, faite paral-

lèlement aux génératrices du cylindre; donc le centre de gravité, G', de cette section, est situé sur une parallèle aux génératrices, menée par le centre de gravité de l'autre section A. Par les points G et G', menons deux plans, a, b, normaux aux génératrices. La substitution de ces sections aux sections primitives n'altère pas le volume du cylindre (§ 216), de sorte que le volume compris entre les sections normales a et b est égal au volume donné; mais le cylindre ab est un cylindre droit, dont le volume s'obtient en multipliant la base, Surf. a, par la hauteur, GG'; le produit Surf. $a \times$ GG' est donc aussi la mesure du volume AB, et l'on obtient ce théorème :

Le volume d'un cylindre ou d'un prisme tronqué est le produit de l'aire de sa section droite par la distance des centres de gravité de ses deux bases.

THÉORÈMES DIVERS SUR LES CENTRES DE GRAVITÉ.

218. *Lorsque des forces se font équilibre autour d'un même point O, ce point est le centre de gravité d'un système de points également pesants placés aux extrémités des droites représentatives de ces forces.*
Soient

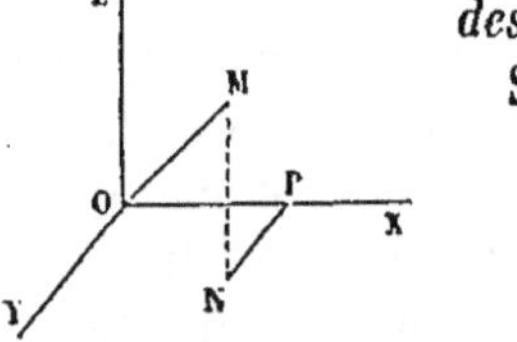

Fig. 197.

$$
\begin{array}{ccc}
X_1, & Y_1, & Z_1, \\
X_2, & Y_2, & Z_2, \\
\vdots & \vdots & \vdots \\
X_n, & Y_n, & Z_n,
\end{array}
$$

les composantes suivant les trois axes rectangulaires OX, OY, OZ des n forces qui sollicitent le point O. L'équilibre ayant lieu, on aura

$$X_1 + X_2 + X_3 + \ldots + X_n = 0,$$
$$Y_1 + Y_2 + Y_3 + \ldots + Y_n = 0,$$
$$Z_1 + Z_2 + Z_3 + \ldots + Z_n = 0.$$

Un point matériel de poids p, placé à l'extrémité M de la

droite OM qui représente la première force, a pour coordonnées $OP = X_1$, $PN = Y_1$, $NM = Z_1$. Les composantes des forces données représentent ainsi les coordonnées des points matériels correspondants. Le centre de gravité de ces points, supposés tous également pesants, a pour coordonnées

$$\xi = \frac{\Sigma pX}{\Sigma p} = \frac{p\Sigma X}{\Sigma p},$$

$$\eta = \frac{\Sigma pY}{\Sigma p} = \frac{p\Sigma Y}{\Sigma p},$$

$$\zeta = \frac{\Sigma pZ}{\Sigma p} = \frac{p\Sigma Z}{\Sigma p}.$$

Or, les sommes ΣX, ΣY, ΣZ, étant nulles, il en est de même des coordonnées ξ, η et ζ. Le centre de gravité est donc à l'origine.

On pourrait aussi placer tous les points matériels M à une distance constante de l'origine, sauf à leur donner à chacun un poids proportionnel à la force correspondante OM (Cf. § 28).

219. *Lorsque différentes forces sont appliquées à un même point M, la résultante de ces forces passe par le centre de gravité G d'un système de points également pesants, placés aux extrémités des droites représentatives de ces forces, et elle est égale au produit de la distance MG par le nombre des forces données.*

Soient MF, MF′, MF″, …. les n forces données; elles sont tenues en équilibre par une force MR, égale et contraire à leur résultante. Plaçons des poids égaux p aux points F, F′, F″, … et au point R ; le centre de gravité de ces points sera le point M. Soit G le centre de gravité des poids placés en F, F′, F″, …. On obtiendra le centre de gravité M du système total en composant le

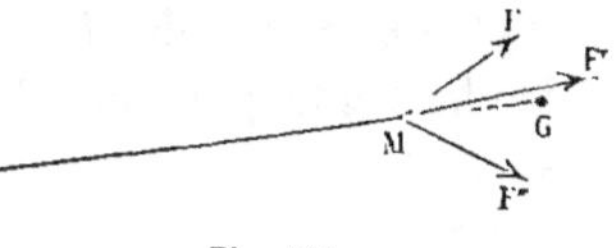

Fig. 198.

poids np appliqué en G avec le poids p appliqué en R. Donc les trois points R, M, G sont en ligne droite, et MR est égal à n fois MG.

220. Le théorème du § 167 est un simple corollaire de cette proposition.

Soit M un point matériel qui attire chaque molécule d'un système S proportionnellement à la quantité de matière qu'elle renferme et à sa distance à ce point.

Partageons le système S en n parties infiniment petites, ayant chacune un même poids p. Les forces qui représentent les attractions de ces diverses parties A, A′, A″… sur le

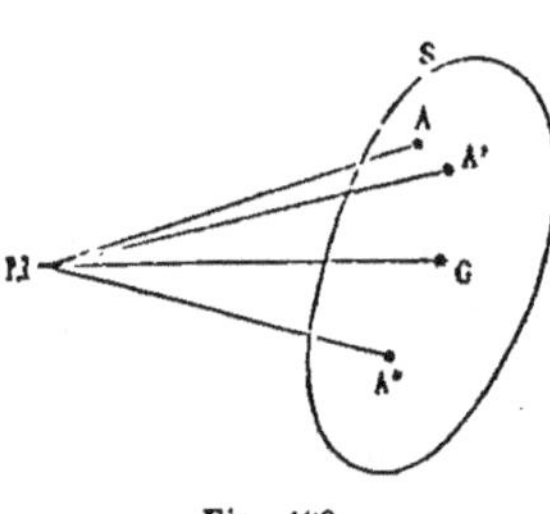

Fig. 190.

point M sont représentées en grandeur et en direction par les droites MA, MA′, MA″,… Leur résultante, qui représente l'attraction totale de M sur S, ou de S sur M, passe au centre de gravité G des n poids p placés en A, A′, A″,… c'est-à-dire au centre de gravité du système S, et elle est représentée en grandeur par le produit $MG \times n$; elle est donc la même que si les n poids p étaient réunis au point G.

Lorsque l'attraction par unité de poids est proportionnelle à la distance, un point matériel attire un système comme si toute la matière de ce système était réunie en son centre de gravité, et par suite deux systèmes matériels s'attirent comme si la matière de chacun d'eux était concentrée en son centre de gravité.

221. Soient A, B, C,…D, n points matériels donnés de position dans l'espace; soient $p_1, p_2, p_3, … p_n$, leurs poids respectifs. Déterminons le centre de gravité G du système formé par ces n points. Soit enfin M un point quelconque pris dans l'espace. Le théorème que nous allons démontrer consiste dans l'énoncé suivant:

La somme

$$\overline{MA}^2 \times p_1 + \overline{MB}^2 \times p_2 + \overline{MC}^2 \times p_3 + … + \overline{MD}^2 \times p_n$$

des carrés des distances du point M *aux* n *points donnés, multi-*

pliés par les poids respectifs de ces points, est égale à la même somme prise pour le centre de gravité G,

$$\overline{GA}^2 \times p_1 + \overline{GB}^2 \times p_2 + \overline{GC}^2 \times p_3 + \ldots + \overline{GD}^2 \times p_n,$$

augmentée du produit du carré de la distance des points M et G par le poids total $(p_1 + p_2 + p_3 + \ldots + p_n)$.

En d'autres termes, on a l'équation

$$\overline{MA}^2 \times p_1 + \ldots + \overline{MD}^2 \times p_n = (\overline{GA}^2 \times p_1 + \ldots + \overline{GD}^2 \times p_n)$$
$$+ \overline{MG}^2 \times (p_1 + \ldots + p_n).$$

Plaçons l'origine des coordonnées au centre de gravité G. Soient

$$\begin{array}{ccc} x_1, & y_1, & z_1 \\ x_2, & y_2, & z_2 \\ \vdots & & \\ x_n, & y_n, & z_n, \end{array}$$

les coordonnées rectangulaires des points A, B,...D, et

$$x, \quad y, \quad z,$$

les coordonnées du point M.

Le premier terme de l'équation peut se représenter en abrégé par

$$\Sigma p_k [(x - x_k)^2 + (y - y_k)^2 + (z - z_k)^2].$$

Développant les carrés, et faisant sortir les facteurs communs des signes Σ, il vient

$$(x^2 + y^2 + z^2)\,\Sigma p_k - 2x\Sigma p_k x_k - 2y\Sigma p_k y_k - 2z\Sigma p_k z_k + \Sigma p_k (x_k^2 + y_k^2 + z_k^2).$$

Les sommes

$$\Sigma p_k x_k, \quad \Sigma p_k y_k, \quad \Sigma p_k z_k,$$

sont nulles, puisque le centre de gravité est à l'origine.

La somme se réduit donc aux deux termes

$$(x^2 + y^2 + z^2)\,\Sigma p_k + \Sigma p_k (x_k^2 + y_k^2 + z_k^2),$$

ou au second membre de l'équation qu'il s'agissait de démontrer.

On a en effet

$$x^2 + y^2 + z^2 = \overline{MG}^2$$

et

$$\Sigma p_k(x_k^2 + y_k^2 + z_k^2) = \overline{GA}^2 \times p_1 + \overline{GB}^2 \times p_2 + \ldots + \overline{GD}^2 \times p_n.$$

Il est très facile de démontrer cette proposition par la simple géométrie. On l'établit d'abord pour un système de deux points; puis on fait voir que, si elle est vraie pour un système de n points, elle est vraie aussi pour un système qui en comprendrait $n + 1$.

222. Corollaires. — 1° *Le lieu géométrique des points M tels, que la somme,*

$$\overline{MA}^2 \times p_1 + \overline{MB}^2 \times p_2 + \ldots + \overline{MD}^2 \times p_n,$$

des carrés de leurs distances à n points donnés, multipliés respectivement par les poids de ces points, soit constante, est une surface sphérique décrite du centre de gravité, G, des n points comme centre.

En effet, la somme

$$(\overline{MA}^2 \times p_1 + \ldots + \overline{MD}^2 \times p_n)$$

se décompose en deux parties : l'une,

$$(\overline{GA}^2 \times p_1 + \ldots + \overline{GD}^2 \times p_n),$$

est indépendante de la position du point M; l'autre

$$\overline{MG}^2 \times (p_1 + p_2 + \ldots + p_n),$$

ne dépend que de la distance MG. La somme est donc constante si MG est constant, ce qui a lieu pour tous les points de la sphère décrite du point G comme centre avec MG pour rayon.

2° Le minimum de la somme

$$\overline{MA}^2 \times p_1 + \ldots + \overline{MD}^2 \times p_n$$

a lieu lorsque $MG = 0$, c'est-à-dire lorsque le point M coïncide avec le centre de gravité des n points donnés.

225. On peut rattacher ces dernières propositions au théorème § 219, en s'appuyant sur la méthode exposée § 119 pour mener des normales aux surfaces.

A, B,...D étant des points fixes, soient

$$r_1, \quad r_2, \quad \dots \quad r_n,$$

les distances variables d'un point mobile M, assujetti à vérifier dans toutes ses positions l'équation

$$p_1 r_1^2 + p_2 r_2^2 + \dots + p_n r_n^2 = \text{constante.}$$

Cherchons la normale à la surface représentée par cette équation

Pour cela, formons les dérivées partielles du premier membre par rapport aux variables r_1, r_2,...r_n, ce qui donnera

$$2p_1 r_1,$$
$$2p_2 r_2,$$
$$\vdots$$
$$2p_n r_n.$$

Nous devrons porter, à partir du point M, sur les rayons MA, MB,...MD, des longueurs respectivement proportionnelles à ces dérivées, ou proportionnelles aux produits $p_1 r_1$, $p_2 r_2$,...$p_n r_n$, puis composer ces longueurs à la manière des forces. La résultante aura la direction de la normale cherchée.

Or il résulte du théorème du § 219 que la résultante passe par le centre de gravité G des poids p_1, p_2,...p_n, placés respectivement aux points A, B,...D.

La normale passe donc par un point fixe, et par suite la surface cherchée est une sphère qui a ce point pour centre.

A la vérité, le théorème du § 219 est établi pour des points également pesants, et pour des forces représentées par les distances r_1, r_2,...r_n. Mais la proposition s'étend à des points dont les poids p_1, p_2,...p_n soient inégaux, pourvu que les forces soient représentées par les produits $p_1 r_1$, $p_2 r_2$,... $p_n r_n$. Admettons en effet que les poids p_1, p_2,... p_n aient une commune mesure, p, de sorte que les rapports $\dfrac{p_1}{p}$, $\dfrac{p_2}{p}$,... $\dfrac{p_n}{p}$, soient tous exprimables par des nombres entiers. On pourra regarder le point A comme renfermant $\left(\dfrac{p_1}{p}\right)$ points matériels, le point B $\left(\dfrac{p_2}{p}\right)$ points,... le point D $\left(\dfrac{p_n}{p}\right)$ points, tous ces points ayant le même poids p. Le système des n·points donnés sera ramené ainsi à un système de

$$\frac{p_1 + p_2 + \ldots + p_n}{p}$$

points également pesants, auxquels on peut appliquer à la lettre le théorème du § 249 ; ce qui revient en définitive à attribuer aux points donnés leurs poids effectifs, et à représenter les forces par les produits

$$NA \times p_1, \quad NB \times p_2, \quad \ldots \quad ND \times p_n,$$

ainsi que nous l'avons fait. La démonstration s'étendrait aisément aux cas où les poids p_1, p_2... n'auraient pas de commune mesure.

APPLICATIONS GÉOMÉTRIQUES.

224. *Soient ABC un triangle, O le centre du cercle circonscrit, et G le centre du cercle inscrit. On demande de déterminer la distance OG de ces deux points.*

Le point O est à des distances égales, $OA = OB = OC = R$, des sommets du triangle.

Le point G est à des distances égales, $Ga = Gb = Gc = r$, des côtés du même triangle.

Plaçons en A, en B et en C des poids tels, que le centre de gravité de ces trois points soit au point G. Appelons p, p', p'', les poids placés en A, en B et en C, et prenons les moments successivement par rapport aux côtés du triangle. Nous aurons, en appelant h, h', h'', les hauteurs Aα, Bβ, Cγ, les trois équations :

$$p \times h = (p + p' + p'') \times Ga = (p + p' + p'')r,$$
$$p' \times h' = (p + p' + p'')r,$$
$$p'' \times h'' = (p + p' + p'')r.$$

Donc

$$ph = p'h' = p''h'',$$

et par suite, on peut faire $p = a$, $p' = b$, $p'' = c$, en appelant a, b, c, les trois côtés du triangle; car les produits ah, bh', ch'', et le produit $(a + b + c)\, r$ sont tous les quatre égaux au double de l'aire du triangle.

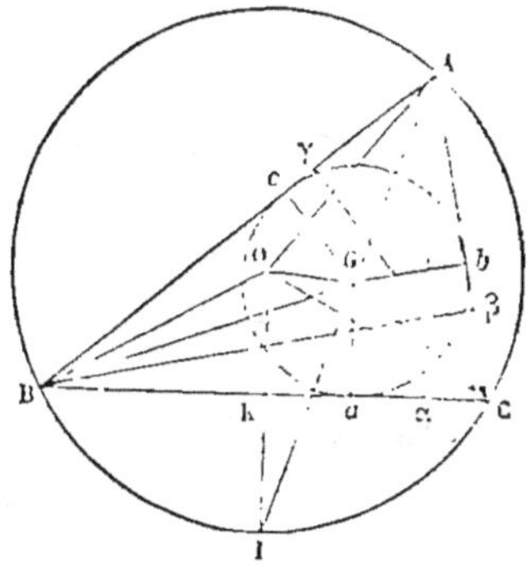

On satisfait à la condition demandée en plaçant au point A un poids a proportionnel au côté BC; en B, un poids b, proportionnel à AC; en C, un poids c, proportionnel à AB.

Appliquons le théorème du § 221 au point O et au système ainsi formé. Nous aurons l'équation

Fig. 210.

$$\overline{OA}^2 \times a + \overline{OB}^2 \times b + \overline{OC}^2 \times c = \overline{GA}^2 \times a + \overline{GB}^2 \times b + \overline{GC}^2 \times c + \overline{OG}^2 \times (a + b + c),$$

ou bien

$$R^2 \times (a + b + c) = \overline{GA}^2 \times a + \overline{GB}^2 \times b + \overline{GC}^2 \times c + \overline{OG}^2 \times (a + b + c).$$

Résolvant par rapport à l'inconnue $\overline{OG}^2$, il vient

$$\overline{OG}^2 = R^2 - \frac{\overline{GA}^2 \times a + \overline{GB}^2 \times b + \overline{GC}^2 \times c}{a + b + c}.$$

Le dernier terme du second membre peut être simplifié.

Dans les triangles rectangles GAb, GCa, GBc, les hypoténuses GA, GB, GC, sont exprimables au moyen des côtés Ga, Gb, Gc, qui sont tous égaux à r, et des sinus des angles opposés, respectivement égaux à $\dfrac{A}{2}$, $\dfrac{B}{2}$, $\dfrac{C}{2}$. On a

$$GA = \frac{r}{\sin\frac{A}{2}},$$

$$GB = \frac{r}{\sin\frac{B}{2}},$$

$$GC = \frac{r}{\sin\frac{C}{2}}.$$

Substituons ces valeurs ; il vient

$$\overline{OG^2} = R^2 - r^2 \times \left[\frac{\dfrac{a}{\sin^2\frac{A}{2}} + \dfrac{b}{\sin^2\frac{B}{2}} + \dfrac{c}{\sin^2\frac{C}{2}}}{a+b+c}\right].$$

Faisons

$$2p = a + b + c;$$

on sait que

$$\sin^2\frac{A}{2} = \frac{(p-b)(p-c)}{bc},$$

$$\sin^2\frac{B}{2} = \frac{(p-a)(p-c)}{ab},$$

$$\sin^2\frac{C}{2} = \frac{(p-a)(p-b)}{ab}.$$

Donc

$$\frac{a}{\sin^2\frac{A}{2}} + \frac{b}{\sin^2\frac{B}{2}} + \frac{c}{\sin^2\frac{C}{2}} = abc \times \left(\frac{1}{(p-b)(p-c)} + \frac{1}{(p-a)(p-c)}\right.$$

$$\left. + \frac{1}{(p-a)(p-b)}\right) = \frac{abc \times p}{(p-a)(p-b)(p-c)},$$

et enfin

$$\overline{OG^2} = R^2 - \frac{r^2 \times abc \times p}{2p(p-a)(p-b)(p-c)}.$$

Soit S la surface du triangle ABC. On aura à la fois

$$S = \sqrt{p\,(p-a)\,(p-b)\,(p-c)},$$

$$S = \frac{1}{2}\,bc\sin A$$

et

$$S = pr.$$

Remplaçons dans le numérateur bc par $\dfrac{2S}{\sin A}$, et pr par S; et dans le dénominateur, $p\,(p-a)\,(p-b)\,(p-c)$ par S^2 :

$$\overline{OG}^2 = R^2 - \frac{r \times \dfrac{2a}{\sin A} \times S^2}{2S^2} = R^2 - r \times \frac{a}{\sin A}$$

Prolongeons la droite AG jusqu'à la rencontre I avec le cercle circonscrit. Le point I sera le milieu de l'arc BC, et la droite OI coupera la droite BC au point K à angle droit et en deux parties égales. L'angle au centre BOI est égal à l'angle BAC, inscrit dans le cercle et sous-tendant sur la circonférence un arc double de BI. Donc

$$BOI = A,$$

$$BK = \frac{1}{2}\,a = R\sin A,$$

$$\frac{a}{\sin A} = 2R,$$

et

$$\overline{OG}^2 = R^2 - 2Rr$$

La distance OG est en définitive une fonction des deux quantités R et r. Donner en grandeur le cercle inscrit et le cercle circonscrit, c'est donner en même temps la distance de leurs centres. Il en résulte qu'étant donnés deux cercles dans un plan, il n'est pas toujours possible de construire un triangle qui soit inscrit dans l'un et circonscrit à l'autre; et que s'il est possible d'en construire un, on peut en construire une infinité d'autres. Plus généralement, étant données deux courbes du second ordre dans un plan, il n'est pas toujours possible d'inscrire dans l'une un polygone fermé d'un nombre déterminé de côtés qui soit circonscrit à l'autre, et s'il y en a un, il y en a une infinité[1].

225. *Étant donnés un cercle O et un point A dans le plan de ce cercle, on mène par ce point deux droites rectangulaires AB, AC, qui rencontrent la circonférence en B et C. On joint BC, et du point A on abaisse sur BC la perpendiculaire AP. On demande le lieu du point P, pied de cette perpendiculaire.*

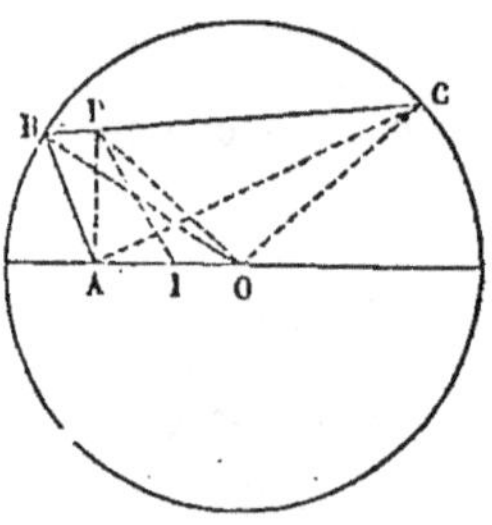

Fig. 201.

Soit R le rayon du cercle; faisons $AB = x$, $AC = y$. Le point P divise l'hypoténuse, BC, du triangle rectangle ABC en segments proportionnels aux carrés des côtés de l'angle droit. Donc le point P est le centre de gravité du système formé par un poids égal à y^2 placé en B, et par un poids égal à x^2 placé en C. Cette remarque nous donne immédiatement la distance OP; en effet, appliquons le théorème du § 221, nous aurons

$$y^2 \times \overline{OB}^2 + x^2 \times \overline{OC}^2 = (x^2 + y^2)\overline{OP}^2 + y^2 \times \overline{BP}^2 + x^2 \times \overline{PC}^2.$$

Or

$$OB = OC = R,$$

$$BP = \frac{\overline{AB}^2}{BC} = \frac{x^2}{\sqrt{x^2 + y^2}},$$

$$CP = \frac{y^2}{\sqrt{x^2 + y^2}}.$$

L'équation devient donc

$$R^2(y^2 + x^2) = (x^2 + y^2)\overline{OP}^2 + \frac{y^2 x^4}{x^2 + y^2} + \frac{x^2 y^4}{x^2 + y^2},$$

ou, en supprimant le facteur $x^2 + y^2$,

$$R^2 = \overline{OP}^2 + \frac{x^2 y^2}{x^2 + y^2}.$$

[1] Ce théorème, démontré pour la première fois par Poncelet dans son *Traité des propriétés projectives des figures* (section IV, chap. III), a été rattaché d'une manière très ingénieuse par Jacobi à la théorie des fonctions elliptiques.

Mais $AP \times BC$, double de la surface du triangle ABC, est égal à $AB \times AC$ ou à xy. Donc

$$AP = \frac{xy}{BC} = \frac{xy}{\sqrt{x^2 + y^2}},$$

et enfin

$$R^2 = \overline{OP}^2 + \overline{AP}^2.$$

Prenons le milieu I de AO; nous supposerons deux poids égaux placés en A et en O, qui auront leur centre de gravité en I, et nous appliquerons encore le théorème. Il viendra

$$\overline{OP}^2 + \overline{AP}^2 = 2\overline{PI}^2 + 2\overline{AI}^2,$$

et par suite

$$R^2 = 2\overline{PI}^2 + 2\overline{AI}^2.$$

Donc PI est constant, et le lieu du point P est une circonférence décrite du point I comme centre avec un rayon

$$PI = \sqrt{\frac{R^2}{2} - \overline{AI}^2} = \sqrt{\frac{R^2}{2} - \frac{\overline{AO}^2}{4}}.$$

226. *Étant donnés (fig. 202) n points matériels A, B, C, ... D, dont les poids respectifs sont p_1, p_2,... p_n, et une droite LL', on abaisse de tous ces points sur la droite des perpendiculaires, Aa, Bb,... Dd, et on forme la somme*

$$I = \overline{Aa}^2 \times p_1 + \overline{Bb}^2 \times p_2 + \ldots + \overline{Dd}^2 \times p_n$$

du carré de la distance de chaque point à la droite, multiplié par le poids de ce point.

Par le centre de gravité, G, du système des n points, on mène une parallèle λλ' à la droite LL', et sur cette parallèle on abaisse des points donnés des perpendiculaires Aα, Bβ, Cγ, ..., Dδ. On forme la somme I_0

$$I_0 = \overline{A\alpha}^2 \times p_1 + \overline{B\beta}^2 \times p_2 + \ldots + \overline{D\delta}^2 \times p_n.$$

Cela posé, la somme I est égale à la somme I_0, augmentée du produit

$$\overline{L\lambda}^2 \times (p_1 + p_2 + \ldots + p_n),$$

du carré de la distance des deux droites LL′, λλ′, multiplié par le poids total du système.

Menons un plan PP′ perpendiculaire aux parallèles LL′, λλ′, puis projetons orthogonalement sur ce plan tous les points donnés, A, B, ... D; nous obtenons ainsi les points A′, B′,..., D′, auxquels nous pouvons attribuer les poids $p_1, p_2,..., p_n$. Le centre de gravité du système projeté sera la projection du centre de gravité G du système donné (§ 168, Rem. II); soit λ ce point, et soit L le pied de la droite LL′.

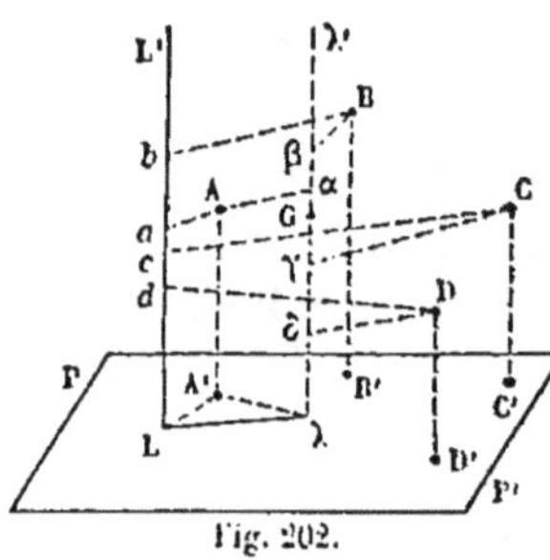

Fig. 202.

Nous pouvons appliquer le théorème précédent (§ 221) au système projeté; il viendra :

$$(\overline{A'L}^2 \times p_1 + \overline{B'L}^2 \times p_2 + ... + \overline{D'L}^2 \times p_n)$$
$$= (\overline{A'\lambda}^2 \times p_1 + \overline{B'\lambda}^2 \times p_2 + ... + \overline{D'\lambda}^2 \times p_n) + \overline{L\lambda}^2 \times (p_1 + p_2 + ... + p_n).$$

Or, les distances Aa, Bb, ... Dd, des points donnés à la droite LL′, se projettent en vraie grandeur sur le plan PP′, et ont pour projections les distances des points A′, B′, ... D′, au point L. On a donc : A′L = Aa, B′L = Bb, ..., D′L = Dd. De même, A′λ = Aα, ..., D′λ = Dδ; et par suite, l'équation précédente peut s'écrire :

$$\overline{Aa}^2 \times p_1 + \overline{Bb}^2 \times p_2 + ... + \overline{Dd}^2 \times p_n$$
$$= \overline{A\alpha}^2 \times p_1 + \overline{B\beta}^2 \times p_2 + ... + \overline{D\delta}^2 \times p_n + \overline{L\lambda}^2 \times (p_1 + ... + p_n),$$

c'est l'expression algébrique du théorème qu'il s'agissait de démontrer.

Corollaires. — 1° La somme des produits du poids de chaque point par le carré de sa distance à une droite LL′ est la même pour toutes les positions de cette droite sur la surface d'un cylindre droit à base circulaire, décrit autour de la droite λλ′ comme axe.

2° Elle est minimum pour l'axe λλ′ lui-même.

Il serait très facile d'établir directement ces diverses propositions, que nous retrouverons dans la dynamique lorsque nous exposerons la théorie des *moments d'inertie*.

CENTRE DE GRAVITÉ DE LA COURBURE.

227. On appelle ainsi le centre de gravité d'un arc de courbe plane, dont chaque élément infiniment petit *ds* reçoit un poids spécifique proportionnel à la *courbure* de cet élément, ou inversement proportionnel à son rayon de courbure, ρ.

Les coordonnées x_1 et y_1 du centre de gravité de la courbure d'une portion définie d'une courbe donnée s'obtiendront donc au moyen des équations

$$x_1 = \frac{\int x \frac{ds}{\rho}}{\int \frac{ds}{\rho}}, \quad y_1 = \frac{\int y \frac{ds}{\rho}}{\int \frac{ds}{\rho}}.$$

les intégrales étant prises entre les limites correspondantes aux extrémités de la portion de courbe que l'on considère.

On remarquera que $\dfrac{ds}{\rho}$ est l'*angle de contingence* $d\omega$ de l'élément de courbe; de sorte qu'on peut poser

$$x_1 = \frac{\int x\,d\omega}{\int d\omega} = \frac{\int x\,d\omega}{\Omega}, \quad y_1 = \frac{\int y\,d\omega}{\Omega},$$

Ω étant la somme des angles de contingence, somme qui mesure l'angle formé par les tangentes aux extrémités de l'arc donné.

Soit O le centre de gravité de la courbure d'une courbe prise entre deux points donnés. On pourra appliquer à ce point les propriétés générales du centre de gravité d'un système pesant.

Cherchons, par exemple, le lieu géométrique des points O' du plan pour lesquels la somme des produits du poids, $\dfrac{ds}{\rho}$ ou $d\omega$, de chaque élément successif m, par le carré $\overline{O'm}^2$ de sa distance à ce point O', ait une valeur constante. Nous trouverons pour ce lieu une circonférence décrite du point O comme centre; et la somme $\int \overline{O'm}^2 \times d\omega$ sera minimum quand le point O' coïncidera avec le point O. On peut donc définir le centre de gravité de la courbure, le point du plan tel que l'intégrale $\int r^2 d\omega$, des produits de l'angle de contingence de chaque arc par le carré de sa distance au point, soit la moindre possible.

Un théorème de Steiner montre l'utilité de ces définitions.

Soit AB une courbe fermée qui roule sans glisser sur une droite fixe AA'. Dans ce mouvement, le point M, appartenant au plan de la courbe mobile, décrit une *roulette* MNM' : nous dirons que la roulette est *complète* quand le point A de la

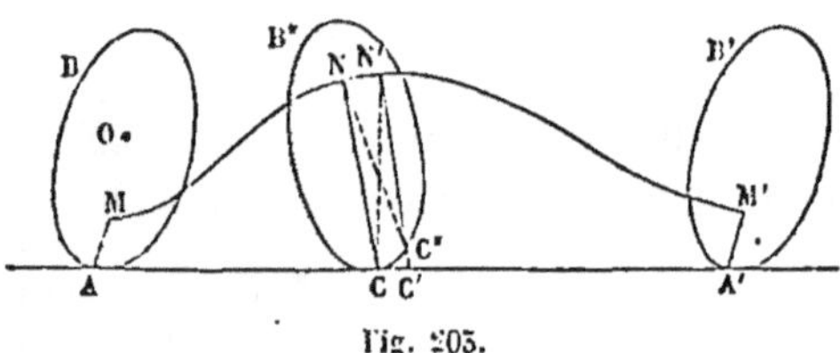

Fig. 203.

courbe mobile est revenu pour la première fois au contact de la droite directrice, en A'; alors le point M se trouve en M', et la roulette se prolongerait au delà par une nouvelle branche de courbe, qui serait la reproduction de la courbe MNM' déjà décrite. Évaluons l'aire comprise entre cette courbe, et les trois droites MA, AA', A'M'.

Pour cela, considérons la courbe mobile dans une position B" quelconque. Soit N la position correspondante du point M, et C le point de contact de la courbe roulante. La droite CN sera normale à la roulette au point N. Concevons qu'on imprime à la courbe roulante un déplacement infiniment petit, qui amène le point N en N', et qui fasse passer le contact du point C aux points C' et C" confondus en un seul. La surface comprise entre les deux droites CN, C'N', toutes deux normales à la roulette, est un élément de l'aire cherchée. Menons la diagonale CN'. L'élément considéré est la somme des deux triangles NCN' et CN'C", ou bien, en observant que les points C', C" sont à une distance infiniment petite du second ordre, ce qui rend négligeable la surface du petit triangle CC'C", la somme des deux triangles NCN' + CN'C".

Le premier NCN' est le secteur décrit par le rayon CN quand la courbe roulante tourne, autour du centre instantané C, d'un angle NCN' égal à l'angle de contingence de l'arc CC", ou égal à $d\omega$: appelant donc r le rayon CN, le premier triangle aura pour mesure $\frac{1}{2} r^2 d\omega$.

Le second triangle, CN'C", est, à des infiniment petits d'ordre supérieur près, égal au triangle CNC", qui a pour mesure $\frac{1}{2} r^2 d\theta$, en représentant par $d\theta$ l'angle C"NC que fait, dans la courbe roulante supposée fixe, le rayon $NC'' = r + dr$ avec le rayon $NC = r$.

La surface de la roulette complète a donc pour mesure la somme des intégrales

$$S = \frac{1}{2} \int r^2 d\omega + \frac{1}{2} \int r^2 d\theta,$$

les quadratures étant prises tout le long de la courbe, en partant du point A, et en revenant à ce point après avoir fait le tour de la courbe.

Dans cette opération, le second terme $\frac{1}{2} \int r^2 d\theta$ donne la surface A de la courbe roulante AB, quantité constante quelle que soit la position du point M. Le premier terme, moitié du produit de la courbure de chaque élément par le carré de sa distance au point M, reste le même quand on fait varier la position du point M sur une circonférence qui aurait pour centre le point O, *centre de gravité de la courbure* de la courbe AB.

Donc :

1° *Les aires des roulettes engendrées par divers points M, pris dans le plan de la courbe AB, sont équivalentes, si les distances de ces points au point O sont égales ;*

2° *La roulette d'aire minimum est celle qui est engendrée par le point O lui-même.*

Steiner a aussi comparé l'aire de la roulette complète engendrée par le point M avec l'aire de la *podaire* de la courbe AB, supposée fixe, par rapport à ce même point M. La podaire d'une courbe est le lieu des pieds P des perpendiculaires abaissées du point M sur les tangentes CP à la courbe.

L'aire élémentaire de la podaire PP' du point M par rapport à la courbe AB peut être regardée comme égale à la somme du triangle MCC' et du triangle IPP'. La première partie a pour mesure $\frac{1}{2}r^2 d\theta$, en appelant r le rayon MC, et $d\theta$ l'angle CMC'. La seconde a pour expression $\frac{1}{2}\overline{\mathrm{IP}}^2 \times d\omega$, $d\omega$ étant l'angle de contingence de la courbe AB. Faisons $\mathrm{MP} = p$, distance du point M à la tangente à la courbe ; IP est, à un infiniment petit près, égal à CP, ou à $\sqrt{r^2 - p^2}$; de sorte que l'aire S' de la podaire est égale à la somme

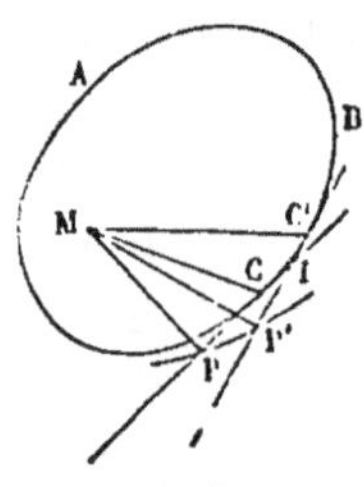

Fig. 204.

$$\frac{1}{2}\int r^2 d\theta + \frac{1}{2}\int (r^2 - p^2)\, d\omega = \mathrm{S}'.$$

Or l'aire élémentaire $d\mathrm{S}'$ est aussi égale à l'aire du triangle MPP', qui a pour mesure $\frac{1}{2}p^2 d\omega$. On a donc

$$\frac{1}{2}\int p^2 d\omega = \mathrm{S}',$$

les intégrales étant prises tout le long du périmètre de la courbe, en revenant au point de départ.

Ajoutant, il vient

$$2\mathrm{S}' = \frac{1}{2}\int r^2 d\theta + \frac{1}{2}\int r^2 d\omega,$$

et comparant à l'aire de la roulette décrite par le point M, on en déduit

$$\mathrm{S} = 2\mathrm{S}'.$$

L'aire de la roulette est double de celle de la podaire. Par

suite, la podaire dont l'aire est la moindre possible correspond au cas où le point M, que l'on projette sur les tangentes,
coïncide avec le centre de gravité de la courbure; et à différents points M également éloignés de ce centre, correspondent des podaires de même surface.

Remarquons encore avec Steiner que l'arc PP' de la podaire
est égal à l'arc MM' qui lui correspond sur la roulette décrite
par le point M, quand on fait rouler la
courbe AB sur une tangente CP, supposée
fixe (fig. 205).

L'arc MM' est en effet égal à $r\,d\omega$. Les
angles MPI, MP'I étant droits, les quatre
points M, P, P', I sont sur la circonférence
décrite sur MI comme diamètre. L'arc PP'
de la podaire se confond avec l'arc de
cette circonférence, lequel correspond à
un angle inscrit PIP' $= d\omega$; il est égal au double du produit

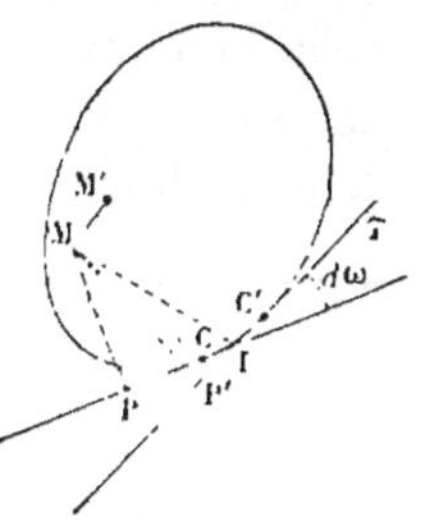

Fig. 205

de $d\omega$ par le rayon du cercle, ou bien par $\frac{1}{2}$ MI, ou enfin par

$\frac{1}{2}$MC$=\frac{1}{2}r$; car le point I est infiniment voisin du point C.

Donc enfin PP' $= r\,d\omega =$ MM' : *les arcs correspondants sur la
podaire et sur la roulette, décrits au moyen d'un même point M,
sont égaux entre eux.*

APPLICATION DE LA THÉORIE DE LA PESANTEUR A LA RÉSOLUTION DES
ÉQUATIONS. — RACINES RÉELLES.

228. Soit

$$a_0x^m + a_1x^{m-1} + a_2x^{m-2} + \ldots + a_m = 0,$$

une équation numérique dont les coefficients a_0, a_1, a_2,...
a_m, sont des nombres réels, positifs ou négatifs; attribuons
à l'inconnue x une valeur réelle α, positive ou négative;
puis sur une droite indéfinie OX portons, à partir de l'ori-

gine O, en tenant compte des signes, les longueurs suivantes

$$OA = 1,$$
$$OB = \alpha,$$
$$OC = \alpha^2$$
$$\vdots$$
$$OP = \alpha^m.$$

Aux points ainsi déterminés appliquons des points matériels dont les poids soient respectivement égaux aux coefficients de l'équation : au point A un point matériel pesant a_m, au point B un point matériel pesant a_{m-1}, ..., au point P un point matériel pesant a_0. La pesanteur sera censée agir dans un

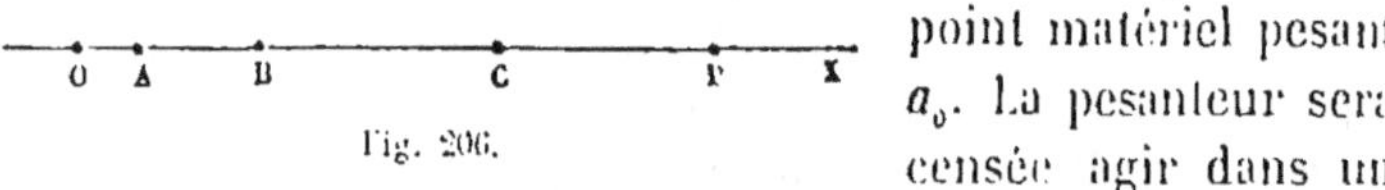

Fig. 206.

sens sur ceux de ces points qui correspondent à des coefficients positifs, et en sens contraire sur ceux qui correspondent à des coefficients négatifs.

Cela posé, on composera ensemble toutes ces forces, et on trouvera généralement une résultante unique appliquée en un point de la droite OX. Pour que α soit racine de l'équation proposée, il faut et il suffit que le point d'application de la résultante soit l'origine.

En effet, le moment de la résultante est égal à la somme algébrique des moments des composantes, c'est-à-dire à la valeur

$$a_0 \alpha^m + a_1 \alpha^{m-1} + a_2 \alpha^{m-2} + \ldots + a_m;$$

il est donc nul, et la résultante passe au point O, si α annule le premier membre de l'équation. Il y a un cas d'exception à cette conclusion : c'est celui où la résultante elle-même serait nulle, ce qui suppose la somme algébrique

$$a_0 + a_1 + a_2 + \ldots + a_m$$

égale à zéro. Mais on peut exclure ce cas, car il en résulterait que la proposée admettrait pour racine l'unité, ce qu'on peut toujours reconnaître facilement ; il suffirait alors de diviser le polynome de l'équation par $x - 1$, ou par une puissance de $(x - 1)$, pour obtenir une équation qui n'admette plus cette racine, et qui ne donne plus prise à l'objection.

A chaque racine réelle de la proposée correspond donc sur la droite indéfinie OX une distribution des poids (positifs ou négatifs a_0, a_1, ..., a_m, telle, que le centre de gravité de leur ensemble soit l'origine. Cette remarque est le principe d'une *balance à résoudre les équations numériques*, imaginée par Bérard et réalisée par M. Lalanne; nous en donnerons une description dans le chapitre suivant.

RACINES IMAGINAIRES.

229. Les racines imaginaires donnent lieu à un théorème analogue; au lieu de distribuer les poids a_0, a_1, a_2, ... a_m sur une même droite, il suffit de les distribuer dans le plan suivant une certaine loi.

Supposons que les coefficients a_0, a_1, ... a_m, soient eux-mêmes imaginaires, et posons d'une manière générale

$$a_k = r_k (\cos \mu_k + \sqrt{-1} \sin \mu_k).$$

Le *module*, r_k, de ce nombre imaginaire est un nombre essentiellement positif. L'*argument* μ_k peut être supposé compris entre les limites $-\pi$ et $+\pi$. Pour rendre a_k réel, il suffit de faire $\mu_k = 0$ ou $\mu_k = \pi$. Dans le premier cas, a_k est un nombre positif, et dans le second un nombre négatif.

Soit

$$x = \rho (\cos \theta + \sqrt{-1} \sin \theta),$$

une racine de l'équation donnée. Substituons cette valeur; l'équation se sépare en deux autres, en égalant à zéro la partie réelle et le coefficient de $\sqrt{-1}$. On obtient ainsi les deux relations

$$r_0 \rho^m \cos(m\theta + \mu_0) + r_1 \rho^{m-1} \cos[(m-1)\theta + \mu_1] + r_2 \rho^{m-2} \cos[(m-2)\theta + \mu_2]$$
$$+ \ldots + r_{m-1}\rho \cos(\theta + \mu_{m-1}) + r_m \cos \mu_m = 0.$$

$$r_0 \rho^m \sin(m\theta + \mu_0) + r_1 \rho^{m-2} \sin[(m-1)\theta + \mu_1] + r_2 \rho^{m-2} \sin[(m-2)\theta + \mu_2]$$
$$+ \ldots + r_{m-1}\rho \sin(\theta + \mu_{m-1}) + r_m \sin \mu_m = 0.$$

Traçons dans un plan un axe polaire OX ; par le pôle O, menons les droites OA, OB, OC,... OP, faisant respectivement avec l'axe polaire, dans le sens indiqué par les signes, des angles

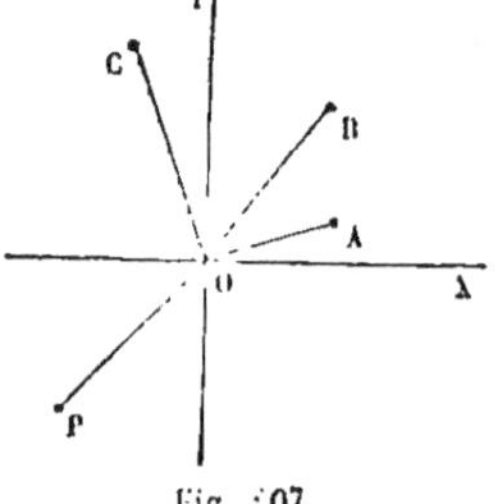

Fig. 207.

$$AOX = \mu_m,$$
$$BOX = \theta + \mu_{m-1},$$
$$COX = 2\theta + \mu_{m-2},$$
$$\vdots$$
$$POX = m\theta + \mu_0$$

Sur les droites ainsi dirigées, prenons des longueurs

$$OA = 1,$$
$$OB = \rho,$$
$$OC = \rho^2,$$
$$\vdots$$
$$OP = \rho^m.$$

Puis plaçons

en A, un poids égal à r_m,

en B, un poids égal à r_{m-1},

en C, un poids égal à r_{m-2},

$$\vdots$$

en P, un poids égal à r_0.

Tous ces poids seront cette fois des nombres positifs, et la pesanteur agira pour tous dans le même sens. Les relations écrites ci-dessus montrent que le point O est le centre de gravité des poids r_m, ... r_0 ainsi placés.

En effet, la première indique que la somme des moments de ces poids par rapport à un axe OY, perpendiculaire à l'axe polaire, est nulle ; la seconde, qu'il en est de même de la somme des moments par rapport à OX ; et il n'y a aucun cas d'exception, puisque la somme $r_m + r_{m-1} + \ldots + r_0$ est positive.

RÉSOLUTION DE L'ÉQUATION DU SECOND DEGRÉ.

230. Soit l'équation du second degré

$$x^2 - px + q = 0,$$

dans laquelle nous supposerons p et q positifs, et $p^2 - 4q$
négatif, de manière que les racines
soient imaginaires; proposons-nous
de trouver ces racines en appliquant des considérations de statique.

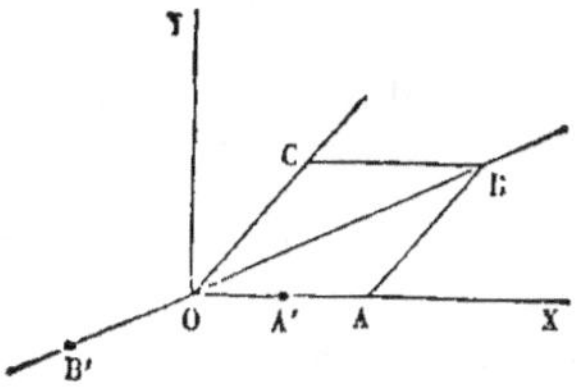

Soit

$$\rho\,(\cos\theta + \sqrt{-1}\,\sin\theta)$$

la racine demandée.

Fig. 208.

Substituons; il viendra, en séparant la partie réelle de la
partie imaginaire,

$$\rho^2 \cos 2\theta - p\rho \cos\theta + q = 0,$$
$$\rho^2 \sin 2\theta - p\rho \sin\theta = 0$$

Sur l'axe polaire OX prenons $OA = q$; puis faisons les angles

$$BOX = \theta,$$
$$COX = 2\theta,$$

et prenons

$$OB = p\rho,$$
$$OC = \rho^2.$$

Nous pouvons considérer OC, OB, OA comme des forces
appliquées au point O; les équations expriment que la somme
algébrique des projections des forces OC, $-$OB et OA est
nulle sur les axes OX et OY. Donc ces trois forces se font équilibre, et $+$OB est la résultante des deux autres. D'ailleurs
l'angle BOC = BOA. Donc les forces OA, OC sont égales, et
l'on a

$$\rho^2 = q;$$

d'où l'on déduit

$$p = \sqrt{q}.$$

De plus

$$OB = 2OA \cos AOB = 2q \cos \theta.$$

On a donc

$$2q \cos \theta = p\rho,$$

ou bien

$$2q \cos \theta = p\sqrt{q},$$

et enfin

$$\cos \theta = \frac{p\sqrt{q}}{2q} = \frac{p}{2\sqrt{q}}.$$

On en déduit

$$\sin \theta = \pm \sqrt{1 - \left(\frac{p}{2\sqrt{q}}\right)^2} = \pm \sqrt{1 - \frac{p^2}{4q}},$$

et la racine cherchée a pour expression algébrique

$$\sqrt{q} \times \left(\frac{p}{2\sqrt{q}} \pm \sqrt{-1}\sqrt{1 - \frac{p^2}{4q}}\right) = \frac{p}{2} \pm \sqrt{-1}\sqrt{q - \frac{p^2}{4}} = \frac{p}{2} \pm \sqrt{\frac{p^2}{4} - q}.$$

La marche que nous avons suivie semble différente de celle qui a été exposée § 229 pour l'équation générale du degré m. Ces deux méthodes rentrent cependant l'une dans l'autre, en vertu du théorème du § 218 ; le point O est le centre de gravité d'un système de poids égaux respectivement à q, à p et à l'unité, appliqués respectivement aux points A′, B′ et C, à des distances $OA' = 1$, $OB' = \rho$, $OC = \rho^2$.

ÉQUILIBRE D'UN TÉTRAÈDRE.

231. On propose de démontrer qu'un tétraèdre est en équilibre quand il est soumis à l'action de quatre forces normales à ses faces, appliquées en leurs centres de gravité, propor-

tionnelles à leurs aires respectives, et dirigées toutes vers l'intérieur du corps, ou toutes vers l'extérieur.

Soient A_1, A_2, A_3, A_4 les quatre faces du tétraèdre; les lettres désignent à la fois les faces et les aires de ces faces. Une face quelconque, A_4, est égale à la somme algébrique des projections des trois autres sur son propre plan. On a donc l'équation

$$A_4 = A_1 \cos(\widehat{A_1, A_4}) + A_2 \cos(\widehat{A_2, A_4}) + A_3 \cos(\widehat{A_3, A_4}).$$

Les forces P_1, P_2, P_3, P_4, respectivement appliquées aux centres de gravité, G_1, G_2, G_3, G_4, des quatre faces, sont proportionnelles aux aires de ces faces, et par suite

$$P_4 = P_1 \cos(\widehat{A_1, A_4}) + P_2 \cos(\widehat{A_2, A_4}) + P_3 \cos(\widehat{A_3, A_4}).$$

Or l'angle de la face A_1 avec la face A_4 est égal au supplément de l'angle que fait la normale P_1 sur la face A_1 avec la normale P_4 sur la face A_4, pourvu qu'on dirige ces deux normales à la fois vers l'intérieur, ou à la fois vers l'extérieur de la pyramide. Il en est de même des angles $(\widehat{A_2, A_4})$ et $(\widehat{A_3, A_4})$, de sorte qu'on peut écrire.

$$P_4 + P_1 \cos(\widehat{P_1, P_4}) + P_2 \cos(\widehat{P_2, P_4}) + P_3 \cos(\widehat{P_3, P_4}) = 0.$$

ce qui indique que la somme algébrique des projections des forces P_1, P_2, P_3, P_4 sur un axe normal à la face A_4 est identiquement nulle. On démontrerait de même que la somme algébrique des projections des quatre forces est nulle sur les axes normaux à deux des trois autres faces, et par suite elle est nulle pour un axe quelconque mené dans l'espace. La résultante de translation des quatre forces P_1, P_2, P_3, P_4 est donc nulle, et la première condition de l'équilibre est vérifiée.

Pour achever la démonstration, il suffit de prouver que la somme des moments des quatre forces est nulle par rapport à trois droites au moins, non parallèles à un même plan.

Les quatre forces se réduisent à un couple; or ce couple, ne pouvant être à la fois parallèle aux trois droites par rapport auxquelles son moment est nul, est nécessairement nul, et par suite l'équilibre est assuré.

Soit SABC (fig. 209) le tétraèdre donné, dont nous supposerons la base, ABC, placée dans le plan du papier. Les arêtes SA, SB, SC sont supposées projetées sur le plan de la base.

Pour avoir les projections des centres de gravité des faces latérales, nous prendrons les milieux a, b, c, des côtés de la base, nous les joindrons à la projection du sommet S, et nous prendrons les points a', b', c' aux deux tiers des longueurs Sa, Sb, Sc, à partir du point S. Ce seront les projections des centres de gravité des faces latérales.

Les forces appliquées aux points a', b', c', sont normales aux faces correspondantes; leurs projections sont donc perpendiculaires aux traces des plans des faces, c'est-à-dire aux

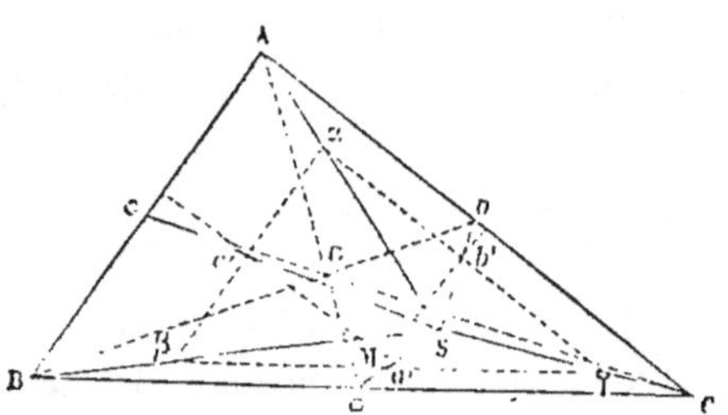

Fig. 209.

côtés AB, BC, AC, de la base. Menons par les points, a', b', c', des droites, a'M, b'M, c'M, perpendiculaires à BC, AC, AB; les forces appliquées aux faces latérales seront contenues dans les plans projetants a'M, b'M, c'M.

Ces trois plans projetants se coupent suivant une même droite perpendiculaire à ABC, et projetée au point M. Il suffit pour le démontrer de faire voir que les trois droites a'M, b'M, c'M ont un point commun. Or si l'on mène par a', b', c' des parallèles à BC, AC, AB, on forme un triangle $\alpha\beta\gamma$ qui est semblable au triangle ABC, et dont les points a', b', c' sont les milieux des côtés. Les droites $a'M$, $b'M$, $c'M$ sont les perpendiculaires élevées au milieu de ces trois côtés; elles concourent donc en un point M, centre du cercle circonscrit au triangle $\alpha\beta\gamma$.

La force appliquée au centre de gravité O du triangle ABC est normale au plan de cette face.

Donc, des quatre forces P_1, P_2, P_3, P_4, trois rencontrent la droite projetée en M, et la quatrième lui est parallèle.

Le parallélisme de deux droites n'est qu'un cas particulier de leur rencontre; on peut dire par conséquent que les directions des forces P_1, P_2, P_3, P_4 rencontrent la droite projetée en M, et par suite qu'elles rencontrent quatre droites, respectivement normales aux faces du tétraèdre. Ces quatre droites ne sont pas toutes parallèles à un même plan.

La somme des moments des quatre forces P_1, P_2, P_3, P_4 est donc identiquement nulle par rapport à quatre axes non parallèles à un même plan, et nous avons vu que cette condition achève d'assurer l'équilibre.

252. La proposition, démontrée pour le tétraèdre, s'étend immédiatement à un polyèdre quelconque, car on peut toujours décomposer un polyèdre donné en tétraèdres, puis appliquer des forces égales et contraires aux centres de gravité des faces communes à deux tétraèdres contigus, ce qui satisfait aux conditions d'équilibre de chaque tétraèdre en particulier, sans rien changer aux conditions d'équilibre de l'ensemble, c'est-à-dire du polyèdre donné.

Mais si la proposition est vraie pour un polyèdre quelconque, elle s'applique aussi à un solide de forme entièrement arbitraire; un solide est donc en équilibre quand sur tous ses éléments superficiels on applique des forces normales, proportionnelles à l'étendue de chaque élément, et dirigées toutes vers l'intérieur, ou toutes vers l'extérieur. C'est pour cela qu'un corps solide quelconque plongé dans un fluide sans pesanteur et en repos est nécessairement en équilibre sous l'action des pressions normales que le fluide développe sur tous ses éléments de surface. Nous aurons à revenir plus tard sur ce théorème, qui a une grande importance dans l'hydrostatique, et nous en donnerons une autre démonstration.

CHAPITRE III

ÉQUILIBRE DES SYSTÈMES PESANTS.

TRAVAIL DE LA PESANTEUR.

253. Le *travail élémentaire* d'une force s'obtient (§ 106) en multipliant la force par la projection sur sa direction du chemin infiniment petit décrit par le point matériel qu'elle sollicite, et en attribuant au produit le signe + ou le signe —, suivant que la projection du chemin décrit a le même sens que la force, ou le sens opposé. Appliquons cette règle à la pesanteur. Soit M un point matériel, p son poids, qui s'exerce suivant la verticale MH. Prenons trois axes rectangulaires OX, OY, OZ, dont l'un, OZ, soit vertical. Le point M recevant un déplacement MM' infiniment petit, le travail élémentaire de la force p sera égal au produit $p \times Mm$, avec le signe + si le point s'est abaissé, avec le signe — s'il est élevé. Appelons z la *hauteur* MH du point M au-dessus du plan horizontal XOY, et z' la hauteur M'H', au-dessus du même plan, de la nouvelle position prise par le point mobile. Le travail élémentaire de la pesanteur correspondant au déplacement infiniment petit MM' sera égal, en grandeur et en signe, au produit

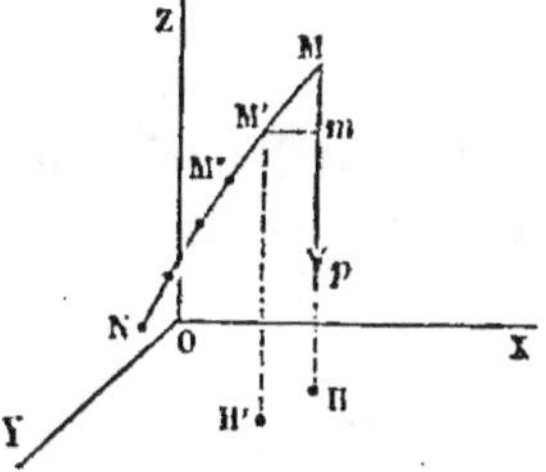

Fig. 210.

$$p \times (z - z'),$$

produit positif si $z > z'$, c'est-à-dire si le point mobile s'abaisse, et négatif si $z < z'$, c'est-à-dire s'il s'élève ; produit nul enfin si $z = z'$, c'est-à-dire si le mobile ne change pas de hauteur

Ceci supposé, d'après la définition, que la différence $z - z'$ est infiniment petite en valeur absolue. Mais la force p due à la pesanteur ne variant pas sensiblement avec la hauteur MH, du moins dans les limites restreintes où se font les applications aux machines, on peut étendre cette mesure du travail à des déplacements finis. En effet, supposons que le point matériel M parcoure une trajectoire quelconque MN, et qu'on demande le *travail total* (§ 107) du poids p pour le déplacement MN ; on partagera l'arc de trajectoire MN en parties aussi petites qu'on voudra, pour chacune desquelles on pourra déterminer le travail élémentaire de la force ; appelons z, z', z'', z''', ..., Z, les hauteurs des points M, M', M'', ..., N ; les travaux élémentaires du poids p pour chacun de ces déplacements infiniment petits seront exprimés par les produits

$$p \times (z - z'),$$
$$p \times (z' - z''),$$
$$p \times (z'' - z'''),$$
$$\cdot \ \cdot \ \cdot \ \cdot \ \cdot \ \cdot$$
$$p \times (z^{(n)} - Z).$$

Le travail total s'obtiendra en faisant la somme algébrique de ces produits ; or cette somme se réduit à

$$p \times (z - Z),$$

c'est-à-dire au produit de la force p par la quantité $z - Z$ dont le point M s'est abaissé suivant la verticale, ou par la *perte de hauteur* du point M.

254. Au lieu d'un point unique, prenons-en plusieurs.

Soit un système de n points matériels, M_1, M_2, ..., M_n, dont les poids sont respectivement p_1, p_2, ... p_n, et qui reçoit un déplacement quelconque, fini ou infiniment petit. Appelons

$$z_1, \quad z_2, \quad ..., \quad z_n$$

les hauteurs des points donnés, au-dessus d'un même plan horizontal, dans la position initiale du système, et

$$z_1, \quad z_2, \quad \ldots, \quad z_n$$

les hauteurs des mêmes points, dans une seconde position. Pour trouver le travail de la pesanteur correspondant au passage de la première position à la seconde, il faudra former pour chaque point le produit $p \times (z - Z)$, et faire la somme algébrique de tous ces produits; le travail cherché, T, est donné par l'équation

$$T = p_1 (z_1 - Z_1) + p_2 (z_2 - Z_2) + \ldots + p_n (z_n - Z_n),$$

qu'on peut écrire :

$$(1) \qquad T = (p_1 z_1 + p_2 z_2 + \ldots + p_n z_n) - (p_1 Z_1 + p_2 Z_2 + \ldots + p_n Z_n).$$

Or, appelons z la hauteur, au-dessus du plan horizontal de comparaison, du centre de gravité du système dans sa première position (§ 151, Rem.), et Z la hauteur du centre de gravité du système dans sa seconde position ; nous aurons (§ 168) :

$$p_1 z_1 + p_2 z_2 + \ldots + p_n z_n = (p_1 + p_2 + \ldots + p_n) \times z,$$
$$p_1 Z_1 + p_2 Z_2 + \ldots + p_n Z_n = (p_1 + p_2 + \ldots + p_n) \times Z.$$

Introduisons ces valeurs dans l'équation (1), il viendra

$$(2) \qquad T = (p_1 + p_2 + \ldots + p_n)(z - Z).$$

Le travail de la pesanteur sur un système matériel qui subit un déplacement fini ou infiniment petit, est égal au poids total du système, multiplié par la quantité (positive ou négative) dont est descendu son centre de gravité en passant de la première position à la seconde.

Le travail de la pesanteur est nul si, en passant de la première position à la seconde, le centre de gravité ne change pas de hauteur.

CONDITION D'ÉQUILIBRE D'UN SYSTÈME MATÉRIEL A LIAISONS COMPLÈTES, QUI N'EST SOLLICITÉ QUE PAR SON PROPRE POIDS.

235. Nous avons démontré (§ 134) que, pour qu'un système matériel à liaisons soit en équilibre, il faut et il suffit que la somme des travaux virtuels des forces appliquées à ce système soit nulle pour tout déplacement compatible avec ces liaisons.

Appliquons ce théorème à un système pesant, que nous supposerons d'abord *à liaisons complètes;* l'équilibre de ce système sous l'action de la pesanteur et des forces qui tiennent lieu des liaisons, sera assuré dans une position particulière, si le déplacement infiniment petit qu'on peut supposer imprimé au système à partir de cette position, n'altère pas la hauteur du centre de gravité. Car alors (§ 234) le travail de la pesanteur est nul. Le système étant à liaisons complètes, tous les points qui le composent, et le centre de gravité de ces points, décrivent des trajectoires définies; le déplacement virtuel subi par le centre de gravité s'opère donc suivant un arc infiniment petit d'une trajectoire déterminée, et pour que le travail de la pesanteur soit nul, il faut et il suffit que ce petit arc soit horizontal. La position d'équilibre du système est donc définie par cette condition que le centre de gravité occupe sur sa trajectoire le point où la tangente est horizontale. Pour trouver les positions d'équilibre, on construira la trajectoire du centre de gravité; on mènera à cette courbe des tangentes horizontales, et les points de contact seront les positions du centre de gravité lorsque l'équilibre existe; à chacune de ces positions correspond pour le système une position d'équilibre.

236. Prenons pour exemple une droite pesante homogène, AB, dont les deux extrémités A et B sont assujetties à glisser sans frottement le long de deux droites fixes rectangulaires, OX, OY, tracées dans un plan vertical.

Le centre de gravité G du système donné est le milieu de la droite AB; l'angle AOB étant droit, la distance GO est égale à la moitié de la longueur AB, et par conséquent, le lieu décrit par le centre de gravité est la circonférence GCMD, décrite du point O comme centre avec un rayon égal à $\frac{1}{2}$ AB. Par le point O, menons une verticale MN; elle coupe la circonférence en deux points M et N, où les tangentes MT, NT' seront horizontales; ce sont les positions d'équilibre; des points M et N comme centres, avec des rayons égaux à $\frac{1}{2}$ AB, décrivons des arcs de cercles qui coupent la

Fig. 211.

direction OY aux points A_1 et A_1 : les droites A_1B_1, $A'_1B'_1$ seront les deux positions d'équilibre qu'on peut donner à la droite mobile.

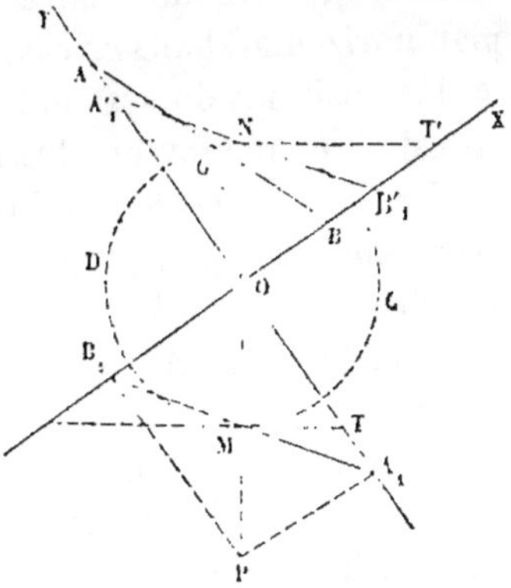

Ces deux positions se distinguent l'une de l'autre en ce que l'une, A_1B_1, est une position d'équilibre *stable*, tandis que l'autre, $A'_1B'_1$, est une position d'équilibre *instable*. En effet, si on donne un petit déplacement à la droite A_1B_1, et qu'on l'abandonne ensuite, le poids de cette droite tendra à la ramener à sa position d'équilibre, tandis que si l'on opère de même sur la droite $A'_1B'_1$, le poids de la droite tendra à l'écarter

Fig. 212.

de sa position première. En général, l'équilibre *stable* correspond à la position qui rend le centre de gravité le plus bas possible. L'équilibre est instable, au contraire, si le centre de gravité occupe le point le plus haut de sa trajectoire. Il est également instable si la trajectoire PQ du centre de gravité (fig. 212) présente dans le plan vertical une inflexion au point H où la tangente HK est horizontale; car de quelque côté qu'on déplace le système, ou bien il tendra à s'écarter de sa position d'équilibre, ou bien il tendra à y revenir, mais pour la dépasser et s'en écarter ensuite de plus en plus.

Enfin, il y a un cas singulier très remarquable, c'est celui où la trajectoire du centre de gravité est contenue dans un plan horizontal. Dans ce cas, l'équilibre est possible dans toutes les positions du système, et on dit qu'il est *indifférent*. Il en est de même lorsque le centre de gravité est immobile.

257. Pour achever la solution du problème que nous avons pris pour exemple, proposons-nous de trouver les réactions des droites fixes OA, OB (fig. 211), qui concourent avec le poids de la barre AB à tenir cette barre en équilibre dans la position A_1B_1.

Le poids de cette barre peut être considéré comme appliqué en son milieu M ; il agit suivant la verticale MP, prolongement de OM ; on peut d'ailleurs le représenter par la longueur A_1B_1 de la barre, en prenant l'échelle des forces en conséquence. Les réactions des points A_1 et B_1 sont normales à OA_1, OB_1, et contenues dans le plan vertical de la figure ; leurs directions se coupent au centre instantané de rotation, P, de la droite A_1B_1, et ce point est situé sur la droite OM prolongée, puisque cette droite est normale à la trajectoire du point M. On peut donc regarder le poids de la barre comme appliqué au point P, et le décomposer en deux forces, suivant les directions PA_1 et PB_1 ; les composantes seront les réactions cherchées. Si l'on représente le poids de la barre par sa longueur $A_1B_1 = OP$, la réaction du point A_1 sera représentée par la longueur $PA_1 = OB_1$, et la réaction du point B_1 sera de même représentée par la longueur OA_1.

La même décomposition s'appliquerait à la position $A'_1B'_1$, qui correspond à l'équilibre instable.

CONDITIONS D'ÉQUILIBRE D'UN SYSTÈME PESANT A LIAISONS NON COMPLÈTES.

238. Lorsqu'un système pesant n'est pas à liaisons complètes, il est possible que les liaisons soient suffisantes pour assujettir le centre de gravité de ce système, soit à parcourir une surface fixe S, soit à rester dans une région de l'espace limitée vers le bas à une surface S. Dans ce cas, le théorème du travail virtuel joint au théorème du travail de la pesanteur, indique encore les conditions d'équilibre ; il faut et il suffit que, pour tous les déplacements virtuels imprimés au système à partir de sa position d'équilibre, le travail de la pesanteur soit nul, c'est-à-dire que le déplacement correspondant du centre de gravité sur la surface S soit horizontal, c'est-à-dire enfin que le centre de gravité occupe un point P de la surface S où le plan tangent soit horizontal.

L'équilibre peut d'ailleurs être *stable*, ou *instable*, ou *conditionnel* ; il sera *conditionnel* si la forme de la surface S aux environs du point P est telle, que certains déplacements du système fassent naître une tendance constante du système vers sa position d'équilibre, tandis que d'autres déplacements développent la tendance du corps à s'en écarter indéfiniment. La dynamique seule permet de distinguer ces divers caractères.

On peut admettre comme règle générale que l'équilibre du système est stable quand son centre de gravité occupe les points les plus bas de la surface S.

L'équilibre est *indifférent* si la surface S se réduit à un plan horizontal ; alors le système est en équilibre dans toutes ses positions.

En résumé, la recherche des conditions d'équilibre d'un système pesant à liaisons se ramène à un simple problème de géométrie. Nous allons en donner des exemples.

ÉQUILIBRE D'UN SYSTÈME DE TIGES PESANTES ARTICULÉES, CONTENUES DANS UN PLAN VERTICAL.

239. Soit ABCD un contour polygonal composé de trois tiges pesantes, AB, BC, CD ; la tige AB est articulée au point fixe A, c'est-à-dire qu'elle est libre de tourner autour de ce point sans rencontrer de résistance ; elle est de même articulée au point B avec la tige BC, qui est articulée au point C avec CD ; cette dernière tige est enfin articulée au point fixe D. Les trois tiges sont contenues dans un plan vertical. On demande la position d'équilibre.

Les tiges sont supposées homogènes ; leurs longueurs et leurs poids sont donnés. Leurs centres de gravité sont aux milieux I, I′, I″, de leurs longueurs.

Soit

$$AB = l, \quad BC = l', \quad CD = l''.$$

Le poids de **AB** sera représenté par p, le poids de BC par p', le poids de CD par p''.

Nous pourrions chercher le centre de gravité du contour matériel ABCD ; mais il est plus simple de ramener tous les poids à être appliqués en des points de la droite BC.

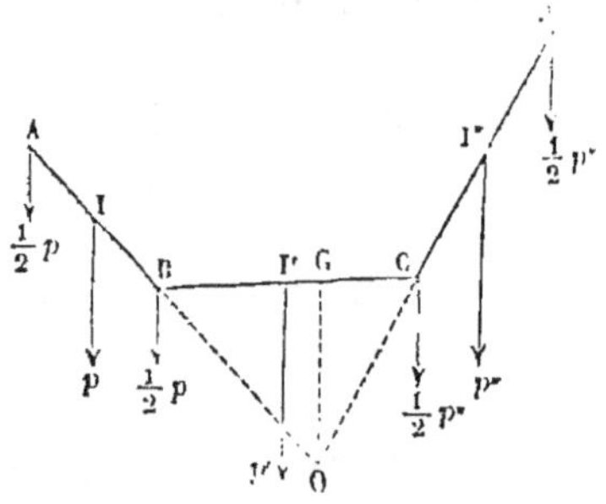

Pour cela, décomposons le poids p en deux poids égaux à $\frac{1}{2} p$, appliqués l'un en A, l'autre en B. De même, substituons au poids p'' appliqué en I″ deux poids égaux à $\frac{1}{2} p''$, appliqués l'un en D, l'autre en C.

Fig. 213.

Les poids appliqués aux points fixes A et D ne donnent aucun travail pendant la déformation du quadrilatère ABCD. Il suffit donc de chercher le centre de gravité, G, des trois poids $\frac{1}{2} p$,

p', $\frac{1}{2}p''$, appliqués en B, I' et C; le point G appartiendra à la
droite BC, et sera fixe sur cette droite, car les poids $\frac{1}{2}p$, p',
$\frac{1}{2}p''$, et leurs distances BI', I'C, quantités qui servent à déterminer la position du point G, sont invariables.

L'équilibre exige que le point G soit le plus bas possible
sur sa trajectoire; mais on obtient la normale au lieu décrit
par le point G en joignant ce point au point de concours,
O, des normales AB, DC menées aux trajectoires des points B
et C. La condition d'équilibre est donc que la droite OG soit
verticale.

On fera varier le quadrilatère ABCD; le point G décrira un
certain lieu géométrique; on mènera à ce lieu les tangentes
horizontales, et on aura les solutions cherchées. L'équilibre
stable correspond aux points les plus bas de la courbe décrite
par le point G.

240. La solution s'étend à un contour polygonal de tant de
côtés qu'on voudra, attaché à deux articulations fixes, A
et F, et contenu dans un même plan vertical. Fixons par
la pensée la portion DEF du contour. Il faudra que le reste du
contour, ABCD, soit en équilibre; et par suite, si l'on détermine sur BC le point
G_1, centre de gravité
des poids $\frac{1}{2}p_0$, p_1, $\frac{1}{2}p_2$,
appliqués en B, en I_1 et
en C, la droite O_1G_1
doit être verticale. De
même, on fixera AB et
EF, et l'équilibre du
contour BCDE exigera

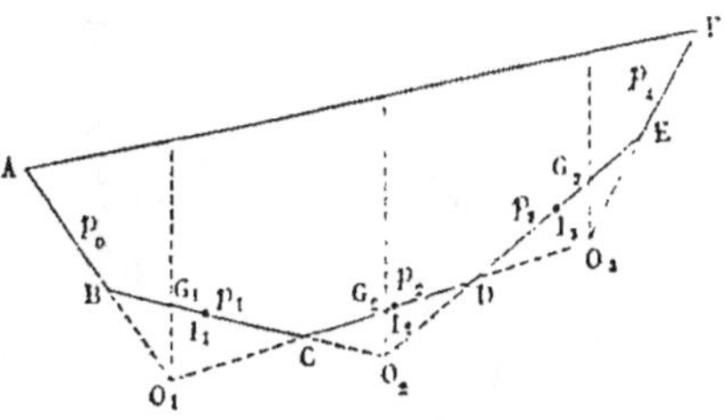

Fig. 214.

que la droite O_2G_2 soit verticale. Le point G_2 est le centre de
gravité des poids $\frac{1}{2}p_1$, p_2, $\frac{1}{2}p_3$, appliqués respectivement en C,
en I_2, et en D. Fixant enfin ABC, et opérant de même sur les
poids p_2, p_3, p_4, on reconnaîtra qu'il faut que O_3G_3 soit verticale.

Ces conditions suffisent pour définir le polygone.

Soit en effet n le nombre des tiges AB, BC,... EF. Le
nombre des côtés du polygone ABC...FA sera $n+1$, et le

nombre des données qui suffisent pour le définir est par suite (I, § 125)

$$2(n+1) - 3 = 2n - 1.$$

On connaît d'avance les côtés, ce qui fait $n+1$ données.

Il reste à trouver $n-2$ angles; or nous avons trouvé $n-2$ conditions; car la solution indiquée revient à donner les angles que la droite AF, d'inclinaison donnée, fait avec les directions $O_1 G_1$, $O_2 F_2$, $O_3 G_3$, etc., qui sont au nombre de $n-2$.

Il y a donc en tout $(n+1) + (n-2) = 2n - 1$ données, nombre suffisant pour que le polygone soit déterminé.

THÉORIE DES BALANCES.

241. *Balance à fléau* (fig. 215). — La balance à fléau, ou balance ordinaire, se compose essentiellement d'une tige

Fig. 215.

pesante AB, symétrique par rapport au plan moyen O; elle est mobile autour d'un axe horizontal, situé dans le plan moyen; pour obtenir cette mobilité, il suffit de faire passer à travers le fléau un prisme triangulaire ou *couteau*, qui repose par son arête inférieure, de chaque côté du fléau, sur un plan d'agate bien poli et dressé horizontalement. Cette arête est ce qu'on appelle l'*axe de suspension du fléau*. Aux deux extrémités de la même pièce, on place, le dos en bas et le tranchant en dessus, deux autres couteaux A et B, dont les tranchants sont parallèles à l'axe projeté en O : ce sont les *axes de suspension* des plateaux dans lesquels on fait les pesées. On s'arrange pour que les trois points A, O et B soient rigoureusement en ligne droite, et que le point O soit le milieu de la distance BA. Enfin, le centre de gravité G du fléau doit être situé dans le plan de symétrie au-dessous du point O, et non au-dessus. Dans ces conditions, le fléau est en équilibre dans la position horizontale.

L'addition des deux plateaux, que l'on suspend aux points A et B, et qui ont des poids égaux, ne trouble pas cet équilibre. L'équilibre du fléau est encore conservé si l'on charge les plateaux de poids égaux. On a alors deux forces égales, verticales, appliquées l'une en A, l'autre en B, puis le poids du fléau, appliqué en son centre de gravité ; ces forces sont tenues en équilibre par une force unique, verticale, appliquée en O, et fournie par la réaction du plan d'appui.

Si, au contraire, on met dans l'un des plateaux un poids P, et dans l'autre un poids $P+p$, l'é-
quilibre ne peut subsister dans la position horizontale, car la résultante de deux forces parallèles inégales, appliquées en A et en B, ne passe plus par le milieu O de la distance des points d'application.

Pour chercher la position d'équilibre, soit EF le fléau (fig. 216), H l'axe de suspension, G le centre de gravité ; appelons z l'angle que fait la droite EF avec l'horizontale, ou l'angle GHg de la droite HG avec la verticale ; Q, le poids de chacun des plateaux, y compris les chaînes et le crochet de suspension,

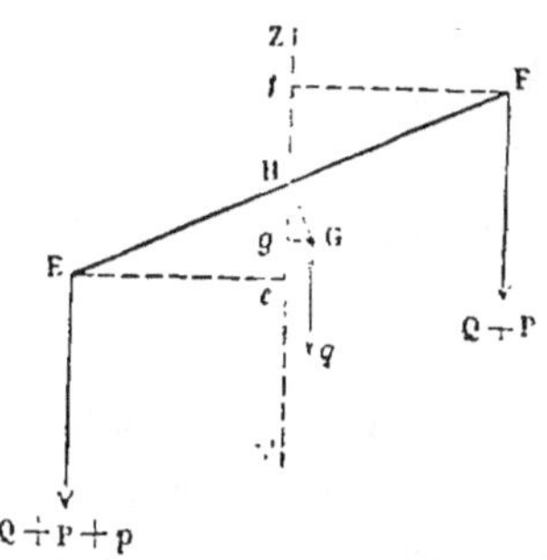

Fig. 216.

enfin q le poids du fléau. Nous supposons que le fléau a pris la position d'équilibre EF, dans laquelle il fait l'angle α avec l'horizon. Le point G est sorti du plan vertical ZZ' conduit par l'axe H; les forces qui agissent sur le plan sont la force $Q + P + p$, appliquée au point E suivant la verticale, la force $Q + P$, appliquée au point F, le poids du fléau q, appliqué en G, et enfin la réaction du plan d'agate, appliquée en H. Toutes ces forces sont verticales : elles se font équilibre, et par conséquent, la réaction de l'appui est égale à la somme des poids, ou à

$$2Q + 2P + p + q.$$

Pour trouver la condition d'équilibre qui définit la position du fléau, prenons les moments par rapport à l'axe projeté en H. Il viendra, en abaissant sur la verticale ZZ' les perpendiculaires Ee, Ff,

$$(1) \qquad (Q + P + p) \times E e = q \times G g + (Q + P) \times F f.$$

Mais la ligne EF étant droite, et le point H en étant le milieu, on a Ff = Ee ; l'équation précédente se réduit donc à

$$p \times E e = q \times G g,$$

ou à

$$\frac{E e}{G g} = \frac{q}{p}.$$

Or

$$E e = E H \cos \alpha,$$
$$G g = H G \sin \alpha,$$

et par suite

$$\tan g \alpha = \frac{p \times E H}{q \times H G},$$

valeur qui définit l'inclinaison du fléau.

L'angle α est d'autant plus grand que la distance HG est plus petite. L'inclinaison prise par le fléau est donc d'autant plus grande, pour une même différence entre les poids placés dans les deux plateaux, que le centre de gravité du fléau est plus voisin de l'axe autour duquel il oscille ; la *sensibilité* de la balance croît à mesure que cette distance diminue ; car la différence des poids est accusée par l'inclinaison plus ou moins grande que prend le fléau. Aussi, pour faire varier à volonté la sensibilité d'une balance, on place souvent sur le fléau, au-dessus de l'axe de suspension, une tige filetée le long de laquelle on peut faire mouvoir un écrou pesant, E, dont le poids s'ajoute au poids q. En faisant monter

Fig. 217.

cet écrou, on rapproche de l'axe le centre de gravité G du système. On l'en éloigne au contraire en faisant descendre l'écrou.

242. Mais, si l'on augmente la sensibilité de la balance en diminuant la distance GH, il ne faut pas oublier qu'il y aurait un grave inconvénient à rendre cette distance tout à fait nulle; si, en effet, elle était égale à zéro, l'équation (2) rendrait tang α infinie pour la position d'équilibre; le fléau EF devrait donc prendre une position verticale, c'est-à-dire qu'il *chavirerait* sous l'influence d'une erreur de pesée p, si petite qu'elle fût. La sensibilité de l'appareil serait infinie, mais l'appareil ne pourrait plus servir à rien, car c'est la variation de l'inclinaison du fléau, à mesure que l'excès de poids p varie lui-même, qui guide dans l'opération de la pesée; le fléau suspendu par son centre de gravité G formerait un système en équilibre indifférent sous l'action de poids égaux placés dans les deux bassins (§ 179), le centre de gravité G restant immobile dans toutes les positions successives de l'appareil. Il faut donc, pour que la balance soit utile, que le centre de gravité G soit plus bas que le centre d'oscillation du fléau, d'une certaine quantité, réglée d'après le degré d'exactitude qu'on veut apporter aux pesées.

Si l'axe de suspension était au-dessous du point G, le fléau serait dans un état d'équilibre instable; car son poids q contribuerait à accroître, et non à limiter, l'inclinaison qu'il tend à prendre sous l'action de l'excès de poids p. Quand il en est ainsi, on dit que la balance est *folle*.

Nous avons supposé les trois points E, H, F en ligne droite, et le point H au milieu de la distance EF. C'est sur ces deux suppositions qu'est fondée la réduction de l'équation (1). On pourrait faire des pesées avec une balance où les trois points E, H, F ne seraient pas en ligne droite; mais cette disposition serait nuisible à la sensibilité de l'appareil. D'un autre côté, si les bras HE, HF étaient inégaux, les poids placés dans les deux plateaux, au lieu d'être égaux pour l'équilibre, devraient être dans le rapport inverse des bras auxquels ils sont appliqués. Nous décrirons tout à l'heure des appareils fondés sur ce principe, et destinés à peser de lourds fardeaux avec des poids beaucoup plus petits.

MANIÈRE DE FAIRE LES PESÉES AVEC LA BALANCE ORDINAIRE.
BOITE A POIDS.

245. On met dans un des bassins de la balance la matière dont on veut évaluer le poids. Le fléau s'incline aussitôt et vient reposer sur l'un des deux arrêts destinés à limiter sa course. Une aiguille, attachée au centre du fléau, abandonne la verticale et prend une position inclinée; son extrémité s'arrête en un certain point d'un arc gradué fixé sur le pied de l'instrument.

On charge alors graduellement de poids le second bassin, jusqu'à ce qu'il *enlève* le premier, c'est-à-dire jusqu'à ce qu'il détache le fléau de l'arrêt sur lequel il a trouvé un appui. Le fléau se met à osciller autour de chacune des positions d'équilibre qu'il tend successivement à prendre, et que modifie l'addition d'un nouveau poids. Ces oscillations sont assez lentes en général, et elles s'éteignent vite; d'ailleurs, on a à peu près la position d'équilibre, à un instant quelconque, en attribuant à l'aiguille la position moyenne entre les extrémités de sa course, observées le long de l'arc gradué. La pesée est terminée, par conséquent, quand la position moyenne de l'aiguille coïncide avec la verticale ou avec le zéro de la graduation. Mais pour faire des pesées exactes, on doit attendre que les oscillations soient éteintes, et éviter à la balance les trépidations, les courants d'air, les oscillations des plateaux, qui peuvent fausser les résultats. Enfin, le résultat de l'opération doit parfois être corrigé de la poussée de l'air, qui s'exerce inégalement sur le corps à peser et sur les poids qui lui font équilibre.

244. La *double pesée*, imaginée par Borda, a pour objet d'éliminer les petites erreurs dues aux vices de construction de l'appareil. Si la balance était parfaite, on n'altérerait pas l'équilibre en changeant les charges de plateaux. Supposons que cette vérification ne réussisse pas avec une entière exactitude. Une quantité de matière dont on cherche le poids x, placée dans le plateau de droite de la balance, est équilibrée par un poids P, placé dans le plateau de gauche; la même matière, placée dans le plateau de gauche, sera équilibrée par un autre poids P′, peu différent de P. Cela indique que les distances HE, HF ne sont pas rigoureusement égales. On aura donc pour le premier équilibre

$$P \times HE = x \times HF,$$

et pour le second

$$x \times HE = P' \times HF.$$

Divisant membre à membre, il vient

$$\frac{P}{x} = \frac{x}{P'},$$

et par conséquent

$$x = \sqrt{PP'}.$$

Le poids cherché est une moyenne proportionnelle entre les deux poids trouvés. Ces poids étant très peu différents si la balance est bien construite, on peut substituer sans erreur leur moyenne arithmétique, $\dfrac{P + P'}{2}$, à leur moyenne proportionnelle.

245. Les *boîtes à poids* qui sont jointes aux balances doivent contenir tous les poids nécessaires pour faire le genre de

pesées auquel la balance est destinée. Si, par exemple, il s'agit d'une balance de précision employée par un chimiste, le minimum du poids à employer sera un milligramme, et le maximum pourra ne pas dépasser 500 grammes. La boîte devra fournir par conséquent tous les multiples d'un milligramme, depuis 1 jusqu'à 500,000, pour évaluer un poids à 1 milligramme près. Dans le commerce de détail, le minimum du poids à mesurer est en général le gramme, et le maximum peut atteindre 10 kilogrammes; la boîte devra contenir assez de poids pour évaluer de 1 à 10,000 grammes, et les pesées se feront à 1 gramme près.

246. La composition d'une boîte à poids est possible de plusieurs manières. On peut, par exemple, introduire dans la boîte le plus petit poids à employer, puis un poids double, un poids quadruple, un poids huit fois plus grand, et ainsi de suite, suivant les puissances du nombre 2. Tout nombre entier étant une somme de puissances de 2, on pourra avec ces poids former tout multiple du poids le plus petit, inférieur à la puissance de 2 qui suit celle à laquelle on s'arrête. Par exemple, avec les poids

$$1, \ 2, \ 4, \ 8, \ 16, \ 32, \ 64, \ 128, \ 256, \ 512, \ 1024,$$

on peut former un poids entier quelconque inférieur à 2048. Proposons-nous de former le poids 1529; on divisera 1529 par 2, ce qui donne le reste 1 et le quotient 764; on divisera par 2 le quotient, ce qui donne le reste 0 et le quotient 582; et on continuera ainsi, jusqu'à ce que la division par 2 du dernier quotient ne soit plus possible. Il vient

$$1529 = 2 \times 764 + 1,$$
$$764 = 2 \times 382 + 0,$$
$$382 = 2 \times 191 + 0,$$
$$191 = 2 \times 95 + 1,$$
$$95 = 2 \times 47 + 1,$$
$$47 = 2 \times 23 + 1,$$
$$23 = 2 \times 11 + 1,$$
$$11 = 2 \times 5 + 1,$$
$$5 = 2 \times 2 + 1,$$
$$2 = 2 \times 1.$$

Multiplions la deuxième égalité par 2, la troisième par 4, la quatrième par 8, la cinquième par 16, la sixième par 32, la septième par 64, la huitième par 128, la neuvième par 256 et la dixième par 512, et ajoutons; nous aurons, en réduisant les termes communs aux deux membres de l'équation finale,

$$1529 = 1 + 0 \times 2 + 0 \times 4 + 1 \times 8 + 1 \times 16 + 1 \times 32$$
$$+ 1 \times 64 + 1 \times 128 + 1 \times 256 + 0 \times 512 + 1 \times 1024.$$

Le poids 1529 se formera donc en réunissant les poids suivants :

$$1, \quad 8, \quad 16, \quad 32, \quad 64, \quad 128, \quad 256, \quad 1024.$$

247. L'usage du système décimal conduit à une composition de boîte à poids un peu différente : on trouve dans les boîtes destinées à peser de 1 à 9999 grammes :

1 poids de	1 gramme		
2 — de	2 —		
1 — de	5 —		
1 — de	10 —		
2 — de	20 —		
1 — de	50 —		
1 — de	100 —		
2 — de	200 —		
1 — de	500 —		
1 — de	1000 —	ou de 1 kilogramme	
2 — de	2000 —	ou de 2 —	
1 — de	5000 —	ou de 5 —	

On formera un poids quelconque, 7892 grammes, de la manière suivante :

Le poids de 5 kilogrammes	5000	
Un des deux poids de 2 kil.	2000	7000
Le poids de 500 grammes	500	
Un poids de 200 —	200	800
Le poids de 100 —	100	
Le poids de 50 —	50	
Les deux poids de 20 grammes. . .	40	90
Un poids de 2 grammes.		2
Total		7892

BALANCE ROMAINE.

248. La balance romaine (fig. 220) permet de faire des pesées avec un poids unique, mobile le long d'un fléau gradué.

Le fléau BC (fig. 218) est mobile autour d'un axe H, que l'on tient à la main, ou que l'on suspend à un point fixe, A. D'un côté B se trouve, à demeure, un crochet destiné à suspendre le corps dont on demande le poids Q. De l'autre, un

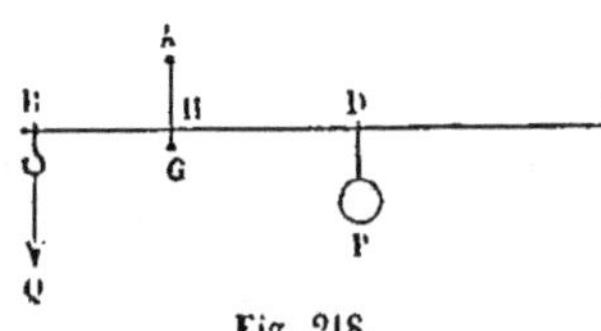

Fig. 218.

poids P, accroché à un anneau, peut glisser le long de la tige graduée, HC. Le centre de gravité du fléau et de tous les accessoires qui y sont attachés, se trouve, lorsque la barre BC est horizontale, en un point G situé sur la verticale passant par le point H, et au-dessous de ce point.

Lorsque l'équilibre est obtenu, et que la barre BC est horizontale, les forces P et Q, le poids q du fléau appliqué en G, et la tension T du lien AH qui suspend la balance, se font équilibre: la tension T est donc verticale et égale à la somme $P + Q + q$ de tous ces poids; de plus, on a, en prenant les moments par rapport au point H,

$$(1) \qquad P \times HD = Q \times BH,$$

d'où l'on tire

$$Q = HD \times \frac{P}{BH}.$$

Le poids P et la longueur BH sont des quantités constantes; le poids cherché Q est donc proportionnel à la distance variable HD. En faisant sur la barre HC une graduation convenable, on pourra *lire* le poids cherché sur l'échelle. Pour opérer cette division de la droite HC, on mettra le zéro de l'échelle au point H; puis on fera Q = 1 kilogramme; et l'équation (1) donnera la valeur correspondante de la distance

HD, ou plutôt du rapport de HD à BH. Mais cette manière de procéder exige la connaissance du poids P. On évite la détermination préalable de ce poids, en cherchant empiriquement la position qu'il convient de lui donner pour équilibrer un poids Q déterminé, d'un kilogramme par exemple. On connaît alors deux points de l'échelle, et rien n'est plus simple que d'achever de la construire.

Si le centre de gravité G du fléau ne se trouvait pas sur la verticale du point H, l'appareil pourrait encore servir à mesurer les poids, mais il faudrait introduire un nouveau terme dans l'équation (1), pour tenir compte du moment du poids q.

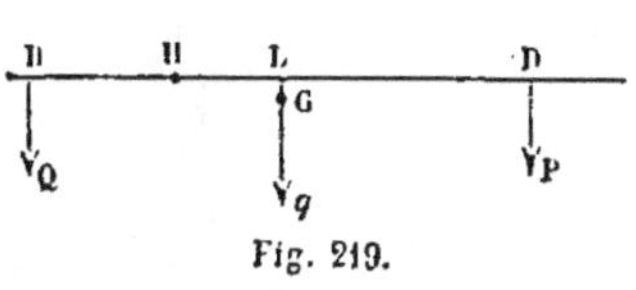

Fig. 219.

On aurait

$$Q \times BH = q \times HL + P \times HD,$$

et par suite

$$Q = q \times \frac{HL}{BH} + P \times \frac{HD}{BH}.$$

Le terme $q \times \dfrac{HL}{BH}$ est constant ; le second terme $P \times \dfrac{HD}{BH}$ est proportionnel à HD. Le poids cherché est donc encore une *fonction linéaire* de la distance HD. La graduation de la barre se fera par les mêmes principes que tout à l'heure, mais le zéro de l'échelle ne sera plus au point H.

La disposition qui amène le point G au-dessous du point H, augmente la sensibilité de l'appareil tout en assurant la stabilité de son équilibre. On accroîtra la sensibilité de la balance, c'est-à-dire l'inclinaison prise par le fléau sous l'action d'une petite différence entre le poids cherché et le poids lu sur l'échelle, en rapprochant le point G du point H.

La figure 220 représente la romaine dont on se sert dans le commerce ; on lui donne souvent deux crochets de suspension, et deux graduations différentes qui correspondent chacune à un crochet, de sorte qu'on peut à volonté évaluer des poids plus petits ou des poids plus forts.

249. La romaine peut servir à résoudre une équation du premier degré à une inconnue, $Px = Q$. Toute équation du premier degré est réductible à cette forme. On peut supposer P et Q positifs, en changeant, s'il y a lieu, le signe de

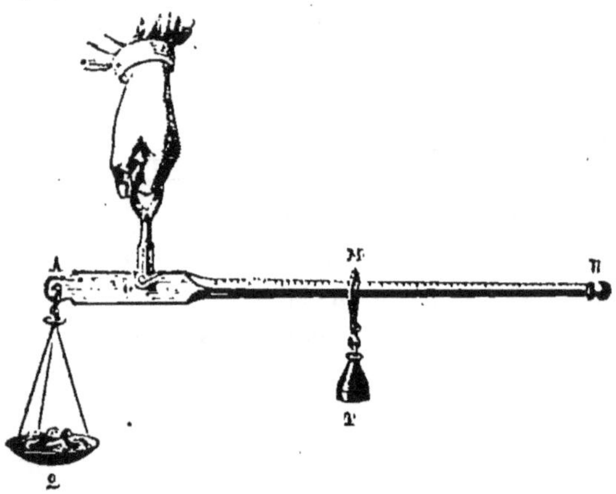

Fig. 220.

l'inconnue. Suspendons au point fixe A du fléau un poids égal à Q ; puis à l'anneau mobile M un poids égal à P. Cherchons par tâtonnement la position qu'il faut donner à l'anneau pour qu'il y ait équilibre ; à cette position correspond une valeur du rapport $\dfrac{MO}{AO}$ qui est la valeur de l'inconnue.

BALANCE DE QUINTENZ.

250. La *balance de Quintenz* est un appareil dans lequel le poids cherché est tenu en équilibre par un poids plus petit, dix fois plus petit par exemple. Elle se compose d'une plateforme mobile, qui peut monter et descendre sans cesser d'être horizontale, et qui est destinée à recevoir le corps dont on demande le poids ; d'un plateau suspendu à la façon des bassins des balances ordinaires, et destiné à recevoir les poids ;

enfin d'un système de deux leviers qui rattachent l'une à l'autre ces deux parties de la machine, et qui tournent autour d'axes fixes horizontaux et parallèles entre eux. Le système entier est à liaisons complètes; un déplacement vertical infiniment petit communiqué à la plate-forme produit sur le plateau un déplacement vertical proportionnel. Soit P le poids déposé sur le plateau, qui équilibre le poids cherché, Q, posé sur la plate-forme. Si on imprime à la plate-forme suivant la verticale un déplacement virtuel infiniment petit, ε, le plateau recevra un déplacement vertical en sens inverse, ε', et l'on aura pour l'équilibre l'équation du travail virtuel :

$$Q\varepsilon - P\varepsilon' = 0.$$

De sorte que le poids cherché, Q, sera égal à la fraction $\dfrac{\varepsilon'}{\varepsilon}$ du poids connu, P, qui lui fait équilibre. Il reste donc à évaluer le rapport $\dfrac{\varepsilon'}{\varepsilon}$.

Voici la disposition de l'appareil, que nous représentons coupé longitudinalement par un plan perpendiculaire aux axes de rotation des leviers mobiles.

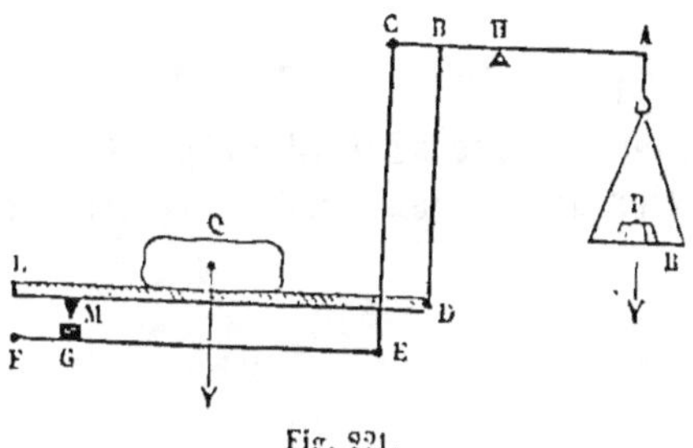

Fig. 221.

LD est la plate-forme et R le plateau ; CA est le premier levier, mobile autour de l'axe H, et FE le second levier, mobile autour de l'axe F. Le plateau R est suspendu au point A du levier AC. La plate-forme est soutenue par deux points D et M; l'un de ces points, D, est réuni au premier levier par une tige verticale rigide, articulée en D et en B. L'autre repose en un point G du second levier, par une arête de contact, normale au plan de la figure. Enfin une tige rigide, verticale, articulée en E et en C, rattache l'un des deux leviers à l'autre.

Supposons que l'équilibre soit établi entre les poids P et Q, et que dans cette position les deux leviers AC, FE soient horizontaux. Imprimons à la plate-forme, suivant la verticale, un déplacement infiniment petit ε, que nous supposerons s'effectuer de haut en bas. Pour cela, il faut que tous les points de la plate-forme descendent à la fois de quantités égales. Il faut donc que les points D et M s'abaissent ensemble de la même quantité, ce qui impose une condition à la construction de l'appareil. En effet, le point D s'abaissant de la quantité ε, le point B, lié invariablement au point D par la tige rigide BD, s'abaisse de la même quantité; le point M s'abaissant aussi de ε, communique ce même abaissement au point G du levier FE; ce levier tourne autour du point fixe F, et l'abaissement ε de son point G entraînera un abaissement $\varepsilon \times \dfrac{FE}{FG}$ de son extrémité E. Cet abaissement se transmet intégralement au point C du levier CH, par l'intermédiaire de la tige rigide CE; les points B et C du même levier CH s'abaissant à la fois de quantités ε et $\varepsilon \times \dfrac{FE}{FG}$, ces deux abaissements simultanés sont proportionnels aux distances BH, CH au point fixe H, et par suite la construction de la balance doit satisfaire à la relation

$$\frac{\varepsilon \times \dfrac{FE}{FG}}{\varepsilon} = \frac{CH}{BH} \cdot$$

ou bien

$$(1) \qquad \frac{FE}{FG} = \frac{CH}{BH} \cdot$$

Lorsque cette condition est remplie, les abaissements simultanés des points D et M de la plate-forme sont égaux, et par suite tout déplacement infiniment petit de la plate-forme à partir de sa position d'équilibre se réduit à une translation verticale.

Le poids Q s'abaissant verticalement de la quantité ε, produit un travail positif $Q\varepsilon$. Mais le poids P monte en même temps d'une quantité ε' qu'il est facile de calculer, car c'est la quantité dont s'élève le point A quand le point B du premier levier s'abaisse de ε ; donc

$$\frac{\varepsilon'}{\varepsilon} : \frac{HA}{HB},$$

et par suite

$$\varepsilon' = \varepsilon \times \frac{HA}{HB}.$$

Le poids P produit un travail négatif égal en valeur absolue à $P\varepsilon'$, et l'équilibre exige que l'on ait

$$P\varepsilon' = Q\varepsilon.$$

Donc

$$(2) \qquad Q = P \times \frac{\varepsilon'}{\varepsilon} = P \times \frac{HA}{HC},$$

c'est-à-dire que tout se passe comme si le poids Q était tout entier suspendu au point B du levier.

Si l'on veut équilibrer le poids Q avec un poids P dix fois moindre, on fera $HA = HB \times 10$.

Au lieu d'un plateau R, suspendu en un point fixe A du premier levier et chargé de poids variables, on pourrait n'employer qu'un poids unique, P, qu'on déplacerait le long de la tige HA, comme on le fait pour la balance romaine ; on peut aussi adopter une combinaison de ces deux procédés.

La stabilité et la sensibilité de l'appareil exigent encore que, lorsque le levier CA est horizontal, son centre de gravité soit situé sur la verticale passant par le point H, à peu de distance au-dessous de ce point.

Le déplacement vertical de la plate-forme LD rend indifférente à l'équilibre la position du poids Q sur cette plate-forme.

Dans la balance usuelle (fig. 222), on ajoute à l'appareil que nous venons de décrire une poignée pour arrêter le mouvement quand il ne doit pas fonctionner, et un repère n, n', qui permet de juger de l'horizontalité du levier CA.

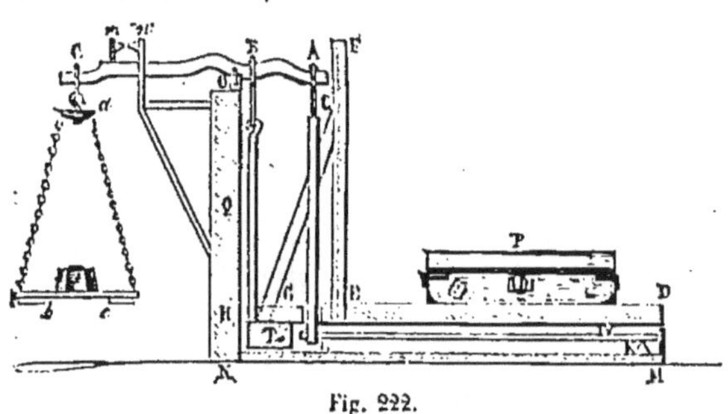

Fig. 222.

251. Nous venons de traiter la question à l'aide du théorème du travail virtuel. Nous allons la reprendre par les décompositions de force; nous retrouverons les condi

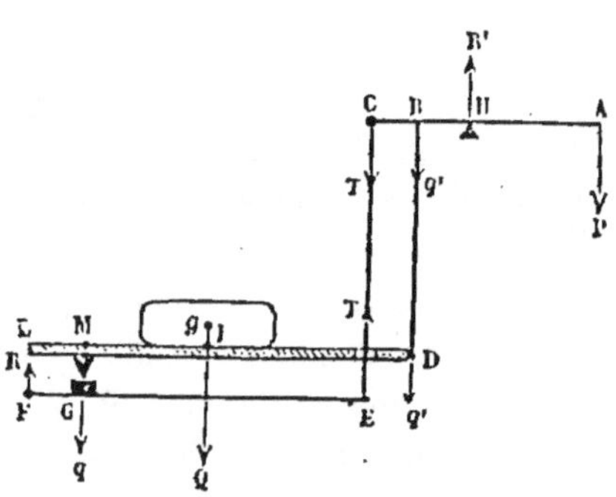

Fig. 223.

tions trouvées, et de plus nous déterminerons les tensions des tiges CE, BD, et les réactions des points fixes F et H.

Le poids Q du fardeau à peser est appliqué en son centre de gravité g ; décomposons-le en deux forces parallèles, q et q', appliquées l'une en M, l'autre en D. La première q sera égale à

$$Q \times \frac{DI}{MD},$$

et la seconde, q', à

$$Q \times \frac{MI}{MD}.$$

La force q se transmet au point G du second levier, qui est en équilibre sous l'action de cette force q, de la tension T de la tige CE, et de la réaction R du point F. Donc la réaction du point F est verticale, et égale à $q - T$; et la tension T est donnée par l'équation des moments, pris par rapport au point F :

$$q \times FG = T \times EF.$$

La force q' se transmet directement à la tige DB, et est égale à la tension de cette tige.

Le levier AC est sollicité par la force q' appliquée en B, par la force T appliquée en C, par la force P appliquée en A, et enfin par la réaction R' du point H ; on a donc

$$R' = q' + T + P$$

et

$$q' \times BH + T \times CH = P \times HA.$$

Remplaçons q' par sa valeur

$$Q \times \frac{MI}{MD},$$

et T par sa valeur

$$q \times \frac{FG}{EF} = Q \times \frac{DI}{MD} \times \frac{FG}{EF};$$

il viendra

$$Q \times \left(\frac{MI \times BH}{MD} + \frac{DI}{MD} \times \frac{FG}{EF} \times CH \right) = P \times HA,$$

ou bien

$$(3) \qquad Q \times \frac{MI \times BH \times EF + DI \times FG \times CH}{MD \times EF} = P \times HA$$

équation qui donne le rapport de Q à P. Les équations précédentes font connaître les tensions des tiges, et les charges R et R′ des points fixes. L'équation (5) est plus générale que l'équation (2). On remarquera en effet qu'elle contient les quantités MI, ID, qui définissent la position du centre de gravité du fardeau sur la plate-forme, et que, par contre, nous n'avons nulle part rencontré dans cette analyse la condition exprimée par l'équation (1). Effectivement, cette équation (1) exprime que le seul mouvement possible de la plate-forme est une translation verticale, et nous savons qu'un tel mouvement rend indifférente à l'équilibre la position donnée au fardeau. Si nous tenons compte de l'équation (1), les quantités MI, DI doivent donc disparaître de l'équation (5). En effet, l'équation (1) nous montre que les produits BH × EF, FG × CH sont égaux entre eux ; on peut remplacer la fraction

$$\frac{MI \times BH \times EF + DI \times FG \times CH}{MD \times EF}$$

par cette autre

$$\frac{(MI + DI) \times (BH \times EF)}{MD \times EF},$$

laquelle se réduit à BH, en supprimant le facteur commun EF, et en observant que MI + DI = MD. L'équation (5) devient

$$Q \times BH = P \times HA,$$

qui n'est autre que l'équation (2).

Les changements de position du fardeau Q ne modifient pas l'équilibre une fois établi, quand la condition (1) est satisfaite ; mais ils ont une influence sur les efforts intérieurs développés dans les tiges BD et CE ; si on rapproche le fardeau du point D, on augmente la tension q' de la tige BD, on diminue la charge q du point G et par suite on diminue la tension T de la tige BE. On peut, par exemple, placer le fardeau de telle sorte que les tensions T et q' soient égales ; il suffit pour cela qu'on ait la relation

$$Q \times \frac{MI}{MD} = Q \times \frac{DI}{MD} \times \frac{FG}{EF}.$$

D'où l'on tire, en supprimant les facteurs communs,

$$\frac{MI}{ID} = \frac{FG}{EF}.$$

Plus on rapproche du point M le centre de gravité g du fardeau, plus on augmente q, plus on diminue T, et par suite plus la charge R du point fixe F augmente. Quant à la charge R' du point fixe H, elle est égale à

$$P + q' + T;$$

à mesure qu'on rapproche le fardeau du point M, q' diminue et T augmente : l'on ne voit pas tout de suite si la somme $P + q' + T$ varie, ni dans quel sens. Mais, P et Q étant les seuls poids qu'on suppose appliqués à la machine, le poids total $P + Q$ se répartit entre les deux appuis extérieurs F et H, de sorte qu'on a dans tous les cas

$$R + R' = P + Q.$$

La somme $P + q' + T = R'$ décroit donc à mesure que R augmente.

BALANCE DE ROBERVAL.

252. La *Balance de Roberval*, réduite à ses parties essentielles, se compose d'un parallélogramme articulé ABCD, dont

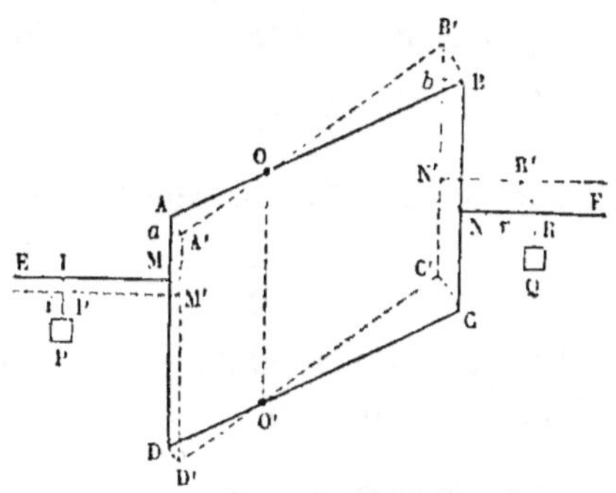

Fig. 224.

les côtés AD, BC sont verticaux, et dont les côtés AB et CD sont libres de tourner autour de deux points fixes O et O' placés aussi sur une verticale ; dans la déformation de la figure, les droites AD et BC restent parallèles à la droite fixe OO'.

En des points M et N, pris arbitrairement sur les côtés verticaux AD, BE, on attache à ces côtés des bras horizontaux ME, NF, auxquels on suspend, en des points quelconques I et R, des poids P et Q. On demande la condition d'équilibre du système.

Appliquons le théorème du travail virtuel. Imprimons au parallélogramme une déformation infiniment petite ; cette déformation s'opérera en faisant tourner d'un même angle infiniment petit AOA', DO'D'. les droites AB, DC, autour des points O et O', et en déplaçant parallèlement à elles-mêmes les droites AD, BC, qui entraînent dans ce déplacement les poids P et Q. La quantité $\varepsilon = Ii$, dont descend verticalement le poids P dans ce mouvement de translation, est égale à la projection, Aa, sur la verticale, du chemin AA' décrit par l'extrémité A de la droite AB ; de même la quantité $\varepsilon' = R'r$, dont s'élève verticalement le poids Q, est égale à la projection verticale, $B'b$, du chemin BB' décrit par le point B. Or les chemins AA', BB' décrits simultanément par les points A et B de la droite AB, mobile autour de l'axe projeté en O, sont proportionnels aux distances AO, BO ; d'ailleurs, ils font des angles égaux avec la verticale, et leurs projections sur cette direction leur sont proportionnelles ; on a en définitive

$$\frac{\varepsilon}{\varepsilon'} = \frac{AO}{BO}.$$

Mais le théorème du travail virtuel donne pour équation d'équilibre

$$P\varepsilon = Q\varepsilon'.$$

Éliminant les quantités auxiliaires ε, ε', on obtient pour condition d'équilibre l'équation

$$P \times AO = Q \times BO.$$

Cette relation ne renferme que le rapport $\dfrac{AO}{BO}$ des segments dans lesquels le côté AB est divisé. Par conséquent, si les poids P et Q satisfont à la condition qu'elle exprime, l'équilibre subsistera quelle que soit la forme qu'on donne au parallélogramme articulé, quels que soient les points M et N auxquels on implante les bras sur les côtés verticaux, quels que soient enfin les points I et N auxquels on suspende les poids P et Q.

L'équilibre est donc *indifférent*, puisqu'il subsiste dans toutes les positions de la figure mobile. On peut observer que le centre de gravité des poids P et Q ne change pas de hauteur par suite de la déformation du parallélogramme, et qu'il ne change pas de hauteur non plus quand on déplace les poids P et Q le long des droites horizontales ME, NF.

253. Nous traiterons aussi cette question par la méthode de la composition des forces. L'emploi des couples rend les opérations faciles. Nous considérerons séparément l'équilibre des quatre côtés du parallélogramme, en remplaçant les articulations par les forces équivalentes.

Au point M, appliquons deux forces verticales, en sens

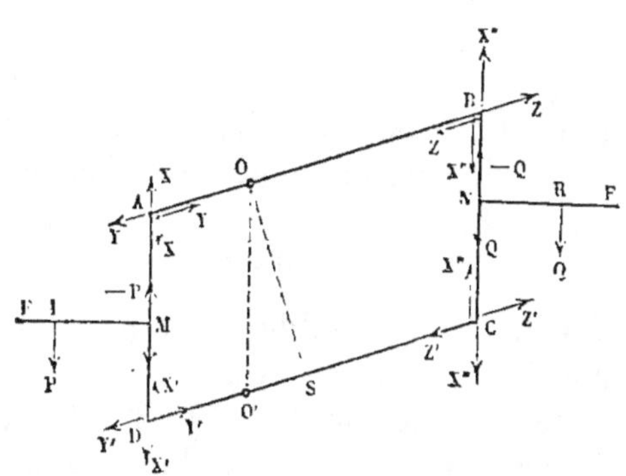

Fig. 225.

contraire l'une de l'autre, et toutes deux égales à P. Nous pouvons substituer à la force P, agissant en I sur le système rigide formé des barres EM et AD, une force P, égale et parallèle, agissant en M, et un couple (P, — P), dont le moment est égal à $P \times IM$, et qui tend à faire tourner de droite à gauche son bras de levier IM. Ce couple et cette force sont équilibrés par les actions qu'exercent les barres AB, DC sur les points A et D du même système. Nous pouvons décomposer chacune de ces actions en deux forces, l'une, X et X', dirigée suivant le côté AD, l'autre, Y et Y', dans les directions parallèles AO, DO'. Les deux composantes X et X', appliquées en A et D dans la direction du côté AD, se composent en une seule force, $X + X'$, qui équilibre la force P ; et les composantes Y, Y', parallèles, forment un couple qui doit tenir en équilibre le couple (P, — P). Donc $Y = Y'$ et, de plus, les moments des deux couples devant être égaux, on a, en abaissant du point O une perpendiculaire OS sur le côté CD, l'équation

$$Y \times OS = P \times IM,$$

qui détermine Y.

On connaît ainsi les composantes Y, Y', des actions exercées par les barres AO, DO' sur le côté vertical AD, et la somme $X + X'$ des composantes verticales des mêmes actions.

On peut opérer de même pour le poids Q ; on trouvera la somme $X'' + X''' = Q$ des composantes verticales des actions des barres obliques sur les barres verticales, et les composantes égales et contraires, Z, Z', exercées dans les directions des côtés obliques, et données par l'équation des moments :

$$Z \times OS = Q \times NR.$$

Considérons maintenant l'équilibre de la pièce AB, sous l'action des forces X, Y, X'', Z, changées de sens, et l'équilibre de la pièce DC sous l'action des forces X', Y', X''', Z', également changées de sens. Pour la première, les deux forces Z et Y, agissant dans la direction du point fixe O, sont détruites par la fixité du point, sur lequel elles exercent dans la direction du côté AB une pression égale à $Z - Y$. Les forces parallèles, X et X'', doivent se composer en une seule, appliquée au point O. Donc elles exercent sur le point O, parallèlement aux côtés verticaux, une action égale à $X + X''$, et elles satisfont à la relation

$$X \times AO = X'' \times BO.$$

C'est la condition d'équilibre de la pièce AB.

De même, la seconde pièce DC est en équilibre si l'on a

$$X' \times DO' = X''' \times CO',$$

et le point O' est sollicité, suivant le côté DC, par une force $Z' - Y'$, et suivant la verticale, par une force $X' + X'''$.

On a donc à la fois les quatre équations :

$$X + X' = P,$$
$$X \times AO = X'' \times BO,$$
$$X'' + X''' = Q,$$
$$X' \times DO' = X''' \times CO',$$

ou bien

$$X' \times AO = X''' \times BO.$$

Ajoutant la deuxième et la quatrième, il vient

$$(X + X') \times AO = (X'' + X''') \times CO,$$

ou bien

$$P \times AO = Q \times CO,$$

condition qui doit être remplie pour que les quatre équations soient compatibles. Ces équations ne sont donc pas distinctes, et ne peuvent servir à déterminer entièrement les inconnues; l'une d'elles reste arbitraire. La statique seule ne permet pas en effet d'opérer le partage de la force P entre les deux points A et D; ce partage, ainsi que celui de la force Q entre les deux points B et C, dépend de la flexibilité plus ou moins grande des barres AB, CD, et doit rester inconnu tant qu'on ne fait pas intervenir la loi de la flexion de ces pièces.

Le déplacement des poids P et Q, et la déformation du parallélogramme, s'ils ne produisent aucune altération de l'équilibre une fois obtenu, modifient donc les efforts développés dans les barres AB, CD et les réactions des points fixes O et O'.

254. Dans la balance de Roberval ordinaire, employée aujourd'hui sur presque tous les comptoirs, on prend les points

O et O' au milieu des côtés AB, CD, et au lieu de suspendre les poids P et Q à des bras ME, NF, on les place dans des plateaux faisant corps avec les tiges verticales AD et BC. L'équilibre exige alors l'égalité des poids P et Q.

L'appareil que nous venons de décrire serait un appareil indifférent; pour lui donner la sensibilité qui lui est nécessaire (§ 241), on fait en sorte (fig. 229) que le centre de gravité des fléaux AB, A'B', placés horizontalement, soit situé pour chacun sur la verticale des points O et O', et un peu au-dessous de ces points. Alors le poids des fléaux tend à les ramener dans

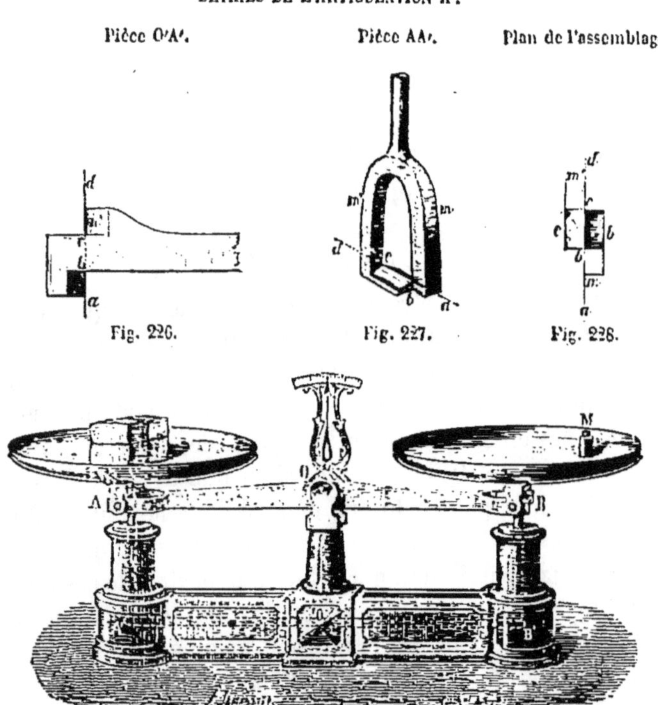

Fig. 229.

la position horizontale s'ils s'en écartent, et à limiter la déformation prise par le parallélogramme sous l'action de poids inégaux placés dans les deux plateaux. On a soin aussi de réduire autant que possible les frottements aux quatre articulations du parallélogramme et aux points fixes O et O'; on y parvient en substituant des arêtes vives aux axes de rotation. Les figures 226, 227, 228 représentent ce mode d'assemblage, qui est admissible seulement lorsque les charges sont très limitées. La figure 229 représente la balance complète.

ÉQUILIBRE DES PONTS-LEVIS.

255. *Pont-levis à flèche.* — Le pont-levis à flèche se compose de deux parties : un *tablier* OA, qui est mobile autour d'une charnière horizontale projetée en O, et qui s'appuie à son autre extrémité A sur une feuillure C, pratiquée dans le couronnement du mur M ;

Et une *flèche* BD, mobile autour d'un axe fixe projeté en O', parallèle à la charnière O; cette flèche porte un contre-poids Q, dont nous déterminerons plus loin le poids et la position.

La flèche est réunie au tablier au moyen d'une double chaîne projetée en AB; on dispose les points d'attache, A et B, de cette chaîne, de manière que les droites OA, O'B soient égales et parallèles; la chaîne a une longueur AB égale à la distance OO' des centres de rotation des deux parties mobiles, de sorte que dans toutes les positions qu'elle prend quand on relève le tablier, la figure OO'BA reste un parallélogramme.

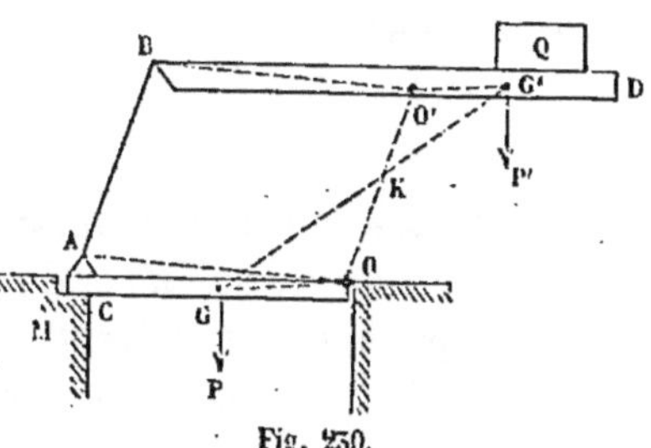

Fig. 230.

On peut placer le contre-poids de manière que le centre de gravité de tout le système soit immobile : le pont-levis est alors en équilibre dans toutes ses positions.

Soit G le centre de gravité du tablier, y compris la moitié

inférieure des deux chaînes projetées en AB, et soit P le poids de cette partie du système. Soit de même G' le centre de gravité de la flèche, y compris le contre-poids Q et la moitié supérieure des deux chaînes ; soit P' le poids correspondant.

Supposons que nous ayons donné au contre-poids Q un poids et une position tels que le centre de gravité G' de la flèche soit situé sur une droite O'G' parallèle à OG, et qu'en outre on ait la proportion

$$\frac{P}{P'} = \frac{O'G'}{OG}.$$

Joignons GG', et soit K le point où cette droite coupe la droite OO'. Les triangles GKO, G'KO' sont semblables, et restent semblables dans toutes les positions du système ; ils donnent la proportion

$$\frac{O'G'}{OG} = \frac{KG'}{KG}.$$

Donc

$$\frac{P}{P'} = \frac{KG'}{KG},$$

et par suite le point K est le centre de gravité du système total composé des poids P et P'. Ce point K est d'ailleurs immobile, car les mêmes triangles donnent la proportion

$$\frac{O'K}{OK} = \frac{O'G'}{OG},$$

rapport constant qui définit un seul point K sur la droite O'O. Le centre de gravité général est donc immobile, et l'équilibre de l'appareil est indifférent.

256. Nous avons supposé que le poids Q satisfaisait à certaines conditions. Il est facile de voir comment elles pourront être remplies.

Nous voulons, par exemple, que le centre de gravité de l'ensemble de la flèche et du contre-poids soit un

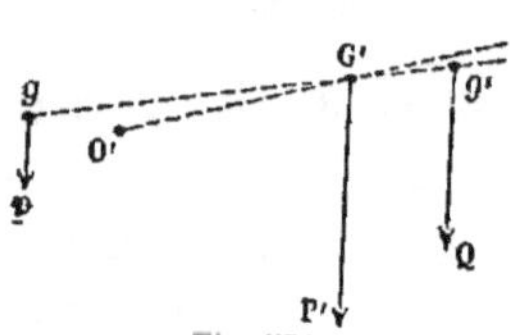

Fig. 251.

point défini, G', de la droite O'G' menée parallèlement à OG.

Soit g le centre de gravité de la flèche prise seule, abstraction faite du contre-poids; soit p son poids. Joignons gG'; le centre de gravité g' du contre-poids Q sera situé en un point du prolongement de cette droite. P' doit être égal à $P \times \dfrac{OG}{O'G'}$, ce qui définit le poids P'. Mais $p + Q = P'$; donc $Q = P' - p$; connaissant Q, on déterminera la position du point g' par l'équation

$$p \times gG' = Q \times g'G',$$

où tout est connu, excepté $g'G'$. On saura ainsi ce que doit peser le contre-poids, et en quel point il faut placer son centre de gravité, ce qui suffit pour régler l'appareil.

257. On peut se proposer de déterminer, dans une position quelconque de la figure, la tension T de la chaîne AB, et les charges R et R' des points fixes O et O'. Pour y parvenir, considérons à part l'équilibre du tablier et de la flèche.

Le tablier, dans la position OA, est en équilibre sous l'action de son poids P, de la tension T, et de la réaction R de la charnière.

La tension T sera donnée par l'équation des moments autour de l'axe O :

$$P \times OF = T \times OH.$$

La charge R de l'axe O se déterminera ensuite en transportant au point O, parallèlement à elles-mêmes, les forces P et T, et en les composant ensemble. La réaction de l'axe sur le tablier est la force — R, égale et contraire à l'action R du tablier sur sa charnière.

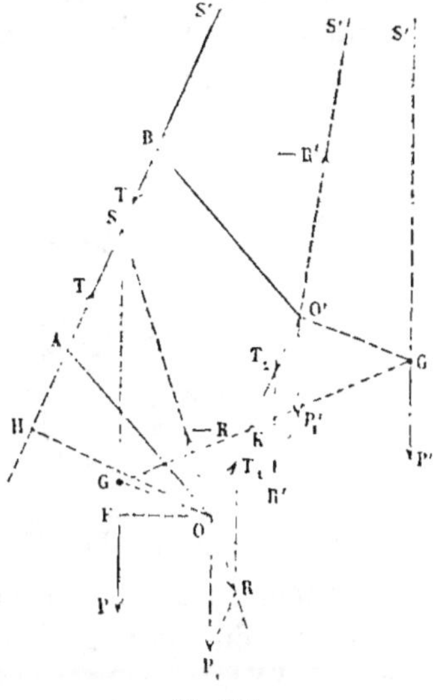

Fig. 232

L'équation des moments des forces appliquées à la flèche

donnerait la même valeur T ; la charge de l'axe O' s'obtiendrait en appliquant au point O des forces T_2 et P'_1, égales et parallèles à la tension BT et au poids P' ; ce qui donnerait la pression R' de la flèche sur l'axe O', ou la réaction —R' de l'axe O' sur la flèche.

La force P fait équilibre aux deux forces —R et AT ; par conséquent, les trois directions OR, GP, AB concourent en un même point S. De même, les trois directions AB, G'P', OR', concourent en un même point S'.

PONT-LEVIS A CONTRE-POIDS MOBILE.

258. On emploie aussi dans les places de guerre la disposition suivante, due à Bélidor ; elle a l'avantage de supprimer la flèche, dont les bras se dressent en l'air quand le pont est relevé, et sont exposés à être brisés par les projectiles ennemis.

Le tablier AO est équilibré dans toutes ses positions par un contre-poids cylindrique, E, qui roule sur une courbe FK ; le tablier y est rattaché par une chaîne ABCE, qui passe sur une

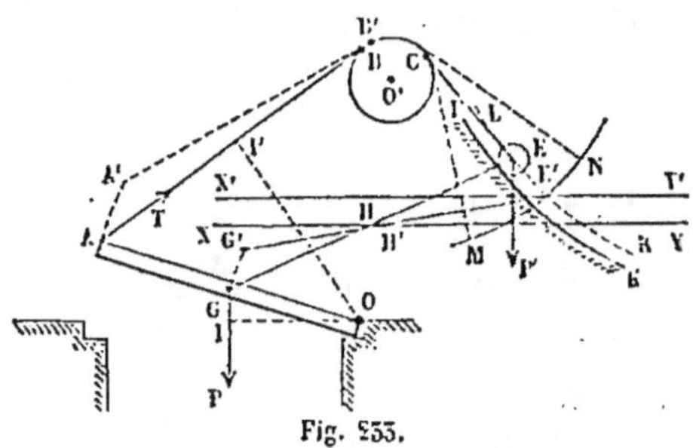

Fig. 253.

poulie O'. La courbe FK doit être tracée de telle sorte que, dans toutes les positions de la figure, le centre de gravité du tablier et du contre-poids E soit situé sur un même plan horizontal, XY.

Soit G le centre de gravité du tablier,
　　　P, son poids,

A, le point d'attache de la chaîne,

E, la position correspondante du centre du rouleau,

P', son poids.

Nous négligerons le poids de la chaîne, qui est en général très petit par rapport au poids du rouleau et du tablier.

Le centre de gravité du système, dans la position représentée par la figure, est un point H, situé sur la droite GE, et défini par la proportion.

$$\frac{P'}{P} = \frac{GH}{EH}.$$

Menons par ce point H l'horizontale XY.

Donnons au tablier un déplacement angulaire quelconque, qui amènera le point G en G', et le point A en A'. La chaîne, qui avait la position ABCE, quitte cette position pour en prendre une autre, A'B'C'E'; elle se décompose en trois parties : 1° une partie rectiligne A'B', menée du point A' tangentiellement à la poulie O' : la longueur de cette partie est connue; 2° une partie circulaire, appliquée à partir du point B' sur le pourtour de la poulie; 3° enfin une seconde partie rectiligne qui se détache de la poulie tangentiellement à son pourtour. L'ensemble de ces deux dernières parties a une longueur connue d'avance, égale à la longueur L de la chaîne diminuée de la première partie, A'B'; mais on ne connaît pas le partage de cette longueur, L — A'B', entre les deux parties qui la composent. L'extrémité de la chaîne, quand on fait varier la longueur de l'arc embrassé sur la poulie, décrit une courbe MN qu'on peut tracer et qui est une développante du cercle O'. Pour déterminer sur cette courbe le point E' où l'on doit placer le centre du rouleau, nous ferons usage de la condition relative au centre de gravité. Au point G', connu de position, nous avons un poids P; au point E', encore inconnu, un poids P'. Enfin, le centre de gravité H' de ces deux poids doit être situé sur la droite donnée XY. Nous avons donc la proportion

$$\frac{P'}{P} = \frac{G'H'}{E'H'}$$

ou bien

$$\frac{P'}{P + P'} = \frac{G'H'}{E'H' + G'H'} = \frac{G'H'}{G'E'}.$$

Le point E' appartient donc à une droite X'Y', parallèle à XY, et construite en amplifiant les distances des points de XY au point G', dans le rapport connu $\frac{P + P'}{P'}$.

Le point cherché E' est l'intersection de cette droite X'Y' avec la développante de cercle MN.

On pourra construire ainsi par points la courbe LR, qu'on doit faire suivre au centre du rouleau. On en déduira la courbe FK, sur laquelle le contre-poids doit rouler, en traçant une courbe parallèle à LR, à une distance égale au rayon du contre-poids.

La tension T de la chaîne, dans une position quelconque AB, se déterminera en prenant les moments par rapport au point O :

$$T \times OI' = P \times OI,$$

OI et OI' étant les perpendiculaires abaissées du point O sur les directions des forces.

PONT-LEVIS A CHAINE OU A CONTRE-POIDS VARIABLE.

259. Le pont-levis à contre-poids variable, imaginé par Poncelet, se compose d'un tablier OA, mobile autour de la charnière horizontale O, et soutenu en A par une chaîne ABCD. La chaîne passe sur deux poulies B et C ; elle porte en D une double chaîne articulée DEG, DFH, formée de maillons massifs, dont les deux extrémités G et H sont attachées en des points fixes. Le puits P, ouvert au-dessous de cette chaîne articulée, permet aux maillons de descendre, à mesure qu'on relève le tablier, sans rencontrer l'appui du sol. Une roue K, montée sur le même arbre que la poulie C, reçoit

une chaîne L, au moyen de laquelle on peut faire tourner la

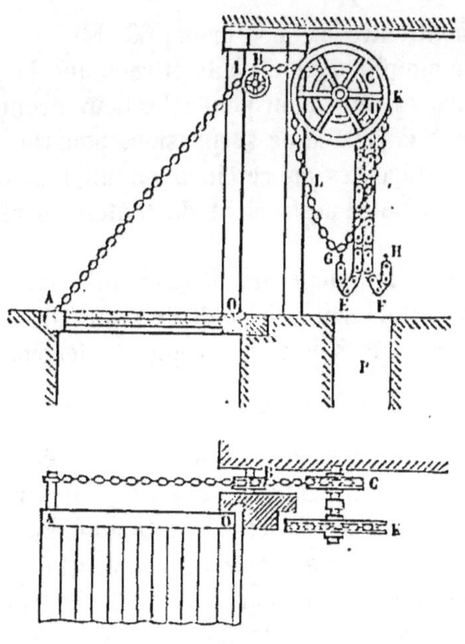

Fig. 234.

poulie dans un sens ou dans l'autre pour la manœuvre du pont.

Le problème à résoudre consiste à régler le poids de la double chaîne de telle sorte que l'équilibre du tablier soit assuré dans toutes ses positions.

Lorsqu'on relève le tablier dans la position OA', le point D descend d'une certaine quantité $x = DD'$; mais, les points G et H restant fixes, le niveau le plus bas, EF, de la chaîne des contre-poids ne s'abaisse que

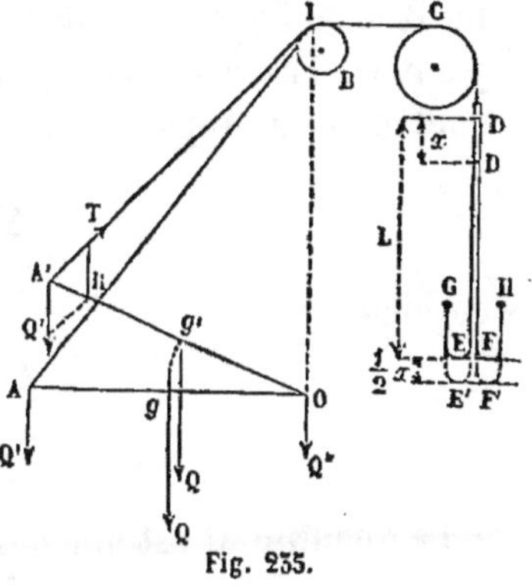

Fig. 235.

de la quantité $\frac{1}{2}x$, puisque la longueur de chaîne x se partage également entre les deux brins, EG, ED.

Pour simplifier, nous admettrons que la poulie B ait un diamètre extrêmement petit : les deux droites AI, A'I, dessinées par la chaîne de suspension, pourront être regardées comme tangentes au cercle B en un même point I; nous ferons en outre abstraction de toutes les résistances accessoires.

Soit L la longueur primitive du brin DE, quand le tablier est horizontal ; soit p le poids de l'unité de longueur de l'une des deux chaînes de contre-poids. La tension de la chaîne AI est égale à $2pL$ lorsque le tablier est baissé, et à $2p\left(L-\dfrac{x}{2}\right)$ lorsqu'il est dans la position OA'. Le poids Q du tablier est appliqué en son centre de gravité g; il peut se décomposer en deux forces parallèles, l'une Q' appliquée en A, l'autre Q" appliquée en O; ces forces restent constantes dans toutes les positions du tablier; car elles ne dépendent que du rapport des segments constants Ag, gO. Pour que l'équilibre soit assuré dans toutes les positions, il faut et il suffit que la résultante R des forces Q' et T, appliquée en A', soit constamment dirigée vers le point O; pour cela, nous placerons la poulie B de telle sorte que le point I soit sur la verticale du point O. Les deux triangles A'TR, AIO seront semblables, et donneront la proportion

$$\frac{A'T}{TR}=\frac{A'I}{IO},$$

ou bien

$$\frac{2p\left(L-\dfrac{x}{2}\right)}{Q'}=\frac{A'I}{IO}.$$

La quantité IO est une des données du problème, ainsi que la force Q'. Représentons IO par h. Quant à A'I, elle est égale à la longueur $AI=a$, de la chaîne de suspension, diminuée

de la quantité x dont s'est abaissé le point D. L'indifférence
de l'équilibre exige donc qu'on ait, quel que soit x,

$$\frac{2p\left(L-\frac{x}{2}\right)}{Q'}=\frac{a-x}{h},$$

ou bien

$$(Q'-ph)\,x+2pLh-aQ'=0,$$

ce qui entraîne les deux équations

$$Q'=ph$$

et

$$2pLh=aQ'.$$

Étant données les quantités h, Q' et a, ces équations font
connaître le poids p par unité de longueur de la chaîne des
contre-poids, et la longueur $L=DE$ de cette chaîne.

260. Soit AOB un levier coudé à angle droit, mobile autour du
point O dans un plan vertical. On
attache en A un poids P à ce levier.

Pour le tenir en équilibre, on se
sert d'un ressort à boudin BD,
qu'on attache à l'extrémité B du
levier, et qu'on enroule autour
d'une tige BD, mobile autour d'un
point fixe C; l'autre extrémité du
ressort est attachée au point D de
cette tige, à une distance du centre
C, telle que CD soit la longueur
naturelle du ressort. Le centre C est enfin situé à la même
hauteur que le point O.

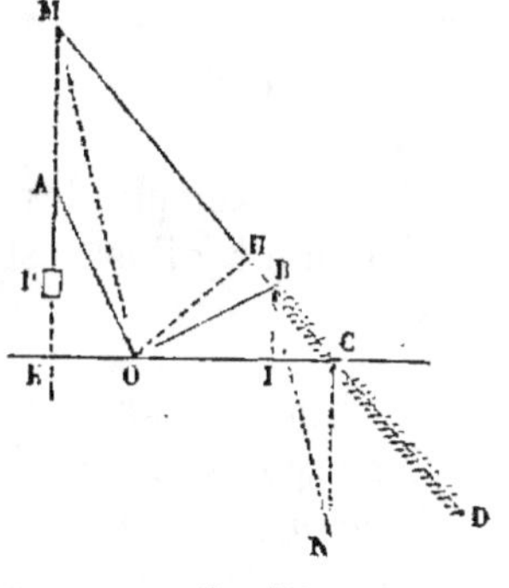

Fig. 253.

Soit $OA=a$, $OB=b$, $OC=c$, $CD=l$.

Le ressort, allongé de la quantité BC, développera une force égale à $K \times \dfrac{BC}{l}$, K étant un coefficient constant qui dépend de la forme, des dimensions et de la matière du ressort. Cette force sollicite le levier suivant la direction BC; l'équation des moments par rapport au point O donnera la condition d'équilibre. Abaissons les perpendiculaires OK, OH sur les directions AP, BC :

$$P \times OK = K \times \frac{BC}{l} \times OH.$$

Or $BC \times OH$, double de l'aire du triangle OBC, est aussi égal à $OC \times BI$, en appelant BI la perpendiculaire abaissée du point B sur OC. Mais les deux triangles OBI, OAK étant semblables, on peut, dans l'équation

$$P \times OK = K \times \frac{OC \times BI}{l},$$

remplacer OK et BI par les quantités proportionnelles OA et OB. On a alors la condition

$$Pa = \frac{K}{l} \times cb,$$

dans laquelle il n'entre que des constantes. Si donc l'équilibre est assuré dans une position, il l'est également dans toutes.

Si, par exemple, les bras de levier OA, OB sont égaux, la condition d'équilibre est

$$Pl = cK.$$

Si de plus $l = c$, c'est-à-dire si $OC = CD$, on aura $P = K$; P sera le poids capable de doubler la longueur du ressort.

Remarque. — De ce dispositif on déduit un théorème de géométrie. La résultante de la force du ressort et du poids P doit passer constamment par le point O. Nous pouvons prendre BC comme mesure de la force du ressort. Les deux directions BC, AP, se coupent en M; la direction de la résultante est donc MO. Par le point B, menons BN parallèle à MO; puis menons CN verticale; la composante représentée par CN

sera égale à P, et par suite le point N est fixe dans toutes les
déformations de la figure. Voici comment on peut formuler la
proposition :

Étant donnés deux cercles concentriques (OA), (OB), et un
point C, on mène par le point C
une droite indéfinie CBM, qui
coupe la circonférence (OB) en
un point B; on mène le rayon
OA perpendiculaire à OB, puis,
par le point A de la circonférence (OA), on mène AP perpendiculaire à OC. Les droites
AP, CB, se coupent en M. On
joint MO, et l'on mène BN paral-
lèle à MO. Cette droite BN passe par un point N fixe, situé sur
une perpendiculaire, CN, à CO.

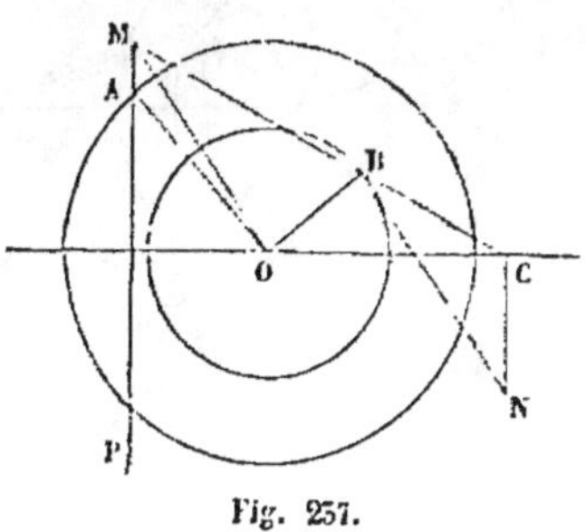

Fig. 257.

On peut ajouter que la longueur constante CN est égale à

$$\frac{OB \times OC}{OA}.$$

La même proposition s'applique à deux ellipses concentriques, semblables et semblablement placées, qui auraient OC
pour direction commune de leurs grands axes, en substituant
aux directions rectangulaires OA, OB, les directions de deux
diamètres conjugués.

AUTRE APPAREIL A ÉQUILIBRE INDIFFÉRENT.

261. On peut fonder sur les mêmes principes un autre
appareil où deux ressorts à boudin se fassent équilibre dans
toutes les positions de la figure.

Soit AOB un levier coudé sous un angle quelconque, mobile
dans son plan autour du point O. Prenons deux points fixes,
C et D, sur les côtés d'un angle COD, supplémentaire de l'angle
AOB, et faisons pivoter autour de ces points les deux tiges C'C,

D'D, autour desquelles sont enroulés des ressorts à boudin, fixés en C' et D'; ces ressorts ont dans leur état naturel les longueurs DD' et CC'. Si l'on attache les extrémités libres de ces ressorts aux points A et B, et qu'il y ait équilibre dans une position, il y aura équilibre dans toutes.

Abaissons les perpendiculaires OI, OII, AL, BK.

La tension du ressort C'B est mesurée par le produit $K \times CB$, K étant un coefficient constant.

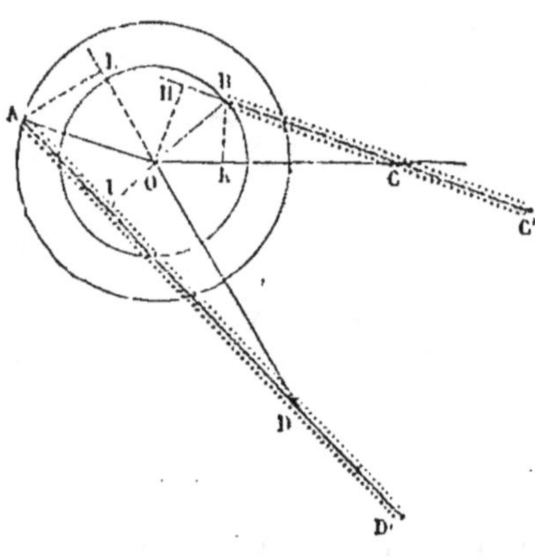

Fig. 238

De même la tension du ressort AD' est mesurée par le produit $K' \times AD$, K' étant une autre constante. La condition d'équilibre est donc

$$K' \times AD \times OI = K \times BC \times OII.$$

Remplaçons $AD \times OI$ par $OD \times AL$ et $BC \times OII$ par $OC \times BK$. L'équation devient

$$K' \times OD \times AL = K \times OC \times BK.$$

Mais l'angle AOB, supplémentaire de COD, est égal à l'angle LOC, et par conséquent les deux angles AOL, BOK sont égaux. Donc les triangles AOL, BOK, rectangles en L et K, sont semblables, et on peut remplacer $\dfrac{BK}{AL}$ par $\dfrac{OB}{OA}$.

La condition d'équilibre est en définitive

$$\frac{K'}{K} = \frac{OC}{OD} \times \frac{OB}{OA}.$$

Remarque. — Supposons qu'un point B soit assujetti à décrire une circonférence O, et qu'il soit attiré vers un centre fixe C, proportionnellement à la distance BC; on pourra substituer au centre C un autre centre C′, situé sur la même droite OC, sans changer le moment de l'attraction par rapport au point O. Abaissons en effet du point O sur les droites CB, C′B les perpendiculaires OI, OI′; l'attraction K × CB a pour moment par rapport au point O

$$K \times CB \times OI = K \times OC \times BH,$$

et l'attraction K′ × C′B,

$$K' \times C'B \times OI' = K' \times OC' \times BH.$$

Il y donc égalité entre ces deux moments, quelle que soit la position du point B sur le cercle, pourvu qu'on ait

$$K \times OC = K' \times OC',$$

c'est-à-dire pourvu que les attractions exercées successivement par les points C et C′ sur le centre O du cercle soient les mêmes.

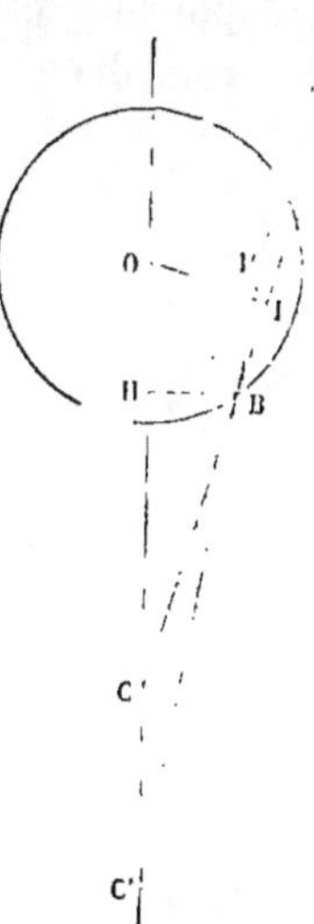

Fig. 239.

Comme cas particulier, on peut supposer le point C′ indéfiniment éloigné, et remplacer par la pesanteur, agissant parallèlement à OC, l'attraction exercée par le point C sur le point mobile.

BALANCE A RÉSOUDRE LES ÉQUATIONS NUMÉRIQUES.

262. Soit O l'origine d'un système d'axes rectangulaires OX, OY (fig. 240). Construisons les lignes représentatives des équations

$$y = x,$$
$$y = x^2,$$
$$y = x^3,$$
$$y = x^4.$$

La première représente une ligne droite OB, la seconde une parabole du second degré O3B, la troisième une parabole cubique OγB, la quatrième une parabole du quatrième degré OδB. On pourrait continuer indéfiniment cette construction pour les paraboles des degrés supérieurs; nous nous arrêterons dans cet exemple au quatrième degré.

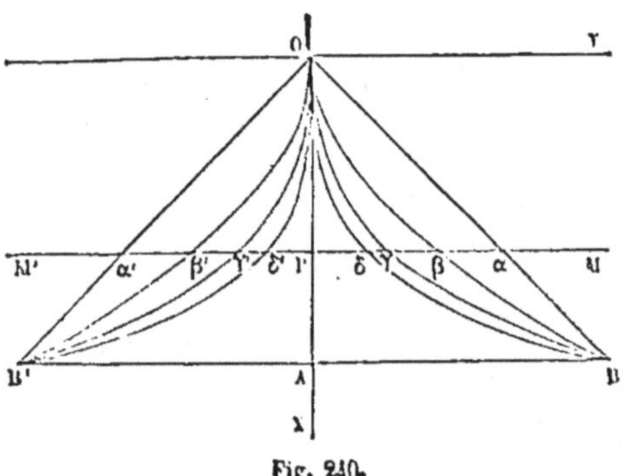

Fig. 240.

Toutes ces lignes passent par les points O et B, ce dernier correspondant à l'abscisse OA $= 1$.

Traçons de l'autre côté de l'axe les lignes Oα'B', Oβ'B', Oγ'B', Oδ'B', représentées par les équations :

$$y = -x,$$
$$y = -x^2,$$
$$y = -x^3,$$
$$y = -x^4.$$

Imaginons que des poids soient suspendus en des points assujettis à glisser librement le long des lignes ainsi tracées, et qu'on dispose une règle MM', perpendiculaire à l'axe OX, de manière à ranger à la fois tous ces points sur une même ligne droite. L'appareil, supposé mobile dans le plan vertical autour du point P où la règle coupe l'axe OX, pourra servir à résoudre une équation du troisième degré dont on donne les coefficients numériques. Soit l'équation

$$a_0 x^3 + a_1 x^2 + a_2 x + a_3 = 0.$$

On suspendra un poids égal à a_3 en valeur absolue, au point α si a_3 est positif, au point α' si a_3 est négatif.

On suspendra un poids égal à a_2 en valeur absolue au point β ou au point β', suivant que a_2 est positif ou négatif.

De même, on suspendra un poids égal à $\pm a_1$, au point γ ou au point γ', suivant le signe de a_1; en δ ou en δ', un poids égal à $\pm a_0$.

On fera ensuite osciller le fléau M'M autour du point P; s'il reste en équilibre dans sa position horizontale, $x = \dfrac{OP}{OA}$ sera racine de l'équation.

En effet, soit $\dfrac{OP}{OA} = \theta$. On aura

$$\frac{P\alpha}{AB} = \theta,$$

$$\frac{P\beta}{AB} = \theta^2,$$

$$\frac{P\gamma}{AB} = \theta^3,$$

$$\frac{P\delta}{AB} = \theta^4.$$

L'équilibre ayant lieu, l'équation des moments est satisfaite, et l'on a par conséquent, en tenant compte des signes,

$$a_0\theta^4 + a_1\theta^3 + a_2\theta^2 + a_3\theta = 0.$$

Supprimant le facteur θ, on reconnaît que $x = \theta$ est racine de la proposée.

On fera glisser successivement le système de lignes OBB' le long de l'axe OA, sans déplacer la règle MM', ce qui fait passer le nombre θ par tous les états de grandeur entre 0 et l'unité; les oscillations du fléau autour du point P indiquent les positions d'équilibre, c'est-à-dire les racines de la proposée comprise entre ces deux limites.

On saura donc si la proposée a des racines réelles positives et moindres que l'unité, et quelles sont ces racines. On peut toujours ramener la résolution d'une équation à la recherche des racines entre 0 et 1, en changeant successivement x en $-x$, en $\dfrac{1}{x}$ et $-\dfrac{1}{x}$.

Telle est la disposition imaginée par Bérard. Elle était peu pratique, parce que les lignes qui guident les points d'attache des poids mobiles se rapprochent et se confondent près du point O et près des points B et B'. La balance de Bérard n'a jamais été exécutée.

M. Lalanne a modifié l'appareil, et en a fait une machine possible. L'artifice auquel il a eu recours pour séparer les unes des autres les lignes $O2B$, $O\beta B$,..., consiste essentiellement à substituer aux lignes tracées par Bérard les lignes

$$y = x + \alpha,$$
$$y = x^2 + \beta,$$
$$y = x^3 + \gamma,$$
$$y = x^4 + \delta,$$

α, β, γ, δ,... étant des nombres arbitrairement choisis, qui permettent d'écarter autant qu'on le veut les diverses lignes directrices.

Si l'on suspend, en des points de ces lignes correspondants à une même abscisse x, des poids a_3, a_2, a_1, a_0, la somme des moments devient

$$a_3(x + \alpha) + a_2(x^2 + \beta) + a_1(x^3 + \gamma) + a_0(x^4 + \delta);$$

elle diffère de la valeur qu'elle aurait dans l'appareil de Bérard de la quantité

$$a_3\alpha + a_2\beta + a_1\gamma + a_0\delta.$$

Or cette quantité reste constante dans tous les essais qu'on a à faire pour résoudre l'équation. On n'aura donc qu'à disposer d'un ou de plusieurs contre-poids, placés à des distances fixes du point P, pour annuler cette somme, et la balance fonctionnera alors comme si tous les points d'attache étaient réellement ramenés sur les courbes de Bérard.

M. Lalanne a construit d'après ce principe une balance qui permet de résoudre les équations du septième degré.

LIVRE VI

THÉORIE DES MACHINES SIMPLES A L'ÉTAT DE REPOS OU DE MOUVEMENT UNIFORME

CHAPITRE PREMIER

DES MACHINES SIMPLES.

263. Par *machines simples*, on entend en statique le *levier*, le *treuil*, le *plan incliné*, le *polygone funiculaire*, et leurs combinaisons les plus élémentaires, telles que la *vis*, la *poulie*, les *moufles*, la *grue*, le *coin*. Nous allons passer en revue ces diverses machines, et appliquer à chacune les principes généraux posés dans les chapitres précédents. Nous y joindrons l'étude de quelques questions relatives aux *résistances passives*.

ÉQUILIBRE DU LEVIER.

264. Le *levier* est une barre solide, AB, droite ou courbe, assujettie à tourner autour d'un point fixe, O. On applique une force P à l'une des extrémités A de cette barre, et une force R à l'autre extrémité B ; l'une de ces forces, la force P par exemple, prend le nom de *puissance*, l'autre, la force R, le nom de *résistance*. On demande les conditions d'équilibre du système solide AB.

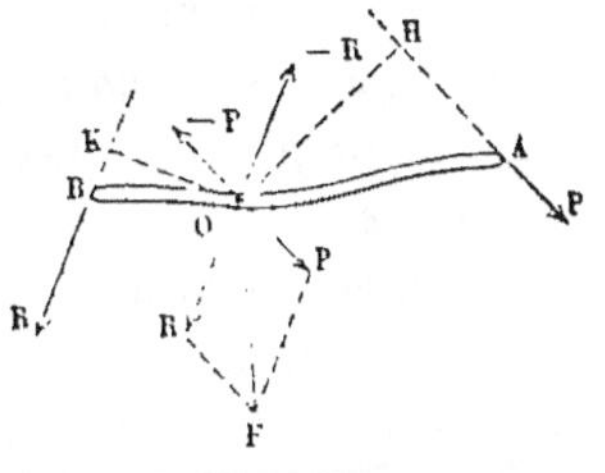

Fig. 241.

Cette question a été résolue (§ 88), lorsque nous avons

traité le problème de l'équilibre d'un solide qui a un point fixe. Il faut, pour l'équilibre, que la somme algébrique des moments des forces P et R, par rapport à trois axes coordonnés menés par le point O, soit nulle; et la charge du point O est la résultante des forces P et R, transportées parallèlement à elles-mêmes en ce point.

Nous pouvons opérer autrement. Au point O, appliquons deux forces, P et — P, parallèles et égales à la force AP; appliquons au même point deux forces R et — R, égales et parallèles à la force BR. Nous ne changeons rien à l'équilibre du système par l'addition de ces forces qui se détruisent deux à deux. Les forces OR, OP, composées ensemble, donnent pour résultante une force OF, qui est détruite par la réaction du point O, et qui mesure la charge subie par ce point. Restent les deux couples (P, — P), (R, — R) qui doivent se faire équilibre. Les axes de ces couples sont l'un perpendiculaire au plan (O, AP), l'autre au plan (O, BR); ils sont d'ailleurs proportionnels aux moments $P \times OH$, $R \times OK$, de ces couples. Enfin ils se composent à la manière des forces. Pour qu'il y ait équilibre, il faut et il suffit que ces deux axes soient égaux et qu'ils soient dirigés en prolongement l'un de l'autre.

La condition d'équilibre exige donc que *les forces BR, AP, et le point O soient situés dans un seul et même plan; que les forces P et R tendent à faire tourner le levier en sens contraires; et que leurs moments par rapport au point O soient égaux en valeur absolue.* Cette dernière condition peut s'exprimer d'une autre manière en disant que *la somme algébrique des moments des forces P et A doit être nulle par rapport à un axe élevé au point O perpendiculairement au plan contenant les forces et le point fixe.*

Ordinairement le levier est une barre droite, et les forces P et R sont parallèles. Alors la charge F du point fixe est égale à la somme (algébrique) des forces P et R, et l'équilibre du levier se réduit à la composition des forces parallèles.

FORCES MOUVANTES. -- FORCES RÉSISTANTES.

265. Les machines ne sont pas destinées en général à équilibrer des forces, mais bien à les *vaincre*, c'est-à-dire à déplacer leurs points d'application dans un sens opposé au sens des actions propres de ces forces.

Par exemple, lorsqu'on emploie une machine pour *soulever* un fardeau, on se propose de faire parcourir à ce fardeau un chemin vertical, de bas en haut, c'est-à-dire en sens contraire du sens dans lequel la pesanteur tend à l'entraîner. La machine n'est là qu'un intermédiaire entre la *résistance* à vaincre, qui est la pesanteur, et la force qu'on emploie pour produire l'effet voulu. Cette force est appelée *puissance* ou *force mouvante*. Lorsqu'une machine est en mouvement, la puissance déplace son point d'application dans son sens propre, tandis que le point d'application de la résistance se déplace en sens contraire de sa direction. En d'autres termes, une force mouvante est celle qui a un travail élémentaire positif ou moteur, et une force résistante est celle dont le travail élémentaire est négatif ou résistant.

A l'état d'équilibre, lorsque la machine est en repos, il n'y a d'autres travaux à considérer que des travaux virtuels correspondants à des déplacements fictifs. La distinction entre la puissance et la résistance est alors arbitraire. Dans l'exemple que nous venons de donner (§ 264), on pourrait appeler R la puissance, et P la résistance ; car un déplacement angulaire du levier de droite à gauche autour du point O justifierait ces désignations, en rendant positif le travail de la force R, et négatif le travail de la force P. Le déplacement contraire justifie les désignations dont nous nous sommes servis.

Mais, comme une machine est presque toujours destinée à vaincre une résistance bien définie, il n'y a pas d'indécision sur le partage des forces qui y sont appliquées en forces mouvantes et forces résistantes. Nous verrons de plus que l'équilibre entre ces forces peut avoir lieu pendant le mouvement aussi bien qu'à l'état de repos, et qu'*il en est toujours ainsi lorsque la machine possède un mouvement uniforme.* L'étude des conditions d'équilibre des machines a donc de l'intérêt, non-seulement au point de vue de la statique, mais encore au point de vue de la dynamique.

Nous ne pouvons donner ici une démonstration rigoureuse de ce théorème ; reportons-nous cependant aux principes posés dans l'introduction (§ 5) : quand un point matériel décrit uniformément une ligne droite, les forces qui agissent sur ce point se font équilibre, puisque son accélération est nulle; s'il décrit uniformément une circonférence ou toute autre courbe, les forces qui agissent sur lui ont une résultante passant par le centre de courbure, et par suite normale à la trajectoire, puisque son accélération totale se réduit à l'accélération centripète. Dans les deux cas, le travail élémentaire des forces appliquées au point matériel est nul à chaque instant. Or les mouvements des divers points matériels qui composent une machine s'effectuent presque toujours le long de trajectoires définies. Si donc les vitesses restent constantes, la somme des travaux des forces appliquées à ces points se trouve identiquement nulle, et la condition générale de l'équilibre du système se trouve remplie.

Nous admettrons donc, sauf à y revenir plus tard, qu'on peut appliquer les équations de l'équilibre à une machine à l'état de mouvement uniforme, comme si cette machine était en repos. Cette extension ne s'applique rigoureusement qu'aux équations qui expriment les conditions de l'équilibre, et non à celles qui conduisent à la détermination de la *réaction des points fixes,* et des *tensions des liens,* lesquelles peuvent être très différentes suivant que la machine est en repos ou en mouvement.

LES TROIS GENRES DE LEVIERS.

266. On distingue trois sortes de leviers suivant la position relative de la puissance, de la résistance et du point d'appui.

Le *levier du premier genre* (fig. 242) est celui dans lequel le point d'appui O est situé entre la puissance P et la résistance R. Les deux forces agissent alors dans le même sens, et le point d'appui subit une charge égale à leur somme.

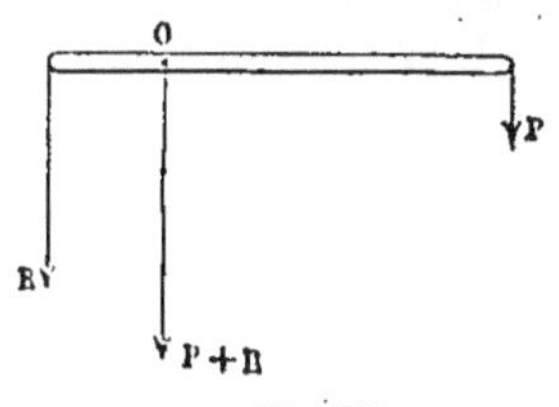

Fig. 242.

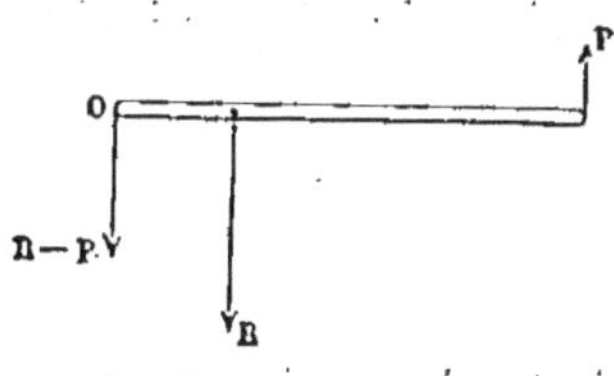

Fig. 243.

Le *levier du second genre* (fig. 243) est celui dans lequel la résistance R est située entre le point d'appui O et la puissance P. Alors la résistance est plus grande que la puissance; elles sont d'ailleurs dirigées en sens contraires, et la charge de l'appui est égale à leur différence.

Le *levier du troisième genre* est celui dans lequel (fig. 244) la puissance P est située entre la résistance R et le point d'appui O. Il faut pour l'équilibre de ce levier que la puissance soit plus grande que la résistance, et dirigée en sens contraire; le point d'appui a une charge dirigée dans le sens de la puissance et égale à $P - R$.

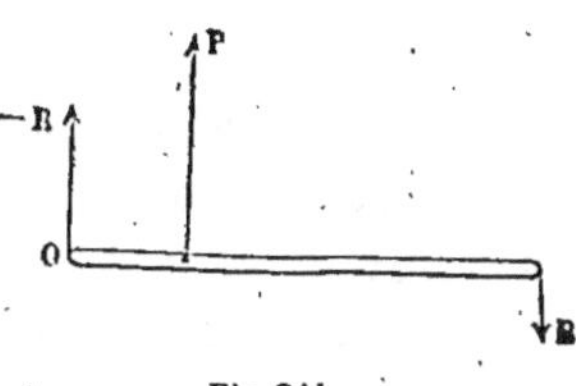

Fig 244.

Le levier du troisième genre est peu usité, parce qu'il exige l'emploi d'une puissance P plus grande que la résistance R qu'on veut vaincre [1]. Les machines ont plutôt pour but d'employer des forces moindres à vaincre des forces plus grandes; un levier, par exemple, doit permettre à un homme de soulever un poids qui excède la limite de l'effort dont cet homme est capable. Le levier du troisième genre serait à cet égard sans utilité.

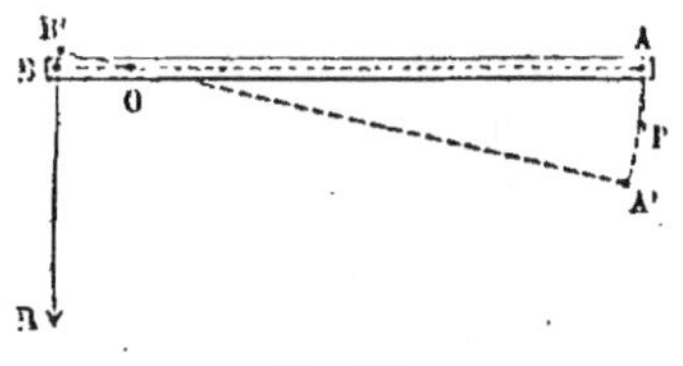

Fig. 245.

267. Soit AB (fig. 245) un levier du premier genre, dans lequel la distance OB soit un centième de la distance OA; on aura pour l'équilibre des forces P et R l'équation

$$P \times OA = R \times OB,$$

ou bien

$$P = \frac{R}{100}.$$

c'est-à-dire qu'avec une force P on pourra faire équilibre à une force 100 fois plus grande. Au lieu de tenir simplement en équilibre la force R, admettons qu'on déplace son point d'application, B, d'une certaine quantité très petite, BB', en sens contraire de la direction de cette force; c'est là, nous le savons, ce qu'on se propose dans toute machine en mouvement. En même temps que le point B parcourt l'arc BB', le point A se déplace d'une quantité AA' cent fois plus grande; le travail moteur ou positif, $P \times AA'$, est égal au travail de la résistance, $R \times BB'$, pris en valeur absolue. Si donc la machine permet de réduire la force P au centième de la force R, elle exige par contre que le point d'application de la force P reçoive un déplacement 100 fois plus grand que le déplacement du point d'application de la force R, de sorte que la réduction de l'effort moteur est rachetée par une augmentation du chemin que son point d'application doit décrire.

---

[1] Au point de vue de la statique, il n'y a pas de différence entre les deux derniers genres de leviers.

Remarquons que l'intervention du levier se résume dans la division de la force R en un certain nombre, 100, de parties égales. Supposons qu'un moteur, un manœuvre par exemple, soit capable de développer sans fatigue un effort constant égal au centième de la force R. Si la force R est effectivement décomposable en 100 forces égales, si par exemple cette force est le poids d'un système matériel homogène qu'on puisse partager effectivement en 100 morceaux d'égal volume, le manœuvre, une fois ce partage accompli, pourra prendre le premier morceau, qui pèse $\dfrac{R}{100}$, et le déplacer verticalement de la quantité BB', sans excéder la limite de ses efforts ; cela fait, il passera au second, au troisième, au quatrième..., et ainsi de suite jusqu'au centième. Il aura ainsi, partie par partie, effectué le transport du système entier. Mais, au point de vue des efforts développés et du travail accompli, le déplacement vertical BB' du second morceau, du troisième..., du centième, équivaut au transport vertical BB' du premier. Le travail du manœuvre équivaut donc au transport vertical d'un morceau unique, du poids de $\dfrac{R}{100}$, à une hauteur égale à 100 fois BB'. Or c'est précisément ce qu'il fait d'un seul coup, au moyen du levier, sans division préalable de la charge. Car il applique au point A un effort P égal à $\dfrac{R}{100}$, et fait décrire à ce point un chemin AA', égal à 100 fois BB'. Son *travail dépensé* $P \times AA'$ est donc égal au *travail produit*, $R \times BB'$.

On voit par là quelle est l'erreur de ceux qui vantent la *puissance du levier*, comme si un levier avait par lui-même une puissance. Le levier n'agit sur une résistance que quand une force mouvante lui est appliquée. Il permet d'équilibrer cette résistance avec une force moindre ; mais, à l'état de mouvement, les chemins décrits par les points d'application des deux forces, estimés suivant leurs directions respectives, sont inversement proportionnels aux forces elles-mêmes, le travail de la force mouvante est égal au travail de la force résistante, et en définitive le levier transforme le travail sans en créer. Il en est de même de toutes les machines. Nous développerons plus tard ces premiers aperçus.

La théorie du levier, dans le cas des forces parallèles, était connue d'Archimède, et a longtemps servi de base à l'ancienne statique. Elle offrait cependant une lacune : les anciens géomètres admettaient que la charge du point fixe est égale à la somme de la puissance et de la résistance, mais ils ne savaient pas le démontrer ; cette proposition était pour eux une sorte de postulatum révélé par l'expérience, et qu'ils n'avaient pas encore pu rattacher aux principes généraux de la Mécanique.

PROBLÈMES SUR LE LEVIER.

268. Deux personnes d'inégale force portent les extrémités d'une barre horizontale AB, en un point C de laquelle est attaché un fardeau de poids P. En quel point de la barre ce fardeau doit-il être suspendu pour que la personne qui porte l'extrémité B n'ait à exercer que le quart de l'effort exercé par la personne qui porte l'extrémité A ?

On peut regarder la barre AB comme un levier du second genre, dans lequel le poids P est la résistance, le point A le point d'appui, et l'effort X exercé en B de bas en haut la puissance.

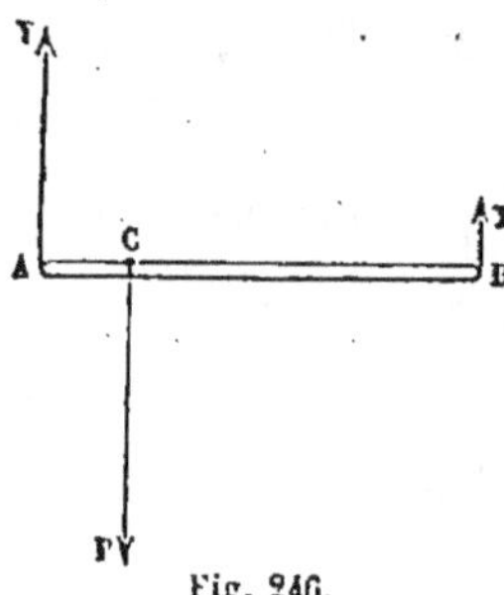

Fig. 246.

On aura donc

$$X \times AB = P \times AC;$$

d'où résulte

$$X = P \times \frac{AC}{AB}.$$

L'effort Y, exercé en A, est égal et contraire à la charge P — X de l'appui A, c'est-à-dire égal à $P \times \dfrac{CB}{AB}$.

Par conséquent $\dfrac{X}{Y}$ est égal à $\dfrac{AC}{CB}$, et puisqu'on veut que X soit le quart de Y, il faut que AC soit le quart de CB, ou le cinquième de AB.

Le fardeau doit donc être suspendu au cinquième de la longueur du levier, à partir du point A, le plus chargé.

La décomposition de la force P en deux forces parallèles appliquées à A et B conduit directement à la solution cherchée.

DOUBLE LEVIER A SOULEVER LES VOITURES.

269. On se sert, pour soulever une voiture et détacher l'une des roues du sol, d'un double levier que la figure 247 représente. Cet appareil comprend un *chevalet* MN, qui repose ver-

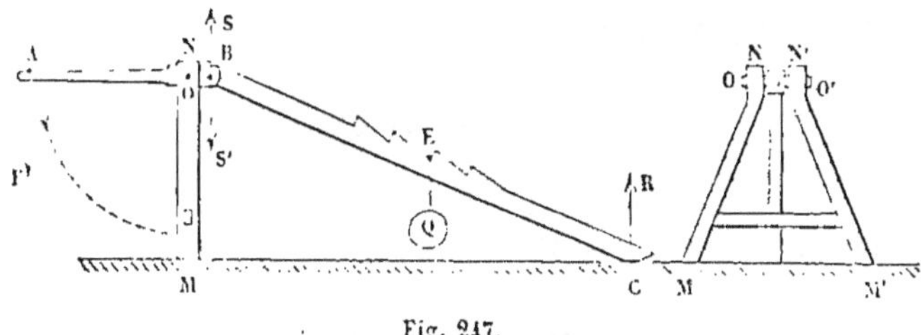

Fig. 247.

ticalement sur le sol ; un levier du premier genre, AB, mobile autour d'un axe O, qui traverse la charpente du chevalet ; et un levier du second genre BC, articulé en B avec le premier levier, et portant par son autre extrémité C sur le sol. On passe le levier sous la voiture, de manière à faire porter l'essieu en un point E de sa longueur. Puis on exerce en A un effort qui fait basculer le levier AB, ramène la branche OA contre le chevalet, soulève le point B, et par suite le point E. Dans ce mouvement le chevalet MN s'incline légèrement, et l'extrémité C, qui porte par terre glisse sur le sol, de manière à maintenir invariable la longueur BC. On fixe l'appareil dans sa nouvelle position en accrochant le levier AO à la traverse du chevalet.

Cherchons quel effort F il faut exercer en A, au commencement du soulèvement, pour tenir en équilibre un poids donné, Q, placé en E, en supposant qu'il n'y ait aucun frottement dans l'appareil.

Le poids Q se partage entre les deux appuis, C et B, du levier BC; en C, la réaction du sol, R, est égale à $Q \times \dfrac{BE}{BC}$; en B, la réaction du premier levier sur le second est une force verticale S, égale à $Q \times \dfrac{EC}{BC}$. L'action du second levier sur le premier est donc une force égale et contraire, S', et l'équilibre exige qu'on ait l'équation

$$F \times OA = \left(Q \times \frac{EC}{BC} \right) \times OB.$$

L'effort cherché est donc

$$F = Q \times \frac{EC \times OB}{BC \times OA}.$$

Si, par exemple, le point E est le milieu du levier BC, et que OA soit égal à 10 fois OB, on aura

$$F = Q \times \frac{1 \times 1}{2 \times 10} = Q \times \frac{1}{20}.$$

Pour équilibrer un poids de 300 kilogrammes placé en E, il faudra donc un effort de 15 kilogrammes exercé en A. Le soulèvement infiniment petit du point E est alors le vingtième de l'abaissement donné au point A.

ÉQUILIBRE DU TREUIL.

270. Le *treuil* est un cylindre horizontal, mobile autour de deux tourillons; une corde, partiellement enroulée à la surface de ce cylindre, porte un poids à son extrémité libre. Pour faire

équilibre à ce poids, on applique une force tangentiellement
à la circonférence d'une roue concentrique au cylindre, et
montée dans un plan perpendiculaire à son axe.

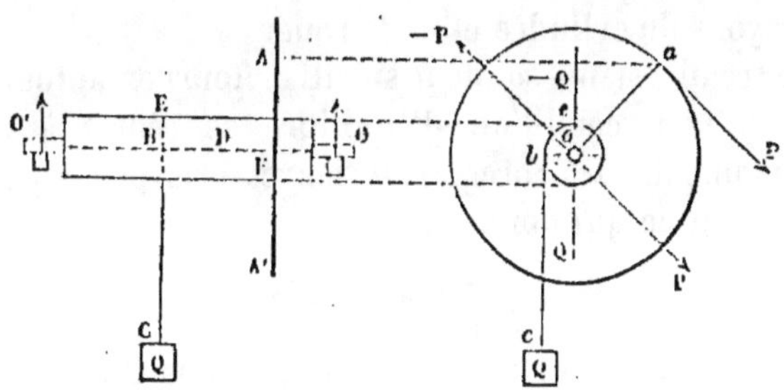

Fig. 248.

Soient O, O', les tourillons ; D, le cylindre ; AA', le plan de
la roue ; BC, la portion libre de la corde, qui porte au point
C le poids Q, et qui se prolonge de B en E, et au delà, par une
autre portion appliquée sur le cylindre. Nous supposerons que
la corde y soit arrêtée en un point peu éloigné du point E,
de telle sorte que l'arc EB appartienne à la section droite
de la surface cylindrique. Si la corde avait un diamètre infiniment petit, cette restriction serait inutile ; quelle que fût
la longueur enroulée, la corde, qui se détache du cylindre
au point B suivant la verticale BC, s'enroulerait à sa surface
suivant le pourtour de la section droite tangente à la direction BC. Dans la pratique, la corde a un certain diamètre, et
quand elle fait plusieurs fois le tour du cylindre, chaque
spire vient se placer à côté de la spire voisine, de sorte que
la ligne moyenne de la corde dessine sur la surface cylindrique une hélice de faible pas, qui ne se raccorde pas d'elle-
même avec la verticale BC. Le raccordement se fait cependant
au moyen d'une courbe plus compliquée, qui dépend de la
raideur plus ou moins grande de la corde. Nous supposerons
ici que la corde soit sans raideur, et qu'elle s'applique sur le
cylindre suivant l'arc de cercle qui prolonge la tangente verticale BC.

Sur l'élévation latérale, nous voyons la corde projetée en *bc*, et la puissance P, appliquée au point *a* de la roue, tangentiellement à sa circonférence. Le petit cercle *o* représente la projection des deux tourillons, et les distances *ob*, *oa*, sont les rayons du cylindre et de la roue.

Le treuil est un solide assujetti à tourner autour de l'axe fixe OO'; la condition d'équilibre se réduit à l'équation des moments des forces extérieures pris par rapport à cet axe (§ 89), ce qui donne

$$P \times oa = Q \times ob.$$

271. Cherchons les réactions des appuis O et O'.

L'équilibre ayant lieu, nous pouvons, sans le troubler, regarder la portion BE de la corde comme fixée invariablement à la surface du cylindre; la tension de la corde BC est égale au poids Q; nous pouvons donc regarder la force Q comme appliquée en B au système invariable formé par le treuil.

Dans le plan normal à l'axe OO' conduit par la droite BC, appliquons à l'axe, l'une en sens contraire de l'autre, deux forces égales et parallèles à la force Q. Nous pouvons substituer, sans altérer l'équilibre, à la force Q appliquée en B, la force Q appliquée à l'axe, et le couple (Q,—Q), dont le moment est égal à $Q \times ob$.

De même, dans le plan de la roue, transportons la force P parallèlement à elle-même, ce qui nous donnera, à la place de la force P appliquée en *a*, la force P appliquée en un point de l'axe, et le couple (P, — P), dont le moment est $P \times oa$.

Les deux couples se faisant équilibre, il reste à considérer les forces, qui sont équilibrées par les réactions des tourillons O, O'.

Pour trouver ces réactions, décomposons la force Q, verticale et appliquée à l'axe dans la section BE, en deux forces Q' et Q'', parallèles, appliquées au centre des sections moyennes des tourillons O, O'. La force Q', appliquée en O, sera égale à $Q \times \dfrac{O'B}{OO'}$; la force Q″, appliquée en O′, sera égale à $Q \times \dfrac{OB}{OO'}$. Nous pouvons de même remplacer la force P, appliquée à l'axe dans le plan de la roue, par deux forces parallèles P′ et P″, appliquées l'une en O, l'autre en O′, et égales respectivement à $P \times \dfrac{O'F}{OO'}$ et $P \times \dfrac{OF}{OO'}$. Composant ensuite les forces Q′ et P′, appliquées en O, nous aurons pour résultante la pression R exercée par le tourillon O sur son coussinet, et, de même, la composition des forces Q″ et P″, appliquées en O′, nous donnera la pression R′, exercée sur le coussinet O′. Les forces R et R′ ne sont pas parallèles, mais elles sont toutes deux normales à l'axe du cylindre.

272. On voit qu'avec une force P donnée on peut faire équilibre à un poids Q aussi grand qu'on voudra, en se servant d'un treuil dans lequel le rayon *ob* du cylindre serait suffisamment petit par rapport au rayon de la roue *oa*. Pour le treuil comme pour le levier et comme pour toutes les machines, les déplacements des points d'application des forces P et Q qui se font équilibre, sont en raison inverse de ces forces elles-mêmes, de sorte que, pour élever d'une petite quantité le poids Q en employant une force P, il faudra faire parcourir au point d'application *a* de cette force un chemin d'autant plus grand que la force P est plus petite. Le rôle du treuil, comme celui du levier, équivaut à la division du poids Q en parties dont chacune puisse être déplacée par la force mouvante P.

273. Le *treuil différentiel* (fig. 249), dont nous avons donné la description dans la cinématique (I, § 295) permet d'équilibrer un poids Q avec une petite force P, sans réduire le diamètre du cylindre, et sans diminuer la solidité de l'appareil. Le cylindre est double; la corde porte le poids Q par l'intermédiaire d'une poulie M; les brins *cb*, *c'b'* sont parallèles, et leur tension commune est égale à la moitié du poids Q. Quand le brin *cb* s'enroule sur le cylindre de rayon O*b*,

le brin $b'c'$ se déroule du cylindre de rayon Ob'. Pour un angle très petit, $d\alpha$, dont on fait tourner la roue et les cylindres, le poids Q s'élève de la moitié de la différence $Ob \times d\alpha - Ob' \times d\alpha$ entre la longueur de corde enroulée et la longueur déroulée.

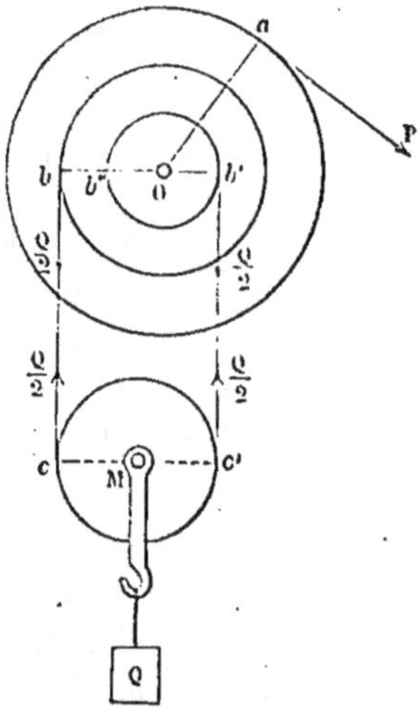

Le travail résistant est donc égal en valeur absolue à

$$\frac{1}{2} Q \times (Ob \times d\alpha - Ob' \times d\alpha)$$

$$= \frac{1}{2} Q \times d\alpha \times (Ob - Ob').$$

L'équation d'équilibre est

$$\frac{1}{2} Q \times d\alpha (Ob - Ob') = P \times Oa \times d\alpha,$$

ou bien

$$\frac{1}{2} Q \times (Ob - Ob') = P \times Oa.$$

Fig. 249.

Tout se passe comme si l'on employait un treuil dont la roue aurait le même rayon oa, mais dont le cylindre aurait pour diamètre la différence bb'' des rayons des deux cylindres.

La recherche des pressions sur les tourillons peut se faire par la méthode que nous avons suivie pour le treuil simple.

On remarquera que les deux tensions $\frac{Q}{2}$, appliquées d'abord en b et en b', se transportent parallèlement à elles-mêmes aux points de l'axe où se projettent les points b et b'; puis qu'on peut les composer en une seule, égale à Q, appliquée à l'axe, au milieu de l'intervalle compris entre les deux sections droites où se font l'enroulement et le déroulement du fil.

ÉQUILIBRE DU TREUIL EN TENANT COMPTE DU FROTTEMENT.

274. Revenons au treuil ordinaire, et cherchons les conditions d'équilibre en tenant compte du frottement des tourillons sur leurs paliers. Si le treuil est à l'état de repos, il suffit que la résultante des forces qui pressent le tourillon sur la surface de glissement, fasse avec la normale à cette surface un angle moindre que *l'angle du frottement*. La solution est donnée alors par une inégalité, ce qui permet de faire varier les forces extérieures entre certaines limites sans troubler l'équilibre. Pour rendre le problème déterminé, on peut supposer que le treuil, tout en restant encore en repos, est sur le point de prendre un mouvement sous l'action des forces qui le sollicitent, hypothèse qui revient à admettre que la résultante de ces forces fait avec la normale à la surface de glissement un angle égal à *l'angle du frottement au départ*. On pourrait aussi supposer que le treuil est animé autour de son axe d'un mouvement uniforme; dans ce cas les forces extérieures se font équilibre comme si le système était en repos, et de plus le frottement est égal à sa limite, puisque le glissement des corps en contact a effectivement lieu; la résultante des forces extérieures fait par conséquent avec la normale aux surfaces frottantes un angle égal à *l'angle du frottement pendant le mouvement*. Mais on ne peut pas affirmer d'avance que l'état de mouvement n'altère pas les réactions des points fixes, et nous aurions besoin de connaître ces réactions, pour en déduire les frottements qui doivent être introduits dans l'équation d'équilibre. Supposons donc simplement que le mouvement est sur le point de naître dans un sens déterminé.

Soit OA (fig. 250) le rayon de la roue, tangentiellement à laquelle est appliquée la force P ;

OB, le rayon du cylindre, tangentiellement auquel est suspendu le poids Q ;

OC, le rayon du tourillon, qui touche au point C la surface MN du palier.

Le mouvement du treuil se faisant ou allant se faire dans le sens de la puissance, on peut supposer que la roue tourne dans le sens de la flèche; le frottement subi par le treuil est dirigé en sens contraire; c'est donc une force F, appliquée au point C, tangentiellement à la circonférence du tourillon.

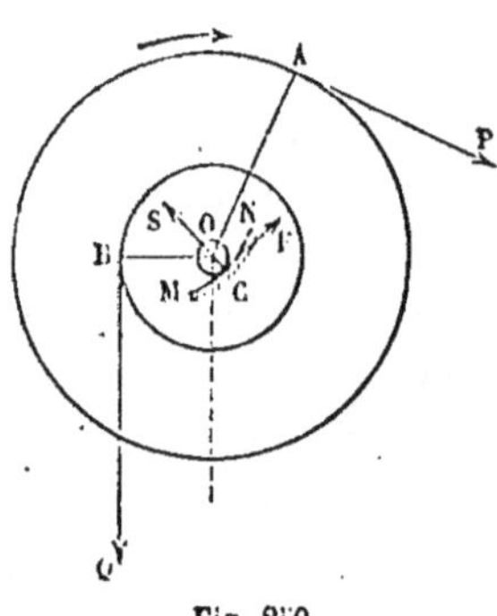

Fig. 250.

Outre cette action tangentielle, la surface d'appui MN exerce sur le tourillon une action normale S; et il résulte de notre hypothèse que nous avons la relation

$$F = Sf,$$

en désignant par f le *coefficient du frottement*.

Sur l'autre tourillon, nous aurons de même à considérer une réaction normale S′, et une réaction tangentielle ou frottement, F′, égale à S′f.

Il y a donc équilibre entre les forces P, Q, et les forces inconnues, S, S′, et $F = Sf$, $F' = S'f$.

Prenons les moments par rapport à l'axe projeté en O; il viendra l'équation

$$(1) \quad P \times OA = Q \times OB + (F + F') \times OC = Q \times OB + (S + S') \times f \times OC,$$

équation où entre la somme inconnue S + S′.

Pour déterminer séparément S et S′, et pour trouver la condition d'équilibre entre les forces P et Q, nous procéderons comme nous l'avons fait dans le § 271 : nous substituerons aux forces P et Q des couples $P \times OA$, $Q \times OB$, et deux forces parallèles P′ et P″, Q′ et Q″, appliquées à l'axe O, dans les plans moyens des tourillons. Nous pouvons de même substituer aux forces F et F′ des couples $F \times OC$, $F' \times OC$, en transportant ces forces parallèlement à elles-mêmes en des points de l'axe O.

Nous obtenons par là, dans des plans parallèles, 4 couples qui se font équilibre en vertu de l'équation des moments (1), et deux groupes de quatre forces, savoir les forces

$$P', \quad Q', \quad S \quad \text{et} \quad F,$$

appliquées au centre du premier tourillon, et les forces

$$P'', \quad Q'', \quad S' \quad \text{et} \quad F',$$

appliquées au centre du second : ces huit forces se font donc aussi équilibre.

Je dis de plus que chaque groupe considéré séparément est en équilibre. S'il en était autrement, les quatre forces P', Q', S et F, qui sont appliquées en un même point O, auraient une résultante, qui devrait faire équilibre à la résultante des quatre autres forces P'', Q'', S' et F', appliquées aussi à un même point. Or cela est impossible, car les quatre premières forces sont situées dans un plan normal à l'axe du treuil, et leur résultante, située dans ce plan, ne peut être égale et opposée à la résultante des quatre forces du second groupe situées dans un plan parallèle. Donc enfin la résultante des forces S et F est égale et opposée à la résultante des forces P' et Q', et de même la résultante des forces S' et F' est égale et opposée à la résultante des forces P'' et Q''.

La résultante des forces S et F, qui sont rectangulaires et liées entre elles par la relation $F = Sf$, est égale à $\sqrt{S^2 + F^2} = S\sqrt{1 + f^2}$. De même la résultante de S' et F' est $S'\sqrt{1 + f^2}$. La résultante des forces P' et Q' peut s'exprimer par le radical

$$\sqrt{P'^2 + Q'^2 + 2P'Q'\cos(P', Q')},$$

et de même la résultante de P'' et Q'' par le radical

$$\sqrt{P''^2 + Q''^2 + 2P''Q''\cos(P'', Q'')}.$$

On a donc les deux équations :

$$S\sqrt{1 + f^2} = \sqrt{P'^2 + Q'^2 + 2P'Q'\cos(P', Q')},$$

$$S'\sqrt{1 + f^2} = \sqrt{P''^2 + Q''^2 + 2P''Q''\cos(P'', Q'')}.$$

Et substituant dans l'équation (1) les valeurs de S et S', il viendra

$$(2) \quad P \times OA = Q \times OB + \frac{f}{\sqrt{1 + f^2}} \times OC$$
$$\times \left[\sqrt{P'^2 + Q'^2 + 2P'Q'\cos(P', Q')} + \sqrt{P''^2 + Q''^2 + 2P''Q''\cos(P'', Q'')} \right].$$

Dans cette équation, OA, OB, OC sont connus : la force Q est connue en grandeur et en direction; on en déduit Q' et Q″. La force P est inconnue en grandeur, mais elle est connue en direction; elle agit dans le plan de la roue du treuil, et, si on la décompose en deux forces P' et P″, situées dans les plans moyens des tourillons, on connaîtra les rapports des composantes à la force totale. Les forces P' et P‴ peuvent donc s'exprimer par des produits de la forme $P\mu$, $P\mu'$, où les coefficients μ et μ' sont connus d'après les dimensions de la machine. Enfin les angles (P', Q') et (P″, Q″) sont aussi connus. L'équation (2) ne contient plus qu'une inconnue P, et peut servir à en déterminer la valeur.

Pour cela, le mieux est de procéder par approximations successives; on négligera d'abord le terme contenant les radicaux, qui est multiplié par un nombre f toujours petit si la machine est en bon état d'entretien. Cette hypothèse fera connaître une valeur de P égale à $Q \times \frac{OA}{OB}$; c'est la valeur exacte que l'on trouve quand on suppose le frottement nul. Cette première valeur de P sert à calculer des valeurs de P' et P‴ qui, substituées dans les radicaux, en donnent une première valeur approchée. L'équation (2) conduit par suite à une seconde valeur de P, qui sert à en calculer une troisième, et l'on peut pousser ce calcul aussi loin qu'on le voudra.

MÉTHODE D'APPROXIMATION DU GÉNÉRAL PONCELET.

275. L'équation (2), dégagée de ses radicaux, serait du quatrième degré en P; le général Poncelet a indiqué une méthode

qui permet d'y substituer une équation du premier degré, avec une approximation définie.

Cette méthode repose sur la détermination la plus convenable possible des deux coefficients constants M et N, pour que la fonction linéaire

$$Mx + Ny$$

puisse être substituée, dans un intervalle donné, au radical carré $\sqrt{x^2 + y^2}$.

Les radicaux de l'équation (2) sont de la forme

$$\sqrt{X^2 + Y^2 + 2XY\cos\theta};$$

mais on peut les ramener à la forme $\sqrt{x^2 + y^2}$, en posant

$$X + Y\cos\theta = x$$

et

$$Y\sin\theta = y.$$

Nous supposerons qu'on demande de déterminer M et N de manière que, pour toutes valeurs du rapport $\frac{y}{x}$ comprises entre 0 et un nombre positif λ donné, l'erreur *relative*

$$V = \frac{Mx + Ny - \sqrt{x^2 + y^2}}{\sqrt{x^2 + y^2}}$$

soit la moindre possible en valeur absolue.

Faisons $\frac{y}{x} = u$, et divisons par x les deux termes de la fraction. Elle est ramenée par là à la forme

$$V = \frac{M + Nu - \sqrt{1 + u^2}}{\sqrt{1 + u^2}}.$$

Pour $u = 0$, elle prend la valeur $V = M - 1$.

Elle s'annule pour deux valeurs u' et u'', satisfaisant à l'équation du second degré

$$(M + Nu)^2 = 1 + u^2,$$

ou bien

$$(N^2 - 1)u^2 + 2MNu + (M^2 - 1) = 0.$$

Pour que les deux racines de cette équation soient positives, il faut et il suffit que $\dfrac{M^2 - 1}{N^2 - 1}$ soit positif, et que $\dfrac{2MN}{N^2 - 1}$ soit négatif; on satisfait à cette double condition en faisant M et N de même signe, et moindres que l'unité en valeur absolue. S'il en est ainsi, u' et u'' sont des nombres positifs, que nous supposerons inférieurs tous deux à la limite λ. Nous prendrons donc M et N positifs, ce qui donnera des valeurs positives pour $M + Nu$.

Pour $u = \lambda$, on a

$$V = \frac{M + N\lambda - \sqrt{1 + \lambda^2}}{\sqrt{1 + \lambda^2}} = \frac{M + N\lambda}{\sqrt{1 + \lambda^2}} - 1.$$

Au delà de cette limite, pour u infiniment grand, V converge vers la valeur $N - 1$.

On voit donc que, pour $u = 0$, V est négatif, qu'il passe au positif pour $u = u'$, puis qu'il redevient nul pour $u = u''$, et qu'à partir de là il reste négatif indéfiniment. La courbe des valeurs de V présente la forme ABEDG indiquée sur la figure, où l'on suppose $OB = u'$, $OD = u''$, et $OF = \lambda$.

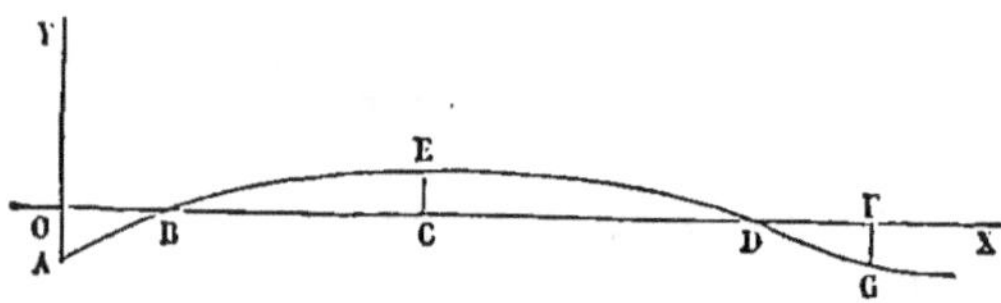

Fig. 231.

Cette courbe a un maximum en un certain point E, dont l'abscisse $x = OC$ est comprise entre les abscisses $OB = u'$ et $OD = u''$. Pour en déterminer la position, prenons la dérivée

$$\frac{dV}{du} = \frac{\sqrt{1 + u^2}\left(N - \dfrac{u}{\sqrt{1 + u^2}}\right) - (M + Nu - \sqrt{1 + u^2})\dfrac{u}{\sqrt{1 + u^2}}}{1 + u^2}$$

$$= \frac{N - Mu}{(1 + u^2)^{\frac{3}{2}}}.$$

Le dénominateur est fini et positif pour toute valeur finie

de u. Le numérateur s'annule pour la seule valeur $u = \dfrac{N}{M}$, valeur positive, qui correspond à un point C, compris entre les deux racines. La fonction V prend alors la valeur

$$\frac{M + \dfrac{N}{M} N + \sqrt{1 + \left(\dfrac{N}{M}\right)^2}}{\sqrt{1 + \left(\dfrac{N}{M}\right)^2}} = \frac{M^2 + N^2}{\sqrt{M^2 + N^2}} - 1 = \sqrt{M^2 + N^2} - 1.$$

Au-dessous de la valeur $\dfrac{N}{M}$, la dérivée est positive; au-dessus, elle devient négative, et reste négative jusqu'à $u = \infty$, valeur qui la rend nulle; donc la fonction V est croissante du point A au point E, et décroissante du point E au point G.

La meilleure détermination des inconnues M et N consiste à diminuer le plus possible en valeur absolue l'ordonnée V de la courbe AEG, ce qui revient à rendre les moindres possible les valeurs limites OA, EC, et FG de ces ordonnées; ces valeurs, prises positivement, sont respectivement égales à

$$1 - M,$$
$$\sqrt{M^2 + N^2} - 1$$

et

$$1 - \frac{M + N\lambda}{\sqrt{1 + \lambda^2}}.$$

En augmentant M et N, on réduit la première et la troisième limite, mais on augmente la seconde. La meilleure solution consiste à rendre les trois limites égales, ou à faire $OA = CE = FG$. Alors l'axe OX partage également l'erreur commise.

On déterminera donc les inconnues en posant les deux équations

$$1 - M = \sqrt{M^2 + N^2} - 1,$$
$$\sqrt{M^2 + N^2} - 1 = 1 - \frac{M + N\lambda}{\sqrt{1 + \lambda^2}}.$$

Pour les résoudre, changeons d'inconnues et posons

$$M = r \cos \varphi,$$
$$N = r \sin \varphi.$$

Faisons de plus

$$\lambda = \operatorname{tang} \alpha,$$

ce qui donne

$$\frac{1}{\sqrt{1+\lambda^2}} = \cos \alpha$$

et

$$\frac{\lambda}{\sqrt{1+\lambda^2}} = \sin \alpha.$$

Les équations se transforment en celles-ci :

$$1 - r\cos\varphi = r - 1,$$
$$r - 1 = 1 - r\cos(\alpha - \varphi).$$

La première donne

$$r = \frac{2}{1 + \cos\varphi},$$

et la seconde

$$r = \frac{2}{1 + \cos(\alpha - \varphi)}.$$

Les deux équations sont satisfaites à la fois en faisant $\varphi = \alpha - \varphi$ ou $\varphi = \dfrac{\alpha}{2}$, et $r = \dfrac{2}{1 + \cos\dfrac{\alpha}{2}}$.

On en déduit successivement

$$N = \frac{2\cos\dfrac{\alpha}{2}}{1 + \cos\dfrac{\alpha}{2}},$$

$$N = \frac{2\sin\dfrac{\alpha}{2}}{1 + \cos\dfrac{\alpha}{2}},$$

et la fonction linéaire cherchée sera

$$\frac{2\cos\dfrac{\alpha}{2}}{1 + \cos\dfrac{\alpha}{2}}\, x + \frac{2\sin\dfrac{\alpha}{2}}{1 + \cos\dfrac{\alpha}{2}}\, y;$$

elle pourra remplacer la fonction $\sqrt{x^2 + y^2}$ pour toutes valeurs

du rapport $\dfrac{y}{x}$ positives et au plus égales à $\tang\alpha$, avec une

erreur relative au plus égale à $1 - M$, c'est-à-dire u

$$1 - \frac{2\cos\frac{\alpha}{2}}{1 + \cos\frac{\alpha}{2}},$$

ou à

$$\frac{1 - \cos\frac{\alpha}{2}}{1 + \cos\frac{\alpha}{2}},$$

ou enfin à

$$\tang^2\frac{\alpha}{4}.$$

276. Cette solution est susceptible de représentation géométrique.

Prenons sur une droite OA une longueur OR $= x$, et élevons au point R une perpendiculaire RP $= y$. La distance OP

sera égale à $\sqrt{x^2 + y^2}$, et $\dfrac{y}{x}$ sera la tangente de l'angle POA.

Du point O comme centre, décrivons un arc de cercle passant par le point P, et terminons-le en B à un rayon OB faisant

avec OA l'angle BOA $= \alpha$, dont la tangente, $\tang\alpha$, est la limite supérieure des valeurs de $\dfrac{y}{x}$. Menons la bissectrice OC de l'angle BOA.

Du point O comme centre, décrivons un second arc de cercle EDF, avec un rayon OF $=$ OE, tel que le point C soit le milieu de la

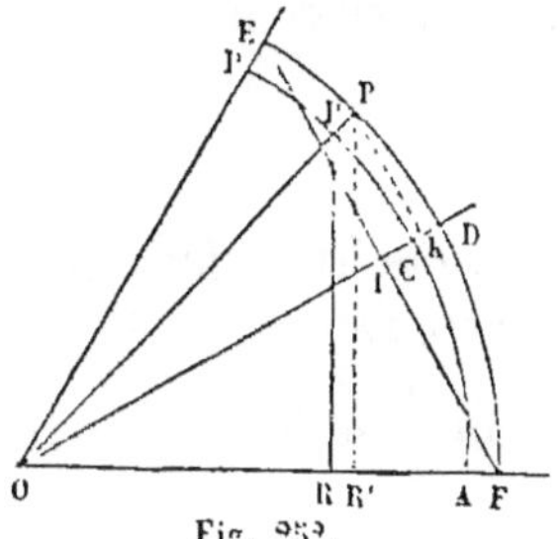

Fig. 252.

flèche ID du nouvel arc. Le rayon R de ce cercle sera donné par l'équation

$$R\left(1 - \cos\frac{\alpha}{2}\right) = 2\left(OC - R\cos\frac{\alpha}{2}\right).$$

Donc

$$R = \frac{2OC}{1 + \cos\frac{\alpha}{2}}.$$

Prolongeons la droite OP jusqu'en P' à la rencontre de l'arc EDF, et projetons le point P' en R' sur la droite OA. Nous aurons les proportions

$$\frac{R'P'}{RP} = \frac{OR'}{OR} = \frac{OP'}{OP} = \frac{2}{1 + \cos\frac{\alpha}{2}}.$$

Donc

$$OR' = \frac{2x}{1 + \cos\frac{\alpha}{2}}$$

et

$$R'P' = \frac{2y}{1 + \cos\frac{\alpha}{2}}.$$

Projetons enfin le point P' en K sur la flèche ID. Le point K tombera dans l'intervalle ID quelle que soit la position du point P sur l'arc BCA, et, par suite, on pourra confondre le point K avec le point C en commettant une erreur moindre que l'intervalle $CD = CI$; or le rayon OC représente exactement la valeur du radical. La valeur approximative OK peut s'obtenir en projetant sur OD le contour OR'P', ce qui donne en définitive

$$\frac{2x}{1 + \cos\frac{\alpha}{2}} \cos\frac{\alpha}{2} + \frac{2y}{1 + \cos\frac{\alpha}{2}} \sin\frac{\alpha}{2},$$

c'est-à-dire la formule linéaire en x et en y, que nous venons de trouver.

Si $\frac{y}{x}$ varie de 0 à l'infini, l'arc α est égal à $\frac{\pi}{2}$ et la limite de l'erreur relative, $\tan^2\frac{\alpha}{4}$, est 0,17.

Si $\frac{y}{x}$ varie de 0 à l'unité, $\alpha = \frac{\pi}{4}$, et la limite de l'erreur relative tombe à 0,039.

Enfin si $\frac{y}{x}$ reste au-dessous de $\frac{1}{4}$, la limite de l'erreur s'abaisse à 0,0037.

TREUIL DES CARRIERS.

277. Le *treuil* employé pour extraire les pierres des car-

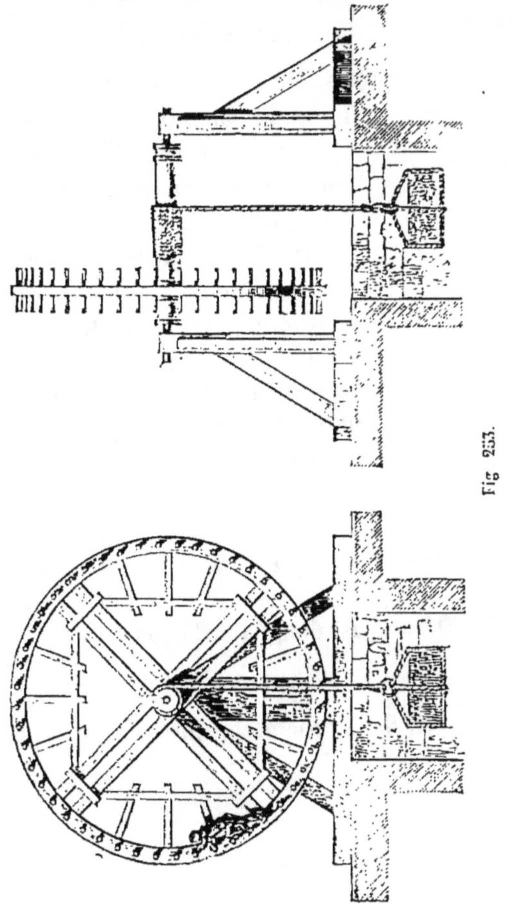

rières des environs de Paris est mis en mouvement par des hommes, dont le travail consiste à marcher à l'intérieur d'une *roue à chevilles.* Soit P le poids des hommes qui sont montés dans la roue, et qu'on suppose placés au point A ; Q, le poids de la pierre à élever; OA, le rayon de la roue ; OB, le rayon du cylindre sur lequel s'enroule la corde du treuil (fig. 254)

Du point O, abaissons une perpendiculaire OC sur la direction AP de la puissance P.

L'équilibre des poids P et Q exigera la relation

$$P \times OC = Q \times OB,$$

équation qui fait connaître le point A, où les hommes doivent se placer pour équilibrer le poids Q. Il est facile de voir que

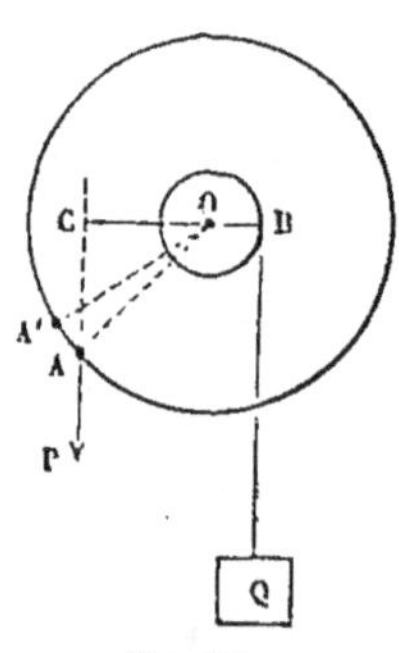

Fig. 254.

cette position d'équilibre est stable. Si les hommes font un pas, et se placent en A′, leur poids l'emportera sur celui de la pierre, et la roue tournera de l'angle A′OA, pour les ramener à leur position A. Il en résultera pour le poids Q une élévation égale à OB × angle A′OA.

Le travail moteur est égal au moment de la force P, par rapport à l'axe O, multiplié par l'angle décrit (§ 114), c'est-à-dire à $P \times OC \times (A'OA)$, ou à $Q \times OB \times (A'OA)$, ou enfin au travail résistant, abstraction faite des résistances passives, telles que le frottement et la raideur des cordes.

L'angle $COA = \alpha$ est donné par l'équation

$$P \times R \cos \alpha = Q \times r,$$

R étant le rayon de la roue à chevilles, et r le rayon du treuil.

On a donc

$$\cos \alpha = \frac{Qr}{PR} ;$$

pour que l'angle α soit réel, il faut que $Qr < PR$.

Il s'agit, par exemple, d'élever une pierre d'un mètre cube, pesant 2,500 kilogrammes; le rayon du cylindre est de 0^m,18, et le rayon de la roue à chevilles de 3^m; enfin, on suppose que les hommes se placent à une distance moyenne de l'axe OC égale aux $\frac{2}{3}$ du rayon. Le poids moteur P sera donné par l'équation

$$P \times \frac{2}{3} \times 3^m = 2,500 \times 0,18.$$

Donc

$$P = 225.$$

Un homme pèse environ 70 kilogrammes ; on voit qu'avec 3 hommes on aurait un poids de 210 kilogrammes, qui suffit presque, à la distance de 2 mètres où on l'a supposé appliqué. Les 3 hommes obtiendront donc l'effet voulu en s'éloignant de l'axe à une distance x donnée par l'équation

$$210 \times x = 2,500 \times 0,18.$$

On trouvera

$$x = 2^m,143.$$

CABESTAN, CRIC.

278. Le *cabestan* est un treuil à axe vertical.

La figure 255 représente un appareil de cette espèce employé dans les ports. Le cylindre du treuil est maintenu dans

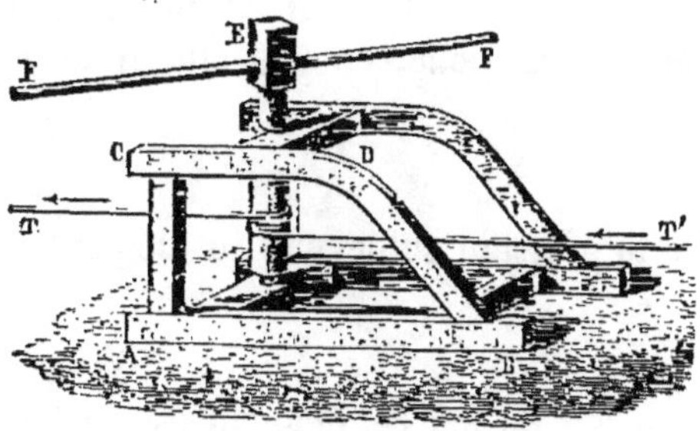

Fig. 255.

la position verticale par une charpente ABCD, qui est fixée au sol au moyen de cordes attachées à des piquets. La tête E du cabestan est traversée par la barre FF, aux extrémités de laquelle on applique l'effort moteur. La corde TT' s'enroule d'un côté sur le cylindre, et se déroule de l'autre côté. Il suffit, comme nous le verrons plus loin, d'un petit effort exercé en T pour équilibrer une très grande tension T', développée dans l'autre partie de la corde; la différence des deux tensions est équilibrée par le frottement du cylindre sur la corde.

La théorie du cabestan est la même que celle du treuil, sauf que le poids du cylindre porte sur la crapaudine dans laquelle il est engagé. Cette force longitudinale n'existe pas dans le treuil; elle introduit dans l'équation d'équilibre un terme nouveau qui représente le moment du frottement du pivot contre la surface plane sur laquelle il repose.

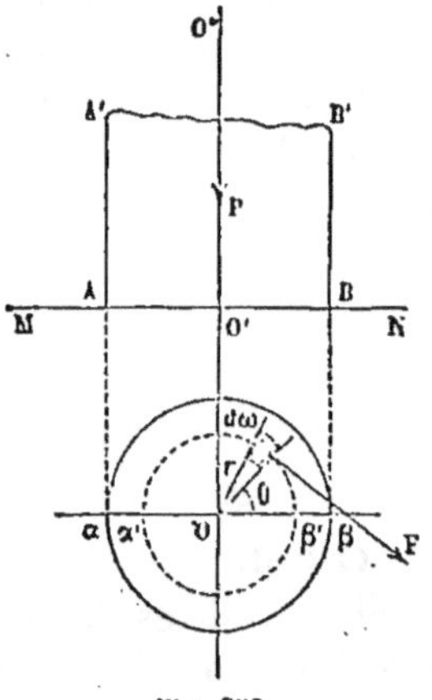

Fig. 256.

279. Voici comment ce terme peut être calculé.

Soit P le poids du cylindre A'ABB', ou plus généralement la force qui agit dans la direction de son axe, et qui appuie le cylindre sur le plan MN. Nous admettrons que cette force soit uniformément répartie sur l'aire $\alpha\beta$ de cette section. La pression par unité de surface est donc, en appelant R le rayon $O\alpha$ de la base,

$$\frac{P}{\pi R^2},$$

et par suite la pression subie par un élément superficiel $d\omega$ est

$$\frac{P\,d\omega}{\pi R^2}$$

Le frottement F subi par cet élément est égal à $\dfrac{Pf\,d\omega}{\pi R^2}$; il est dirigé en sens contraire du mouvement, et si l'on appelle r la distance de l'élément $d\omega$ à l'axe O, le moment de cette force F est le produit

$$\frac{Pf r\,d\omega}{\pi R^2}.$$

On aura la somme des moments du frottement par rapport à l'axe O en intégrant l'expression précédente dans toute l'étendue de la section $\alpha\beta$. L'élément $d\omega$ s'exprime en coordonnées polaires par le produit $r\,dr\,d\theta$, et les limites des variables sont pour r, 0 et R, pour θ, 0 et 2π. Donc enfin le moment total du frottement sur le fond de la crapaudine est

$$\int_{\theta=0}^{\theta=2\pi} \int_{r=0}^{r=R} \frac{Pf r^2\,dr\,d\theta}{\pi R^2} = Pf \times \frac{2}{3}R,$$

c'est-à-dire que la somme des moments des frottements est la même que si la force P était répartie le long de la circonférence $\alpha'\beta'$, dont le rayon est les $\frac{2}{3}$ du rayon de la base.

Si la base du cylindre était une surface annulaire, comprise entre deux circonférences de rayons R et R', les limites de r seraient $r = R'$ et $r = R$, et la pression moyenne serait $\dfrac{P}{\pi (R^2 - R'^2)}$; la somme des moments des frottements serait donc égale à

$$\int_0^{2\pi} \int_{R'}^{R} \frac{Pf r^2\,dr\,d\theta}{\pi (R^2 - R'^2)} = \frac{2\pi Pf (R^3 - R'^3)}{3\pi (R^2 - R'^2)} = Pf \times \frac{2}{3} \frac{R^2 + RR' + R'^2}{R + R'}.$$

280. Le *cric* (fig. 257) employé pour soulever les fardeaux peut être aussi assimilé au treuil; seulement, au lieu d'une corde qui s'enroule à la surface du cylindre, le cric emploie une crémaillère qui engrène avec un pignon. Le pignon pourrait être mis en mouvement par une manivelle; mais ordinairement il fait corps avec une roue dentée de plus grand diamètre, qui engrène avec un second pignon, auquel on applique l'effort moteur. Une *roue à rochet*, placée en dehors de l'appareil, a pour objet d'arrêter le mouvement ascensionnel de la crémaillère à telle dent qu'on voudra, sans faire obstacle à ce mouvement dès qu'il s'agit d'élever le fardeau davantage. Pour faire descendre le fardeau, on soulève le *doigt*

de l'encliquetage, et les roues dentées deviennent libres de tourner dans les deux sens ; mais il faut alors faire équilibre au fardeau par un effort exercé sur la manivelle.

Appelons F (fig. 258) la force qu'il faut appliquer à l'extrémité A de la manivelle, perpendiculairement à sa direction OA, pour faire équilibre au poids Q qui pèse sur la crémaillère MN. Soit $OA = l$; $OB = r$, rayon du pignon de la manivelle ; $O'B = R$, rayon de la roue dentée ; $O'C = r'$, rayon du pignon de la crémaillère. Cherchons le rapport des forces F et Q, en faisant abstraction du frottement.

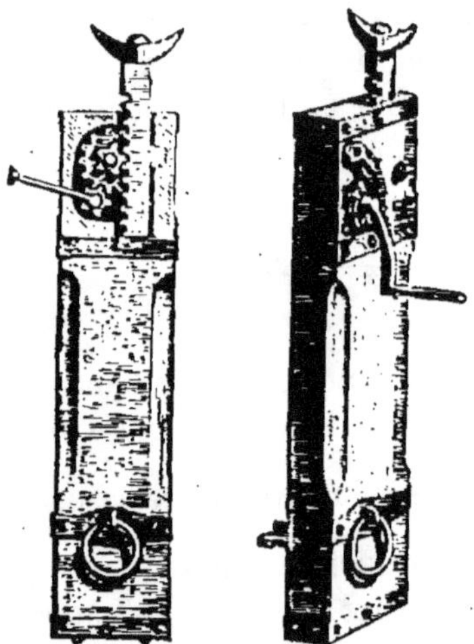

Fig. 257.

La force Q est transmise intégralement par la crémaillère à la dent située au point C. De même, au point B où les roues OB et O'B engrènent l'une avec l'autre, s'exerce une pression mutuelle S, que nous supposerons normale à la ligne des centres, et dirigée suivant BS pour la roue O, et suivant BS′ pour la roue O′. La pression S est la composante perpendiculaire à la direction OO′ de l'action mutuelle des deux roues au point B.

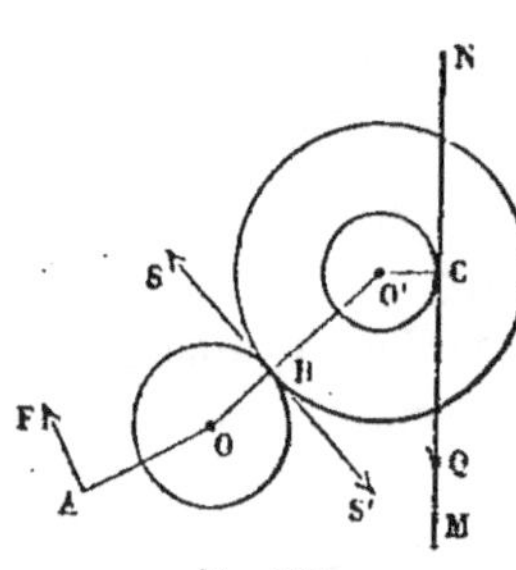

Fig. 258.

L'équilibre de la roue O sera exprimé par l'équation des moments pris par rapport à l'axe O :

$$F \times AO = S \times OB,$$

et l'équilibre du système O′ par l'équation

$$S \times O'B = Q \times O'C,$$

d'où l'on tire en multipliant

$$F \times OA \times O'B = Q \times OB \times O'C$$

et

$$F = Q \times \frac{OB}{OA} \times \frac{O'C}{O'B} = Q \times \frac{r}{l} \times \frac{r'}{R}$$

Telle est la force qu'il faut appliquer perpendiculairement à l'extrémité de la manivelle pour équilibrer le poids Q.

Les dents du pignon O' et de la crémaillère doivent être assez résistantes pour supporter chacune le poids Q tout entier ; la force S, déterminée par l'une des équations que nous venons de poser, tend aussi à rompre les dents de l'engrenage O, O'. Enfin, les axes de rotation O, O', doivent être assez résistants pour supporter, l'un, la résultante des forces F, S, et des frottements que nous avons négligés, l'autre, la résultante des forces S, Q, et des frottements.

On calculera de même la pression P développée dans le doigt O''D de l'encliquetage, quand le cric est au repos (fig. 259).

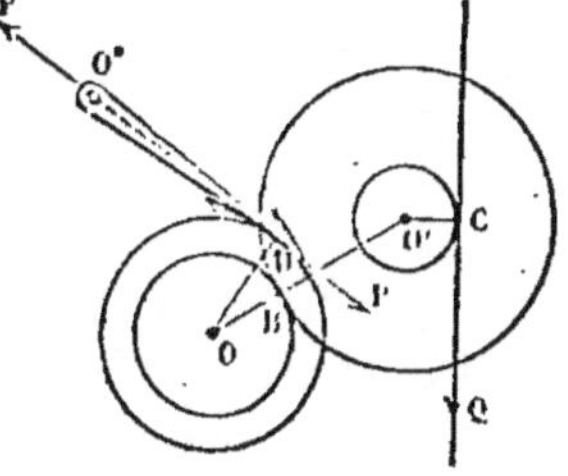

Fig. 259.

Cette pression P remplace la force F appliquée à la manivelle ; seulement elle est appliquée tangentiellement à la circonférence intérieure OD de la roue à rochet.

On a donc

$$P = Q \times \frac{OB}{OD} \times \frac{O'C}{O'B}.$$

La pression P s'exerce sur l'axe O'' du rochet, dans le sens O''P.

Le théorème du travail virtuel donnerait immédiatement le rapport des forces F et Q.

PLAN INCLINÉ.

281. Nous avons déjà traité la question de l'équilibre d'un corps solide placé sur un plan fixe (§ 91). Ici nous ferons l'application de cette théorie à un corps pesant posé sur un plan incliné, et nous chercherons quelle force il faut appliquer à ce corps pour qu'il soit en équilibre. On peut traiter ce problème à deux points de vue : en négligeant le frottement, ou en en tenant compte.

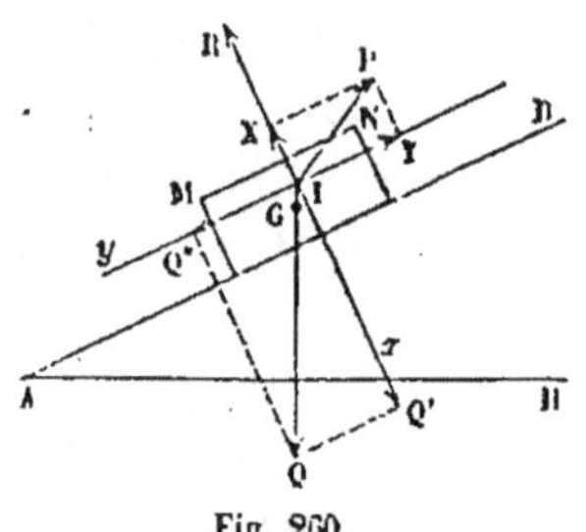

Fig. 260.

Supposons d'abord qu'il n'y ait aucun frottement.

Soit AB la ligne de plus grande pente du plan, qui fait avec l'horizon AH un angle donné BAH.

Le corps solide MN repose sur le plan par une face plane ; il a un poids Q, appliqué en son centre de gravité, G.

On demande quelle nouvelle force il faut lui appliquer pour qu'il soit en équilibre.

La résultante des actions élémentaires exercées par le plan sur le corps est une force R, normale au plan, puisqu'on suppose le frottement nul ; cette force R rencontre la verticale GQ en un certain point I, où l'on peut considérer les forces Q et R comme appliquées. De ces deux forces, toutes deux connues en direction, l'une, Q, est en outre donnée de grandeur, l'autre, R, est encore inconnue. Le plan RIQ coïncide avec le plan de la figure.

La force à appliquer au système pour compléter l'équilibre est une force P, appliquée au point I, et dont la direction et la grandeur sont également inconnues. Pour déterminer les inconnues, par le point I menons dans le plan de la figure deux axes rectangulaires, Ix, Iy, l'un, Ix, normal au plan, l'autre, Iy, parallèle. Décomposons suivant ces axes la force inconnue P en deux composantes que nous appellerons X et Y; décomposons de même la force Q en deux composantes, Q' et Q''.

Les trois forces P, Q, R, se faisant équilibre, la somme algébrique de leurs projections sur une droite quelconque est nulle ; donc

$$Y = Q'',$$
$$X + R = Q'.$$

La première équation fait connaître la composante Y; la seconde fait connaître la somme des deux inconnues $X + R$: l'une d'elles reste donc arbitraire.

Si l'on veut trouver la moindre valeur possible pour la force P, il faut faire $X = 0$, car on a l'équation

$$P^2 = X^2 + Y^2,$$

dans laquelle Y est égale à une force donnée Q'' : elle montre que le minimum de P correspond à la moindre valeur de X, ou à $X = 0$. Dans ce cas, $R = Q'$.

On équilibrera donc le poids Q avec une force P, parallèle au plan incliné, et dirigée de bas en haut, suivant la ligne de plus grande pente ; cette force sera égale à la projection IQ''

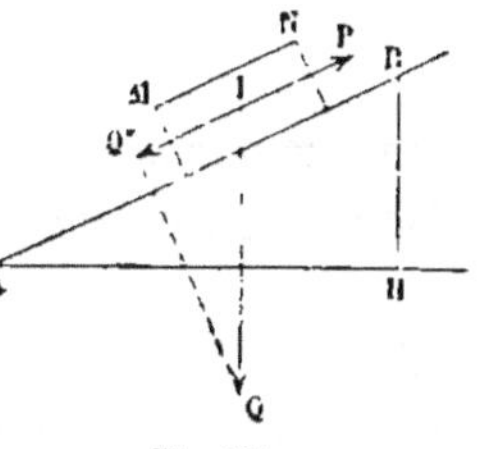

Fig. 261.

du poids Q sur la ligne de plus grande pente, c'est-à-dire égale, à cause de la similitude des triangles IQQ'', ABH, au produit du poids Q par le rapport $\dfrac{BH}{AB}$ de la *hauteur*, BH, du plan incliné à sa *longueur*, AB.

Si l'on appelle α l'angle BAH du plan avec l'horizon, on aura

$$P = Q \cos \alpha,$$

et $Q \sin \alpha$ sera la pression subie par le plan.

282. Reprenons le même problème en tenant compte du frottement ; pour que la question soit déterminée, il faut supposer que le glissement du corps sur le plan est sur le

point de se produire dans un sens défini, ou même qu'il se produit réellement, le corps étant animé d'un mouvement uniforme le long de la ligne de plus grande pente AB.

On verra en dynamique que l'état de mouvement rectiligne et uniforme du corps le long du plan incliné ne change rien à la pression mutuelle exercée entre les deux corps en contact.

Admettons que le corps glisse ou va glisser de A vers B, c'est-à-dire en montant. Le frottement exercé par le plan sur le corps est alors une force F, parallèle au plan et dirigée dans le sens BA. La résultante des actions du plan sur le corps est donc dirigée suivant une droite IR, faisant avec la normale IS, dans le plan de la figure, un angle RIS égal à l'angle du frottement. Cette réaction totale R se décompose en deux forces, une force normale S, et une force F, qui est le frottement.

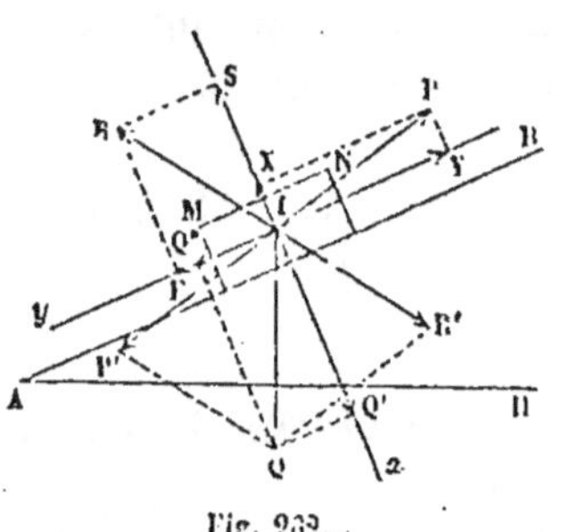

Fig. 202.

Menons encore les axes Ix, Iy ; décomposons le poids Q suivant ces deux directions, ce qui nous donnera les forces Q' et Q'' ; décomposons de même la force inconnue P. Nous aurons pour l'équilibre les deux équations :

(1) $$Y = F + Q'',$$
(2) $$X + S = Q'.$$

A ces deux équations il faut ajouter la relation entre F et S :

(3) $$F = Sf,$$

f étant le coefficient du frottement.

Il y a trois équations pour déterminer quatre inconnues X, Y, S et F. L'une des quatre inconnues est donc arbitraire, et l'on peut imposer au problème une nouvelle condition ; nous chercherons, par exemple, à rendre la force P la plus petite possible.

Le problème se résout géométriquement d'une manière très

simple. Le poids Q et les forces P et R se faisant équilibre au point I, Q est la résultante de deux forces IP', IR', égales et opposées aux forces P et R ; la droite IQ est donc la diagonale du parallélogramme IR'PQ' construit sur ces deux forces. Dans ce parallélogramme, le côté IR' a une direction connue ; la force P est représentée en grandeur par la droite QR', qui joint le point donné Q au point R', extrémité de la droite IR'. La moindre valeur de la force P correspond au minimum de QR', ou à la perpendiculaire abaissée du point Q sur la droite IR', c'est-à-dire, le minimum cherché a lieu quand on donne à la puissance P une direction perpendiculaire à la droite IR, ou enfin une direction faisant avec la ligne de plus grande pente AB un angle PIY égal à l'angle du frottement.

La solution algébrique du problème s'achèvera donc en posant

(4)
$$X = Yf.$$

Des équations (1), (2), (3) et (4). on tire

$$S = \frac{Q' - Q''f}{1 + f^2},$$

$$F = f \times \frac{Q' - Q''f}{1 + f^2},$$

$$Y = \frac{Q'' + Q'f}{1 + f^2},$$

$$X = f \times \frac{Q'' + Q'f}{1 + f^2}.$$

Si α représente l'inclinaison BAH du plan sur l'horizon, et φ l'angle du frottement, on aura

$$Q' = Q\cos\alpha,$$
$$Q'' = Q\sin\alpha,$$
$$f = \operatorname{tang}\varphi,$$

et les formules deviennent

(5)
$$\begin{cases}
S = Q \times \dfrac{\cos\alpha - \operatorname{tang}\varphi\sin\alpha}{1 + \operatorname{tang}^2\varphi} = Q\cos(\alpha + \varphi)\cos\varphi, \\[2mm]
F = Q\cos(\alpha + \varphi)\sin\varphi, \\[2mm]
Y = Q \times \dfrac{\sin\alpha + \operatorname{tang}\varphi\cos\alpha}{1 + \operatorname{tang}^2\varphi} = \sin(\alpha + \varphi)\cos\varphi, \\[2mm]
X = Q\sin(\alpha + \varphi)\sin\varphi.
\end{cases}$$

Remarque. — Nous avons supposé que le corps glissait en montant. S'il glissait en descendant, il n'y aurait qu'à changer la direction du frottement F, ce qui revient à mener la droite IR de l'autre côté de la normale IS.

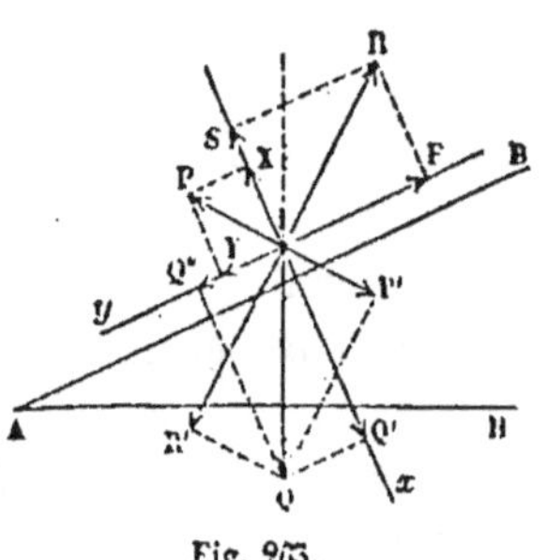

Fig. 263.

Les formules (5) conviennent encore, pourvu qu'on change φ en $-\varphi$ et qu'on attribue des signes aux forces F, X et Y. Deux cas doivent être distingués.

1° Si le prolongement de la verticale IQ passe dans l'angle SIR (fig. 263), on aura les équations suivantes, en prenant positivement les forces F, Y et X :

$$Y + Q'' = F,$$
$$X + S = Q',$$
$$F = Sf ;$$

le minimum de P correspondra à la direction normale à IR, ou à la condition $X = Yf$. La force P tend à la fois à entraîner le corps le long de la ligne de plus grande pente, et à le détacher du plan.

On déduit de ces quatre équations :

$$S = \frac{Q' + Q''f}{1 + f^2},$$
$$F = f \times \frac{Q' + Q''f}{1 + f^2},$$
$$Y = \frac{fQ' - Q''}{1 + f},$$
$$X = f \times \frac{fQ' - Q''}{1 + f^2},$$

ou bien, en remplaçant Q', Q'' et f par leurs valeurs,

$$S = Q \cos(\varphi - \alpha) \cos\varphi,$$
$$F = Q \cos(\varphi - \alpha) \sin\varphi,$$
$$Y = Q \sin(\varphi - \alpha) \cos\varphi,$$
$$X = Q \sin(\varphi - \alpha) \sin\varphi,$$

et ces formules donnent pour Y et X des valeurs positives, puisque α est supposé $< \varphi$.

2° Si, au contraire (fig. 264), la verticale IQ prolongée est en dehors de l'angle SIR, on aura les équations

$$Y + F = Q'',$$
$$S = Q' + X,$$
$$F = Sf.$$

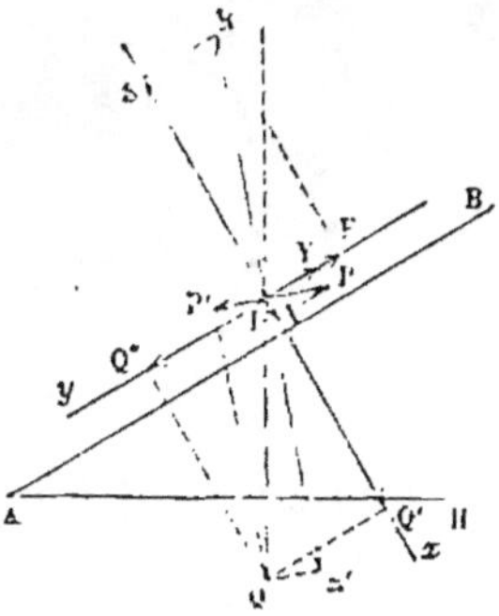

Le minimum de P correspond à une direction IP normale à IR, ou à

$$X = Yf.$$

On en déduit

Fig. 264.

$$S = \frac{Q' + Q''f}{1 + f^2},$$
$$F = f \times \frac{Q' + Q''f}{1 + f^2},$$
$$Y = \frac{Q'' - fQ'}{1 + f^2},$$
$$X = f \times \frac{Q'' - fQ'}{1 + f^2},$$

ou bien :

$$S = Q \cos (\alpha - \varphi) \cos \varphi,$$
$$F = Q \cos (\alpha - \varphi) \sin \varphi,$$
$$Y = Q \sin (\alpha - \varphi) \cos \varphi,$$
$$X = Q \sin (\alpha - \varphi) \sin \varphi.$$

Ce cas correspond à $\alpha > \varphi$.

La force P tend ici à retenir le corps et à l'appuyer contre le plan.

3° Enfin, il y a un cas intermédiaire où le poids Q est en prolongement de la réaction R ; la force P est alors nulle, et le corps glisse d'un mouvement uniforme le long du plan incliné : l'inclinaison du plan sur l'horizon est égale à l'angle du frottement.

Les formules (5) comprennent tous ces cas particuliers, dès qu'on a égard aux signes des forces et de l'angle φ.

285. *Application aux traîneaux.* — On emploie dans certains pays, pour effectuer les transports sur la neige, des traîneaux MN, glissant sur le sol AB (fig. 265). Le cheval qui mène le

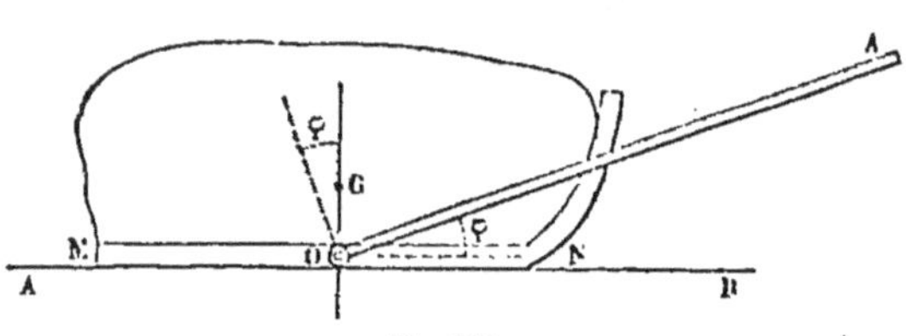

Fig. 265.

traîneau est attelé à un *brancard* incliné OA, articulé en un point O, au milieu à peu près de la portée du patin ; d'après ce qui vient d'être démontré, l'inclinaison la plus avantageuse à donner au brancard et aux traits par rapport à la ligne AB est l'angle du frottement. C'est dans cette direction que le cheval dépensera la moindre force en agissant sur le traîneau, soit pour lui faire gravir une rampe (§ 282), soit pour lui faire descendre une pente peu inclinée (§ 282, Rem. 1°), soit pour le retenir sur une pente forte (§ 282, Rem. 2°). La réaction étant égale et contraire à l'action, le cheval est sollicité obliquement par le brancard ou les traits, suivant qu'il tire ou qu'il retient. Cette force oblique se décompose en deux forces. L'une, horizontale, s'exerce sur le poitrail, par l'intermédiaire du collier, quand le cheval tire ; sur l'arrière-train, par l'intermédiaire du *reculoir*, quand le cheval retient : dans les deux cas, cette force horizontale est équilibrée par le frottement développé au contact des pieds du cheval avec le sol. L'autre force, verticale, s'exerce tantôt de haut en bas, tantôt de bas en haut ; dans le premier cas, elle appuie la *sellette* du cheval sur son dos et se transmet de là par les jambes jusqu'au sol ; dans le second cas, elle tend à soulever le cheval au moyen de la *sous-ventrière*, et est contre-balancée par le poids de l'animal. C'est ce qui arrive toutes les fois que le cheval descend une côte où il est forcé de retenir.

Si le frottement du traîneau sur le sol est très faible, l'inclinaison du brancard doit être elle-même très petite; ce qui conduit à relever le point d'attache, O, du brancard.

TRAVAIL DU FROTTEMENT SUR LE PLAN INCLINÉ.

284. Reprenons la question générale traitée au § 282. Dans tous les cas que nous avons examinés, il y a équilibre entre les trois forces P, Q et R, et par suite la somme algébrique des travaux de ces forces, pour un déplacement élémentaire quelconque, est égale à zéro. Prenons pour déplacement élémentaire le glissement que subit effectivement le corps le long de la ligne de plus grande pente du plan incliné, quand il est animé le long de cette ligne d'un mouvement uniforme. La somme algébrique des travaux des trois forces qui correspondent au déplacement II' est donc nulle. Examinons d'abord le cas où le corps monte (fig. 266). Le travail de la puissance P est égal au produit du déplacement II' par la composante Y

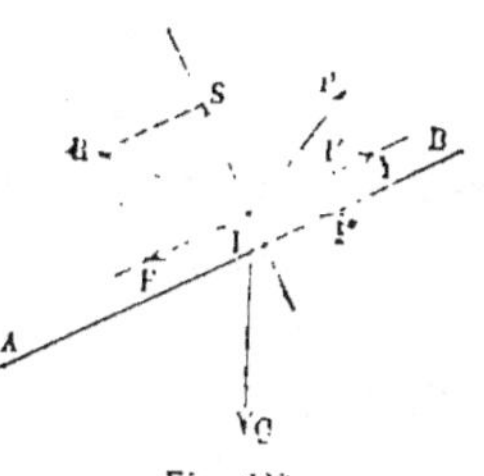

Fig. 266.

parallèle au chemin, ou à $Y \times II'$. Le travail de la réaction R est de même égal au produit négatif $- F \times II'$. Enfin le travail de la pesanteur est égal au produit négatif $- Q \times I'I''$, du poids Q par la quantité dont s'est élevé le centre de gravité du corps mobile. On a donc l'équation

$$Y \times II' - F \times II' - Q \times I'I'' = 0.$$

Si le corps descend (fig. 267), on a l'équation

$$Y \times II' - F \times II' + Q \times I'I'' = 0$$

quand la force P est mouvante, et l'équation

$$- Y \times II' - F \times II' + Q \times I'I'' = 0$$

quand la force P est employée à retenir le corps. Dans ces trois équations, le *travail du frottement* est négatif parce que le frottement est une résistance au glissement du corps ; le travail de la pesanteur est positif si le corps descend, négatif s'il monte ; le travail de la force P est positif ou négatif, suivant que cette force est dirigée dans le sens du mouvement ou en sens contraire.

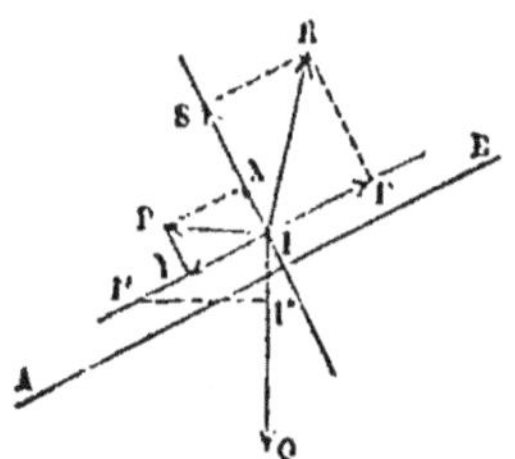

Fig. 267.

Faisons $PP' = ds$; nous aurons

$$PP'' = ds \sin \alpha.$$

Substituons dans la première équation les valeurs des déplacements et des forces Y, F et Q, données par les équations (5) ; il viendra pour l'équation du travail, en supprimant les facteurs communs Q et ds,

$$\sin (\alpha + \varphi) \cos \varphi - \cos (\alpha + \varphi) \sin \varphi - \sin \alpha = 0.$$

Cette équation doit être une identité. En effet, elle exprime simplement que l'arc α est la différence des deux arcs $\alpha + \varphi$ et φ. Les équations relatives aux deux autres cas rentrent dans la première, en ayant égard aux signes des forces Y et F, et de l'angle φ.

285. Le cheval qui mène un traîneau le long d'une route, avec une vitesse constante, exerce sur ce traîneau une force P, dont la composante Y produit seule un travail ; l'autre composante, X, est perpendiculaire au chemin décrit, et son travail est constamment nul. Le cheval se trouve à l'égard de cette composante dans la situation d'un support chargé du poids X.

Le travail du cheval dû à la composante Y se partage ensuite en deux parties : l'une qui correspond au travail de la pesanteur, et l'autre au travail du frottement. Si la route que le traîneau parcourt est horizontale, le travail développé par le cheval est entièrement absorbé par le frottement.

Remarquons, en passant, que la force X, bien qu'elle ne produise pas de travail, contribue aussi bien que la force Y à fatiguer le cheval, et qu'il y a lieu de réduire cette charge au-dessous d'une certaine limite, pour laisser à l'animal la liberté de développer dans de bonnes conditions l'*effort utile* Y qu'on lui demande. Théoriquement, on pourrait réduire à zéro le travail à fournir sur une route horizontale, en plaçant sur le dos du cheval la totalité du fardeau à transporter; car cette disposition rendrait nulle la composante Y; mais elle augmenterait la force X et imposerait au cheval une charge qui pourrait excéder ses forces.

En d'autres termes, le cheval, considéré comme *bête de somme*, ne peut transporter qu'une faible fraction du poids qu'il traînerait sur une bonne route, sur laquelle le coefficient de frottement est petit.

ÉQUILIBRE DU COIN.

286. Le *coin* est un prisme triangulaire, ABC, qu'une force P enfonce entre deux corps E et F, qu'il s'agit de séparer. On demande la condition d'équilibre entre la puissance P, et les réactions que les corps E et F exercent sur les faces latérales AC, BC, du coin.

Généralement la section droite ABC du coin est un triangle isocèle, et les corps E et F sont de même nature. Nous adopterons ces hypothèses, qui simplifient le problème.

La force P est appliquée dans le plan moyen CD du prisme, perpendiculairement à la face AB.

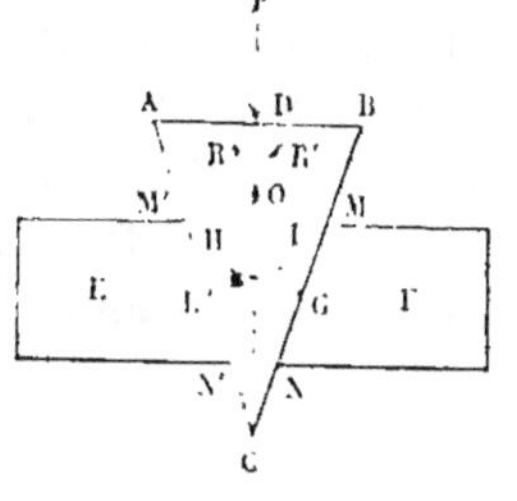

Fig. 268.

Cherchons les conditions d'équilibre au moment où le glissement du coin va se produire sur les corps voisins. Alors la réaction du corps F sur le coin sera une force R, dont on peut assigner la direction : elle fait avec la perpendiculaire GH à la face BC, dans le sens opposé au mouvement, un angle HGR égal à l'angle φ du frottement. Le frottement étant le même sur la face AC, la réaction R′ sur cette face fait dans le même sens, avec la normale LI au plan AC, un angle égal à φ. On ne connaît pas les points d'application, G et L, de ces réactions, qui ne sont en réalité que les résultantes des actions élémentaires développées au contact des corps frottants, de M en N, et de M' en N'. Tout ce qu'on sait, c'est que la résultante des deux forces R et R' est égale et contraire à la force P. Les trois forces passent donc par un même point O ; et par suite, on aura les valeurs des forces R et R' en prenant sur la médiane CD du triangle ABC, direction de la force donnée P, un point O quelconque, en menant par ce point deux droites OL, OG, faisant avec les faces AC, BC, des angles égaux à 90° — φ, et en décomposant la force P, transportée au point O, suivant les directions OG, OL.

Pour que le problème soit possible, il faut et il suffit que l'angle 90° — φ soit plus grand que la moitié de l'angle C, au sommet du coin, ou qu'on ait $\varphi + \dfrac{C}{2} < 90°$.

Le théorème du travail virtuel fait connaître le rapport des forces P et R.

Imprimons au coin ABC un déplacement DD' infiniment petit, qui l'amène en A'B'C' (fig. 268). Nous pouvons admettre que le corps E reste fixe, et que le corps F subit seul le déplacement dû à l'enfoncement du coin. Décomposons les forces R et R' en deux composantes, l'une normale à la face du coin, l'autre située dans cette face ; f étant le coefficient du frottement, la composante normale de R et de R' sera $\dfrac{R}{\sqrt{1+f^2}}$ et la composante tangentielle, $\dfrac{fR}{\sqrt{1+f^2}}$. Le point L se transporte en L', par suite du déplacement du coin, à une distance LL' = AA' de sa position primitive. Le point G se transporte en G', à une pareille distance ; mais nous pouvons décomposer le chemin GG' en deux chemins G'G'', G'G'', l'un normal, l'autre parallèle à la face BC du coin.

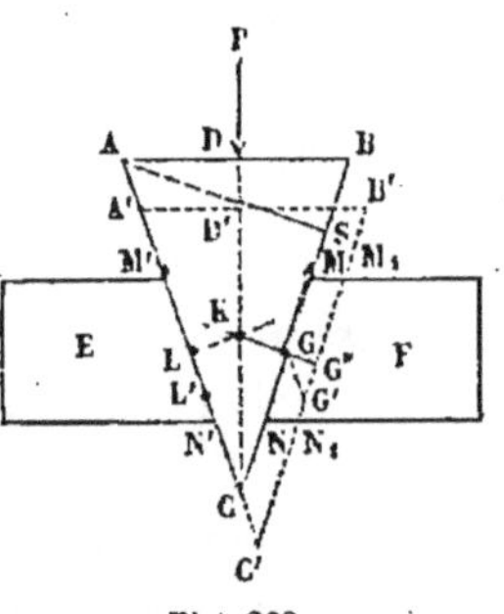

Fig. 269.

Le travail de la force P est positif et égal à $P \times DD'$;

Le travail de la force R', appliquée en L, se réduit au travail négatif de sa composante tangentielle $\dfrac{fR}{\sqrt{1+f^2}}$, ou à

$-\dfrac{fR}{\sqrt{1+f^2}} \times LL'$, l'autre composante étant normale à la direction du déplacement ;

Le travail de la force R, appliquée en G, est égal à la somme des travaux négatifs de ces deux composantes, ou bien à

$$-\frac{R}{\sqrt{1+f^2}} \times GG'' - \frac{fR}{\sqrt{1+f^2}} \times G''G'.$$

L'équation d'équilibre est donc

$$P \times DD' - \frac{fR}{\sqrt{1+f^2}} \times LL' - \frac{R}{\sqrt{1+f^2}} \times GG'' - \frac{fR}{\sqrt{1+f^2}} \times G''G' = 0$$

Faisons $AA' = ds$: les déplacements LL' et GG' seront égaux aussi à ds ; DD' est la projection de ds sur la direction de la force P, c'est donc $ds \cos \dfrac{C}{2}$.

Enfin

$$GG'' = GG' \sin C = ds \sin C,$$
$$G'G'' = GG' \cos C = ds \cos C.$$

Remplaçons les déplacements par leurs valeurs dans l'équation précédente, et divisons par ds ; il viendra

$$P \cos \frac{C}{2} - \frac{fR}{\sqrt{1+f^2}} - \frac{R}{\sqrt{1+f^2}} \sin C - \frac{fR}{\sqrt{1+f^2}} \cos C = 0.$$

Donc

$$\frac{R}{P} = \frac{\cos \dfrac{C}{2}}{\dfrac{f}{\sqrt{1+f^2}} + \dfrac{\sin C + f \cos C}{\sqrt{1+f^2}}}.$$

et si l'on remplace f par $\tang \varphi$,

$$\frac{R}{P} = \frac{\cos \dfrac{C}{2}}{\sin \varphi + \sin(C + \varphi)}.$$

Si le frottement était assez petit pour qu'on pût le négliger, on ferait $f = 0$, ou $\varphi = 0$, ce qui donnerait

$$\frac{R}{P} = \frac{\cos\frac{C}{2}}{\sin C}.$$

Du point A abaissons AS perpendiculaire sur CB. Nous aurons

$$AC \cos \frac{C}{2} = CD,$$
$$AC \sin C = AS.$$

Donc

$$\frac{R}{P} = \frac{CD}{AS}.$$

Or

$$CD \times AB = AS \times CB,$$

car ces produits mesurent tous deux le double de l'aire du triangle ABC.

Donc

$$\frac{R}{P} = \frac{CB}{AB};$$

la réaction de chacun des deux corps E et F, supposés sans frottement, est à la puissance P comme le côté du coin, CB, est à sa base AB. Plus l'angle C du coin est aigu, plus la puissance P est petite par rapport à la pression développée.

287. Le coin peut être employé à produire de grandes pressions : c'est ce qui a lieu dans la *presse à coin* (fig. 270).

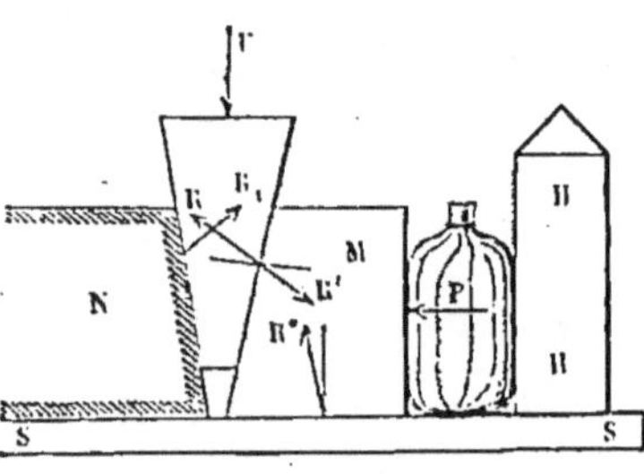

Fig. 270.

La force F, appliquée sur la tête du coin, le fait descendre entre le bloc fixe N, et le bloc M, mobile le long de la semelle SS; dans ce mouvement, le bloc M comprime contre l'obstacle fixe HH un corps placé en P. Dans l'état de repos ou de mouvement uniforme, les forces R et R_1, réactions obliques développées sur les joues du coin, font équilibre à la force F; puis, la force R', égale et contraire à R_1, et la force R'', réaction oblique de la semelle sur la base du bloc mobile, font équilibre à la force P, réaction développée par la compression du corps.

PROBLÈMES SUR LE FROTTEMENT. — GLISSEMENT DE LA COQUILLE ENTRE DEUX GLISSIÈRES.

288. La *coquille* est, dans une machine à vapeur à action directe, une pièce solide rectangulaire ABB'A', au centre O de laquelle s'attache la bielle OH, et dont les faces latérales, AB, A'B' formant patins, glissent le long des guides fixes MN, M'N'. Le piston pousse et tire alternativement la coquille suivant sa ligne d'axe OK, et ce mouvement est transmis à la bielle OH.

Nous allons chercher la relation entre la puissance P, appliquée à la coquille dans la direction OP, et la résistance Q, développée par la bielle dans la direction oblique OH, lorsque le mouvement va commencer dans la direction OP. Il y a équilibre alors entre les forces P, Q et les réactions des glissières. Ces réactions se composent donc en une force unique R, qui fait équilibre aux forces P et Q, et qui par suite passe par le point O. Elle fait d'ailleurs avec la normale à la surface de glissement un angle φ égal à l'angle du frottement, et cet angle doit être pris en arrière de la normale par rapport au sens dans lequel le glissement s'effectue. Deux cas peuvent se présenter.

1° Par le point O, menons une droite OL, perpendiculaire à MN; puis faisons en avant de cette droite un angle IOL $= \varphi$. OI sera la direction de la résultante R des réactions des glissières. Pour que cette solution soit admissible, il faut et il suffit que le point de passage I de cette résultante sur

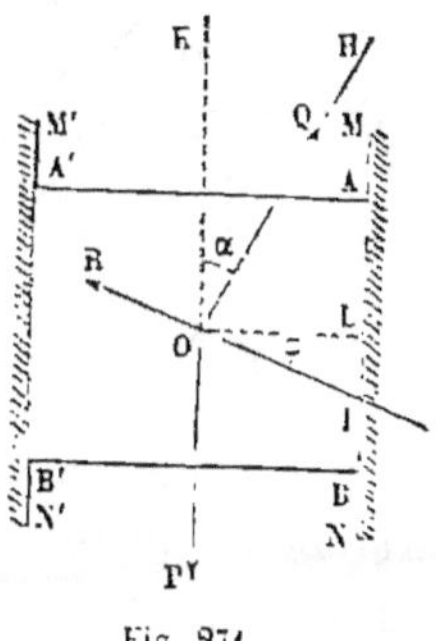

Fig. 271.

le patin AB soit compris dans l'étendue AB du patin. Car alors toutes les réactions élémentaires développées le long de la face AB sont parallèles entre elles et de même sens; elles se composent en une force unique, dont le point de passage est nécessairement compris entre les points extrêmes, A et B, de la région du glissement. Dans ce cas, la coquille est pressée contre la glissière MN, et reste tangente à la glissière opposée sans y exercer d'effort.

Étant donnée la force P, on trouvera les forces Q et R par les équations

$$\frac{P}{\sin(R,\,Q)} = \frac{Q}{\sin(P,\,R)} = \frac{R}{\sin(P,\,Q)},$$

ou bien

$$\frac{P}{\cos(\varphi - \alpha)} = \frac{Q}{\cos\varphi} = \frac{R}{\sin\alpha}.$$

2° Si le point I est extérieur au côté AB (fig. 272), il est impossible que la pression mutuelle de la coquille et des glissières soit concentrée sur le patin AB, et le second patin A'B', fournit aussi une réaction dont on doit tenir compte. Dans ce cas, la résultante des forces P et Q tend à faire basculer la coquille autour de son arête projetée en B, et elle est équilibrée par la résistance développée au contact de la glissière M'N' et de l'arête opposée A'. Ce sont donc les points A' et B qui portent seuls. Par le point B, menons une droite BF, parallèle à OI. Cette droite sera la direction de la réaction subie par la coquille au point B, lorsque le glissement va commencer. Pour avoir la direction de la réaction subie par le point A', il ne

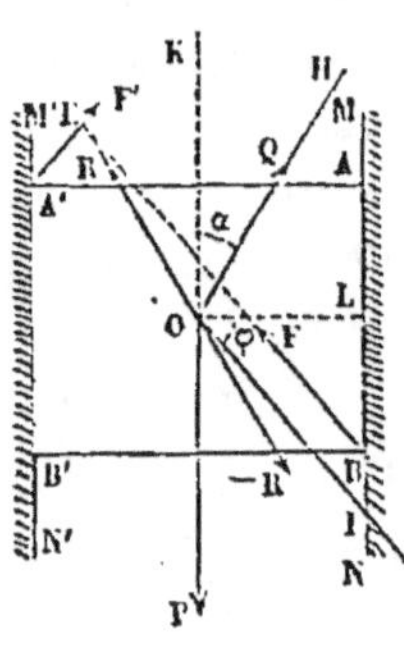

Fig. 272.

faut pas mener par ce point une parallèle à OI; une telle droite ferait bien l'angle φ avec la normale à la surface de glissement, mais elle ferait cet angle dans le sens du mouvement, et non en sens contraire. On mènera donc la droite A'F' qui fait l'angle φ avec la normale A'A en arrière de la coquille. Les deux réactions subies par les points B et A' ont les directions BF, A'F' : elles se coupent en un point E, qui appartient à leur résultante R. D'ailleurs, cette résultante passe par le point O ; donc elle a la direction OE. Pour achever le problème, il suffit de déterminer Q et R en fonction de P par les équations

$$\frac{P}{\sin (Q, R)} = \frac{Q}{\sin (P, R)} = \frac{R}{\sin (P, Q)},$$

puis de décomposer R, transportée au point E, suivant les directions A'F', BF.

289. Pour traiter dans ce dernier cas la question par le calcul, faisons $AB = b$, $AA' = a$, et soit $f = \tang \varphi$ le coefficient du frottement (fig. 273).

Soient X et fX les composantes de la réaction du point A', projetée sur les axes OL, OK ; Z et fZ les composantes de la réaction du point B ; les équations

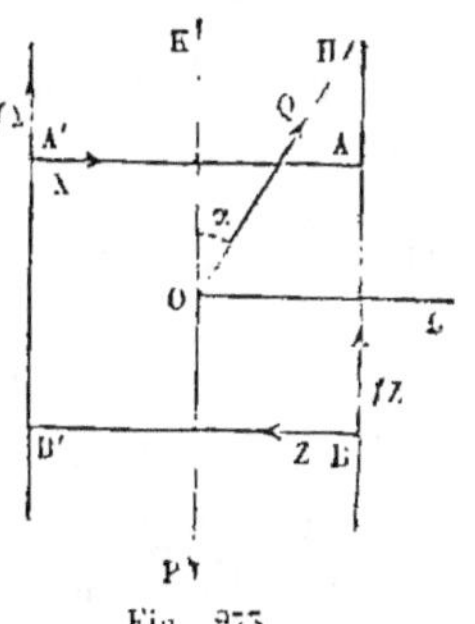

Fig. 273.

des projections des forces sur les droites OK, OL donneront

$$P - Q\cos \alpha - f X + Z = 0,$$
$$X + Q \sin \alpha - Z = 0.$$

L'équation des moments par rapport au point O nous donne de plus

$$(X + Z) \times \frac{b}{2} + f X - Z \frac{a}{2} = 0.$$

De la première on tire

$$X + Z = \frac{P - Q \cos \alpha}{f}.$$

De la seconde

$$X - Z = - Q \sin \alpha.$$

Substituant dans la troisième, il vient

$$\frac{P - Q \cos \alpha}{f} \times \frac{b}{2} - f \frac{a}{2} \times Q \sin \alpha = 0.$$

Donc

$$Q = \frac{Pb}{b \cos \alpha + f^2 a \sin \alpha}.$$

Cette valeur de Q sert ensuite à déterminer X et Z; on trouvera

$$X = \frac{1}{2}\left(\frac{P - Q\cos v}{f} - Q\sin\alpha \right) = \frac{1}{2}Q\sin\alpha\left(\frac{fa}{b} - 1 \right),$$

$$Z = \frac{1}{2}\left(\frac{P - Q\cos\alpha}{f} + Q\sin\alpha \right) = \frac{1}{2}Q\sin\alpha\left(\frac{fa}{b} + 1 \right).$$

La valeur de Z est toujours positive; celle de X ne l'est que si $\frac{fa}{b} > 1$, ou bien si $\tan\varphi > \frac{b}{a}$, condition toujours remplie quand le point J tombe en dehors du patin AB.

GLISSEMENT DE LA TIGE D'UN MARTEAU-PILON ENTRE APPUIS FIXES.

290. Une tige AB, verticale, munie d'un *mentonnet* M, est soulevée par la came C d'un arbre tournant. Elle est guidée dans son mouvement par quatre guides fixes D, E, F, G. On demande le rapport entre l'effort exercé par la came sur le mentonnet et le poids du marteau-pilon, lorsque la tige est sur le point de se déplacer dans le sens ascendant en glissant sur ses appuis.

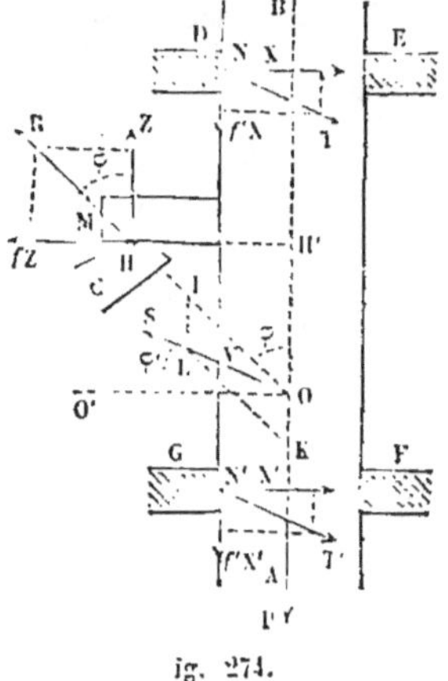

Fig. 274.

Soit H le point de contact de la came avec le mentonnet : la réaction mutuelle des deux pièces, au moment où le glissement commence, a pour direction HR une droite passant par ce point H, et faisant avec la normale commune, HZ, un angle RHZ égal à l'angle φ du frottement. La force exercée par la came sur la tige mobile est une force R, qu'on peut décomposer en deux forces rectangulaires, l'une Z, normale aux surfaces en contact, et l'autre fZ, dans la direction du glissement relatif. Nous supposerons que la force Z soit parallèle à l'axe AB de la tige. Cette condition est remplie quand la came est profilée suivant une développante de cercle; on peut ajouter qu'alors la distance HH' de l'axe au point de contact est constante.

La force R est connue en direction; supposons-la connue en grandeur; composons-la avec le poids P, en construisant le parallélogramme OILK, au point O où se coupent les deux directions HR, AB. Deux cas peuvent se présenter, suivant que la résultante OS passe entre les appuis D et G, ou en dehors de ces appuis. Dans le premier cas, la tige est appuyée contre les points fixes D et G situés à gauche de sa direction; dans le second, elle s'appuie soit contre les points G et E, soit contre les points D et F, situés de différents côtés de sa direction.

1° Admettons d'abord le premier cas. Le glissement étant supposé imminent sur les appuis D et G, les réactions de ces appuis ont des directions NT, NT', qui font avec la normale aux surfaces de contact des angles égaux à l'angle φ' du frottement de la tige sur ses guides. Décomposées en une force normale et une force tangentielle, ces forces T et T' donnent les composantes normales X et X', et les frottements fX et $f'X'$. La force OS étant la résultante de deux forces parallèles NT, NT', est elle-même parallèle à leur direction.

Le problème se traite donc géométriquement de la manière suivante :

Par le point H menons une droite HR, qui fasse l'angle φ avec la normale HZ à la came. Par le point O où la droite HR coupe la ligne moyenne AB de la tige, menons OO' perpendiculaire à AB, puis faisons l'angle O'OS $= \varphi'$. Achevons le parallélogramme KLIO, dont le côté OK $=$ P est donné. Le côté OI représentera la force R, développée au contact de la came, et le côté OL, une force S égale et contraire à la résultante des forces T et T' qui sont développées au contact des guides. On aura donc les forces T et T' en décomposant la force OS en deux forces parallèles passant par les points donnés N et N'.

Le triangle OKL donne la série d'égalités

$$\frac{P}{\sin IOL} = \frac{R}{\sin ILO} = \frac{S}{\sin LIO},$$

ou bien

$$\frac{P}{\cos(\varphi + \varphi')} = \frac{R}{\cos\varphi'} = \frac{S}{\sin\varphi}.$$

Ces équations donnent R et S. On a ensuite en décomposant la force S, supposée appliquée au point V, en deux composantes parallèles, appliquées en N et N',

$$T = \frac{S \times VN'}{NN'}, \qquad T' = \frac{S \times VN}{NN'}.$$

Ces résultats supposent nécessairement le point V compris entre les points N et N'.

2° Passons au second cas, celui où le point O ne serait pas compris entre N et N', et supposons que la tige porte sur les appuis G et E (fig. 275); les réactions de ces appuis sur la tige seront les forces T et T', qui font avec la normale commune aux surfaces frottantes, dans le sens opposé au mouvement, les angles $TNX = T'N'X' = \varphi'$.

Les forces T et T' ne sont plus parallèles; elles se rencontrent en un point Y, où on peut les composer. Leur résultante dirigée dans l'angle OYT' doit être égale et contraire à la résultante S des forces R et P. Or les directions des forces R et P sont connues; leur résultante S est dirigée dans l'angle HOP; il faut donc, pour que l'hypothèse soit admissible, que le point Y soit situé dans l'angle HOP, et que le point O soit situé dans l'angle T'YO. La solution s'achève en joignant OY et en prenant cette droite pour la direction de la force S. On obtiendra ensuite T et T' en décomposant la force S suivant la direction YO, YT'.

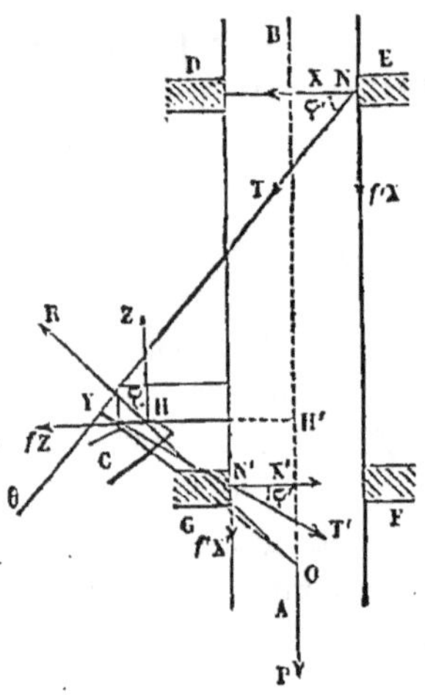

Fig. 275.

On voit sur-le-champ que l'hypothèse dans laquelle on ferait porter la tige sur les appuis D et F est inadmissible;

car elle mettrait en dehors de l'angle HOP le point de rencontre Y des réactions totales de ces appuis.

Pour déterminer les réactions R, T et T', on pourrait aussi
se servir des équations d'équilibre des forces R, T, T' et P;
elles sont au nombre de trois, puisque ces forces sont contenues dans un seul et même plan.

Le glissement de la tige ne peut commencer que dans les
deux cas que nous avons examinés; et pour cela il faut que
certaines conditions géométriques soient remplies. Si elles ne
l'étaient pas, le glissement serait impossible et le phénomène
de l'*arc-boutement* se produirait (§ 104). Alors une force aussi
grande qu'on voudrait, appliquée à la came, serait équilibrée
par le poids de la tige et les réactions de ses guides, sans
arriver à produire le glissement voulu.

VALET DE MENUISIER.

291. Soit AB la coupe de l'*établi* d'un menuisier; CD la
coupe d'une pièce de bois posée sur l'établi. On emploie pour
la fixer un *valet* en fer, EFG, dont on introduit la branche
droite FE dans l'ouverture O, et dont la branche courbe, FG,
vient presser la surface de la
pièce de bois. On frappe sur
la tête F quelques légers coups
de maillet. Le valet se coince
dans l'ouverture O, en s'appuyant sur les arêtes M et P
de l'établi; en même temps il
se développe en G une réaction verticale N, qui tend à
soulever le valet, et un frot-

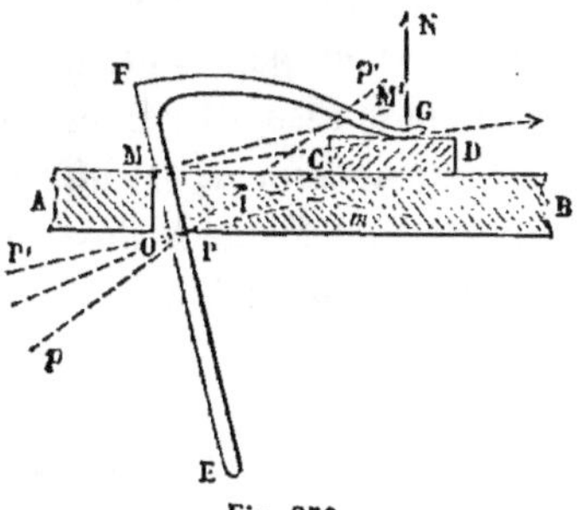

Fig. 276.

tement qui s'oppose au déplacement de la pièce CD. Il est facile
de voir à quelle condition l'appareil doit satisfaire pour que
la réaction N ne puisse pas faire glisser le valet dans l'ouverture O à travers laquelle on l'a fait passer.

Pour que le glissement ait lieu au point M, il faut que la réaction mutuelle du valet et de la table fasse avec la normale à la surface de contact un angle égal à l'angle du frottement de fer sur bois ; élevons donc au point M une perpendiculaire MM' à la surface de contact, c'est-à-dire au plan qui touche le cylindre du valet suivant l'arête FE, puis menons la droite Mm faisant avec MM' un angle M'Mm égal à l'angle du frottement ; cette droite Mm représentera la direction de la pression de la table sur le valet, au moment où le glissement commence.

Menons de même PP' normale à la surface du contact en P, et Pp qui fait avec cette normale l'angle P'Pp égal à l'angle du frottement. Lorsque le glissement commencera au point P, la droite Pp sera la direction de la pression exercée au point P par la table sur le valet.

Le glissement ne peut donc se produire sous l'action de la force N qu'autant que cette force est décomposable en deux forces suivant les directions Mm et Pp, ou en deux forces extérieures aux angles mMM', pPP'. Or ces deux directions se coupent en un point I, situé entre le valet et la force N. Le point G est à la fois dans les deux angles mMM', P'Pp ; donc la décomposition de la force N en deux forces appliquées en M et en P ne peut produire le glissement du valet à travers l'établi (§ 99).

Il en serait autrement si le point I était au delà de la verticale passant par le point C. Le coinçage du valet ne suffirait plus pour assujettir la pièce à la surface de la table.

Pour décoincer, il suffit de frapper quelques coups de maillet, soit en M sur le dos du valet, le long de l'établi, soit en E, sur l'extrémité du valet, de bas en haut.

ENCLIQUETAGE DODO.

292. Un arbre tournant, O (fig. 277), porte quatre ailes égales AB, A'B', A"B", A'''B''', mobiles autour des points A, A', A", A''', voisins du centre ; elles sont soutenues dans leur position par des ressorts fixés à l'arbre et figurés en A, A', A',

A'''. Sur ces ailes est centrée une poulie folle CD, qui en touche le pourtour extérieur, et qui est destinée à transmettre à l'arbre O le mouvement qu'elle reçoit. Si la poulie tourne de gauche à droite dans le sens de la flèche f, elle glisse à frottement doux sur les ailes, les ressorts fléchissent légèrement, et l'arbre n'est pas entraîné. Si, au contraire, la poulie tourne dans le sens de la flèche f', la poulie tend à entraîner les ailes dans l'autre sens, c'est-à-dire à accroître la distance des points B au centre O ;

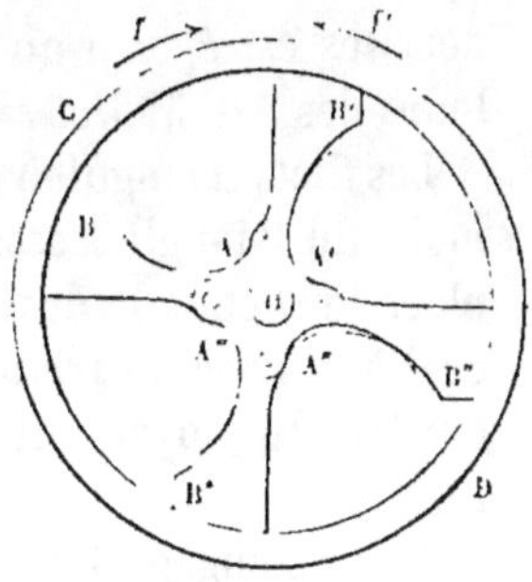

Fig. 277.

cet accroissement de distance n'étant pas possible, il se produit un *arc-boutement* aux extrémités B des quatre ailes (§ 104), et l'arbre O est entraîné.

Cet appareil permet donc de produire une transmission de mouvement dans un sens, sans produire la transmission en sens contraire.

ÉQUILIBRE DE LA VIS.

293. La *vis* est un cylindre droit à base circulaire, dont la surface convexe est revêtue d'une saillie continue de forme hélicoïdale. On emploie des vis à *filets carrés* et des vis à *filets triangulaires*.

La saillie des vis à filets carrés est engendrée par un rectangle de forme constante *abdc*, placé dans l'un des plans diamétraux du cylindre formant noyau, de telle sorte que le côté *ac* soit situé le long de la génératrice MN. On suppose qu'à partir de cette position le rectangle reçoive un mouvement hélicoïdal, résultant de la composition d'une rotation uniforme autour de l'axe du cylindre, et d'une translation uniforme, parallèle au même axe.

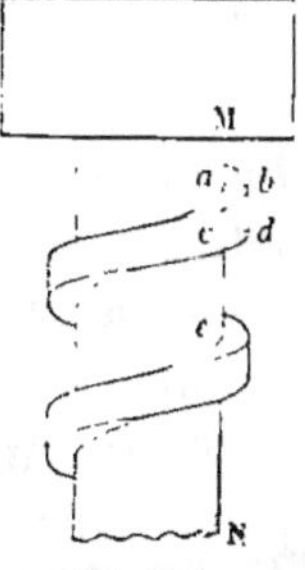

Fig. 278.

Tous les points du rectangle générateur décrivent dans ce mouvement des hélices de même pas. En général, le rectangle *abdc* a ses deux dimensions égales, et le pas *ac* des hélices décrites est égal à un multiple de la hauteur *ac*. Il y a d'ailleurs des vis à *filet simple*, à *filet double*, à *filet triple*, etc.

Les filets triangulaires sont engendrés de la même manière, mais un triangle isoscèle, ordinairement équilatéral, y remplace le rectangle des filets carrés, et le pas des hélices est égal à la base du triangle générateur, de sorte que la surface entière du noyau est recouverte des spires successives du filet.

La vis s'engage dans un *écrou* EE' (fig. 279), taraudé intérieurement de manière à offrir en creux la même forme que le filet de la vis; l'écrou est donc traversé par un cylindre vide, dont la surface est refouillée suivant un sillon engendré de la même manière que le filet saillant de la vis, c'est-à-dire par la même figure génératrice, animée du même mouvement hélicoïdal. Si l'écrou est fixe, et qu'on tourne la vis, la vis se déplace le long des spires de l'écrou, et reçoit par conséquent un mouvement hélicoïdal, qui la fait avancer d'un pas pour chaque tour; si, au contraire, la vis est assujettie à tourner sur des tourillons fixes, sans pouvoir se déplacer longitudinalement, si en même temps la rotation de l'écrou autour de l'axe de la vis est empêchée par des obstacles, la rotation de la vis déterminera la translation de l'écrou, à raison d'un pas pour un tour.

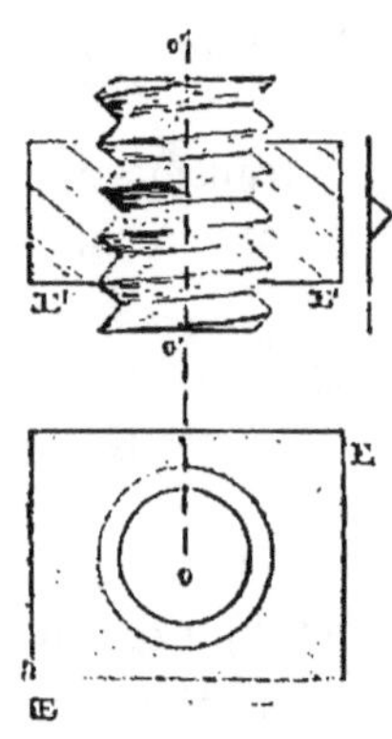

Fig. 279.

Supposons que l'écrou soit fixe (fig. 280); soit F, F', un couple de forces appliquées, dans un plan normal à l'axe de l'appareil, aux extrémités d'une barre AB traversant la *tête* de la vis et à angle droit sur cette barre; soit P la résistance agissant dans le sens de l'axe O'O; il y aura équilibre entre les forces P, F, F', et les réactions développées au contact du filet et de l'écrou. Nous pouvons déterminer la valeur de la force P. Faisons d'abord abstraction du frottement entre l'écrou et le filet, et appliquons le théorème du travail. Un déplacement angulaire très petit, θ, de la vis, entraine un déplacement longitudinal ε. Les travaux virtuels des forces F, F′, qui correspondent à la rotation θ de la vis, seront égaux aux produits des moments de ces forces par l'angle θ; si donc on suppose les forces F et F′ appliquées à des distances égales OB, OA, de l'axe de la vis, et qu'on représente ces distances par la lettre b, la somme des travaux des forces F et F′ sera $2Fb \times θ$. Le travail de la résistance P est négatif et égal à $- Pε$; l'équation d'équilibre est donc

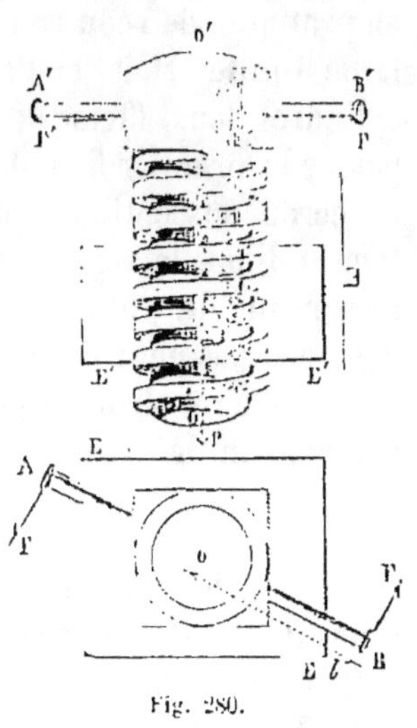

Fig. 280.

$$2Fbθ = Pε,$$

et par suite

$$P = 2Fb \times \frac{θ}{ε}.$$

Or, soit h le pas de la vis; pour un tour, c'est-à-dire pour une rotation égale à $2π$, la translation de la vis est égale à h; le déplacement angulaire θ est au déplacement linéaire ε dans le même rapport, et l'on peut, par suite, remplacer le rapport $\frac{θ}{ε}$ par le rapport $\frac{2π}{h}$, d'où résulte l'équation définitive

$$P = 2Fb \times \frac{2π}{h}.$$

La force P est inversement proportionnelle au pas de la vis h, et, en prenant un pas suffisamment petit, on pourra exercer un effort aussi grand qu'on voudra, avec un couple, $2Fb$, d'intensité donnée. Cette remarque montre l'utilité de la disposition que nous avons décrite dans la cinématique (I, § 296), sous le nom de *vis différentielle de Prony*. Il est impossible, en pratique, de réduire le pas d'une vis au-dessous d'une certaine limite. Mais si l'on place bout à bout sur le même cylindre deux filets de vis, de pas h et h', si l'on fait passer le premier filet dans un écrou fixe, et le second dans un écrou susceptible seulement de recevoir un déplacement longitudinal, la vis, en tournant, produira une translation de l'écrou mobile; et cet écrou s'avancera de la différence $h - h'$ des deux pas pour chaque tour de vis. La pression P, développée contre un obstacle par l'écrou mobile, sera donc donnée par la formule

$$P = 2Fb \times \frac{2\pi}{h - h'},$$

et elle pourra être rendue aussi grande qu'on voudra, en réduisant en conséquence la différence $h - h'$.

294. Proposons-nous, en second lieu, de trouver la relation entre la résistance P et le couple moteur $F \times 2b$, en tenant compte du frottement développé au contact du filet de la vis avec la surface interne de l'écrou; nous supposerons cette fois que la vis reçoive un mouvement descendant.

Nous simplifierons le problème en admettant que le contact de ces deux parties est concentré tout le long d'une hélice moyenne, tracée, par exemple, à égale distance entre le cylindre formant le noyau de la vis et le cylindre tangent au bord extrême des filets.

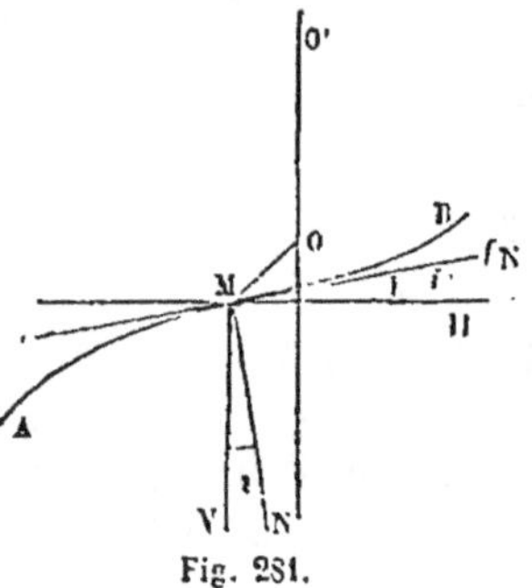

Fig. 281.

Soit $r = $ OM le rayon de cette hélice moyenne, que nous représenterons par la courbe AB. En un point M de cette hélice, menons une normale MN à la surface hélicoïdale, et supposons, pour plus de simplicité, qu'il s'agisse de la vis à filet carré, auquel cas la normale MN sera contenue dans un plan NMV tangent au cylindre sur lequel est tracée l'hélice AB.

Menons aussi la tangente à l'hélice au point M. Au moment où le glissement va se produire, la réaction totale, exercée sur le point M par l'écrou, se décompose suivant les deux directions que nous venons de définir, et nous donne une composante normale, N, et une composante tangentielle ou frottement, fN. Ces deux forces font le même angle i avec les droites MV, MH, menées par le point M dans le plan tangent au cylindre qui contient l'hélice AB, l'une parallèlement à l'axe OO', l'autre perpendiculairement à la première. Nous pouvons les décomposer chacune suivant ces deux directions ; les composantes de la force N seront $N \cos i$ suivant MV, et $N \sin i$ suivant MH ; les composantes fN seront de même $fN \cos i$ suivant MH, et $fN \sin i$ suivant le prolongement de MV. Nous aurons donc suivant MV une force $N \cos i - fN \sin i$, et suivant MH une force $N \sin i + fN \cos i$.

Nous pouvons faire la même décomposition en tous les points de l'hélice AB. En chacun de ces points, nous trouverons de même deux composantes parallèles à OO', dont la somme est $N \cos i - Nf \sin i$, ou $N (\cos i - f \sin i)$, et deux composantes perpendiculaires à l'axe OO', et ayant par rapport à cet axe un moment total égal à $(N \sin i + fN \cos i) r$ $= Nr (\sin i + f \cos i)$. Faisons la somme de toutes ces forces longitudinales, et la somme de tous ces moments pour toute la portion d'hélice engagée dans l'écrou. Nous trouverons pour la somme des composantes parallèles à OO' l'expression

$$(\cos i - f \sin i) \Sigma N,$$

et pour la somme des moments

$$r (\sin i + f \cos i) \Sigma N.$$

Écrivons les équations de l'équilibre de la vis, qui sont au nombre de deux : l'équation des forces estimées suivant l'axe, et l'équation des moments autour de l'axe, les quatre autres équations sont satisfaites d'elles-mêmes en vertu de nos suppositions. Nous aurons

$$P = (\cos i - f \sin i) \Sigma N,$$
$$2Pb = r (\sin i + f \cos i) \Sigma N.$$

Éliminant ΣN entre ces deux équations, on obtient la relation entre les forces P et F :

$$\frac{Pr}{2Fb} = \frac{\cos i - f \sin i}{\sin i + f \cos i}.$$

Remplaçons f par $\tang \varphi$, et multiplions haut et bas par $\cos \varphi$; il vient

$$\frac{Pr}{2Fb} = \frac{\cos(i + \varphi)}{\sin(i + \varphi)} = \cotang(i + \varphi).$$

Les forces P et F étant toutes deux positives, la cotangente de l'angle $i + \varphi$ est également positive, et par suite l'arc $i + \varphi$ est inférieur à $\frac{\pi}{2}$.

On a donc

$$i < \frac{\pi}{2} - \varphi.$$

On remarquera que la formule obtenue est celle du glissement sur un plan incliné (§ 282), lorsqu'on emploie une force horizontale $2Fb$ à faire monter un poids Pr le long de la ligne de plus grande pente.

295. Supposons que le mouvement de la vis s'opère en sens contraire, c'est-à-dire que, malgré l'action du couple $2Fb$, la vis remonte dans son écrou sous une pression égale à P exercée de bas en haut à son extrémité. Pour passer du premier cas au second, il suffit de changer φ en $- \varphi$, car le frottement change de sens. On aura donc

$$\frac{2Fb}{Pr} = \tang(i - \varphi).$$

D'où l'on conclut $i > \varphi$, pour que les forces F et P soient encore positives.

Pour que les deux mouvements soient également possibles, il faut qu'on ait

$$\varphi < i < \frac{\pi}{2} - \varphi,$$

ce qui suppose $\varphi < \frac{\pi}{4}$.

PRESSE A VIS.

296. Lorsque $i < \varphi$, si l'on supprime le couple moteur $2Fb$, la réaction P du corps comprimé ne pourra produire le mouvement de la vis. Pour une petite valeur de l'angle i, on pourra donc faire tourner la vis et développer la pression P au moyen du couple des forces F, mais la réaction du corps pressé sur la vis ne produisant pas la rotation inverse, la pression exercée sur le corps se conservera sans altération, même après suppression du couple moteur. C'est sur ce principe qu'est fondée la *presse à vis*.

RENDEMENT DE LA VIS.

297. On appelle *rendement* d'une machine le rapport du travail *utile* au travail moteur. Le travail utile, dans le mouvement descendant de la vis, est Ph pour un tour entier, puisque la vis avance d'un pas. Le travail moteur est le produit du moment $2Fb$ par l'arc 2π, qui correspond à un tour complet; le rendement est donc

$$\frac{Ph}{2Fb \times 2\pi} = \frac{Pr}{2Fb} \times \frac{h}{2\pi r} = \operatorname{cotang}(i+\varphi) \times \frac{h}{2\pi r}.$$

Le rapport $\dfrac{h}{2\pi r}$ est égal à $\tang i$, et le rendement est en définitive égal à $\dfrac{\tang i}{\tang(i+\varphi)}$. Il s'annule pour $i = 0$ et pour $i = \dfrac{\pi}{2} - \varphi$. Donc entre ces deux limites il y a une valeur de i qui le rend maximum. Pour trouver cette valeur, on peut prendre la dérivée de la fonction $\dfrac{\tang i}{\tang(i+\varphi)}$ et l'égaler à zéro. On peut aussi recourir au raisonnement suivant.

Soit

$$\frac{\tang i}{\tang(i+\varphi)} = m;$$

m sera un nombre positif et plus petit que l'unité. Remplaçons $\tang i$ par $\dfrac{\sin i}{\cos i}$, et $\tang(i + \varphi)$ par $\dfrac{\sin (i + \varphi)}{\cos (i + \varphi)}$; il vient

$$\frac{\sin i \cos (i + \varphi)}{\cos i \sin (i + \varphi)} = \frac{m}{1},$$

et par suite

$$\frac{\cos i \sin (i + \varphi) + \sin i \cos (i + \varphi)}{\cos i \sin (i + \varphi) - \sin i \cos (i + \varphi)} = \frac{\sin (2i + \varphi)}{\sin \varphi} = \frac{1 + m}{1 - m}.$$

Le maximum de m correspond au maximum de $1 + m$ et au minimum de $1 - m$; donc il correspond au maximum de la fraction $\dfrac{1 + m}{1 - m}$, ou de la fonction $\dfrac{\sin (2i + \varphi)}{\sin \varphi}$, ou enfin du numérateur, $\sin (2i + \varphi)$, qui seul est variable; le maximum cherché correspond par conséquent à $2i + \varphi = \dfrac{\pi}{2}$

ou à $i = \dfrac{\pi}{4} - \dfrac{\varphi}{2}$.

Cette condition, qui améliore le rendement, ne peut être adoptée dans la presse à vis. Car en général l'angle φ est égal à $10°$; il en résulterait $i = 45° - \dfrac{10°}{2} = 40°$, tandis qu'il faut que $i < 10°$, pour que la vis ne puisse se desserrer.

DU FROTTEMENT DANS LES ENGRENAGES.

298. Soient O, O', deux arbres tournants parallèles, entre lesquels un engrenage établit une transmission de mouvement.

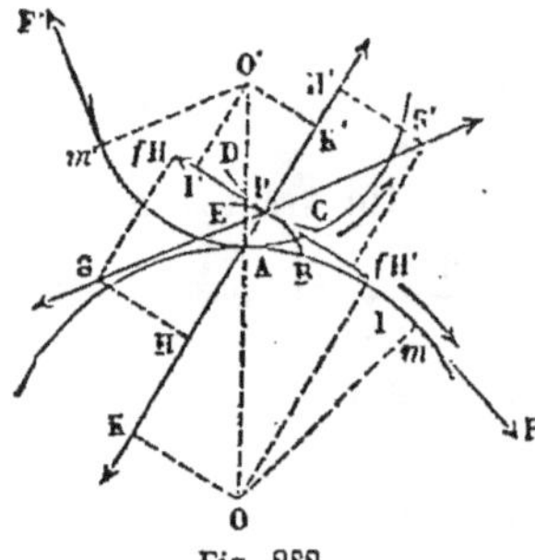

Fig. 289.

Soient OA et O'A les rayons des circonférences primitives, et BE, CD, les profils en prise au point P. La droite AP est normale à la fois aux deux courbes BE, CD (I, § 215). Appliquons en m, tangentiellement à la circonférence primitive OA, une force F agissant dans le sens du mouvement, et en m', tangentiellement à la circonférence O'A, une force résistante F'. Proposons-nous de chercher les conditions d'équilibre des forces F et F', en tenant compte du frottement qui se produit en P, lorsque les deux profils sont sur le point de glisser l'un sur l'autre.

La réaction mutuelle des solides en contact au point P peut se décomposer en deux forces; l'une normale, l'autre tangentielle aux profils; cette dernière force est le frottement. Soit H la réaction normale de la roue O' sur la roue O; le frottement sera égal à fH, et sera dirigé en sens contraire du mouvement. Les forces H' et fH', respectivement égales et contraires aux forces H et fH, seront les réactions de la roue O sur la roue O'. On peut remarquer que le frottement fH' subi par la roue O' agit dans le sens du mouvement.

La roue O est en équilibre sous l'action des forces F, H, fH, et des réactions de l'axe O; l'équation d'équilibre s'exprimera en égalant à zéro la somme des moments de ces forces par rapport à l'axe; on aura donc, en abaissant du point O, sur les directions de H et de fH, les perpendiculaires OK, OI :

$$F \times Om = H \times OK + fH \times OI.$$

De même, en abaissant du point O' sur les directions de H' et de fH' les perpendiculaires O'K', O'I' :

$$H' \times O'K' + fH' \times O'I' = F' \times O'm'.$$

Or H' et H sont des forces égales. Multipliant membre à membre, et supprimant le facteur commun H, il vient pour l'équation d'équilibre

$$F \times Om \times (O'K' + f \times O'I') = F' \times O'm' \times (OK + f \times OI).$$

Donc

$$\frac{F}{F'} = \frac{OK + f \times OI}{Om} \times \frac{O'm'}{O'K' + f \times O'I'}.$$

Soit

$$OA = R = Om,$$
$$O'A = R' = O'm',$$
$$\text{angle } O'AP = \alpha,$$
$$AP = p.$$

Faisons enfin

$$f = \tang \varphi.$$

Nous pourrons remplacer OK par $R \sin \alpha$, OI, qui est égal à $AK + AP$, par $R \cos \alpha + p$, O'K' par $R' \sin \alpha$, et O'I' par $R' \cos \alpha - p$; il viendra

$$\frac{F}{F'} = \frac{R \sin \alpha + \tan g\, \varphi\, (R \cos \alpha + p)}{R} \times \frac{R'}{R' \sin \alpha + \tan g\, \varphi\, (R' \cos \alpha - p)}$$

$$= \frac{\sin \alpha + \tan g\, \varphi \cos \alpha + \frac{p}{R} \tan g\, \varphi}{\sin \alpha + \tan g\, \varphi \cos \alpha - \frac{p}{R'} \tan g\, \varphi} = \frac{\sin (\alpha + \varphi) + \frac{p}{R} \sin \varphi}{\sin (\alpha + \varphi) - \frac{p}{R'} \sin \varphi},$$

ou encore, en considérant, au lieu des forces P et P', les moments de ces forces par rapport aux axes O et O',

$$\frac{FR}{F'R'} = \frac{R \sin (\alpha + \varphi) + p \sin \varphi}{R' \sin (\alpha + \varphi) - p \sin \varphi}.$$

Si le frottement était nul, on ferait $\varphi = 0$ et la relation se réduirait à $F = F'$.

L'équation générale ne contenant que les moments des forces par rapport aux axes, on peut substituer aux forces F et F', tangentes aux circonférences primitives, d'autres forces ayant des moments égaux.

On voit que le rapport $\dfrac{F}{F'}$ est toujours un nombre fini, assez voisin de l'unité, lorsque la *dent*, BE, de la roue menante pousse le profil du *creux*, CD, de la roue menée, et lorsque la distance AP n'est pas trop grande. En effet, la réaction totale développée au point P est la résultante, S, des forces H et fH pour la roue O, et la résultante S' des forces H' et fH' pour la roue O'. La direction SS' fait avec la normale commune IHI' un angle égal à l'angle du frottement; or la direction IHI' fait généralement avec la ligne des centres OO' un angle assez voisin de l'angle droit, 75° par exemple (I, § 231, 1°); il en résulte que la direction SS' est sensiblement perpendiculaire à OO'; il est toujours possible de trouver pour une telle direction, pourvu qu'elle passe suffisamment près du point A, la valeur des forces S qui font équilibre aux forces données F et F'.

299. Il en serait autrement si c'était la roue O' qui menât la roue O, le creux CD poussant la dent BE. Dans ce cas, les

frottements changeraient de sens et, par suite, la réaction
totale, au lieu de se rapprocher de la direction perpendiculaire à OO', se rapprocherait de la ligne des centres, et pourrait passer par le point O ou même au delà de ce point. Dans
ce cas, la transmission ne serait
plus possible et un *arc-boutement* se
produirait.

La figure 283 rend compte de ce
cas particulier.

La force F' est mouvante, et la
force F résistante. Dans le mouvement commun des deux roues, le
point de contact P des deux profils
en prise se déplace le long des arcs
PB, PC, et parcourt dans un même
temps des espaces inégaux le long

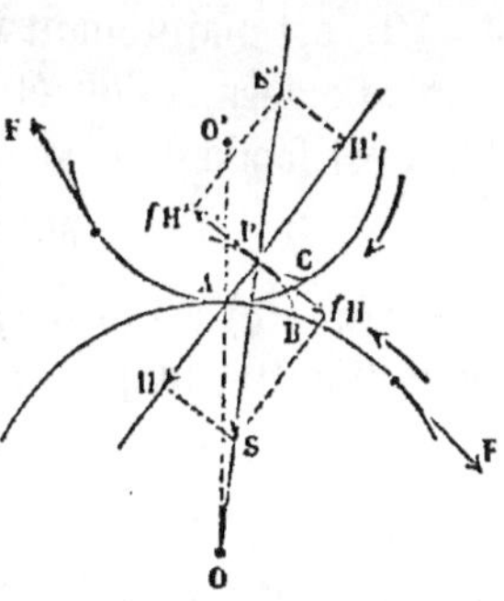

Fig. 283.

de ces arcs; il est facile de voir qu'il parcourt un plus grand
espace sur l'arc PB que sur l'arc PC, de sorte que le glissement mutuel tend à ralentir la roue OA qui porte la dent, et
à accélérer le mouvement de la roue O'A qui porte le creux.
Le frottement subi par cette seconde roue est donc moteur,
et dirigé dans le sens *f*H', tandis que l'autre roue subit un
frottement résistant, dirigé dans le sens *f*H. Or la résultante
des forces H et *f*H est une force PS qui passe par le centre O
de la roue, et qui ne peut contribuer à équilibrer la force F.
Dans ce cas, quelle que soit la force F' qu'on applique
à la roue O'A, cette force ne pourra déterminer la rotation
de la roue O, et elle aura pour unique effet de charger l'axe
de cette roue.

L'arc-boutement peut donc se produire sans qu'il y ait de
défauts dans la forme des profils, lorsque le contact entre les
profils en prise commence à une trop grande distance en
arrière de la ligne des centres. On a vu en cinématique
(§ 227) comment on évite ce danger par l'échanfreinement
des dents.

La formule rend compte de cet effet; il suffit d'y changer

φ en $-\varphi$, pour exprimer que la direction du frottement a changé de sens. Elle devient alors

$$\frac{FR}{F'R'} = \frac{R \sin (\alpha - \varphi) - p \sin \varphi}{R' \sin (\alpha - \varphi) + p \sin \varphi}.$$

F'R' est maintenant le couple moteur et FR le couple résistant. Ce dernier doit être nul lorsqu'on a $R \sin (\alpha - \varphi) = p \sin \varphi$.

Il est facile de le vérifier : dans le triangle AOP, l'angle

$$AOP = O'AP - APO = \alpha - \varphi;$$

$R \sin (\alpha - \varphi)$ est la perpendiculaire abaissée du point A sur la direction OP, longueur égale aussi à

$$AP \sin APO = p \sin \varphi.$$

Dans ce cas, le couple moteur F'R' appliqué à la roue O' est impuissant à faire tourner le système.

TRAVAIL DU FROTTEMENT DANS LES ENGRENAGES.

500. Revenons au premier cas. Nous avons posé les deux équations

$$F \times Om = H \times OK + fH \times OI,$$
$$H \times O'K' + fH \times O'I' = F' \times O'm'.$$

On peut les écrire, en résolvant par rapport à F et F' :

$$F = H \times \frac{OK + f \times OI}{Om} = H \left(\sin \alpha + f \cos \alpha + \frac{fp}{R} \right),$$

$$F' = H \left(\sin \alpha + f \cos \alpha - \frac{fp}{R'} \right).$$

Cette dernière se déduit de la précédente en changeant p en $-p$, et R en R'.

Retranchant, il viendra

$$F - F' = Hfp \left(\frac{1}{R} + \frac{1}{R'} \right).$$

S'il n'y avait pas de frottement, on aurait $F = F'$. Le frottement développé dans l'engrenage *équivaut* donc à une force $F - F'$, appliquée tangentiellement à l'une des circonférences primitives, et la valeur de cette force est $Hfp\left(\dfrac{1}{R}+\dfrac{1}{R'}\right)$.

Pour avoir le travail du frottement correspondant à un arc ds décrit par les circonférences primitives, il suffira de multiplier par ds; on aura

$$Hfp\left(\frac{1}{R}+\frac{1}{R'}\right)ds,$$

et pour avoir le travail total correspondant à un déplacement fini, d'un pas par exemple, on fera l'intégrale de cette expression entre les limites 0 et a, en désignant par a l'étendue du pas. Le travail du frottement pour un pas est donc

$$T_f=\int_0^a Hfp\left(\frac{1}{R}+\frac{1}{R'}\right)ds.$$

L'intégrale s'obtient approximativement par la méthode suivante. Observons que la longueur $AP=p$ est sensiblement égale à l'arc $AB=s$, lorsque le point de contact P est suffisamment près de la ligne des centres. De plus la réaction mutuelle H est sensiblement égale à la résistance F'. En effet, en négligeant le terme en p dans l'équation

$$F'=H\left(\sin\alpha+f\cos\alpha-\frac{fp}{R'}\right),$$

il vient

$$F'=H\frac{\sin(\alpha+\varphi)}{\cos\varphi}.$$

L'angle φ a une petite valeur dans un engrenage bien graissé, et $\alpha+\varphi$ est voisin de l'angle droit; donc le rapport $\dfrac{\sin(\alpha+\varphi)}{\cos\varphi}$ est voisin de l'unité.

Remplaçons, sous le signe $\int$, p par s et H par F'; il viendra pour le travail du frottement

$$T_f=F'f\left(\frac{1}{R}+\frac{1}{R'}\right)\int_0^a sds=F'\frac{a^2}{2}f\left(\frac{1}{R}+\frac{1}{R'}\right).$$

Mais $F'a$ est le travail de la résistance F' pour un déplacement égal à un pas : c'est le *travail utile;* représentons-le par T_u. La formule devient alors

$$T_f = T_u \times \frac{a}{2} f \left(\frac{1}{R} + \frac{1}{R'} \right).$$

Sous cette forme l'équation peut s'appliquer à un nombre quelconque de pas. On peut y introduire les nombres de dents, au lieu des rayons et du pas; car n et n' étant les nombres des dents de chaque roue, on a

$$na = 2\pi R,$$
$$n'a = 2\pi R'.$$

Donc

$$\frac{a}{2R} + \frac{a}{2R'} = \pi \left(\frac{1}{n} + \frac{1}{n'} \right).$$

La formule définitive du travail du frottement est

$$T_f = \pi f T_u \left(\frac{1}{n} + \frac{1}{n'} \right).$$

Le travail moteur total T_m surpasse le travail utile du travail du frottement, et l'on a

$$T_m = T_u + T_f,$$

ou bien

$$T_m = T_u \left[1 + \pi f \left(\frac{1}{n} + \frac{1}{n'} \right) \right].$$

Le *rendement* $\dfrac{T_u}{T_m}$ est exprimé par la fraction

$$\frac{1}{1 + \pi f \left(\frac{1}{n} + \frac{1}{n'} \right)}$$

Il est d'autant plus près de l'unité que les nombres de dents n et n' sont plus grands. De là l'avantage qu'il y a à augmenter le nombre de dents des roues.

301. La même formule s'applique approximativement au cas où il y aurait-à la fois deux paires de dents en prise. Appelons H et H' les réactions normales aux points de contact des deux paires de dents, p et p' les distances de ces points au point A; appelons enfin ds l'arc infiniment petit décrit dans

le même temps par chaque circonférence primitive. Le travail élémentaire du frottement sera encore

$$f\, H p ds \left(\frac{1}{R} + \frac{1}{R'}\right) + f\, H'p'ds \left(\frac{1}{R} + \frac{1}{R'}\right),$$

et appelant a la longueur du pas, le travail pour un pas sera l'intégrale

$$T_f = f\left(\frac{1}{R} + \frac{1}{R'}\right)\left[\int_0^a H p ds + \int_0^a H'p'ds\right].$$

Les réactions H et H' sont variables : mais on peut les faire sortir des signes f en leur attribuant une valeur moyenne. On est ramené à intégrer pds et $p'ds$; si l'on fait $p = s$, on devra faire $p' = a - s$, car la somme $p + p'$ est sensiblement égale au pas a.

Donc

$$H\int_0^a pds + H'\int_0^a p'ds = H\int_0^a sds + H'\int_0^a (a - s)\,ds$$

$$= H\frac{a^2}{2} + H'\frac{a^2}{2} = (H + H')\frac{a^2}{2}.$$

La somme $H + H'$ est égale en moyenne à la résistance F' ; on retrouve en définitive pour le travail du frottement dans cette hypothèse

$$T_f = F'a \times f\frac{a}{2}\left(\frac{1}{R} + \frac{1}{R'}\right),$$

ou bien

$$T_f = T_u \times fa\left(\frac{1}{R} + \frac{1}{R'}\right) = T_u \times \pi f\left(\frac{1}{n} + \frac{1}{n'}\right),$$

formule déjà obtenue pour le cas où il n'y aurait qu'une paire de dents en prise.

502. La même formule convient encore aux engrenages intérieurs ; il suffit d'y changer le signe de l'un des rayons, ce qui revient à changer le signe du nombre de dents correspondant. On a alors

$$T_f = T_u \times \pi f\left(\frac{1}{n} - \frac{1}{n'}\right),$$

et

$$T_r = T_u\left[1 + \pi f\left(\frac{1}{n} - \frac{1}{n'}\right)\right].$$

FROTTEMENT DANS LES ENGRENAGES CONIQUES.

503. Nous avons supposé que l'engrenage était cylindrique. S'il était conique, la formule

$$T_f = T_u f \times \frac{a}{2}\left(\frac{1}{R} + \frac{1}{R'}\right)$$

serait encore approximativement vraie, en prenant pour R et R' les rayons des circonférences primitives que l'on obtient en transformant l'engrenage conique en engrenage plan par la méthode de Tredgold (I, § 235).

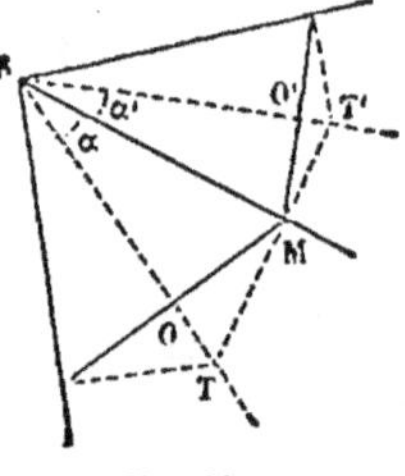
Fig. 284.

Soient SO, SO', les axes des deux cônes tangents suivant la génératrice SM ; α et α' les demi-angles au centre de ces cônes. Au point M élevons sur SM une perpendiculaire jusqu'à la rencontre des axes SO et SO' aux points T et T'. Nous aurons TM=R et T'M=R'. Soient MO=r, MO'=r', les rayons des circonférences moyennes des roues dentées. On pourra exprimer R et R' en fonction de r et r' et des angles α et α'. On a en effet

$$R = \frac{r}{\cos\alpha}, \qquad R' = \frac{r'}{\cos\alpha'}.$$

Donc

$$T_f = T_u \frac{fa}{2}\left(\frac{\cos\alpha}{r} + \frac{\cos\alpha'}{r'}\right).$$

Cette formule peut se simplifier. Remplaçons

$$\frac{\cos\alpha}{r} + \frac{\cos\alpha'}{r'}$$

par la racine carrée de son carré, ou par

$$\sqrt{\frac{\cos^2\alpha}{r^2} + \frac{\cos^2\alpha}{r'^2} + \frac{2\cos\alpha\cos\alpha'}{rr'}}.$$

Puis remplaçons $\cos^2\alpha$ par $1-\sin^2\alpha$, $\cos^2\alpha'$ par $1-\sin^2\alpha'$, et $\cos\alpha\cos\alpha'$ par

$$\cos(\alpha+\alpha') + \sin\alpha\sin\alpha'.$$

Il vient alors

$$\frac{\cos\alpha}{r} + \frac{\cos\alpha'}{r'} = \sqrt{\frac{1}{r^2} + \frac{1}{r'^2} + \frac{2\cos(\alpha+\alpha')}{rr'} - \left(\frac{\sin\alpha}{r} - \frac{\sin\alpha'}{r'}\right)^2}.$$

Mais $r = SM \sin\alpha$ et $r' = SM \sin\alpha'$; donc

$$\frac{\sin\alpha}{r} = \frac{\sin\alpha'}{r'}.$$

La formule se réduit à

$$T_f = T_u \frac{fa}{2}\sqrt{\frac{1}{r^2} + \frac{1}{r'^2} + \frac{2\cos OSO'}{rr'}},$$

et comme on a toujours

$$na = 2\pi r,$$
$$n'a = 2\pi r',$$

en appelant n et n' les nombres de dents des deux roues, on peut écrire

$$T_f = T_u f\pi \sqrt{\frac{1}{n^2} + \frac{1}{n'^2} + \frac{2\cos OSO'}{nn'}}.$$

ÉQUILIBRE DE LA VIS SANS FIN.

504. Soit CD (fig. 285) l'axe de la vis sans fin, supposé vertical, et projeté sur un plan vertical; C''D'' la projection de cet axe sur un plan vertical perpendiculaire au premier; C' la projection de l'axe sur le plan horizontal.

Soit O la projection de l'axe de la roue sur le premier plan; OA la circonférence primitive; EF une portion du profil des dents, contenue dans le plan C'O' mené par l'axe de la vis perpendiculairement à l'axe de la roue. La courbe EF est une développante de cercle, et le point de contact avec la vis se trouve toujours sur la génératrice AB; HGF est la projection de l'hélice tracée sur la surface du cylindre primitif de la vis (I, § 238).

Nous supposerons la roue infiniment mince et contenue dans le plan C'O'.

Soit P la puissance appliquée tangentiellement à la circonférence primitive de la roue, et Q la résistance, appliquée tangentiellement au cylindre primitif de la vis, dans un plan normal à son axe. Admettons que le mouvement soit sur le point de se produire dans le sens des flèches, c'est-à-dire dans le sens de la puissance P.

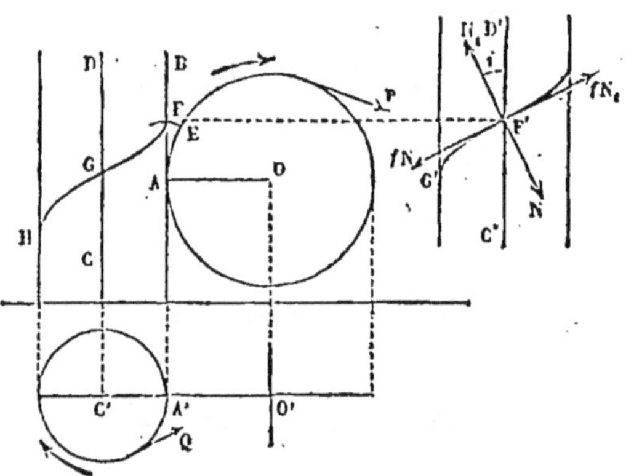

Fig. 285.

Pour trouver la direction du frottement mutuel au point F, donnons au système un mouvement infiniment petit ; le point F appartenant à la vis décrira un élément FF′ situé sur la surface du cylindre primitif, et qu'on peut regarder comme contenu dans le plan tangent à cette surface suivant la génératrice AB. Quant au point F appartenant à la roue, il reçoit un déplacement FF″ contenu dans le plan de la roue et normal à OF. Cet élément est en dehors

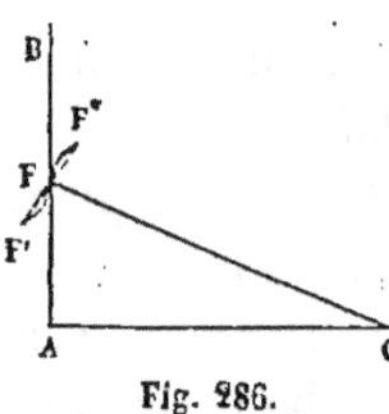

Fig. 286.

du plan tangent au cylindre toutes les fois que le point F ne coïncide pas avec le point A. Cependant, comme le pas de l'engrenage de la roue est très petit, on peut par approximation traiter l'angle FOA comme un angle infiniment petit, et admettre que le point F″ reste dans le plan tangent au cylindre suivant la génératrice AB. La droite F′F″ est la direction du glissement relatif. La simplification adoptée revient à admettre que le glissement relatif est tout entier contenu dans le plan tangent. Tout se passe alors comme si la dent de la roue glissait le long des hélices de la surface de la vis, de la même manière qu'un corps solide glisse le long de la ligne de plus grande pente d'un plan incliné.

Les réactions mutuelles des deux corps en contact au point F peuvent se décomposer chacune en deux forces, l'une N, normale aux surfaces en contact, l'autre fN, égale au frottement et dirigée en sens contraire du glissement relatif. Les frottements seront, conformément à notre hypothèse, dirigés dans le plan tangent au cylindre, tangentiellement à l'hélice G'F'. De ces forces égales deux à deux, les forces qui agissent sur la roue sont les forces N et fN, et les forces qui agissent sur la vis sont N_1 et $f N_1$. L'angle i que fait la normale à l'hélicoïde avec l'axe C"D" est donné par la formule

$$\operatorname{tang} i = \frac{h}{2\pi r},$$

en appelant h le pas de l'hélice et r le rayon C'A' du cylindre primitif. On exprimera les conditions d'équilibre en écrivant pour chaque corps l'équation des moments par rapport à l'axe autour duquel il tourne. On aura pour la roue

$$(N \cos i + f N \sin i)R = PR,$$

ou bien

$$P = N(\cos i + f \sin i),$$

et de même pour la vis

$$Q = N(\sin i - f \cos i).$$

D'où l'on tire, en éliminant N et en faisant $f = \operatorname{tang} \varphi$,

$$\frac{P}{Q} = \frac{\cos i + f \sin i}{\sin i - f \sin i} = \frac{\cos (i - \varphi)}{\sin (i - \varphi)} = \operatorname{cotang} (i - \varphi).$$

Pour passer de là au rapport du travail moteur T_m au travail utile T_u, appelons ω et ω' les vitesses angulaires de la roue et de la vis; r le rayon C'A' du cylindre, et R le rayon AO de la roue. Pour un déplacement de la roue égal au pas de l'hélice la vis fait un tour entier; le déplacement angulaire de la roue est $\dfrac{h}{R}$ et celui de la vis est 2π. On a donc

$$\frac{\omega}{\omega'} = \frac{\left(\dfrac{h}{R}\right)}{2\pi} = \frac{h}{2\pi R}.$$

Les déplacements linéaires des points d'application des forces P et Q, déplacements qui s'opèrent dans la direction même de ces forces, sont entre eux dans le rapport $\dfrac{\omega R}{\omega' r}$, ou dans le rapport

$$\frac{hR}{2\pi r R} = \frac{h}{2\pi r} = \tang i.$$

Le rapport des travaux T_m et T_u s'obtiendra en multipliant le rapport des forces par le rapport des déplacements, c'est-à-dire cotang $(i - \varphi)$ par tang i :

$$\frac{T_m}{T_u} = \cotang(i - \varphi)\,\tang i = \frac{\tang i}{\tang(i - \varphi)},$$

et l'on a pour le *rendement*

$$\frac{T_u}{T_m} = \frac{\tang(i - \varphi)}{\tang i}.$$

Le maximum du rendement correspond à la valeur de i pour laquelle la fraction $\dfrac{\tang(i - \varphi)}{\tang i}$ est la plus grande possible. Or nous savons ($\S$ 297) que le maximum de $\dfrac{\tang i'}{\tang(i' + \varphi)}$ a lieu quand $2i' + \varphi = \dfrac{\pi}{2}$. Le maximum de $\dfrac{\tang(i - \varphi)}{\tang i}$ aura donc lieu lorsque

$$2(i - \varphi) + \varphi = \frac{\pi}{2},$$

ce qui donne

$$i = \frac{\pi}{4} + \frac{\varphi}{2}.$$

Pour que la vis puisse tourner sous la pression de la roue, il faut que la puissance P soit positive, ou que $i > \varphi$.

Supposons en second lieu que la vis conduise la roue; la puissance est alors la force Q, et la résistance la force P. De plus, le frottement change de sens, et il faudra dans la formule changer f en $-f$, ou φ en $-\varphi$; on aura donc

$$\frac{P}{Q} = \operatorname{cotang}(i+\varphi), \quad \text{ou} \quad \frac{Q}{P} = \tang(i+\varphi),$$

et le rendement sera exprimé par la fraction $\dfrac{\tang i}{\tang (i+\varphi)}$, dont le maximum a lieu pour $i = \dfrac{\pi}{4} - \dfrac{\varphi}{2}$. Pour que la vis puisse conduire la roue, il faut que $i+\varphi$ soit $< \dfrac{\pi}{2}$.

En résumé, l'engrenage de la vis sans fin présente les cas suivants :

1° La roue peut conduire la vis lorsque $i > \varphi$, et le rendement maximum a lieu pour $i = \dfrac{\pi}{4} + \dfrac{\varphi}{2}$.

2° La vis peut conduire la roue lorsque $i < \dfrac{\pi}{2} - \varphi$, et le rendement maximum a lieu pour $i = \dfrac{\pi}{4} - \dfrac{\varphi}{2}$.

3° L'engrenage est réciproque quand i est compris entre φ et $\dfrac{\pi}{2} - \varphi$.

4° La roue peut conduire la vis, sans réciprocité, quand $i > \dfrac{\pi}{2} - \varphi$.

5° La vis peut conduire la roue, sans réciprocité, quand $i < \varphi$.

Mais on ne doit pas oublier que cette théorie est fondée sur une hypothèse peu exacte. Elle n'est qu'approximative.

AUTRES ENGRENAGES.

305. L'engrenage *hélicoïdal* est analogue à la vis sans fin.

L'*engrenage sans frottement* de White ne mérite pas complétement son nom. Les deux roues tournent autour d'axes parallèles. Leur mouvement relatif est donc une rotation autour de la génératrice commune aux deux cylindres primitifs. Cette rotation élémentaire peut se décomposer en deux autres, l'une autour d'une droite contenue dans le plan tangent, et menée tangentiellement à la dent de l'engrenage ; l'autre, autour d'une droite également contenue dans le plan tangent, mais normale à la surface de la dent.

La première rotation s'opérant autour d'une droite du plan tangent commun aux deux dents en contact, ne donne lieu à aucun frottement ; mais la seconde, normale à ce plan tangent, produit un pivotement analogue à la rotation d'un arbre vertical tournant sur une crapaudine ; il en résulte un travail du frottement sur toute la région du contact (§ 279). Ce travail n'est négligeable que dans les engrenages soumis à de très petites forces, parce qu'alors la surface de contact créée par le tassement des matières est extrêmement petite.

Dans l'*engrenage hyperboloïde*, il y a la fois rotation relative des surfaces autour de la génératrice de contact et glissement le long de cette génératrice. Le premier mouvement relatif ne produit aucun travail appréciable lorsque les dents sont suffisamment nombreuses ; mais le glissement longitudinal entraîne un travail du frottement.

EMBRAYAGE A CÔNE DE FRICTION.

306. Le frottement peut être employé pour transmettre le mouvement de rotation d'un arbre O à un arbre O' situé en prolongement du premier.

Sur le premier arbre on monte un coin A de forme conique, qui est susceptible de recevoir des déplacements parallèles à l'axe O , et qu'on manœuvre à l'aide d'une fourche. Une clavette C assure l'entraînement du cône quand l'arbre reçoit un mouvement de rotation.

L'arbre O' porte un renflement B, dans lequel on ménage une cavité présentant exactement la forme du cône A, de sorte que l'on peut, en se servant de la fourche, faire pénétrer le cône A dans le creux de l'arbre B.

Si les arbres O et O' étaient en repos, la pression exercée sur le cône A par la fourche produirait dans le creux de l'autre arbre l'effet d'un coin, et le frottement mutuel des parties en contact serait dirigé suivant les génératrices du cône, puisque c'est dans cette direction que l'enfoncement tend à s'opérer. Mais lorsque l'arbre O tourne en entraînant l'arbre O', la tendance au glissement du système B sur le système A n'est plus dirigée suivant les génératrices du cône ; elle est dirigée suivant les sections circulaires de ce cône, à angle droit sur sa direction primitive. Les frottements prennent cette nouvelle direction. Cherchons dans cette hypothèse une limite de l'effort utile transmis de l'arbre O à l'arbre O'.

Soit N une des réactions normales du cône creux sur le cône plein, en un point de la ligne moyenne I de ce second cône. Appelons i l'angle de la génératrice mnp

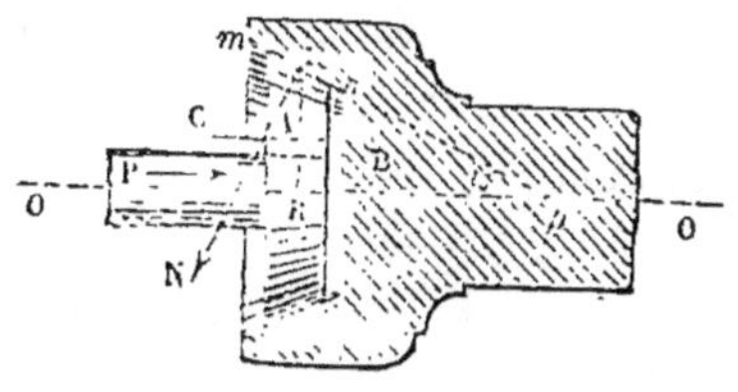

Fig. 287.

avec l'axe OO'. Les frottements étant normaux à l'axe, nous n'avons pas à en tenir compte en projection sur OO'.

Soit P la pression exercée par la fourche. L'équilibre du cône A exigera qu'on ait l'équation

$$P = \Sigma N \sin i = \sin i \, \Sigma N.$$

Le frottement correspondant à la pression normale N a pour limite supérieure fN, et son moment par rapport à l'axe O' a pour limite $fN \times r$, en désignant par r le rayon moyen du cône, IR. La somme des moments de tous ces frottements par rapport à l'axe a donc pour limite supérieure

$$\Sigma fNr = fr\Sigma N,$$

ou bien

$$\frac{frP}{\sin i}.$$

Si l'arbre O' a à vaincre un couple résistant Qq, la puissance pourra être appliquée à l'arbre O, moyennant qu'on exerce sur le cône à l'aide de la fourche A une pression P satisfaisant à l'inégalité

$$Qq < \frac{frP}{\sin i},$$

ce qui donne pour limite inférieure de P,

$$P = \frac{Qq \sin i}{fr}.$$

La force P peut être réduite à volonté en augmentant le coefficient du frottement, le rayon moyen du cône de friction, et en diminuant l'angle i. Pour une valeur suffisamment petite de i, et des valeurs suffisamment grandes de f et de r, on pourra donc réaliser l'embrayage avec une force P insignifiante.

RÉSISTANCE AU ROULEMENT.

307. La *résistance au roulement*, appelée aussi, mais improprement, *frottement de roulement* ou *frottement du second ordre*, est un résultat de la déformation qui se produit toujours au contact du corps roulant et de la surface sur laquelle il se meut. Cette déformation suit le point ou l'arête de contact des deux systèmes matériels, s'effaçant en partie aux points pour lesquels le contact a cessé. Si, par exemple, le cylindre O se meut dans le sens de la flèche f, en roulant sur le plan MM' autour de l'arête géométrique projetée en A, le contact du

cylindre avec le plan, au lieu d'être, comme on le suppose en
géométrie, concentré sur une ligne sans épaisseur, s'étend
à une surface de largeur finie, AB, située tout entière en avant
du point de contact géométrique A,
dans le sens où le mouvement du
cylindre tend à comprimer le terrain
sur lequel il roule; en arrière du
point A, le plan ne conserve qu'une
partie du tassement qu'il avait
éprouvé au moment du passage
du cylindre, de sorte que le contact n'a plus lieu de ce côté. C'est

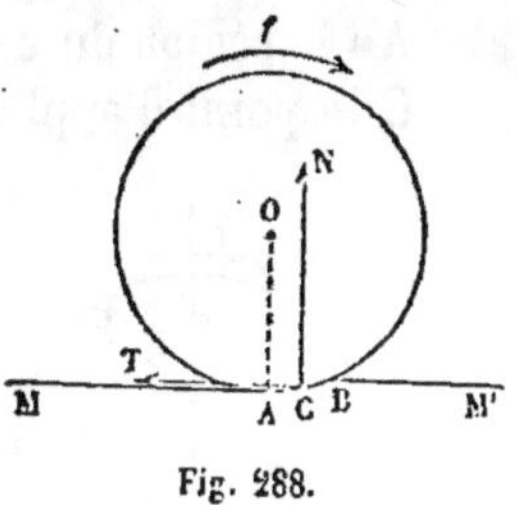

Fig. 288.

ainsi que le passage d'une roue de voiture sur une route
empierrée laisse une trace visible, qui se forme en avant du
point de contact géométrique de la roue et du sol par la compression des matériaux de la chaussée.

La réaction du plan MM' sur le cylindre, résultante des
pressions développées de A en B, passe en un point C situé un peu en avant du point A; elle se décompose d'ailleurs généralement en deux forces, l'une CN, normale,
l'autre CT, parallèle au plan; cette dernière représente le
frottement de glissement. Pour tenir compte de la résistance
au roulement, il suffit de faire passer la réaction normale CN
à une distance δ, toujours très petite, en avant du point A.

Cette quantité δ a été déterminée par les expériences de
Coulomb, confirmées depuis par celles de Morin. Elle dépend de la nature des corps en contact, et est indépendante
du rayon du cylindre. Cette loi n'est pas d'une vérité absolue; car la distance δ est nécessairement plus petite que le
rayon du cylindre, et par suite δ doit diminuer quand le rayon
diminue lui-même. Dupuit a proposé une nouvelle loi qui
satisferait à cette condition, et d'après laquelle δ serait proportionnel à la racine carrée du rayon. Mais toutes les fois que
les corps en contact ont une dureté assez grande, et que le
rayon du cylindre n'est pas très petit, la loi de Coulomb paraît
plus voisine de la réalité que la loi de Dupuit.

508. Les expériences de Coulomb consistaient à faire rouler un cylindre de bois dur, de gaïac ou d'orme, sur un madrier de chêne.

Soit MM' le plan de roulement ;

AB la région du contact ;

C le point d'application de la résultante des pressions développées sur cette région ;

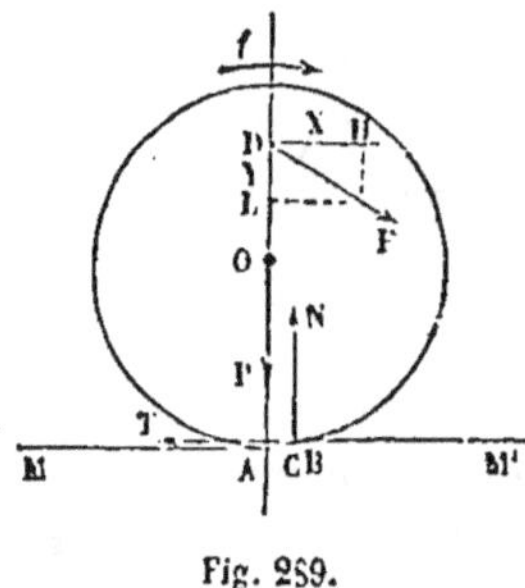

Fig. 259.

N et T les composantes, normale et tangentielle, de la résultante des pressions ;

F une force appliquée au point D du diamètre AO ;

$DH = X$ et $DL = Y$ les composantes de cette force suivant une normale au plan et une parallèle ;

P le poids du cylindre.

Écrivons les trois équations d'équilibre des forces appliquées au rouleau. Nous aurons

$$T = X,$$
$$N = P + Y,$$

et, prenant les moments par rapport au point A, et appelant $AD = h$,

$$Xh = N\delta.$$

Nous négligeons dans cette équation le moment de la force T par rapport au point A, parce que la distance de cette force au point A est extrêmement petite.

La force T est le *frottement de glissement* du rouleau sur le plan MM'. Pour qu'il y ait roulement et non glissement, il faut et il suffit que l'on ait

$$T < (P + Y)f,$$

ou

$$\frac{X}{P + Y} < f.$$

Des deux dernières équations on tire

$$Xh = (P + Y)\delta,$$

et par suite $\delta = \dfrac{X h}{P + Y}$. On peut donc calculer δ si l'on connaît les forces X, Y, P, et la distance h.

Il est rare qu'on ait à tenir compte de la résistance au roulement dans les applications, à cause de la petitesse de cette quantité δ.

Ainsi pour un cylindre de bois roulant sur du bois dur, les surfaces étant très bien dressées, δ varie de $0^m,001$ à $0^m,0016$.

Pour un cylindre de gaïac roulant sur un plan de chêne, Coulomb indique la valeur $\delta = 0^m,00048$.

La quantité δ augmente quand la rigidité du plan de roulement diminue. Les expériences sur le tirage des voitures ont donné pour une roue avec jante en fer roulant uniformément sur une chaussée empierrée, $\delta = 0^m,015$ quand la chaussée est à l'état parfait d'entretien, $\delta = 0,041$ quand elle est à l'état moyen, et enfin $\delta = 0,063$ lorsque l'empierrement est neuf et non encore cylindré.

309. Proposons-nous de chercher le travail du roulement d'un cylindre sur un plan horizontal en supposant le mouvement uniforme.

Les forces P et Y, normales aux chemins décrits par leurs points d'application, ne produisent aucun travail.

Il en est de même de la force T, car la rotation instantanée s'opère autour d'un point du plan de roulement voisin du point C, et la trajectoire du point C est sensiblement normale à la direction du frottement T.

Les forces X et N produisent seules du travail, et par suite le travail de l'une est égal, au signe près, au travail de l'autre. Le travail du roulement s'obtiendra donc en prenant avec le signe — le travail de la force X.

Si le centre O du rouleau avance d'une quantité ds, le point D avance d'une quantité égale à $\dfrac{ds \times h}{R}$, en appelant R le rayon du rouleau. Le travail de la force X est $\dfrac{h}{R} X \, ds$.

Mais
$$X h = N \delta.$$

Le travail du roulement s'exprime donc aussi par

$$-N\delta \times \frac{ds}{R};$$

ce résultat est évident, car $N\delta$ est le moment de la force N par rapport au point A, et $\frac{ds}{R}$ est l'angle infiniment petit dont tourne le cylindre autour de l'arête A quand le centre avance de la quantité ds.

Le travail résistant qui correspond au roulement contient en facteur cette quantité δ. On voit qu'il y a avantage à la réduire le plus possible, ce qui revient à employer des matières dures pour la fabrication des pièces qui doivent rouler les unes sur les autres.

TRANSPORT HORIZONTAL DES FARDEAUX. MADRIER ROULANT SUR DEUX CYLINDRES ÉGAUX.

310. Soit NM′ un plan horizontal; O et O′ sont deux rouleaux égaux et composés de la même matière; leur rayon commun est r, et la distance de leurs centres est a· ils pèsent chacun p kilogrammes.

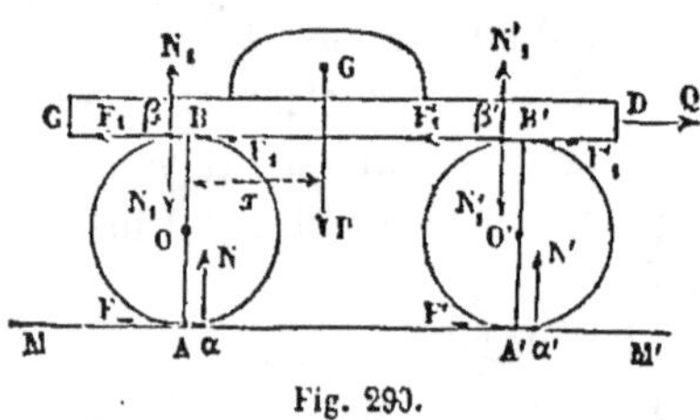

Fig. 290.

Un madrier CD, d'épaisseur c, est posé sur les deux rouleaux et porte un fardeau dont le poids est P.

On connaît la distance x de la verticale du centre de gravité G du fardeau, y compris le poids du madrier, au centre O de l'un des deux cylindres.

Pour obtenir le roulement uniforme des cylindres et le déplacement du madrier dans le sens CD, on applique une force Q au milieu de l'épaisseur du madrier. On demande la condition pour que le mouvement soit uniforme.

La réaction du sol sur le rouleau O passe en un point a

situé à la distance $A\alpha = \delta$ en avant du point de contact géométrique du cercle et de la droite MM'; elle se décompose en deux forces, l'une N normale au plan MM', l'autre F, parallèle.

De même si l'on prend la longueur $A'\alpha' = \delta$ en avant du point A', le point α' sera le point de passage de la réaction du sol sur le rouleau O'; cette réaction se décompose en deux forces, l'une N' normale, l'autre P' parallèle au plan MM'.

Le madrier roule sur les cylindres en B et B'; pour tenir compte de la résistance au roulement, il suffit de prendre, *en arrière des points B et B'*, des quantités $B\beta = B'\beta' = \delta'$, valeur correspondante au roulement de bois sur bois. Les réactions développées aux points B et B' se décomposent chacune en deux forces, que nous appellerons N_1 et F_1 pour le rouleau O, N_1' et F_1' pour le rouleau O'.

Ces réactions, changées de sens, sont les forces exercées par les rouleaux sur le madrier.

Nous avons pris les points β' et β en arrière des contacts géométriques B et B', parce qu'en effet, dans le mouvement relatif des rouleaux par rapport au madrier, les rouleaux s'avancent vers la gauche de la figure.

Écrivons les équations d'équilibre des trois solides constituant le système, savoir les deux rouleaux et le madrier; nous obtiendrons les neuf équations suivantes :

$$\text{rouleau O} \quad \begin{cases} N = N_1 + p, \\ F = F_1, \\ F_1 \times 2r = N\delta + N_1\delta'. \end{cases} \begin{cases} \text{Moments par rapport} \\ \text{au point A.} \end{cases}$$

$$\text{rouleau O'} \quad \begin{cases} N' = N_1' + p, \\ F' = F_1', \\ F' \times 2r = N'\delta + N_1'\delta'. \end{cases} \begin{cases} \text{Moments par rapport} \\ \text{au point A'.} \end{cases}$$

$$\text{madrier} \quad \begin{cases} P = N_1 + N_1', \\ Q = F_1 + F_1', \\ Px + Q \times \dfrac{c}{2} = N_1' \times a. \end{cases} \begin{cases} \text{Moments par rapport} \\ \text{au point } \beta. \end{cases}$$

Dans la dernière équation, on néglige δ' vis-à-vis de x dans l'expression du moment de la force P.

Les données sont δ, δ', a, c, et le poids P. Les inconnues sont N, N_1, N', N_1', F, F', F_1, F_1' et Q. Les neuf équations permettent de déterminer ces inconnues en fonction des données et de la distance x, laquelle varie à chaque instant à mesure que le roulement s'opère; il est facile en effet de reconnaître que le déplacement du madrier est double du déplacement des centres O et O' des cylindres. Cette circonstance exige que l'on ait au moins trois rouleaux pour employer ce mode de transport; au bout d'un certain parcours, le madrier abandonne le dernier rouleau, que l'on reporte en tête, sous la partie du madrier amenée en porte-à-faux par le mouvement.

Pour résoudre les équations, et trouver le rapport de la force Q à la force P, nous les simplifierons en effaçant le poids p du rouleau, qui est toujours très petit par rapport aux forces N, N', et en supprimant aussi le terme $Q \times \dfrac{c}{2}$, ce qui revient à supposer le madrier sans épaisseur. On a alors $N = N_1$, $N' = N_1'$, et par suite

$$F_1 = F = \frac{N(\delta + \delta')}{2r},$$

$$F_1' = F' = \frac{N'(\delta + \delta')}{2r}.$$

Donc

$$P = N_1 + N_1' = N + N',$$

$$Q = F_1 + F_1' = \frac{(N + N')(\delta + \delta')}{2r},$$

et enfin

$$\frac{Q}{P} = \frac{\delta + \delta'}{2r},$$

rapport indépendant de la quantité variable x.

Le déplacement du madrier étant double du déplacement des rouleaux, si l'on appelle ds l'espace décrit par le centre O, l'espace décrit dans le même temps par le madrier sera $2ds$, et le travail moteur sera

$$2Qds = P\frac{\delta + \delta'}{r}\,ds.$$

Si le fardeau P avait glissé sur le sol, le coefficient du frottement étant f, le travail à dépenser eût été $2Pfds$.

L'emploi des rouleaux a donc réduit le travail à produire dans le rapport de $\dfrac{\delta + \delta'}{r}$ à $2f$, ou de $\dfrac{\delta + \delta'}{2fr}$ à l'unité ; ce nombre est très petit, puisque $\dfrac{\delta}{2r}$ et $\dfrac{\delta'}{2r}$ sont de très petites fractions, beaucoup moindres que le coefficient de frottement f.

Les forces F, F_1, N, N_1... varient avec la distance x. On peut vérifier que F, F_1. . sont respectivement inférieurs aux produits fN, f_1N_1,... de sorte que les frottements des rouleaux sur le sol ou sous le madrier sont inférieurs à leurs valeurs limites ; c'est pour cela qu'il y a roulement, et non glissement des solides en contact.

511. La solution géométrique du problème est facile, quand on s'en tient au même degré d'approximation, c'est-à-dire quand on néglige le poids p des rouleaux. La résultante des forces N_1 et F_1 fait équilibre sur le premier rouleau à la résultante des forces N et F, par suite leur direction commune est la droite $\alpha\beta$. De même la direction commune

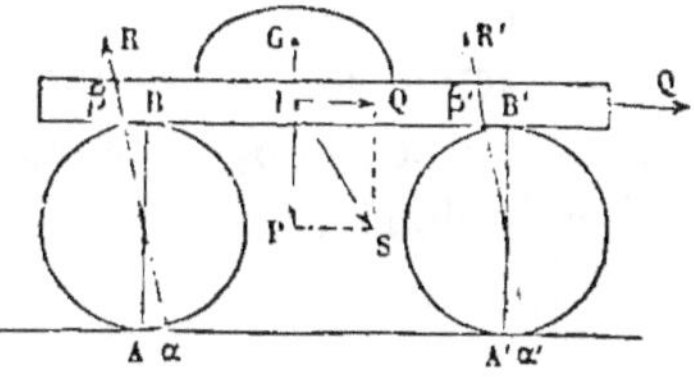

Fig. 291.

des réactions totales aux points α' et β' sur le second rouleau est la droite $\alpha'\beta'$. Ces deux droites sont parallèles.

La résultante S des forces P et Q appliquées au madrier est tenue en équilibre par les deux réactions parallèles R et R' des rouleaux, appliquées en β et β', dans le prolongement des droites $\alpha\beta$, $\alpha'\beta'$. Donc S est parallèle à R et à R'.

Il faut pour l'équilibre que IS soit parallèle à $\alpha\beta$; or l'inclinaison de $\alpha\beta$ sur la verticale AB est sensiblement égale à $\dfrac{\delta + \delta'}{2r}$; donc on doit avoir

$$\frac{Q}{P} = \frac{\delta + \delta'}{2r},$$

condition que nous avions obtenue.

On achèvera la solution, cette condition une fois remplie, en décomposant la force S, résultante de P et Q, suivant les directions données $\alpha\beta$ et $\alpha'\beta'$.

512. Nous n'avons pas déterminé le *rendement* de ce système; ce mot n'a pas de sens ici, parce que le travail utile n'est pas défini. Jusqu'à présent, nous avons pris pour travail utile un travail qu'on ne puisse ni supprimer ni même réduire au delà de toutes limites; tel est en général le travail de la pesanteur. Or, dans ce problème, la pesanteur ne produit aucun travail, puisque le centre de gravité du système ne change pas de hauteur. Le travail utile ainsi défini serait nul, et le rendement égal à zéro.

Le travail du transport horizontal des fardeaux provient entièrement en effet des résistances passives, et on peut le réduire autant qu'on le voudra par l'emploi de moyens de transport de plus en plus perfectionnés. Ainsi la résistance à la traction à faible vitesse est moindre sur un chemin de fer que sur une route, et moindre encore sur un canal que sur un chemin de fer.

ÉQUILIBRE DE LA BROUETTE.

513. La brouette porte, par son extrémité antérieure, sur une roue qui est destinée à rouler sur le sol; à l'autre extrémité, elle est terminée par des manches que l'ouvrier *rouleur* tient dans ses mains et pousse en avant. Le rouleur porte ainsi une partie de la charge contenue dans la caisse de la brouette, et de plus il développe un travail moteur pour faire

avancer la brouette le long du chemin qu'il doit lui faire parcourir.

Cherchons les conditions d'équilibre de l'appareil, lorsque l'ouvrier gravit une rampe d'un mouvement uniforme.

Soit SS′ le profil de la rampe ;

OB la roue de la brouette ;

B le point de contact géométrique de la roue avec le sol ;

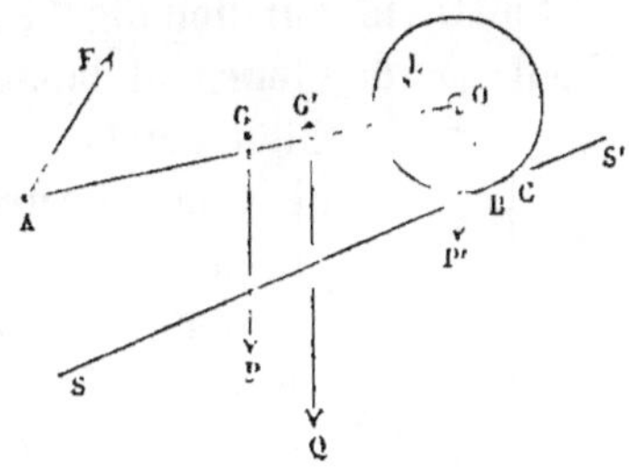

Fig. 292.

C le point de contact réel, reporté un peu en avant, à la distance 2, pour tenir compte de la résistance au roulement ;

AO les longerons de la brouette ;

A le point que tient l'ouvrier rouleur et auquel il applique une force F ;

G le centre de gravité, et P le poids de la brouette, y compris la charge qu'elle contient, mais non compris la roue ;

P′ le poids de la roue, qu'on peut supposer appliqué en son centre O ;

G′ le centre de gravité des poids P et P′, et Q , le poids total, $P + P'$, du système.

La réaction du sol sur la roue passe par hypothèse au point C ; on peut donc la représenter par une droite CL, dont la direction et la grandeur restent encore à déterminer. La force CL, composée avec le poids G′Q, doit être égale et contraire à la force AF, mais cette force AF est elle-même inconnue en direction et en grandeur, et on ne connaît jusqu'ici que son point d'application A.

Pour achever de déterminer les inconnues, nous chercherons séparément les conditions d'équilibre du corps de la brouette et de la roue. Ces deux systèmes sont en contact sur une arête des tourillons de la roue, et là, comme il y a glissement de l'un des systèmes sur l'autre, la réaction mutuelle des deux systèmes fait avec la normale commune aux surfaces frottantes, en sens contraire du mouvement relatif, un angle égal à l'angle φ du frottement. Nous supposerons les tourillons de la roue mobiles dans l'œil du longeron.

Soit OE le tourillon (fig. 293), et E son point de contact avec l'œil; la roue tournant dans le sens de la flèche f, la réaction

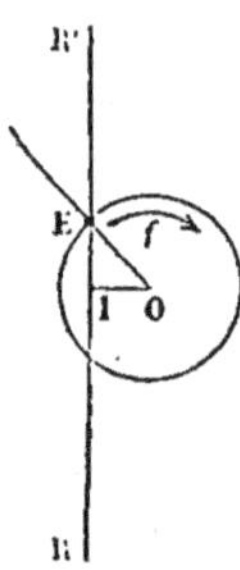

subie par la roue de la part du longeron a pour direction une droite ER qui fait avec la normale EO un angle OER $= \varphi$. La réaction de la roue sur le corps de la brouette est une force R′, égale et contraire à la force R. Abaissons du point O une perpendiculaire OI sur la direction commune des forces R, R′, On connaît dans le triangle rectangle OIE l'angle E, égal à l'angle du frottement, et l'hypoténuse OE, égale au rayon du tourillon. Donc on peut construire ce triangle,

Fig. 293.

et en déduire la longueur du côté OI. Si du point O comme centre, avec cette longueur pour rayon, on décrit un cercle, la direction commune des réactions mutuelles R, R′ de la roue et du corps de la brouette est une tangente à ce cercle (fig. 294). On sait de plus que la force R′ fait équi-

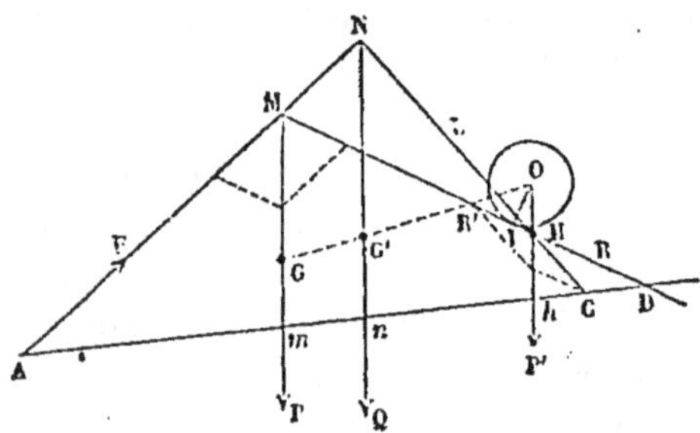

Fig. 294.

libre aux forces GP et AF, tandis que la force R fait équilibre aux forces OP′ et CL; ce qui exige que les trois droites RR′, GP, AF, concourent en un même point M, et que les trois droites RR′, CL, OP′ concourent aussi en un même point N.

Les droites GP, OP′ sont connues de position; quant aux

droites AF, CL, on n'en connait qu'un point, A et C ; enfin pour la droite RR', on sait seulement qu'elle est tangente à un cercle donné décrit du point O comme centre avec OI pour rayon.

Le problème est ramené à tracer par des points donnés A et C deux droites AF, CL, se coupant sur une droite donnée G'Q, et telles qu'en joignant les points M et H où ces droites coupent respectivement les droites données GP, OP', la droite MH soit tangente au cercle donné OI.

Supposons le problème résolu ; joignons les points donnés A et C, et prolongeons cette droite jusqu'à sa rencontre en D avec la droite MH. Soient m, n, h, les points où les droites données GP, G'Q, OP', rencontrent la droite AC. Le triangle ANC coupé par la transversale rectiligne MHD, donne la relation ($\S$ 55)

$$\frac{AM}{MN} \times \frac{NH}{HC} \times \frac{DC}{DA} = 1.$$

Le rapport $\dfrac{AM}{MN}$ est égal à $\dfrac{Am}{mn}$, à cause des parallèles MP, NQ ; de même $\dfrac{NH}{HC} = \dfrac{nh}{hC}$; ces rapports sont connus. La relation précédente fait connaitre le rapport

$$\frac{DC}{DA} = \frac{mn \times hC}{Am \times nh},$$

et, par suite, définit la position du point D sur le prolongement de AC. Il suffira de mener par le point D une droite DM tangente au cercle donné OI. Cette droite sera la direction cherchée des réactions R, R', de la roue et du corps de la brouette.

Elle coupe les directions GP, OP', aux points M et H, qu'on joindra aux points A et C. La force P', décomposée suivant les directions HC, HM, aura pour composantes la force R et la réaction CL du sol sur la roue. La force P, décomposée suivant les directions MA, MD, aura pour composantes la réaction R, déjà connue, et l'effort AF que doit développer l'ouvrier.

On peut mener par le point D deux tangentes au cercle OI ; mais ces deux tangentes ne donnent pas deux solutions du problème, car l'une, celle que nous avons tracée, correspond au cas où la brouette remonte la rampe, ce que nous avions admis, tandis que l'autre correspondrait au cas où la brouette serait déplacée en sens contraire et descendrait la pente : la force R doit toujours, en effet, être dirigée en sens contraire de la rotation de la roue.

La solution peut être simplifiée et dégagée de tout calcul.

Soient SM', SN', SH', trois droites concourantes en un point S (fig. 295).

Plaçons deux triangles M'N'H', MNH, de manière que leurs sommets soient respectivement sur ces trois droites, et déterminons les points A, C et D, où se coupent mutuellement les côtés correspondants MN et M'N', NH et N'H', MH et M'H'. Ces trois points seront en ligne droite.

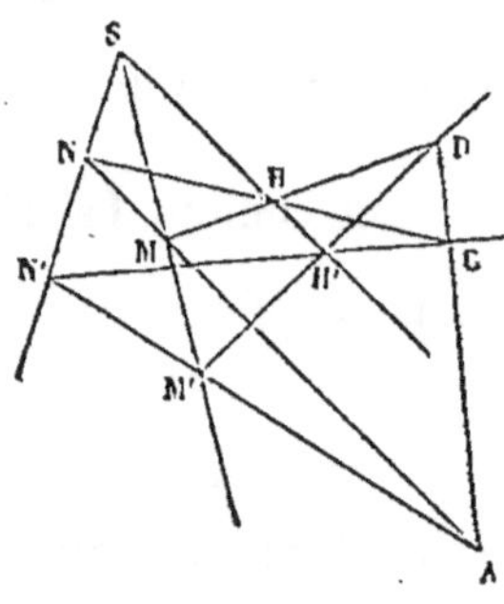

Fig. 295.

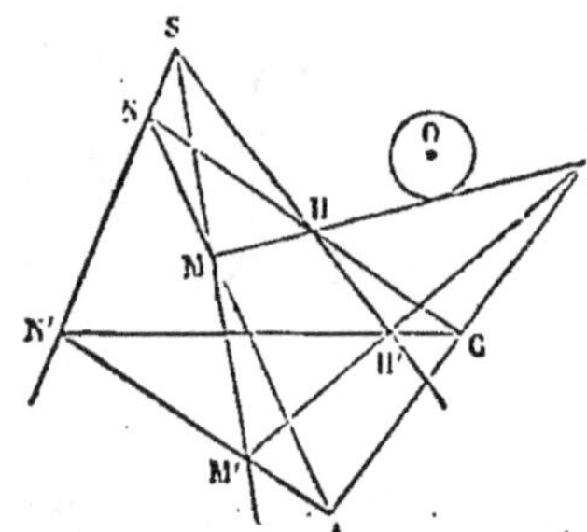

Fig. 296.

En effet, nous pouvons regarder la figure plane que nous venons de tracer comme la *perspective* d'un tétraèdre S M'H'N', qui serait coupé par un plan MHN ; les points A, C et D, appartiennent à la fois au plan de la base M'H'N' et au plan MHN ; donc ils sont situés sur l'intersection de ces deux plans, et sont par conséquent en ligne droite.

Cela posé, il est facile de résoudre le problème suivant (fig. 296) : Étant donnés trois droites concourantes SM',

SH', SN', deux points A et C, et un cercle O, inscrire dans les trois droites, de manière qu'il ait ses sommets respectivement sur chacune d'elles, un triangle MHN, dont deux côtés NM, NH, passent par les points donnés, et le troisième MH soit tangent au cercle O.

Prenons au hasard un point N' sur la droite SN', et joignons-le aux points A et C ; les droites N'A, N'C coupent en M' et H' les droites données SM', SH'. Menons la droite AC, et cherchons le point D où elle rencontre la droite M'H' ; par ce point, menons une tangente DHM au cercle O, puis joignons CH, AM ; ces droites se couperont en N sur la droite SN'. Le triangle MHN satisfera aux conditions proposées.

Le cas particulier que nous avions à traiter suppose parallèles les droites données SM', SH', SN'.

CHAPITRE II

DU POLYGONE FUNICULAIRE ET DES SYSTÈMES ARTICULÉS

ÉQUILIBRE D'UN FIL.

314. Dans la mécanique rationnelle, on admet qu'un fil est un système matériel affectant la forme d'une ligne, c'est-à-dire n'ayant ni largeur, ni épaisseur; le fil idéal est, en général, considéré comme *inextensible* et sans *raideur*, c'est-à-dire que sa longueur est regardée comme invariable, quelles que soient les forces qui agissent sur lui pour l'étendre, et qu'on peut le courber, l'infléchir, lui faire dessiner telle ligne qu'on voudra, courbe ou brisée, sans éprouver aucune résistance. Les fils, les cordes, que l'on rencontre dans les applications, sont loin d'avoir ces propriétés; ils s'étendent sous l'action des forces qu'on leur applique, ils ne peuvent être courbés sans effort, et la *raideur* s'y manifeste par la courbure qu'ils prennent aux environs des points où l'on veut changer leur direction d'une manière brusque.

Le problème que nous nous proposons consiste à déterminer la forme d'équilibre d'un fil parfait soumis à des forces données, et de trouver les *tensions* développées en ses différents points.

La *tension* d'un fil en un point donné est la réaction mutuelle des deux portions de fil qui se réunissent l'une à l'autre en ce point. Si l'on coupe un fil en équilibre en un certain point, il faudra, pour rétablir l'équilibre de chaque portion, appliquer deux forces égales et contraires aux extrémités des tronçons séparées par la coupure ; ces forces ne sont autre chose que la *tension* du fil au point considéré.

515. Il résulte de là que toute portion d'un fil en équilibre est en équilibre sous l'action des forces qui lui sont directement appliquées et des deux tensions qu'elle subit à ses extrémités. On peut démontrer, en s'appuyant sur cette remarque, que *dans un fil parfait soumis à des forces réparties d'une manière continue sur sa longueur (comme la pesanteur, par exemple), la tension est en chaque point tangente à la ligne dessinée par le fil.* Soit, en effet, un fil MN en équilibre sous l'action de forces ainsi réparties. Considérons isolément un élément infiniment petit, AB ; cet élément est en équilibre sous l'action des tensions T et T', qui sont des forces finies appliquées à ses extrémités, et des forces infiniment petites réparties de A en B ; ces forces sont, par hypothèse, sensible-

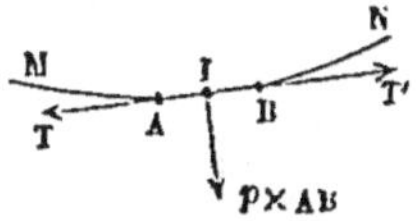

Fig. 207.

ment parallèles, et leur résultante est proportionnelle à la longueur de l'élément ; elle peut, par suite, être exprimée par le produit $p \times AB$, où p représente un nombre fini, et elle est appliquée en un point I, intermédiaire entre A et B. Puisqu'il y a équilibre entre les forces T, T' et $p \times AB$, nous pouvons écrire l'équation des moments par rapport à un point quelconque, et prenant le point A pour centre des moments, il vient

$$T' \times h = p \times AB \times h',$$

h étant la distance du point A à la direction de la force T', et h' la distance du même point à la direction de la force $p \times AB$.

Or h' est nécessairement moindre que AB, et $p \times AB \times h'$ est plus petit que $p \times \overline{AB}^2$, quantité infiniment petite du second ordre ; le produit égal, $T' \times h$, est donc aussi infiniment petit du second ordre : et comme T' est une force finie, h est un infiniment petit du second ordre, ou du même ordre de grandeur que le carré de la longueur AB. La direction de la tension en B est donc telle qu'un point A, infiniment voisin du point B, pris sur la courbe MN, soit à une distance infiniment petite du second ordre de cette direction; en d'autres termes elle est tangente à la courbe MN au point B[*].

Si, outre les forces infiniment petites réparties d'une manière continue le long du fil MN, on appliquait au fil une force finie isolée F, le raisonnement précédent ne serait plus admissible pour un élément qui comprendrait le point d'application A de cette force; la forme d'équilibre

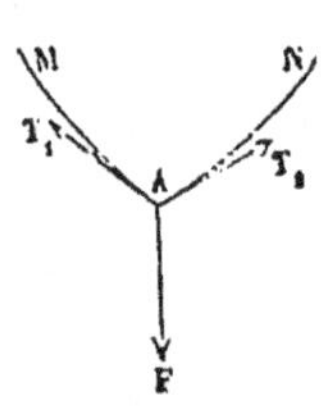

Fig. 298.

du fil présenterait un point anguleux, et la tension varierait d'une manière brusque, en grandeur et en direction, d'un côté à l'autre de ce point A. Dans chaque branche AM, AN, les tensions seraient encore tangentes à la courbe d'équilibre; mais au point A on aurait deux tensions, l'une T_1, tangente à la branche AM, l'autre T_2, tangente à la branche AN ; ces deux tensions feraient équilibre à la force F. On obtiendrait donc ces deux tensions en décomposant la force F suivant les directions des tangentes aux branches qui se réunissent en A.

POLYGONE FUNICULAIRE.

316. On appelle *polygone funiculaire* la figure d'équilibre d'un fil idéal, non pesant, sollicité en différents points de sa longueur par des forces de grandeur et de direction connues.

Un fil sans poids, soumis à deux forces F_1, F_2, appliquées à

---

[*] Cette démonstration suppose expressément que le fil soit sans raideur; autrement il y aurait à considérer au point A, non-seulement une tension T, mais encore un couple dû à la courbure du fil en ce point.

ses deux extrémités A et B, est en équilibre si ces deux forces tendent à allonger le fil, et si elles sont égales.

La tension du fil est égale en tout point à la valeur commune de ces deux forces. Si, en effet, on coupe le fil en un point C, il faudra, pour rétablir l'équilibre, appliquer à l'extrémité C du tronçon AC, considéré seul, une force T_1,

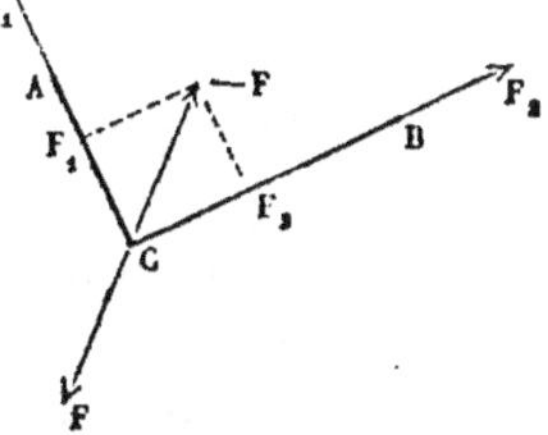

Fig. 209.

égale et contraire à F_1, et à l'extrémité C du tronçon CB une force T_2, égale et contraire à F_2. On a donc

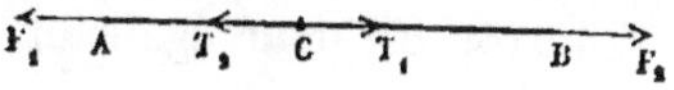

$$T_1 = T_2 = F_1 = F_2.$$

517. En un point C du fil sans poids AB, appliquons une force F de direction connue, et cherchons quelles forces F_1, F_2, il faut appliquer suivant les directions des *cordons* CA, CB, pour qu'il y ait équilibre.

Du point A au point C, le fil n'est soumis, par hypothèse, à aucune autre force extérieure que la force F_1; donc la tension en tous les points de ce cordon est

Fig. 500.

égale à F_1; de même la tension est égale à F_2 en tous les points du cordon BC.

Nous pouvons ainsi considérer le point C du fil comme un point matériel isolé, en équilibre sous l'action de la force F, et des tensions F_1 et F_2, appliquées suivant les directions CA, CB, et par suite la force F est égale et contraire à la résultante des forces F_1 et F_2; on trouvera donc les tensions des deux cordons, et les forces qu'il faut appliquer dans leur prolongement, en décomposant la force $-F$, égale et opposée à la force F, suivant les directions données CA, CB.

Les tensions sont généralement inégales dans les deux brins CA, CB : elles deviennent égales quand la direction CF est bissectrice de l'angle ACB.

Supposons encore que la force F, au lieu de solliciter

directement le point C, soit appliquée dans le prolongement d'un cordon CD, attaché au point C (fig. 501). La solution sera la même, car le point C, considéré isolément, se trouve sollicité à la fois par les tensions des cordons CA, CB, CD, égales respectivement aux forces F_1, F_2, F. Chacune de ces forces est donc égale et contraire à la résultante des deux autres.

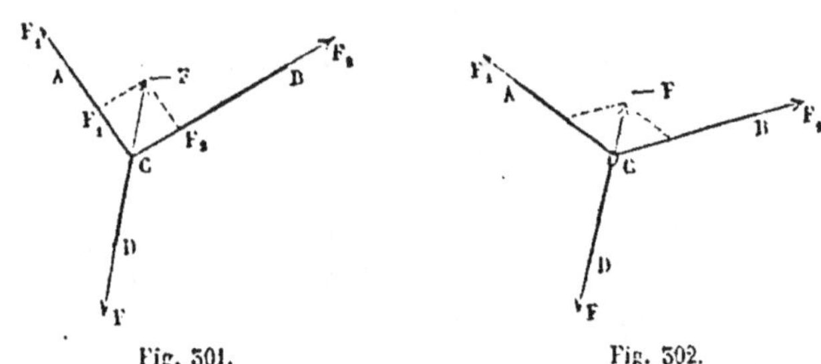

Fig. 501.   Fig. 502.

518. Si le cordon CD (fig. 502) était attaché à un anneau, libre de glisser sans frottement le long du fil ACB, l'équilibre exigerait que les forces F_1 et F_2 fussent égales : autrement le fil ACB serait entraîné à glisser dans l'anneau du côté où le solliciterait la plus grande des deux forces F_1, F_2; le frottement de l'anneau contre le fil est en effet la seule résistance capable de contre-balancer cette tendance, et nous supposons qu'il est nul. Dans ce cas, F_1 et F_2 étant égales, la direction du cordon CD est bissectrice de l'angle ACB.

Soit ABC un fil inextensible, attaché aux points fixes A et B

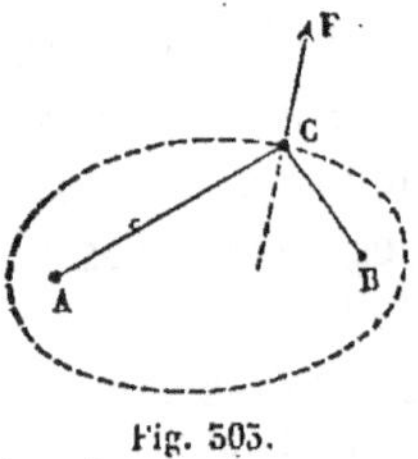

Fig. 503.

(fig. 503); soient C un anneau infiniment petit, libre de glisser sur le fil sans frottement, et F une force appliquée à l'anneau de manière à tendre à la fois les deux portions du fil. L'anneau sera en équilibre dès que la direction de la force F sera bissectrice de l'angle ACB. Or le lieu des positions de l'anneau dans le plan de la figure est l'ellipse qui a pour foyers les points A et B, et pour grand axe la longueur du fil, CA + CB. L'équilibre du point mobile C sur cette courbe a lieu quand la force qui le sollicite est normale à la courbe. On retrouve ainsi ce théorème de géométrie : *la normale en un point de l'ellipse partage en deux parties égales l'angle formé par les droites menées de ce point aux deux foyers de la courbe.*

519. Occupons-nous enfin du cas général, c'est-à-dire de l'équilibre d'un fil sans pesanteur, ABCDE, sollicité aux points B, C, D, par des forces F, F', F″, et à ses extrémités A et E par les forces R et S. Appelons T_1, T_2, T_3, T_4, les tensions des cordons successifs AB, BC, CD, DE.

L'équilibre du cordon AB, considéré isolément, exige que la force R agisse dans la direction de ce cordon ; la tension T_1, qui y est dévelop-

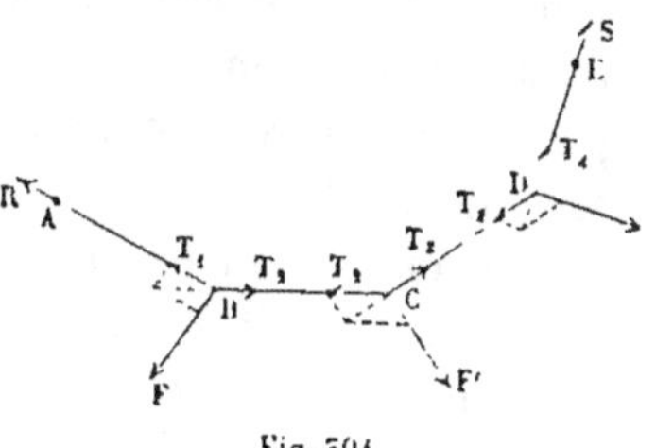

Fig. 504.

pée, fait équilibre à cette force, et par suite on a $T_1 = R$.

Le point B est sollicité à la fois par trois forces, savoir les tensions T_1 et T_2 des cordons BA, BC, et la force F. Chacune de ces trois forces est donc égale et opposée à la résultante des deux autres, et on trouvera la tension inconnue T_2 en composant la force F avec la force R transportée au point B. On peut observer que les trois directions BA, BC, BF, sont contenues dans un même plan.

La tension T_2, ainsi déterminée, règne en tous points du cordon BC ; il faut et il suffit pour l'équilibre de l'extrémité C de ce cordon qu'il y ait équilibre entre les trois forces T_2, F' et T_3 ; la tension T_3 est donc égale et contraire à la résultante des deux forces connues T_2 et F', et les trois directions CB, CD, CF', sont contenues dans un même plan.

On reconnaîtrait de même que la tension T_4 du quatrième cordon est égale à la résultante de la force F″ et de la tension T_3 du troisième cordon ; elle est d'ailleurs égale à la force S, qui sollicite le dernier cordon dans sa propre direction. On peut donc, pour définir le polygone, donner en grandeur et en direction les forces R, F, F′, F″, et les longueurs AB, BC, CD, DE, des cordons successifs qui séparent les points d'application des forces. La construction du contour polygonal ABCDE fera connaître la grandeur et la direction de la force S qui restait à déterminer.

Il est plus simple, pour trouver la grandeur de cette force, d'observer que S est égale et contraire à la résultante des forces extérieures R, F, F′, F″, qui sollicitent le système matériel ABCDE; on aura sa valeur en transportant toutes ces forces en un même point, et en les composant par la règle du polygone. La résultante sera égale et parallèle à la force cherchée.

La construction de ce polygone auxiliaire a l'avantage de faire connaître du même coup les tensions des divers côtés du polygone funiculaire, et les directions de ces côtés; on lui donne le nom de *polygone de Varignon*.

Par un point O quelconque (fig. 505), menons une droite O*r*, parallèle à la force R et au premier côté AC (fig. 504), et prenons sur cette droite, à une échelle arbitraire, une longueur O*r* égale à la force R. Par le point *r* ainsi obtenu menons une droite *rf*, parallèle et égale à la force F. La droite O*f* est la résultante des forces O*r* et *rf* appliquées au point O; cette droite O*f* est donc parallèle et égale à la tension T_2 du second côté BC du polygone funiculaire, et par suite elle est parallèle à ce second côté. Menons ensuite *ff′* égale et parallèle à la force F′; la droite O*f′* sera de même parallèle au côté CD, et égale à la tension T_3; enfin, menons *f′f″* égale et parallèle à F″; la droite O*f″* qui ferme le polygone sera égale et parallèle à T_4, c'est-à-dire à la force S, et déterminera cette force en grandeur et en direction.

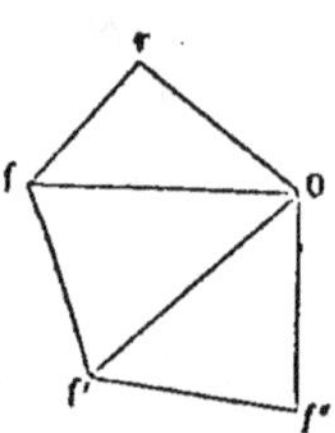

Fig. 505.

On peut observer que dans le polygone de Varignon les deux côtés O*r*, O*f″*, qui aboutissent au point O, et les diagonales menées de ce point aux autres sommets, représentent les directions des côtés successifs du polygone funiculaire, et les valeurs des tensions qui y sont développées.

Remarquons encore que, si l'on considère une portion quelconque du polygone funiculaire, les tensions dans les côtés extrêmes qui limitent cette portion, font équilibre aux forces extérieures appliquées aux sommets intermédiaires ; ainsi, les tensions T_2 et T_4 font équilibre aux forces F' et F'', et les tensions T_1 et T_3 aux forces F et F'.

320. De là résulte un moyen de trouver la résultante de forces données situées dans un même plan.

Soient F, F', F'' (fig. 306), les forces données. En un point A de la direction de l'une d'elles, on appliquera une force quelconque AR ; on composera cette force R avec la force F transportée en A, ce qui donnera une résultante Am. La direction de cette résultante, prolongée si cela est nécessaire, rencontre en B la direction de la force F'. Transportons en B les forces Am et F' ; puis composons-les, ce qui nous donnera la résultante Bn ; prolongeons de même la direction de cette résultante, qui coupe la direction de F'' en C ; transportons en ce point les forces F'' et Bn, et com-

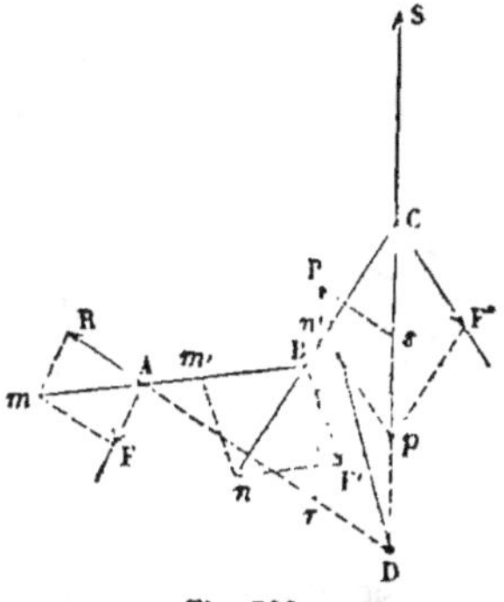

Fig. 306.

posons-les pour avoir leur résultante Cp ; considérons enfin une force S, appliquée en C, égale et contraire à Cp. Nous pouvons imaginer un polygone funiculaire RABCS, qui sera en équilibre, en vertu de notre construction, sous l'action des forces R, F, F', F'', S ; les forces extrêmes R et S représentent les tensions des côtés extrêmes de ce polygone.

Ces forces R et S font équilibre aux forces F, F', F'', et leur résultante est égale et contraire à la résultante cherchée. Prolongeons les directions AR, CS, jusqu'à leur rencontre en D ; transportons en ce point les forces R et S, et achevons le parallélogramme DrPs ; la diagonale DP sera égale et opposée à la résultante des forces données. La droite finie PD représentera donc en grandeur, en position et en sens, la résultante cherchée.

POLYGONE DES PONTS SUSPENDUS.

521. Le tablier des ponts suspendus est attaché par des tiges verticales équidistantes aux sommets d'un polygone funiculaire. Proposons-nous de trouver la forme d'équilibre de ce polygone et les valeurs des tensions développées dans ses divers côtés, en supposant que chaque tige ait à supporter un poids égal.

Soit ABCDEF un fragment du polygone ; les poids égaux, P, P', P'',... sont suspendus aux sommets B, C, D,... dont les distances horizontales sont constantes et connues. Soient T_0, T_1, T_2, ... les tensions développées dans les côtés successifs.

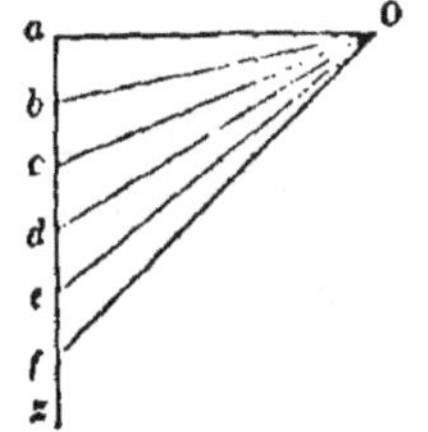

Fig. 507.

Construisons le polygone de Varignon. Pour cela, par un point O quelconque, menons une droite Oa parallèle au côté AB, et égale en longueur à la tension T_0 de ce côté. Menons par le point a une droite verticale az, sur laquelle nous prendrons des longueurs successives ab, bc, cd, de, ... égales entre elles et au poids P suspendu à chacune des tiges. Joignons ensuite Ob, Oc, Od, Oe, ... ; ces droites seront parallèles aux côtés BC, CD, DE, ... du polygone, et leurs longueurs respectives représenteront les valeurs des tensions T_1, T_2, T_3, ... des mêmes côtés.

Étant données la direction AB du premier côté, et la valeur T_0 de la tension qui y est développée, la figure auxiliaire Oabcd ... permettra de construire le polygone ; car on sait

que les sommets de ce polygone se trouvent sur les droites
équidistantes PB, P'C, P''D, …; on trouvera, par conséquent,
la position du sommet C sur la droite P'C en menant par le
sommet B une parallèle BC à la droite Ob; par le point C ainsi
obtenu, on mènera à Oc une parallèle CD, qui déterminera le
point D sur la droite P''D, et ainsi de suite.

Supposons, pour fixer les idées, que la chaîne polygonale du
pont suspendu ait un côté horizontal AB, réunissant deux parties
symétriques (fig. 308); on
aura, par exemple, à droite
du côté AB les trois côtés
inclinés BC, CD, DE, et à
gauche les trois côtés AC',
C'D', D'E', symétriques des
premiers par rapport à la

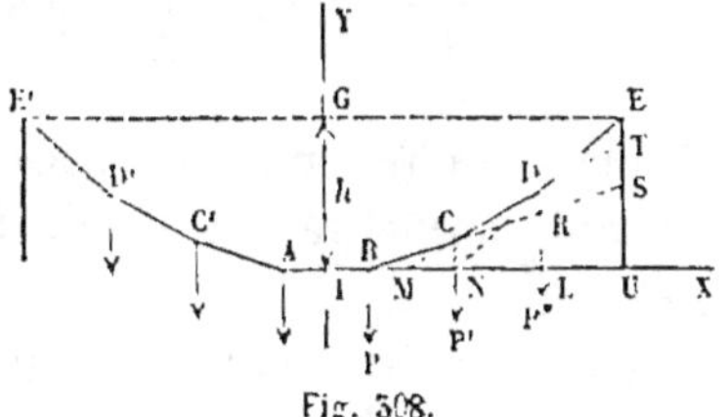

Fig. 308.

verticale IY, menée par le milieu du côté central. Les points
E et E' sont les points d'attache de la chaîne aux culées du
pont. Désignons encore par la lettre P le poids suspendu à l'un
quelconque des sommets du polygone, à l'exclusion des sommets E et E', qui ne portent pas de poids semblables. Le poids
total porté par la chaîne sera égal à $2n$P, en désignant par n
le nombre des sommets chargés dans la moitié du pont, et ce
poids se partage également, à cause de la symétrie de la
figure et des charges, entre les deux appuis, E et E'. Cherchons
la valeur de la tension T_0 dans le côté AB; pour cela, il suffit
d'exprimer que cette tension fait équilibre, à l'aide de la
réaction du point E, aux poids appliqués à la moitié de la
chaîne; prenons les moments par rapport au point E, ce qui
élimine la réaction de ce point. Soit h la distance IG du
côté AB à la droite horizontale EE'; et soit a la distance horizontale entre deux tiges consécutives, distance que nous supposerons aussi entre le dernier sommet chargé D et la verticale du point d'appui. Le moment de T_0 par rapport au point
A est $T_0 \times h$; il fait équilibre à la somme des moments des
poids P, c'est-à-dire à

$$P \times na + P \times (n-1)a + P \times (n-2)a + \ldots + P \times a.$$

Cette somme est égale à

$$P a \times (1 + 2 + 3 + \ldots + n) = P a \times \frac{n(n+1)}{2},$$

et on a l'égalité

$$T_0 \times h = P a \times \frac{n(n+1)}{2},$$

ou bien

$$T_0 = \frac{P a}{h} \times \frac{n(n+1)}{2}.$$

Connaissant T_0, on pourra construire le polygone de Varignon, qui permettra ensuite de trouver la forme à donner à la chaîne.

En appliquant la remarque faite au § 520, on voit que les côtés CD, AB, prolongés, se couperont en un point M, qui appartiendra à la résultante des forces BP, CP', et qui, par suite, sera au milieu de la distance horizontale des points B et C ; de même DE, prolongé, coupera la direction AB au point N, sur la résultante des trois forces égales P, P', P''. On pourra prolonger aussi loin qu'on le voudra le tracé du polygone par cette considération : il suffit pour obtenir un nouveau côté de joindre le dernier sommet obtenu au milieu de l'intervalle compris sur l'horizontale AX entre le point B et la projection de ce dernier sommet.

522. On peut aussi calculer les coordonnées des sommets successifs. Prenons pour axes coordonnés les droites IX, IY. Le point B a pour coordonnées

$$x = \frac{a}{2}, \qquad y = 0.$$

Le point C a pour abscisse $x = \frac{5}{2} a$, et pour ordonnée une quantité CN, que l'on peut construire au moyen du polygone de Varignon, ou bien déterminer directement, en composant la force P avec la tension T_0, et en prolongeant la direction de la résultante jusqu'à la rencontre de la verticale CP'.

Représentons par b cette quantité CN. Nous aurons pour les coordonnées du point C,

$$x = \frac{3a}{2}, \qquad y = b.$$

Les coordonnées du point D sont $x = \frac{5a}{2}$, $y = \mathrm{DL}$; prolongeons le côté BC jusqu'à sa rencontre en R avec DL ; la quantité DL est la somme des deux parties RL et DR ; or RL est double de CN, ou égale à $2b$; quant à DR, le polygone de Varignon, ou la composition des forces, montre qu'elle est égale à CN ou à b. Donc $y = 2b + b$.

Le quatrième sommet E aura pour coordonnées

$$x = \frac{7a}{2} \quad \text{et} \quad y = 3b + 2b + b,$$

car, en prolongeant CD, BC, jusqu'aux points S et T, on a TS $=$ DR $\times 2$, et SU $=$ CN $\times 3$. Enfin, on reconnaîtrait, toujours de la même manière, que TE est égal à CN ou à b.

Cette loi est générale, et les coordonnées du $n^{ième}$ sommet à partir du sommet B inclusivement, seront données par les formules :

$$x = \frac{(2n - 1)a}{2},$$

$$y = (n - 1)b + (n - 2)b + (n - 3)b + \ldots + 3b + 2b + b$$
$$= b \times (1 + 2 + \ldots + (n - 1))$$
$$= b \times \frac{n(n - 1)}{2}.$$

On démontre au moyen de ces formules que le polygone BCDE … est inscriptible dans une parabole. Il suffit pour le faire voir d'éliminer n entre les deux équations.

Or $2n - 1$, qui nous est donné par la première, est égal à la somme $n + (n - 1)$; la seconde équation nous fait connaître le produit $n(n - 1)$; enfin la différence $n - (n - 1)$ est égale à l'unité. Écrivons donc

$$n + (n - 1) = \frac{2x}{a},$$

$$n - (n - 1) = 1,$$

$$n(n - 1) = \frac{2y}{b}.$$

Élevons les deux premières équations au carré, retranchons du carré de la première la somme du carré de la seconde et du quadruple de la troisième, il vient en définitive :

$$0 = \frac{4x^2}{a^2} - 1 - \frac{8y}{b},$$

équation d'une parabole qui contient tous les sommets.

COURBES FUNICULAIRES.

523. Le polygone funiculaire est la figure d'équilibre d'un fil soumis à des forces discontinues. Lorsque la répartition des forces est continue, le polygone se change en une *courbe funiculaire*, dont nous allons chercher les équations.

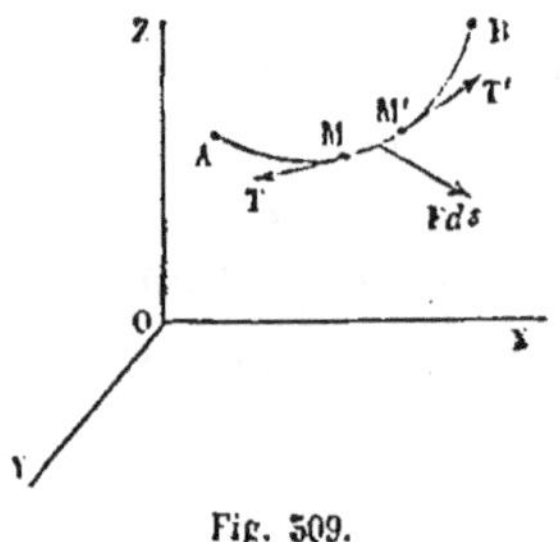

Fig. 509.

Soit AB la courbe funiculaire, dessinée par un fil en équilibre sous l'action des forces qui y sont appliquées, et des réactions des points fixes A et B auxquels le fil peut être attaché. Rapportons cette courbe à trois axes rectangulaires OX, OY, OZ.

Considérons un arc élémentaire $MM' = ds$; nous pouvons l'isoler du reste du fil, en coupant le fil aux points M et M' ; l'arc élémentaire est sollicité par une force du même ordre de grandeur que lui-même, et que nous pourrons représenter par Fds, F étant un coefficient fini. Fds est à proprement parler la résultante des forces réparties le long de l'arc MM'. Décomposons-la suivant les trois axes ; nous aurons pour composantes Xds, Yds, Zds. Les quantités X, Y, Z, expriment les valeurs des composantes de la force extérieure *rapportée à l'unité de longueur de fil.*

La force Fds est tenue en équilibre par les tensions T et T' qui agissent aux extrémités de l'arc, et qui sont des forces extérieures pour l'arc MM' considéré isolément. Nous savons déjà qu'elles sont tangentes à la courbe aux points M et M' (2 515). L'une, T, agit sur l'arc dans un sens, l'autre, T', agit en sens contraire.

La tangente à la courbe AB au point M fait avec les trois axes des angles dont les cosinus sont $\dfrac{dx}{ds}$, $\dfrac{dy}{ds}$, $\dfrac{dz}{ds}$

La tension T, estimée suivant les axes, a donc pour composantes $T\dfrac{dx}{ds}$, $T\dfrac{dy}{ds}$, $T\dfrac{dz}{ds}$; de plus, comme cette force est dirigée en sens contraire du sens dans lequel est compté l'arc ds sur la courbe AB, ses composantes doivent être prises avec le signe —.

La tension T' pourra de même être décomposée suivant les trois axes au point M'. Mais observons que la tension T en un point M de la courbe, est une *fonction continue* de l'arc s qui définit ce point; en effet la tension T' est égale et contraire à la résultante de la tension T composée avec une force infiniment petite Fds. Considérons donc T comme une fonction de l'arc s, ou des coordonnées x, y, z. Les composantes $T\dfrac{dx}{ds}$, $T\dfrac{dy}{ds}$, $T\dfrac{dz}{ds}$, sont aussi des fonctions continues des mêmes variables, et par suite, quand on passe du point M au point M', ces fonctions augmentent chacune de sa différentielle. On voit de plus sur la figure que le sens de la tension change quand on passe du point M au point M', de sorte que les trois composantes de T' sont égales respectivement à

$$+\left[T\dfrac{dx}{ds}+d\left(T\dfrac{dx}{ds}\right)\right],$$

$$+\left[T\dfrac{dy}{ds}+d\left(T\dfrac{dy}{ds}\right)\right],$$

$$+\left[T\dfrac{dz}{ds}+d\left(T\dfrac{dz}{ds}\right)\right].$$

Après avoir décomposé suivant les trois axes les forces T T', Fds qui agissent sur l'élément MM', écrivons les trois équations d'équilibre qui expriment que la résultante de translation du système est nulle.

Il vient pour la première,

$$\left[T\frac{dx}{ds} + d\left(T\frac{dx}{ds} \right) \right] - T\frac{dx}{ds} + Xds = 0,$$

équation qui se réduit à

$$d\left(T\frac{dx}{ds} \right) = -\ Xds;$$

les deux autres donneraient de même

$$d\left(T\frac{dy}{ds} \right) = -\ Yds,$$

$$d\left(T\frac{dz}{ds} \right) = -\ Zds. \qquad (1)$$

X, Y, Z, étant supposées des fonctions connues de x, y, z, on a dans les trois équations (1) autant de relations qu'il en faut pour déterminer analytiquement T, et pour trouver entre les coordonnées x, y, z, deux équations qui définiront la courbe AB; la valeur de T fera ensuite connaître la tension en chaque point de la courbe.

Nous n'avons pas posé les équations des moments; elles seraient vérifiées d'elles-mêmes. Les trois forces Fds, T et T' se faisant équilibre, il est nécessaire qu'elles soient dans un même plan et qu'elles passent par un même point. Les tensions T et T', tangentes à la courbe AB en deux points infiniment voisins M, M', sont situées dans le plan osculateur à la courbe dans la région MN'; la force Fds est donc aussi contenue dans ce plan, et elle passe, aux infiniment petits d'ordre supérieur près, par le point de concours des deux tangentes menées aux extrémités de l'arc ds.

INDICATRICE DES TENSIONS ET DES FORCES.

324. Par un point O de l'espace (fig. 510), menons deux droites ON, ON', parallèles aux tangentes à la courbe AB, prises dans le sens des arcs positifs; prenons sur ces droites des longueurs ON = T et ON' = T', enfin, joignons NN'.

L'angle NON', égal à l'angle compris entre deux tangentes consécutives à la courbe AB, est *l'angle de contingence*, $d\omega$, de cette courbe au point M. Dans le triangle ONN', le côté ON' est la résultante géométrique de ON et de NN';
or ON est égal en valeur absolue à T,
et ON' à T'. Enfin T' est égal et contraire
à la résultante de T et de Fds; donc
l'arc NN' est parallèle à la force Fds, égal
en valeur absolue à cette force, mais dirigé en sens contraire. La force Fds est dirigée dans le sens N'N.

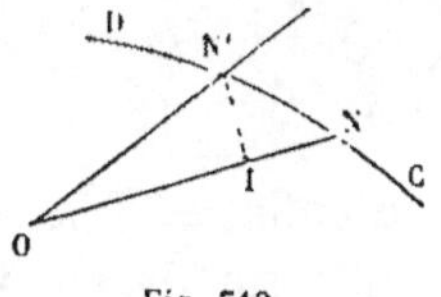

Fig. 510.

En continuant à mener par le point O des parallèles aux tangentes à la courbe AB, on formera une courbe auxiliaire qui remplacera le polygone de Varignon, et que nous appelerons *l'indicatrice des tensions et des forces*. Les arcs de cette indicatrice, pris dans le sens CD où la courbe serait décrite par le point N quand le point M parcourt la courbe AB dans le sens positif, sont respectivement égaux, mais de sens contraire, aux forces Fds qui sollicitent les éléments successifs du fil AB, et les rayons vecteurs ON représentent en valeur absolue les tensions aux points correspondants M de la courbe funiculaire.

On remarquera l'analogie de cette courbe auxiliaire avec l'*indicatrice des accélérations totales* (I, § 98); les rayons vecteurs représentent dans un cas les tensions de la courbe funiculaire, dans l'autre les vitesses du point mobile sur sa trajectoire; les arcs de l'une représentent les produits Fds, les arcs de l'autre les produits $j\,dt$. Il est essentiel seulement d'observer que dans l'indicatrice des tensions et des forces, les directions des arcs sont contraires aux directions des forces Fds, tandis que les directions sont les mêmes pour les accélérations et les arcs correspondants de l'indicatrice des accélérations totales.

525. Le triangle ONN' nous permet de décomposer la force Fds, représentée en grandeur et en direction par N'N, suivant la tangente à la courbe funiculaire et la normale principale. Soit

$$\mu = \text{N'N}$$

l'angle que la force Fds fait avec la courbe AB, prise dans le sens des arcs positifs; nous aurons

$$IN = NN'\cos\mu,$$
$$N'I = NN'\sin\mu.$$

Or

$$N'I = ON' \times \sin N'ON = T'd\omega,$$

ou enfin $= Td\omega$, en négligeant les infiniment petits d'ordre supérieur. De même

$$IN = ON - OI = ON - ON' = T - T' = -dT.$$

Donc la composante tangentielle de Fds est égale à $-dT$; la composante normale est *centrifuge*, c'est-à-dire dirigée suivant le prolongement de la normale principale, et elle est égale à $Td\omega$, ou à $\dfrac{Tds}{\rho}$, en appelant ρ le rayon de courbure de la courbe AB au point M.

Divisant les deux équations l'une par l'autre, on élimine NN', et il vient

$$\operatorname{tang}\mu = \frac{N'I}{IN} = \frac{Td\omega}{-dT},$$

d'où résulte la relation

$$\frac{dT}{T} = -\frac{d\omega}{\operatorname{tang}\mu}$$

Tous ces résultats ont une complète analogie avec ceux que l'on obtient pour l'accélération totale (I, § 96).

SURFACES DE NIVEAU.

326. Reprenons les trois équations (1) :

$$(1)\qquad\begin{cases} d\left(T\dfrac{dx}{ds}\right) = -Xds, \\[2mm] d\left(T\dfrac{dy}{ds}\right) = -Yds, \\[2mm] d\left(T\dfrac{dz}{ds}\right) = -Zds. \end{cases}$$

Développons le premier membre :

$$\frac{dx}{ds}\,dT + Td\frac{dx}{ds} + Xds = 0,$$

$$\frac{dy}{ds}\,dT + Td\frac{dy}{ds} + Yds = 0,$$

$$\frac{dz}{ds}\,dT + Td\frac{dz}{ds} + Zds = 0.$$

Multiplions la première par dx, la seconde par dy, la troisième par dz, et ajoutons. Il viendra, en divisant par ds,

$$\frac{dx^2 + dy^2 + dz^2}{ds^2}\,dT + T\left(\frac{dx}{ds}\,d\frac{dx}{ds} + \frac{dy}{ds}\,d\frac{dy}{ds} + \frac{dz}{ds}\,d\frac{dz}{ds}\right)$$
$$+ (Xdx + Ydy + Zdz) = 0,$$

équation qui se simplifie, en observant que

$$\left(\frac{dx}{ds}\right)^2 + \left(\frac{dy}{ds}\right)^2 + \left(\frac{dz}{ds}\right)^2 = 1,$$

ce qui donne en différentiant

$$\frac{dx}{ds}\,d\frac{dx}{ds} + \frac{dy}{ds}\,d\frac{dy}{ds} + \frac{dz}{ds}\,d\frac{dz}{ds} = 0.$$

Le coefficient de dT est donc égal à l'unité, et le coefficient de T à zéro; l'équation prend la forme

$$dT + (Xdx + Ydy + Zdz) = 0. \qquad (2)$$

L'arc s est éliminé. Supposons que X, Y, Z, soient des fonctions connues de x, y, z; il ne restera plus dans cette relation que la tension T et les coordonnées du point auquel cette tension est développée.

Cela posé, *si la fonction* $Xdx + Ydy + Zdz$ *est la différentielle d'une fonction* $\varphi(x, y, z)$ *des coordonnées*, on pourra intégrer l'équation (2) indépendamment des équations (1), et l'intégrale sera

$$T + \varphi(x, y, z) = C, \qquad (3)$$

C étant une constante arbitraire. Dans ce cas, *la tension* T *est déterminée analytiquement, à une constante près, pour un point quelconque de l'espace.*

La tension T a la même valeur pour tous les points qui

donnent la même valeur à la fonction φ. Le lieu des points de l'espace où la tension a une valeur donnée, est donc la surface représentée par l'équation

$$\varphi\,(x,\,y,\,z) = \text{const.,} \tag{4}$$

équation qui, en attribuant successivement à la constante différentes valeurs, représente une famille de surfaces le long de chacune desquelles la tension a une même valeur. Une fois la tension connue en un point de l'espace, elle est connue pour tous les autres, car cela suffit pour fixer la valeur qu'il convient d'attribuer à la constante.

Ces surfaces sont appelées *surfaces de niveau* ; nous les retrouverons dans la théorie des forces vives et dans l'hydrostatique. Leur principale propriété, c'est d'être en chaque point normales à la force F appliquée à ce point. C'est ce qu'indique l'équation

$$X\,dx + Y\,dy + Z\,dz = 0,$$

que l'on obtient par hypothèse en différentiant l'équation (4); car elle exprime que la direction de la force F définie par les cosinus $\dfrac{X}{F}$, $\dfrac{Y}{F}$, $\dfrac{Z}{F}$, fait un angle droit avec une direction $\dfrac{dx}{ds}$, $\dfrac{dy}{ds}$, $\dfrac{dz}{ds}$, prise comme on voudra sur la surface définie par l'équation (4).

Supposons, par exemple, que la force F soit la pesanteur, et qu'on prenne l'axe OZ vertical ; on aura $X = 0$, $Y = 0$: de plus Z sera constant *si le fil a partout le même poids par unité de longueur*. Les surfaces de niveau sont alors définies par l'équation $dz = 0$, ou, en intégrant, par l'équation

$$z = C,$$

qui représente une série de plans horizontaux. Il en serait de même si Z, au lieu d'être constant, était une fonction de z.

Tous ces résultats exigent que les conditions suivantes soient remplies :

1° Il faut que X, Y, Z, soient exprimables en fonction de x, y, z, seuls;

2° Il faut que $Xdx + Ydy + Zdz$ soit une différentielle exacte, c'est-à-dire que les fonctions X, Y, Z, satisfassent aux égalités

$$\frac{dX}{dy} = \frac{dY}{dx}, \qquad \frac{dX}{dz} = \frac{dZ}{dx}, \qquad \frac{dY}{dz} = \frac{dZ}{dy}.$$

PARABOLE DES PONTS SUSPENDUS.

527. Cherchons la courbe d'équilibre dessinée par un fil qui serait sollicité par des poids répartis uniformément sur la projection horizontale de ce fil, à raison de p kilogrammes par unité de longueur. Prenons l'axe des z vertical et montant. Nous aurons d'abord $X = 0$, $Y = 0$; pour évaluer Z, remarquons que Zds représente dans nos équations la force totale qui agit sur l'élément ds; or ici ce n'est pas Z qui est constant, car il en résulterait que le fil serait chargé d'un poids constant par unité de longueur mesurée sur le fil lui-même. L'élément ds fait avec le plan horizontal un angle dont le sinus est $\dfrac{dz}{ds}$; le cosinus de cet angle est $\sqrt{1 - \dfrac{dz^2}{ds^2}}$, et l'arc ds a pour projection horizontale $\sqrt{ds^2 - dz^2}$ ou $\sqrt{dx^2 + dy^2}$. C'est à cette longueur que s'applique le poids constant p, et l'on doit avoir

$$p\sqrt{dx^2 + dy^2} = -Zds,$$

d'où résulte

$$Z = -p\frac{\sqrt{dx^2 + dy^2}}{ds}.$$

Le signe — indique que la force Zds est dirigée en sens contraire de l'axe OZ.

Les trois équations d'équilibre nous donnent donc

$$d\left(T\frac{dx}{ds}\right) = 0,$$

$$d\left(T\frac{dy}{ds}\right) = 0,$$

$$d\left(T\frac{dz}{ds}\right) = p\sqrt{dx^2 + dy^2}.$$

On tire des premières

$$\mathrm{T}\frac{dx}{ds} = \mathrm{A},$$

$$\mathrm{T}\frac{dy}{ds} = \mathrm{B},$$

A et B étant des constantes.

Ces équations nous apprennent que les composantes horizontales de la tension sont constantes en tous les points de la courbe.

Si l'on multiplie la première par dy, la seconde par dx, et qu'on retranche, il vient l'équation

$$\mathrm{A}dy - \mathrm{B}dx = 0,$$

qui intégrée donne

$$\mathrm{A}y - \mathrm{B}x = \mathrm{C},$$

équation d'un plan vertical. La courbe est donc plane. Nous pourrons prendre le plan de la courbe pour plan des ZOX; cela revient à faire $y = 0$ et $dy = 0$. La troisième équation devient alors

$$d\left(\mathrm{T}\frac{dz}{ds}\right) = pdx.$$

Intégrant, on a

$$\mathrm{T}\frac{dz}{ds} = \mathrm{G} + px,$$

G désignant une nouvelle constante, et par suite on a à la fois

$$\mathrm{T}\frac{dx}{ds} = \mathrm{A},$$

$$\mathrm{T}\frac{dz}{ds} = \mathrm{G} + px.$$

Multiplions la première par dz et la seconde par dx, et retranchons; il viendra

$$0 = \mathrm{A}dz - \mathrm{G}dx - pxdx,$$

et en intégrant

$$\mathrm{H} = \mathrm{A}z - \mathrm{G}x - \frac{1}{2}px^2,$$

équation d'une parabole; H est une nouvelle constante.

La tension T s'obtient en ajoutant les mêmes équations élevées au carré; il vient en effet

$$T^2 = A^2 + (G + px)^2.$$

La solution contient 5 constantes arbitraires si l'on ne connaît pas d'avance le plan vertical contenant la courbe, et 3 seulement si l'on connaît ce plan. Supposons qu'on donne deux points de la courbe; le plan vertical qui la renferme sera déterminé par ces deux points, sauf le cas où les deux points seraient situés sur la même verticale. Il n'y aura donc plus que 3 constantes à déterminer, A, G et H. On y parviendra en exprimant que la courbe passe par chacun des points donnés, et qu'elle a une longueur donnée entre ces deux points ; ce qui fournira en effet 3 équations distinctes, permettant de déterminer 3 inconnues.

Si les deux points donnés étaient sur la même verticale, la parabole se changerait en cette verticale elle-même ; on aurait $A = 0$, x aurait une valeur constante, et p serait infini.

Ce problème n'admet pas de surfaces de niveau, parce que les valeurs de X, Y, Z, ne sont pas exprimables *à priori* en fonction des coordonnées x, y, z.

528. On parvient géométriquement aux mêmes résultats. Le fil en équilibre est tout entier contenu dans le plan vertical ; la force qui sollicite chaque élément étant parallèle à une même direction, l'indicatrice des tensions est plane ; la courbe funiculaire l'est aussi, puisque tous ses plans osculateurs sont parallèles au plan de l'indicatrice.

Supposons, pour plus de simplicité, que le fil ABC soit attaché à des points fixes A et C, situés à égale hauteur ; soit B son point le plus bas. Les poids qui le sollicitent sont supposés uniformément répartis suivant l'horizontale ; p est le

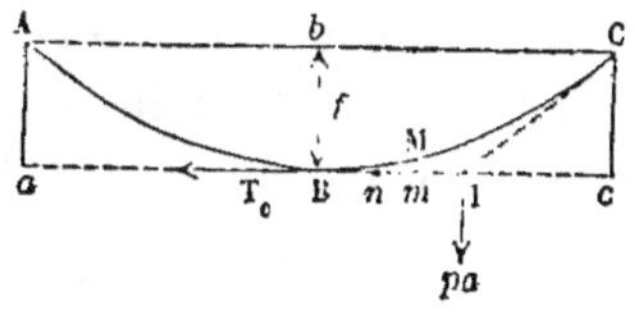

Fig. 311.

poids qui charge le fil par unité de longueur horizontale ; soit $2a$ la portée AC , partagée au point B en deux parties égales. La résultante des poids appliqués à une moitié, BC, sera égale à pa, et cette force passera en un point I, milieu de Bc. Appelons T_0 la tension du fil au point B; la force horizontale T_0 et la force verticale pa font équilibre à la tension du fil au point C; prenons les moments par rapport à ce point; nous aurons pour déterminer T_0 l'équation

$$T_0 \times f = pa \times \frac{a}{2},$$

ou bien

$$T_0 = \frac{pa^2}{2f},$$

f étant la flèche Bb, égale à la hauteur Cc du point d'attache au-dessus du point le plus bas. La tension au point C est tangente à la courbe formée par le fil; et comme elle fait équilibre aux forces T_0 et pa, les directions des trois forces se coupent en un même point, c'est-à-dire au point I; on obtient donc la tangente à la courbe en un point C quelconque en joignant ce point au milieu de la projection de l'arc BC sur la tangente Bc au sommet B. Plus généralement deux tangentes quelconques, menées à la courbe, se coupent sur la droite menée, parallèlement à l'axe, par le milieu de la corde qui joint les points de contact.

Ces propriétés définissent la parabole. Pour trouver l'équation de la courbe, considérons un arc quelconque BM, commençant au point B. Soit B$m = x$ et mM$= z$ les coordonnées du point M.

L'arc BM est en équilibre sous l'action de la force horizontale T_0, du poids B$m \times p$, vertical et appliqué au milieu n de la distance Bm, et enfin de la tension au point M. Prenant les moments par rapport à ce dernier point, on aura l'équation

$$T_0 \times \mathrm{M}m = (\mathrm{B}m \times p) \times \mathrm{B}n,$$

ou bien

$$T_0 z = px \times \frac{x}{2} = \frac{px^2}{2},$$

équation d'une parabole rapportée à son axe Bb et à la tangente en son sommet.

La composante horizontale de la tension en un point quelconque est constante et égale à T_0.

CHAINETTE.

529. La *chaînette* est la courbe d'équilibre d'un fil homogène pesant. Elle diffère de la parabole, avec laquelle on l'a d'abord confondue, en ce que le poids p, au lieu d'être uniformément réparti sur l'horizontale, est uniformément réparti suivant la courbe elle-même. Il résulte de là qu'il y a très peu de différence entre la chaînette et la parabole dans la région voisine du sommet B des deux courbes ; car dans cette région il y a une différence insensible entre la longueur de l'arc de courbe et la longueur de sa projection.

Prenons l'axe des z vertical et montant ; nous aurons $Xds=0$, $Yds=0$, $Zds=-pds$, et les équations d'équilibre deviendront

$$d\left(T\frac{dx}{ds}\right)=0,$$

$$d\left(T\frac{dy}{ds}\right)=0,$$

$$d\left(T\frac{dz}{ds}\right)=pds.$$

Des deux premières on déduirait, comme dans le problème précédent, que la courbe est tout entière contenue dans un plan vertical. Prenant ce plan pour plan des ZOX, ce qui revient à faire $y=0$, on est ramené aux deux équations

$$d\left(T\frac{dx}{ds}\right)=0,$$

$$d\left(T\frac{dz}{ds}\right)=pds$$

Intégrons. Il vient, A et B étant des constantes,

$$T\frac{dx}{ds}=A,$$

$$T\frac{dz}{ds}=ps+B.$$

Nous pouvons supposer la constante B nulle, en comptant sur la courbe les arcs s à partir du point le plus bas, pour lequel $\dfrac{dz}{ds} = 0$. On a en ce point $\dfrac{dx}{ds} = 1$, donc A est la valeur, T_0, de la tension au point le plus bas de la courbe. Nous avons ainsi les deux équations :

$$T \frac{dx}{ds} = T_0,$$

$$T \frac{dz}{ds} = ps.$$

Élevons au carré et ajoutons ; il vient

$$T^2 = T_0^2 + p^2 s^2,$$

et par suite

$$T = \sqrt{T_0^2 + p^2 s^2},$$

en prenant le radical positivement. Substituons dans les deux équations précédentes, et résolvons par rapport à dx et dz ; nous obtenons les relations

$$dx = \frac{T_0 \, ds}{\sqrt{T_0^2 + p^2 s^2}},$$

$$dz = \frac{ps \, ds}{\sqrt{T_0^2 + p^2 s^2}},$$

que l'on peut intégrer par quadrature. La première peut se mettre sous la forme

$$dx = \frac{T_0}{p} \times \frac{\frac{p}{T_0} \, ds}{\sqrt{1 + \left(\frac{p}{T_0}\right)^2 s^2}}.$$

On est conduit à intégrer une différentielle de la forme $\dfrac{du}{\sqrt{1 + u^2}}$, dont l'intégrale est

$$\log \text{nép} \left(u + \sqrt{1 + u^2}\right).$$

Donc

$$x = \text{const} + \frac{T_0}{p} \log \text{nép} \left(\frac{p}{T_0} s + \sqrt{1 + \frac{p^2}{T_0^2} s^2}\right)$$

La seconde équation s'intègre en multipliant et divisant le second membre par p; il vient

$$z = \text{const} + \frac{1}{p}\sqrt{T_0^2 + p^2 s^2}.$$

Les coordonnées x et z s'expriment ainsi en fonction de l'arc s, mesuré à partir du point le plus bas de la courbe. Nous pouvons effacer les constantes, en choisissant convenablement l'origine. Pour $s = 0$, c'est-à-dire pour le point le plus bas, nous aurons alors $x = 0$, $z = \frac{T_0}{p}$. L'origine est, d'après cette convention, un point situé verticalement au-dessous du point le plus bas, à une distance égale à $\frac{T_0}{p}$. Les équations de la chaînette deviennent

$$x = \frac{T_0}{p} \log\left(\frac{ps}{T_0} + \sqrt{1 + \frac{p^2 s^2}{T_0^2}} \right),$$
$$z = \frac{T_0}{p} \sqrt{1 + \frac{p^2 s^2}{T_0^2}}.$$

Les radicaux doivent toujours être pris positivement. Ces équations montrent que si l'on change s en $-s$, z reste le même, tandis que x se change en $-x$. En effet la quantité sous le signe *log* devient par ce changement

$$-\frac{ps}{T_0} + \sqrt{1 + \frac{p^2 s^2}{T_0^2}}.$$

Et le produit de cette différence par la somme

$$\frac{ps}{T_0} + \sqrt{1 + \frac{p^2 s^2}{T_0^2}}$$

est égal à l'unité; la somme des logarithmes est donc nulle, et les deux valeurs de x sont égales en valeur absolue et de signes contraires.

On a à la fois les trois équations

$$x = \frac{T_0}{p} \log\left(\frac{ps}{T_0} + \sqrt{1 + \frac{p^2 s^2}{T_0^2}} \right),$$
$$-x = \frac{T_0}{p} \log\left(-\frac{ps}{T_0} + \sqrt{1 + \frac{p^2 s^2}{T_0^2}} \right),$$
$$z = \frac{T_0}{p} \sqrt{1 + \frac{p^2 s^2}{T_0^2}}.$$

Les deux premières nous donnent

$$\frac{ps}{T_0} + \sqrt{1 + \frac{p^2 s^2}{T_0^2}} = c^{\frac{px}{T_0}},$$

$$-\frac{ps}{T_0} + \sqrt{1 + \frac{p^2 s^2}{T_0^2}} = c^{-\frac{px}{T_0}}.$$

Remplaçons le radical par sa valeur fournie par la troisième ; il vient

$$\frac{p}{T_0}(s + z) = c^{\frac{px}{T_0}},$$

$$\frac{p}{T_0}(s - z) = -c^{-\frac{px}{T_0}}.$$

Ajoutons et retranchons ; nous aurons

$$s = \frac{T_0}{2p}\left(c^{\frac{px}{T_0}} - c^{-\frac{px}{T_0}} \right),$$

$$z = \frac{T_0}{2p}\left(c^{\frac{px}{T_0}} + c^{-\frac{px}{T_0}} \right).$$

Cette dernière équation définit la courbe. L'autre fait connaître l'arc de la chaînette en fonction de l'abscisse.

Nous avons vu que $\dfrac{T_0}{p}$ est la distance de l'origine au-dessous du point le plus bas de la chaînette ; appelons a cette distance. L'équation de la courbe prendra la forme

$$z = \frac{a}{2}\left(c^{\frac{x}{a}} + e^{-\frac{x}{a}} \right).$$

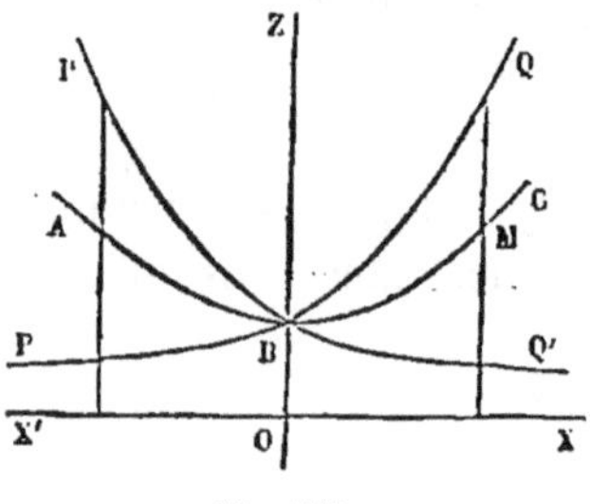

Fig. 512.

Soient OX, OZ, les axes ; prenons $OB = a$; le point B appartiendra à la courbe.

Construisons la logarithmique PQ représentée par l'équation $Z = ae^{\frac{x}{a}}$; elle est asymptote à la partie négative de l'axe des x; la courbe $z = ae^{-\frac{x}{a}}$ est une logarithmique P'Q' symétrique de la première par rapport à l'axe OZ. Ces deux courbes passent au point B. La chaînette ABC est le lieu des milieux M des intervalles QQ' compris entre les deux logarithmiques sur toute ordonnée menée parallèlement à l'axe OZ.

550. Les équations précédentes permettent de faire une étude complète de la chaînette. Mais on peut faire la même étude sans y avoir recours.

Nous allons chercher les principales propriétés géométriques de la courbe, en exprimant qu'un arc quelconque est en équilibre sous l'action de son poids et des tensions qui s'exercent tangentiellement à ses deux extrémités.

Soit ABC la forme d'équilibre à laquelle nous donnons le nom de chaînette. A et C sont, par exemple, les points où s'attache le fil ; B est son point le plus bas.

Prenons un arc quelconque de courbe MN, et menons aux points M et N les tangentes MT, NT', qui sont les directions des tensions T et T'. Les deux droites MT, NT', se coupent en un point S, qui se trouvera sur la verticale menée par le centre de gravité de l'arc MN, car les deux forces T et T' font équilibre au poids MN $\times p$ de

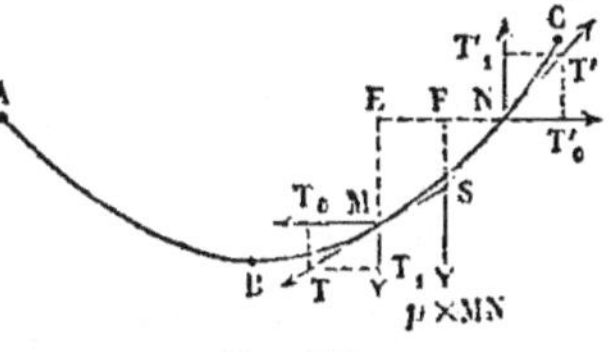

Fig. 513.

l'arc, qu'on peut regarder comme appliqué en son centre de gravité.

Décomposons les forces T et T' en deux composantes, l'une horizontale T_0, l'autre verticale, T_1, et T'_1. Les deux composantes horizontales seront égales ; quant aux composantes verticales, on aura entre elles la relation

$$T'_1 = T_1 + p \times MN.$$

On a enfin à exprimer l'équilibre du couple $(T_0, -T_0)$ et du couple auquel on peut réduire les forces parallèles T'_1, T_1, et $p \times MN$; ce qui conduit à poser l'équation des moments

$$T_1 \times EN + (p \times MN) \times FN = T_0 \times NE.$$

Nous pouvons trouver très facilement une relation entre les tensions T et T'. En effet, prenons un arc infiniment petit MN (fig. 514), et projetons les trois forces T, T' et $p \times$ MN, qui se font équilibre, sur la tangente au point M, ou sur la direction de

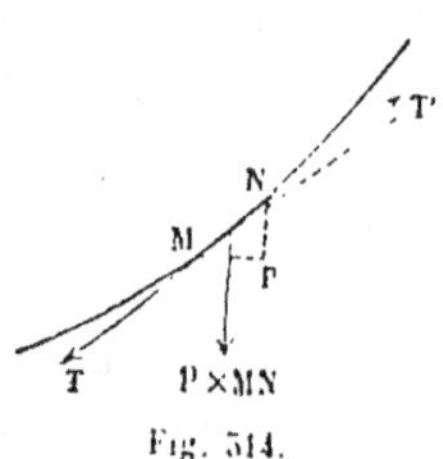

Fig. 514.

la force T ; la force T', qui fait avec l'axe de projection un angle infiniment petit, s'y projette en vraie grandeur aux infiniment petits du second ordre près. Donc la force T' excède la force T de la composante tangentielle de la force verticale $p \times$ MN, mais projeter sur la tangente une longueur proportionnelle à MN, prise sur la verticale, cela revient à prendre cette quantité sur la tangente, ou sur l'arc lui-même, et à la projeter sur la verticale, la projection cherchée est donc égale au produit de p par la projection verticale NP de l'arc MN, ou par la différence de hauteur, dz, des deux extrémités, M et N, de l'arc.

On a en définitive

$$T' = T + p\,dz$$

Cette relation peut s'étendre à un arc fini MN quelconque (fig. 515), car on peut toujours décomposer cet arc en éléments aussi petits qu'on voudra, à chacun desquels l'équation sera applicable, et il n'y aura qu'à faire la somme de toutes ces équations pour obtenir l'équation relative à un arc quelconque. Donc

$$T' = T + p \times ME.$$

La tension au point le plus bas, B, est horizontale, et par suite égale à T_0, puisque la composante horizontale de la tension est partout la même. Appelons H la hauteur d'un point quelconque, M, au-dessus du point le plus bas : la tension T en ce point sera donnée par l'équation

$$T = T_0 + p H.$$

H est la différence $z - z_0$ des ordonnées du point M et du point B.

On peut représenter les tensions par le poids d'une certaine longueur de fil ; la tension T_0 sera, par exemple, représentée par une longueur a de fil fournie par l'équation $pa = T_0$; dans cette hypothèse, la tension T en un point M quelconque est représentée par la longueur de fil $a + H$, car on a toujours

$$T = T_0 + pH = p \times (a + H).$$

Menons au-dessous de la courbe, à une distance verticale $Bb = a$ de son point le plus bas, une horizontale bm (fig. 315).

Le point M de la courbe sera à la distance $MP + Pm = H + a$ de cette droite, et par conséquent Mm représente, en longueur de fil, la tension T au point M. On voit que, si l'on place en M une poulie infiniment petite, et qu'on fasse passer le fil sur cette poulie, l'équilibre sera assuré par le poids du brin Mm, pourvu qu'on donne à ce brin une longueur telle qu'il atteigne sans la dépasser l'horizontale bm.

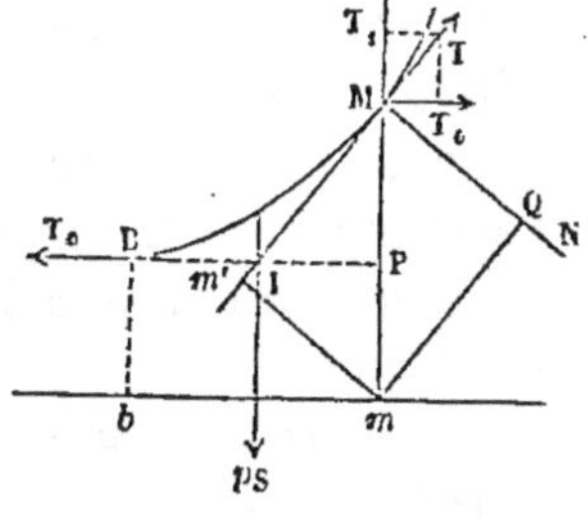

Fig. 315.

Nous avons vu tout à l'heure que la composante verticale, T_1, de la tension au point M surpasse la même composante en un autre point B, de tout le poids de l'arc BM ; soit s cet arc compté à partir du point le plus bas ; la composante verticale étant nulle en B, on aura simplement

$$T_1 = ps.$$

La tension totale T est la résultante de deux forces rectangulaires T_0 et T_1 ; donc

$$T^2 = T_1^2 + T_0^2,$$

ou bien

$$p^2 (a + H)^2 = p^2 s^2 + p^2 a^2.$$

Appelons z, pour abréger, la distance totale Mm ; il viendra, en supprimant le facteur commun p,

$$s^2 = z^2 - a^2,$$

équation qui permet de construire géométriquement la longueur rectifiée de l'arc s (Cf. § 214). Cet arc est en effet le second côté de l'angle droit d'un triangle rectangle, dont le premier côté est égal à a, ou à Bb, et l'hypoténuse égale à z ou à Mm.

Du point m abaissons mm' perpendiculaire sur la tangente Mm' ; le triangle $mm'M$ sera semblable au triangle MT_0T, et par conséquent

$$\frac{mm'}{Mm} = \frac{T_0}{T} = \frac{pa}{p(a+H)} = \frac{a}{a+H}.$$

Or $Mm = a + H$; donc $m' = a$.

Le triangle $mm'M$ est rectangle en m' ; il a l'hypoténuse $Mm = z$, et le côté de l'angle droit $mm' = a$; donc le second côté de l'angle droit, Mm, est égal à l'arc s.

Le point m' appartient à la *développante de chaînette* qui part du point B. On obtient ainsi ces deux théorèmes :

La distance du pied m de l'ordonnée Mm à la tangente est constante ;

La projection Mm' de l'ordonnée sur la tangente est égale à l'arc Bm.

La droite mm' est tangente à la développante lieu des points m' ; on voit que *la portion de la tangente à cette courbe, comprise entre le point de contact et la droite bm, a une longueur constante*. La développante de chaînette qui part du sommet, est pour cette raison appelée *tractrice* ; c'est la courbe décrite sur un plan horizontal par un point matériel tiré à chaque instant par un fil sans poids, de longueur constante $m'm$, quand l'extrémité m de ce fil parcourt la droite fixe bm.

Les droites Mm' et BP se coupent en un point I qui appartient à la verticale passant par le centre de gravité de l'arc BM. Les triangles IPM, MT_0T sont semblables et donnent la proportion

$$\frac{IP}{PM} = \frac{T_0}{T_1} = \frac{pa}{ps} = \frac{a}{s} = \frac{a}{\sqrt{z^2 - a^2}},$$

qui donne la distance IP.

Si du point m on abaisse une perpendiculaire mQ sur la droite MN, normale à la chaînette au point M, on aura dans le rectangle MQmm′, $MQ = mm' = a$. Donc le lieu du point Q est une courbe parallèle à la chaînette, équidistante et passant au point b.

551. Nous avons fait usage, pour établir toutes ces propriétés, de l'équation que l'on obtient en projetant sur la tangente à la courbe les tensions du fil en deux points infiniment voisins. Projetons les mêmes forces sur la normale MN.

Soit C le centre de courbure d'un arc infiniment petit M′ M″ ; menons la normale CM qui passe par le milieu de cet arc, et appelons ω l'angle M″CM′. L'équilibre a lieu entre le poids pds de l'arc

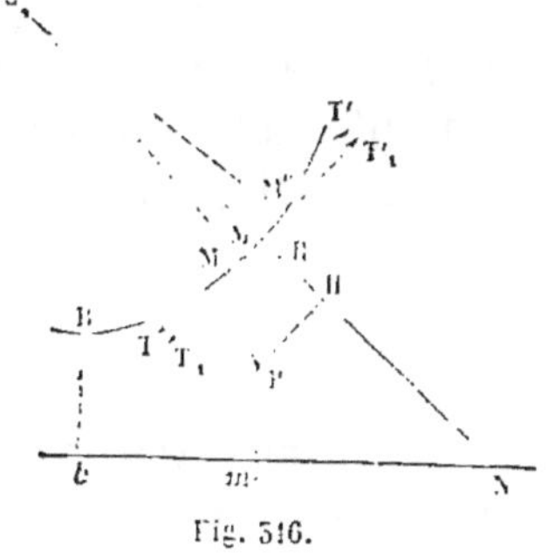

Fig. 516.

M″ M′, qui s'exerce verticalement suivant MP, et les tensions T et T′.

Projetons ces trois forces sur la droite CN. La projection du poids $MP = pds$ nous donnera d'abord une certaine droite MH, égale au produit de p par la projection sur MN d'une longueur ds prise sur MP ; or M′M″ fait avec l'horizontale M′R le même angle que la verticale MP fait avec la normale MN, et par suite la projection de $p \times ds$ sur la normale est égale au produit $p \times M'R$.

La force T fait avec la tangente à la courbe en M un angle égal à $\frac{\omega}{2}$; la projection de T sur la normale est représentée sur la figure par le côté TT_1 du triangle rectangle $TT_1 M'$, que l'on obtiendrait en menant par M une perpendiculaire à la direction CN, et par T une parallèle à la même direction. L'angle TMT_1 est égal à l'angle $\frac{\omega}{2}$. Or TT_1 diffère infiniment peu de l'arc décrit du point M′ comme centre avec M′T pour rayon, lequel arc a pour longueur $T \times \frac{\omega}{2}$. De même la projection de T' sur CN a pour valeur $T' \times \frac{\omega}{2}$, et la somme de ces deux composantes est égale à $(T + T') \times \frac{\omega}{2}$.

On a donc pour l'équilibre

$$(T + T') \times \frac{\omega}{2} = p \times M'R,$$

ou bien, en observant que les tensions T ou T' sont infiniment peu différentes l'une de l'autre, et que l'on peut par conséquent substituer à leur somme le double de l'une d'elles, 2 T,

$$T\omega = p \times M'R.$$

Dans cette équation, remplaçons ω par le rapport $\dfrac{M'M''}{\rho}$ de l'arc M'M'' au rayon de courbure CM; remplaçons de même T par sa valeur $p z$, ou $p \times Mm$, il viendra

$$p \times Mm \times \frac{M'M''}{\rho} = p \times M'R,$$

ou bien

$$\frac{\rho}{Mm} = \frac{M'M''}{M'R}.$$

Prolongeons la normale jusqu'au point N où elle coupe la droite bm; les triangles M m N, M'RM'', qui ont leurs côtés respectivement perpendiculaires, sont semblables et donnent la proportion

$$\frac{MN}{Mm} = \frac{M'M''}{M'R}.$$

Donc $\rho = MN$.

Dans la chaînette, le rayon de courbure en un point donné M est égal à la portion de normale comprise entre le point M et la droite bm.

Il résulte de là que si l'on fait tourner la chaînette autour de la droite bm, la surface de révolution qu'elle engendre, et que nous avons appelée *alysséide* (§ 214), aura pour rayons de courbure principaux les longueurs égales, MC et MN.

L'indicatrice de la surface sera donc une hyperbole équilatère.
L'hélicoïde gauche à plan directeur, qui, comme nous l'avons
observé, est applicable sur l'alysséide, possède la même propriété.

552. Remarquons que la forme de la chaînette dépend uniquement de la longueur *a*; en d'autres termes, *la chaînette
n'a qu'un seul paramètre*, comme le cercle, la parabole, la
cycloïde, la logarithmique, et par conséquent, *toutes les chaînettes sont des courbes semblables.*

PROPRIÉTÉ DE MINIMUM DES COURBES FUNICULAIRES.

533. Revenons au cas particulier dans lequel X, Y, Z sont
donnés en fonction des coordonnés x, y, z, et supposons de
plus que $X\,dx + Y\,dy + Z\,dz$ soit la différentielle exacte d'une
fonction $\varphi\,(x,\ y,\ z)$ de ces coordonnés. L'équation

$$\varphi\,(x,\ y,\ z) = C,$$

où C représente une constante arbitraire à laquelle on peut
attribuer successivement une infinité de valeurs, représente
une famille de surfaces de niveau, normales en chacun de
leurs points à la force (X, Y, Z)
qui y serait appliquée par unité
de longueur de fil.

Soit ACB la forme d'équilibre
du fil soumis à ces forces; prenons sur la courbe deux points
A et B assez voisins pour que
l'arc ACB ne coupe qu'une fois
chacune des surfaces de niveau
S′, S″, S‴,..., S qui passent entre ces deux points.

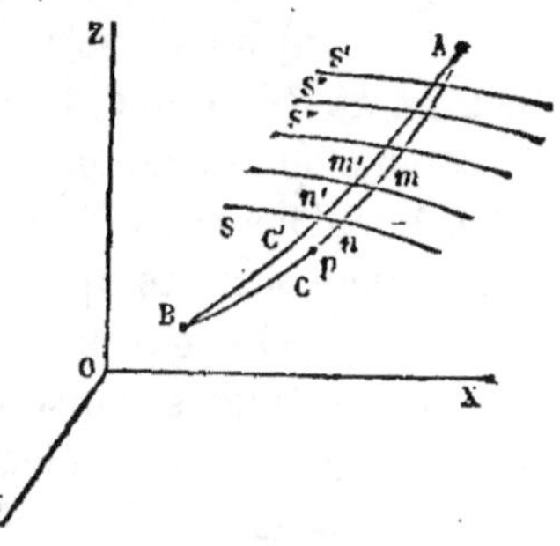

Fig. 517.

La courbe ACB jouit d'une propriété de minimum qui la
distingue de toute autre courbe joignant le point A au

point B. Pour définir cette propriété, observons que l'équation

$$dT + X dx + Y dy + Z dz = 0 \qquad (1)$$

fait connaître *à une constante près* les valeurs de la fonction T en tous les points de l'espace. On a en effet, en intégrant,

$$T + \varphi(x, y, z) = \text{const.} \qquad (2)$$

Cette fonction T représente la tension du fil en chaque point de la courbe ACB. Convenons qu'elle représentera aussi pour nous la *tension* en chaque point de toute autre courbe AC'B, menée entre les mêmes points A et B, bien que ce mot de tension n'ait plus alors de signification mécanique comme lorsqu'il s'agit d'un fil ; de sorte que nous puissions dire qu'il y a une tension T, fournie par l'équation (2), en un point m' de la courbe AC'B. Les tensions étant constantes tout le long d'une même surface de niveau, la tension fictive en m' sera égale à la tension réelle développée dans le fil au point m.

Nous allons faire voir que l'intégrale $\int T ds$, prise entre les points A et B le long de la courbe ACB, est plus petite que la même intégrale prise le long de toute autre courbe AC'B, joignant les mêmes extrémités ; qu'en d'autres termes, la courbe d'équilibre rend cette fonction minimum. Il suffit, pour établir ce théorème, de démontrer que l'intégrale $\int T ds$ ne change pas de valeur, aux infiniment petits du second ordre près, quand on passe de la courbe d'équilibre ACB à une courbe AC'B infiniment voisine.

Étudions la variation de cette intégrale. Pour cela, prenons un élément $mn = ds$ sur la courbe d'équilibre, et comparons-le à l'élément $m'n'$, compris entre les mêmes surfaces de niveau sur la seconde courbe. Les tensions T étant les mêmes pour ces deux éléments, puisqu'ils sont compris entre les mêmes surfaces de niveau, l'élément de l'intégrale $T ds$ subit seulement la variation du facteur ds, et s'accroît de la quantité $T\delta(ds)$ en désignant par $\delta(ds)$ la différence $m'n' - mn$ des deux arcs. Pour comparer les deux courbes, nous avons donc à faire la somme $\int T\delta ds$, entre les points A et B. On peut y parvenir par les règles du calcul des variations. Mais il est plus simple d'avoir recours à une interprétation mécanique, qui permet de faire l'intégration sur la figure.

$T \delta ds$ est le travail de deux forces égales à T, appliquées en sens contraires et en prolongement l'une de l'autre, aux deux bouts de l'élément mn, quand les points d'application m et n reçoivent les déplacements infiniment petits mm', nn' (§ 125). L'intégrale $\int T \delta ds$ est la somme des travaux de tous les systèmes binaires de forces analogues que l'on peut concevoir dans tous les arcs élémentaires de la courbe ACB.

Mais nous pouvons grouper autrement ces forces pour en trouver le travail total. Au point n, dans le sens mn prolongé, nous avons une force T, tension de l'élément nm; au même point, dans le sens pn prolongé, existe une tension $T + dT$, tension de l'élément np.

Appelons δx, δy, δz, les projections du déplacement nn' sur les trois axes coordonnés. Les composantes de la force T sont suivant les mêmes axes

$$T\frac{dx}{ds}, \qquad T\frac{dy}{ds}, \qquad T\frac{dz}{ds}.$$

Les composantes de la force $T + dT$ sont de même

$$-\left(T\frac{dx}{ds}\right) - d\left(T\frac{dx}{ds}\right), \qquad -\left(T\frac{dy}{ds}\right) - d\left(T\frac{dy}{ds}\right),$$
$$-\left(T\frac{dz}{ds}\right) - d\left(T\frac{dz}{ds}\right).$$

Pour avoir le travail total de ces deux forces, il suffit de multiplier respectivement chaque composante par la projection du déplacement et d'ajouter, ce qui donne

$$-d\left(T\frac{dx}{ds}\right)\delta x - d\left(T\frac{dy}{ds}\right)\delta y - d\left(T\frac{dz}{ds}\right)\delta z$$

La somme $\int T \delta ds$, prise entre les limites A et B, est donc égale à la somme

$$-\int\left[d\left(T\frac{dx}{ds}\right)\delta x + d\left(T\frac{dy}{ds}\right)\delta y + d\left(T\frac{dz}{ds}\right)\delta z\right],$$

prise entre les mêmes limites.

Remplaçons $d\left(\mathrm{T}\,\dfrac{dx}{ds}\right)$ par $-\mathrm{X}ds$, $d\left(\mathrm{T}\,\dfrac{dy}{ds}\right)$ par $-\mathrm{Y}ds$, $d\left(\mathrm{T}\,\dfrac{dz}{ds}\right)$ par $-\mathrm{Z}ds$; la seconde somme devient

$$-\int ds\,(\mathrm{X}\delta x + \mathrm{Y}\delta y + \mathrm{Z}\delta z),$$

somme identiquement nulle, car tous les éléments sont séparément égaux à zéro, puisque le déplacement $(\delta x,\ \delta y,\ \delta z)$ étant pris le long de la surface de niveau, ses projections satisfont à l'équation différentielle

$$\mathrm{X}\delta x + \mathrm{Y}\delta y + \mathrm{Z}\delta z = 0$$

de cette surface.

Donc la variation de l'intégrale $\int \mathrm{T}ds$ est nulle quand on passe de la courbe ACB à une courbe infiniment voisine, et par suite $\int \mathrm{T}ds$ est ou minimum ou maximum le long de ACB, sauf les cas particuliers où la variation seconde serait aussi nulle. Et comme il est évidemment impossible que $\int \mathrm{T}ds$ soit un maximum, on peut dire que cette intégrale est en général un minimum.

534. Cette conclusion subsisterait encore si le fil était appliqué sur une surface sans frottement; la réaction normale de la surface n'altérerait en rien la forme des surfaces de niveau; seulement il faudrait comparer à la courbe d'équilibre ACB d'autres courbes tracées entre les mêmes points A et B sur la même surface.

Remarquons aussi que la résultante de la tension T agissant en n suivant nm, et de la tension $\mathrm{T} + d\mathrm{T}$ agissant en n dans la direction np, est égale et contraire à la force $\mathrm{F}ds$ que l'on peut regarder comme appliquée au point n, et qui est normale à la surface S suivant laquelle on imprime un déplacement au point n. Le contour mnp, dans lequel m et p seraient considérés comme fixes, le sommet n restant seul mobile le long de la surface S, satisfait donc ($\S$ 120) à la condition qui rend minimum la fonction

$$mn \times \mathrm{T} + np \times (\mathrm{T} + d\mathrm{T}).$$

Il serait facile d'étendre cette propriété à la courbe entière ACB, ce qui démontre encore la proposition.

335. Montrons enfin comment le calcul des variations conduirait à la même conclusion. Nous ne ferons cette fois aucune hypothèse sur les déplacements imprimés aux divers points de la courbe ACB, pour les amener sur la courbe infiniment voisine AC'B. Soient δx, δy, δz les composantes de ces déplacements. Nous avons à démontrer que

$$\delta \int T ds = 0.$$

Or

$$\delta \int T ds = \int \delta (T ds) = \int \delta T ds + \int T \delta ds.$$

Comme nous avons l'équation générale

$$T + \varphi(x, y, z) = \text{const.},$$

nous avons aussi

$$\delta T + X \delta x + Y \delta y + Z \delta z = 0.$$

Donc

$$\delta T ds = -(X ds \delta x + Y ds \delta y + Z ds \delta z)$$

et

$$\int \delta T ds = -\int (X ds \delta x + Y ds \delta y + Z ds \delta z).$$

Calculons ensuite

$$\int T \delta ds.$$

Nous avons

$$ds^2 = dx^2 + dy^2 + dz^2.$$

Passant aux variations, il vient

$$ds \delta ds = dx \delta dx + dy \delta dy + dz \delta dz,$$

et par suite

$$\delta ds = \frac{dx}{ds} \delta dx + \frac{dy}{ds} \delta dy + \frac{dz}{ds} \delta dz,$$

$$\int T \delta ds = \int \left(T \frac{dx}{ds} \right) \delta dx + \int \left(T \frac{dy}{ds} \right) \delta dy + \int \left(T \frac{dz}{ds} \right) \delta dz.$$

L'intégration par parties sépare les caractéristiques d et δ; on a en effet

$$\int T \frac{dx}{ds} \delta dx = \int T \frac{dx}{ds} d(\delta x) = T \frac{dx}{ds} \delta x - \int \delta x \, d\left(T \frac{dx}{ds} \right).$$

De même

$$\int \mathrm{T}\frac{dy}{ds}\,\delta dy = \mathrm{T}\frac{dy}{ds}\,\delta y - \int \delta y\, d\left(\mathrm{T}\frac{dy}{ds}\right),$$

$$\int \mathrm{T}\frac{dz}{ds}\,\delta dz = \mathrm{T}\frac{dz}{ds}\,\delta z - \int \delta z\, d\left(\mathrm{T}\frac{dz}{ds}\right).$$

Donc enfin

$$\int \mathrm{T}\delta ds = \mathrm{T}\frac{dx}{ds}\,\delta x + \mathrm{T}\frac{dy}{ds}\,\delta y + \mathrm{T}\frac{dz}{ds}\,\delta z$$
$$- \int\left[\delta x\, d\left(\mathrm{T}\frac{dx}{ds}\right) + \delta y\, d\left(\mathrm{T}\frac{dy}{ds}\right) + \delta z\, d\left(\mathrm{T}\frac{dz}{ds}\right)\right].$$

Mais

$$d\left(\mathrm{T}\frac{dx}{ds}\right) = -\,\mathrm{X}ds,$$

$$d\left(\mathrm{T}\frac{dy}{ds}\right) = -\,\mathrm{Y}ds,$$

$$d\left(\mathrm{T}\frac{dz}{ds}\right) = -\,\mathrm{Z}ds.$$

D'ailleurs les variations δx, δy, δz, sont nulles aux limites A et B de l'intégration. On a donc, en prenant l'intégrale entre ses limites,

$$\int \mathrm{T}\delta ds = \int(\mathrm{X}ds\delta x + \mathrm{Y}ds\delta y + \mathrm{Z}ds\delta z) = -\int \delta \mathrm{T}ds.$$

Par conséquent

$$\int \mathrm{T}\delta ds + \int \delta \mathrm{T}ds = \delta\int \mathrm{T}ds = 0,$$

et la proposition est démontrée.

556. *Application de la chaînette.* — La courbe funiculaire devient une chaînette quand on fait $\mathrm{X}=0$, $\mathrm{Y}=0$, $\mathrm{Z}=-p$, quantité constante.

L'équation

$$\mathrm{T} + \varphi = \text{const.}$$

prend la forme $\mathrm{T} - pz = \mathrm{C}$, C étant une constante. Entre deux points A et B, pris sur la chaînette ACB, l'intégrale $\int \mathrm{T}ds$ est minimum; donc $\int(pz+\mathrm{C})ds$, où $p\int zds+\mathrm{C}\int ds$ est minimum le long de la courbe. Or $\dfrac{\int pzds}{\int pds}$ ou $\dfrac{\int zds}{\int ds}$ est l'ordonnée verticale du centre de gravité de l'arc ACB. Comparons l'arc ACB de chaînette à l'arc AC'B d'une courbe ayant même longueur. L'intégrale $\int ds$ étant la même pour les deux courbes, les ordonnées des centres de gravité seront entre elles comme les valeurs de l'intégrale $\int z\,ds$; or cette intégrale est minimum pour la chaînette. Donc *de toutes les courbes de même longueur qui joignent deux points donnés, la chaînette est celle qui a son centre de gravité le plus bas possible :* proposition que l'on aurait pu déduire de la théorie exposée §§ 236 à 240[*].

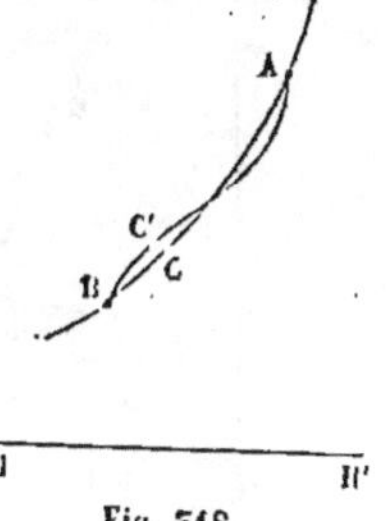

Fig. 518.

On peut ensuite appliquer le théorème de Guldin (§ 206), et on parvient à cette nouvelle proposition : *de toutes les surfaces de révolution que l'on obtient en faisant tourner autour d'une droite HH' les diverses courbes isopérimètres ACB que l'on peut tracer dans un plan passant par HH' entre deux points donnés A et B, celle qui a la moindre superficie est engendrée par la chaînette* qui joint ces deux points, la pesanteur étant censée agir perpendiculairement à HH'.

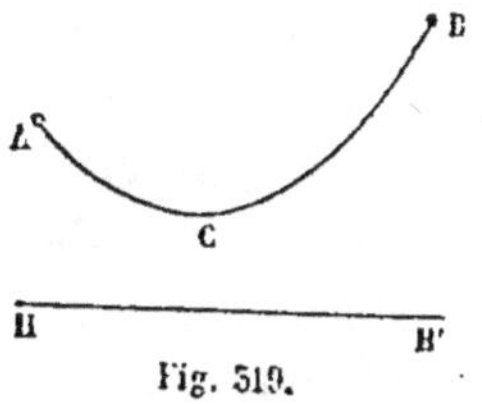

Fig. 519.

PROBLÈME DE MINIMUM.

537. *Étant donnés dans un même plan deux points A et B et une droite OX (fig. 519), on demande de tracer dans ce plan une courbe AmnsB, qui joigne les deux points, et telle qu'en la faisant tourner autour de OX : 1° le volume engendré par la figure AabB, terminé aux deux perpendiculaires Aa, Bb, et à la courbe, soit égal à une quantité donnée; 2° la surface engendrée par la courbe elle-même soit minimum.*

Supposons que la courbe AmnB satisfasse à ces deux conditions. Si on l'altère infiniment peu, suivant le tracé Am'n's'B,

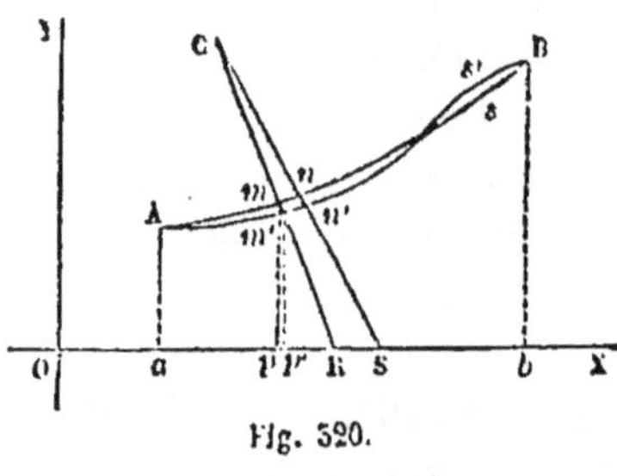

Fig. 520.

de manière à laisser constant le volume engendré, la surface engendrée par la nouvelle courbe sera égale, à des infiniment petits d'ordre supérieur près, à la surface engendrée par la courbe primitive; c'est la condition du minimum.

Rapportons la nouvelle courbe à l'ancienne. Pour cela, appelons u l'intervalle mm' compris entre les deux courbes, mesuré sur la normale mR à la courbe primitive; la quantité u portera un signe, suivant que l'intervalle des deux courbes tombe d'un côté ou de l'autre de la première. A chaque arc mn de la courbe primitive, correspondra un arc $m'n'$ sur la courbe déformée, et ces deux arcs, faisant entre eux un angle infiniment petit, peuvent être considérés comme parallèles. Soit C le centre de courbure de l'arc mn, ou le point de rencontre des deux normales consécutives mR, nS. Les triangles Cmn, $Cm'n'$, étant semblables, donnent, en appelant ρ le rayon de courbure Cm, et ds, ds' les arcs mn, $m'n'$, la proportion

$$\frac{ds'}{ds} = \frac{\rho + u}{\rho}.$$

Donc

$$ds' = ds\left(1 + \frac{u}{\rho}\right).$$

L'élément de surface plane $mnn'm'$ a pour mesure uds, et dans sa révolution autour de OX, il engendre un élément, $2\pi yuds$, de la différence entre les deux volumes, en appelant y l'ordonnée mp. Cet élément a le signe de u. Nous poserons, suivant la méthode indiquée par Cauchy,

$$\int_A^m yuds = \varphi(s);$$

la fonction $\varphi(s)$ est assujettie à s'annuler au point A pour $s = 0$, et au point B pour $s = AB$; pour toutes les valeurs intermédiaires, elle reste arbitraire et infiniment petite.

On en déduit, en différentiant et en divisant par ds,

$$yu = \varphi'(s).$$

L'arc mn engendre dans sa révolution autour de OX un élément de surface égal à $2\pi y\,ds$; l'élément $m'n'$ engendre de même un élément $2\pi\,y'ds'$, en appelant y' l'ordonnée $m'p'$. De sorte qu'en supprimant le facteur constant 2π, la condition du minimum se traduit par l'équation

$$\int_A^B y\,ds = \int_A^B y'\,ds'.$$

Nous connaissons déjà ds' en fonction ds. Pour évaluer de même y', observons que la différence $y - y'$ est égale à la projection sur l'axe OY de mm' ou de u; on aura donc, en appelant α l'angle de la tangente à la courbe avec l'axe OX,

$$y - y' = u\cos\alpha$$

et

$$y' = y - u\cos a.$$

Substituant à y' et à ds' leurs valeurs, et développant, il vient

$$\int_A^B y\,ds = \int_A^B (y - u\cos\alpha)\left(1 + \frac{u}{\rho}\right)ds$$

$$= \int_A^B y\,ds - \int_A^B u\cos\alpha\,ds + \int_A^B \frac{yu}{\rho}\,ds - \int_A^B \frac{u^2}{\rho}\cos\alpha\,ds.$$

Réduisant, et supprimant le dernier terme qui est infiniment petit par rapport aux autres, on a pour condition du minimum

$$\int_A^B \left(\frac{yu}{\rho}\,ds - u\cos\alpha\,ds\right) = 0.$$

Mais $\cos \alpha$ est le rapport de l'ordonnée mp à la normale mR.

Soit $mR = N$; on aura $\cos \alpha = \dfrac{y}{N}$, et

$$u \cos \alpha \, ds = \frac{yu}{N} \, ds.$$

L'équation devient donc

$$\int_A^B yuds \left(\frac{1}{\rho} - \frac{1}{N} \right) = 0.$$

Remplaçons yu par sa valeur $\varphi'(s)$, et intégrons par parties. Il viendra

$$\int \varphi'(s) \, ds \left(\frac{1}{\rho} - \frac{1}{N} \right) = \varphi(s) \left(\frac{1}{\rho} - \frac{1}{N} \right) - \int \varphi(s) \, d \left(\frac{1}{\rho} - \frac{1}{N} \right).$$

fonction qu'il faut prendre entre les limites correspondantes aux points A et B; or à ces limites $\varphi(s)$ est nul.

L'intégrale $\displaystyle\int \varphi(s) \, d \left(\dfrac{1}{\rho} - \dfrac{1}{N} \right)$ doit donc être nulle le long de la courbe entre les points A et B, quelle que soit la fonction arbitraire $\varphi(s)$.

Il faut et il suffit pour cela qu'on ait en tous points

$$d \left(\frac{1}{\rho} - \frac{1}{N} \right) = 0,$$

ou bien

$$\frac{1}{\rho} - \frac{1}{N} = \text{constante.}$$

On remarquera que le rayon de courbure mC, et la normale mR, sont les rayons de courbure des sections principales de la surface engendrée par la révolution de la courbe cherchée autour de l'axe OX; ces rayons de courbure devant d'ailleurs être pris avec des signes contraires dans la situation de la figure, puisqu'ils sont dirigés en sens opposés, on peut regarder $\dfrac{1}{\rho} - \dfrac{1}{N}$ comme la *somme algébrique* des courbures principales, et exprimer la propriété de la surface en disant que *sa courbure moyenne est constante.*

La chaînette est un cas particulier de cette espèce de courbe ; elle correspond à $\rho = N$, et à $\dfrac{1}{\rho} - \dfrac{1}{N} = 0$.

On sait que la chaînette peut être engendrée par le foyer d'une parabole qui roule sur une droite fixe (I, § 148). Les courbes comprises dans l'équation $\dfrac{1}{\rho} - \dfrac{1}{N} =$ constante peuvent être décrites de même par le foyer d'une section conique roulant sur la droite OX *.

En effet, l'équation différentielle de la courbe qui en roulant sur la droite OX engendre la ligne AB est, entre les coordonnées polaires N et θ,

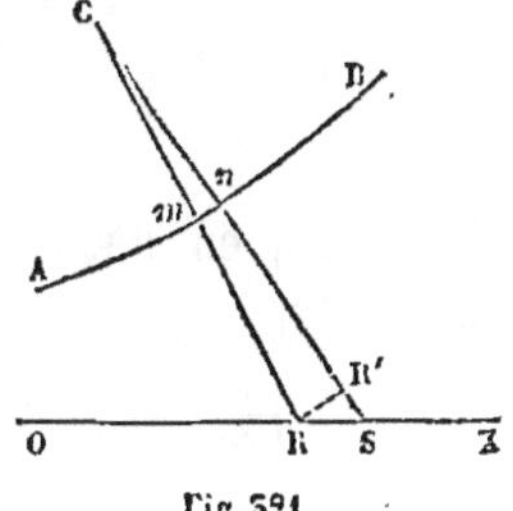

Fig. 521.

$$\frac{N d\theta}{dN} = f(N),$$

$f(N)$ étant la valeur de la tangente de l'angle $R = CRO$, exprimée en fonction de la longueur $N = mR$ (I, § 146). Déterminons d'abord cette fonction. Du point R, abaissons RR′ perpendiculaire sur CS ; la distance R′S sera égale à dN. On aura dans le triangle RR′S,

$$dN = RR' \times \operatorname{tang} R'RS = \frac{RR'}{\operatorname{tang} CRO}.$$

Mais les triangles semblables Cmn, CRR', donnent

$$RR' = mn \times \frac{CR}{Cm} = \frac{ds}{\rho} \times (\rho + N) = d\alpha \times (\rho + N),$$

$d\alpha$ étant l'angle mCn. Cet angle, pris négativement, est la différence $CSO - CRO$, ou la variation de l'angle R ; nous aurons donc entre R et N l'équation différentielle

$$dN = -dR (\rho + N) \times \frac{1}{\operatorname{tang} R},$$

ou bien

$$\frac{dR}{\operatorname{tang} R} + \frac{dN}{N + \rho} = 0.$$

* Ce théorème a été découvert par Delaunay.

Or on a entre N et ρ la relation

$$\frac{1}{\rho} = \frac{1}{a} + \frac{1}{N},$$

a étant une constante; ce qui permet d'éliminer ρ. Il vient alors

$$\frac{dR}{\tan g\,R} + \frac{dN}{N + \dfrac{1}{\dfrac{1}{a} + \dfrac{1}{N}}} = 0,$$

ou bien, en décomposant la seconde fraction en fractions simples,

$$\frac{dR}{\tan g\,R} + \frac{(N+a)}{N^2 + 2aN}\,dN = \frac{dR}{\tan g\,R} + \frac{dN}{2N} + \frac{dN}{2(N+2a)} = 0.$$

D'où l'on tire en intégrant

$$\log \sin R + \frac{1}{2}\log N + \frac{1}{2}\log(N+2a) = \text{constante}.$$

ou bien

$$\sin R = \frac{C}{\sqrt{N(N+2a)}}.$$

On en déduit

$$\tan g\,R = \frac{C}{\sqrt{N(N+2a) - C^2}},$$

par conséquent

$$f(N) = \frac{C}{\sqrt{N(N+2a) - C^2}};$$

et l'équation polaire de la courbe roulante est

$$d\theta = \frac{C}{\sqrt{N^2 + 2aN - C^2}}\,\frac{dN}{N}.$$

Nous retrouverons cette équation dans la dynamique en traitant le problème du mouvement elliptique des planètes. L'intégration donne

$$\theta = \theta_0 + \text{arc cos.}\left(\frac{A}{N} - B\right),$$

dans laquelle A et B sont des constantes exprimables en fonction des quantités a et C, et θ_0 une constante arbitraire. On satisfait en effet à l'équation différentielle proposée en faisant

$$\frac{A}{\sqrt{1 - B^2}} = C \quad \text{et} \quad \frac{AB}{1 - B^2} = a.$$ Les constantes étant ainsi déter-

minées, on aura entre N et θ la relation

$$N = \frac{A}{B + \cos(\theta - \theta_0)} = \frac{\dfrac{A}{B}}{1 + \dfrac{1}{B}\cos(\theta - \theta_0)},$$

qui définit une section conique rapportée à son foyer.

ÉQUILIBRE D'UN FIL APPLIQUÉ SUR UNE SURFACE.

538. Supposons qu'un fil sans pesanteur soit appliqué sur une surface qui n'exerce sur lui aucun frottement. Les seules forces qui agiront sur une portion quelconque de fil seront les tensions en ses deux extrémités et les réactions normales de la surface. Prenons sur le fil un arc infiniment petit AB ; cet arc pourra être confondu, sans erreur appréciable, avec un arc de cercle ayant pour centre C le centre de courbure de la courbe dans l'intervalle des points A et B. Les réactions de la surface sur l'élément AB se composent en une force unique IN, normale à la surface, et par suite normale à la courbe, qui fait équilibre aux tensions T et T'. Les trois forces T, T' et N sont ainsi dans un même plan ; la normale IN à la surface est située

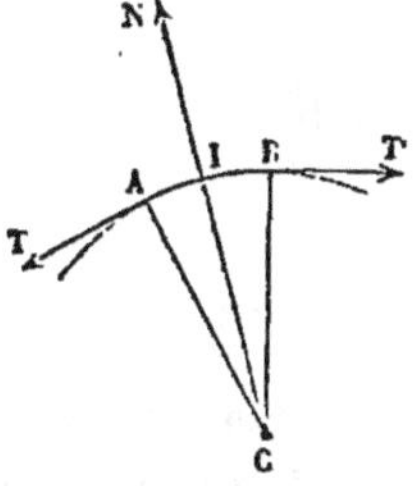

Fig. 522.

dans le plan des deux tangentes infiniment voisines AT et BT', ou dans le plan osculateur ; c'est donc la *normale principale* de la courbe, et elle passe par le centre de courbure C. En d'autres termes, *la normale à la surface coïncide avec la normale principale à la courbe.*

Projetons les trois forces N, T et T' sur la tangente à la courbe au point I. Les forces T et T' faisant des angles infiniment petits avec cette tangente se projettent en vraie grandeur, tandis que la force N, normale à l'axe de projection, a une composante nulle. Donc $T = T'$; et par conséquent *la tension est la même en tous les points du fil.*

Le théorème du travail virtuel conduit au même résultat. Prenons une portion finie quelconque de fil ; elle est en équilibre sous l'action des deux tensions extrêmes, T et T', et de toutes les réactions de la surface, qui sont normales ; cela posé, imprimons au fil un déplacement longitudinal, ε, commun à tous ses points et infiniment petit. La somme des travaux des tensions T et T' sera égale à $T\varepsilon - T'\varepsilon$, ou à $(T - T')\varepsilon$, et cette somme doit être égale à zéro, car les travaux des réactions sont nuls ; donc enfin $T = T'$.

Cherchons la réaction de la surface.

Soit $d\omega$ l'angle de contingence ACB, égal au rapport, $\dfrac{ds}{\rho}$, de l'arc AB au rayon de courbure CA. La projection des trois forces N, T, T', dont les deux dernières sont égales, sur la direction de la force N, donne la valeur de la réaction. Nous avons obtenu, dans un cas tout semblable (§ 551), l'équation suivante

$$N = T d\omega,$$

ou bien

$$N = T \times \frac{ds}{\rho}.$$

$\dfrac{N}{ds}$ est la réaction de la surface rapportée à l'unité de longueur du fil ; on voit qu'elle est égale à la tension T divisée par le rayon de courbure ρ de la ligne dessinée par le fil ; mais T est partout le même ; donc *la réaction de la surface rapportée à l'unité de longueur est inversement proportionnelle au rayon de courbure.*

339. La ligne d'équilibre d'un fil appliqué sur une surface jouit de cette propriété, qu'elle a entre deux quelconques de ses points la plus petite longueur possible. Car le fil, d'abord placé de manière à passer par deux points donnés, sera amené par la tension à occuper la position où il ne peut plus subir de raccourcissement. Cela résulte aussi de ce que la tension est constante tout le long du fil. Si l'on en fixe deux points A et B, l'intégrale $\int T ds$ sera minimum pour la courbe que dessine le fil entre ces deux points ; le facteur T

étant constant peut sortir du signe $\int$, et, par conséquent, l'arc $\int ds$ est minimum pour la courbe d'équilibre entre les deux points A et B.

On appelle *lignes géodésiques* les lignes qui, sur une surface donnée, ont la longueur minimum. Elles ont ce caractère géométrique que leur plan osculateur en un point quelconque est normal à la surface[1]. Par exemple, les lignes géodésiques de la sphère sont des arcs de grand cercle; sur le cylindre droit à base circulaire, ce sont des arcs d'hélice, et comme cas particulier, les cercles de section droite ou les génératrices rectilignes. Sur le plan, les lignes géodésiques sont des droites; pour toute autre ligne, le plan osculateur coïnciderait avec la surface au lieu de lui être perpendiculaire.

Lorsqu'on applique sans déchirure ni duplicature une surface sur une autre, des lignes quelconques tracées sur la première conservent leurs longueurs sur la seconde, et les angles sous lesquels elles se coupaient restent aussi les mêmes après la déformation. Les lignes géodésiques de la première surface se transforment donc en des lignes géodésiques sur la seconde. Les lignes géodésiques d'une surface développable deviennent des lignes droites quand on applique la surface sur un plan.

On voit par là que la sphère n'est pas développable. Car un triangle sphérique formé par trois arcs de grand cercle, ou par trois lignes géodésiques, se transformerait sur le plan en un triangle rectiligne, et les angles des deux triangles seraient respectivement égaux, ce qui est impossible, puisque la somme des angles du triangle rectiligne est égale à deux droits, tandis que la somme des angles du triangle sphérique

---

[1] « CLAIRAUT a remarqué le premier, dans les *Mémoires de l'Académie des* « *sciences* de 1755, que, quelle que soit la figure de la terre, la ligne qu'on y « tracerait en plantant continuellement des piquets perpendiculaires à l'horizon, « de manière qu'ils soient effacés les uns par les autres, comme on l'a pratiqué « dans la description de la perpendiculaire à la méridienne de Paris, aurait la « propriété d'être la ligne la plus courte entre tous ses points. » (Lagrange, *Calcul des fonctions*, leçon XXII.) En effet, les plans osculateurs de la ligne sont en tous points verticaux, c'est-à-dire normaux à la surface de la terre. L'expression de *ligne géodésique* est venue de cette construction.

surpasse deux droits de la quantité appelée *excès sphérique*, proportionnelle à l'aire du triangle.

540. Cherchons les équations différentielles des lignes géodésiques d'une surface donnée

$$F(x, y, z) = 0.$$

Nous nous servirons pour cela de la condition de minimum de l'arc

$$\delta \int ds = 0,$$

ou

$$\int \delta ds = 0.$$

Mais

$$\delta ds = \frac{dx}{ds} \, \delta dx + \frac{dy}{ds} \, \delta dy + \frac{dz}{ds} \, \delta dz.$$

Substituant, et intégrant par parties, pour séparer les caractéristiques d et δ, il vient

$$\int \delta ds = \left(\frac{dx}{ds} \, \delta x + \frac{dy}{ds} \, \delta y + \frac{dz}{ds} \, \delta z \right) - \int \left(\delta x \, d\frac{dx}{ds} + \delta y \, d\frac{dy}{ds} + \delta z \, d\frac{dz}{ds} \right).$$

Le terme hors du signe $\int$ est nul aux limites, puisqu'on suppose fixes les extrémités de l'arc de courbe considéré. Quant à la fonction sous le signe $\int$, elle renferme les trois variations δx, δy et δz; mais ces trois variations ne sont pas indépendantes les unes des autres, car les déplacements imprimés aux points de la courbe s'effectuant sur la surface $F = 0$, les variations satisfont à l'équation différentielle

$$\frac{dF}{dx} \, \delta x + \frac{dF}{dy} \, \delta y + \frac{dF}{dz} \, \delta z = 0.$$

On peut donc exprimer δz en fonction de δx et de δy. Substituant sa valeur dans la fonction sous le signe $\int$, il vient en définitive

$$\int \delta ds = - \int \left[\delta x \left(d\frac{dx}{ds} - \frac{\left(\frac{dF}{dx}\right)}{\left(\frac{dF}{dz}\right)} \, d\frac{dz}{ds} \right) + \delta y \left(d\frac{dy}{ds} - \frac{\left(\frac{dF}{dy}\right)}{\left(\frac{dF}{dz}\right)} \, d\frac{dz}{ds} \right) \right].$$

L'intégrale doit se réduire identiquement à zéro, quelles que soient les variations indépendantes δx et δy. Il faut et il suffit pour cela qu'on ait tout le long de la courbe les deux équations

$$d\frac{dx}{ds} - \frac{\frac{dF}{dx}}{\frac{dF}{dz}} \, d\,\frac{dz}{ds} = 0,$$

$$d\frac{dy}{ds} - \frac{\frac{dF}{dy}}{\frac{dF}{dz}} \, d\,\frac{dz}{ds} = 0,$$

ou bien la série d'égalités

$$\frac{d\frac{dx}{ds}}{\frac{dF}{dx}} = \frac{d\frac{dy}{ds}}{\frac{dF}{dy}} = \frac{d\frac{dz}{ds}}{\frac{dF}{dz}}.$$

Telles sont les équations différentielles des lignes géodésiques de la surface $F=0$. Elles expriment que la direction qui fait avec les axes des angles définis par les cosinus

$$\frac{d\frac{dx}{ds}}{\sqrt{\left(d\frac{dx}{ds}\right)^2 + \left(d\frac{dy}{ds}\right)^2 + \left(d\frac{dz}{ds}\right)^2}},$$

$$\frac{d\frac{dy}{ds}}{\sqrt{\left(d\frac{dx}{ds}\right)^2 + \left(d\frac{dy}{ds}\right)^2 + \left(d\frac{dz}{ds}\right)^2}},$$

$$\frac{d\frac{dz}{ds}}{\sqrt{\left(d\frac{dx}{ds}\right)^2 + \left(d\frac{dy}{ds}\right)^2 + \left(d\frac{dz}{ds}\right)^2}},$$

c'est-à-dire la direction de la normale principale à la courbe, coïncide avec la direction définie par les cosinus

$$\frac{\frac{dF}{dx}}{\sqrt{\left(\frac{dF}{dx}\right)^2 + \left(\frac{dF}{dy}\right)^2 + \left(\frac{dF}{dz}\right)^2}}, \qquad \frac{\frac{dF}{dy}}{\sqrt{\left(\frac{dF}{dx}\right)^2 + \left(\frac{dF}{dy}\right)^2 + \left(\frac{dF}{dz}\right)^2}},$$

$$\frac{\frac{dF}{dz}}{\sqrt{\left(\frac{dF}{dx}\right)^2 + \left(\frac{dF}{dy}\right)^2 + \left(\frac{dF}{dz}\right)^2}},$$

c'est-à-dire avec la direction de la normale à la surface : théorème que la statique nous avait immédiatement donné.

THÉORÈME DE LANCRET.

541. *Étant donnée dans l'espace une courbe quelconque, L, on peut faire passer par cette courbe une surface développable dont cette courbe soit une ligne géodésique.*

En effet, menons par les tangentes à la courbe en des points très rapprochés, A, B, C, des plans normaux aux normales

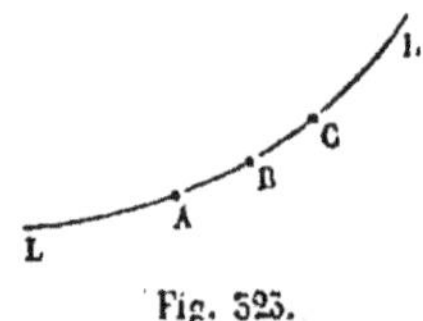

Fig. 523.

principales, ou, ce qui revient au même, normaux aux plans osculateurs. Ces plans se couperont deux à deux suivant des droites, et à la limite, lorsque les points A, B, C se seront indéfiniment rapprochés, la surface S qui contient ces droites sera l'enveloppe des positions du plan mobile; ce sera donc une surface développable. Ses plans tangents successifs sont normaux aux plans osculateurs de la ligne L; donc cette ligne est une ligne géodésique de la surface S.

Si l'on développe la surface S sur un plan, la courbe L se transformera en ligne droite sans altération de longueur. La surface S est la *surface rectifiante* de la courbe donnée.

THÉORÈME SUR LES ARCS D'ELLIPSE.

542. LEMME. — *Si d'un point extérieur M, on mène deux tangentes MP, MP' à une ellipse, les angles PMF, P'MF' que font les tangentes avec les droites menées du point M aux foyers F et F' sont égaux.*

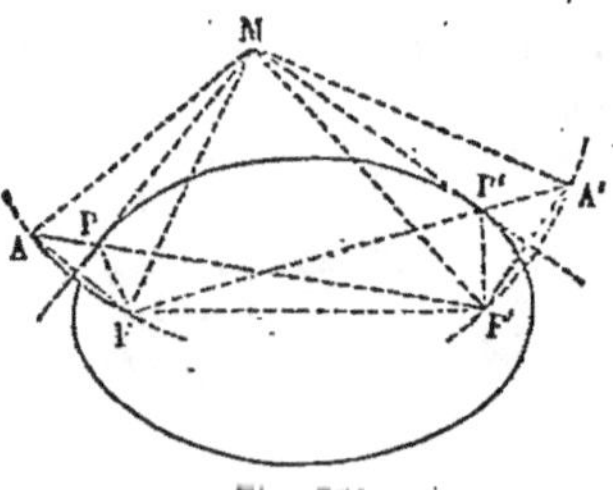

Fig. 524.

Pour construire la tangente MP, il suffit de décrire un cercle du point F' comme centre avec un rayon égal au grand axe, puis de chercher l'intersection A de ce cercle avec un arc décrit du point M comme centre avec MF pour rayon. La tangente cherchée est la droite MP, perpendiculaire à FA. Joignant F'A, on aura le point de contact P en cherchant l'intersection de la droite F'A avec la tangente MP.

La seconde tangente MP' s'obtiendrait en faisant usage de la seconde intersection des mêmes arcs de cercle. Mais on peut aussi la construire en décrivant de F comme centre, avec le grand axe pour rayon, un cercle que l'on coupera par un arc décrit de M comme centre avec un rayon égal à MF'; l'intersection donnera le point A', et la tangente cherchée sera la perpendiculaire abaissée du point M sur la droite A'F'.

Les tangentes MP, MP' sont les bissectrices des angles FMA, F'MA'. Pour prouver l'égalité des angles PMF, P'MF', il suffit donc de prouver l'égalité des angles doubles AMF, A'MF', ou, en ajoutant de part et d'autre l'angle FMF', l'égalité des angles AMF', A'MF.

Or ces deux angles appartiennent à deux triangles AMF', FMA', qui ont leurs trois côtés égaux chacun à chacun, savoir : AM $=$ MF, AF' $=$ A'F $=$ le grand axe, MF' $=$ MA'; ils sont donc égaux, et le lemme est démontré.

Corollaire. — Si l'on considère l'ellipse ayant pour foyers les points F et F' et passant par le point M, la tangente à cette ellipse au point M, faisant des angles égaux avec les rayons vecteurs MF, MF', fait aussi des angles égaux avec les tangentes MP, MP', menées du point M à l'ellipse *homofocale* PP'.

545. *Théorèmes de M. Chasles*[1]. — Soit AB une ellipse, F et F' ses foyers (fig. 324). Imaginons un fil continu, inextensible et de longueur donnée, qui fasse le tour de l'ellipse, en s'appuyant sur la courbe, sauf dans la région PMP', où il dessine

Fig. 525.

deux tangentes PM, P'M aboutissant en un point M. On

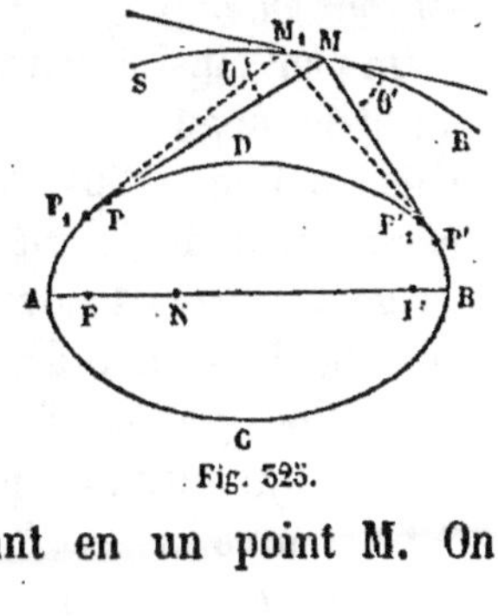

[1] *Comptes rendus de l'Académie des Sciences*, 1845.

demande le lieu décrit par un crayon qui serait placé au point M de manière à tendre toujours le fil.

Cherchons la tangente en M au lieu demandé. Prenons sur la courbe cherchée un point M_1 infiniment voisin du point M, et soit $MM_1 = ds$. La longueur totale du fil ne change pas quand le crayon passe de M en M_1; soit θ l'angle que MP fait avec la direction de l'élément MM_1, et θ' l'angle que MP' fait avec le même élément pris dans l'autre sens. Dans le passage de M en M_1, le brin P_1PM se raccourcit d'une quantité égale à la projection de MM_1 sur la direction de PM, ou de $ds\cos\theta$; le brin P'M s'allonge en même temps de la projection du même arc sur la direction de P'M, c'est-à-dire de $ds\cos\theta'$. La longueur du fil restant constante, on a

$$ds\cos\theta = ds\cos\theta' ;$$

donc $\theta = \theta'$, et la tangente au lieu cherché fait des angles égaux avec les tangentes MP, MP' à l'ellipse AB.

Il résulte du lemme précédent que le lieu RS décrit par le point M est une ellipse homofocale à l'ellipse donnée; par suite, *étant données deux ellipses homofocales, si d'un point M de l'ellipse extérieure on mène les deux tangentes MP, MP' à l'ellipse intérieure, la somme des tangentes et de l'arc embrassé entre les points de contact,*

$$MP + MP' + \text{arc PACBP'},$$

est constante.

On peut ainsi décrire l'ellipse en tendant avec un crayon un fil de longueur constante qui entoure une portion du périmètre d'une ellipse déjà tracée; cette méthode est une généralisation de la méthode ordinaire dans laquelle on fait usage des foyers. La droite finie FF', pour tous les points, N, de laquelle la somme des distances $NF + NF'$ est constante et égale à FF', peut en effet être assimilée à une ellipse infiniment aplatie, qui aurait les points F et F' pour foyers.

La somme $MP + MP' + PCP'$ étant constante, si l'on en retranche le périmètre entier de l'ellipse, le reste, égal à $MP + MP' - PDP'$, est aussi constant, et c'est sous cette forme que M. Chasles a présenté son théorème. On en déduit un moyen géométrique de trouver d'une infinité de manières, sur une ellipse donnée, deux arcs dont la différence soit rectifiable.

Supposons en second lieu que le fil qui entoure l'ellipse puisse être allongé à volonté, et cherchons le lieu des points M tels, qu'en passant d'un point M à un autre point M', les deux brins qui aboutissent à ce point soient allongés de quantités égales.

Supposons les points M et M' infiniment rapprochés : la quantité
dont s'allonge le brin MP, quand,
sans cesser d'être tendu et sans
glisser sur l'ellipse, il va abou-
tir en M' suivant le tracé $P_1 M'$, est
égale à la projection de MM' sur
la direction de $M'P_1$. De même le
brin MP' s'est allongé d'une quantité égale à la projection de MM'

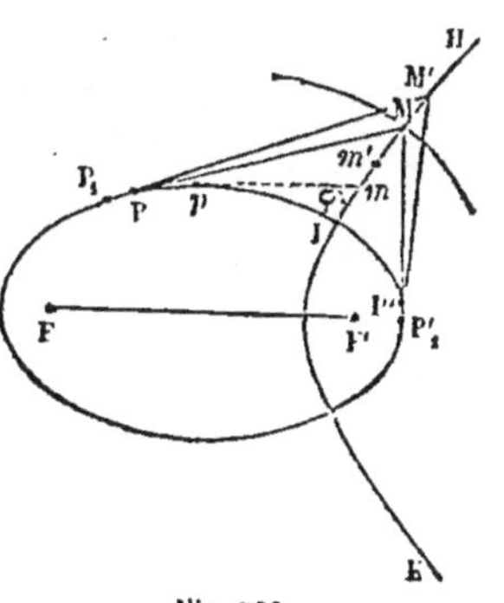

Fig. 326.

sur $M'P_1'$. L'égalité des allongements implique donc l'égalité des angles $P_1 M'M$, $P_1'M'M$, et par suite la direction de l'élé-ment MM' est bissectrice de l'angle des deux brins.

Les directions MP, MP' font, d'après le lemme, des angles égaux avec une ellipse homofocale à l'ellipse donnée, passant par le point M. Donc MM' est normal à cette ellipse, et le lieu cherché est une trajectoire orthogonale des ellipses qui ont F et F' pour foyers; c'est par suite une hyperbole HK, homofocale à l'ellipse donnée, et la coupant elle-même à angle droit au point I.

La longueur MP d'une tangente à l'ellipse, comprise entre le point de contact P et l'hyperbole, surpasse l'arc PI, mesuré sur la courbe, de l'intégrale $\int ds \cos\varphi$, prise sur l'hyperbole entre le point I et le point M; ds représente l'arc élémentaire mm' d'hyperbole, et φ l'angle que sa direction fait avec la tan-gente mp menée à l'ellipse à partir du point m.

Cette intégrale est la même des deux côtés de l'hyperbole, puisque l'élément *ds* fait des angles égaux avec les deux tangentes ; les différences MP — arc PI, MP' — arc P'I sont donc égales, et *la différence des arcs d'ellipse* PI, P'I *est égale à la différence des tangentes* MP, MP'.

FROTTEMENT D'UN FIL SUR UNE SURFACE.

544. Lorsque les réactions de la surface sur laquelle un fil est tendu ne sont pas normales, la courbe d'équilibre peut n'être pas une ligne géodésique. Il y a cependant un cas où il en est encore ainsi : c'est celui où *le fil est sur le point de glisser sur la surface le long de la ligne qu'il y dessine.*

Considérons un arc infiniment petit, AB, du fil appliqué sur la surface. Cet arc étant sur le point de glisser dans sa propre direction AB, le frottement exercé par la surface est une force *f*N égale au produit de la réaction normale N par le coefficient de frottement, et dirigée tangentiellement à AB, en sens contraire du glissement qui tend à se produire.

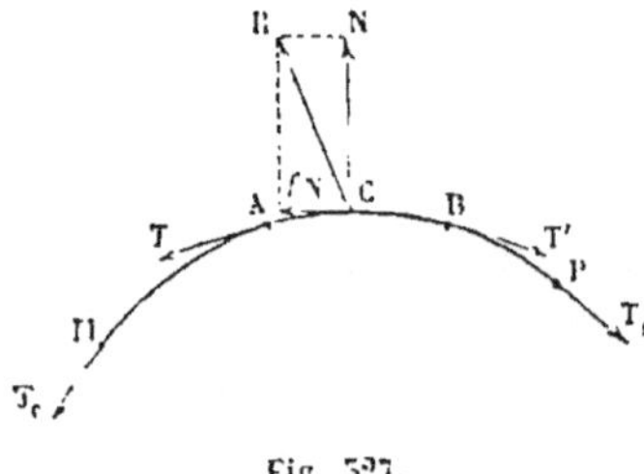

Fig. 527.

L'arc AB est en équilibre sous l'action des forces N, *f*N, et des tensions T et T' développées à ses deux extrémités. Les forces *f*N et N se composent en une seule force R, appliquée en un point C de l'arc : les trois forces R, T et T', se faisant équilibre, sont dans un même plan, qui est le plan osculateur de la courbe AB, puisqu'il contient les deux tangentes AT, BT'. Or la force *f*N, tangente à AB, est située dans le plan osculateur; par suite, la force N est aussi située dans ce plan. Donc *le plan osculateur de l'arc* AB *est normal à la surface, et la courbe* AB *est une ligne géodésique.*

Les tensions T et T' ne sont plus égales, et il est facile de voir que T' surpasse T de la composante *f*N.

L'angle RCN est égal à l'angle φ du frottement. L'angle RCB, que la force extérieure R fait avec la courbe funiculaire AB,

est donc égal à $\varphi + \dfrac{\pi}{2}$.

Cela posé, appliquons à l'arc AB l'équation que nous avons donnée (§ 325),

$$\frac{dT}{T} = -\frac{d\omega}{\operatorname{tang} \mu},$$

où T est la tension, $d\omega$ l'angle de contingence, et μ l'angle de la force extérieure avec la courbe, prise dans la direction suivant laquelle on compte les arcs positifs.

Nous aurons

$$\operatorname{tang} \mu = \operatorname{tang} \left(\frac{\pi}{2} + \varphi \right) = -\operatorname{cotang} \varphi$$

et par suite

$$\frac{dT}{T} = \frac{d\omega}{\operatorname{cotang} \varphi} = d\omega \times \operatorname{tang} \varphi = f d\omega.$$

Intégrons cette équation d'un bout à l'autre de la portion de fil MP appliquée sur la surface ; il viendra

$$\log. \frac{T_1}{T_0} = f\Omega,$$

T_1 et T_0 étant les tensions aux points P et M, où le fil se détache de la surface, et Ω la somme des angles de contingence de la ligne MP.

On aura donc

$$T_1 = T_0 c^{f\Omega}.$$

Si la courbe MP est plane, si c'est, par exemple, la section droite d'un cylindre, ou l'arc de grand cercle d'une sphère, l'angle Ω sera l'angle des tangentes extrêmes. Supposons que la courbe MP soit un arc de cercle de rayon r et que S soit la longueur de fil appliquée ; on aura $\Omega = \dfrac{S}{r}$.

On voit que le rapport $\dfrac{T_1}{T_0}$ croît très rapidement avec la valeur de Ω, ou, dans le cas particulier qui nous occupe, avec la valeur de S.

345. Cette proposition étant très importante, nous en donnerons une démonstration élémentaire, en la restreignant au cas où la surface est un cylindre, et où le fil glisse suivant sa section droite.

Soit MN un fil tendu à la surface d'un cylindre droit à base circulaire, le long d'un arc infiniment petit AB de la section droite de ce cylindre. Supposons que le fil glisse, ou

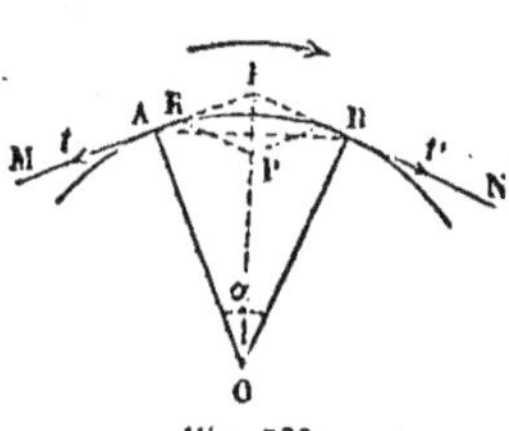

Fig. 328.

soit sur le point de glisser dans le sens de la flèche; la tension t', qui agit au point B dans le sens du mouvement, surpassera la tension t, qui agit en sens contraire au point A, de tout le frottement développé au contact du fil et du cylindre. Ce frottement est infiniment petit. Pour le calculer, transportons les forces t et t' au point I, point de concours des deux tangentes BN, AM ; ces deux forces sont égales à un infiniment petit près, elles se composent donc en une force unique IP, qui est dirigée suivant la bissectrice de leur angle, et qui va passer au point O, centre de l'arc AB. La résultante IP est la pression totale exercée par la corde sur le cylindre, et le frottement mutuel des deux systèmes en contact est, au moment du glissement, égal au produit $\text{IP} \times f$, dans lequel le facteur f est le coefficient du frottement de la corde sur le cylindre.

Le triangle IPR a ses côtés respectivement perpendiculaires aux côtés du triangle AOB ; ces deux triangles sont semblables, et donnent la proportion

$$\frac{\text{IP}}{\text{IR}} = \frac{\text{AB}}{\text{AO}},$$

ou bien

$$\frac{\text{IP}}{t} = \alpha,$$

en appelant α l'angle au centre infiniment petit AOB, ou plutôt le rapport de l'arc AB au rayon OA.

La pression de la corde sur le cylindre est égale à αt, le frottement à $f\alpha t$, et l'on a entre t' et t la relation

$$t' = t + f\alpha t = t\,(1 + f\alpha),$$

ou bien

$$\frac{t'}{t} = 1 + f\alpha.$$

Cette formule suppose expressément le nombre α infiniment petit

Passons au cas où l'arc de contact, AB, entre la corde et le cylindre a une longueur finie. Partageons l'angle au centre AOB en un très grand nombre, n, de parties égales, et appelons α le rapport de la $n^{ième}$ partie de cet angle au rayon.

Soient t_0, t_1, t_2, ... t_{n-1}, T, les tensions de la corde aux points A, a', a'', a''', ..., a_{n-1}, B; les arcs Aa', $a'a''$, ... étant infiniment petits, nous pourrons appliquer à

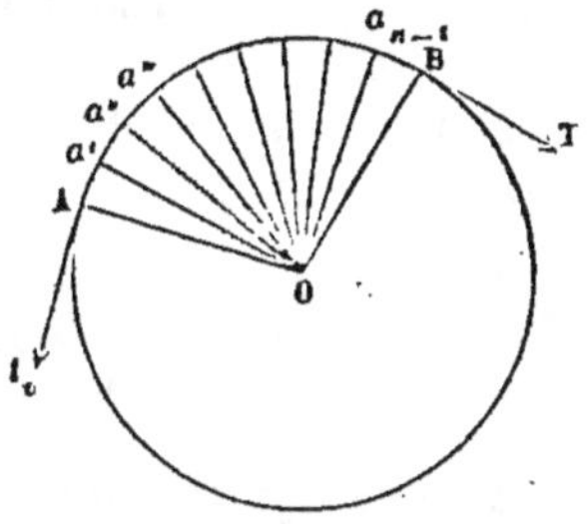

Fig. 529.

chacun d'eux l'équation précédente, ce qui donne la série d'équations :

$$\frac{t_1}{t_0} = 1 + f\alpha,$$

$$\frac{t_2}{t_1} = 1 + f\alpha,$$

$$\frac{t_3}{t_2} = 1 + f\alpha,$$

$$\vdots$$

$$\frac{T}{t_n} = 1 + f\alpha.$$

Multiplions ces équations membre à membre; les tensions intermédiaires disparaissent comme facteurs communs, et il vient en définitive

$$\frac{T}{t_0} = (1 + f\alpha)^n,$$

équation où α est la $n^{ième}$ partie de l'angle AOB, et où n est supposé infiniment grand. Soit donc A l'arc qui mesure l'angle au centre AOB; nous pourrons poser l'équation rigoureuse

$$T = t_0 \times \lim. \left(1 + \frac{fA}{n}\right)^n$$

pour n infini.

Faisons, pour abréger, $fA = x$, et cherchons la limite de $\left(1 + \frac{x}{n}\right)^n$ lorsque le nombre n croît au delà de toutes limites. Nous allons démontrer que

$$\lim. \left(1 + \frac{x}{n}\right)^n = \left[\lim. \left(1 + \frac{1}{n}\right)^n\right]^x,$$

x étant un nombre constant, et n un nombre indéfiniment croissant.

En effet,

$$\left[\left(1 + \frac{1}{n}\right)^n\right]^x = \left(1 + \frac{1}{n}\right)^{nx}.$$

Posons $nx = n'$; on en déduit $n = \dfrac{n'}{x}$, et par suite

$$\left(1 + \frac{1}{n}\right)^{nx} = \left(1 + \frac{x}{n'}\right)^{n'}.$$

Le nombre n' croît indéfiniment en même temps que le nombre n.

Nous avons donc identiquement

$$\left[\left(1 + \frac{1}{n}\right)^n\right]^x = \left(1 + \frac{x}{n'}\right)^{n'}.$$

Cette équation est encore vraie à la limite quand on y fait à la fois n et n' infinis; et par conséquent

$$\left[\lim. \left(1 + \frac{1}{n}\right)^n\right]^x = \lim. \left(1 + \frac{x}{n'}\right)^{n'} = \lim. \left(1 + \frac{x}{n}\right)^n,$$

car le changement de n' en n est indifférent du moment qu'on les suppose tous deux infinis à la fois.

La limite de $\left(1 + \frac{1}{n}\right)^n$ est un nombre déterminé ; c'est le nombre c, base des logarithmes hyperboliques ; et l'on a en définitive

$$\lim.\left(1+\frac{x}{n}\right)^n = c^x,$$

ou bien

$$\lim.\left(1+\frac{fA}{n}\right)^n = c^{fA},$$

et nous retombons sur l'équation déjà obtenue

$$T = t_0\, c^{fA}.$$

L'emploi des logarithmes facilite le calcul des puissances fractionnaires du nombre c.

546. Pour montrer quel usage on peut faire de la formule, supposons qu'une corde MN (fig. 550) passe sur un cylindre horizontal en bois, à la surface duquel elle glisse dans le sens AB, en embrassant une demi-circonférence ; on fera

$$A = \pi = 3{,}1415.$$

Le coefficient du frottement de la corde sur le bois du cylindre est 0,50.

On aura donc entre les tensions T et t_0 l'équation

$$T = t_0 \times c^{0{,}50\,\times\,3{,}1415} = t_0 \times c^{1{,}57} = t_0 \times 4{,}80.$$

Par exemple, une personne attachée à l'extrémité N de la corde tient dans ses mains l'autre brin AM, qu'elle laisse filer peu à peu, de manière à se laisser descendre. La somme $T + t_0$ des tensions fait équilibre au poids de cette personne ; supposons qu'elle pèse 65 kilogrammes. Les tensions t_0 et T se détermineront par les équations

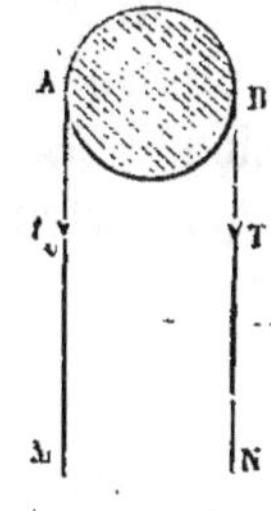

Fig. 550.

$$T + t_0 = 65,$$
$$T = t_0 \times 4{,}80,$$

d'où résulte

$$t_0 = \frac{65}{5{,}8} = 11\ \text{kil. }21.$$

Cette tension est l'effort que la personne doit exercer constamment sur la corde pour rester maîtresse de la vitesse avec laquelle elle descend.

Si la corde faisait un tour entier autour du cylindre, il faudrait faire $A = 2\pi$; si elle faisait deux tours entiers, $A = 4\pi,\ldots$ On peut facilement reconnaître que le rapport $\dfrac{T}{t_0}$ grandit très rapidement avec la valeur de A, ou avec la grandeur de l'arc embrassé.

Au lieu de descendre, supposons que la personne veuille monter en tirant sur la corde. Il faudra alors qu'elle développe la tension T, capable d'équilibrer la tension résistante t_0 développée dans le brin auquel elle est suspendue.

L'effort à exercer sur le brin moteur sera donc égal à

$$T = 65 - t_0 = 53\,\text{kil. } 70,$$

en supposant toujours que l'arc AB soit une demi-circonférence.

Une poulie est préférable au cylindre fixe AB, s'il s'agit de monter; le cylindre fixe est préférable à la poulie, s'il s'agit de descendre.

Cette loi explique comment, sur le quai d'un port, un seul homme peut, à l'aide d'un câble enroulé plusieurs fois autour d'un poteau fixe, arrêter un bâtiment animé d'une faible vitesse. Une tension même très petite, t_0, multipliée par le facteur e^{fA}, qui augmente très rapidement avec l'arc A, produit dans le brin du câble qui va du poteau au navire, une tension T assez grande pour que le travail de l'extension du câble détruise sur un médiocre parcours la vitesse du bâtiment.

TRAVAIL DU FROTTEMENT POUR UN GLISSEMENT DONNÉ DU FIL.

347. Soit MN le fil appliqué sur une surface suivant une ligne géodésique; soient T et t_0 les forces qui sollicitent le fil aux points où il se détache de la surface. Supposons que le fil

glisse le long de la ligne qu'il occupe d'une quantité infiniment petite δs, qui sera la même pour chacun de ces points.

Considérons un élément AB quelconque, que nous pourrons isoler, en introduisant les tensions t et t' qui agissent à ses deux extrémités. Nous savons que la différence $t'-t$ est égale au frottement subi par l'arc AB; le travail du frottement pour cet arc est égal au produit $(t'-t)\delta s$. Faisant la

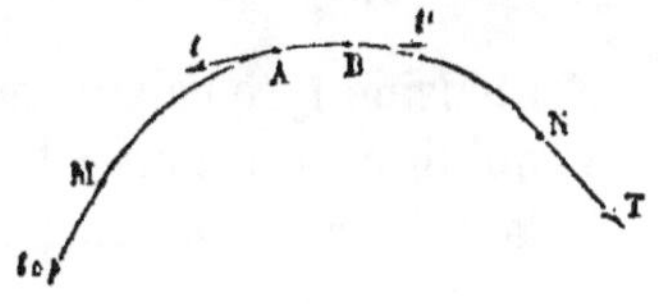

Fig. 551.

somme des expressions semblables depuis le point M jusqu'au point N, il vient $(T-t_0)\delta s$ pour le travail cherché.

Faisant ensuite une seconde intégration dans laquelle le facteur $T-t_0$ reste constant, on aura pour le travail du frottement

$$(T-t_0)s,$$

ou

$$t_0(c^{f\Omega}-1)s,$$

pour un glissement fini égal à s.

548. Appliquons cette formule au *frein à lame flexible*.

Ce frein consiste en une lame OMNB, attachée en O à un point fixe, et en B à l'extrémité d'un levier AB, mobile autour du point O (fig. 551); la lame embrasse entre les points M et N une portion du pourtour d'un cylindre calé sur l'arbre tournant C. L'angle embrassé MCN est égal à θ. Pour enrayer l'arbre, dont le mouvement est dirigé suivant la flèche f, il suffit d'appliquer une force P au point A du levier, de manière à établir un contact intime entre la lame et la surface du cylindre.

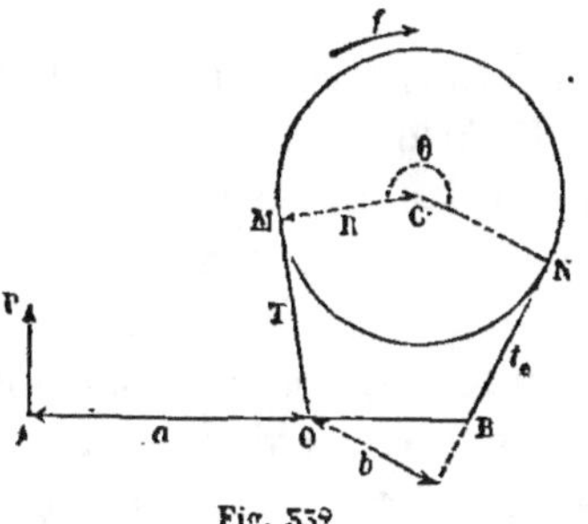

Fig. 552.

Le cylindre glissant sous la lame dans le sens de la flèche,

le mouvement relatif de la lame par rapport au cylindre est
un glissement en sens contraire, et l'on a par conséquent, en
appelant T et t_0 les tensions dans les brins MO, NB,

$$T = t_0 e^{f\theta}.$$

La tension t_0 se calcule en exprimant que le levier AOB est
en équilibre. Appelons a la distance de la force P au point 0,
et b la distance du même point au brin qui subit la tension t_0;
nous aurons

$$t_0 \times b = P \times a.$$

Donc

$$t_0 = P \frac{a}{b}$$

et

$$T = P \frac{a}{b} e^{f\theta}.$$

Cherchons le travail du frottement correspondant à un
nombre n de tours effectués par l'arbre. L'arc de glissement, s,
est pour un tour égal à $2\pi R$, en appelant R le rayon de l'arbre;
pour n tours, il est égal à $2\pi Rn$, et le travail correspondant du
frottement est

$$2\pi Rn \times (T - t_0) = 2\pi Rn \times P \frac{a}{b}(e^{f\theta} - 1),$$

quantité proportionnelle au nombre de tours faits par l'arbre.

Le brin qui subit la plus grande tension T, aboutit en un
point fixe, qu'on suppose capable d'une résistance indéfinie,
et le levier est uniquement employé à produire la plus petite
tension t_0. Si l'arbre tournait en sens contraire, ce serait le
brin le plus tendu qui aboutirait au point B, et la disposition
du frein serait vicieuse, car elle exigerait l'emploi d'une plus
grande force P, ou, si l'on conservait la même force P, il
faudrait un plus grand nombre de tours pour produire le
même travail du frottement.

TRANSMISSION PAR COURROIE SANS FIN.

549. Soient O et O' les deux tambours à axes parallèles réunis par la courroie sans fin MNM'N'; nous supposons que cette courroie suive les tangentes extérieures aux cercles OM, O'M'. Soient r et r' les rayons de ces cercles.

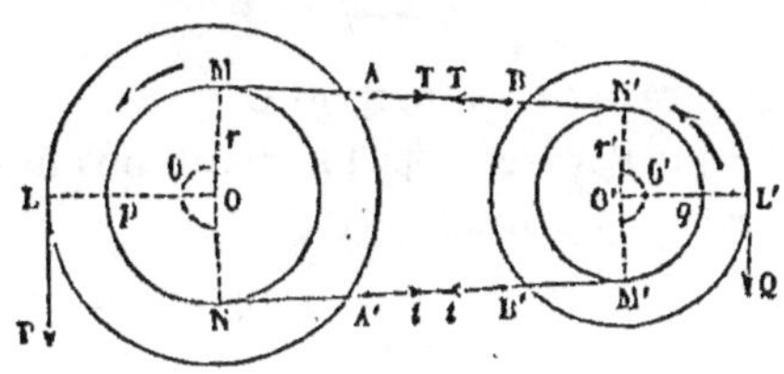

Fig. 555.

Les forces P et Q sont appliquées aux tambours, à des distances $OL = p$, $O'L' = q$, des axes O et O'.

Proposons-nous de trouver les tensions T et t développées dans les deux brins libres M'N, NM' de la courroie ; nous tiendrons compte des frottements des arbres sur leurs tourillons. Pour simplifier, supposons les arbres O et O' assez éloignés pour qu'on puisse regarder les brins libres comme sensiblement parallèles. Supposons de plus P et Q perpendiculaires à la ligne des centres OO'.

Coupons la courroie en A et en B, dans le premier brin, en A' et en B', dans le second, et introduisons les tensions T et — T aux points A et B, les tensions t et — t aux points A' et B'; puis écrivons les équations d'équilibre des deux corps tournants O et O', sollicités l'un par les forces extérieures P, T, t et le frottement du tourillon O, l'autre par les forces Q, T, t, et le frottement du tourillon O'.

Pour calculer les frottements, remarquons que la réaction totale subie par le tourillon O est la résultante des forces P, T et t qui sollicitent le corps; or la résultante de T et t est une force égale à $T + t$, perpendiculaire à P; la résul-

tante de P, T et t est donc égale à $\sqrt{P^2 + (T + t)^2}$, et le frottement exercé sur le tourillon est égal à

$$\frac{f}{\sqrt{1 + f^2}} \sqrt{P^2 + (T + t)^2}.$$

Prenons les moments par rapport à l'axe O ; il vient
l'équation

$$Pp - (T - t)r - \frac{f}{\sqrt{1 + f^2}} \rho \sqrt{P^2 + (T + t)^2} = 0,$$

où ρ désigne le rayon du tourillon O.

De même pour l'autre corps tournant, on aura l'équation des
moments par rapport au point O',

$$(T - t)r' - Qq - \frac{f}{\sqrt{1 + f^2}} \rho' \sqrt{Q^2 + (T + t)^2} = 0.$$

De ces deux équations on peut tirer la somme $T + t$ et la
différence $T - t$ en fonction de P et de Q. Or il y a trois inconnues, savoir T, t et P. Le problème est donc indéterminé ; ce
qui tient à ce qu'on peut régler arbitrairement, entre certaines limites, la tension de la courroie au moment du montage de la machine.

Appelons L la distance géométrique des points M et N' ; pour
que la courroie remplisse exactement cette distance sous la
tension T_0 du montage, il faut en prendre une longueur λ,
sans tension, satisfaisant à l'équation

$$L = \lambda (1 + \alpha T_0),$$

α étant le *coefficient d'extensibilité* de la courroie considérée.

Pendant le mouvement, les deux brins MN', NM' sont à des
tensions différentes T et t ; et les longueurs prises par la
courroie seront

$$L' = \lambda (1 + \alpha T)$$

pour le brin MN', et

$$L'' = \lambda (1 + \alpha t)$$

pour le brin NM'.

La longueur totale de la courroie, abstraction faite des arcs embrassés à la surface des tambours, est donc, pendant le mouvement,

$$L' + L'' = \lambda\,[2 + \alpha\,(T + t)] = 2\lambda\left(1 + \alpha\frac{T + t}{2}\right).$$

La longueur de la courroie ne sera pas altérée par le fait du mouvement si l'on a

$$\frac{T + t}{2} = T_0.$$

C'est cette relation que l'on admet pour achever la détermination des inconnues. On suppose T_0 donné, et l'on a ainsi trois équations pour déterminer trois inconnues. L'hypothèse faite consiste, comme on le voit, à admettre que la courroie conserve en moyenne pendant le mouvement la tension du montage.

Une fois T et t calculés, il faut, pour que la transmission soit assurée, qu'il n'y ait pas glissement de la courroie à la surface des tambours, ou qu'on ait les inégalités

$$T < t e^{f\theta}$$

pour le cylindre O, et

$$T < t e^{f\theta'}$$

pour le cylindre O', les angles θ et θ' correspondant aux arcs embrassés. Sur la figure θ' est $< \theta$, et il suffit de vérifier la seconde inégalité

$$T < t e^{f\theta'}.$$

L'avantage de cette transmission consiste en ce qu'on peut, au moyen d'un rouleau tenseur, faire varier la tension du câble (I, § 265); et aussi, en ce que, si la résistance Q s'accroît brusquement, la courroie peut glisser à la surface du cylindre O' sans produire de rupture dans l'appareil. La transmission par engrenages, dans les mêmes conditions, serait exposée à des ruptures de dents.

Le *câble télodynamique* de M. Hirn (I, *ibid.*) est une transmission à grande distance, dans laquelle un câble en fil de fer tressé remplace la courroie; le poids du câble suffit pour développer sur les tambours toute l'adhérence nécessaire.

EXTENSIBILITÉ DES FILS ET DES TIGES SOLIDES.

550. Le *fil parfait* que nous avons défini (§ 314) était inextensible et dépourvu de raideur. Les cordes, les courroies, les câbles, ne possèdent pas ces qualités d'une manière absolue; nous avons vu dans le problème précédent, par exemple, que la longueur d'une courroie varie avec la tension qui s'y développe. Les tiges solides se comportent de même sous l'action d'une force qui tend à les allonger. On a étudié expérimentalement la loi de ces extensions, et c'est sur cette loi qu'est fondée l'équation dont nous avons fait usage tout à l'heure,

$$L = \lambda (1 + \alpha T),$$

dans laquelle L représente la longueur d'une tige ou d'un fil sous la tension T, λ sa longueur *naturelle*, c'est-à-dire sous une tension nulle, et α un coefficient constant, qui prend le nom de *coefficient d'extensibilité*. Cette formule n'est vraie que lorsque la différence L — λ est très petite par rapport à la longueur λ.

Soit AB un fil ou une tige, suspendu en A à un point fixe, et sollicité en B par une force P, agissant dans le sens de sa longueur. Supposons le poids de cette tige nul ou négligeable; soit λ sa longueur dans l'état naturel, c'est-à-dire quand elle n'est sollicitée par aucune force. Sous l'action de la force P, elle va s'allonger d'une certaine quantité BB'$= l$, et sa longueur, dans son nouvel état, sera $\lambda + l$.

Fig. 554.

L'expérience démontre que pour les petites valeurs du rapport $\dfrac{l}{\lambda}$ il y a proportionnalité, pour une même matière, entre ce rapport et le rapport $\dfrac{P}{\omega}$ de la force P à la section droite ω de la tige, qu'on suppose homogène et d'égale section dans toute sa longueur ; de sorte qu'on peut poser l'équation

$$\frac{P}{\omega} = E\frac{l}{\lambda}, \tag{1}$$

en appelant E un certain coefficient constant que nous définirons plus loin. C'est ce coefficient qu'on nomme *coefficient d'élasticité* de la matière formant le fil ou la tige.

Le rapport $\dfrac{l}{\lambda}$ étant un nombre, E est homogène à $\dfrac{P}{\omega}$; le coefficient représente donc *une force rapportée à l'unité de surface*. On voit qu'on aurait $E = \dfrac{P}{\omega}$ si l'on pouvait avoir $\dfrac{l}{\lambda} = 1$, ou si la nouvelle longueur de la tige, $l + \lambda$, pouvait devenir double de sa longueur naturelle λ. Faisant ensuite $\omega = 1$, on aurait $E = P$. *Le coefficient d'élasticité d'une matière est donc la force fictive d'extension qui, appliquée à un fil ou une tige formée de cette matière, et ayant une section égale à l'unité, en doublerait la longueur, la loi exprimée par l'équation* (1) *étant supposée indéfiniment exacte.*

Le coefficient E a été déterminé par expérience. Sa valeur numérique dépend du choix des unités ; pour le fer, par exemple, l'unité de force étant le kilogramme et l'unité de surface le mètre carré, le nombre E est égal en moyenne à 20,000,000,000 ; c'est-à-dire qu'un poids de 20 milliards de kilogrammes, appliqué uniformément à une tige de fer de section égale à 1 mètre carré, doublerait la longueur de la tige si la formule (1) s'appliquait à toutes valeurs du rapport $\dfrac{l}{\lambda}$. Le nombre E est d'autant plus grand que le corps est plus raide et moins déformable.

Quand les solides peuvent être comprimés sans fléchir, l'équation (1) s'applique à la compression comme à l'extension : l représente un raccourcissement quand P représente une force de compression, et le coefficient d'élasticité est le même, en général, à la compression qu'à l'extension.

La formule (1) n'est rigoureusement applicable qu'aux petites valeurs du rapport $\frac{l}{\lambda}$, c'est-à-dire aux petites valeurs de la force $\frac{P}{\omega}$, appliquée à l'unité de surface. Pour des valeurs supérieures à une certaine limite, appelée *limite d'élasticité*, il n'y a plus proportionnalité entre les deux rapports, et de plus, la suppression de la force P n'est pas suivie du retour de la tige AB à sa longueur primitive. On dit alors que *l'élasticité de la tige ou du fil est altérée.*

551. De la formule (1) on peut déduire l'équation

$$L = \lambda (1 + \alpha T),$$

qui nous a servi pour déterminer la longueur des courroies. Faisons en effet $L = \lambda + l$ dans l'équation (1) ; il viendra

$$\frac{P}{\omega} = E\frac{L-\lambda}{\lambda}.$$

Donc

$$L = \lambda\left(1 + \frac{1}{E}\frac{P}{\omega}\right).$$

La force P étant égale à la tension T développée dans la courroie, on peut poser

$$L = \lambda\left(1 + \frac{1}{E\omega}T\right),$$

équation qui rentre dans la formule indiquée, en posant

$$\alpha = \frac{1}{E\omega}$$

Le nombre α dépend donc de la section de la courroie, et c'est un nombre d'autant plus petit que le nombre E est plus grand.

TRAVAIL DE L'EXTENSION D'UNE TIGE OU D'UN FIL.

352. Soit AB la longueur originaire, λ, d'une tige, à laquelle on communique un allongement total $BC = l$. On demande le travail nécessaire pour produire cette déformation.

Considérons la tige allongée d'une quantité $Bm = x$, et recevant un nouveau degré infiniment petit d'allongement $mm' = dx$. Soit T la tension de la tige lorsqu'elle a la longueur $Am = \lambda + x$; cette tension, égale et contraire à la force qu'il faudrait appliquer à la tige amenée à la longueur Am pour maintenir l'équilibre, est donnée par l'équation

$$\frac{T}{\omega} = E \frac{x}{\lambda},$$

Fig. 353.

où ω est la section de la tige et E le coefficient d'élasticité de la matière dont elle est composée.

Le travail de cette force, quand son point d'application se transporte de m en m', est $T dx$, et le travail de l'allongement total est l'intégrale $\int T dx$ prise entre les limites $x = 0$ et $x = l$.

Or l'équation précédente nous donne

$$T = \frac{E\omega}{\lambda} x,$$

et par suite

$$\int_0^l T dx = \int_0^l \frac{E\omega}{\lambda} x dx = \frac{E\omega}{\lambda} \frac{l^2}{2}$$

Le travail cherché est le produit de l'allongement total l, par la quantité $\dfrac{E\omega l}{2\lambda}$, qui représente la moyenne des tensions développées successivement dans la tige quand elle passe de la longueur AB à la longueur AC.

RAIDEUR DES CORDES.

555. Nous avons aussi considéré les cordes comme des fils entièrement dépourvus de raideur, et pouvant être infléchis sans effort. Les cordes que l'on emploie dans les machines sont loin de posséder cette propriété, et lorsqu'on doit leur communiquer une courbure un peu prononcée, on éprouve une résistance du même genre que celle qui s'oppose à la flexion d'une tige solide. Il en résulte qu'en réalité la courbure d'une corde ne varie pas d'une manière brusque comme on le suppose pour la solution élémentaire des problèmes dont nous nous sommes occupé. Supposons, par exemple, qu'une corde MN passe sur un cylindre O, et que le mouvement soit établi dans le sens de la flèche f. Le brin MA, rectiligne sur sa plus grande étendue, ne s'appliquera pas nettement au point A sur le cylindre, et la raideur de la corde l'écartera du centre O pour répartir sur une certaine longueur la variation de la courbure ; par la même raison le brin BN ne perd

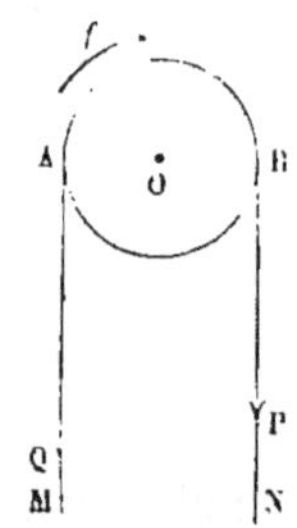

Fig. 556.

pas brusquement au point B la courbure qu'il a prise sur le cylindre, et la raideur le rapproche du centre O ; il résulte de là que l'équilibre de la puissance P et de la résistance Q entraîne l'inégalité $P > Q$; on a déterminé par expérience la différence $P — Q$, et l'on a trouvé qu'elle était inversement proportionnelle au diamètre D du cylindre, et qu'elle croissait avec la résistance Q. Ces lois, posées par Coulomb, ne sont pas encore parfaitement connues.

La formule par laquelle on calcule la valeur de la différence $P — Q$, ou de la *raideur* R, est

$$P — Q = R = \frac{A + BQ}{D},$$

où A et B sont deux constantes déterminées empiriquement ; elles dépendent de la nature, de la structure et du diamètre de la corde soumise à l'expérience. Voici quelques valeurs de ces coefficients.

	DIAMÈTRE DE LA CORDE	POIDS DE LA CORDE PAR MÈTRE	A	B
	millim.	kil.		
Corde blanche de 50 fils. .	20	0,283	0,222	0,0097
» » de 15 » . .	15	0,145	0,064	0,0055
» » de 6 » . .	9	0,052	0,011	0,0024
Corde goudronnée de 50 fils	24	0.335	0,350	0,0126
» » de 15 »	17	0,165	0,106	0,0061
» » de 6 »	10	0,069	0,021	0,0026

Dans l'application de la formule, on suppose que P, Q et R sont exprimés en kilogrammes, et D en mètres.

DE LA POULIE ET DES MOUFLES.

354. Une *poulie* est une roue A, assujettie à tourner autour d'un axe B, qui traverse une *chape* C, destinée soit à sus-pendre la poulie à un point fixe O (fig. 557), soit à sup-porter un poids Q (fig. 558).

La surface courbe de la roue est généralement creusée en forme de gorge, de manière à recevoir un fil qui l'enve-loppe sur un arc plus ou moins grand ; une puissance P et une résistance R sont appli-

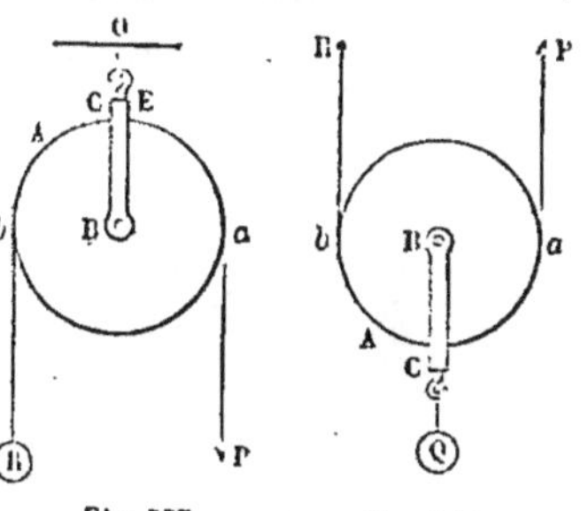

quées aux deux extrémités de ce fil. On demande dans quel rapport doivent être les forces P et R, et quelle force Q il faut appliquer à la chape pour qu'il y ait équilibre. Nous ferons d'abord abstraction de toutes les résistances passives, telles que frottements et raideur des cordes.

Supposons d'abord que l'axe B soit fixe, en sorte que la poulie ne puisse que tourner autour de cet axe ; fixons par la pensée le fil à la surface de la gorge ; tout se passe alors comme si les forces P et R, qui mesurent les tensions du fil, étaient directement appliquées aux points *a* et *b* tangentiellement à la surface de la roue. La roue se trouve dans les mêmes conditions qu'un treuil sollicité par deux forces P et R, appliquées à des distances égales B*a*, B*b* de son axe, et l'équilibre exige que les deux forces P et R soient égales.

Cette condition satisfaite, on peut rendre au fil la liberté de glisser sur la gorge de la poulie ; car les forces P et R, qui le sollicitent en sens opposés, étant égales, le glissement ne pourra pas se produire.

Considérons ensuite l'équilibre de l'ensemble de la poulie et de la chape. La chape est sollicitée dans la direction BC, soit par la force donnée Q, soit par la réaction inconnue du point fixe O, que nous pouvons aussi appeler Q. Il en résulte que les trois forces P, Q, R se font équilibre, et par suite elles sont dans un même plan et elles concourent en un même point, ou bien elles sont toutes trois parallèles; dans les deux cas l'une est la résultante des deux autres.

Si elles sont toutes trois parallèles, comme cela a lieu dans les figures 557 et 558, la force Q est égale à la somme des deux autres P et R, et ces deux dernières forces étant égales, la charge de la chape est double de la puissance P.

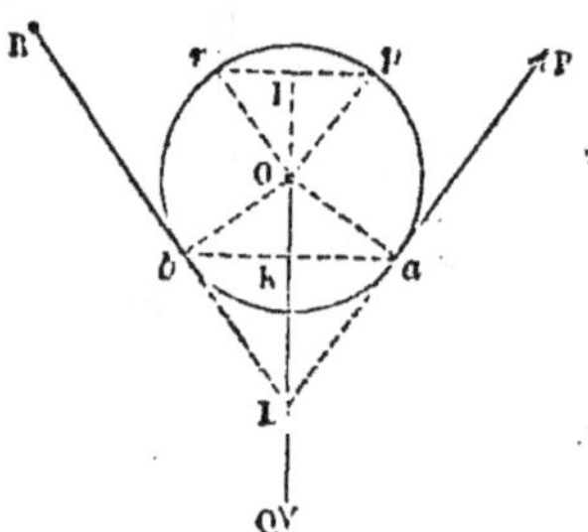

Fig. 559.

Si les forces P, Q, R ne sont pas parallèles (fig. 559), elles concourent en un même point L, et la force Q, dont la direction passe par le centre O, est la bissectrice de l'angle RLP des deux autres forces.

Pour trouver la valeur de Q, menons par le point O deux rayons O*p*, O*r*, parallèles aux forces P et R; joignons *rp*, et prolongeons la droite LO, qui rencontre la corde *rp* en son milieu I. Nous pouvons prendre O*r*, O*p* comme les mesures des deux forces égales P et R; la distance OI est la moitié de la diagonale du parallélogramme construit sur ces deux droites, et $2\,OI$ est la mesure de la force Q. Nous aurons donc

$$\frac{Q}{P} = \frac{2\,OI}{Or}.$$

Mais le triangle OrI est égal au triangle OaK; car ces deux triangles, rectangles l'un en K, l'autre en I, ont les hypoténuses Oa, Or, égales; de plus l'angle IOr du premier est égal à IOp, lequel est égal à l'angle OaK du second triangle, leurs côtés étant respectivement perpendiculaires. Donc $OI = Ka$, et par conséquent

$$\frac{Q}{P} = \frac{2Ka}{Or} = \frac{ab}{Or}.$$

Le rapport $\dfrac{Ka}{Or}$ est le sinus de l'angle aOK, moitié de l'angle aOb qui correspond à l'arc ab embrassé par le fil sur le pourtour de la poulie. Appelant α cet angle, on aura

$$\frac{Q}{P} = 2\sin\frac{\alpha}{2}.$$

Cette équation contient comme cas particulier la relation $Q = 2P$, qui a lieu lorsque les forces P, Q, R sont parallèles.

555. Lorsqu'on veut se servir de la poulie pour élever un poids, il y a avantage à rendre les deux brins du fil qui passe sur la poulie parallèles, et par suite verticaux. Car cette disposition est celle qui correspond à la moindre tension du fil. On peut d'ailleurs adopter soit l'une, soit l'autre des dispositions représentées dans les figures 337 et 338. Dans la première, la poulie est fixe, et le poids à soulever est attaché à l'extrémité du fil bR; la puissance P est égale à ce poids. Dans la seconde, le fil bR est attaché en un point fixe R, qui supporte une charge égale à la puissance P, et le poids à soulever, Q, est attaché à la chape mobile de la poulie; on a dans ce cas $P = \frac{1}{2}Q$. Ainsi la première disposition exige l'emploi d'une puissance égale au poids à soulever, la second

d'une puissance moitié moindre. Le théorème du travail virtuel confirme ce résultat. Dans le premier cas, la poulie est fixe; si l'on fait parcourir au fil une longueur ε dans le sens de la force P, le poids R monte de toute la quantité ε; donc $P\varepsilon = R\varepsilon$, et $P = R$. Dans le second cas, le parcours ε effectué par le point d'application de la force P dans le sens de sa direction équivaut à un raccourcissement du fil égal à ε; ce raccourcissement se partage par moitié entre les deux brins aP, bR; il en résulte pour chacun un raccourcissement de $\frac{\varepsilon}{2}$, et c'est de cette quantité que se relèvent la poulie, la chape, et le poids Q; l'équation d'équilibre est donc

$$Q \times \frac{\varepsilon}{2} = P \times \varepsilon,$$

ou bien

$$P = \frac{1}{2} Q.$$

556. On peut, en combinant ensemble plusieurs poulies, réduire autant qu'on le voudra le rapport de la puissance au poids soulevé. La combinaison connue sous le nom de *moufles* consiste à réunir, sur l'axe traversant une chape, un certain nombre de poulies; on fait usage de deux moufles semblables : l'une, A (fig. 340), est attachée à un point fixe O; l'autre, B, soutient le poids Q qu'il s'agit de tenir en équilibre. Un même fil réunit les deux moufles en passant successivement et alternativement sur toutes les poulies qui les composent. La figure 340 représente deux moufles de trois poulies chacune. Le fil, attaché au point C de la première chape, passe sur la poulie 1, revient de là à la poulie 2, puis passe sur la poulie 3, d'où il remonte à la poulie 4, redescend ensuite à la poulie 5, qui le renvoie à la poulie 6; la puissance P est appliquée au brin qui quitte cette dernière poulie. On suppose d'ail-

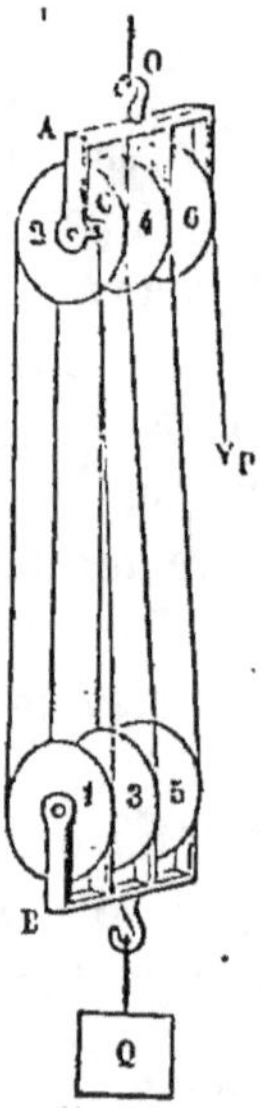

Fig. 340.

leurs, pour plus de simplicité, les deux moufles assez éloignées l'une de l'autre pour que tous les cordons compris dans leur intervalle soient sensiblement parallèles. La force P peut être ou n'être pas parallèle aux autres cordons; sa direction influe sur la charge de la chape supérieure et du point O, sans rien changer à la tension des six cordons qui soutiennent la chape inférieure et le poids Q. Ces tensions sont partout égales à la force P, si toutefois on fait abstraction du frottement des poulies sur leurs axes et de la raideur des cordes. Coupons les six cordons par un même plan intermédiaire aux deux moufles; nous obtiendrons dans chacun une tension égale à P, et l'ensemble de ces six tensions verticales fait équilibre au poids Q. On a donc

$$P = \frac{1}{6}Q$$

Le théorème du travail virtuel conduit à la même relation ; si l'on imprime au fil dans la direction de P un déplacement ε, ce déplacement produit un raccourcissement égal sur les six cordons qui réunissent les deux moufles, et fait monter par conséquent le poids Q de la quantité $\frac{\varepsilon}{6}$. Donc $P\varepsilon = Q \times \frac{\varepsilon}{6}$, ou bien $P = \dfrac{Q}{6}$, en supprimant le facteur ε.

357. On appelle *palan différentiel* (fig. 541) un système de deux poulies, l'une A attachée à un point fixe O, l'autre B mobile et portant le poids Q qu'il s'agit de soulever; la poulie supérieure A comprend en réalité deux roues *ag*, *cd*, solidaires l'une de l'autre, et de diamètres inégaux; un fil sans fin passe sur ce système de trois poulies en suivant le chemin *abcdefga*. Concevons qu'en un point C du brin *ab* on applique une force P verticale, et supposons que le fil ne puisse glisser à la surface des gorges des diverses poulies; cherchons les

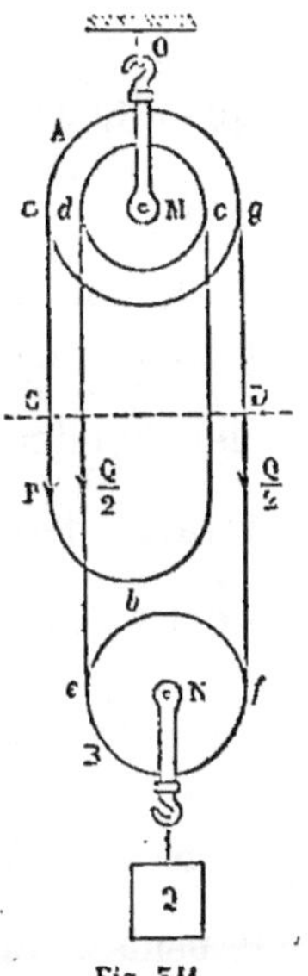

Fig. 541.

tensions dans les différents brins du fil. Les tensions dans les brins ed, fg seront égales, car il est nécessaire qu'il en soit ainsi pour l'équilibre de la poulie B autour de son axe N; les brins étant d'ailleurs supposés parallèles, la tension T dans ces deux brins est égale à $\frac{Q}{2}$. Coupons le fil par un plan CD; nous trouverons dans les deux brins qui aboutissent en d et en g sur la poulie supérieure, ces tensions égales à T ou à $\frac{Q}{2}$. Il n'y a pas de tension dans le brin cb, qui tombe librement du point c, et dont le poids est supposé négligeable.

L'équilibre du treuil A, sous l'action des trois forces P, $\frac{Q}{2}$, $\frac{Q}{2}$, nous donnera l'équation

$$P \times Ma + \frac{Q}{2} \times Md = \frac{Q}{2} \times Mg.$$

Donc

$$P = Q \times \frac{Mg - Md}{2Ma},$$

quantité qu'on peut rendre aussi petite qu'on le voudra en diminuant la différence des rayons des deux poulies accolées.

Pour traiter la même question par le théorème du travail virtuel, faisons descendre le point C de la quantité ε; le point g du fil montera de la même quantité; le point c du fil montera donc de la quantité $\varepsilon \times \frac{Mc}{Mg}$, et cette quantité mesurera la descente du point d; le fil qui embrasse l'arc cf, s'élève de ε du côté f, et s'abaisse de $\varepsilon \times \frac{Mc}{Mg}$ du côté e; il se raccourcit donc de $\varepsilon\left(1 - \frac{Mc}{Mg}\right)$, et la poulie B se relève de la moitié, $\frac{1}{2}\varepsilon\left(1 - \frac{Mc}{Mg}\right)$; telle est la quantité dont s'élève le poids Q. En définitive l'équation d'équilibre est

$$P\varepsilon = Q \times \frac{1}{2}\varepsilon\left(1 - \frac{Mc}{Mg}\right),$$

ou bien

$$P = Q \times \frac{Mg - Mc}{2Mg},$$

équation identique à la précédente, puisque $Ma = Mg$, et $Mc = Md$.

On néglige le poids du fil, sans quoi il faudrait introduire un terme pour représenter le travail correspondant.

Les tensions du fil étant inégales dans les brins qui aboutissent à la poulie supérieure, on voit qu'il est nécessaire d'empêcher le glissement du fil le long des arcs embrassés sur cette poulie, si le frottement ne suffit pas pour assurer ce résultat.

OBSERVATION SUR LA THÉORIE DES MOUFLES.

558. La condition d'équilibre de la poulie et des moufles a été, comme la théorie du levier, l'une des bases de l'ancienne statique; on peut y rattacher le théorème du travail virtuel.

Considérons un système matériel en équilibre sous l'action de forces F, F′, F″..., respectivement appliquées en des points A, A′, A″, ...

Supposons que les forces F, F′, F″..., soient proportionnelles à des nombres entiers, m, m', m'',..., et soit T la valeur commune des quotients $\frac{F}{m}$, $\frac{F'}{m'}$, $\frac{F''}{m''}$.... Il sera toujours possible de trouver des nombres entiers qui soient proportionnels aux forces données, sinon rigoureusement, du moins avec une approximation aussi grande qu'on voudra.

Remplaçons la force F (fig. 542) par une paire de moufles dont l'une, B, sera

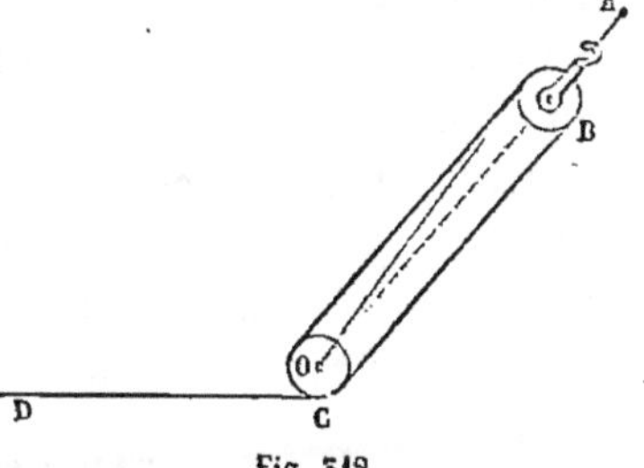

Fig. 542.

attachée au point A, et dont l'autre, C, sera traversée en son centre par un axe fixe O choisi de telle sorte, que la droite AO coïncide avec la direction de la force F. Nous composerons ces moufles d'un nombre de poulies tel, qu'une section faite dans les fils entre les deux chapes B et C nous donne m fils tendus.

Nous pourrons de même remplacer la force F' appliquée en A' par une paire de moufles présentant m' cordons, et nous pourrons faire passer sur les poulies de cette seconde paire le fil CD qui quitte la première au point C.

De même, pour produire au point A'' la traction F'', nous appliquerons en ce point une troisième paire de moufles à m' cordons, sur laquelle nous ferons encore passer le même fil à sa sortie de la moufle précédente.

Si l'on opère ainsi pour toutes les forces, il suffira d'appliquer au bout du fil un poids égal à T, pour produire partout dans le fil une tension T, et pour développer dans les liens qui attachent les chapes aux points A, A', A'',..., des tensions mT, $m'T$. $m''T$,..., égales aux forces F, F', F'',...

Cela posé, donnons au système matériel un déplacement infiniment petit quelconque, compatible avec ses liaisons ; ce déplacement va faire varier les distances respectives des points A, A', A'', ..., aux points fixes O, O', O'', ..., auxquels ils sont réunis par les moufles ; soient ε, ε', ε'',..., les variations des distances OA, O'A', O''A'',.., prises positivement quand la distance diminue, négativement quand elle augmente. Cette variation va produire un déplacement du fil à la surface des poulies; pour une diminution de ε dans la distance des points B et C, il se déroulera de la paire de moufles BC, qui est à m cordons, une longueur de fil égale à $m\varepsilon$; les variations ε', ε'', ... des autres distances produiront de même le déroulement (positif ou négatif) de longueurs de fil respectivement égales à $m'\varepsilon'$, à $m''\varepsilon''$, ... ; en définitive, le déplacement imprimé au système produira sur le poids tenseur T une descente totale égale à

$$m\varepsilon + m'\varepsilon' + m''\varepsilon'' + \ldots$$

Or ce poids tenseur est la seule force qui, étant donnée la

nouvelle constitution du système, puisse y produire un déplacement effectif; comme il tend à descendre et non à monter, on est certain que le déplacement fictif que nous avons imprimé au système ne pourra se produire si la somme

$$m\varepsilon + m'\varepsilon' + m''\varepsilon'' + \dots$$

est nulle ou négative.

Mais si les déplacements du système sont possibles dans les deux sens, on pourrait, dans le cas où cette somme serait négative, la rendre positive en considérant un déplacement contraire au premier (§ 107). Il faut donc qu'elle soit nulle pour que le poids T ne puisse descendre ni par l'un ni par l'autre de ces deux déplacements contraires. Donc enfin, pour que le système soit en équilibre, c'est-à-dire pour qu'aucun déplacement ne puisse y résulter de l'action simultanée des forces, il faut et il suffit que la somme $m\varepsilon + m'\varepsilon' + m''\varepsilon'' + \dots$ soit nulle pour tout déplacement compatible avec les liaisons, ou, ce qui revient au même, que la somme

$$T m\varepsilon + T m'\varepsilon' + T m''\varepsilon'' + \dots,$$

ou encore la somme

$$F\varepsilon + F'\varepsilon' + F''\varepsilon'' + \dots$$

soit égale à zéro, quel que soit le déplacement fictif que l'on considère.

Cette proposition n'est autre chose que le théorème du travail virtuel. La démonstration très simple que nous venons de donner est tirée de la *Mécanique analytique* de Lagrange.

ÉQUILIBRE DE LA POULIE ET DES MOUFLES QUAND ON TIENT COMPTE DU FROTTEMENT ET DE LA RAIDEUR DES CORDES.

559. Soit O (fig. 543) le centre et BC la circonférence d'une poulie sur laquelle passe la corde DE; une puissance P et une résistance Q sont appliquées aux extrémités de cette corde. Nous pouvons regarder la force P comme tangente à la poulie au

point B; pour la force Q, elle est à une distance OC du centre un peu plus grande que le rayon OB, à cause de la raideur de la corde. Soit OB = r, et OC = r'.

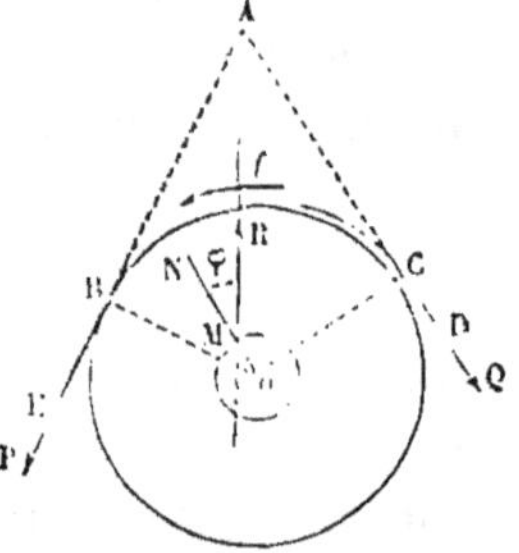

Fig. 515.

L'axe de la poulie peut faire corps avec elle, et tourner sur des coussinets ; il peut aussi rester fixe, et le frottement subi par la poulie a lieu alors entre l'œil de la poulie et l'axe autour duquel elle tourne. Nous admettrons cette dernière hypothèse.

Nous supposerons enfin que le mouvement soit sur le point de se produire dans la direction de la flèche f.

Soit M la génératrice de contact de l'axe et de l'œil. La réaction totale de l'axe sur la poulie sera une force R, faisant avec la normale ON, en sens contraire de la rotation, un angle NMR = φ, égal à l'angle du frottement. Cette force R, faisant équilibre aux forces P et Q, passe par le point A où se rencontrent les directions données de ces deux forces. Elle fait d'ailleurs un angle donné φ avec la normale MN, menée au point de contact M. Appelons ρ le rayon OM de l'arbre fixe. Du point O comme centre, avec un rayon égal à $\rho \sin \varphi$, décrivons une circonférence. La direction de la force R sera tangente à cette circonférence. La solution consiste donc à mener par le point A

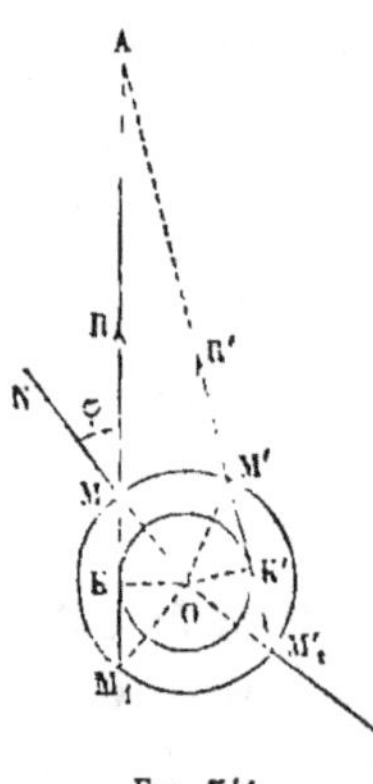

Fig. 544.

une tangente AK au cercle décrit du point O comme centre avec $\rho \sin \varphi$ pour rayon. Connaissant la force Q en grandeur, il suffira de la décomposer suivant les directions AK, AP, pour avoir les valeurs des forces P et R.

Du point A on peut mener deux tangentes AK, AK' au cercle OK. L'une AK de ces tangentes correspond au cas où la poulie tourne dans le sens de la flèche f. Le contact est alors établi au point M, si la poulie tourne seule sur un axe fixe, et au point M_1 si la poulie fait corps avec l'axe tournant dans le tourillon. La seconde tangente AK' correspond au cas où la poulie tournerait en sens contraire; le contact est d'ailleurs en M' ou en M_1', suivant que l'axe est fixe ou entraîné avec la poulie.

360. On peut aussi obtenir par le calcul la relation entre P et Q. Le frottement de la poulie sur l'axe est égal au produit $R\dfrac{f}{\sqrt{1+f'^2}}$, et l'équation des moments nous donne

$$Pr = Qr' + R\frac{f}{\sqrt{1+f^2}}\rho = Qr' + Rf_1\rho$$

en remplaçant par f_1 le nombre $\dfrac{f}{\sqrt{1+f^2}}$.

La valeur numérique de r' se déduit de la formule de la raideur des cordes.

Soit F la portion de la puissance P capable d'équilibrer la résistance Q, en supposant qu'il n'y ait d'autre résistance passive que la raideur de la corde. Nous avons posé (§ 355) l'équation

$$F - Q = \frac{A + BQ}{2r}.$$

Donc

$$F = Q + \frac{A + BQ}{2r},$$

et multipliant par r,

$$Fr = Qr + \frac{A + BQ}{2}.$$

Or Fr est égal au produit Qr'; car c'est par l'augmentation du bras de levier de la force Q que nous tenons compte de la raideur de la corde au passage de la poulie. Donc enfin

$$r' = r + \frac{A}{2Q} + \frac{B}{2}.$$

Substituons cette valeur dans l'équation des moments; il vient :

$$Pr = Qr + \frac{1}{2}(A + BQ) + Rf_1\rho;$$

Mais R est la résultante des deux forces P et Q, dont les directions sont données, et on a

$$R^2 = P^2 + Q^2 + 2PQ \cos(P, Q)$$

Remplaçant R par sa valeur déduite de cette dernière relation, on a l'équation finale qui ne contient plus que P et Q :

$$Pr = Qr + \frac{1}{2}(A + BQ) + f_{12}\sqrt{P^2 + Q^2 + 2PQ \cos(P, Q)}.$$

Si l'on fait disparaître le radical, on sera ramené à une équation du second degré, qui fera connaître P en fonction de Q. On peut aussi procéder par approximations successives, ou enfin substituer au radical une fonction linéaire de P et de Q, par la méthode d'approximation de Poncelet (§ 275).

L'équation se simplifie quand les forces P et Q sont parallèles. Le radical se réduit alors à P + Q, et l'on a par conséquent

$$P(r - f_{1}F) = Qr + \frac{1}{2}(A + BQ) + f_{12}Q$$

ce qui donne entre P et Q une relation de la forme

$$P = a + bQ.$$

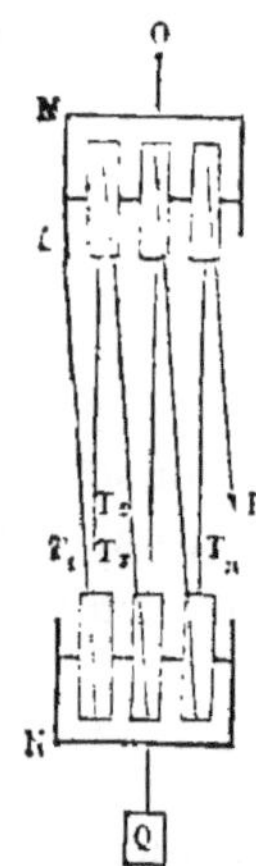

361. Nous allons appliquer cette relation à l'équilibre des moufles, en tenant compte à la fois du frottement et de la raideur des cordes.

Soit M la moufle supérieure suspendue au point fixe O ; N, la moufle inférieure qui porte le poids Q ; P, la puissance appliquée au bout de la corde qui passe sur toutes les poulies, renvoyée alternativement de la moufle inférieure à la supérieure et de la supérieure à l'inférieure. Les cordons sont tous sensiblement parallèles entre eux, ainsi qu'aux forces P et Q, et si l'on appelle T_1, T_2, T_3, T_4, les tensions de ces cor-

Fig. 343

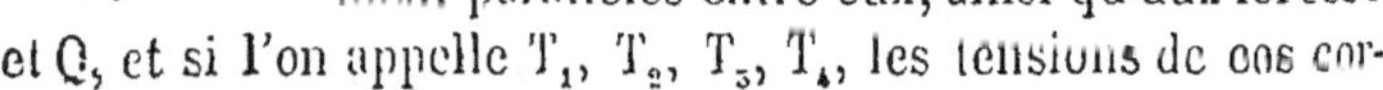

dons successifs, les poulies étant toutes dans des conditions
identiques, on aura la série d'équations :

$$T_2 = a + bT_1,$$
$$T_3 = a + bT_2,$$
$$T_4 = a + bT_3,$$
$$\cdots\cdots$$
$$T_n = a + bT_{n-1},$$
$$P = a + bT_n.$$

Le poids Q est équilibré par la somme des tensions des cordons
compris entre les deux moufles ; donc

$$Q = T_1 + T_2 + \ldots + T_n.$$

Ces équations montrent que P et Q sont des fonctions linéaires
de T_1, et par suite, que P est une fonction linéaire de Q. Nous
poserons donc

$$P = \alpha + \beta Q,$$

α et β étant des coefficients qui dépendent des coefficients a
et b et du nombre n.

Pour déterminer ces nombres α et β, cherchons d'abord à
exprimer P et Q en fonction de T_1.

Retranchons la première équation de la seconde, la seconde
de la troisième..., l'avant-dernière de la dernière ; il viendra la série de relations

$$T_3 - T_2 = b(T_2 - T_1),$$
$$T_4 - T_3 = b(T_3 - T_2),$$
$$\cdot$$
$$\cdot$$
$$\cdot$$
$$P - T_n = b(T_n - T_{n-1}) ;$$

les différences $T_2 - T_1$, $T_3 - T_2$...., $P - T_n$, sont donc les termes d'une progression géométrique dont la raison est b ; faisant la somme de tous ces termes, on aura

$$P - T_1 = (T_2 - T_1)(1 + b + b^2 + \ldots + b^{n-1})$$
$$= (T_2 - T_1) \times \frac{b^n - 1}{b - 1} ;$$

puis remplaçant T_2 par sa valeur $a + bT_1$, il vient

$$P = T_1 + \frac{b^n - 1}{b - 1} \times [a + (b - 1)T_1] = a\frac{b^n - 1}{b - 1} + b^n T_1.$$

Pour avoir de même Q en fonction de T_1, observons que l'équation précédente, qui donne P, fait également connaître $T_n, T_{n-1}, T_{n-2}, \ldots T_2$, en remplaçant successivement n par $n-1$, $n-2, \ldots 1$. Nous avons ainsi

$$T_n = a\frac{b^{n-1} - 1}{b - 1} + b^{n-1} T_1,$$

$$T_{n-1} = a\frac{b^{n-2} - 1}{b - 1} + b^{n-2} T_1,$$

$$\cdot \quad \cdot \quad \cdot \quad \cdot \quad \cdot \quad \cdot \quad \cdot \quad \cdot \quad \cdot \quad \cdot$$

$$T_2 = a\frac{b - 1}{b - 1} + bT_1,$$

équations auxquelles on peut joindre l'identité

$$T_1 = T_1.$$

Additionnant toutes ces équations membre à membre, il vient

$$T_1 + T_2 + \ldots + T_{n-1} + T_n = Q$$
$$= \frac{a}{b - 1}\left[(b - 1) + \ldots + (b^{n-2} - 1) + (b^{n-1} - 1)\right]$$
$$+ T_1(1 + b + \ldots + b^{n-1})$$
$$= \frac{a}{b - 1}\left[(1 + b + \ldots + b^{n-1}) - n\right] + T_1(1 + b + \ldots + b^{n-1})$$
$$= \frac{a}{b - 1}\left(\frac{b^n - 1}{b - 1} - n\right) + T_1\frac{b^n - 1}{b - 1}.$$

On a donc à la fois

$$P = a\frac{b^n - 1}{b - 1} + b^n T_1,$$

$$Q = a\frac{1}{b - 1}\left(\frac{b^n - 1}{b - 1} - n\right) + \frac{b^n - 1}{b - 1}T_1.$$

Multiplions la seconde par $\dfrac{b^n(b - 1)}{(b^n - 1)}$, et retranchons; T_1 sera éliminé, et nous aurons pour déterminer α et β l'équation

$$P = a\frac{b^n - 1}{b - 1} - \frac{ab^n}{b^n - 1}\left(\frac{b^n - 1}{b - 1} - n\right) + \frac{b^n(b - 1)}{(b^n - 1)}Q$$
$$= a\left(\frac{nb^n}{b^n - 1} - \frac{1}{b - 1}\right) + \frac{b^n(b - 1)}{b^n - 1}Q.$$

La relation $P = \alpha + \beta Q$ montre que le rendement de la machine augmente avec le poids Q; plus le poids soulevé est grand, moins le terme constant α conserve d'importance, et il devient même complétement négligeable pour une valeur très grande de Q. Ce terme α représente, pour ainsi dire, les *frais généraux* d'une entreprise, et le terme βQ, les *frais proportionnels*. En général, l'importance des frais généraux est d'autant moindre que l'entreprise prend des développements plus étendus.

ÉQUILIBRE DES POLYGONES ARTICULÉS SANS FROTTEMENT.

562. On dit que deux corps solides sont *articulés* l'un avec l'autre, lorsque ces deux corps sont liés ensemble, soit par un point commun, soit par un axe, de telle sorte que leur liaison permette certains mouvements de l'un des corps par rapport à l'autre.

Lorsque les deux corps n'ont qu'un point commun, on dit que l'articulation est *sphérique;* si l'on fixe l'un d'eux, les points du second sont assujettis par la liaison à se mouvoir à la surface de sphères décrites du point commun comme centre. On réalise cette articulation, soit par un *genou*, sphère pleine appartenant au premier corps, emboîtée dans une sphère creuse ménagée dans le second, soit par un *joint de Cardan* (I, § 293).

Lorsque les deux corps ont deux points communs, auquel cas chacun est assujetti à tourner, par rapport à l'autre, autour de l'axe qui joint ces deux points, l'articulation est dite *cylindrique* ou *à charnière*. L'articulation à charnière constitue une liaison plus étroite que l'articulation sphérique.

563. Un *polygone articulé* consiste en une série de corps solides $A_1, A_2, A_3, \ldots A_n$, dont le premier, A_1, repose sur un ou plusieurs appuis fixes $O, O' \ldots$; le second, A_2, est articulé au point α_1 avec le corps A_1; le troisième, A_3, est articulé au point α_2 avec le corps A_2, et ainsi de suite, jusqu'au dernier corps A_n,

qui est articulé avec le précédent au point α_{n-1}, et qui repose sur des appuis fixes ω, ω'…. Nous supposerons que toutes ces articulations soient sphériques, et qu'il n'y ait aucun frottement ni dans les articulations ni sur les appuis.

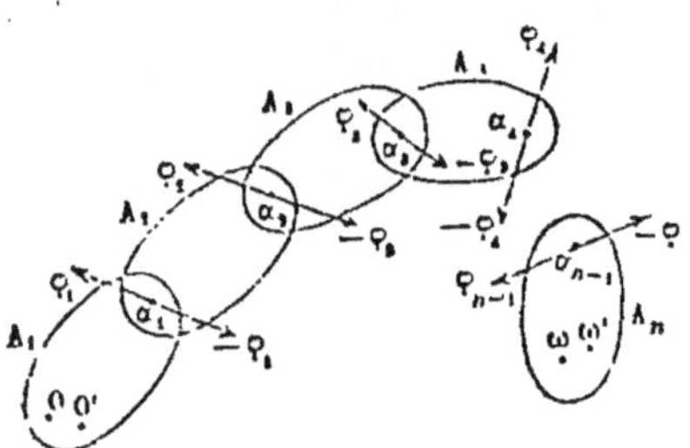

Fig. 546.

Proposons-nous de trouver les conditions d'équilibre d'un système ainsi formé, sous l'action des forces qui y sont appliquées, et que nous désignerons d'une manière générale par les lettres (F_1), (F_2), (F_3),… (F_n) : (F_1) représente le groupe des forces appliquées au corps A_1; (F_2), le groupe appliqué au corps A_2, et ainsi de suite. Supposons que l'équilibre ait lieu; nous ne le troublerons pas en introduisant de nouvelles liaisons dans une portion quelconque du système. Solidifions donc toutes les articulations. Le polygone articulé se change en un système solide, et l'équilibre exige, par conséquent, que l'ensemble des forces extérieures, y compris les réactions des appuis extrêmes, satisfasse aux six équations d'équilibre d'un système solide libre dans l'espace. On se servira de ces six équations pour déterminer, s'il est possible (§§ 91, 147), les réactions des points O, O',… ω, ω',… Nous supposerons que cette détermination soit faite, et nous désignerons par (R) le groupe des réactions développées aux points O, O',… sur le corps A_1, et par (R') le groupe des réactions développées aux points ω, ω',… sur le corps A_n.

Cela posé, deux corps consécutifs, A_k et A_{k+1}, ayant un point commun α_k, exercent l'un sur l'autre deux forces égales et contraires que nous représenterons par φ_k et $-\varphi_k$, et qui passent par le point a_k. Solidifions les articulations a_1, a_2,... jusqu'à a_{k-1}; le corps solide A_1, A_2,... A_k est en équilibre sous l'action des forces (R), (F_1), (F_2),... (F_k) et φ_k. Donc $-\varphi_k$ est la résultante des forces données (R), (F_1), (F_2),... (F_k); et de même, φ_k est la résultante des forces données (F_{k+1}),... (F_n) et (R'). Pour qu'il en soit ainsi, il faut et il suffit que la somme des moments des forces (R), (F_1),... (F_k), soit nulle par rapport à tout axe passant par le point a_k. Cette condition est suffisante, car si elle est remplie, le système des forces (R), (F),... (F_k) admet une résultante unique passánt par le point a_k. Mais le groupe total (R), (F_1),... (F_n), (R') étant en équilibre, la somme des moments de toutes les forces par rapport à un axe quelconque est nulle; si donc la somme des moments des forces (R), (F_1),... (F_k) est nulle par rapport à un axe passant au point a_k, la somme des moments des forces (F_{k+1}), (F_k)... (R'), sera aussi nulle par rapport au même axe, de sorte que le second système (F_{k+1}),... (F_n), (R') est, comme le premier, réductible à une résultante unique passant par le point a_k. Je dis de plus que les deux résultantes sont égales et contraires. En effet, la résultante de translation du système total étant nulle, si l'on partage d'une manière quelconque le système en deux systèmes partiels, la résultante de translation de l'un sera égale et contraire à la résultante de translation de l'autre; car la composition de ces deux résultantes partielles doit donner zéro pour la résultante totale.

En résumé, il faut et il suffit, pour que l'équilibre soit assuré : 1° que les forces extérieures satisfassent aux six équations d'équilibre; 2° que la somme des moments par rapport à tout axe mené par chaque articulation soit nulle pour toutes les forces extérieures appliquées à l'ensemble des corps solides situés d'un même côté de cette articulation.

La réaction φ_1 s'obtiendra en composant les forces (R) et les forces (F_1); la force φ_2, en composant (R), (F_1) et (F_2), ou, ce qui revient au même, en composant la force $-\varphi_1$ et les forces (F_2), et ainsi de suite.

564. Si une ou plusieurs articulations du système étaient

cylindriques, il suffirait que la somme des moments des forces extérieures appliquées à l'ensemble des corps situés d'un côté de cette articulation, fût nulle par rapport à l'axe de la charnière; ces forces extérieures, y compris les réactions des appuis extrêmes, seraient alors réductibles à un couple situé dans le plan de l'axe.

Quelquefois les articulations d'un système sont fictives. On suppose, par exemple, qu'une charpente est composée de pièces articulées; l'équilibre réalisé dans cette hypothèse sera à plus forte raison assuré quand les articulations seront remplacées par des assemblages rigides.

FERMES EN CHARPENTE.

565. L'équilibre des fermes que l'on emploie pour couvrir les édifices, donne un exemple de la théorie des systèmes articulés.

Considérons d'abord une ferme du système le plus simple. Deux *arbalétriers* égaux, et également inclinés à l'horizon, AB, A'B, viennent s'assembler au sommet B; leurs pieds A, A',

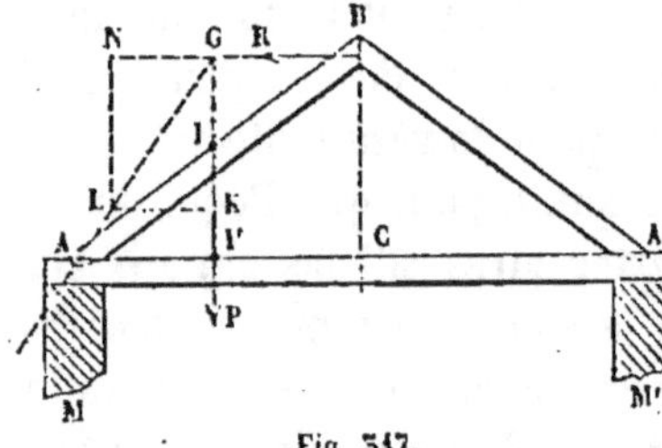

Fig. 547.

sont engagés dans un *entrait* AA', qui achève le triangle isoscèle A B A'. L'entrait est posé sur deux murs verticaux, dont les coupes sont indiquées en M et M'. On suppose enfin que chaque arbalétrier ait à supporter une charge uniformément répartie sur toute sa longueur, à raison de p kilogrammes par mètre; cette charge comprend, outre le poids propre de l'arbalétrier, le poids des *pannes*, des *chevrons*, des tuiles, des ardoises, de la tôle ou du zinc, que l'on emploie pour rendre la couverture étanche, enfin les charges additionnelles que la

toiture peut avoir à subir, par exemple le poids des neiges.
Chaque arbalétrier sera en équilibre sous l'action du poids
uniformément réparti $p \times AB$, qui le sollicite, et des réactions exercées par les pièces avec lesquelles il est en contact, à son pied et à son sommet. Au sommet B, les deux arbalétriers exercent l'un sur l'autre des actions mutuelles et
égales ; la symétrie de la figure et des charges, par rapport
au plan vertical moyen BC, exige donc que la réaction des
deux arbalétriers au point B soit horizontale. Appelons R cette
réaction. Considérons à part l'un des arbalétriers AB. Il est
sollicité par son poids total, $p \times AB$, que l'on peut supposer
appliqué au milieu I de la longueur AB, puisqu'il est également
réparti. Il est en outre sollicité par la force R, horizontale
et appliquée en B. Cette force a une intensité inconnue. Pour la
déterminer, composons-la avec la force verticale $P = p \times AB$,
en transportant ces deux forces au point G où se rencontrent
leurs directions. La résultante, devant être équilibrée par la
réaction du point A, doit passer par ce point ; elle a donc la
direction GA. Prenant sur la verticale GI une longueur GK
pour représenter le poids donné P, on trouvera, en achevant
le parallélogramme GKLNG, la longueur GN qui représente la
réaction R au sommet, et la longueur GL qui représente une
force égale et contraire à la réaction de l'appui inférieur A.
Cette force, appliquée en A suivant AG, peut être décomposée
suivant la verticale et l'horizontale ; la composante verticale
sera égale à GK ou à P ; l'horizontale, égale à GN ou à R, est la
tension développée dans l'entrait.

Pour calculer la force R, qui représente à la fois la tension
de l'entrait et la pression mutuelle des deux arbalétriers au
point B où ils s'assemblent l'un à l'autre, on peut appliquer
le théorème des moments.

La force horizontale R, appliquée en B, la force verticale P
appliquée en I, et la réaction du point A se faisant équilibre,
la somme de leurs moments est nulle par rapport à un axe
quelconque. Prenons pour axe la perpendiculaire élevée au
point A sur le plan de la figure. Le moment de la réaction ap-

pliquée en A sera nul ; et l'équation des moments se réduira à l'égalité suivante

$$P \times AP' - R \times BC = 0.$$

Cette équation fait connaître la réaction R, car tout y est connu, sauf cette réaction.

Elle donne

$$R = P \times \frac{AP'}{BC}.$$

Soit $AA' = 2l$ la portée de la ferme, f sa flèche BC. On aura

$$R = P \times \frac{l}{2f},$$

et si l'on appelle p' le poids qui est réparti uniformément sur la ferme par unité de longueur horizontale, on aura $P = p'l$, et $R = \dfrac{p'l^2}{2f}$ (Cf. § 528).

566. Cherchons la solution du même problème en supposant que la ferme ne soit pas symétrique, ou qu'elle soit non symétriquement chargée ; nous admettrons toujours que chaque arbalétrier AB, A'B, supporte une charge uniformément répartie, à raison de p kilogrammes par mètre de longueur pour l'un, et de p' kilogrammes pour l'autre. La résultante des poids de chaque arbalétrier sera verticale, appliquée aux milieux I, I' de chacun, et égale à $P = p \times AB$ pour le premier, et à $P' = p' \times A'B$ pour le second.

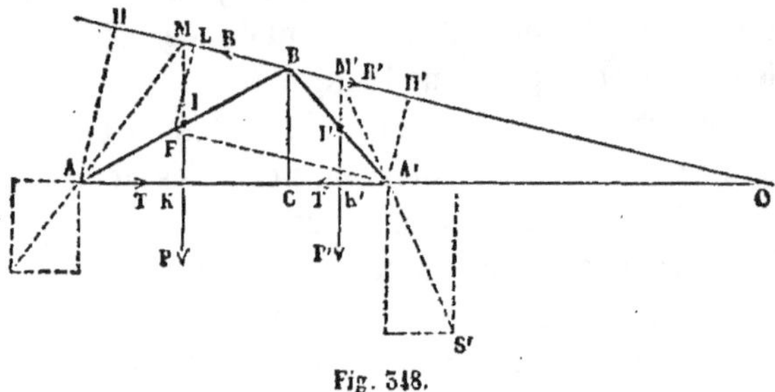

Fig. 348.

La réaction mutuelle, R, des deux arbalétriers au point B ne sera plus horizontale ; mais en vertu du principe de l'action égale à la réaction, la force BR, exercée par l'arbalétrier BA′ sur l'arbalétrier BA; sera égale et contraire à la force BR′ exercée par l'arbalétrier BA sur l'arbalétrier BA′.

La tension T développée dans l'entrait AA′ aura la même valeur aux points A et A′; elle sera dirigée de A vers A′ au point A, de A′ vers A au point A′.

Exprimons l'équilibre des deux arbalétriers pris séparément; pour cela, prenons les moments par rapport aux points A et A′, ce qui élimine la tension inconnue T. Nous aurons, en abaissant les perpendiculaires AH, A′H′ sur la direction de la réaction R,

$$P \times AK = R \times AH,$$
$$R \times A'H' = P' \times A'K'.$$

Multipliant les deux équations et supprimant le facteur commun R, il vient :

$$\frac{A'H'}{AH} = \frac{P'}{P} \times \frac{A'K'}{AK}.$$

Cette dernière équation fait connaître le rapport $\frac{A'H'}{AH}$; or prolongeons la droite HH′ jusqu'à la rencontre au point O avec la droite AA′ prolongée. Les triangles OA′H′, OAH donnent la proportion

$$\frac{A'H'}{AH} = \frac{OA'}{OA}.$$

Le rapport $\frac{OA'}{OA}$ étant égal à un nombre donné, on pourra trouver le point O sur le prolongement de AA′, et joignant OB, on aura la direction de la réaction mutuelle.

On pourra alors déterminer la valeur R de cette réaction au moyen de l'une des équations des moments.

Comme le point O peut être très éloigné, il est plus commode de déterminer sur le côté BA du triangle ABA′ un point F tel, que l'on ait la proportion

$$\frac{BF}{BA} = \frac{P' \times A'K'}{P \times AK}.$$

Si du point F nous abaissons FL, perpendiculaire à BH; les triangles semblables BAH, BFL, donnent

$$\frac{FL}{AH} = \frac{BF}{BA},$$

et par suite

$$\frac{FL}{AH} = \frac{P' \times A'K'}{P \times AK} = \frac{A'H'}{AH}.$$

Donc

$$FL = A'H',$$

et la direction cherchée BH s'obtiendra en menant par le point B une parallèle à la droite A'F.

COMBLE A LA MANSARD.

567. Soit ABCB'A' une ferme symétrique par rapport au plan vertical CD, et symétriquement chargée; les poids répartis de A en B sont réductibles

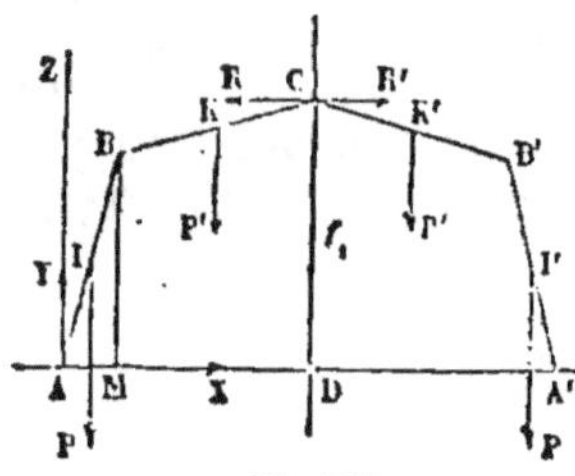

Fig. 549.

à un poids P, appliqué au milieu I de la longueur AB; les poids répartis de B en C, à un poids P', appliqué au milieu K de la longueur BC. Des poids égaux à P' et à P sont appliqués en K' et en I'. On donne les distances AD = l, DC = f, AM = m, MB = h, et l'on demande à quelle condition les forces P et P' doivent satisfaire pour l'équilibre.

Les articulations A, B, C, B', A', peuvent être supposées cylindriques, autour d'axes perpendiculaires au plan de figure.

A cause de la symétrie de la figure et des forces, il suffit de considérer une moitié du système, située du côté du plan CD; la réaction mutuelle des deux parties de la ferme au point C est une force R horizontale. Appelons X et Y les composantes de la réaction subie par le point A, estimées suivant l'horizontale AD et la verticale AZ, et p et p' les distances au point A des forces P et P'. On en déduit $p = \dfrac{m}{2}$ et $p' = \dfrac{m+l}{2}$. Nous aurons pour exprimer l'équilibre du contour ABC les trois équations :

$$X - R = 0,$$
$$Y - P - P' = 0,$$
$$Rf - Pp - P'p' = 0.$$

Cette dernière équation fait connaître R; la première donne ensuite X. La seconde fait connaître Y.

Il faut de plus que chaque côté AB, BC soit séparément en équilibre sous l'action des forces qui le sollicitent, y compris la réaction mutuelle développée en B. Prenant les moments par rapport au point B, on élimine cette réaction, et on doit avoir, pour le morceau AB,

$$P \times \frac{m}{2} + Xh = Y \times m,$$

et pour le morceau BC,

$$R \times (f - h) = P' \times \frac{l - m}{2}.$$

Ces deux équations rentrent l'une dans l'autre, en vertu des équations d'équilibre de l'ensemble; si dans la seconde on remplace R par sa valeur $\dfrac{Pp + P'p'}{f}$, il vient pour la condition d'équilibre l'équation suivante

$$\frac{Pp + P'p'}{f} \times (f - h) = P' \times \frac{l - m}{2},$$

ou bien, en remplaçant p et p' par leurs valeurs et en réduisant,

$$\frac{P}{P'} = \frac{h \, (m + l)}{m \, (f - h)}.$$

Si cette condition est remplie, la résultante de la force R

et de la force P′ passera au point B, et sera la valeur de la réaction développée dans l'articulation ménagée en ce point.

Cette réaction composée avec P aura une résultante qui passera en A, et qui, décomposée suivant les directions AD, AZ, fera connaître X et Y.

368. L'équilibre n'est possible que si une certaine condition est remplie. Si les poids supportés par la toiture venaient à être altérés, la toiture devrait changer de forme pour ramener l'équilibre, à moins que la raideur des assemblages en A, B, C, n'intervint pour empêcher les déformations. Ce serait là une mauvaise charpente. On évite ces inconvénients en reliant les points B et B′ par un *entrait* BB′.

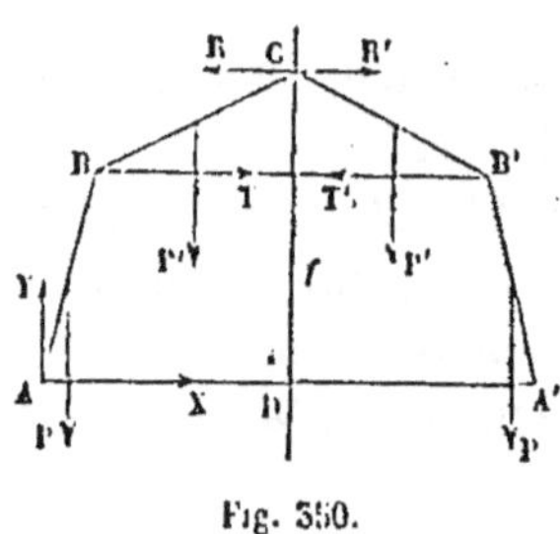

Fig. 350.

Appelons T la tension développée dans l'entrait, et exprimons l'équilibre du contour ABC; nous aurons les trois équations :

$$X + T - R = 0,$$
$$Y - P - P'' = 0,$$
$$Rf - Pp - P''p' - Th = 0.$$

Puis, pour l'équilibre individuel du côté BC, en prenant les moments par rapport au point B, ce qui élimine à la fois la réaction du côté AB et la tension T,

$$R \times (f - h) = P'' \times \frac{l - m}{2}.$$

La dernière équation donne R, la troisième donne ensuite T. Les forces X et Y sont déterminées par la première et la seconde, et l'équilibre est toujours possible.

ÉQUILIBRE DE LA GRUE.

569. La *grue tournante* représentée par la figure 551 est un appareil destiné au chargement et au déchargement des wagons et des navires.

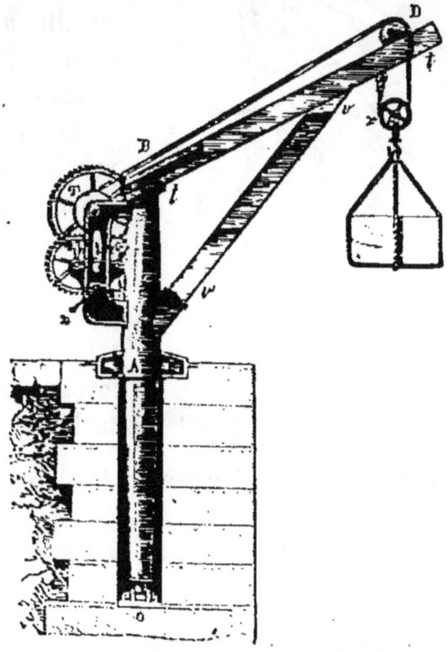

Fig. 551.

Elle comprend un arbre vertical OB, posé sur une crapaudine O, et appuyé latéralement, dans la région A, sur un collier de galets ; la partie OA s'enfonce dans un puits réservé au milieu d'un massif de maçonnerie, et la partie AB fait saillie au-dessus du sol. L'axe OB porte une charpente formée de deux pièces obliques, l'une *tt'*, appelée *tirant*, l'autre *vv'*, appelée *volée*; ces pièces se réunissent en un point situé en dehors de l'axe ; le tirant, formé de deux poutres jumelles, dépasse la volée d'une certaine quantité ; on y attache une poulie fixe D.

sur laquelle on fait passer une corde dont l'extrémité est liée au tirant, et qui porte une poulie mobile m, à la chape de laquelle on suspend le fardeau. L'autre extrémité de la corde s'enroule sur un treuil T, dont l'axe, supporté par l'axe vertical OB, emprunte son mouvement à une manivelle n, par l'intermédiaire d'un équipage de roues dentées.

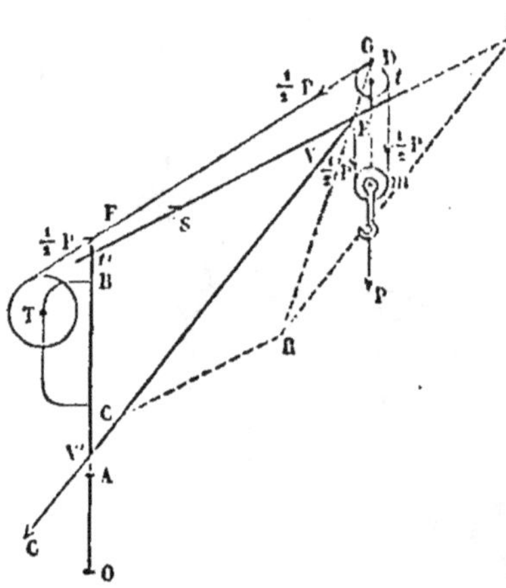

Fig. 552.

Soit P le poids soulevé par la grue (fig. 552). La tension de la corde qui passe sur la poulie mobile sera égale à $\frac{1}{2}$ P ; le tirant tt' est donc sollicité par deux forces, dont l'une est verticale, appliquée en E au point d'attache de la corde, et égale à $\frac{1}{2}$ P ; l'autre est la résultante de deux forces égales à $\frac{1}{2}$ P, agissant toutes deux sur la poulie D, suivant les deux brins qui passent sur cette poulie ; elle est bissectrice de l'angle des deux brins. La résultante R de toutes ces forces s'obtiendra plus simplement en composant le poids P, transporté au point G, avec une force $\frac{1}{2}$ P appliquée suivant le cordon DF. La volée VV' doit soutenir le tirant le plus près possible du point de passage de cette force R ; décomposant la force R suivant les directions VV' et tt', on aura la tension S du tirant, et la compression C de la jambe de force.

L'arbre vertical est donc sollicité par une force t'S, qui agit dans la direction du tirant ; par une force V'C, qui agit dans la direction du prolongement de la volée ; enfin par les actions exercées sur le treuil et les manivelles, tant par la puissance que par la force $\frac{1}{2}$ P, tension de la corde qui joue le rôle de résistance sur cette partie de la machine.

On trouvera l'effort nécessaire pour soulever le poids P en exprimant l'équilibre du système formé par le treuil, les manivelles et les roues dentées intermédiaires. Appelons f la force, ou la somme des forces appliquées aux manivelles dans la direction du mouvement à produire, λ la longueur des manivelles, ε la *raison* de l'équipage de roues dentées (I, § 219), r le rayon du cylindre du treuil; un déplacement angulaire α imprimé aux manivelles produit un déplacement angulaire $\alpha\varepsilon$ sur le treuil; les déplacements linéaires des points d'application des forces sont respectivement $\lambda\alpha$ et $r\alpha\varepsilon$, et l'équation d'équilibre est

$$f \times \lambda\alpha = \frac{1}{2}P \times r\alpha\varepsilon,$$

d'où l'on déduit

$$f = \frac{1}{2}P \times \frac{r}{\lambda} \times \varepsilon.$$

Prenons pour exemple une grue dans laquelle les manivelles ont une longueur λ triple du rayon r du treuil, et dans laquelle l'engrenage se compose des roues dentées suivantes :

Sur l'axe des manivelles, un pignon de 9 dents engrenant avec une roue de 54 ;

Sur l'axe de cette roue, un second pignon de 9 dents, engrenant avec une seconde roue de 54 dents ;

Sur l'axe de la seconde roue, un pignon de 11 dents, engrenant avec une roue de 66, faisant corps avec le treuil.

On aura, en faisant abstraction du signe de la raison,

$$\varepsilon = \frac{9}{54} \times \frac{9}{54} \times \frac{11}{66},$$

$$\frac{r}{\lambda} = \frac{1}{5}.$$

Donc, pour soulever un poids de 30,000 kilogrammes, il suffira d'un effort f de

$$\frac{1}{2} \times 50000 \times \frac{1}{5} \times \frac{0^9 \times 11}{54^2 \times 66} = \frac{5000}{6^3} = 25^{kg}10.$$

On obtiendra l'effort voulu en faisant agir trois manœuvres sur les manivelles ; chacun aura à développer un effort d'environ 8 kilogrammes.

On dispose l'équipage de roues dentées de manière à pouvoir introduire à volonté tous les engrenages dans la transmission, ou en laisser un en dehors ; en opérant ainsi, on pourra accélérer le déplacement des poids faibles, et réduire au contraire la vitesse ascensionnelle des poids plus lourds.

REMARQUE SUR L'ÉQUILIBRE D'UN TRIANGLE FORMÉ PAR TROIS CÔTÉS ARTICULÉS.

370. Soit ABC un triangle formé par trois côtés articulés en A, en B et en C ; chaque côté est sollicité par une force connue, savoir : le côté AB par la force F, le côté BC par la force F', le côté AC par la force F″. Le triangle étant en équilibre sous l'action de ces forces, leurs directions cF, aF', bF'' concourent en un même point O, et chacune des forces est proportionnelle au sinus de l'angle formé par les directions des deux autres. On demande de déterminer les actions mutuelles des côtés dans les articulations A, B, C.

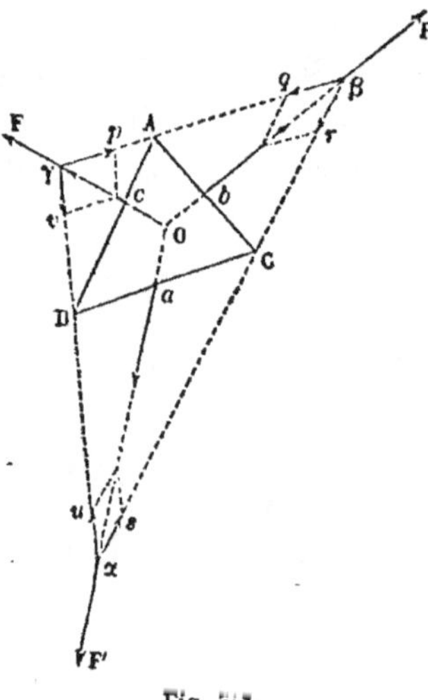

Fig. 353.

Un côté quelconque AB est en équilibre sous l'action de la

force F, appliquée en c, et des réactions développées aux extrémités A et B. Donc les directions de ces réactions concourent en un même point γ sur la direction cF. De même, les réactions des articulations A et C sur le côté AC, se coupent en un point β de la direction bF″, et les réactions des articulations C et B sur le côté BC se coupent en un point α de la direction de aF′. Les réactions des articulations étant d'ailleurs égales et contraires deux à deux, la recherche des points α, β, γ revient à faire passer par les trois points donnés A, B, C, les côtés d'un triangle $\alpha\beta\gamma$ dont les sommets α, β, γ se trouvent respectivement sur les trois droites données Oa, Ob, Oc, concourantes en un point O.

On sait (§ 513) comment on peut résoudre géométriquement ce problème.

Les composantes p et q déduites de cette construction seront nécessairement égales. Car prenons les moments des forces par rapport au point α; l'équilibre ayant lieu, il viendra :

$$M_\alpha F + M_\alpha F^V + M_\alpha p + M_\alpha q = 0.$$

Les moments des autres forces, F′, v, r, u, s, sont nuls, puisqu'elles passent par le point α. Or

$$M_\alpha F + M_\alpha F'' = 0,$$

puisque les forces F, F′, F″ se font équilibre par hypothèse. Donc

$$M_\alpha p + M_\alpha q = 0,$$

ce qui exige, puisque les forces p et q ont une même direction $\beta\gamma$, qu'elles soient égales et contraires.

CHAPITRE III

DES APPAREILS PROPRES A MESURER LE TRAVAIL DES FORCES

————

DYNAMOMÈTRE DE TRACTION A BANDE.

371. Nous avons décrit (§ 156) le dynamomètre au moyen duquel on évalue les forces. Qu'on mette, par exemple, un tel appareil entre une voiture et son attelage, on pourra lire à chaque instant sur l'échelle de l'instrument l'effort développé par le moteur. Mais cela ne suffit pas. On complète l'appareil de manière à conserver la trace de ses indications successives, et à donner en même temps la mesure du travail de la force.

A cet effet, on attache à la lame mobile du dynamomètre un crayon, qui reçoit tous les déplacements qu'elle subit elle-même ; la pointe du crayon porte sur une bande de papier horizontale, tendue sous le dynamomètre dans le sens de sa plus grande longueur. Cette bande est animée d'un mouvement de translation proportionnel au mouvement de la voiture. Pour qu'il en soit ainsi, la bande de papier, enroulée d'avance sur un cylindre, s'enroule sur un second cylindre parallèle au premier, et auquel on communique, par un équipage de roues dentées, un mouvement de rotation emprunté au mouvement des roues du véhicule. A mesure que la voiture avance, les roues tournent, la bande de papier se déroule du cylindre où elle est emmagasinée, et se déplace longitudinalement, en passant sous le crayon, d'une quantité proportionnelle à l'espace décrit. L'emploi d'une fusée (I, § 308) corrige la perturbation produite dans la transmission par l'épaisseur croissante du papier à la surface du cylindre qui communique le mouvement à la bande mobile.

Un second crayon fixe trace sur la bande la ligne droite qui correspond à l'écart naturel des lames du dynamomètre, quand aucune force n'agit sur lui. Lorque l'observation est terminée, on déroule la bande de papier, sur laquelle on trouve tracées deux lignes: l'une OA, droite, tracée par le crayon fixe, l'autre MN, sinueuse et tracée par le crayon mobile ; celle-ci indique par ses ordonnées mp, comptées à partir de la première, les valeurs de la force de traction à l'instant défini par la position du point m. Soit O l'origine correspondante au point de départ. L'abscisse Om sera proportionnelle au chemin décrit par le véhicule, de sorte que, si on appelle λ un coefficient constant, et x la distance Om mesurée sur l'épure, λx sera le chemin effectivement parcouru.

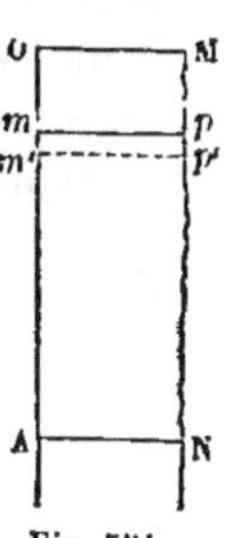

Fig. 554.

De même, soit $mp = y$, et représentons par μ un second coefficient, qui dépend de la forme et de la construction du dynamomètre : on pourra représenter par μy la force développée par le moteur à l'instant correspondant à l'abscisse Om. Cette force agit dans la direction du mouvement de la voiture, et son travail élémentaire est le produit de la force par le déplacement infiniment petit du véhicule. Prenons donc sur l'axe OA une quantité infiniment petite $mm' = dx$; le travail élémentaire du moteur sera le produit

$$\mu y \times \lambda dx = \mu \lambda y dx,$$

et le travail total, pris entre le point de départ O et un point quelconque A, sera la somme

$$\mu \lambda \int_0^A y dx,$$

c'est-à-dire le produit de l'aire OMNA par le coefficient constant $\mu \lambda$.

La recherche du travail moteur est donc ramenée à la quadrature de la courbe tracée par le crayon du dynamomètre.

DYNAMOMÈTRE DE TRACTION A COMPTEUR.

572. Au lieu de faire tracer au crayon du dynamomètre une courbe, dont il faut ensuite évaluer la surface, on peut employer un compteur qui totalise le travail produit.

Pour cela, on attache à la lame mobile une boîte B, portant un galet G; dans l'état naturel du dynamomètre, c'est-à-dire quand il n'y a aucune force appliquée, la boîte est en un point B; une traction produisant dans les lames un surcroît d'écart CC', amène la boîte en B' et le galet en G'. Au-dessous du galet est disposé un plateau AA', mobile autour d'un axe OO'; cet axe est situé au-dessous du centre du galet, dans la position G qui correspond à l'état naturel du dynamomètre. On communique à l'axe OO', et par suite au plateau AA', un mouvement de rotation proportionnel au mouvement des roues.

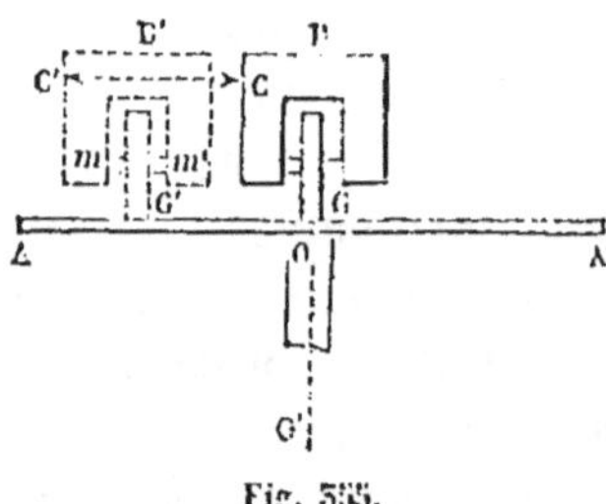

Fig. 555.

Le galet engrène par adhérence avec le plateau, qui lui communique autour de son axe mm' un mouvement angulaire proportionnel à la distance G'O, ou à l'écart des lames, ou enfin à la force développée par le moteur.

Si l'on appelle ω la vitesse angulaire du plateau autour de OO' à un moment donné, y l'écart G'O acquis par le dynamomètre au même instant, r le rayon du galet, la vitesse angulaire Ω du galet autour de son axe mm' sera donnée par l'équation

$$r\Omega = y\omega.$$

Or ω est proportionnel à la vitesse angulaire des roues de la voiture, et, λ désignant un coefficient constant, la vitesse ω correspond à la vitesse angulaire $\lambda\omega$ de l'une des roues; soit R le rayon de cette roue : cette vitesse angulaire correspondra à une vitesse linéaire du véhicule égale à $\lambda R\omega$.

D'ailleurs la force développée par le moteur peut être représentée par μy; donc le travail développé dans l'unité de temps est mesuré par le produit

$$\mu y \times \lambda R\omega = \mu\lambda R \times y\omega = \mu\lambda R r \times \Omega.$$

Le travail étant proportionnel à la rotation Ω du galet, il suffit de compter le nombre de tours, pour avoir le travail effectué dans un parcours donné. Un compteur placé dans la boîte B et engrenant avec le galet G, donne le résultat au moyen d'une simple lecture.

MANIVELLE DYNAMOMÉTRIQUE.

575. Cet appareil sert à évaluer le travail moteur communiqué à un arbre à l'aide d'une manivelle.

On fixe à l'arbre tournant une pièce A, portant en B un petit cylindre, autour duquel la manivelle MN peut tourner sans rencontrer de résistance. Le cercle H représente le bouton de cette manivelle. Pour transmettre à l'arbre l'effort appliqué au bouton, on se sert d'une lame flexible CD, qui s'engage dans le système AB, lequel fait corps avec l'arbre,

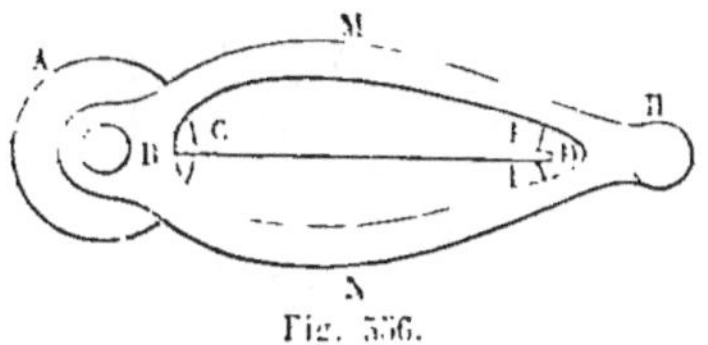

Fig. 556.

et qui, par l'autre bout, vient passer entre deux couteaux E et F, fixés au dedans de la manivelle évidée. L'application d'une force motrice au point H fait fléchir la lame CD, et l'arbre est entraîné seulement quand cette flexion a atteint une certaine valeur. La force réellement appliquée à l'arbre est proportionnelle à la flèche prise par un point déterminé de la lame élastique. On attache un crayon en ce point, et on dispose sous la manivelle, parallèlement à sa grande dimension, une bande de papier à laquelle on communique une vitesse de translation proportionnelle à la vitesse de rotation de l'arbre. Les aires de la courbe tracée par le crayon sur cette bande seront proportionnelles au travail transmis.

Le principe de tous ces appareils consiste à introduire, comme intermédiaire entre la puissance et la résistance, une lame élastique dont la déformation permette d'évaluer la force, et à enregistrer d'une manière continue les indications de l'appareil sur une bande de papier, qui reçoit une translation proportionnelle au chemin décrit par le point d'application de la force motrice.

FREIN DE PRONY.

574. Le frein de Prony sert à évaluer le travail transmis à un arbre tournant.

Soit O l'arbre tournant d'une usine. On désembraye toutes les machines-outils que cet arbre met en mouvement, et on fait en sorte que le travail moteur transmis à l'arbre soit tout entier transformé en un travail du frottement, qu'on peut facilement évaluer.

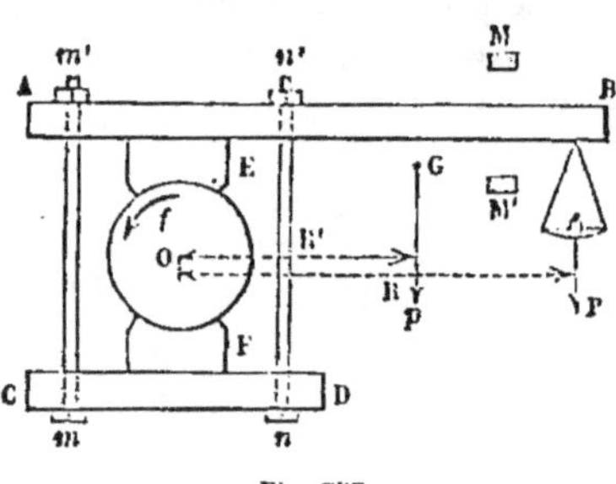

Fig. 557.

On serre l'arbre O, au moyen des boulons mm', nn', entre deux mâchoires E et F, fixées aux pièces de bois CD, AB. La pièce AB, plus longue que la pièce CD, porte à son extrémité B un plateau dans lequel on met un poids P.

L'arbre étant supposé tourner dans le sens de la flèche f, le frottement tend à entraîner dans ce même sens le système ABCD; si l'on augmente graduellement le poids P, il arrivera un instant où ce poids équilibrera le frottement développé au

contact des mâchoires E et F et de l'arbre tournant. Supposons
que cet équilibre soit réalisé. Appelons F le frottement développé au pourtour de l'arbre O, r le rayon de cet arbre, R et
R' les distances au centre O des verticales passant par le centre de gravité du poids P et par le centre de gravité G du frein ;
soit p le poids propre de l'appareil qu'on peut supposer concentré en G ; on aura pour l'équilibre l'équation des moments

$$Fr = PR + pR'.$$

Plus on serre les boulons, plus on augmente le frottement,
plus il faut accroître le poids P pour maintenir l'équilibre.
On pourra, par une série de tâtonnements, amener l'arbre
à la vitesse normale qu'il doit avoir quand il met en mouvement toutes les machines-outils. Alors le travail T transmis
à l'arbre par la puissance est égal au travail du frottement,
c'est-à-dire égal, pour un nombre n de tours, à $F \times 2\pi r \times n$,
ou à $2\pi n \times Fr$, ou enfin à

$$T = 2\pi n (PR + pR').$$

On peut donc déterminer T dès que l'on connaît P, p, R, R',
et le nombre n. On remarquera que F et r ne figurent pas dans
l'équation finale.

575. Tel est le principe de l'appareil. Mais on y a introduit
successivement plusieurs améliorations.

1° On fixe en M et en M', au-dessus et au-dessous de la
branche AB, des taquets, qui empêchent le levier d'être
entraîné indéfiniment par la rotation
de l'arbre au commencement de l'expérience. L'oscillation du levier est réduite ainsi à l'intervalle MM'.

2° On attache au bout du levier (fig.
358) une sorte de came S, dont le pourtour extérieur tt' est dressé suivant un
arc de cercle décrit du point O comme
centre ; cette disposition a pour effet de
rendre constante la distance R = OP du

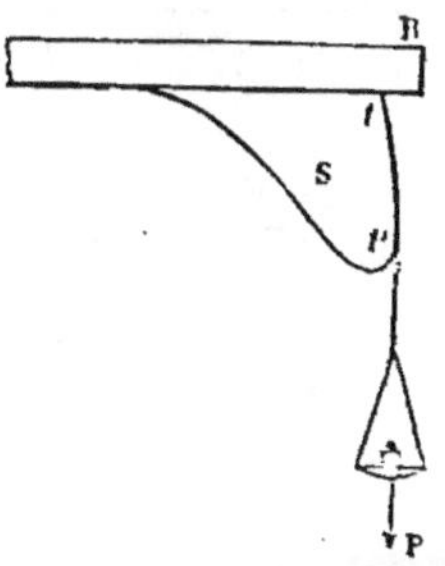

Fig. 358.

poids P au centre O. Le lien qui porte le plateau se détache toujours tangentiellement de l'arc tt', quelle que soit l'inclinaison prise par le levier entre les arrêts M et M'.

5° On peut supprimer de l'équation le terme pR' en employant un contre-poids déterminé par une expérience préalable.

Pour cela, on rattache invariablement au frein un couteau placé au centre O de l'arbre tournant. L'appareil étant porté par ce couteau, on achève de le soutenir au moyen d'un fil vertical TB, réunissant le point B du levier AB au fléau TOT' d'une balance ; on rétablit l'équilibre au moyen d'un poids Q, placé dans le bassin de la balance. L'effet de ce poids équivaut

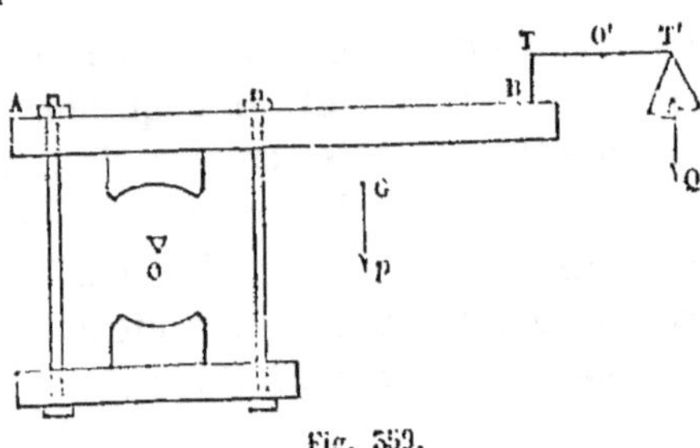

Fig. 559.

à une force égale à Q, appliquée de bas en haut au point B, et dont le moment par rapport au point O serait égal et contraire au moment du poids p. L'introduction du contre-poids Q dans le frein en service revient donc à la suppression du terme pR'. Le poids Q est ce qu'on appelle la *tare du frein*.

4° On a aussi amélioré le mode de serrage des mâchoires. Le système que nous allons décrire a été imaginé par M. de Saint-Léger, ingénieur des manufactures de l'État.

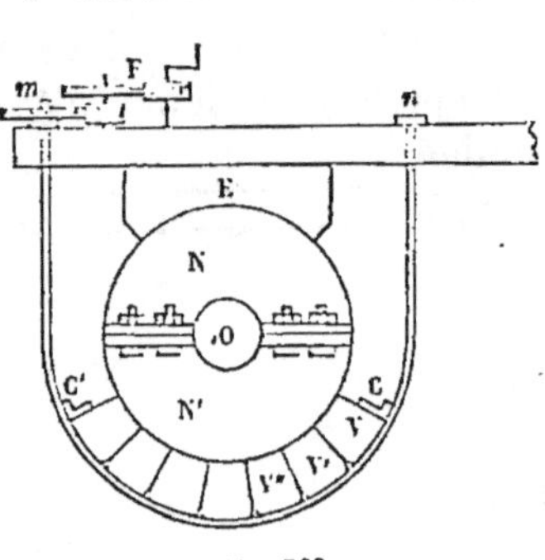

Fig. 560.

La mâchoire supérieure E est conservée. La mâchoire inférieure est remplacée par une série de *voussoirs* en bois, V, V', V'',..., arrêtée en C et C' à deux cornières ; une chaîne continue mn passe sur l'extrados de la voûte formée par ces voussoirs ; elle est attachée en n à un point fixe ; l'extrémité m, garnie d'un filet

de vis, traverse un écrou auquel un équipage de roues dentées, F, permet de communiquer un mouvement de rotation
autour de son axe. On peut donc serrer aussi lentement qu'on
le voudra l'ensemble des voussoirs au pourtour de l'arbre tournant, ou plutôt au pourtour d'un cylindre en fonte, XX', bou-
lonné sur l'arbre.

Les voussoirs et la mâchoire E s'échauffent par le frottement. Pour réduire cette élévation de température, on fait
couler de l'eau froide sur les parties frottantes pendant toute
la durée de l'expérience. Il faut tarer le frein quand il est
saturé d'eau, sans quoi l'arrosage continuel auquel il est
soumis pourrait modifier la distribution des poids.

L'eau de savon a été employée pour cet usage, mais l'eau
pure est préférable, parce que, ne réduisant pas autant le
coefficient du frottement, elle n'exige pas un serrage aussi
énergique de la chaine mn.

576. M. Kretz a fait connaître une autre disposition du
frein. Elle consiste à supprimer le levier et la mâchoire supérieure, et à entourer la
roue J, fixée à l'arbre,
par une chaine garnie
intérieurement de vous-
soirs; une béquille B,
attachée à l'un des vous-
soirs, et placée horizon-
talement, supporte le
poids P, suspendu tan-
gentiellement à un arc

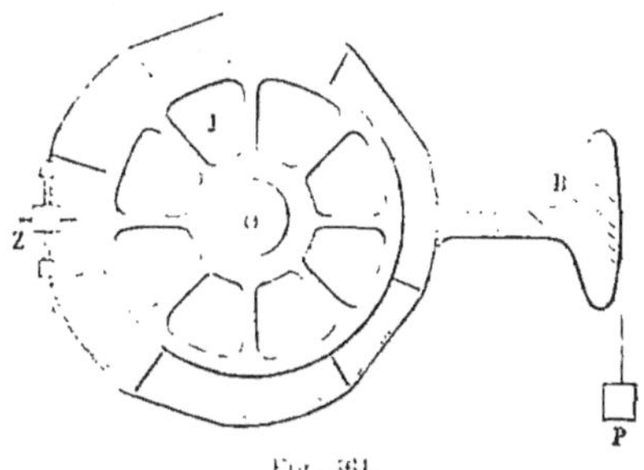

Fig. 561.

de cercle décrit du point O comme centre. Pour faire varier le
serrage, M. Kretz ferme la chaine par une vis Z à pas ren-
versés. Le système est *centré*, c'est-à-dire que le centre de
gravité tombe exactement sur l'axe, ce qui évite la nécessité
de tarer.

FREIN DYNAMOMÉTRIQUE DE M. MARCEL DEPREZ.

577. Le frein dynamométrique de M. Deprez est un frein de Prony qui se règle de lui-même.

Dans le frein de Prony la pression des mâchoires C et C′ contre la poulie B, calée sur l'arbre tournant A, s'obtient à l'aide de vis dont on serre à volonté les écrous. Si le frein est trop serré, il est entraîné malgré le contre-poids par le mouvement de l'arbre; s'il ne l'est pas assez, il tombe sous l'action de ce contre-poids. Le réglage est difficile à faire, et une simple modification accidentelle du coefficient de frottement suffit pour détruire l'équilibre.

M. Marcel Deprez attache les mâchoires C et C′ à deux leviers E et E′ sensiblement parallèles, dont les points fixes, c et c', sont pris sur une poulie folle D, concentrique à l'arbre tournant. Un autre levier F a son point fixe en n à l'extrémité du levier inférieur; il est en outre rattaché au point r, par une bride articulée f, à l'extrémité m du levier supérieur. Un poids Q, suspendu à l'extrémité p du troisième levier, point qui coïncide avec le centre de l'arbre, tombe librement à l'aplomb de l'axe de l'arbre tournant. Un second poids P, suspendu tangentiellement à la poulie D, doit faire équilibre au frottement subi par les mâchoires ; c'est ce poids qui entrera seul dans l'expression du travail cherché.

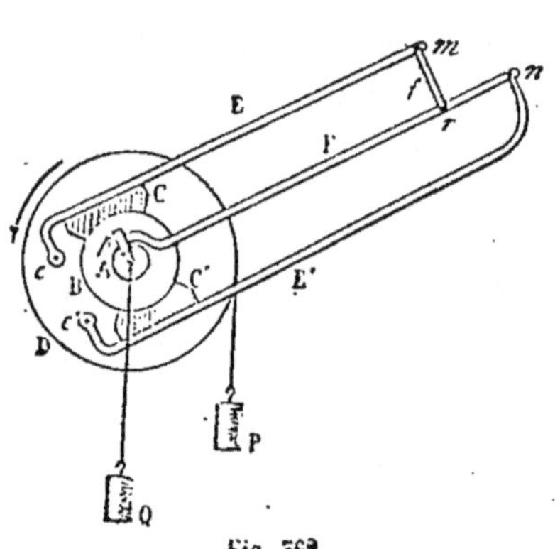

Fig. 562.

Le mouvement s'effectuant dans le sens de la flèche, si le frottement des mâchoires est trop énergique, l'ensemble des trois leviers E, E', F est entraîné par l'arbre tournant, et fait un angle de plus en plus grand avec l'horizontale. En même temps le serrage diminue : car il est produit par le poids Q, et varie avec les moments de ce poids par rapport aux articulations m et n, c'est-à-dire avec les distances de ces points m et n à la verticale fixe suivant laquelle le poids Q agit. Il est facile de voir que l'intensité du serrage est proportionnelle au sinus de l'angle α que les leviers font avec la verticale. Si donc le frein a été réglé approximativement pour une inclinaison de 30° sur l'horizon, l'équilibre, s'il vient à se rompre, se trouvera rétabli aussitôt par une variation de l'inclinaison dans un sens ou dans l'autre, variation qui augmentera ou diminuera l'intensité du serrage, et qui ramènera dans tous les cas le frottement à la valeur qu'il doit avoir pour tenir le poids P en équilibre. Les sinus des angles 0°, 60°, 90° étant respectivement égaux à 0, $\frac{1}{2}$ et 1, on voit que le réglage, étant fait sous l'inclinaison moyenne de 30° à l'horizon lorsque le frottement des mâchoires est représenté par l'unité, permettra des variations du frottement entre les limites extrêmes 0 et 2 ; or il s'en faut que dans la pratique le frottement puisse varier dans cette proportion. Cette disposition rend en définitive le réglage du frein automatique.

FREIN DYNAMOMÉTRIQUE DE M. CARPENTIER.

578. Sur l'arbre tournant A (fig. 365), sont calées deux poulies à gorge, C et B, de diamètres égaux ; l'une B est calée sur l'arbre, et entraînée dans son mouvement ; l'autre C est folle sur le même arbre. Celle-ci porte un poids p suspendu à un fil attaché au point q. Pour équilibrer ce poids, on se sert d'un autre fil qui s'attache en R à un crochet faisant corps avec la poulie C, mais qui est amené par un coude à être situé dans le plan moyen de la poulie B. Ce fil attaché en R passe sur la poulie B, et supporte un poids P à son extrémité libre. Il

résulte de cette disposition que la poulie mobile B frotte contre le fil RP dans toute l'étendue de l'arc embrassé *mn*. Si α est l'angle au centre *mAn* correspondant, et que T soit la tension du fil dans la région *m*R, on aura par conséquent entre P et T la relation

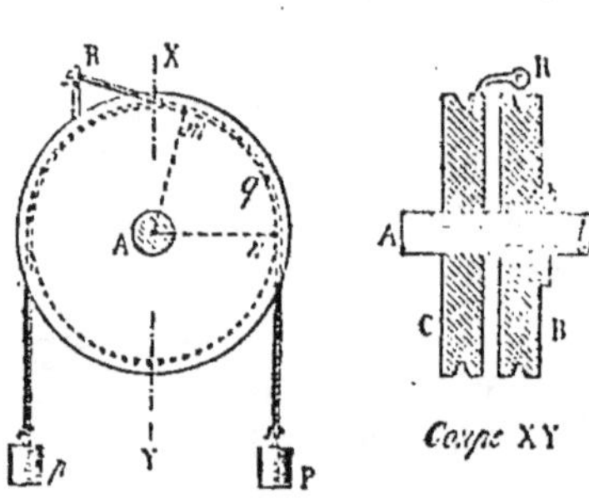

Fig. 365.

$$P = T\, c^{f\alpha},$$

f étant le coefficient du frottement (§ 344). Le frottement total exercé par la corde sur la poulie mobile est la différence P—T. D'un autre côté, la force T, appliquée à R tangentiellement à la gorge de la poulie B, de même rayon que la poulie C, fait équilibre à la force *p*, qui est tangente à la même circonférence. Il en résulte que l'on a T=*p*, et que le frottement total s'exprime par la différence P—*p*, qui est immédiatement donnée.

Si R est le rayon commun aux deux poulies, *n* le nombre de tours que l'arbre fait en une minute, le travail du frottement par seconde sera le produit

$$(P - p) \times \frac{n}{60} \times 2\,\pi\,R;$$

c'est la mesure du travail transmis par le moteur à l'arbre tournant. L'équilibre de la poulie folle s'établit encore ici de lui-même ; il suffit pour cela que la tension du brin R*m* soit devenue égale au poids *p* ; or il en est toujours ainsi, parce que l'angle α prend la valeur qui convient à l'équilibre, c'est-à-dire la valeur donnée par l'équation

$$P = p\, c^{f\alpha}.$$

Si le coefficient *f* varie, l'angle α varie en conséquence, et la

formule du travail transmis reste toujours la même. La différence $P - p$ varie très rapidement avec l'angle α lorsque f reste
constant; cette circonstance augmente la sensibilité de l'appareil. Le frein de M. Carpentier convient particulièrement pour
les machines de petite puissance.

M. Raffart a perfectionné le frein Carpentier, en rendant l'appareil symétrique par l'addition d'une seconde poulie C, et en
substituant des rubans posés à plat sur des cylindres, aux fils
engagés dans des gorges de poulie ([1]).

([1]) Sur les freins de M. Marcel Deprez et de M. Carpentier, on peut consulter
un rapport inséré dans le *Bulletin de la Société d'encouragement pour l'Industrie
nationale*, 3ᵉ série, tome VII, août 1880.

ADDITIONS

---

579. Il n'est pas inutile de montrer que la règle du *parallélogramme des forces* peut se déduire du *principe de l'équilibre du levier*, qui a été longtemps, comme on l'a vu, la base
de la statique (§ 267). Commençons par établir le principe
lui-même, sans rien emprunter à la théorie de la composition
des forces.

Soit AB une barre rigide, que nous supposerons uniformément chargée de poids, à raison de
p unités de poids par unité de longueur. Si cette barre est libre dans
l'espace, on pourra évidemment la
maintenir en équilibre en en fixant le
point milieu O; la barre restera alors
immobile sous l'action des poussées

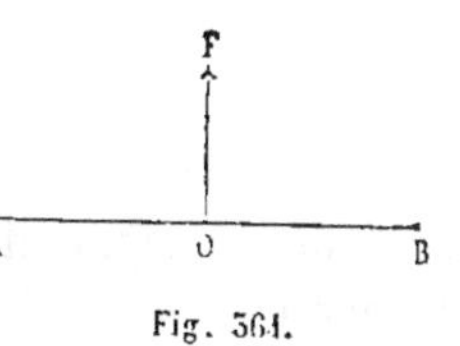

Fig. 561.

symétriques qu'elle subit de part et d'autre de ce point fixe.
On tient donc en équilibre le poids total $p \times AB$ qui pèse
sur la barre, en appliquant au milieu O, en sens contraire de la pesanteur, une force unique F, et cette force
doit être égale au poids total; car on peut regarder comme
un axiome, ou au moins comme un fait d'expérience, que *le
poids total d'un système matériel ne change pas quand on ne
fait que grouper d'une autre manière les parties qui le composent.* Ici nous rassemblons pour ainsi dire au point O toute

la charge répartie uniformément de A en B, et nous équili-
brons cette charge totale par une force égale et contraire,
$F = p \times AB$.

Réciproquement, à une force donnée F, appliquée en un
point O quelconque d'un solide, on peut substituer, soit réellement, soit fictivement, sans troubler l'équilibre, une force
également répartie, à raison de $\dfrac{F}{AB}$ unités de force par unité
de longueur, le long d'une droite AB, menée dans le solide
perpendiculairement à la direction de F, et telle que le point
d'application O soit le milieu de la droite AB.

580. La condition d'équilibre du levier se déduit de cette
simple remarque.

Soient P et Q deux forces données, parallèles, appliquées
aux points A et B d'un
système invariable, que
nous pouvons réduire par
la pensée à la barre ri-
gide AB qui unit ces
deux points. Cherchons
quel est le point O de
cette barre qu'il faut fixer
pour équilibrer à la fois
les deux forces P et Q. Pour cela divisons la droite AB au point
M en deux segments AM, MB, proportionnels aux forces
adjacentes ; il suffit pour cela de mener BQ' égal et contraire à BQ, et de joindre PQ' ; cette droite PQ' coupe AB au
point cherché. Prenons ensuite sur la barre prolongée dans
les deux sens des longueurs $AM' = AM$ et $BM'' = BM$; nous
supposerons que les segments additionnels AM', BM'' sont
réunis invariablement au système donné.

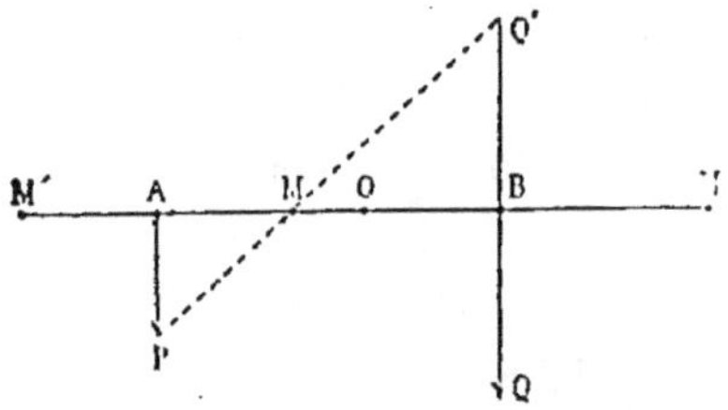

Cela posé, à la force P substituons une charge $\dfrac{P}{MM'}$ également répartie par unité de longueur sur tout le tronçon MM',
et à la force Q, une charge $\dfrac{Q}{MM''}$ également répartie par unité

de longueur sur tout le tronçon MM″. La répartition de la
charge sera la même du point M′ au point M″, car on a les
égalités

$$\frac{P}{MM'} = \frac{P}{2\,AM} = \frac{Q}{2\,BM} = \frac{Q}{MM''}.$$

Nous avons donc ramené les deux forces P et Q, sans troubler les conditions d'équilibre, à une charge uniforme du
point M′ au point M″ appliquée à la barre rigide M′M″; par conséquent l'équilibre sera assuré si l'on fixe le point O, milieu
de cette barre, et ce point aura à développer un effort égal à
la totalité de la charge, c'est-à-dire à P + Q.

Au lieu de construire ainsi le point O, en prenant le milieu
de la droite M′M″, observons que cette droite est double de la
droite AB, et que par conséquent OM′ est égal à AB; retranchant de part et d'autre les tronçons égaux AM′ = AM, il
vient

$$AO = MB.$$

Donc, pour obtenir le point O, il suffit de renverser bout pour
bout la division de la droite AB au point M, ou encore de partager la droite AB en deux segments AO, BO, inversement proportionnels aux forces adjacentes P et Q. On arrive ainsi très
directement à la règle de la composition des forces parallèles.
Les forces parallèles P et Q, agissant dans le même sens, ont une
résultante égale à leur somme P + Q, appliquée au point O
défini sur la droite AB par la proportion

$$\frac{P}{Q} = \frac{OB}{AO},$$

ou encore par l'*équation des moments*

$$P \times AO = Q \times OB.$$

384. Il est facile d'étendre le résultat ainsi obtenu à la
composition des forces concourantes, en considérant d'abord
l'équilibre du *levier coudé*.

Soit AOB un levier coudé, mobile autour du point O, et sollicité aux points A et B par deux forces P et Q, normales aux deux bras OA et OB, ces deux forces étant situées dans le plan de l'angle AOB. On demande la condition d'équilibre.

Prolongeons AO jusqu'en C, à une distance OC = OB ; au

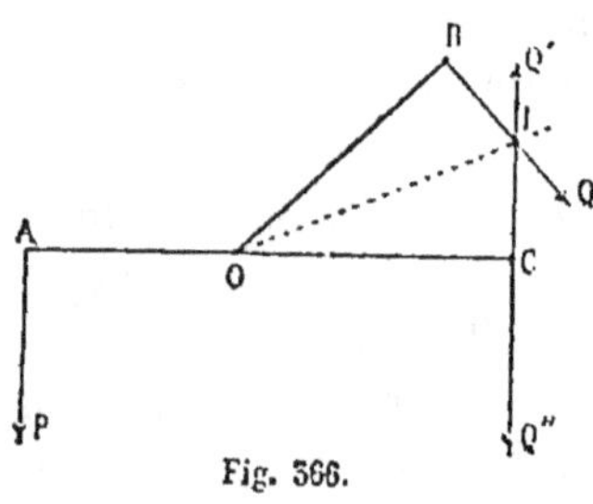

Fig. 366.

point C, invariablement lié au levier, appliquons deux forces Q′ et Q″, égales et opposées, normales à OC, situées dans le plan de la figure, et enfin égales à Q. Les deux forces égales Q et Q′ ont un point commun I, qui appartient à la bissectrice commune aux angles BOC et QIQ′. On peut supposer les forces appliquées en ce point I ; elles s'y composent en une force unique, qui, en vertu de la symétrie, est dirigée suivant cette droite OI. Elle charge donc directement le point fixe O, et ne contribue pas à modifier les conditions d'équilibre du système. Il reste à s'assurer de l'équilibre des forces P et Q″ appliquées au levier droit AC, ce qui ramène à l'équation des moments

$$P \times AO = Q'' \times OC,$$

ou bien

$$P \times AO = Q \times OB,$$

puisque Q est égal à Q″ et OC à OB, d'après la construction de la figure. Donc l'équilibre des P et Q s'exprime encore par l'équation des moments, comme si les forces étaient parallèles.

582. Arrivons enfin à la démonstration du *parallélogramme des forces*.

Soient P = OA, Q = OB deux forces appliquées en un même point O, faisant partie d'un système invariable (fig. 367). Prenons le milieu I de la droite AB qui joint les extrémités des forces P et Q. Je dis qu'en fixant ce point les deux forces P et Q seront tenues en équilibre.

Abaissons en effet du point I sur les directions des forces P et Q les perpendiculaires IK et IL, et considérons le levier coudé KIL, mobile autour du point I, et sollicité en K et en L par les forces P et Q. La condition d'équilibre sera

$$P \times IK = Q \times IL,$$

ou bien

$$OA \times IK = OB \times IL,$$

égalité évidente, car chacun des produits indiqués mesure le double de la surface des triangles AOI, BOI, qui sont équivalents, puisqu'ils ont des bases égales AI = IB, et pour hauteur commune la distance du point

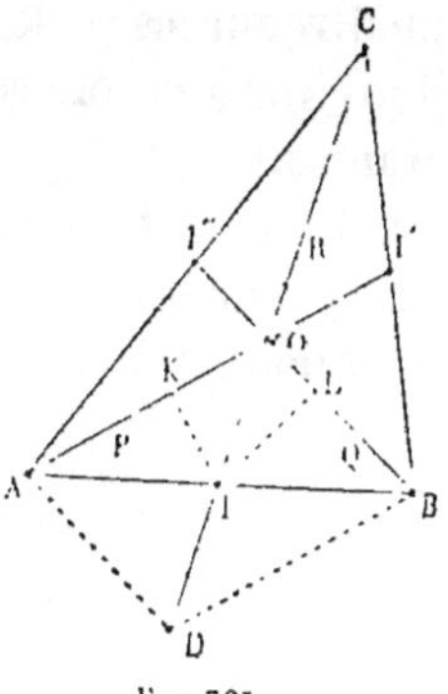

Fig. 367.

O à la droite AB. Le point I est donc situé sur la résultante des forces P et Q. Appelons R la grandeur encore inconnue de cette résultante; appliquons au point O, dans le prolongement OC de la droite OI, une force OC = R, qui tiendra en équilibre les deux forces P et Q. Les trois forces P, Q, R se faisant équilibre, chacune est égale et contraire à la résultante des deux autres, et par suite, en y appliquant la remarque qui vient d'être démontrée, la force P passe par le point I', milieu de la droite BC, et la force Q par le point I″, milieu de la droite AC. Donc enfin les trois forces P, Q, R ont pour directions les médianes AI', BI″, CI, du triangle ABC qu'on obtient en joignant leurs extrémités. Il en résulte que R = OC est double de OI. Si donc on prolonge OI d'une quantité ID = OI, la droite OD représentera en grandeur et en direction la résultante des forces OA = P et OB = Q. La construction revient à achever le parallélogramme OADB, et à mener la diagonale OD. La démonstration déduit, comme on le voit, la règle du parallélogramme des forces du théorème du § 28, cas particulier du théorème du § 218, théorème qui se rattache à la condition d'équilibre du levier.

585. *Remarque*. Considérons un point matériel M, sollicité par n forces données en grandeur et en direction MF, MF', MF"... On demande la résultante MR de toutes ces forces. Sans rien connaître sur les règles de la composition des forces, on pourrait arriver à découvrir cette règle à l'aide des observations suivantes.

Par le point M menons trois axes arbitraires, MX, MY, MZ, et rapportons à ces trois axes les extrémités F, F', F"..., des droites données, ainsi que l'extrémité R de la droite cherchée. Soient

$$x, \ y, \ z, \ \text{les coordonnées du point F},$$
$$x', \ y', \ z', \qquad - \qquad - \quad \text{F}',$$
$$x'', \ y'', \ z'', \qquad - \qquad - \quad \text{F}''$$
$$\cdots\cdots\cdots\cdots\cdots\cdots$$
$$\text{et } X, \ Y, \ Z \text{ celles du point R}.$$

Les quantités inconnues X, Y, Z devront être exprimées par des fonctions des données $x, y, z, x', y', z', x'', y'', z''$,.... lesquelles fonctions devront avoir certains caractères qui permettent d'en deviner la forme :

1° Elles s'annulent lorsque les quantités x, y, z, x', y', z',.... s'annulent toutes à la fois ;

2° Si l'on a à la fois $x' = o, \ y' = o, \ z' = o, \ x'' = o, \ y'' = o, z'' = o$,... pour $n-1$ forces, on a aussi $X = x, \ Y = y, \ Z = z$;

3° Toutes les forces devant entrer de la même manière dans la composition de la résultante, X, Y, Z sont des fonctions symétriques de x, y, z, x', y', z',... ;

4° Les fonctions X, Y, Z doivent être telles, qu'un changement quelconque des axes, sans changement des composantes, n'entraîne aucun changement dans la résultante R ;

5° On peut ajouter que si F, F',... augmentent ou diminuent dans un certain rapport, sans changement de directions, R augmente ou diminue dans le même rapport.

Il y a sans doute une infinité de manières de satisfaire à ces conditions ; mais parmi ces manières la plus simple consiste à exprimer X, Y, Z par la somme algébrique des coordonnées de même nom relatives aux composantes, c'est-à-dire à poser

$$X = x + x' + x''\ldots,$$
$$Y = y + y' + y''\ldots,$$
$$Z = z + z' + z''\ldots,$$

ce qui revient à dire que la résultante R est la *somme géométrique* (§ 27) des composantes F, F'..... On retrouve aussi directement sous cette forme le théorème du § 219.

PROPRIÉTÉS GÉOMÉTRIQUES DU LIEU DES CENTRES DE GRAVITÉ DES ARCS DE CERCLE (§§ 184 ET SUIVANTS).

584. La méthode indiquée § 186, 1°, pour passer du centre de gravité G de l'arc AB au centre de gravité G' d'un arc AI moitié moindre (fig. 165), permet de construire, avec autant d'approximation qu'on le voudra, un triangle équivalent à un secteur circulaire, et une droite égale en longueur à un arc de cercle.

1° Soit G le centre de gravité de l'arc AB, dont le centre est en O. Du point O comme centre avec OG pour rayon, décrivons un arc de cercle GH. Je dis que le secteur OGH est équivalent au

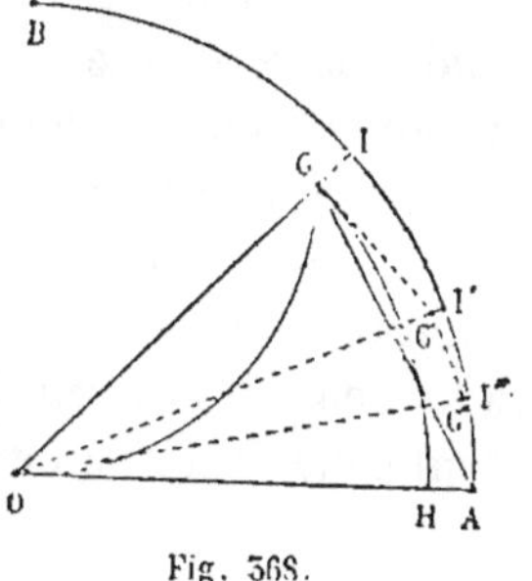

Fig. 368.

triangle OGA.

En effet, soit OA $= a$, angle GOA $= \theta$. On aura

$$OG = a\,\frac{\text{Sin }\theta}{\theta}.$$

Donc le secteur OGH a pour mesure

$$\frac{1}{2}\,\theta \times \overline{OG}^2 = \frac{1}{2}\,a^2\,\frac{\text{Sin}^2\,\theta}{\theta},$$

et le triangle OGA a pour mesure

$$\frac{1}{2}\, OG \times OA\, \mathrm{Sin}\,\theta = \frac{1}{2}\, a\, \frac{\mathrm{Sin}\,\theta}{\theta} \times a\, \mathrm{Sin}\,\theta = \frac{1}{2}\, a^2\, \frac{\mathrm{Sin}^2\,\theta}{\theta},$$

ce qui démontre le théorème.

Etant donné le secteur circulaire GOH, on pourra donc trouver le côté OA du triangle équivalent GOA, en élevant en G une perpendiculaire sur OG, jusqu'à la rencontre en G' avec le rayon bissecteur OI'; en G' une perpendiculaire sur OG', jusqu'à la rencontre en G" avec la bissectrice OG", et ainsi de suite, la série des points G, G', G",... formant les centres de gravité des arcs sous-doubles AB, AI, AI',... et aboutissant par conséquent au point A, centre de gravité de l'arc infiniment petit qui commence en ce point. Lorsqu'on approche du point A, les longueurs OG_n ne diffèrent pas sensiblement du rayon OA, et on peut achever d'un seul coup la construction en décrivant un arc de cercle du point O comme centre avec OG_n pour rayon. Cet arc se confond sensiblement avec la perpendiculaire élevée à l'extrémité de OG_n, et il fait connaître le point A avec une approximation qu'on peut pousser aussi loin qu'on le voudra.

2° La même construction appliquée à l'arc OG, égal au rayon OA, fait connaître le développement OA de cet arc sur sa tangente à l'extrémité O. Il est aisé de démontrer directement cette construction par la géométrie élémentaire.

CENTRE DE GRAVITÉ DE MASSES PLACÉES AUX SOMMETS D'UN TRIANGLE.

385. Si l'on place des poids égaux aux sommets d'un triangle ABC, le centre de gravité de ces poids coïncide avec le centre de gravité du triangle lui-même, c'est-à-dire avec le point commun aux trois médianes (§ 198). Si les poids placés aux sommets A, B, C sont proportionnels aux côtés opposés a, b, c, le centre de gravité est au point de concours

des trois bissectrices, c'est-à-dire au centre du cercle inscrit dans le triangle (§ 224).

On peut se demander quels poids il faudrait placer aux sommets A, B, C, pour amener leur centre de gravité en d'autres points, tels que le point de concours des trois hauteurs, ou le centre du cercle circonscrit.

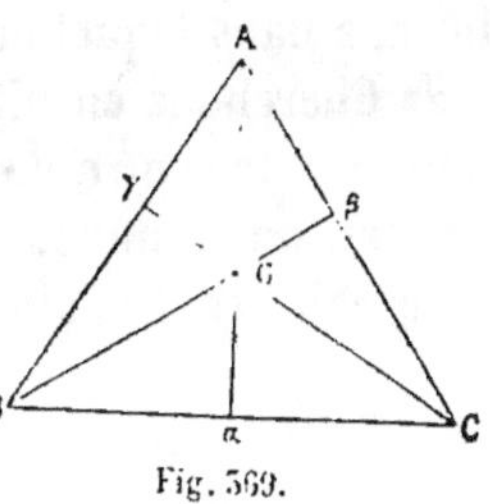
Fig. 569.

1° Soient A, B, C les poids cherchés, dont le centre de gravité est au point G où se coupent les hauteurs $A\alpha$, $B\beta$, $C\gamma$.

Si l'on compose les poids B et C, la résultante devra être appliquée au point α; car il faut qu'en la composant avec le poids A, on obtienne le point G pour le centre de gravité général. On a donc l'équation

$$\frac{B}{C} = \frac{C\alpha}{B\alpha}.$$

Mais les segments $B\alpha$, $C\alpha$ sont respectivement égaux à $c\,\mathrm{Cos}\,B$, $b\,\mathrm{Cos}\,C$, a, b, c désignant ici les côtés, et A, B, C les angles du triangle donné.

Donc

$$\frac{B}{C} = \frac{b\,\mathrm{Cos}\,C}{c\,\mathrm{Cos}\,B} = \frac{\mathrm{Sin}\,B}{\mathrm{Sin}\,C} \times \frac{\mathrm{Cos}\,C}{\mathrm{Cos}\,B} = \frac{\mathrm{Tang}\,B}{\mathrm{Tang}\,C}.$$

On aurait de même

$$\frac{C}{A} = \frac{\mathrm{Tang}\,C}{\mathrm{Tang}\,A},$$
$$\frac{A}{B} = \frac{\mathrm{Tang}\,A}{\mathrm{Tang}\,B}.$$

Il suffit par conséquent de prendre les poids A, B, C proportionnels aux tangentes trigonométriques des angles du triangle.

Si l'un des angles A est droit, la tangente est infinie; le centre de gravité coïncide avec le sommet de l'angle droit, les deux autres poids devant être négligés vis-à-vis du poids infini tang A.

Si l'un des angles A est obtus, le poids correspondant est négatif. La pesanteur doit agir au point A en sens contraire du sens dans lequel elle agit aux points B et C.

2° Cherchons ensuite quels poids il faut placer en A, B, C, pour que le centre de gravité soit au centre O du cercle circonscrit au triangle.

Ce point est le point de concours des hauteurs du triangle KLM, qui a pour sommets les milieux des côtés du triangle donné, et qui a les mêmes angles que ce triangle. Par conséquent il suffit, pour amener le centre de gravité en O, de placer au milieu de chaque côté un poids égal à la tangente trigonométrique de l'angle opposé, tang A en K, tang B en L, tang C en M. Appelons A, B et C des poids appliqués aux points A, B, C et tels que le centre de gravité soit aussi en O. Il suffira pour les trouver de décomposer chacun des poids placés en K, L, M en deux poids égaux, appliqués aux extrémités du côté correspondant. On aura en définitive, en réunissant les deux poids appliqués en un même point,

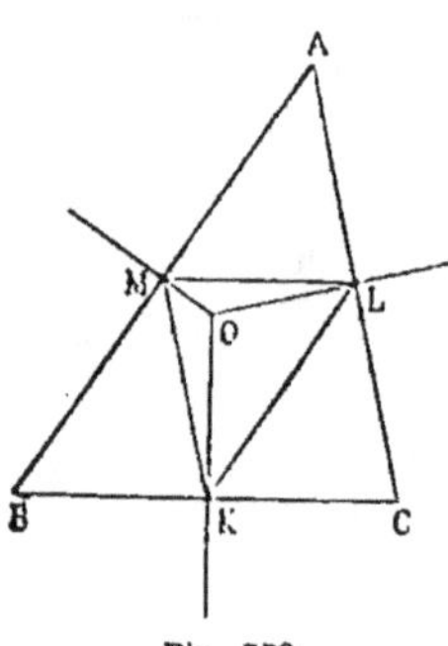

Fig. 370.

$$A = \frac{1}{2}(\text{Tang } B + \text{Tang } C),$$

$$B = \frac{1}{2}(\text{Tang } C + \text{Tang } A),$$

$$C = \frac{1}{2}(\text{Tang } A + \text{Tang } B).$$

On peut supprimer le coefficient $\frac{1}{2}$, puisqu'on ne cherche ici que des rapports, et on voit qu'il suffit de placer aux sommets des poids proportionnels aux sommes des tangentes trigonométriques des deux angles opposés.

Appliquée au triangle rectangle, la construction fait retrouver le milieu de l'hypoténuse pour centre du cercle circonscrit.

Ces exemples montrent qu'on peut être amené à considérer en statique des *poids négatifs*, ou des *masses négatives*. Si, par exemple, on place aux sommets d'un triangle ABC des poids proportionnels aux côtés opposés, mais *en prenant négativement un de ces côtés*, le centre de gravité général sera le centre du cercle ex-inscrit au triangle, qui touche le côté pris négativement et les prolongements des côtés positifs.

586. Les mêmes recherches peuvent être étendues au tétraèdre dans l'espace. On peut chercher quels poids il faut placer aux quatre sommets d'un tétraèdre pour que le centre de gravité soit en un point donné. Si les masses sont égales, leur centre de gravité coïncide avec celui du tétraèdre considéré comme un solide homogène. Pour que le centre de gravité des quatre poids tombe au centre de la sphère inscrite, il faut et il suffit que les quatre poids soient respectivement proportionnels ou égaux aux aires des faces opposées. Car si l'on appelle A, B, C, D les poids placés aux points de même nom, r le rayon de la sphère inscrite et h, h', h'', h''' les quatre hauteurs, le théorème des moments, pris successivement par rapport aux quatre faces, donne les égalités

$$(A + B + C + D)\, r = A\, h = B\, h' = C\, h'' = D\, h''',$$

auxquelles on satisfait en posant

$$A = A', \quad B = B', \quad C = C', \quad D = D',$$

A', B', C', D', désignant les aires des faces opposées aux angles solides A, B, C, D.

Si l'on prend négativement un des poids, le poids A par exemple, on aura pour centre de gravité général le centre de la sphère ex-inscrite qui touche la face A' et les trois autres faces prolongées. Comme on peut prendre négativement les quatre poids successivement, on obtient quatre sphères ex-inscrites touchant respectivement chacune des quatre faces, et les prolongements des trois autres.

On peut prendre encore négativement deux poids sur quatre, ce qui peut se faire de six manières, puisqu'il y a six combinaisons de quatre objets deux à deux. Mais ces six manières se groupent deux à deux en hypothèses identiques. En effet, deux combinaisons qui ne diffèrent que par le changement de signes des quatre poids qui la composent, ne sont pas distinctes l'une de l'autre, et s'échangent l'une dans l'autre en faisant une convention convenable sur le signe des moments. Par conséquent, les six combinaisons obtenues en prenant négativement deux des poids sur quatre se réduisent en réalité à moitié, et ne donnent que trois sphères nouvelles ex-inscrites, tangentes aux quatre faces prolongées.

La combinaison qui consisterait à faire négatifs trois poids sur quatre, est identique à celle qui consiste à prendre négativement un seul poids, les autres étant regardés comme positifs, et ne fait rien connaître de nouveau.

En résumé, la recherche des centres de gravité des poids

$$\pm A', \pm B', \pm C', \pm D',$$

placés respectivement aux sommets

$$A, \quad B, \quad C, \quad D$$

du tétraèdre, fait connaître huit sphères tangentes à la fois aux plans des quatre faces, et montre qu'il n'y en a pas plus de huit.

387. Les quatre hauteurs d'un tétraèdre ne concourent pas en général en un même point. Pour s'en assurer, il suffit de considérer un angle dièdre formé de deux plans P et Q qui se coupent suivant une droite (a). Si l'on prend au hasard deux points A et B, l'un dans le plan P, l'autre dans le plan Q, et que de ces points on abaisse sur l'autre plan les perpendicu-

laires Az, B3, ces deux droites se croiseront en général dans l'espace sans se rencontrer. Or elles forment deux des hauteurs de tout tétraèdre ayant deux de ses sommets aux points A et B, les deux autres étant situés comme on voudra sur la droite (a), intersection des plans P et Q.

SUR LA MÉTHODE GRAPHIQUE POUR LA DÉTERMINATION DU CENTRE DE GRAVITÉ D'UNE AIRE PLANE. (§ 205).

388. On trouvera dans les comptes rendus de l'*Association française pour l'avancement des sciences, Congrès de Lille,* année 1874. p. 1193, une méthode graphique qui permet de ramener à la quadrature d'aires planes, par des constructions très simples, la recherche d'une intégrale double de la forme

$$\int\int x^m y^n \, dxdy,$$

étendue à tous les éléments superficiels compris dans un contour donné ; x et y sont des coordonnées rectangulaires, et m et n des exposants entiers, positifs ou négatifs, mais non pas tous deux égaux à —1.

ÉQUILIBRE D'UN POLYÈDRE (§§ 231 et 232).

389. On a démontré dans les §§ 231 et 232 qu'un polyèdre soumis à des forces normales à ses faces, proportionnelles aux faces, et appliquées en leurs centres de gravité, est en équilibre. M. Lalanne a fait connaître en 1877 une démonstration directe de cette proposition.

Soit A une face du polyèdre, a son centre de gravité, F la force normale appliquée en a et proportionnelle à A ; nous supposerons la force dirigée vers l'intérieur du polyèdre. Prenons trois axes rectangulaires, et décomposons la force F en ses trois composantes X, Y, Z parallèles à ces trois axes. L'angle de F avec l'axe OX est égal à l'angle de la face A avec le plan ZOY. Projetons le polyèdre sur ce plan ; la face A s'y projettera suivant un polygone A', et le centre de gravité a de la face A aura pour projection le centre de gravité a' du polygone A'. La composante X peut être considérée comme appliquée en ce point. Opérant de même pour toutes les faces comprises d'un même côté du contour apparent du polyèdre projeté sur le plan YOZ, on est amené à composer toutes les forces X correspondantes, appliquées aux points a', et proportionnelles aux aires des polygones A', dont ces points a' sont les centres de gravité ; la résultante R est proportionnelle à la projection du contour apparent total, et appliquée au centre de gravité de ce contour projeté sur le plan YOZ. La même composition peut se faire pour les faces du polyèdre situées de l'autre côté du contour apparent, et elle conduit à une résultante —R, égale et contraire à R, et appliquée au centre de gravité de la projection totale. Donc les forces X appliquées à toutes les faces se font équilibre.

Il en est de même séparément pour l'ensemble des forces Y, et pour l'ensemble des forces Z ; par suite l'équilibre est assuré pour l'ensemble des forces F.

Cette démonstration a l'avantage d'être rapide, et de ne pas exiger que l'on considère à part l'équilibre du tétraèdre. Toutefois elle suppose que le polyèdre est convexe ; autrement elle perd un peu de son évidence. Admise du reste pour un polyèdre convexe, la proposition s'étend sans difficulté à un polyèdre, ou même à un solide de forme quelconque.

MOUVEMENT PERMANENT D'UN FIL HOMOGÈNE.

390. Par *mouvement permanent d'un fil*, nous entendons le mouvement d'un fil qui glisse sans changer de forme dans sa propre direction, chaque élément ds venant prendre la place

de l'élément égal qui y fait suite. Nous supposerons que le fil soit homogène, c'est-à-dire de poids constant par unité de longueur, et qu'il soit soumis sur chaque élément ds à une force Fds, du même ordre de grandeur que l'élément lui-même ; en outre que les forces F soient connues en grandeur et en direction pour tous les points de la courbe continue dessinée par le fil.

Cela posé, nous allons démontrer que la forme d'équilibre du fil en repos sous l'action des forces F, convient aussi au mouvement du fil dans sa propre direction, avec une vitesse v constante.

Pour fixer les idées, nous supposerons que le fil dessine une courbe fermée AB, à la façon d'un cable télo-dynamique. Cette courbe étant, par hypothèse, la courbe d'équilibre du fil sous l'action des forces Fds qui sont appliquées à chaque élément, imaginons un déplacement virtuel du fil le long de sa propre direction, chaque élément $ds = MM'$ prenant la place de

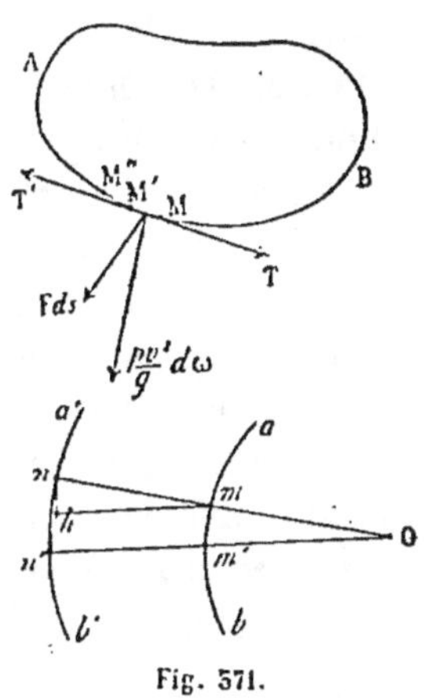

Fig. 571.

l'élément suivant M'M″. L'équilibre ayant lieu, la somme des travaux virtuels des forces est nulle, et, puisque le déplacement δs est commun à tous les points, on a l'équation

$$\delta s . \Sigma \, F \, ds \, \mathrm{Cos} \, \mu = 0,$$

μ étant l'angle de la force Fds avec la direction MM' du déplacement, et la somme Σ étant étendue à tout l'ensemble du fil.

Dans le mouvement permanent tel qu'il a été défini, chaque élément MM' prend dans le temps dt la place de l'élément égal M'M″ ; la vitesse $v = \dfrac{ds}{dt}$ est donc la même à l'instant t pour tous les points du fil ; je dis de plus qu'elle est constante, c'est-à-dire qu'elle est la même à l'époque t et à l'époque $t+dt$.

Le théorème des forces vives, qu'on établira en dynamique, démontre immédiatement cette proposition. En effet suivons le fil en mouvement pendant l'intervalle de temps dt. Le travail réel des forces F dans ce mouvement est identique au travail virtuel que nous considérions tout à l'heure, et s'exprime par le produit du chemin ds par la somme algébrique $\Sigma\, \mathrm{F}\cos\mu.ds$ des composantes tangentielles des forces. Le travail étant nul, la somme des forces vives reste constante. Il en est de même par conséquent de la vitesse v, qui est commune à tous les points.

Ainsi la vitesse v reste constante à toute époque, ce qui revient à dire que le mouvement permanent d'un fil est en même temps un mouvement uniforme.

591. Nous nous appuierons pour achever la démonstration sur un autre théorème de dynamique, celui de d'Alembert, qui ramène tout problème de mouvement d'un système matériel à un problème d'équilibre, moyennant l'adjonction des *forces d'inertie* aux forces réellement appliquées à ce système. La force d'inertie a en général deux composantes, l'une tangentielle, et égale à $-m\dfrac{dv}{dt}$, l'autre dirigée suivant le prolongement du rayon de courbure, et égale à $m\dfrac{v^2}{\rho}$; m représente la masse du point mobile, ou le rapport $\dfrac{\mathrm{P}}{g}$ de son poids P à l'accélération g due à la pesanteur, et ρ le rayon de courbure de la trajectoire. Dans le cas présent la première composante est nulle, puisque la vitesse ne varie pas avec le temps. Il reste la composante centrifuge, qui pour l'élément $\mathrm{MM'}=ds$ est égale à $\dfrac{pds}{g}\times\dfrac{v^2}{\rho}$, p désignant le poids de l'unité de longueur du fil, et ρ le rayon de courbure de la courbe funiculaire. On peut substituer à $\dfrac{ds}{\rho}$ l'angle $d\omega$ de contingence. En résu-

mé, le fil en mouvement permanent conservera la même forme dans le mouvement que dans le repos, moyennant qu'à chaque force Fds on adjoigne une force $\dfrac{pv^2}{g}d\omega$, appliquée normalement au fil, suivant le prolongement de son rayon de courbure. Il est facile de reconnaître que ces forces normales sont équilibrées par un excès de tension du fil, sans qu'on ait besoin de rien changer à sa forme. Soient T et T' les valeurs des tensions aux deux bouts de l'élément MM' lorsque le fil est en repos. Construisons l'indicatrice : pour cela par un point O quelconque, menons des droites Om, Om' parallèles aux tensions : on sait que l'élément de l'indicatrice mm', qui complète le triangle Omm', est égal et parallèle à la force Fds qui sollicite l'élément correspondant MM' de fil. Supposons que dans le fil les tensions T augmentent toutes à la fois d'une même quantité Θ ; et cherchons comment il faut modifier les forces Fds pour que le fil conserve sa forme d'équilibre. La courbe ab se transformera dans une nouvelle courbe $a'b'$, qu'on obtiendra en prolongeant de la quantité constante Θ tous les rayons vecteurs, et les éléments nn' de la nouvelle indicatrice donneront les nouvelles valeurs et les nouvelles directions des forces. Mais menons par le point m une droite mh égale et parallèle à $m'n'$, et joignons hn, hn'. Nous aurons $hn' = mm'$, et $nh = mn \times$ angle $nmh = \Theta \times d\omega$, puisque l'angle nmh, égal à l'angle mOm', est l'angle de contingence de la courbe funiculaire. La force nn' peut être regardée comme la résultante de deux forces, dont l'une hn' n'est autre que la force Fds, et l'autre $\Theta d\omega$ est parallèle à la normale principale de la courbe funiculaire, prolongée vers l'extérieur. On peut prendre Θ égal à $\dfrac{pv^2}{g}$; alors la nouvelle force nn' est la résultante de la force donnée Fds et de la force d'inertie centrifuge $\dfrac{pv^2}{g}d\omega$, et la nouvelle indicatrice $a'b'$ correspond à la même courbe funiculaire, sauf l'augmentation uniforme des tensions : de sorte que les conditions de l'équilibre sont satisfaites pour le fil à l'état de mouvement comme pour le fil en repos, moyennant que les tensions augmentent toutes d'une même quantité,

$$\frac{pv^2}{g}.$$

592. Cette proposition sur le mouvement permanent des lignes funiculaires a été démontrée pour la première fois par M. Resal pour la chaînette, et étendue à toutes les courbes funiculaires par M. Léauté dans ses recherches sur les câbles télo-dynamiques (¹). Dans le cas d'une courbe non fermée, comme la chaînette, le théorème s'applique encore si l'on considère un fil indéfini, dont une portion seule aurait été animée d'un mouvement uniforme en suivant la chaînette entre deux points situés au même niveau; autrement le travail de la pesanteur ne serait pas nul sur la portion du fil en mouvement, ce qui est essentiel pour que la vitesse reste constante.

Dans les cables télo-dynamiques, les deux brins en mouvement dessinent des chaînettes de paramètres différents, puisque la tension n'est pas la même dans les deux; mais le mouvement permanent n'est qu'une solution moyenne, pour ainsi dire, du problème du mouvement du câble; il se complique d'une série d'oscillations autour de la forme moyenne d'équilibre, qui dépendent des conditions initiales : ces oscillations altèrent les positions des points de contact du câble avec les tambours qui le soutiennent. La question des oscillations, qui rentre dans le problème du mouvement général d'un fil, est traitée avec beaucoup de succès par M. Léauté dans un mémoire inséré au *Journal de l'École polytechnique* (L^e cahier, tome XXXI, 1881).

SUBSTITUTION APPROXIMATIVE D'UNE FONCTION LINÉAIRE A UN RADICAL
CARRÉ DE LA FORME $\sqrt{x^2 - y^2}$.

593. On connait la substitution approximative donnée par Poncelet d'une fonction linéaire $Mx + Ny$ à un radical carré

______
(¹) *Comptes rendus de l'Académie des sciences*, 10 nov. 1879, 1880, p. 290, 354, 498, 587, etc.

de la forme $\sqrt{x^2 + y^2}$ (§ 275). M. Léanté [1] a montré que la même solution s'étendait au radical $\sqrt{x^2 - y^2}$, qu'on peut représenter par la formule linéaire $Mx - Ny$, en remplaçant les sinus et cosinus circulaires de la formule de Poncelet par des sinus et cosinus hyperboliques. Si l'on appelle α et β deux arcs tels que leurs tangentes hyperboliques soient égales aux valeurs extrêmes du rapport $\dfrac{y}{x}$, on aura l'égalité approximative

$$\sqrt{x^2 - y^2} = \frac{2\,\mathrm{Cos\,hyp.}\,\dfrac{\alpha + \beta}{2}}{\left(\mathrm{Cos\,hyp.}\,\dfrac{\alpha - \beta}{4}\right)^2}\,x - \frac{2\,\mathrm{Sin\,hyp.}\,\dfrac{\alpha + \beta}{2}}{\left(\mathrm{Cos\,hyp.}\,\dfrac{\alpha - \beta}{4}\right)^2}\,y,$$

avec une erreur moindre que

$$\left(\mathrm{Tang\,hyp.}\,\frac{\alpha - \beta}{4}\right)^2.$$

La méthode consiste dans les deux cas à tracer la courbe dont l'équation est $x^2 \pm y^2 = 1$, pour n'avoir à comparer entre elles que les erreurs relatives; à marquer les deux points extrêmes qui correspondent aux limites données du rapport $\dfrac{y}{x}$, à tracer la corde qui joint ces deux points, à mener à l'arc qu'elle sous-tend une tangente parallèle à cette corde, et enfin à tracer une droite à égale distance de la corde et de la tangente : ce sera la droite cherchée. On voit tout de suite que la substitution de cette droite à l'arc est plus près d'être exacte pour l'hyperbole, où la courbure va sans cesse en diminuant à mesure que le rapport $\dfrac{y}{x}$ augmente, que pour le cercle, où la courbure reste la même partout.

[1] *Bulletin de la Société mathématique de France*, t. VIII, n° 4.

SUR LA STATIQUE GRAPHIQUE.

594. On désigne par *statique graphique* un ensemble de méthodes réunies pour la première fois en un corps de doctrines par M. Culmann, de Zürich, et destinées à résoudre par des constructions graphiques les questions relatives à l'équilibre des systèmes matériels, notamment celles qui se rapportent à la construction. Deux méthodes principales peuvent être suivies pour l'exposition de cette doctrine : la première est la méthode géométrique, qui, à part un petit nombre de principes fondamentaux, tire les théorèmes de la statique des propriétés géométriques des figures; l'autre suppose la connaissance de la statique considérée comme science indépendante, et n'emploie la géométrie que comme un auxiliaire. La première méthode est celle qu'on suit dans les traités spéciaux : la statique graphique doit être précédée alors par l'exposition des théories de la *géométrie projective* et du *calcul par le trait*. La seconde convient mieux dans un ouvrage consacré exclusivement à la statique, lorsqu'on se propose seulement de faire voir comment les constructions graphiques se prêtent aux recherches que nous avons faites jusqu'ici par le calcul.

Les problèmes de statique comportent, en général, deux ou trois dimensions, suivant qu'on considère l'équilibre de figures dans le plan ou dans l'espace. Nous supposerons dans ce qui suit qu'il s'agisse uniquement du plan; dans ce cas l'application de la statique graphique donne lieu à des solutions d'une simplicité remarquable, et qui, presque toutes, dérivent de l'emploi du polygone funiculaire.

595. Étant données des forces F, F', F'',.... dans un plan, on peut les composer en imaginant un polygone funiculaire qui les tienne en équilibre. Pour cela on imaginera une force P arbitraire, que l'on composera avec la force donnée F; la

résultante R, prolongée s'il en est besoin, coupe F' en un certain point où l'on peut la supposer appliquée ; on composera en ce point R et F', ce qui donne une seconde résultante R', qu'on prolongera jusqu'à la rencontre de F''; on composera R avec F'', et ainsi de suite, jusqu'à ce qu'on ait épuisé de proche en proche toutes les forces données ; la dernière résultante, changée de sens, sera une force Q, qui fait équilibre aux forces P, F, F', F''.... Donc les deux forces P et Q, composées ensemble, ont une résultante égale et opposée à la résultante des forces F, F', F'',... c'est-à-dire à la résultante cherchée ; cette résultante passe donc au point où se rencontrent les directions P et Q. Le polygone de Varignon, construit à part, fait d'ailleurs connaître son intensité et son parallélisme, ce qui achève de la déterminer.

La première force P est tout à fait arbitraire. Si l'on refait la construction avec une autre force P', on aura un second polygone funiculaire qui tiendra les mêmes forces en équilibre. Cela posé on a le théorème suivant :

Quand deux polygones funiculaires tiennent en équilibre les mêmes forces, les points de concours des côtés homologues sont situés sur une seule et même droite.

Il suffit de démontrer la proposition pour trois côtés, elle s'étendra ensuite sans difficulté à un polygone d'autant de côtés qu'on voudra. Car soient $a, b, c, d,...$ les divers côtés du premier polygone, $a', b', c', d',..$ les côtés homologues du second. Ces deux polygones faisant équilibre aux mêmes forces, si la proposition est établie pour un contour polygonal de 5 côtés consécutifs, les côtés a et a', b et b', c et c', d'une part, les côtés b et b', c et c', d et d', de l'autre, se coupent mutuellement en trois points situés en ligne droite ; et ces deux droites n'en font qu'une, puisqu'elles passent toutes deux par les deux points de rencontre des côtés b et b', c et c'.

Démontrons donc le théorème pour les deux polygones funiculaires ABCD, AB'C'D, qui ont trois côtés chacun, et qui tiennent en équilibre deux forces F et F'. Les tensions T, T_1, T_2 et T', T'_1, T'_2 des trois côtés se détermineront facilement, soit au moyen du parallélogramme des forces, soit au moyen du polygone auxiliaire de Varignon MNP, construit en prenant pour centre le point H, s'il s'agit du polygone ABCD, et le

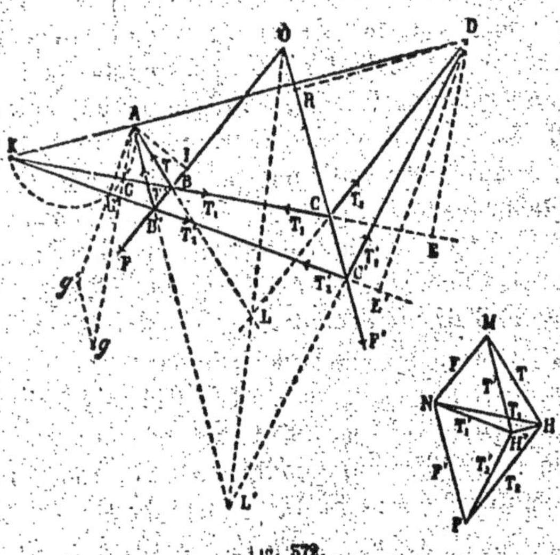

Fig. 572.

point H' s'il s'agit du polygone AB'C'D. Il s'agit de prouver que les trois points A, K et D de rencontre des côtés homologues sont en ligne droite. Nous n'aurons besoin pour cela que d'appliquer le théorème des moments.

Les trois forces T, F, T, d'une part, T', F, T', d'autre part, se faisant équilibre, prenons les moments de ces forces par rapport au point A, ce qui élimine T et T'. Du point A abaissons les perpendiculaires AI sur la direction de la force F, AG et AG' sur les directions des tensions T_1 et T'_1; il viendra les égalités

$$T_1 \times AG = F \times AI = T'_1 \times AG'.$$

De même si l'on abaisse du point D les perpendiculaires DR, DE, DE' sur les directions des forces F', T_1 et T'_1, on aura aussi

$$T_1 \times DE = F' \times DR = T'_1 \times DE'.$$

Divisons membre à membre ces deux égalités : on en déduit

$$\frac{AG}{DE} = \frac{AG'}{DE'}$$

Or soit K le point de rencontre du côté BC prolongé avec la droite AD, et K' le point de rencontre de la même droite avec le côté B'C'. On aura les proportions

$$\frac{AK}{DK} = \frac{AG}{DE'}$$

et

$$\frac{AK'}{DK'} = \frac{AG'}{DE'}.$$

Les deux seconds rapports étant égaux, il en est de même des deux premiers, et le point K' coïncide avec le point K. La proposition est donc démontrée.

Les deux forces T et T_2 d'une part, T' et T'_2 d'autre part, font équilibre à la résultante des deux forces F et F'; elles se coupent donc mutuellement en deux points L et L' qui appartiennent à cette résultante, c'est-à-dire à une droite passant par le point O où les deux directions F et F' se rencontrent. On voit qu'*étant données deux droites fixes* OB, OC, *et trois points* A, D, K *en ligne droite, si l'on mène la transversale* K B C, *et les droites* AB *et* DC, *le point de concours* L *de ces deux droites décrit une droite* OL *passant par le point* O. C'est le théorème de Desargues.

Les tensions T_1 et T'_1 sont déterminées par l'équation des moments, et l'on a

$$T_1 = \frac{F \times AI}{AG}. \qquad T_1' = \frac{F \times AI}{AG'},$$

ce qui montre que T_1, et T'_1 sont inversement proportionnelles aux distances AG, AG'. Prenons donc sur ces droites des longueurs Ag et Ag', réciproquement proportionnelles à AG et AG'. Nous obtiendrons des droites proportion-

nelles à T_1 et T'_1, et la droite gg' représentera, à la même
échelle, la force qu'il faut composer avec l'une des
tensions pour obtenir l'autre. Cette même force se trouve
représentée à une autre échelle dans le polygone auxiliaire
par le trait HH' : car la force HH', composée avec une force
$H'N = T'_1$, a pour résultante le troisième côté $HN = T_1$ du
triangle $HH'N$. Ce triangle est donc semblable au triangle
Agg'. On peut observer de plus que les côtés HN et NH' sont
respectivement perpendiculaires aux côtés homologues Ag et
Ag'. Donc le troisième côté gg' de l'un est aussi perpendiculaire au troisième côté HH' de l'autre. Mais gg' est perpendiculaire au diamètre AK du cercle qui passe par les quatre
points A, G, G', K ; car les points g et g' sont transformés des
points G et G' par rayons vecteurs réciproques, à partir d'un
point A de la circonférence. Donc enfin HH' est parallèle à AD.

596. La composition de forces parallèles situées dans un
plan se fait très aisément à l'aide du polygone funiculaire, et
par conséquent la recherche du centre de gravité d'un système de points donnés, tous situés dans un même plan, peut
se faire au moyen de deux polygones funiculaires, en donnant aux poids des points deux orientations communes successives. Remarquons que la méthode indiquée § 52 pour la
composition de deux forces parallèles P et Q, revient identiquement à l'emploi d'un polygone funiculaire ; ce polygone
a la forme $RAOB$ $(-R)$ (fig. 25) ; les deux forces additionnelles
R et $-R$ sont les tensions des côtés extrêmes, et au sommet O,
il faut imaginer une force $P + Q$, égale et contraire à la résultante des deux forces données.

Si, au lieu d'avoir à déterminer le centre de gravité d'un
ensemble de points situés dans le même plan, on voulait
trouver la somme Σpx^2 des produits de leurs poids par le carré
de leurs distances à une même droite, on pourrait ramener
le problème à la détermination d'un centre de gravité, en
commençant par transformer les points donnés ; posons en
effet

$$x^2 = ax',$$

a étant un coefficient constant arbitraire; cette transformation
pourra se faire géométriquement; à chaque point A d'abscisse x, correspondra un point A' d'abscisse x', et on aura,
en leur attribuant à tous deux le même poids p,

$$\Sigma\, px^2 = \Sigma\, p \times ax' = a\, \Sigma\, px'$$

La première somme s'exprime donc par le produit $a\,\Sigma px'$
qui est identique à $Pa\bar{x}'$, P étant le poids total du système,
et $\bar{x}'$ l'abscisse du centre de gravité des points A'.

Le même artifice pourrait être employé pour la somme
$\Sigma\, px^n$, n étant un nombre entier quelconque.

597. Nous allons résoudre quelques problèmes par la
méthode graphique; c'est
la meilleure manière d'en
donner une idée.

Nous prendrons pour
exemple l'équilibre de
systèmes formés de trian-
gles juxtaposés.

Soit d'abord un trian-
gle unique ABC, une ferme
de toiture, par exemple,
posée sur des appuis fixes
A et C; nous supposons
que les côtés AB et BC soient égaux, que le côté AC soit
horizontal et que la ferme soit chargée d'un poids P suspendu
au point B. Ce poids P se partage également entre les deux

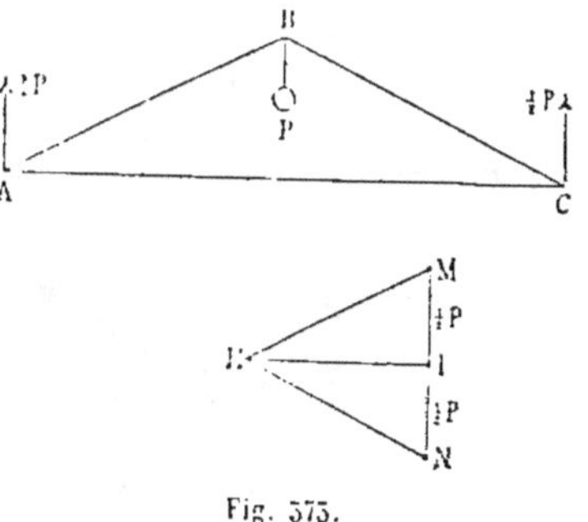

Fig. 573.

appuis A et C; décomposons la force $\dfrac{1}{2}$ P, réaction verticale
de l'appui A, suivant les directions AB et AC qui se réunissent
sur cet appui. Nous aurons la compression exercée au point A
sur l'arbalétrier AB, et l'extension exercée sur l'entrait AC dans
le sens CA. Au lieu de faire cette opération en A ou en C, il
est préférable de la faire sur une figure auxiliaire. Sur une
verticale MN, prise pour représenter le poids P, prenons

$MI = IN = \dfrac{1}{2} P$. Par le point M menons MH parallèle à AB, par le point N la droite NH parallèle à BC; enfin par le point I menons l'horizontale IH, parallèle à AC. Ces trois droites se couperont en un même point H, et la figure MHNI fera connaître toutes les forces que l'on a besoin de déterminer. En effet le triangle MIH est la moitié du parallélogramme que l'on obtiendrait en décomposant $\dfrac{1}{2} P$ suivant les directions AB et AC, et par conséquent IH est la tension de l'entrait, et HM la compression de l'arbalétrier AB. De même HN est la compression de l'arbalétrier BC.

598. Supposons en second lieu une ferme où l'entrait serait remplacé par une triangulation symétrique ; les deux arbalétriers sont les droites également inclinées 13 et 35 ; les tendeurs 12, 23, 24, 54, 45 soutiennent la construction, et empêchent les pieds 1 et 5 des arbalétriers de s'écarter sous l'action d'un poids P, placé au sommet 3. Les réactions des appuis 1

Fig. 574.

et 5 seront encore verticales et égales à $\dfrac{1}{2} P$. La construction de la figure auxiliaire donnera immédiatement les tensions cherchées.

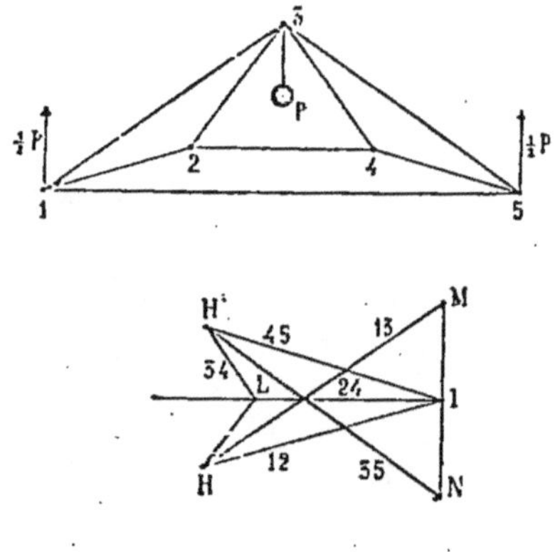

Sur une verticale MN prenons deux segments consécutifs égaux $MI = IN$, qui représenteront les réactions $\dfrac{1}{2} P$. Par le point M menons MH parallèle à 13 ; par le point I la droite IH parallèle à 12. Le triangle MHI sera identique à celui que l'on formerait en décomposant au point I la force $\dfrac{1}{2} P$ suivant les

les directions 13 et 12 ; par conséquent MII représente la compression de l'arbalétrier au point 1, et III la tension du tendeur 12, qui font équilibre à la réaction verticale $\frac{1}{2}$ P.

Le point 2 est en équilibre sous l'action des trois tendeurs 21, 24, 23 ; la tension de l'un deux est par conséquent égale et opposée à la résultante des deux autres. Menons par le point L une horizontale IL parallèle à 24, et par le point H une parallèle à 23. Le triangle IHL sera semblable à celui que l'on construirait en composant au point 2 les tensions des côtes 21, 23, pour trouver la tension du côté 24 qui tient en équilibre les deux premières. Or III représente à l'échelle des forces la tension de 12 ; donc IIL représente à la même échelle la tension de 23, et LI est la tension de 24, laquelle est égale en valeur absolue à la poussée horizontale qui s'exerce entre les deux arbalétriers au sommet 3. On achèvera la figure en menant LII', III', II'N parallèles respectivement à 34, à 45 et à 35 : ce qui revient à répéter les lignes déjà tracées, symétriquement par rapport à l'horizontale LI. Chaque ligne de la figure auxiliaire donne la tension ou la compression de l'élément parallèle de la figure principale.

Si l'on compare la figure principale et la figure auxiliaire, on reconnait qu'à chaque *nœud* de l'une correspond dans l'autre un polygone d'autant de côtés qu'il y a de branches réunies dans le nœud, en comprenant les forces extérieures parmi les branches ; ainsi aux *nœuds*

$$1, \quad 2, \quad 3, \quad 4, \quad 5,$$

de la figure donnée correspondent dans la figure auxiliaire les polygones

$$MII, \quad ILH, \quad MHLH'NM, \quad LH'I, \quad IH'N,$$

et aux *nœuds*

$$H, \quad L, \quad H',$$

de la figure auxiliaire correspondent dans la figure principale les polygones

$$125, \quad 254, \quad 545.$$

Cette mutualité des deux figures leur a fait donner le nom de *figures réciproques*. On peut observer aussi que les lignes des deux figures se correspondent deux à deux; mais que dans la figure auxiliaire elles représentent des forces, tandis que dans la figure principale elles représentent les barres matérielles qui subissent ces forces. Quant au sens dans lequel agissent les forces, il faut observer que la tension du tendeur 12 s'exerce dans le sens 1-2 au point 1, et dans le sens 2-1 au point 2; la force III représente aussi bien une force agissant dans le sens III que la réaction égale et contraire qui s'exerce dans le sens III. Si l'on décomposait sur place les forces appliquées à la ferme, il faudrait transporter du point 1 au point 2, par exemple, la tension du côté 12; la figure auxiliaire évite ce transport, et réduit le tracé des lignes cherchées au strict minimum.

599. Nous supposerons en troisième lieu que le poids total P soit également réparti en toute la portée de la ferme, qu'au point 2 on place une *jambe de force* 22', normale à l'arbalétrier 15, et qu'on fasse de même au point 4 pour l'arbalétrier 55. On obtiendra le type le plus simple des fermes Polonceau. La distribution des efforts dépendra de la répartition des pressions sur les trois appuis 1, 2', 5, qui supportent l'arbalétrier. Cette répartition dépend de l'élasticité de la pièce. Nous supposerons ici qu'on l'ait réglée de telle sorte, que l'appui central porte les $\frac{5}{8}$ de la composante normale du poids $\frac{P}{2}$ de l'arbalétrier, et que les deux appuis extrêmes n'en portent que $\frac{5}{16}$. C'est la répartition qui correspond à l'hypothèse d'une pièce homogène de section constante, reposant sur trois appuis de niveau équidistants.

Prenons sur une verticale une longueur MN pour représenter

le poids de la demi-ferme. Par le point M menons une parallèle MS à l'arbalétrier 13. De l'autre extrémité N abaissons NK perpendiculaire sur MS, et partageons cette droite NK, qui représente la composante normale du poids MN, en trois segments,

$$KL = MR = \frac{5}{16} KN. \qquad \text{et} \qquad LR = \frac{5}{8} KN.$$

Ces trois segments représenteront, à l'échelle des forces, les actions normales développées par hypothèse aux points 1,2' et 3 de l'arbalétrier. Pour déterminer les tensions des liens, il suffit de mener par le point R la droite RS parallèle à 12: elle coupe MS en un point S; la longueur MS représentera la compression de l'arbalétrier au point 1, et RS la tension du lien 12. Le polygone fermé MNRS montre qu'il y a équilibre au point 1 entre la compression de l'ar-

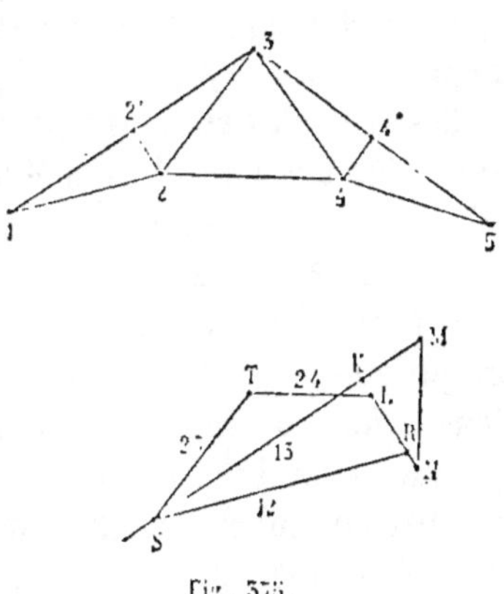

Fig. 373.

balétrier MS, la tension SR de la barre 12, la force MN, réaction verticale du mur, et enfin la force RN, réaction normale qui doit s'exercer sur l'arbalétrier. Le point 2 est en équilibre sous l'action des tensions 21, 23, 24, et de la compression de la jambe de force 22'; pour trouver ces forces, menons ST parallèle à 23 et LT parallèle à 24. Le quadrilatère LRST, dans lequel LR est la compression de 22', donne les tensions cherchées. Enfin au sommet 3 de l'arbalétrier correspond le quadrilatère KLTS : on voit que l'équilibre a lieu sur la moitié de la ferme entre la poussée horizontale égale à LT, la tension TS développée dans le côté 23, et les efforts développés dans l'arbalétrier au point 3, savoir l'effort normal égal à KL, et l'effort tangentiel, ou compression, égal à SK. Ce dernier effort n'est pas égal à la compression SM développée au pied de l'arbalétrier ; la différence est égale à la composante tangentielle du poids de la demi-ferme, représentée sur la figure par la longueur KM, projection du poids MN sur l'arbalétrier.

Si l'on supprimait la jambe de force 22', cela reviendrait à faire nul le tronçon intermédiaire LR de la droite KN, qui représente la compression de cette pièce, ou à réunir en un seul les deux points L et R au milieu de la droite KN. La figure auxiliaire montre immédiatement quels changements entraînerait cette suppression dans les efforts subis par les autres pièces.

Ces exemples simples suffisent, pensons-nous, pour donner une idée des nouvelles méthodes. Nous renverrons pour de plus amples détails aux ouvrages spéciaux de MM. Culmann, Cremona, Maurice Lévy..., ainsi qu'aux traités récents de *résistance des matériaux*, science pour laquelle la statique graphique fournit des solutions rapides et élégantes. Signalons enfin les efforts faits pour introduire la méthode graphique dans les problèmes de mouvement et les questions relatives aux machines. Nous citerons seulement dans cet ordre d'idées un mémoire que M. Fleeming Jenkin a publié il y a peu d'années sur ce sujet [1].

[1] *On the application of graphic methods to the determination of the efficiency of Machinery*, Edinburgh, 1878.

NOUVELLES ADDITIONS

QUELQUES APPLICATIONS DE LA STATIQUE A LA GÉOMÉTRIE.

400. Un grand nombre de théorèmes de géométrie sont susceptibles d'interprétation statique, et les principes de l'équilibre peuvent leur servir de démonstration.

Nous en donnerons ici quelques exemples, à ajouter à ceux qui ont été donnés précédemment.

Si, perpendiculairement aux milieux des côtés d'un triangle, on applique trois forces, respectivement égales ou proportionnelles aux côtés correspondants, et dirigées toutes les trois vers l'intérieur ou vers l'extérieur du triangle, ces trois forces se font équilibre.

Ces trois forces ont, en effet, un point commun, le centre du cercle circonscrit au triangle; d'ailleurs si l'on construit le polygone des forces, il se ferme de lui-même en formant un triangle égal ou semblable au triangle donné, déplacé d'un angle droit dans son plan.

Soit ABC un triangle rectangle en C: a, b, c, les côtés de ce triangle; appliquons perpendiculairement aux milieux des trois côtés des forces respectivement égales à a, b, c;

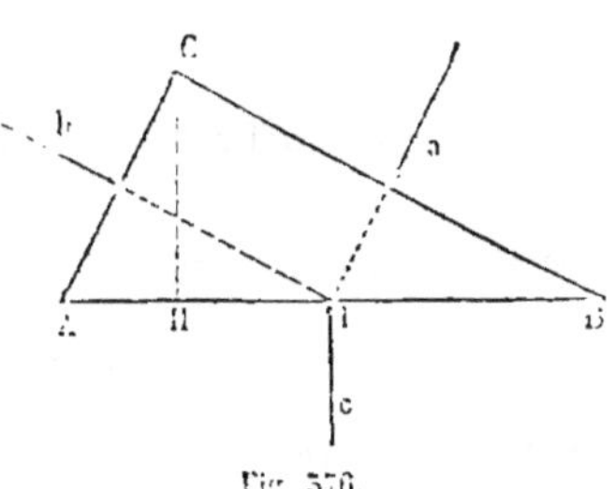

Fig. 576.

le point de concours des trois forces sera le milieu I de l'hypoténuse.

Ces trois forces, qui se font équilibre, satisfont à l'équation des moments; prenons pour centre des moments d'abord le point A, ensuite le point C; il viendra les équations

$$b \times \frac{b}{2} + a \times \frac{a}{2} - c \times \frac{c}{2} = 0,$$

$$b \times \frac{b}{2} - a \times \frac{a}{2} + c \times \text{III} = 0.$$

La première équation exprime le théorème du carré de l'hypoténuse, $c^2 = a^2 + b^2$. La seconde fait connaître une nouvelle proposition,

$$c \times \text{III} = \frac{a^2 - b^2}{2}.$$

Dans un triangle rectangle la différence des carrés des côtés de l'angle droit est égale au double du produit de l'hypoténuse par la distance du milieu de l'hypoténuse au pied de la hauteur abaissée du sommet de l'angle droit.

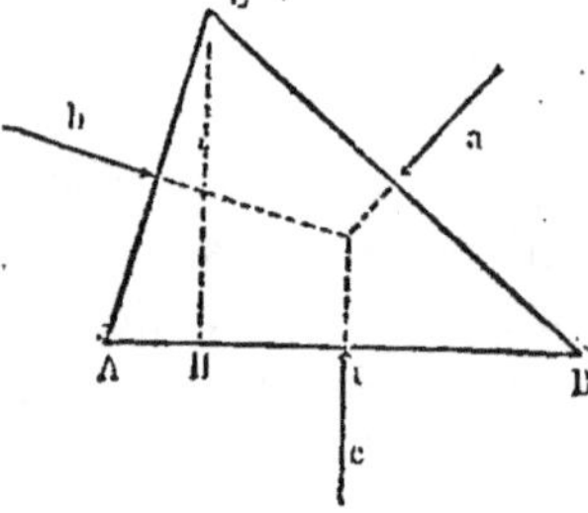

Fig. 577.

Cette dernière proposition s'applique à un triangle quelconque. On a en effet, en prenant les moments des forces *a*, *b*, *c*, par rapport à un sommet C,

$$b \times \frac{b}{2} - a \times \frac{a}{2} + c \times \text{III} = 0;$$

ce qui n'est autre chose que le théorème précédent généralisé.

Si l'on observe que

$$\text{III} = \text{AI} - \text{AH} = \frac{c}{2} - b\cos A,$$

il vient l'équation

$$\frac{b^2}{2} - \frac{a^2}{2} + c \left(\frac{c}{2} - b\cos A \right) = 0,$$

ce qui ramène à la relation connue,

$$a^2 = b^2 + c^2 - 2bc\cos A.$$

Il serait facile de donner de même une interprétation statique d'un grand nombre de formules de trigonométrie.

MÉTHODE DE QUADRATURE.

401. L'aire d'une courbe plane, $\int_a^b y\,dx$, peut être considérée comme la somme des moments d'éléments égaux à dx, horizontaux, placés à la distance y de l'axe des abscisses, par rapport à un plan mené par cet axe perpendiculairement au plan de la courbe. On peut fonder sur cette simple remarque une méthode graphique de quadrature[1].

Soit proposé de trouver la somme de plusieurs trapèzes

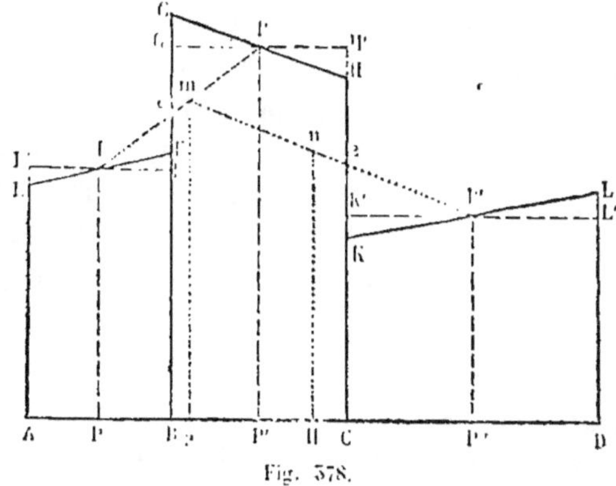

Fig. 578.

juxtaposés ABFE, BCHG, CKLD. On ramènera d'abord par la pensée ces trapèzes à des rectangles équivalents, en menant les droites E'F', G'H', etc., parallèles à la base commune, par les milieux I, I', I",... des côtés supérieurs. L'aire du premier trapèze est égale au produit $AB \times IP$, ou bien $E'F' \times IP$; c'est donc le moment du poids de la droite E'F' par rapport au plan AB; de même l'aire du second trapèze est égale à

1. *Annales des ponts et chaussées*, janvier 1887.

$G'H' \times I'I'$, c'est-à-dire au moment par rapport au même plan du poids de la droite $G'H'$. La somme des deux aires sera donc égale au produit du poids total, égal à $AB + BC$, par la distance à la droite AC du centre de gravité de l'ensemble des deux poids $E'F'$, $G'H'$. Les centres de gravité particuliers de ces deux poids sont les points I et I'. Le centre de gravité de l'ensemble est donc situé sur la droite II', en un point m qui partage la droite II' dans le rapport inverse des poids adjacents, c'est-à-dire dans le rapport $\dfrac{G'I'}{F'I'}$. Or le point α, où cette droite II' rencontre la droite BG, qui sépare les deux surfaces à ajouter, partage la distance II' dans le rapport direct des longueurs IF', G'I'. On obtiendra donc le point m en renversant la droite II' bout pour bout, le point α restant attaché à la droite pendant son renversement.

Cela revient à prendre $I'm = I\alpha$. Le point m est situé sur la verticale du milieu μ de la base totale AC; et la somme des aires $ABFE + BCHG$, est égale au produit $AC \times m\mu$.

Pour ajouter l'aire suivante CDLK, on opérera de même. Le point m est le milieu du côté supérieur d'un rectangle qui a pour base AC, et pour aire la somme des deux premiers trapèzes. On le joindra au point I', et prenant $mn = I''\beta$, on aura le centre de gravité n des trois poids $E'F'$, $G'H'$, $K'H'$; la somme des trois trapèzes est égale au produit $AD \times n\text{II}$, et le point H est le milieu de la base totale AD.

On peut continuer par le même procédé l'addition de tous les trapèzes successifs.

402. Cette méthode est très générale; elle s'applique aussi bien aux ordonnées négatives qu'aux ordonnées positives; elle se prête à la transformation des figures en figures équivalentes.

Supposons qu'on veuille, par exemple, ramener le rectangle donné ABCD à une base déterminée AE, sans en altérer la surface. Cela revient à *ajouter à la figure ABCD un rectangle nul* de base BE, et de hauteur égale à zéro. La droite BE étant le côté supérieur de ce rectangle additionnel, on prendra les milieux I et I' des deux côtés DC, BE, on joindra II', et on prendra I*m* = I'*z*. Le rectangle AEFG, dont le côté supérieur passe par le point *m*, sera le rectangle cherché.

Lorsqu'on applique la méthode à la quadrature d'une courbe, on simplifie les opérations en partageant la surface à évaluer par des ordonnées équidistantes.

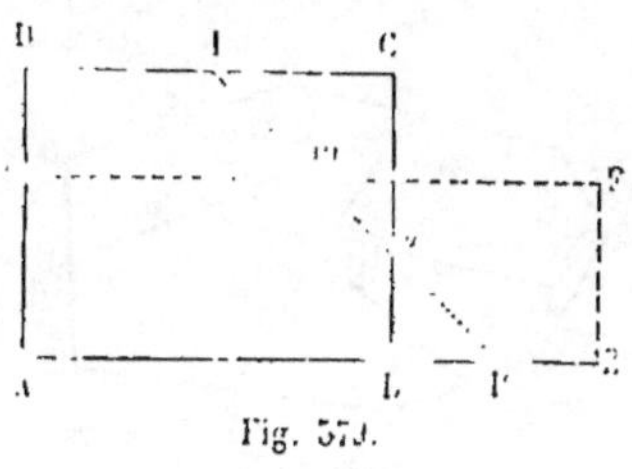

Fig. 573.

Ces ordonnées déterminent alors sur les droites II', *m*I",... les points *m*, *n*,... eux-mêmes, sans qu'on ait à faire l'opération du retournement bout pour bout.

On remarquera que, dans cette méthode de quadrature, la recherche de la *moyenne* précède la recherche du *total*; en d'autres termes, la méthode ramène la recherche de la somme Σab de produits ou de rectangles donnés, à la recherche de la *hauteur h* qui, multipliée par Σa, reproduit la somme cherchée. Cette hauteur *h* est la moyenne des *ordonnées b*, applicable à la *base* Σa.

THÉORÈME SUR LES MILIEUX DES CÔTÉS D'UN POLYGONE FERMÉ.

405. Soit ABCDEFHA un polygone fermé, plan ou gauche. Prenons les milieux *a*, *b*, *c*,... *h*, des côtés successifs. Puis imaginons qu'on applique aux points *a*, *c*, *e*.... c'est-à-dire *aux milieux des côtés pris de deux en deux*, des forces égales, parallèles et dirigées dans le même sens : nous les représenterons par la lettre P; appliquons aussi aux autres points, *b*, *d*, *f*.... des forces égales et parallèles, mais dirigées en sens contraire; nous les représenterons par — P. Les forces P, appliquées en *a*, *c*,... auront une résultante égale à leur somme, et appliquée en un point *g'*, centre de gravité de leurs points d'application *a*, *c*,...; de même les forces — P, appli-

quées en b, d,... auront une résultante égale à leur somme, et appliquée en un point g', centre de gravité de ces points.

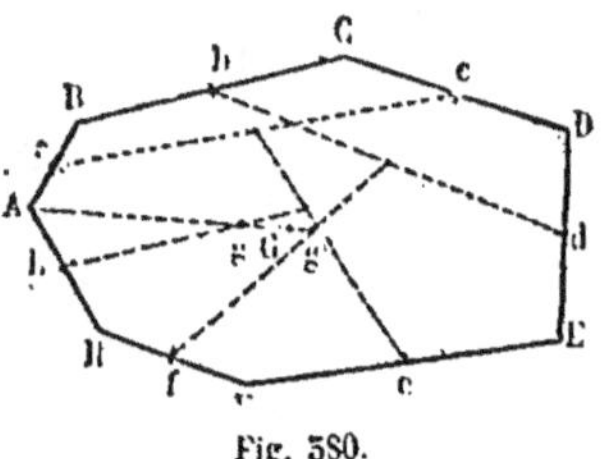

Fig. 580.

Cela posé, il y a deux cas à distinguer, suivant que le nombre n de côtés du polygone est pair ou impair.

1° Si n est impair, et qu'on parte du côté AB pour la distribution alternative des forces $+P$ et $-P$, le dernier côté HA du polygone recevra au point h une force positive $+P$, comme le côté AB au point a. On peut décomposer chaque force $\pm P$, appliquée au milieu d'un côté quelconque, en deux forces égales à $\pm\frac{1}{2}P$, appliquées aux extrémités de ce côté, c'est-à-dire aux sommets du polygone. Il en résulte que tous les sommets, sauf le sommet A, recevront à la fois une force $+\frac{1}{2}P$ et une force $-\frac{1}{2}P$ provenant des côtés voisins; ces deux forces se détruiront, tandis qu'au sommet A, les deux forces $+\frac{P}{2}$, provenant des côtés HA, AB, qui ont reçu tous deux des forces positives, s'ajouteront pour former une force P, appliquée au point A. Dans le cas du polygone d'un nombre impair n de côtés, le système des $\frac{n+1}{2}$ forces positives et des $\frac{n-1}{2}$ forces négatives, équivaut donc à une force unique, égale à P, appliquée au sommet qu'on a pris pour point de départ. Les résultantes partielles, l'une égale à $\frac{n+1}{2}P$ appliquée au point g, l'autre égale à $-\frac{(n-1)}{2}P$ appliquée au point g', ont donc pour résultante générale la force P appliquée en A. On en déduit ce théorème :

Le centre de gravité g des milieux a, c, e,... des côtés pris de deux en deux à partir du côté AB, et le centre de gravité g' des milieux des autres côtés, sont en ligne droite avec le sommet A et on a la proportion

$$\frac{Ag'}{Ag} = \frac{n+1}{n-1}.$$

Si l'on prenait positivement les n forces P, on aurait pour point d'application de leur résultante le centre de gravité G des n milieux, qui coïncide avec le centre de gravité des n sommets. Le point G est situé sur la droite gg' et la partage en deux segments qui satisfont à la proportion

$$\frac{g'G}{gG} = \frac{n+1}{n-1}.$$

On voit donc que les points A et G sont conjugués harmoniques par rapport à g et g'.

Ces résultats supposent n impair.

2° Si n est pair, les côtés recevront alternativement les forces $+P$ et $-P$ sur tout le pourtour du polygone; de sorte que la décomposition de chaque force $\pm P$ en deux forces $\pm \frac{1}{2}P$ appliquées aux sommets, donnera partout zéro pour résultante. Donc *le centre de gravité g des milieux des côtés 1, 3, 5,... pris de deux en deux, coïncide avec le centre de gravité g' des milieux des côtés 2, 4, 6,... et avec le centre de gravité G de l'ensemble des milieux, ou de l'ensemble des sommets.*

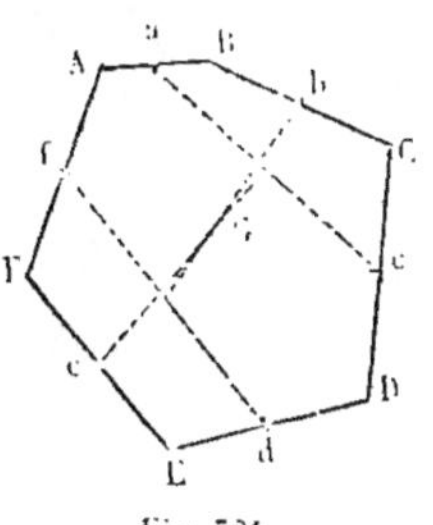

Fig. 581.

404. Étant donnés les milieux des côtés d'un polygone fermé, proposons-nous de construire ce polygone. On numérotera les points donnés de 1 à n. Si n est impair, on cherchera le centre de gravité g des milieux 1, 3, 5..... le centre de gravité g' des milieux 2, 4, 6...; puis on cherchera sur la droite gg' un point A qui partage la distance gg' dans le rap-

port $\dfrac{n+1}{n-1}$. Ce point sera le sommet commun aux côtés 1 et n. Le polygone tout entier s'en déduit.

Quant au contraire le nombre n est pair, les centres de gravité g et g' doivent coïncider pour que le problème soit possible. S'ils coïncident le sommet A est arbitraire, et il y a une infinité de polygones fermés qui ont les points donnés pour milieux de leurs côtés. S'ils ne coïncident pas, il n'y en a aucun.

COMPOSITION GRAPHIQUE DE FORCES SITUÉES DANS UN PLAN.

405. Nous avons montré (§ 520) l'usage qu'on peut faire du polygone funiculaire pour opérer la composition de forces données, situées dans un même plan. Parfois cette méthode conduit à tracer des polygones funiculaires qui sortent des limites du dessin, et dont l'emploi est peu commode. On pourra dans ce cas recourir à la construction suivante.

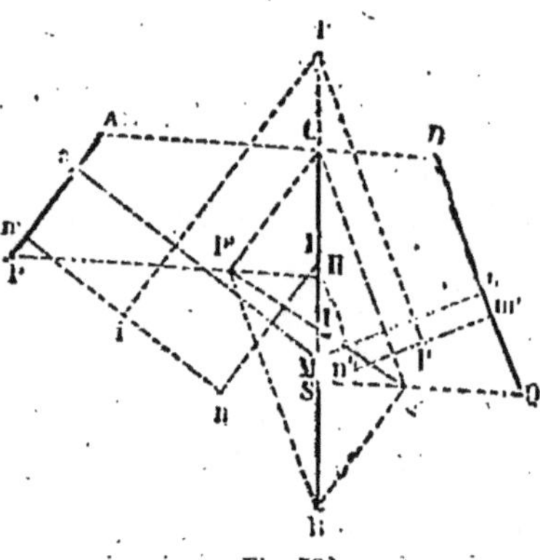

Fig. 582.

Soient P et Q deux forces données ; A et B leurs points d'application.

Soit R la résultante cherchée. D'un point M, pris sur sa direction, abaissons sur AP et BQ des perpendiculaires, et appelons p et q les distances Ma, Mb. L'équation des moments

$$P p = Q q$$

sera, entre les distances p et q, l'équation de la droite suivant laquelle agit la force R. Il suffit de connaître deux points de cette droite pour la construire. Or l'équation est vérifiée en posant

$$p = Q \times h$$
$$q = P \times h,$$

h étant un facteur arbitrairement choisi. Élevons donc sur AP et sur BQ deux perpendiculaires, sur lesquelles nous prendrons, par exemple, $mn = Q$, $m'n' = P$; par les points n et n' menons, parallèlement aux droites AP, BQ, des droites nl, $n'l$; elles se couperont en l sur la direction de la force R. Si l'on prend ensuite les milieux i et i' des droites nl, $n'l$, les parallèles il', $i'l'$ menées par ces points se couperont aussi sur la direction de R. Cette direction s'obtiendra donc en joignant les points l et l'.

La direction de la force obtenue, il reste à trouver sa grandeur. Prenons pour point d'application le point C où la droite ll' coupe la droite AB. Imaginons qu'on transporte les forces P et R parallèlement à elles-mêmes au point C. La force cherchée R sera la diagonale CR du parallélogramme construit sur ces deux forces CP', CQ'; elle est double de la longueur CI déterminée sur la droite CR par l'autre diagonale P'Q'. Les droites P'H, Q'S étant d'ailleurs parallèles, le point I, milieu de CR, est aussi le milieu du segment HS. La construction s'achèvera donc en prenant le milieu I de la distance HS, et en doublant CI, ou, plus simplement en prenant

$$CR = CH + CS.$$

La construction de la droite ll' est identique à la construction, dans la méthode des plans cotés, de l'intersection de deux plans dont on donne les lignes de terre et les inclinaisons sur l'horizon.

406. Lorsque les forces P et Q sont parallèles, la méthode s'applique encore, mais elle demande une légère modification. On coupera les plans dont on cherche l'intersection par un plan vertical auxiliaire, mené perpendiculairement aux deux lignes de terre parallèles. On rabattra ce plan sur le

plan de la figure, pour trouver un point de la ligne d'inter
section.

Soient AP, BQ les forces données, parallèles. On prendra

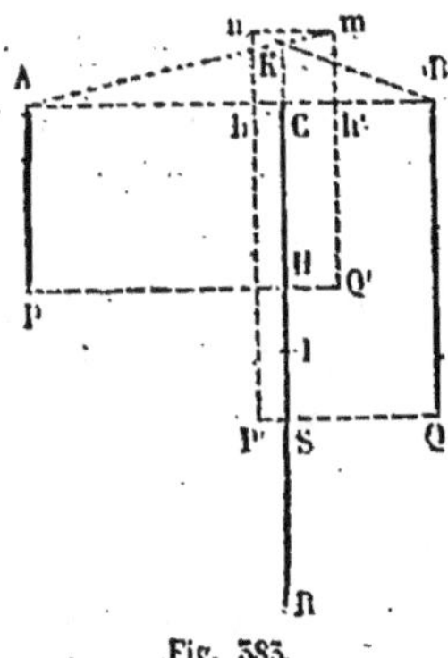

Fig. 383.

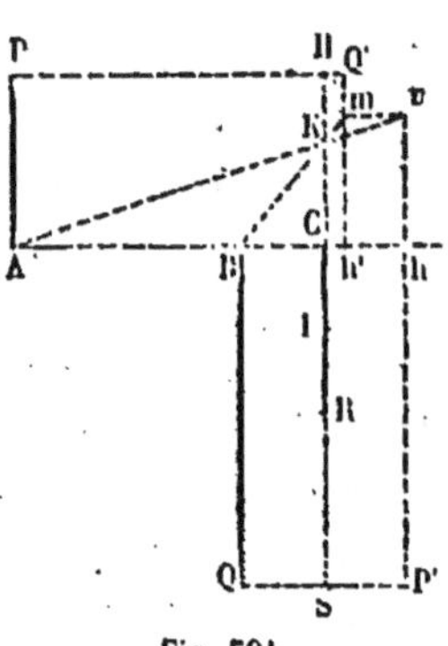

Fig. 384.

sur des perpendiculaires à chaque force $PQ' = BQ$, $QP' = AP$,
et on mènera $P'h$, $Q'h'$, qui seront des horizontales à la même
hauteur des deux plans que l'on a à considérer. Ayant pris
arbitrairement $hn = h'm$, on joindra Am, Bn; ces droites se
coupent en K, et la parallèle CR aux forces, menée par
ce point K, sera la position de la résultante. On a d'ailleurs
$CR = P + Q = 2CI$.

La méthode s'applique identiquement aux forces parallèles
dirigées en sens contraires. Il faudra seulement avoir soin de
prendre les perpendiculaires PQ', QP' dans le même sens, et
non en sens opposés. La construction s'achève ensuite de la
même manière, et conduit à placer en C la résultante
$CR = Q - P = 2CI$.

THÉORÈMES SUR LA COMPOSITION DE FORCES MOBILES DANS UN PLAN.

407. Soient P et Q deux forces données de grandeur, situées
dans un même plan et appliquées à des points fixes, l'une

en A, l'autre en B. La force Q a une direction constante. La force P pivote autour du point A. Dans chaque position de la

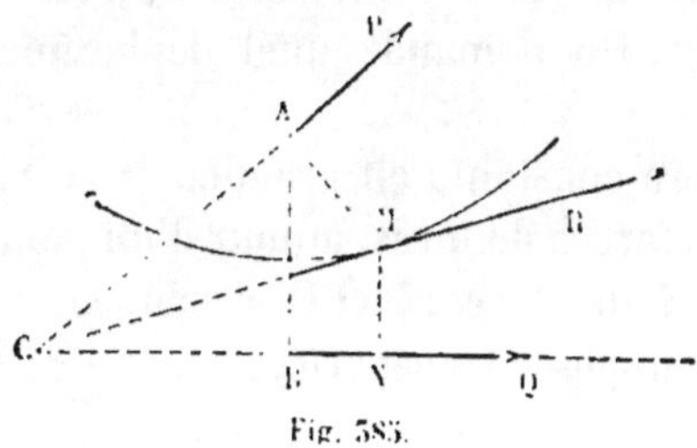

Fig. 585.

force mobile, on prend la résultante R de P et Q. On demande la courbe enveloppe des positions successives de la force R.

Élevons en A sur la force P une perpendiculaire AM, et abaissons de M une perpendiculaire MN sur la force Q.

Le point M appartenant à la résultante R, les moments de P et Q par rapport à ce point sont égaux, et l'on a

$$P \times AM = Q \times MN.$$

Donc le rapport

$$\frac{MA}{MN} = \frac{Q}{P}$$

est constant.

Le lieu du point M est donc une courbe du second ordre, définie par son foyer A, sa directrice BQ, et le rapport $\frac{Q}{P}$ égal à l'excentricité de la courbe.

Je dis de plus que la droite CR touche cette courbe du second ordre au point M.

En effet, pour trouver la tangente au point M à une courbe du second ordre rapportée au foyer et à la directrice, il suffit de joindre MA, d'élever en A une perpendiculaire AC sur la droite MA, et de joindre CM (I, § 85). Ce sera la tangente demandée.

La courbe du second ordre est donc l'enveloppe cherchée.

408. Supposons en second lieu que les forces P et Q, toujours constantes en grandeur, pivotent toutes les deux autour des points A et B sous la condition de conserver l'angle qu'elles font entre elles. On demande quel déplacement subira la résultante R.

La force R sera constante en grandeur : de plus elle pivotera comme les forces données, autour d'un point fixe.

Les directions des forces P et Q se coupent en un point C, où on peut les supposer transportées.

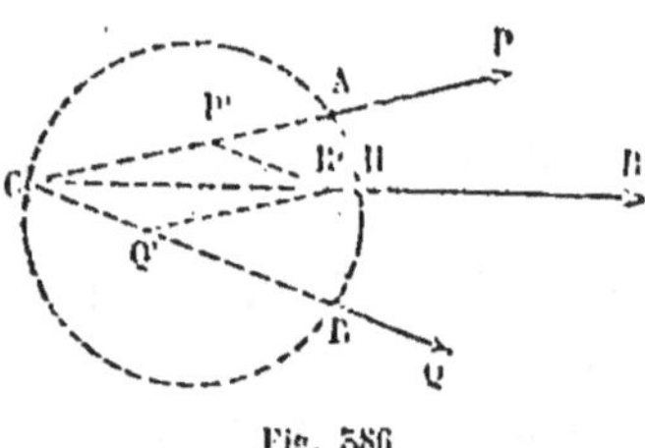

Fig. 386

Le lieu du point C est la circonférence ACB, puisque l'angle des forces P et Q est constant. Le parallélogramme que l'on fera au point C pour composer les forces sera aussi constant, et la diagonale, direction de la force R, fera un angle constant avec les droites CP, CQ.

La direction CR coupe donc l'arc AB en un point H qui est fixe, de telle sorte que l'arc AH, dans le cercle ACB, corresponde à l'angle inscrit constant ACH. En définitive, *quand les forces P et Q tournent d'un même angle autour des points fixes A et B, leur résultante R tourne du même angle autour du point fixe H.*

409. On en déduit facilement un théorème dû à M. d'Ocagne, et qui généralise, pour les forces situées dans un même plan, le théorème relatif au *centre des forces parallèles.*

Lorsque des forces données P_1, P_2,... P_n, *situées toutes dans un même plan et ayant une résultante R, subissent une même déviation angulaire* α, *autour de points fixes respectivement pris sur leurs directions, la résultante R subit la même déviation angulaire autour d'un point fixe du plan.*

Soient $A_1,\ldots A_n$ les points d'application des forces $P_1,\ldots P_n$. Décomposons au point A_1 la force P_1 en deux composantes X_1, Y_1, parallèles respectivement à deux directions données. Opérons de même pour toutes les forces. Puis composons toutes les forces parallèles X_1, qui donneront une résultante R_x, appliquée au point O, centre des forces parallèles $X_1, X_2,\ldots X_n$.

De même composons toutes les forces parallèles Y_1, qui nous donneront une résultante R_y, appliquée au point O' centre des forces parallèles $Y_1, Y_2,\ldots Y_n$. On obtiendra la résultante R des forces données en composant R_x et R_y. Or, si l'on fait tourner les forces P d'un angle α autour de leurs points d'application, cela revient à faire tourner aussi les composantes X et Y de l'angle α autour des mêmes points, et il en est de même des résultantes partielles R_x et R_y. Donc, en vertu du théorème démontré pour deux forces, la résultante R_x et R_y, c'est-à-dire la résultante définitive R, pivote de l'angle α autour d'un point fixe H de la circonférence obtenue en décrivant sur la droite OO' un segment capable de l'angle constant formé par les directions des forces X et Y.

Étant donné dans un plan des forces qui ont une résultante, il existe toujours un point H pour lequel la somme des moments des forces est nulle, quelle que soit l'orientation qu'on attribue à ces forces, assujetties à conserver leurs angles en pivotant autour de points fixes pris sur leurs directions.

DÉMONSTRATION DIRECTE DE LA LOI D'ATTRACTION DES SPHÈRES PLEINES.

410. Cherchons d'abord l'attraction exercée sur un point matériel A par un disque plan, circulaire, homogène, lorsque le point A est situé sur l'axe du disque, c'est-à-dire sur la perpendiculaire OX élevée par son centre sur son plan.

Soit A le point attiré, situé à la distance $OA = h$ du plan du disque; R, le rayon du disque; ε, son épaisseur; ρ, sa masse spécifique.

Partageons le cercle de rayon R, qui limite le disque, en éléments de surface $d\omega$, compris entre deux rayons forman un angle infiniment petit, et deux cercles concentriques de

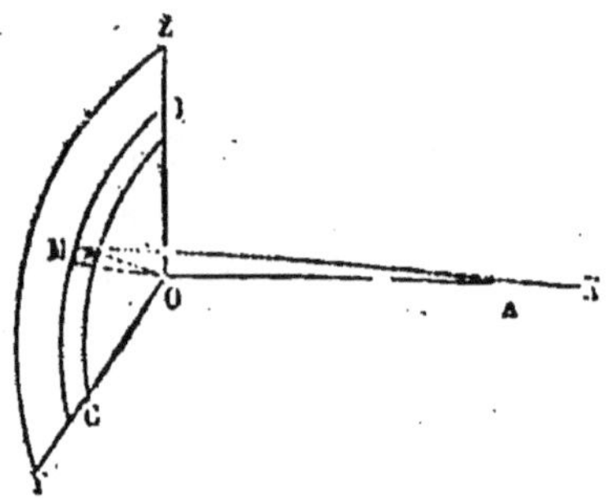

Fig. 587.

rayons r et $r + dr$. L'action exercée par l'élément N sur le point A, est dirigée suivant AM et égale à

$$\frac{f\rho\varepsilon d\omega}{u^2},$$

en appelant u la distance AM, et f un coefficient constant. Soit α l'angle MAO; l'attraction dirigée suivant AM aura pour composante suivant AO

$$\frac{f\rho\varepsilon \cos\alpha\, d\omega}{u^2} = \frac{f\rho\varepsilon h\, d\omega}{u^3},$$

en observant que

$$\cos\alpha = \frac{h}{u}.$$

La somme de toutes ces actions, pour les éléments de l'anneau compris entre les cercles r et $r + dr$, est égale à

$$dX = \frac{f\rho h\varepsilon \times 2\pi r\, dr}{u^3},$$

en faisant porter l'intégration sur les éléments $d\omega$. Il reste à intégrer cette expression entre 0 et R. Or on a

$$u^2 = h^2 + r^2,$$

et par suite

$$u\,du = r\,dr.$$

Donc

$$dX = \frac{2\pi f\rho h \cdot u\,du}{u^3} = \frac{2\pi f\rho h\,du}{u^2}\,2\pi = -\,f\rho h \times d\left(\frac{1}{u}\right).$$

Intégrons de $r=0$ à $r=R$, ce qui fait varier u de h à

$$\sqrt{h^2 + R^2}\,;$$

il viendra

$$X = 2\pi f\rho h\left[\frac{1}{h} - \frac{1}{\sqrt{h^2 + R^2}}\right] = 2\pi f\rho\left(1 - \frac{h}{\sqrt{h^2 + R^2}}\right).$$

Lorsqu'on fait croître R indéfiniment, X tend vers la valeur finie $2\pi f\rho$, qui est indépendante de la distance h.

Ces préliminaires posés venons à la question.

Soit $OB = r$ le rayon de la sphère; $OA = a$ la distance au

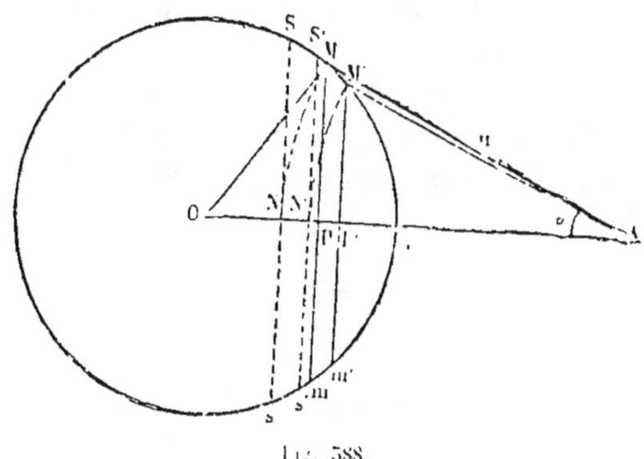

Fig. 588.

centre du point attirant; $Op = x$, $Op' = x + dx$, les abscisses de deux plans infiniment voisins, déterminant dans la sphère homogène un disque $MM'm'm$ de rayon $PM = y$.

L'attraction élémentaire exercée par ce disque sur le point A sera égale à

$$dX = 2\pi f\rho \left(1 - \frac{a - x}{u} \right) dx,$$

en appelant u la distance AM, et en observant que dx est l'épaisseur ε du disque attirant.

Le triangle OMA donne la relation

$$r^2 = a^2 + u^2 - 2au\cos x = a^2 + u^2 - 2a(a - x);$$

d'où l'on tire, en différentiant,

$$udu = -adx.$$

Par suite

$$dX = 2\pi f\rho \left(1 - \frac{a^2 + u^2 - r^2}{2au} \right) \left(-\frac{udu}{a} \right)$$

$$= -\frac{\pi f\rho}{a^2} \left(r^2 - (a - u)^2 \right) du.$$

L'attraction totale de la sphère est la somme de cette expression différentielle, entre les limites $u = a + r$ et $u = a - r$. La fonction à intégrer est une fonction entière de la variable u. Mais on peut éviter cette intégration. Rabattons AM $= u$ en AN sur l'axe OX, en décrivant de A comme centre, avec AM pour rayon, un arc de cercle. Au point N correspond dans la sphère une ordonnée NS, qui est donnée par l'équation

$$r^2 = (a - u)^2 + \overline{NS}^2.$$

Donc

$$\overline{NS}^2 = r^2 - (a - u)^2,$$

de sorte que l'on a pour l'attraction totale

$$X = \frac{f\rho}{a^2} \int_{a-r}^{a+r} \pi.\overline{NS}^2\, du,$$

c'est-à-dire le produit de $\dfrac{f\rho}{a^2}$ par le volume V de la sphère.

On a donc

$$X = \frac{fM}{a^2},$$

en remplaçant le produit ρV par la masse totale M de la sphère.

Si l'on veut passer de là à l'attraction de la couche de rayon r et d'épaisseur dr, il suffit d'observer que cette attraction est égale à

$$\frac{f \, dN}{a^2} \qquad \frac{f \, S \, dr}{a^2}$$

en appelant S la surface sphérique; de sorte que le théorème, démontré pour la sphère massive, s'étend immédiatement aux couches concentriques dont on peut la concevoir formée.

On reconnaît en même temps que *l'attraction exercée par le point A sur un segment sphérique à une base, dont le sommet B est situé sur la droite OA, est égale à l'attraction qu'exercerait le même point sur la masse du segment SsB, obtenu en prenant AN = AM, et en menant par le point N un plan normal à OA, si elle était concentrée au centre O de la sphère.*

On pourra, en s'aidant de ce théorème, partager la sphère massive en segments dont les attractions sur le point A soient égales, ou proportionnelles à des nombres donnés.

DYNAMOMÈTRE DE ROTATION DE M. PALIER.

411. Les appareils dynamométriques comportent, en général, deux séries d'organes entre lesquels on interpose l'organe spécial destiné à faire connaître la mesure du travail transmis.

S'il s'agit, par exemple, d'un système formé de plusieurs corps tournants autour d'axes fixes, ce qui est le cas le plus ordinaire qu'on rencontre dans les machines, on fera agir la puissance motrice, au moyen d'une courroie, sur un premier tambour A; un second tambour B mènera, par l'intermédiaire de courroies ou d'engrenages, la série des machines-outils qui représentent les résistances à vaincre. Entre les tambours A et B, et pour transmettre le mouvement de l'un à l'autre, on placera, soit un ressort, dont on aura à enregistrer les déformations, comme dans la manivelle dynamométrique, soit un organe particulier, C, solidaire d'un arbre à came portant un poids donné P, qui servira à mesurer à chaque instant l'effort transmis de A à B, et le travail correspondant.

Dans le dynamomètre de M. Palier, les deux tambours A et B sont montés sur le même axe géométrique XX, bien qu'ils soient indépendants l'un de l'autre. L'organe intermédiaire C est un bras monté à angle droit sur l'axe XX, mobile autour d'un arbre intérieur à l'arbre du tambour B, et solidaire d'une roue O portant une développante de cercle, du pourtour

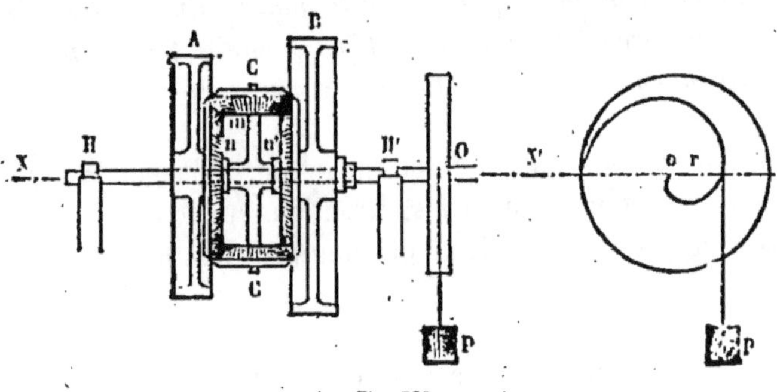

Fig. 589.

de laquelle se détache verticalement la corde qui supporte le poids connu P. Le bras C porte à ses extrémités deux roues d'angle, toutes deux égales, et destinées à engrener avec les roues d'angle n et n', qui font corps avec les tambours

A et B. Les tambours et le bras C sont montés sur des paliers fixes H, H'.

Si l'on donne le mouvement au tambour A, il exerce par la roue n sur la roue d'angle m, une action qui tend à faire tourner cette roue autour de son axe; mais cette roue rencontre l'obstacle provenant de sa liaison avec le tambour B par la roue d'angle n', et des résistances appliquées à ce tambour. La force mouvante appliquée par le système A et la force résistante développée par le système B, tendent toutes deux à faire tourner le bras C autour de l'axe XX; le bras C se déplacera donc, en entraînant le poids P, jusqu'à ce que l'équilibre soit établi entre le poids P. et les actions subies par les roues d'angle. Alors la transmission s'opérera du tambour A au tambour B, et le régime de la machine pourra s'établir au bout d'un temps généralement assez court.

Dans cette situation particulière, l'équilibre du système formé par le bras C, la roue O et le poids P, exige que la somme des moments des forces qui agissent sur ce système soit nulle par rapport à l'axe XX. Appelons donc d'une manière générale F la force mouvante exercée par la roue n sur la roue m, F' la force exercée par la roue n' sur la roue m, on aura en prenant les moments par rapport à XX' des forces F, F' et P.

$$M_{xx}F + M_{xx}F' = Pr.$$

On peut admettre qu'on a approximativement

$$M_{xx}F = M_{xx}F',$$

en négligeant les frottements dans les roues d'angle. On en déduit

$$M_{xx}F = \frac{1}{2}Pr.$$

Or F est la force motrice prise à la jonction du tambour A avec le bras C. Le travail moteur transmis par unité de temps s'obtiendra donc en multipliant le moment de cette force par la vitesse angulaire ω du tambour A ; et l'on a par conséquent,

$$T = \tfrac{1}{2} Pr\omega = Pr \times \pi N,$$

en appelant T le travail moteur et N le nombre de tours que fait le tambour A dans l'unité de temps.

Le facteur r étant variable avec l'obliquité prise par le bras C, le moment de la force P se réglera de lui-même d'après les nécessités de l'équilibre, et le régime de la machine s'établira spontanément, sans qu'il soit nécessaire, comme pour le frein de Prony, d'interrompre le travail des machines-outils.

L'appareil peut recevoir divers appareils additionnels, notamment des compteurs du nombre de tours des arbres A et B, et un compteur du travail transmis.

412. Relativement à l'emploi du frein de Prony, observons que l'on peut aussi bien placer le levier de l'appareil au-dessous de l'arbre tournant qu'au-dessus, et que cette manière d'opérer a l'avantage d'assurer une plus grande stabilité de l'appareil. Aussi la préfère-t-on généralement aujourd'hui.

FIN

INDEX ALPHABÉTIQUE

TABLE DES MATIÈRES

DEUXIÈME PARTIE : *STATIQUE*

LIVRE PREMIER

Composition des forces appliquées à un même point.

CHAPITRE UNIQUE.

LIVRE II

Réduction des forces appliquées à un solide.

CHAPITRE PREMIER.

CHAPITRE II.

CHAPITRE III.

LIVRE III

Équilibre des systèmes matériels.

CHAPITRE PREMIER.

CHAPITRE II.

CHAPITRE III.

LIVRE IV

Le théorème du travail virtuel.

CHAPITRE PREMIER.

CHAPITRE II.

LIVRE V

De la pesanteur.

CHAPITRE PREMIER.

CHAPITRE II.

CHAPITRE III.

LIVRE VI

Théorie des machines simples.

CHAPITRE PREMIER.

18170. — Imprimerie A. Lahure, 9, rue de Fleurus, Paris.

COURS COMPLET D'ÉTUDES SCIENTIFIQUES

Publié d'après les derniers programmes officiels

DE LA CLASSE DE MATHÉMATIQUES ÉLÉMENTAIRES

À l'usage des candidats au baccalauréat ès sciences et aux écoles militaire, navale et forestière.

Éléments d'arithmétique, par M. Pichot, censeur honoraire du lycée Condorcet. 1 vol. in-8 . . . . 3 fr.

Tables de logarithmes à sept décimales d'après Callet, Véga, Bremiker, par M. J. Dupuis. Édition contenant les logarithmes des nombres de 1 à 100000, des sinus et des tangentes des arcs. 1 vol. grand in-8, cart. . . . . 10 fr.

Tables de logarithmes à cinq décimales, d'après J. de Lalande, par le même auteur. Édition contenant les logarithmes des nombres de 1 à 10000, des sinus et des tangentes des arcs. 1 vol. grand in-18, cartonnage toile. . . . . . 2 fr. 50

Éléments d'algèbre, par M. Bos, ancien inspecteur de l'académie de Paris. In-8, broché . . . . 5 fr.

Algèbre élémentaire, par M. Sonnet. 1 vol. in-8, broché. . . . . 6 fr.

Éléments de géométrie, par MM. Bos et Rebière. 1 vol. in-8, broché. . . . 7 fr.

Éléments de trigonométrie rectiligne, par M. Pichot. 1 vol. in-8, avec de nombreuses figures, broché. . . . . 3 fr. 50

Géométrie descriptive, par MM. Pichot et de Batz de Trenquelléon. 1 vol. in-8 avec figures, broché. . . . . 1 fr. 50

Compléments de géométrie descriptive, par les mêmes auteurs, à l'usage des candidats à Saint-Cyr. 1 vol. in-8, broché. . . . . 2 fr.

Éléments de géométrie analytique, à l'usage des candidats aux écoles navale, centrale et forestière et des élèves de première année de la classe de mathématiques spéciales, par M. E. Dessenon, professeur au lycée Saint-Louis. 1 vol. in-8, broché. . . . . 7 fr. 50

Éléments de géométrie analytique, rédigés conformément aux derniers programmes d'admission à l'École polytechnique et à l'École normale supérieure, par MM. Sonnet et Frontera. 1 vol. in-8, broché. . . . . 8 fr.

Éléments de mécanique, par MM. Pichot et de Batz de Trenquelléon, professeur au lycée de Bordeaux. 1 vol. in-8, broché. . . . . 3 fr. 50

Traité élémentaire de cosmographie, par M. Pichot. 1 vol. in-8, avec 207 figures et 2 planches tirées à part, broché. . . . . 6 fr.

Traité de physique élémentaire, par M. Angot, ancien professeur au lycée Condorcet, rédigé conformément aux programmes de l'enseignement scientifique dans les lycées et collèges. 1 vol. grand in-8, avec 486 fig. dans le texte, broché. 8 fr.
  Cartonnage toile. . . . . 9 fr.

Traité élémentaire de physique, contenant les matières indiquées par les programmes pour l'enseignement scientifique dans les lycées, par M. Ganot. 20e édition, entièrement refondue par M. Maneuvrier, agrégé des sciences physiques et naturelles. 1 vol. in-16 avec 1011 fig. et 2 planches en couleurs. Broché. . . . . 8 fr.
  Cartonnage toile . . . . 8 fr. 50

Memento du baccalauréat ès sciences. Édition conforme aux derniers programmes. 2 vol. petit in-16, cartonnés . . . . 13 fr.

  Tome I, *partie littéraire*, comprenant : Conseils sur les différentes épreuves ; — Notices sur les auteurs et les ouvrages latins, français, allemands, anglais, espagnols et italiens, indiqués pour l'explication orale ; — Philosophie ; — Histoire ; — Géographie ; par MM. Albert Le Roy, Ducoudray et Cortambert. 1 vol. . . . . 6 fr. 50

  Tome II, *partie scientifique*, comprenant : Arithmétique ; — Géométrie ; — Algèbre ; — Trigonométrie rectiligne ; — Géométrie descriptive ; — Cosmographie ; — Mécanique ; — Physique ; — Chimie ; par MM. Bos, Berods, Pichot, Mascart, Angot et Boutet de Monvel, agrégés de l'Université. 1 vol. . . . . 6 fr. 50

Coulommiers. — Imp. P. Brodard et Gallois. — 4 — 89.